Lambacher Schweizer 6

Mathematik für Gymnasien

Thüringen

bearbeitet von

Martin Bellstedt
Jutta Parkan
Heike Tomaschek

Ernst Klett Verlag
Stuttgart · Leipzig

Lambacher Schweizer 6, Mathematik für Gymnasien, Thüringen

Begleitmaterial
Zu diesem Buch gibt es ergänzend:
- Lösungsheft (ISBN 978-3-12-734263-5)
- Trainingsheft für Klassenarbeiten (ISBN 978-3-12-734065-5)
- Arbeitsheft mit zahlreichen Übungen plus Lösungsheft (ISBN 978-3-12-734264-2)
- Arbeitsheft mit zahlreichen Übungen plus Lösungsheft und Lernsoftware (ISBN 978-3-12-734265-9)
- Kompakt, Klasse 5/6, die wichtigsten Formeln und Merksätze mit Beispielen (ISBN 978-3-12-734355-7)

1. Auflage 1 9 8 7 6 | 2022 21 20

Autorinnen und Autoren: Manfred Baum, Martin Bellstedt, Dr. Dieter Brandt, Heidi Buck, Gunnar Demuth, Günther Dopfer, Detlef Dornieden, Christine Drüke-Noe, Prof. Rolf Dürr, Harald Eisfeld, Prof. Hans Freudigmann, Inga Giersemehl, Dieter Greulich, Dr. Frieder Haug, Edmund Herd, Prof. Dr. Stephan Hußmann, Thomas Jörgens, Thorsten Jürgensen-Engl, Prof. Dr. Timo Leuders, Andreas König, Prof. Dr. Detlef Lind, Jutta Parkan, Prof. Dr. Harborth, Rolf Reimer, Dr. Günther Reinelt, Kathrin Richter, Dr. Wolfgang Riemer, Hartmut Schermuly, Reinhard Schmitt-Hartmann, Ulrich Schönbach, Raphaela Sonntag, Andrea Stühler, Inga Surrey, Dr. Heike Tomaschek, Rainer Topp, Prof. Dr. Ingo Weidig, Dr. Peter Zimmermann
Erkundungen (Konzeption): Bärbel Barzel, Prof. Dr. Stephan Hußmann, Prof. Dr. Timo Leuders, Kathrin Richter

Redaktion: Dietmar Wagener, Martina Müller
Mediengestaltung: Ulrike Glauner

Zeichnungen/Illustrationen: Uwe Alfer, Waldbreitbach; Jochen Ehmann, Stuttgart; Christine Lackner-Hawighorst, Ittlingen; Helmut Holtermann, Dannenberg; Dorothee Wolters, Köln
Bildkonzept Umschlag: SoldanKommunikation, Stuttgart
Satz: Satzkiste GmbH, Stuttgart
Reproduktion: Meyle + Müller Medien-Management, Pforzheim
Druck: PASSAVIA Druckservice GmbH & Co. KG, Passau

Printed in Germany
ISBN 978-3-12-734261-1

9 783127 342611

Moderner Mathematikunterricht mit dem Lambacher Schweizer

Mathematikunterricht – vielseitig und schülerorientiert
Ein zeitgemäßer Mathematikunterricht soll den Kindern und Jugendlichen sowohl eine vertiefte **mathematische Allgemeinbildung** vermitteln als auch zielgerichtet die Entwicklung der Lernkompetenzen befördern. Die miteinander verbundene Entwicklung von Lernkompetenzen und allgemeinen mathematischen Kompetenzen (**prozessbezogene Kompetenzen**) erfolgt in der Auseinandersetzung mit mathematischen Inhalten (**inhaltsbezogene Kompetenzen**). Um diese Kompetenzen aufzubauen, werden im Lambacher Schweizer Thüringen vielfältige Aufgaben angeboten und Erfahrungsräume zur Verfügung gestellt, in denen die Schüler selbstständig aber auch angeleitet die ganze Breite der Mathematik erleben und erkunden können.

Offene Zugänge
In den **Erkundungen** zu jedem Kapitel und in den Impulsen zu jeder Lerneinheit erhalten die Schülerinnen und Schüler Gelegenheiten, die zentralen Aspekte des jeweiligen Themengebietes auf eigenen Wegen und in der eigenen Sprache zu erkunden. Die Fragestellungen sind offen, regen zu einer aktiven und handlungsorientierten Auseinandersetzung an und können einzeln oder in Gruppen bearbeitet werden. Die vielfältigen Erfahrungen, die dabei gemacht werden, bilden ein solides Fundament für die nachfolgende systematische Behandlung.

Strukturierter Aufbau – Vernetztes Wissen
Die Kapitel sind jeweils an den vorangestellten prozess- und inhaltsbezogenen Kompetenzen ausgerichtet. Die Lerneinheiten bauen aufeinander auf. Innerhalb der Lerneinheiten werden Begriffe und Zusammenhänge schülergerecht hergeleitet, in Merkkästen zusammengefasst, an Beispielen konkretisiert und mit entsprechenden Aufgaben gesichert, geübt und vertieft. Im **„Rückblick"** werden wiederum zentrale Inhalte des Kapitels zusammengefasst und an Beispielen verdeutlicht.
Am Ende eines Kapitels werden unter **„Wiederholen – Vertiefen – Vernetzen"** Aufgaben gestellt, welche die Themen des jeweiligen Kapitels, aber auch der zurückliegenden Kapitel, integriert und vernetzt behandeln. Im Sachthema werden darüber hinaus interessante und spannende Bezüge zu außermathematischen Themen geschaffen.

Grundwissen
Um grundlegende Fertigkeiten zu überprüfen und zu sichern, werden unter der Übeschrift **„Kannst du das noch?"** immer wieder Aufgaben zu bereits behandelten Themen angeboten. Außerdem ist mit den Aufgaben **„Bist du sicher?"** und am Ende jedes Kapitels im **„Training"** die Möglichkeit zu selbstkontrolliertem Üben gegeben. Am Ende des Buches befinden sich darüber hinaus zahlreiche **Aufgaben zum Selbsttraining** mit Lösungen.

Lehrplan in Doppelklassenstufen
Der gesamte Lehrplan der Doppelklassenstufe 5/6 ist in den Schülerbüchern Lambacher Schweizer Thüringen 5 und 6 passgenau umgesetzt. So wird der in Klasse 5 begonnene Lehrgang zur Stochastik konsequent fortgesetzt. Mit dem Kapitel „Strategien entwickeln – Probleme lösen" kann die Methodenkompetenz in besonderer Weise gestärkt werden.

Einsatz von Taschenrechner und elektronischen Werkzeugen
Der sinnvolle Einsatz des Taschenrechners in Klasse 5 wird in Klasse 6 altersgemäß fortgesetzt. Die entsprechenden Aufgaben sind (durch ▢) gekennzeichnet. Als Ergänzung wird im Bereich Stochastik in einer Exkursion der Umgang mit einem Tabellenkalkulationsprogramm aufgezeigt. Ebenso wird der Einsatz von und Entdeckungen mit Geometrie-Programmen in einer Exkursion angeregt. Entsprechende Aufgaben sind (durch Geo) ausgewiesen.

Prozessbezogene Kompetenzen:

Argumentieren/Kommunizieren
kommunizieren, präsentieren und argumentieren

Problemlösen
Probleme erfassen, erkunden und lösen

Modellieren
Modelle erstellen und nutzen

Werkzeuge
Medien und Werkzeuge verwenden

Inhaltsbezogene Kompetenzen:

Arithmetik/Algebra
mit Zahlen und Symbolen umgehen

Funktionen
Beziehungen und Veränderungen beschreiben und erkunden

Geometrie
ebene und räumliche Strukturen nach Maß und Form erfassen

Stochastik
mit Daten und Zufall arbeiten

Inhaltsverzeichnis

Lernen mit dem Lambacher Schweizer

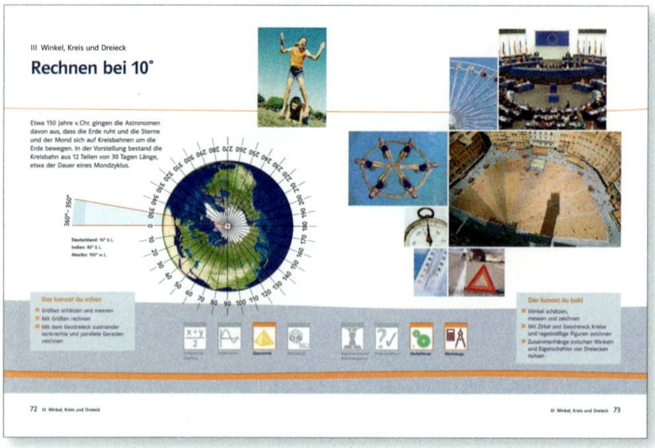
III Winkel, Kreis und Dreieck
Rechnen bei 10°

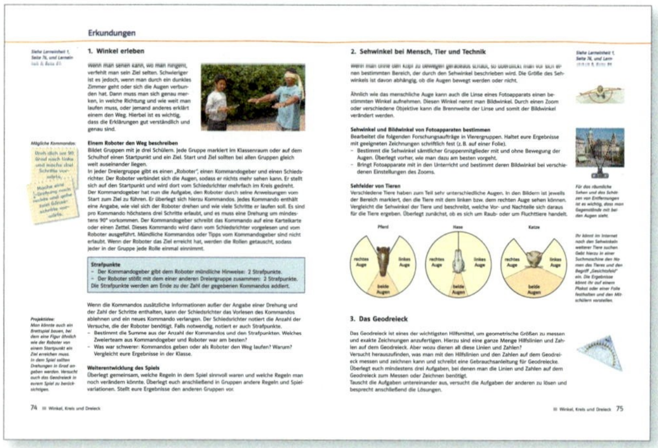
Erkundungen
1. Winkel erleben
2. Sehwinkel bei Mensch, Tier und Technik
3. Das Geodreieck

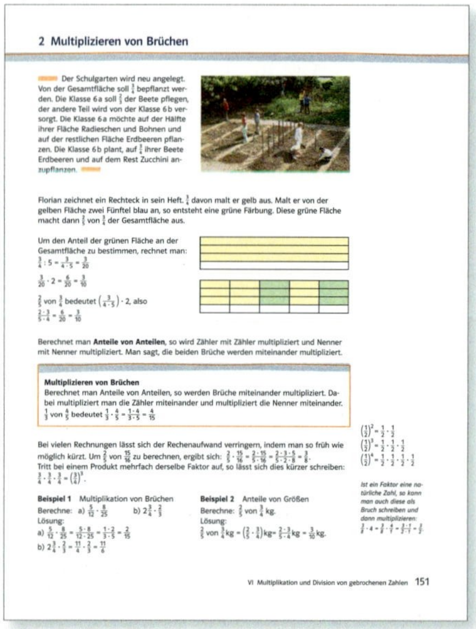
2 Multiplizieren von Brüchen

Liebe Schülerinnen und Schüler,

auf diesen zwei Seiten stellen wir euer neues Mathematikbuch vor, das euch im Mathematikunterricht begleiten und unterstützen soll.

Das Buch besteht aus acht **Kapiteln** und einem kurzen **Sachthema**. Im Sachthema trefft ihr wieder auf die Inhalte der Kapitel, allerdings versteckt in Geschichten rund um Olympia. Ihr seht also, der Mathematik begegnet man nicht nur im Mathematikunterricht.

In den Kapiteln geht es darum, neue Inhalte kennen zu lernen, zu verstehen, zu üben und zu vertiefen.
Sie beginnen mit einer **Auftaktseite**, auf der ihr entdecken und lesen könnt, was euch in dem Kapitel erwartet.

Nach den Auftaktseiten folgen die **Erkundungen**. Hier könnt ihr selbst aktiv werden und die Inhalte des jeweiligen Kapitels selbstständig entdecken.

Die Kapitel sind in **Lerneinheiten** unterteilt, die euch immer einen mathematischen Schritt voranbringen. Zum **Einstieg** findet ihr stets eine Anregung oder eine Frage zu dem Thema. Ihr könnt euch dazu alleine Gedanken machen, es in der Gruppe besprechen oder mit der ganzen Klasse gemeinsam mit eurer Lehrerin oder eurem Lehrer diskutieren.

Im **Merkkasten** findet ihr die wichtigsten Inhalte der Lerneinheit zusammengefasst. Ihr solltet ihn deshalb sehr aufmerksam lesen.

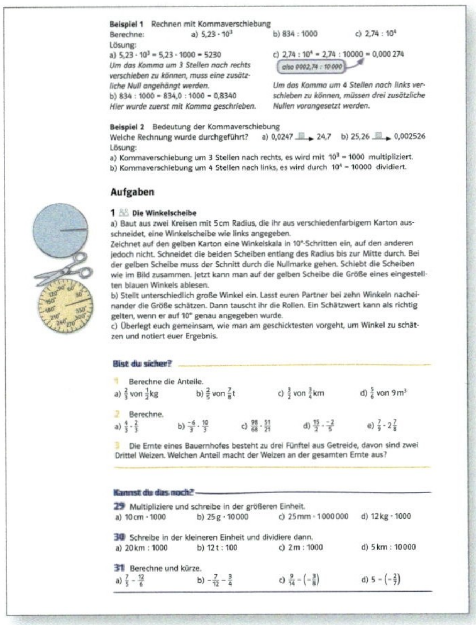

Beispiel 1 Rechnen mit Kommaverschiebung

Berechne: a) $5{,}23 \cdot 10^3$ b) $834 : 1000$ c) $2{,}74 : 10^4$

Lösung:

a) $5{,}23 \cdot 10^3 = 5{,}23 \cdot 1000 = 5230$

Um das Komma um 3 Stellen nach rechts verschieben zu können, muss eine zusätzliche Null angehängt werden.

b) $834 : 1000 = 834{,}0 : 1000 = 0{,}8340$

Hier wurde zuerst mit Komma geschrieben.

c) $2{,}74 : 10^4 = 2{,}74 : 10000 = 0{,}000274$

also $0002{,}74 : 10000$

Um das Komma um 4 Stellen nach links verschieben zu können, müssen drei zusätzliche Nullen vorangesetzt werden.

Beispiel 2 Bedeutung der Kommaverschiebung

Welche Rechnung wurde durchgeführt? a) 0,0247 → 24,7 b) 25,26 → 0,002526

Lösung:

a) Kommaverschiebung um 3 Stellen nach rechts, es wird mit $10^3 = 1000$ multipliziert.

b) Kommaverschiebung um 4 Stellen nach links, es wird durch $10^4 = 10000$ dividiert.

Aufgaben

1 Die Winkelscheibe

a) Baut aus zwei Kreisen mit 5 cm Radius, die ihr aus verschiedenfarbigem Karton ausschneidet, eine Winkelscheibe wie links angegeben.
Zeichnet auf den gelben Karton eine Winkelskala in 10°-Schritten ein, auf den anderen jedoch nicht. Schneidet die beiden Scheiben entlang des Radius bis zur Mitte durch. Bei der gelben Scheibe muss der Schnitt durch die Nullmarke gehen. Schiebt die Scheiben wie im Bild zusammen. Jetzt kann man auf der gelben Scheibe die Größe eines eingestellten blauen Winkels ablesen.

b) Stellt unterschiedlich große Winkel ein. Lasst euren Partner bei zehn Winkeln nacheinander die Größe schätzen. Dann tauscht ihr die Rollen. Ein Schätzwert kann als richtig gelten, wenn er auf 10° genau angegeben wurde.

c) Überlegt euch gemeinsam, wie man am geschicktesten vorgeht, um Winkel zu schätzen und notiert euer Ergebnis.

Bist du sicher?

1 Berechne die Anteile.

a) $\frac{2}{3}$ von $\frac{1}{2}$ kg b) $\frac{2}{5}$ von $\frac{7}{8}$ t c) $\frac{3}{2}$ von $\frac{3}{4}$ km d) $\frac{5}{6}$ von $9\,m^3$

2 Berechne.

a) $\frac{4}{3} \cdot \frac{2}{3}$ b) $\frac{-6}{3} \cdot \frac{10}{3}$ c) $\frac{98}{68} \cdot \frac{51}{21}$ d) $\frac{15}{2} \cdot \frac{-2}{5}$ e) $\frac{7}{9} \cdot 2\frac{7}{8}$

3 Die Ernte eines Bauernhofes besteht zu drei Fünftel aus Getreide, davon sind zwei Drittel Weizen. Welchen Anteil macht der Weizen an der gesamten Ernte aus?

Kannst du das noch?

29 Multipliziere und schreibe in der größeren Einheit.

a) 10 cm · 1000 b) 25 g · 10 000 c) 25 mm · 1 000 000 d) 12 kg · 1000

30 Schreibe in der kleineren Einheit und dividiere dann.

a) 20 km : 1000 b) 12 t : 100 c) 2 m : 1000 d) 5 km : 10 000

31 Berechne und kürze.

a) $\frac{7}{5} - \frac{12}{6}$ b) $-\frac{7}{12} - \frac{3}{4}$ c) $\frac{9}{14} - \left(-\frac{3}{8}\right)$ d) $5 - \left(-\frac{2}{7}\right)$

Vor den Aufgaben findet ihr **Beispiel**aufgaben. Sie führen euch vor, wie ihr die nachfolgenden Aufgaben lösen sollt. Hilfreiche Hinweise sind in kursiver Schrift ergänzt.

Immer wieder gibt es Aufgaben, die mit  oder  gekennzeichnet sind. Hier bietet es sich besonders an, mit einem Partner oder einer Gruppe zu arbeiten.

In dem Aufgabenblock **Bist du sicher?** könnt ihr alleine testen, ob ihr die grundlegenden Aufgaben zu dem neu gelernten Stoff lösen könnt. Die Lösungen dazu findet ihr hinten im Buch.

Mit den **Kannst-du-das-noch?**-Aufgaben könnt ihr altes Wissen wiederholen. Oft bereitet es euch auf das nächste Kapitel vor.

Online-Link
734261-0221

Online-Links führen dich zu ergänzenden Materialien im Internet. Einfach auf die Webseite www.klett.de gehen und die entsprechende Nummer in das Feld „Suche" (oben auf der Seite) eingeben.

Wiederholen – Vertiefen – Vernetzen

Auf den Seiten **Wiederholen – Vertiefen – Vernetzen** findet ihr Aufgaben, die den Lernstoff verschiedener Lerneinheiten und manchmal auch der Kapitel miteinander verbinden.

Rückblick

Training

Am Ende des Kapitels findet ihr jeweils zwei Seiten, die euch helfen, das Gelernte abzusichern. Auf den **Rückblick**seiten sind die wichtigsten Inhalte des Kapitels zusammengefasst. Und im **Training** könnt ihr noch einmal alleine überprüfen, wie gut ihr die Themen aus dem ganzen Kapitel beherrscht. Die Lösungen dazu findet ihr auf den hinteren Seiten des Buches. Danach wisst ihr etwas besser, was ihr vielleicht noch üben könnt.

Exkursion

Besonders viel Spaß wünschen wir euch bei den **Exkursionen** am Ende der Kapitel: Hier könnt ihr interessante Dinge erfahren, z. B., wie man sich im Gelände orientieren kann, oder ihr könnt selbst aktiv werden und z. B. herausfinden, was die Hasenvermehrung mit Zahlenfolgen zu tun hat.
Die **Geschichten**, ebenfalls am Ende der Kapitel, könnt ihr vor allem einfach lesen. Vielleicht werdet ihr manchmal staunen, wie alltäglich Mathematik sein kann. Dabei kann es auch richtig spannend zugehen, wie z. B. bei der Sherlock-Holmes-Geschichte.

Am Ende des Buches findet ihr unter **Aufgaben zum Selbsttraining** zu verschiedenen Kapiteln zusätzlich zahlreiche Aufgaben zum Üben und Wiederholen – mit Lösungen.

Ihr könnt euch also auf euer Mathematikbuch verlassen. Es gibt euch viele Hilfestellungen für den Unterricht und die Klassenarbeiten und vor allem möchte es euch zeigen: Mathematik ist sinnvoll und kann Freude machen.

I Teilbarkeit

Teilen, ordnen, zusammenfügen

Man sagt, dass das Ganze manchmal mehr als die Summe seiner Teile sei.

Bei Anderem sei es jedoch so, dass es sich durch das Teilen vermehren würde.

Das kannst du schon

- Dividieren und multiplizieren
- Zahlen anordnen

$\frac{x+y}{2}$ Arithmetik/Algebra

Funktionen

Geometrie

Stochastik

Das kannst du bald

- Teilbarkeitsregeln nutzen
- Primzahlen finden
- Gemeinsame Teiler und Vielfache bestimmen

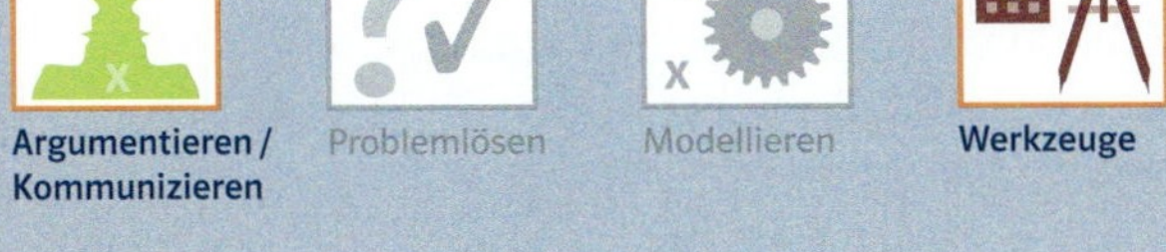

Erkundungen

Teiler untersuchen

Ihr habt euch bestimmt schon einmal gefragt, warum man eine Stunde in 60 Minuten und nicht in 50 Minuten oder 100 Minuten unterteilt. Die Erfinder des Kartenspiels haben sich gerade für 32 Karten in einem Spiel entschieden und nicht für 31 oder 33. Dies alles hat einen Grund, deren Ursache darin liegt, wie Zahlen sich aufteilen lassen.

Forschungsauftrag 1: Anzahl der Teiler untersuchen

Die Zahl 6 kann man durch 1 teilen, durch 2 teilen, durch 3 teilen und durch 6 teilen. Die Zahl 6 hat folglich vier Teiler. Die Zahl 7 hat weniger Teiler als die Zahl 6, die Zahl 16 hat mehr Teiler.

Zahl	1	2	3	4	5	6	7	8
Teiler	… …	… …	… …	1 2 4	1 5	1 2 3 6	1 7	… … …

Fig. 1

Wenn ihr euch die Arbeit in der Klasse aufteilt, könnt ihr auch die Teiler der Zahlen 1 bis 100 untersuchen.

Untersuche jeweils die natürlichen Zahlen von 1 bis 20 und fertige eine Teilertabelle wie in Fig. 1 an:
- Welche Zahlen haben genau drei Teiler? Welche Besonderheit haben diese Zahlen?
- Welche der untersuchten Zahlen hat die meisten Teiler?
- Welche Zahlen haben nur zwei Teiler, nämlich 1 und sich selbst?
- Gibt es Zahlen mit nur einem Teiler?

Forschungsauftrag 2: Besondere Zahlen suchen

Schreibt die natürlichen Zahlen von 1 bis 100 in einer Tabelle wie in Fig. 2 auf.
- Streicht alle Zahlen durch, die durch 2 teilbar sind, aber nicht die 2 selbst. Welche Zahlen bleiben übrig?
- Streicht nun alle Zahlen durch, die durch 3 teilbar sind, aber nicht die 3 selbst.
- Fahre so mit den anderen Zahlen (4, 5, 6 …) fort.
- Welche Besonderheit haben die Zahlen, die am Ende übrig bleiben?

1	2	3	~~4~~	5
~~6~~	7	~~8~~	~~9~~	~~10~~
11	~~12~~	13	~~14~~	~~15~~
~~16~~	17	~~18~~	19	~~20~~
~~21~~	~~22~~	23	~~24~~	~~25~~
~~26~~	…	…	…	…

Fig. 2

Forschungsauftrag 3: Teiler sofort sehen

- Beschreibt, wie man sofort sehen kann, ob eine Zahl durch 2, durch 5 oder durch 10 teilbar ist. Schreibt jeweils drei sechsstellige Zahlen auf, die durch 2, durch 5 bzw. 10 teilbar sind.
- Man kann auch leicht sehen, ob eine Zahl durch 3 oder durch 9 teilbar ist. Hierzu berechnet man die sogenannte Quersumme der Zahl. Diese ergibt sich als Summe der Ziffern der Zahl (z. B. die Quersumme von 456 ist 4 + 5 + 6 = 15).

Berechnet bei verschiedenen dreistelligen Zahlen aus der 3er- und der 9er-Reihe die Quersumme. Manchmal lässt sich auch noch die Quersumme der Quersumme usw. berechnen (vgl. Fig. 1 und Fig. 2).

Zahlen aus der 3er-Reihe:

Zahl	Quersumme	Quersumme der Quersumme
333	9	9
336	12	3
339	15	6
342	...	...
345	...	...
348	...	...
...	...	...

Fig. 1

Zahlen aus der 9er-Reihe:

Zahl	Quersumme	Quersumme der Quersumme
900	9	9
909	18	
918	18	
927	...	...
936	...	...
...	...	...

Fig. 2

Es kann sinnvoll sein, die Arbeit in der Klasse so aufzuteilen, dass sich eine Gruppe mit der 3er-Reihe und eine mit der 9er-Reihe beschäftigt.

- Was fällt auf? Versucht eine Regel aufzustellen:
  „Wenn eine Zahl durch 3 (durch 9) teilbar ist, dann..."
- Schreibt jeweils drei sechsstellige Zahlen auf, die durch 3 bzw. durch 9 teilbar sind.

Forschungsauftrag 4: Zahlen als Produkte schreiben

Jede Zahl kann als Produkt geschrieben werden. Die einfachste Form erhält man, wenn ein Faktor eins ist (Fig. 3). Auf diese Art und Weise kann man auch unendlich viele Faktoren erzeugen. Dies ist jedoch uninteressant, wir schließen deshalb die Zahl 1 als Faktor aus. Nun wird es interessant: Manche Zahlen können sehr viele Faktoren besitzen, andere können gar nicht mehr als Produkt dargestellt werden. Die Zahl 8 hat beispielsweise 3 Faktoren, die Zahl 12 hat ebenfalls 3 Faktoren, die Zahl 11 kann jedoch nicht als Produkt aufgeschrieben werden (Fig. 4).

$13 = 1 \cdot 13$
$13 = 1 \cdot 1 \cdot 1 \cdot 1 \cdot 1 \cdot 1 \cdot 13$

Fig. 3

$8 = 2 \cdot 4$
$8 = 2 \cdot 2 \cdot 2$

$12 = 2 \cdot 6$
$12 = 2 \cdot 2 \cdot 3$

$11 = 11$

Fig. 4

- Schreibe alle Zahlen von 2 bis 25 als Produkte mit möglichst vielen Faktoren. Fertige dazu eine Tabelle an (Fig. 5).
- Welche Zahlen haben die wenigsten Faktoren?
- Welche Zahlen haben die meisten Faktoren?
- Welche Zahlen treten als Faktoren auf? Besitzen sie eine besondere Eigenschaft?
- Gibt es einen Grund dafür, dass einige Zahlen als Faktoren auftreten und andere nicht?

Zahl	Produkt	Anzahl Faktoren
2	–	–
3	–	–
4	2·2	2
5	–	–
6	2·3	2
7	–	–
8	2·2·2	3
9	...	

Fig. 5

1 Teiler und Vielfache

„Euer Kartenspiel hat nur 32 Karten. Wieso spielt ihr dann mit drei Personen? Oder habt ihr eine Karte verloren?"
„Wir haben keine Karte verloren, aber beim Verteilen gibt es einen Trick."
„Soll ich auch mitspielen? Dann ist es mit dem Verteilen einfacher."

Eine Klasse von 28 Schülerinnen und Schülern kann man in vier gleich große Gruppen einteilen, aber nicht in fünf gleich große Gruppen. Die Division 28 durch 4 geht ohne Rest auf, während bei der Division 28 durch 5 ein Rest bleibt.

Für „4 teilt 28" schreibt man kurz:
4 | 28.

Entsprechend bedeutet
4 ∤ 30:
„4 ist kein Teiler von 30".

Bei der Division 28:4 bleibt kein Rest. Dafür sagt man auch:

	28 ist **teilbar** durch 4	Diese vier Aussagen bedeuten alle dasselbe.
oder	4 **teilt** 28	
oder	4 ist ein **Teiler** von 28	
oder	28 ist ein **Vielfaches** von 4.	

Will man eine Menge von Zahlen aufschreiben, so schreibt man die Zahlen in {...}.

Alle Teiler der Zahl 28 kann man zu einer **Menge** zusammenfassen. Diese Menge heißt **Teilermenge** T_{28}. Die Teiler von 28 sind 1; 2; 4; 7; 14 und 28. Kurz: $T_{28} = \{1; 2; 4; 7; 14; 28\}$.
Ebenso kann man die Vielfachen einer Zahl zu einer Menge zusammenfassen. Diese Menge heißt **Vielfachenmenge**. Die Vielfachen von 5 werden zum Beispiel zur Menge $V_5 = \{5; 10; 15; \ldots\}$ zusammengefasst.

Beispiel 1
a) Ist 117 teilbar durch 7?
b) Teilt 3 die Zahl 111?
c) Ist 720 ein Vielfaches von 40?
Dividiere und prüfe, ob ein Rest bleibt.
Lösung:
a) 117 : 7 = 16 Rest 5,
117 ist nicht teilbar durch 7.
b) 111 : 3 = 37, also: 3 teilt 111.
c) 720 : 40 = 18,
also ist 720 ein Vielfaches von 40.

Beispiel 2
Schreibe 20 auf alle möglichen Arten als Produkt mit zwei Faktoren. Bestimme damit alle Teiler von 20. Schreibe sie als Teilermenge.
Mit jedem Produkt erhältst du zwei Faktoren. Beide sind Teiler von 20.
Lösung:
$20 = 1 \cdot 20$
$= 2 \cdot 10$
$= 4 \cdot 5$, also: $T_{20} = \{1; 2; 4; 5; 10; 20\}$

Aufgaben

1 a) Ist 84 durch 6 teilbar? b) Teilt 15 die Zahl 125?
c) Ist 220 ein Vielfaches von 40? d) Ist 14 ein Teiler von 80?

2 Gib die Teilermengen an.
a) 12 b) 40 c) 81 d) 23 e) 55

3 a) Welche Zahlen sind Vielfache von 8: 4; 8; 28; 32; 60; 64; 80; 400; 500; 1000?
b) Welche Zahlen sind Teiler von 210: 1; 2; 3; 4; 5; 6; 7; 10; 70; 210; 420?

4 a) Welche Zahl ist der größte, welche Zahl ist der kleinste Teiler von 50?
b) Bestimme den größten und den kleinsten Teiler von 2024.

5 Welche der Zahlen haben mehr als 4 Vielfache, die kleiner als 100 sind?
a) 20 b) 9 c) 15 d) 25 e) 19 f) 35

6 Beschreibe, wie du ohne Rechnung erkennen kannst, ob eine Zahl durch 10 (durch 5, durch 2) teilbar ist.

7 a) Prüfe, ob die Zahl 40 durch 1 (durch 2, durch 3, durch 4, durch 5, durch 6, durch 8, durch 10) teilbar ist.
b) Ist 120 durch 1 (durch 2, durch 3, durch 4, durch 5, durch 6, durch 8, durch 10) teilbar?

8 Firma Schoki-Lado möchte eine Schokoladentafel herstellen, die für möglichst viele Familiengrößen passt, d.h., jedes Familienmitglied soll beim Teilen die gleiche Anzahl Schokoladenstückchen erhalten.
a) Welche Tafelgröße soll die Firma herstellen (Fig. 1)?
b) Finde weitere sinnvolle Tafelgrößen.

Bist du sicher?

1 Bestimme die Teilermengen der Zahlen 60, 42, 231.

2 Prüfe, ob die folgenden Behauptungen richtig sind oder nicht. Begründe deine Antwort.
a) Wenn eine Zahl durch 8 teilbar ist, dann ist sie auch durch 4 teilbar.
b) Alle Zahlen, die durch 4 teilbar sind, sind auch durch 8 teilbar.

9 Wie kann man 2 € mit nur einer (mit zwei) Münzsorte(n) auszahlen?

10 Richtig oder falsch? Begründe.
a) Wenn eine Zahl durch 6 teilbar ist, dann ist sie auch durch 2 und 3 teilbar.
b) Alle Zahlen, die durch 2 und 3 teilbar sind, sind auch durch 6 teilbar.
c) Wenn eine Zahl nicht durch 6 teilbar ist, dann ist sie auch nicht durch 3 oder 2 teilbar.
d) Alle Zahlen, die nicht durch 2 oder 3 teilbar sind, sind auch nicht durch 6 teilbar.

11 Erfinde und prüfe weitere Sätze ähnlich denen aus Aufgabe 10.

12 a) Finde die kleinste Zahl, die durch 2, 3, 4, 5 und 6 teilbar ist.
b) Wie musst du die Zahl verändern, wenn sie auch noch durch 24 teilbar sein soll?
c) Suche eine kleine Zahl, die außer durch 2, 3, 4, 5 und 6 noch durch 7 teilbar ist.

13 Prüfe, ob die Behauptung wahr ist. Begründe deine Antwort.
a) Von zwei aufeinander folgenden Zahlen ist eine durch 2 teilbar.
b) Von vier aufeinander folgenden Zahlen sind zwei durch 2 teilbar.
c) Von drei aufeinander folgenden Zahlen ist eine durch 3 teilbar.
d) Von vier aufeinander folgenden Zahlen sind zwei durch 3 teilbar.
e) Von zwei aufeinander folgenden Zahlen ist keine durch 3 teilbar.

2 Geschicktes Zerlegen

Max feiert Geburtstag. Es gibt zum Abschied für alle Gäste kleine Päckchen mit Gummibärchen. Jan behauptet: „87 Päckchen mit Gummibärchen? Da muss ich gar nicht rechnen. Das geht nie auf.“ Max: „Na gut, dann nehmen wir eben drei für Mama weg.“

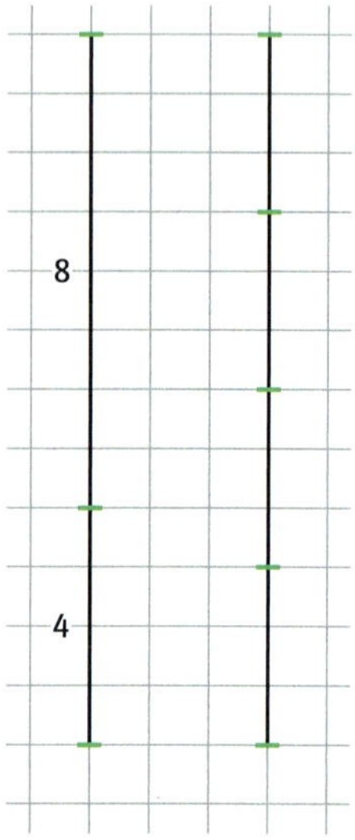

Fig. 1

Wenn man feststellen will, ob eine Zahl durch 8 teilbar ist oder nicht, dann ist es besonders bei großen Zahlen geschickt, wenn man sie in eine Summe oder eine Differenz zerlegt. Sind alle Teile der Zerlegung durch 8 teilbar, dann ist auch die ursprüngliche Zahl durch 8 teilbar.
Zum Beispiel könnte man die Zahl 3304 zerlegen in $3304 = 3200 + 80 + 24$.
Bei allen drei Summanden kann man leicht sehen, dass sie durch 8 teilbar sind. Also ist auch die Zahl 3304 durch 8 teilbar und es ergibt sich
$3304:8 = 3200:8 + 80:8 + 24:8 = 400 + 10 + 3 = 413$.

Um festzustellen, ob eine Zahl teilbar ist, hilft es oft, sie geschickt in eine Summe zu zerlegen. Wenn alle Summanden teilbar sind, dann ist auch die ursprüngliche Zahl teilbar. Ist aber einer der Summanden nicht teilbar, dann ist die Zahl auch nicht teilbar.

Statt in eine Summe kann man auch in eine Differenz zerlegen.

Die 5 ist ein Teiler von 15. Also teilt die 5 auch alle Vielfachen von 15. Zum Beispiel kann man $90 = 6 \cdot 15$ auch als Summe schreiben: $90 = 15 + 15 + 15 + 15 + 15 + 15$. Die 5 teilt alle Summanden und damit auch die 90.

Beispiel 1
Ist 714 durch 21 teilbar?
Lösung:
1. Möglichkeit (Summe):
Zerlege 714 so, dass du an den Summanden die Teilbarkeit leicht ablesen kannst.
$714 = 630 + 84$
630 und 84 sind durch 21 teilbar. Also ist auch 714 durch 21 teilbar.
2. Möglichkeit (Differenz):
Schreibe 714 als Differenz von zwei Zahlen, bei denen du die Teilbarkeit leicht ablesen kannst: $714 = 840 - 126$
840 und 126 sind durch 21 teilbar. Also ist auch 714 durch 21 teilbar.

Beispiel 2
Ist 7 ein Teiler von 1994?
Lösung:
Manchmal ist es einfacher, die Zahl in mehr *als zwei Teile zu zerlegen.*
1. Möglichkeit (Summe):
$1994 = 1400 + 560 + 34$
1400 und 560 sind Vielfache von 7. 34 ist aber kein Vielfaches von 7. Deshalb ist 7 kein Teiler von 1994.
2. Möglichkeit (Differenz):
$1994 = 2100 - 70 - 36$
2100 und 70 sind Vielfache von 7. 36 ist aber kein Vielfaches von 7. Deshalb ist 7 kein Teiler von 1994.

Aufgaben

1 a) Ist 35 ein Teiler von 70 + 355?
b) Ist 8 ein Teiler von 48 + 800 + 160?
c) Ist 25 ein Teiler von 7800 − 75?
d) Ist 7 ein Teiler von 420 − 35 − 12?
e) Ist 7 ein Teiler von 21 · 153 + 14?
f) Ist 16 ein Teiler von 32 · 11?

2 Prüfe die folgenden Behauptungen, ohne die Summe oder Differenz auszurechnen.
a) 38 teilt 3800 − 190 b) 45 teilt 90 + 450 c) 31 teilt 620 − 93 d) 25 teilt 4300 + 75

3 Prüfe, ohne die Summe zu berechnen, ob sie durch 2 (durch 5) teilbar ist.
a) 34 692 + 53 720 b) 6735 + 8270 c) 73 690 + 38 200 d) 6723 + 6377

4 Zerlege zuerst geschickt in eine Summe oder in eine Differenz.
a) Ist 23 060 teilbar durch 20?
b) Ist 47 920 teilbar durch 40?
c) Ist 11 155 teilbar durch 11?
d) Ist 370 370 teilbar durch 37?

5 a) Welche der Zahlen 6030; 12 096 und 17 996 ist durch 6 teilbar, welche nicht?
b) Welche der Zahlen 4933; 35 140 und 77 078 ist durch 7 teilbar, welche nicht?
c) Welche der Zahlen 2376; 20 056 und 15 950 ist durch 8 teilbar, welche nicht?
d) Welche der Zahlen 9099; 10 000 und 17 991 ist durch 9 teilbar, welche nicht?

Bist du sicher?

1 Beantworte mit möglichst wenig Rechenaufwand.
a) Welche der Zahlen 756; 757; 758; 759 ist durch 9 teilbar?
b) Welche der Zahlen 333; 343; 353; 363 ist durch 37 teilbar?

6 Alexander sammelt Geld für den Klassenausflug ein. Jeder muss 15 € zahlen. Er hat insgesamt 467 € eingesammelt. Kann das stimmen?

7 Tanja hat Behauptungen zur Teilbarkeit aufgestellt. Prüfe sie, ohne dabei den Wert der vorkommenden Rechenausdrücke auszurechnen.
a) 15 teilt 767 · 45.
b) 18 + 12 · 343 ist ein Vielfaches von 12.
c) 11 ist kein Teiler von 33 · 123 − 9.
d) 13 teilt 39 · 151 + 15.
e) 112 · 1745 ist ein Vielfaches von 56.
f) 35 ist kein Teiler von 105 · 754.

8 Ein Kanal wird in zwei Abschnitten verlegt: erst 20,40 m, dann 25,20 m. Kann jeder Abschnitt (das gesamte Kanalrohr) mit den abgebildeten Rohren (Fig. 1) gebaut werden?

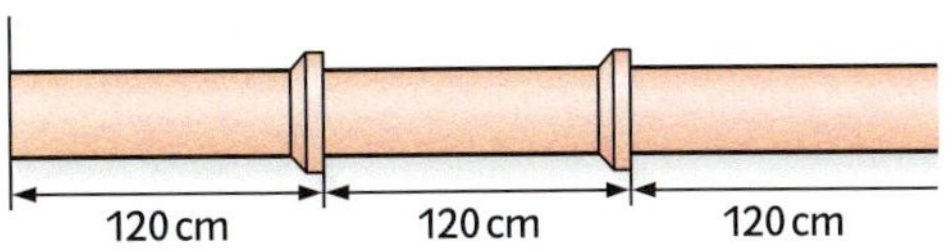

Fig. 1

9 Prüfe die Behauptungen, finde Beispiele.
a) 245 = 210 + 20 + 15. Nur 210 ist durch 7 teilbar, deshalb ist 245 nicht durch 7 teilbar.
b) Wenn bei einer Summe mit drei Summanden nur einer durch 7 teilbar ist, dann ist die Summe nicht durch 7 teilbar.
c) Wenn bei einem Produkt mit zwei Faktoren beide durch 5 teilbar sind, dann ist das Produkt durch 25 teilbar.
d) Stelle eigene Behauptungen auf und lasse sie von deinem Nachbarn überprüfen.

3 Teilbarkeitsregeln

Mira: „Das ist eine gute Idee, immer 4 Lose auf einmal zu verkaufen."
Sina: „Klar, aber das geht doch gar nicht auf!"
Mira: „Du kannst aber schnell durch 4 teilen."
Sina: „Das sieht man auch ohne zu teilen."

Die Zahl 17586 kann man zerlegen in 17586 = 17580 + 6.
10 und alle Vielfachen von 10 sind durch 2, 5 und 10 teilbar. Die Teilbarkeit von 17586 durch 2, 5 oder 10 hängt also nur von der Einerziffer ab.

Wenn man 17586 zerlegt in 17586 = 17500 + 86, kann man leicht testen, ob 17586 durch 4 teilbar ist. 100 und damit alle Vielfachen von 100 lassen sich nämlich durch 4 teilen. Die Teilbarkeit von 17586 durch 4 hängt also nur davon ab, ob 86 durch 4 teilbar ist.

An diesen Stellen erkennst du die Teilbarkeit einer Zahl

durch 2; 5; 10:

ZT	T	H	Z	**E**

durch 4:

ZT	T	H	**Z**	**E**

Endstellenregeln:
Eine Zahl ist
teilbar durch 2, wenn ihre letzte Ziffer eine 0, 2, 4, 6, oder 8 ist,
teilbar durch 5, wenn ihre letzte Ziffer eine 0 oder eine 5 ist,
teilbar durch 10, wenn ihre letzte Ziffer eine 0 ist,
teilbar durch 4, wenn die aus ihren letzten beiden Ziffern gebildete Zahl durch 4 teilbar ist.

Die Zahl 643 ist ungerade. Sie ist nicht durch 2 und auch nicht durch alle Vielfachen von 2 teilbar. Das bedeutet, dass hier die Überprüfung der Teilbarkeit durch 4 und 10 nicht extra durchgeführt werden muss.

Beispiel 1
Prüfe, ob 12370 durch 2, 4, 5, oder durch 10 teilbar ist.
Lösung:
Die Endziffer ist 0. 12370 ist deshalb durch 2, 5, und durch 10 teilbar.
Die Zahl aus den letzten zwei Ziffern ist 70. 70 ist nicht durch 4 teilbar. Also ist 12370 nicht durch 4 teilbar.

Beispiel 2
Sind die Zahlen 17895 und 23684 teilbar durch 2, 4, 5, oder 10?
Lösung:
17895 ist ungerade und deshalb weder durch 2 noch durch 4 oder 10 teilbar. Sie endet auf 5. 17895 ist also durch 5 teilbar.23684 endet auf 4. 84 ist durch 4 teilbar. Die Zahl ist daher durch 2 und 4, nicht aber durch 5 und 10 teilbar.

Die Zahl 700 kann man zerlegen in $700 = 7 \cdot 99 + 7$. 99 und damit auch $7 \cdot 99$ sind durch 3 teilbar. Ob 700 durch 3 teilbar ist, hängt also nur davon ab, ob 7 durch 3 teilbar ist oder nicht.

99 ist die größte zweistellige Zahl, die durch 3 und durch 9 teilbar ist.

421 ist zerlegbar in $421 = 400 + 20 + 1 = 4 \cdot 99 + 4 + 2 \cdot 9 + 2 + 1$.
Diese Summe kann man auch so zusammenfassen: $421 = 4 \cdot 99 + 2 \cdot 9 + (4 + 2 + 1)$.
Die Teilbarkeit durch 3 hängt also nur davon ab, ob $4 + 2 + 1$ durch 3 bzw. 9 teilbar ist.
$4 + 2 + 1$ ist die Summe aller Ziffern von 421 und heißt **Quersumme** von 421.

Die Zahl 99 ist auch durch 9 teilbar. Deshalb hängt auch die Teilbarkeit durch 9 nur davon ab, ob die Quersumme durch 9 teilbar ist oder nicht.

Quersummenregeln:
Eine Zahl ist
teilbar durch 3, wenn ihre Quersumme durch 3 teilbar ist,
teilbar durch 9, wenn ihre Quersumme durch 9 teilbar ist.

Gerade Vielfache von 3 sind durch 6 teilbar.

teilbar durch 6:

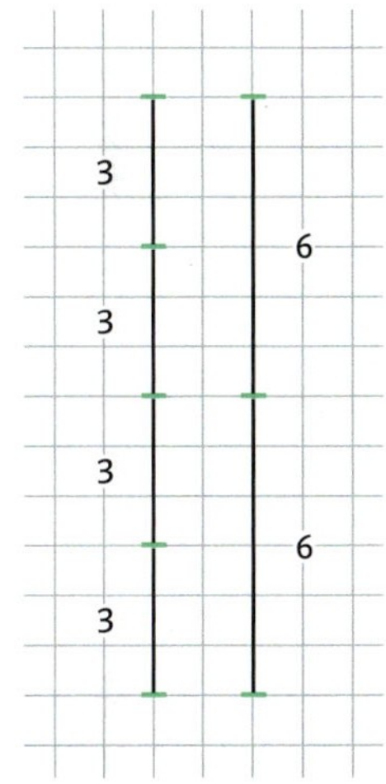

nicht teilbar durch 6:

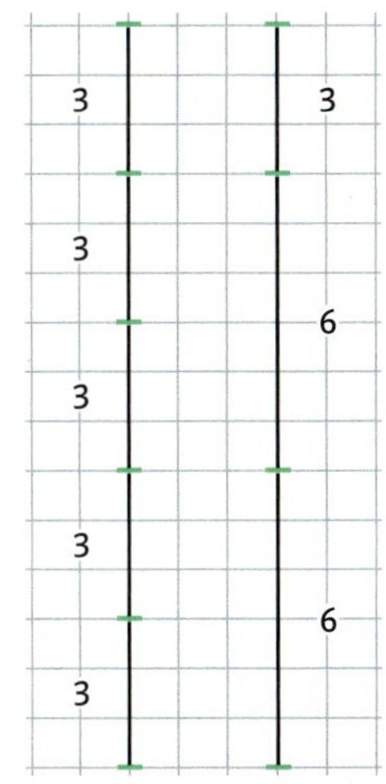

Die Zahl 454 ist nicht durch 3 teilbar, weil $4 + 5 + 4 = 13$ nicht durch 3 teilbar ist. Sie ist also erst recht nicht durch 9 teilbar.

Beispiel 1
Ist 415782 durch 3 oder 9 teilbar?
Lösung:
Die Quersumme von 415782 ist $4 + 1 + 5 + 7 + 8 + 2 = 27$.
27 ist sowohl durch 9 als auch durch 3 teilbar, also ist auch 415782 durch 3 und 9 teilbar.

Beispiel 2
Prüfe die Zahlen auf Teilbarkeit durch 3 und 9.
a) 415725 b) 415530 c) 451752
Lösung:
a) Quersumme: $4 + 1 + 5 + 7 + 2 + 5 = 24$. 3 ist ein Teiler von 24, also auch von 415725.
24 ist aber kein Vielfaches von 9, deshalb ist 415725 kein Vielfaches von 9.
b) Quersumme: $4 + 1 + 5 + 5 + 3 + 0 = 18$. 9 ist ein Teiler von 18. Deshalb ist 9 auch ein Teiler von 415530.
415530 ist erst recht durch 3 teilbar, weil jedes Vielfache von 9 auch ein Vielfaches von 3 ist.
c) 451752 hat dieselbe Quersumme wie 415725, denn durch Vertauschen der Ziffern ändert sich die Quersumme nicht. Aus Teil a) wissen wir, dass 415725 durch 3 aber nicht durch 9 teilbar ist. Das gilt also auch für 451752.

Beispiel 3
Ist 6 ein Teiler von 605082 (605282; 879)?
Lösung:
Eine Zahl, die durch 6 teilbar ist, muss gerade und durch 3 teilbar sein.
Die Zahl 879 ist ungerade, also kein Vielfaches von 6.
Die Zahlen 605082 und 605282 sind gerade, also durch 2 teilbar.
Die Quersumme von 605082 ist 21. Die Quersumme von 605282 ist 23.
3 teilt 21, aber nicht 23. Deshalb ist 6 ein Teiler von 605082, aber nicht von 605282.

Aufgaben

1 Ist die Zahl durch 2, 4 oder 5 teilbar? Begründe.

a) 662 b) 1015 c) 4320 d) 36 216
e) 8894 f) 24 440 g) 55 550 h) 12 345 678

2 Prüfe, ob die Zahl durch 4 teilbar ist. Gib gegebenenfalls die nächstgelegene größere (kleinere) Zahl an, die durch 4 teilbar ist.

a) 2374 b) 8697 c) 35 562 d) 44 384

3 a) Schreibe von den folgenden Zahlen diejenigen auf, die durch 3 teilbar sind:
403; 540; 2475; 3741; 67 446; 708 092; 28 359; 30 072; 111 111; 9 191 919.
b) Unterstreiche alle aufgeschriebenen Zahlen, die auch durch 9 teilbar sind.

4 Ist die Zahl ein Vielfaches von 3 (ein Vielfaches von 9)?

a) 5624 b) 24 951 c) 123 456 789 d) 555 555 555

5 Untersuche, ob die Zahl durch 2, 3, 4, 9 oder 10 teilbar ist.

a) 228 b) 920 c) 4770 d) 1 064 532

6 a) Teilbarkeit durch 2 und 4 kann man mithilfe der Endstellen der Zahlen erkennen. Finde Endstellenregeln für die Teilbarkeit durch 25 (125). Probiere zuerst bei einigen Zahlen (zum Beispiel 60; 75; 520; 250; 35 225; 45 600 …)
b) Wie lautet die Endstellenregel für die Teilbarkeit durch 20 (50; 100)?

Bist du sicher?

1 Übertrage in dein Heft und entscheide durch Ankreuzen, ob die Zahlen in der linken Spalte durch die oben stehenden Zahlen teilbar sind.

	2	3	4	5	6	9	25	50
42								
225								
1375								
2550								
564								
4250								
1296								
134 582								
2700								

2 Sind die folgenden Behauptungen richtig?

a) 375 ist teilbar durch 32.
b) 1353 600 ist ein Vielfaches von 1000.
c) 15 ist ein Teiler von 5535.
d) 45 311 ist nicht durch 14 teilbar.

3 Schreibe je drei fünfstellige Zahlen auf, die teilbar sind

a) durch 9,
b) durch 3, aber nicht durch 9,
c) durch 6,
d) durch 12, aber nicht durch 6.

7 a) Prüfe, ob alle Zahlen, die durch 2 und 5 teilbar sind, auch durch 10 teilbar sind.
b) Sind alle Zahlen, die durch 4 und 5 teilbar sind, automatisch auch Vielfache von 20?
c) Teste, ob alle Zahlen, die durch 2 und durch 4 teilbar sind, auch durch 8 teilbar sind.
d) Stelle eine Regel für die Teilbarkeit durch 15 auf.

8 Siljas kleiner Bruder spielt mit dem Ziffernblock der Tastatur seines Computers. Er tippt nacheinander alle zehn Ziffern. Dann fängt er wieder von vorne an, aber jetzt tippt er die Ziffern in einer anderen Reihenfolge. So entstehen große Zahlen.
Silja schaut sich die Zahlen an und testet, welchen Einfluss die Vertauschung der Ziffern auf die Teilbarkeit durch 2, 3, 4, 5, 6, 9 oder 10 hat.
Zu welchem Ergebnis sollte Silja kommen?

9

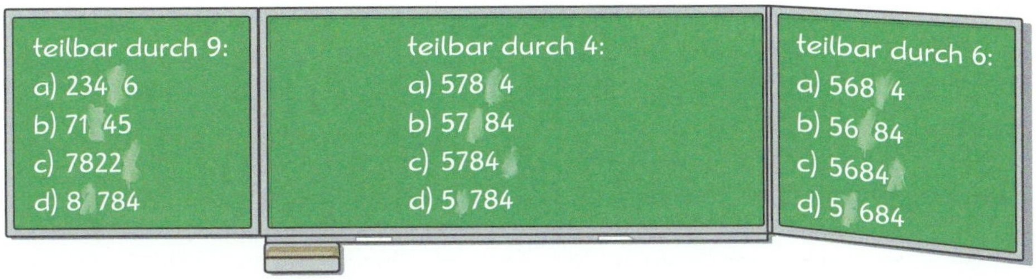

Fig. 1

10 a) Ergänze so, dass die entstehende Zahl durch 9 teilbar ist: 5□8△4.
b) Ergänze so, dass die entstehende Zahl durch 4 teilbar ist: 5□87△.
c) Ergänze so, dass die entstehende Zahl durch 6 teilbar ist: 578□△.

11 Lena hat für ihre Hausaufgabe vier fünfstellige Zahlen von der Tafel abgeschrieben. Sie kann sich nicht mehr erinnern, was sie damit machen soll. Sie ruft ihre beste Freundin Nora an. Nora erklärt: „Zuerst müssen wir prüfen, durch welche einstelligen Zahlen 35724 teilbar ist. Dann sollen für die Variablen Ziffern gefunden werden, sodass die anderen drei Zahlen durch dieselben einstelligen Zahlen teilbar werden wie 35724."
Diese Zahlen hat Lena abgeschrieben:
a) 35724 b) 357□4 c) 35□24 d) 3572□

12 **Zwei Schlaumeier**
a) Robert denkt über die Regeln für die Teilbarkeit nach und ihm fällt auf, dass er für alle einstelligen Zahlen außer 8 und 7 eine Regel gelernt hat. Schließlich mailt er seinem Freund Janosch: „Hallo Jan, ich hab's! Bei Zahlen, die mehr als drei Stellen haben, gibt es auch für die Teilbarkeit durch 8 eine Regel. Für Zahlen unter Tausend bringt sie zwar nichts, aber die kann man ja wie früher geschickt in eine Summe zerlegen.
Denk mal nach, die Regel geht so ähnlich wie die für 4."
b) Janosch mailt zurück: „Das mit 8 habe ich rausgefunden. Aber auch bei den Zahlen unter Tausend gibt es ganz viele, bei denen ohne jede Rechnung sofort klar ist, dass sie nicht durch 8 teilbar sind. Denk nur an die vielen ungeraden Zahlen.
Aber auch bei den geraden kannst du die Hälfte grad vergessen."
c) „Ach ja, ich habe auch herausgefunden, wie du feststellen kannst, ob eine Zahl nicht durch 6 teilbar ist: Wenn eine Zahl nicht durch 6 teilbar ist, dann ist sie weder durch 2 noch durch 3 teilbar."
Finde die Regel von Robert und diskutiere die Idee von Janosch.

Immer online

4 Primzahlen

„12 Flaschen sind zu viel. 10 oder 9 Flaschen sind angemessen."
„Kisten mit der Glückszahl 13 hat noch niemand."
„Ich lebe alleine. Mir reicht eine Fünferkiste."

Die Zahl 1 wird nicht zu den Primzahlen gezählt, weil sie nur einen Teiler hat.

Eine Klasse von 29 Schülerinnen und Schülern kann man nicht in gleich große Gruppen einteilen (außer in 29 Gruppen von einem Schüler oder eine Gruppe von 29 Schülern). Das liegt daran, dass die Zahl 29 keine „echten" Teiler hat. Sie hat nur die zwei Teiler 1 und 29.

Eine Zahl, die nur zwei Teiler hat, nämlich die Zahl 1 und sich selbst, heißt **Primzahl**.
Die Zahlen 2; 3; 5; 7; 11; 13; 17; 19; 23; 29; 31; 37 … sind Primzahlen.

Um zu prüfen, ob 119 eine Primzahl ist, versucht man, 119 in ein Produkt zu zerlegen. Dazu muss man Teiler suchen. Man probiert der Reihe nach, angefangen mit 2, alle Zahlen durch. Bei 119 klappt die Zerlegung mit der Zahl 7, denn $7 \cdot 17 = 119$.

Beispiel 1
Ist 119 eine Primzahl?
Lösung:
119 ist ungerade, ihre Quersumme ist 11, sie endet auf 9. 119 ist daher nicht durch 2, 3, 4, 5 oder 6 teilbar. $119 = 7 \cdot 17$, also keine Primzahl.

Man kann die Primzahlen als die Grundbausteine der Zahlen auffassen, da man jede natürliche Zahl (>1), die nicht selbst Primzahl ist, als Produkt von Primzahlen schreiben kann. In diesem Sinn sind die Primzahlen die „ersten" Zahlen (lat.: primus: der Erste).

Wenn man eine Zahl wie 60 als Produkt schreibt und die Faktoren so klein wie möglich wählt, ergibt sich am Ende immer ein Produkt von Primzahlen.

$60 = 6 \cdot 10$ $\quad$ $60 = 4 \cdot 15$ $\quad$ $60 = 5 \cdot 12$
$60 = \overbrace{2 \cdot 3} \cdot \overbrace{2 \cdot 5}$ $\quad$ $60 = \overbrace{2 \cdot 2} \cdot \overbrace{3 \cdot 5}$ $\quad$ $60 = 5 \cdot \overbrace{2 \cdot 2 \cdot 3}$

Man erhält stets die gleichen Faktoren 2 (zweimal), 3 (einmal) und 5 (einmal). Nur die Reihenfolge ist anders. Die Faktoren 2; 3; 5 heißen die **Primfaktoren** von 60. Das Produkt $2 \cdot 2 \cdot 3 \cdot 5$ heißt **Primfaktorzerlegung** von 60.

Die Zahl 2 ist die kleinste Primzahl. Alle größeren Zahlen sind entweder auch Primzahlen, oder sie lassen sich als Produkt von Primzahlen schreiben.

Mithilfe der Teilbarkeitsregeln kann man schnell feststellen, ob eine Zahl die Primfaktoren 2, 3 oder 5 als Teiler hat. Daher ist es günstig, zuerst zu prüfen, ob die Zahl durch 2, 3 oder 5 teilbar ist. Manchmal ist es aber auch geschickt, die Zahl zuerst in ein Produkt mit zwei Faktoren zu zerlegen. Danach kann man diese beiden Faktoren weiter zerlegen.

Beispiel 2
Wie lautet die Primfaktorzerlegung?
124
Lösung:
a) $124 = 2 \cdot 62 = 2 \cdot 2 \cdot 31$

Beispiel 3
Wie lautet die Primfaktorzerlegung? Fasse gleiche Faktoren zu Potenzen zusammen.
1500
Lösung:
$1500 = 15 \cdot 100 = 3 \cdot 5 \cdot 2 \cdot 2 \cdot 5 \cdot 5 = 2^2 \cdot 3 \cdot 5^3$

An der Primfaktorzerlegung kann man auch erkennen, ob eine Zahl Teiler einer anderen ist:
$28 = 2 \cdot 2 \cdot 7$ $\quad$ $980 = 2 \cdot 2 \cdot 5 \cdot 7 \cdot 7 = 2 \cdot 2 \cdot 7 \cdot 5 \cdot 7$
Die Primfaktoren von 28 kommen alle unter denen von 980 vor, und zwar jeder mindestens so oft wie bei 28, also ist 28 ein Teiler von 980.

Beispiel 4
Prüfe mithilfe der Primfaktorzerlegung, ob 18 ein Teiler von 396 ist.
Lösung:
Schreibe die Primfaktoren passend untereinander. So kannst du sofort sehen, ob alle Primfaktoren der 18 auch in der Primfaktorzerlegung von 396 vorkommen.

$396 = 2 \cdot 2 \cdot 3 \cdot 3 \cdot 11$
$18 = 2 \cdot \quad 3 \cdot 3$

18 ist ein Teiler von 396.

Aufgaben

1 Schreibe die Zahlen als Produkt von Primzahlen.
a) 12 b) 23 c) 32 d) 39
e) 144 f) 80 g) 59 h) 93

2 Zerlege in Primfaktoren und fasse gleiche Faktoren zu Potenzen zusammen.
a) 48 b) 63 c) 100 d) 360
e) 68 f) 225 g) 210 h) 392

3 Welche Produkte sind gleich? Entscheide, ohne die Produkte auszurechnen.
a) $3 \cdot 15 \cdot 25$ und $9 \cdot 125$
b) $27 \cdot 121$ und $5 \cdot 9 \cdot 11 \cdot 11$
c) $9 \cdot 25 \cdot 49$ und $105 \cdot 105$
d) $2 \cdot 3 \cdot 6$ und $6 \cdot 2 \cdot 2$

4 a) Chantal möchte herausfinden, ob sich 211 als Produkt von Primzahlen schreiben lässt. Sie behauptet: „Zuerst probiere ich, ob 2 ein Teiler von 211 ist. Wenn nicht, kommt 3 dran. Wenn das auch nicht klappt, probiere ich die nächst größere Primzahl und soweiter."
Warum muss Chantal nur Primzahlen ausprobieren?
b) André probiert die Idee von Chantal aus und sagt: „Ich habe bis 13 getestet und immer noch kein Produkt gefunden. Jetzt kann ich aufhören. 211 ist also eine Primzahl."
Warum muss André die Zahl 17 nicht mehr probieren?

Bist du sicher?

1 Zerlege in Primfaktoren und fasse gleiche Faktoren zu Potenzen zusammen.
a) 150 b) 126 c) 381 d) 2805

2 Ist 89 eine Primzahl? Probiere alle Primzahlen als Teiler. Welche ist die letzte Primzahl, die du probieren musst?

Eratosthenes lebte vermutlich von 276 bis 194 v. Chr. in Griechenland. Er war Leiter der Bibliothek von Alexandria. Alexandria besaß die berühmteste Bibliothek der Antike.

Online-Link
734261-0221

Info

Will man alle Primzahlen (z. B. bis 100) bestimmen, so kann ein vor über 2000 Jahren gefundenes Verfahren benutzt werden, das nach dem Griechen Eratosthenes das **„Sieb des Eratosthenes“** genannt wird:

1. Schreibe die Zahlen 2 bis z. B. 100 auf.

2. Die erste Zahl ist 2. Streiche alle Vielfachen von 2 außer 2 selbst.

3. Suche die nächste nicht gestrichene Zahl; streiche alle Vielfachen von ihr außer der Zahl selbst.

4. Wiederhole 3., solange man auf diese Art noch Vielfache streichen kann. Alle übrig gebliebenen Zahlen sind Primzahlen.

	2	3	4	5	6
7	8	9	10	11	12
13	14	15	16	17	18
19	20	21	22	23	24
25	26	27	28	29	30
31	32	33	34	35	36
37	38	39	40	41	42
43	44	45	46	47	48
49	50	51	52	53	54
55	56	57	58	59	60
61	62	63	64	65	66
67	68	69	70	71	72
73	74	75	76	77	78
79	80	81	82	83	84
85	86	87	88	89	90
91	92	93	94	95	96
97	98	99	100		

Bei den Zahlen bis 100 kann man schon nach dem Streichen der Vielfachen von 7 aufhören. Als nächstes wären die Vielfachen von 11 dran. Die sind aber schon gestrichen, denn bis 100 kann höchstens $9 \cdot 11$ vorkommen. Die Vielfachen von 9 (8; 7; ...) sind bereits gestrichen.

5 Finde mithilfe des Siebes von Eratosthenes alle Primzahlen bis 125.

6 Alexander will das Verfahren des Eratosthenes für größere Zahlen weiter schreiben. Allerdings denkt er sich eine Vereinfachung aus: Alle Vielfachen von 2 außer der 2 selbst lässt er gleich weg. Ebenso macht er es mit den Vielfachen von 5. Das „Sieb des Alexander“ fängt dann so wie in Fig. 1 an.

2	3	5	7	9
11	13		17	19
21	23		27	29
31	33		37	39
41	...			

Fig. 1

a) Siebe damit alle Primzahlen bis 400 aus.
b) Welche Vielfachen musst du als letzte streichen?

7 Wie viele Primzahlen gibt es
a) zwischen 130 und 140,
b) zwischen 140 und 150?

8 a) Wie viele Primzahlen gibt es höchstens zwischen zwei Zehnerzahlen?
b) Wie viele Primzahlen gibt es mindestens zwischen zwei Zehnerzahlen?

9 Denke dir eine beliebige dreistellige Zahl (z. B. 547). Schreibe sie zweimal hintereinander. So entsteht eine sechsstellige Zahl (547 547).
a) Warum kannst du auf diese Weise niemals eine Primzahl erzeugen?
b) Klappt das Verfahren auch mit vierstelligen Zahlen?

5 Gemeinsame Teiler und gemeinsame Vielfache

„Meistens ist nur ein Zug im Bahnhof."
„Stimmt wohl, aber jetzt könnten wir uns einen aussuchen."
„Ach, das ist Zufall. Auch wenn die sich genau nach dem Fahrplan richten, müssten wir stundenlang warten, bis wieder mal beide gleichzeitig hier halten."
„Na, na nun übertreib mal nicht gleich!"

Die Zahl 1 ist Teiler von jeder anderen Zahl. Zwei Zahlen haben aber manchmal noch andere gemeinsame Teiler. Man findet sie, wenn man ihre Teilermengen miteinander vergleicht.
20 und 30 haben die gemeinsamen Teiler 1; 2; 5 und 10, denn
$T_{20} = \{1; 2; 4; 5; 10; 20\}$ und $T_{30} = \{1; 2; 3; 5; 6; 10; 15; 30\}$.
Alle gemeinsamen Teiler sind die Teiler von 10, dem größten gemeinsamen Teiler.

Unter den **gemeinsamen Teilern** zweier Zahlen gibt es einen größten. Er heißt **größter gemeinsamer Teiler** (kurz: **ggT**) der beiden Zahlen.

Für ggT von 20 und 30 schreibt man auch kurz: ggT(20; 30)

Wenn man den ggT zweier Zahlen sucht, ist es oft geschickter, nur die Teiler der kleineren Zahl oder der Zahl mit besonders wenigen Teilern aufzuschreiben. Dann prüft man, welcher Teiler der größte ist, der auch die andere Zahl teilt.

Beispiel 1
Bestimme alle gemeinsamen Teiler und den ggT von 36 und 48.
Lösung:

Teiler von 36:	1	2	3	4	6		9	12		18		36	
Teiler von 48:	1	2	3	4	6	8		12	16		24		48
Gemeinsame Teiler:	1	2	3	4	6			12					

Die gemeinsamen Teiler sind 1; 2; 3; 4; 6 und 12. Der ggT(36; 48) = 12.

Zwei Zahlen, deren ggT gleich 1 ist, heißen teilerfremd.

Beispiel 2
Bestimme den ggT von 6 und 140.
Lösung:
$T_6 = \{1; 2; 3; 6\}$
$6 \nmid 140$, $3 \nmid 140$
aber $2 \mid 140$.
Das bedeutet: ggT(6; 140) = 2

Beispiel 3
Wie lautet der ggT(48; 77)?
Lösung:
$77 = 7 \cdot 11$.
77 hat also nur die Teiler 1; 7; 11 und 77.
Weder 7 noch 11 sind Teiler von 48.
Deshalb ist der ggT(48; 77) = 1

Die Vielfachenmenge von 12 ist V_{12} = {12; **24**; 36; **48**; 60; **72**; 84; **96**; 108; **120**; 132; …}. Vergleicht man sie mit V_8 = {8; 16; **24**; 32; 40; **48**; 56; 64; **72**; 80; 88; **96**; 104; 112; **120**; 128; …}, so findet man wie bei den Teilermengen gleiche Zahlen. Sie heißen gemeinsame Vielfache. Das kleinste gemeinsame Vielfache ist 24.

Für kgV von 8 und 12 schreibt man auch kurz: kgV(8; 12)

Unter den **gemeinsamen Vielfachen** zweier Zahlen gibt es ein kleinstes. Es ist das **kleinste gemeinsame Vielfache** (kurz: **kgV**) der beiden Zahlen.

Man kann das kgV bestimmen, indem man von der größeren Zahl das 1-Fache, 2-Fache, 3-Fache usw. bestimmt und sofort überprüft, ob es auch ein Vielfaches der kleineren Zahl ist. Die erste solche Zahl ist das kgV.

Beispiel 4
Bestimme die ersten 3 gemeinsamen Vielfachen von 24 und 36.
Lösung:

Vielfache von 24:	24	48	**72**	96		120	**144**	168		192	**216**
Vielfache von 36:		36	**72**		108		**144**		180		**216**
Gemeinsame Vielfache:			**72**				**144**				**216**

Beispiel 5
Welche Zahl ist das kgV von 30 und 55?
Lösung:
55 ist kein Vielfaches von 30. Ungerade Vielfache von 55 enden auf 5. Sie können deshalb keine Vielfachen von 30 sein.
$2 \cdot 55 = 110$; $4 \cdot 55 = 220$. 110 und 220 sind keine Vielfachen von 30.
$6 \cdot 55 = 330$. $330 = 11 \cdot 30$ Das bedeutet: kgV(30; 55) = 330.

Aufgaben

Bei 2a) ist die eine Möglichkeit sofort klar: 4! Aber die anderen?

1 Zerlege beide Zahlen auf möglichst viele verschiedene Arten in ein Produkt mit zwei Faktoren. Schreibe die Teilermengen auf. Finde alle gemeinsamen Teiler. Wie lautet der größte gemeinsame Teiler (ggT)?
a) 60 und 45 b) 138 und 46 c) 13 und 52 d) 27 und 75

2 Welche Werte sind für □ möglich? Nenne mindestens drei Möglichkeiten.
a) ggT(12; □) = 4 b) ggT(□; 18) = 6 c) ggT(□; 81) = 9 d) ggT(24; □) = 1

3 Warum kann man hier keine passenden Zahlen finden? Finde weitere Beispiele.
a) ggT(27; □) = 33 b) ggT(□; 64) = 9

4 Die Antworten kannst du finden, wenn du dir zuerst ein paar Beispiele ausdenkst. Die Lösungen der vorigen Aufgaben können auch helfen.
a) Haben zwei Zahlen immer gemeinsame Teiler?
b) Wie groß können gemeinsame Teiler von zwei Zahlen höchstens sein?
c) Eine der beiden Zahlen ist eine Primzahl, die andere nicht. Wie viele gemeinsame Teiler gibt es dann? Kannst du sie dann ohne viel zu rechnen herausfinden?

5 Bestimme die gemeinsamen Vielfachen der beiden Zahlen. Wie lautet das kgV?
a) 12 und 15 b) 14 und 66 c) 13 und 52 d) 27 und 10

6 Welche Zahlen kann man hier passend einsetzen?
Nenne mindestens drei Möglichkeiten.
a) kgV(9; ☐) = 45 b) kgV(☐; 15) = 30 c) kgV(☐; 9) = 18 d) kgV(8; ☐) = 144

7 Warum kann man hier keine passenden Zahlen finden? Finde weitere Beispiele.
a) kgV(27; ☐) = 33 b) kgV(☐; 64) = 9

8 a) Gibt es immer gemeinsame Vielfache von zwei Zahlen?
b) Eine Zahl ist ein Teiler der anderen. Wie heißt dann das kgV der beiden?
c) Die beiden Zahlen sind teilerfremd. Wie berechnet man dann das kgV?
d) Wie groß ist das kgV von zwei Zahlen höchstens?
e) Eine Zahl ist eine Primzahl. Wie kann man dann das kgV bestimmen?

Bist du sicher?

1 Bestimme das kgV und den ggT der Zahlen.
a) 20, 30 b) 24, 70, 63 c) 3, 15, 21

2 Die Bremer Stadtmusikanten sind losgezogen um gemeinsam Musik zu machen. Der Esel musiziert jeden 2. Tag, der Hund übt jeden 3. Tag und die Katze jeden 5. Tag. Der Hahn kräht nur an jedem 6. Tag. Nach welcher Zeit geben die vier Musikanten ihr erstes gemeinsames Konzert?

9 Elke und Marion laufen im Training die ganze Strecke nebeneinander. Elke hat eine mittlere Schrittlänge von 80 cm, die etwas kleinere Marion nur von 70 cm. Sie geraten deshalb sofort „außer Tritt".
Nach welcher Strecke sind sie wieder „im Tritt"? Wie viele Schritte hat Elke (Marion) bis dahin zurückgelegt?

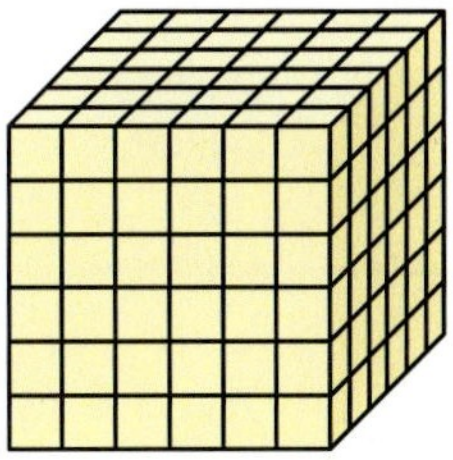

10 Auf einer Autorennbahn braucht das Auto auf der inneren Bahn 24 Sekunden für eine Runde. Das Auto auf der äußeren Bahn ist deutlich langsamer, es braucht 36 Sekunden für eine Runde. Nach welcher Zeit kommen beide Autos wieder gleichzeitig durch „Start und Ziel", wenn sie dort gleichzeitig gestartet sind? Wie viele Runden sind das jeweils?

11 Die Oberfläche eines 12 cm langen, 15 cm breiten und 6 cm hohen Quaders soll in lauter gleiche, aber möglichst große Quadrate eingeteilt werden. Welche Seitenlänge haben diese Quadrate? Wie viele Quadrate ergeben sich?

12 Eine rechteckige Terrasse mit den Seitenlängen 360 cm und 280 cm soll mit quadratischen Platten so ausgelegt werden, dass nicht gestückelt werden muss. Es stehen Platten mit den Seitenlängen 10 cm; 20 cm; 30 cm; … bis 80 cm zur Verfügung.
Welche Platten kann man nehmen?

13 a) Wie viele 24 cm lange, 10 cm breite und 5 cm hohe Ziegelsteine braucht man, um einen Würfel zu schichten?
b) Wie viele Ziegelsteine liegen nebeneinander, hintereinander, aufeinander?

1 Der Garten der Familie Homberg liegt an einem Hang. Es gibt vier Terrassen. Sie sollen durch Treppen verbunden werden. Über die Höhe der Treppenstufen ist ein heftiger Streit entbrannt. Jedes Familienmitglied hat einen anderen Vorschlag. Wie hoch könnten deiner Meinung nach die Treppenstufen gebaut werden?

Fig. 1

2 a) Benjamin arbeitet im Schichtdienst beim Deutschen Roten Kreuz. Er muss immer 3 Tage arbeiten und hat dann einen Tag frei. Heute ist Sonntag und er hat frei. Wie lange muss er warten, bis er wieder einen freien Sonntag hat?
b) Benjamins Freund Johannes arbeitet auch im Schichtbetrieb. Er muss aber 5 Tage arbeiten und hat dann erst einen Tag frei. Immer wenn beide gemeinsam frei haben, treffen sie sich mit Jan zum Karten spielen. Wie viele Tage liegen zwischen zwei Spieleabenden? In welchen Abständen findet der Spieleabend an einem Sonntag statt?
c) Jan hat eine neue Stelle angenommen. Er muss auch im Schichtbetrieb arbeiten. Sein Schichtplan sieht so aus: 3 Tage Frühschicht, 3 Tage Spätschicht und 3 Tage Nachtschicht. Dann hat er einen Tag frei. Als er das seinen Freunden erzählt, meint Benjamin sofort: „Dann können wir ja nur noch einmal im Monat Karten spielen!" Was sagst du dazu?

Der Umlauf der Erde um die Sonne dauert etwas mehr als 365 Tage. Damit das Jahr möglichst gut zur Dauer dieses Umlaufs passt, hat Julius Cäsar das Schaltjahr eingeführt.

3 Ist eine Jahreszahl durch 4 teilbar, so ist das Jahr ein Schaltjahr. Dabei gibt es eine Ausnahme: Jahreszahlen, die durch 400 teilbar sind, sind Schaltjahre, alle anderen Jahreszahlen mit glattem Hunderter sind keine Schaltjahre. Beispielsweise war 1900 kein Schaltjahr, das Jahr 2000 hingegen war ein Schaltjahr.
a) Welche der folgenden Jahre waren Schaltjahre?
1564, 1598, 1600, 1742, 1800, 1923, 1992, 2004
b) Tina wurde am 29. Februar 1992 geboren. In welchen Jahren konnte sie ihren Geburtstag am „richtigen" Tag feiern?
c) Wie oft gab es zwischen 1898 und 2005 einen 29. Februar?
d) Wie viele Schaltjahre wird es bis zum Jahr 3005 geben?
e) Christians Uromi ist 95 Jahre alt. Wie viele Schaltjahre hat sie schon erlebt?
f) Elefanten können in einem Zoo bis zu 70 Jahre alt werden. Wie viele Schaltjahre kann es in einem Elefantenleben höchstens geben?

Mit der Ausnahmeregelung hat Papst Gregor XIII. im Jahr 1582 den Kalender entsprechend genauerer Betrachtungen verbessert.

4 a) Der Hinterreifen von Ingas Fahrrad hat einen Umfang von 204 cm. Eine Pedalumdrehung ist 108 cm lang. Sie startet, wenn ein Pedal und das Ventil des Hinterreifens ganz unten sind. Wie weit ist sie gefahren, wenn wieder dasselbe Pedal und das Hinterradventil ganz unten sind?
b) Nach welcher Strecke sind zum ersten Mal das andere Pedal und das Hinterradventil ganz unten?

5 **Zum Knobeln**

Annalena geht mit ihren Eltern an der Nordsee spazieren. Hinter dem Deich treffen sie einen Schäfer. Annalena ist neugierig und möchte gerne wissen, wie viele Schafe er hütet. Wie alle Schäfer möchte er aber nicht verraten, wie viele es sind. Er sagt: „Ich habe weniger als tausend Schafe, aber das hast du dir wohl schon gedacht!" Annalena ist nicht zufrieden und fragt: „Kannst du mir nicht wenigstens ungefähr sagen, wie viele es sind?" Der Schäfer antwortet: „Na gut, weil du so nett bist, verrate ich es dir.
Wenn du dieses Rätsel löst, weißt du sogar ziemlich genau, wie viele es sind.

- angenommen, du würdest immer zwei wegnehmen, dann wäre am Ende eins übrig,
- wenn du aber immer drei wegnimmst, bleiben zwei übrig,
- nimmst du immer 4 weg, bleiben 3 übrig,
- wenn du immer 5 wegnimmst, hast du am Ende noch 4 übrig,
- wenn du immer 6 wegnimmst, bleiben 5 übrig,
- nimmst du aber immer 7 Schafe auf einmal weg, dann bleibt keins übrig.

Und nun wünsche ich euch einen schönen Tag. Vielleicht sehen wir uns ja morgen wieder. Wenn du die richtige Lösung gefunden hast, spendiere ich dir ein großes Eis."
Hinweis: Es gibt mehrere Lösungswege. Gibt es auch mehr als eine Lösung?

6 **Kreuzzahlrätsel**

In dem nebenstehenden Kreuzzahlrätsel findest du zwei „Lösungszahlen".

Die Summe der Zahlen in den grünen und in den blauen Kästchen ergeben jeweils 18.

Waagerecht

1 das kleinste Vielfache von 37 mit drei gleichen Ziffern
3 die größte dreistellige Zahl
6 das kleinste durch 2 teilbare Vielfache von 11
8 das kgV von 22 und 8
9 die kleinste dreistellige Primzahl
11 die nächste Quadratzahl nach 400
12 das kgV von 56 und 88
13 die größte dreistellige Primzahl
15 vorwärts gelesen eine Primzahl, rückwärts gelesen eine Potenz von 2
17 der ggT von 70 und 126
18 das kgV von 3, 7 und 37
19 die Summe aus 1 waagerecht und 3 waagerecht vermindert um 18 waagerecht

Senkrecht

1 die kleinste Zahl aus den Ziffern 1, 2, 3, …, 7
2 der ggT von 96 und 132
4 das Doppelte von 7^2
5 die größte 7-stellige Zahl mit lauter verschiedenen Ziffern
7 die kleinste Zahl mit 3 Primteilern
9 das kgV von 7 und 17
10 der größte Primteiler von 1002
14 die größte zweistellige Primzahl
16 die Summe der vier kleinsten Primzahlen
17 zum Schluss schlägt es …

Der euklidische Algorithmus

7 teilt 154 und 7 teilt 63, deshalb ist 7 auch ein Teiler von 154 − 63 = 91

In diesem Kapitel hast du einige Regeln zur Teilbarkeit und zum Finden von gemeinsamen Teilern kennen gelernt. Besonders bei großen Zahlen kann das aber sehr mühsam sein.
Der griechische Mathematiker Euklid hat sich ein Verfahren ausgedacht, das auf Seite 14 beschrieben ist. Wenn nämlich zwei Zahlen einen gemeinsamen Teiler haben, dann teilt dieser auch die Differenz der beiden Zahlen. Jeder gemeinsame Teiler zweier Zahlen, also auch der ggT, ist daher auch ein Teiler der Differenz beider Zahlen.
Diesen Gedanken kann man wiederholen. So entsteht eine Rechenkette.

Den ggT von 840 und 1980 kannst du finden, wenn du so vorgehst:

1. Schritt	1980 − 840 = 1140
2. Schritt	1140 − 840 = 300
3. Schritt	840 − 300 = 540
4. Schritt	540 − 300 = 240
5. Schritt	300 − 240 = 60
6. Schritt	240 − 60 = 180
7. Schritt	180 − 60 = 120
8. Schritt	120 − 60 = 60

Ziehe die kleinere Zahl (840), solange es möglich ist, immer wieder ab. Der ggT der roten und der grünen Zahl stimmt mit dem gesuchten ggT überein.
Wenn es nicht mehr weiter geht (3. Schritt), dann musst du mit dem Rest (300) weitermachen usw.
Der gesuchte ggT ist der ggT von 60 und 60.

Ergebnis: Der ggT von 840 und 1980 ist 60.

Das Verfahren ist recht einfach, aber es kann manchmal lang dauern, bis man den ggT sieht. Du kannst es etwas abkürzen, wenn du die größere Zahl durch die kleinere teilst. Wenn kein Rest bleibt, ist die kleinere der ggT. Andernfalls teilst du die kleinere der beiden Zahlen durch den Rest usw.

1. Schritt	1980 : 840 = 2 Rest 300	Teile die größere Zahl durch die kleinere.
2. Schritt	840 : 300 = 2 Rest 240	Teile die kleinere durch den Rest.
3. Schritt	300 : 240 = 1 Rest 60	usw.
4. Schritt	240 : 60 = 8 Rest 0	Der gesuchte ggT ist 60.

Algorithmus bedeutet hier Rechenverfahren. Der euklidische Algorithmus heißt so nach dem griechischen Mathematiker Euklid (um 300 v. Chr.). Euklid gilt als Verfasser der bedeutendsten Darstellung der griechischen Mathematik, den „Elementen".

Das von Euklid gefundene Rechenverfahren heißt **euklidischer Algorithmus**.

Primfaktorzerlegungen, ggT und kgV

Wenn man Zahlen in ihrer Primfaktorzerlegung geschrieben hat, kann man den ggT auch mithilfe dieser Zerlegungen direkt „ablesen".

1980 = 2 · 2 · 3 · 3 · 5 · 11

840 = 2 · 2 · 2 · 3 · 5 · 7

Beide Primfaktorzerlegungen enthalten zwei Zweien, eine Drei und eine Fünf.
2 · 2 · 3 · 5 = 60 ist also ein gemeinsamer Teiler der beiden Zahlen. Da es keine weiteren gemeinsamen Primfaktoren gibt, ist 60 auch der ggT von 1980 und 840. Wenn man beide Zerlegungen so untereinander schreibt, dass nur gleiche Primfaktoren untereinander stehen, kann man den ggT noch sicherer finden.

Mit der Primfaktorzerlegung kann man auch das kgV finden. Das kgV muss mindestens alle Primfaktoren der größeren Zahl enthalten, denn es ist ja mindestens so groß wie die größere Zahl. Das kgV enthält also $2 \cdot 2 \cdot 3 \cdot 3 \cdot 5 \cdot 11$ (= 1980). Wenn man nun noch aus der Primfaktorzerlegung von $840 = 2 \cdot 2 \cdot 2 \cdot 3 \cdot 5 \cdot 7$ eine 2 und die 7 ergänzt, dann erhält man die kleinste Zahl, die sowohl 1980 als auch 840 als Teiler hat. Das ist aber das kgV.
$\text{kgV}(840; 1980) = 2 \cdot 2 \cdot 3 \cdot 3 \cdot 5 \cdot 11 \cdot 2 \cdot 7 = 27720$ $(= 1980 \cdot 2 \cdot 7 = 840 \cdot 3 \cdot 11)$

Schreibt man die Primfaktorzerlegungen wie beim ggT geschickt untereinander, so kann man auch das kgV schnell sehen.

Beispiel 1
Bestimme den ggT von 280 und 1300 mithilfe der Primfaktorzerlegung.
Lösung:

280	=	2 · 2 · 2 · 5 · 7	
1300	=	2 · 2 · 5 · 5 · 13	
ggT(280; 1300)	=	2 · 2 · 5	= 20

Beispiel 2
Bestimme das kgV von 72 und 120 mithilfe der Primfaktorzerlegung.
Lösung:

72	=	2 · 2 · 2 · 3 · 3
120	=	2 · 2 · 2 · 3 · 5
kgV(72; 120)	=	2 · 2 · 2 · 3 · 3 · 5 = 360

↓ fehlender Primfaktor

? Probiere beide Versionen des euklidischen Algorithmus aus. Du kannst dir dazu selbst Beispiele ausdenken und dann auch testen, ob Euklids Methode, die „Ausprobiermethode" oder die Primfaktormethode schneller ist. Hier sind ein paar Vorschläge:

75 und 250	169 und 144	3127 und 2491	15 und 11
2911 und 25543	94768 und 67063	2048 und 1024	333 und 96

Seltsame Teilbarkeitsregeln

Du kennst für fast alle einstelligen Zahlen Teilbarkeitsregeln. Es gibt aber auch solche Regeln für Primzahlen über 10.

Die Regel für die **11** geht so:
Bilde die „ungerade Quersumme", indem du alle Ziffern an den ungeraden Plätzen addierst, dann berechnest du die „gerade Quersumme". Beide Quersummen ziehst du voneinander ab. Wenn das Ergebnis durch 11 teilbar ist, dann ist die ursprüngliche Zahl auch durch 11 teilbar.
Es geht auch anders:
Streiche die letzte Ziffer und ziehe sie von der übrig gebliebenen Zahl ab. Wiederhole diesen Schritt, bis eine zweistellige Zahl entsteht. Wenn die durch 11 teilbar ist, dann ist auch die ursprüngliche Zahl durch 11 teilbar, sonst nicht.

365 161 445 ist durch 11 teilbar
Begründung:
$3 + 5 + 6 + 4 + 5 = 23$ und $6 + 1 + 1 + 4 = 12$
$23 - 12 = 11$.
11 ist durch 11 teilbar.

29 152 ist nicht durch 11 teilbar, denn
$29152 \rightarrow 2915 - 2 = 2913$
$\rightarrow 291 - 3 = 288 \rightarrow 28 - 8 = 20$.
20 ist nicht durch 11 teilbar.

Sogar für die 7 gibt es eine Regel:
Streiche die letzte Ziffer und ziehe das Doppelte dieser Ziffer von der übrig gebliebenen Zahl ab. Wiederhole das, bis du ein Ergebnis hast, bei dem du sofort weißt, ob es durch 7 teilbar ist.
$25873 \rightarrow 2587 - 6 = 2581 \rightarrow 258 - 2 = 256 \rightarrow 25 - 12 = 13$.
13 ist nicht durch 7 teilbar. 25 873 ist also auch nicht durch 7 teilbar.

Suche im Internet und du wirst noch mehr seltsame Teilbarkeitsregeln finden.

Exkursion Altes und Neues über Primzahlen

„Die Mathematik ist die Königin der Wissenschaften, und die Zahlentheorie ist die Königin der Mathematik."
Carl Friedrich Gauß (1777–1855).

Fig. 1

Das Studium von Zahlen, über das praktische Rechnen hinaus, hat schon vor über 4000 Jahren Menschen interessiert.
Man nimmt an, dass bereits die Sumerer über Teilbarkeitstafeln verfügten.

In der griechischen Mathematik (etwa 600 v. Chr. bis 150 v. Chr.) wurden dann Primzahlen und zusammengesetzte Zahlen unterschieden; viele Untersuchungen zur Teilbarkeit sind überliefert. Die Griechen betrieben systematisch eine „Zahlentheorie".

Ein besonderes Interesse gilt seitdem den Primzahlen. Die Griechen hatten beobachtet, dass die Primzahlen unter den natürlichen Zahlen immer seltener auftreten, je größer die Zahlen sind (vgl. dazu auch die Tabelle unten). So gibt es immer größer werdende Lücken, z. B. liegt zwischen 9551 und 9587 keine Primzahl.
Andererseits treten immer wieder einmal dicht beieinander liegende Primzahlen auf wie z. B. 9677 und 9679, also sogenannte Primzahlzwillinge.
Bereits Euklid (um 300 v. Chr.) konnte zeigen, dass es unendlich viele Primzahlen gibt. Bis heute weiß man aber nicht, ob es auch unendlich viele Primzahlzwillinge gibt.

Will man nun feststellen, ob eine Zahl eine Primzahl ist, so kann man das nach Eratosthenes benannte Sieb verwenden oder in ähnlicher Art nach möglichen Teilern der Zahl suchen. So gelang es z. B. dem Franzosen Pierre de Fermat (1601–1655) festzustellen, dass 65 537 eine Primzahl ist; bei wesentlich größeren Zahlen wurde ihm aber auch der Rechenaufwand zu groß.

Inzwischen kennt man zahlreiche Testverfahren, mit denen man der Frage, ob eine Zahl Primzahl ist, mit weniger Rechenaufwand prüfen kann. Ein ganz entscheidender Durchbruch gelang 1876 dem Franzosen François Lucas. Mit einem von ihm entwickelten Test konnte er zeigen, dass $2^{127}-1$ (das ist eine Zahl mit 39 Stellen) eine Primzahl ist. Erst in den fünfziger Jahren des vorigen Jahrhunderts wurden größere Primzahlen gefunden, so z. B. 1952 gleich fünf Primzahlen, die größte davon $2^{2281}-1$, eine Zahl mit 687 Ziffern.

Mithilfe elektronischer Rechenanlagen wurde 1963 an der amerikanischen Universität von Urbana festgestellt, dass $2^{11213}-1$ eine Primzahl ist, was die Universität auf ihrem Frankierstempel der Welt kundtat.

Anzahl der Primzahlen und Primzahlzwillinge

von – bis	Anzahl der Primzahlen	Anzahl der Zwillingspaare	von – bis	Anzahl der Primzahlen	Anzahl der Zwillingspaare
1 – 100	25	8	29 501 – 29 600	10	1
101 – 200	21	7	29 601 – 29 700	8	1
201 – 300	16	4	29 701 – 29 800	7	1
301 – 400	16	2	29 801 – 29 900	10	1
401 – 500	17	3	29 901 – 30 000	7	0
2501 – 2600	11	2	100 001 – 100 100	6	0
2601 – 2700	15	2	100 101 – 100 200	9	1
2701 – 2800	14	3	100 201 – 100 300	8	0
2801 – 2900	12	1	100 301 – 100 400	9	2
2901 – 3000	11	1	100 401 – 100 500	8	0
10 001 – 10 100	11	4	299 501 – 299 600	7	1
10 101 – 10 200	12	1	299 601 – 299 700	8	1
10 201 – 10 300	10	1	299 701 – 299 800	8	1
10 301 – 10 400	12	2	299 801 – 299 900	6	0
10 401 – 10 500	10	2	299 901 – 300 000	9	0

Die Jagd nach immer größeren Primzahlen geht weiter: 1984 war $2^{132049} - 1$ die größte bekannte Primzahl, sie hat 39751 Stellen. 1997 wurde gezeigt, dass $2^{1398269} - 1$ eine Primzahl ist. Vermutlich kennt man heute schon noch größere Primzahlen.

$2^{216091} - 1$ hat 65050 Stellen. Wenn man diese Primzahl aufschreiben würde, wäre die Zahl fast 217 m lang (wenn man für 3 Ziffern 1 cm rechnet). 217 m sind mehr als eine halbe Runde um den Sportplatz!

An den hier genannten besonders großen Primzahlen fällt auf, dass sie alle die Form $2^n - 1$ haben. Solche Zahlen hat der Franzose Marin Mersenne untersucht. Primzahlen dieser Form nennt man daher auch mersennesche Primzahlen.
Mersenne ist aufgefallen, dass in der Zahlenfolge

$2^2 - 1 = 3,$ $2^3 - 1 = 7,$
$2^4 - 1 = 15,$ $2^5 - 1 = 31,$
$2^6 - 1 = 63,$ $2^7 - 1 = 127, \ldots$

bei zusammengesetzten Exponenten (Hochzahlen) wieder zusammengesetzte Zahlen entstehen, bei Primzahlen als Exponenten oft wieder Primzahlen entstehen, aber nicht immer, wie schon $2^{11} - 1 = 2047 = 23 \cdot 89$ zeigte.

Mersenne stellte eine Liste von Primzahlen auf, die jedoch einige Fehler enthielt. Der schon erwähnte französische Mathematiker Lucas konnte mithilfe seines Primzahltests zeigen, dass Zahlen der Form $2^p - 1$ wieder eine Primzahl ergeben, wenn man für p eine der Primzahlen 2, 3, 7, 13, 17, 19, 31, 61, 89, 107, 127 setzt. Er konnte weiter zeigen, dass bis 257 keine weiteren Primzahlen auftauchen. Er hatte so gezeigt, dass es mindestens 11 mersennesche Primzahlen gibt, und hat dabei zugleich die damals größte bekannte Primzahl gefunden.

Es war schon immer ein Wunsch der Mathematiker, Formeln zu finden, mit denen man Primzahlen berechnen könnte.

Die von Mersenne benutzte Form $2^n - 1$ war eine Idee. Fermat versuchte es mit $2^n + 1$. Er fand heraus, dass für die Exponenten 1, 2, 4, 8 und 16 Primzahlen herauskommen:

$2^1 + 1 = 3,$ $2^2 + 1 = 5,$
$2^4 + 1 = 17,$ $2^8 + 1 = 257,$
$2^{16} + 1 = 65537.$

Er vermutete, dass auch $2^{32} + 1 = 4294967297$ eine Primzahl ist.
Hundert Jahre später konnte Leonhard Euler (1707–1783) durch geschickte Rechnungen mit Potenzen zeigen, dass $5 \cdot 2^7 + 1 = 641$ ein Teiler von $2^{32} + 1$ ist.

Eine besonders hübsche „Formel" für Primzahlen hat Euler angegeben. Setzt man in $n^2 - n + 41$ nacheinander für n die Zahlen 1, 2, 3, ... ein, so erhält man Primzahlen (probiere es für einige Zahlen aus), aber ... leider nicht für alle Zahlen. Bei 40 enden die Primzahlen, denn

$41^2 - 41 + 41 = 41^2$

ist keine Primzahl.

Marin Mersenne (1588–1648), französischer Mathematiker

Die Idee des Euklid, warum es unendlich viele Primzahlen gibt

Euklid konnte zeigen, dass, wenn immer man eine Anzahl von Primzahlen gefunden hat, es noch mindestens eine weitere Primzahl geben muss. Das bedeutet: Es gibt unendlich viele Primzahlen.

Euklid hatte die Idee anzunehmen, er hätte bereits alle Primzahlen gefunden. Dann konnte er zeigen, dass es mindestens noch eine weitere gibt.

Nimm z. B. einmal an, man hätte mit dem Sieb des Eratosthenes alle Primzahlen bis 10000 ausgesiebt, also die Primzahlen 2, 3, 5, ... bis 9973. Dann betrachtet man das Produkt aller Primzahlen vermehrt um 1, also

$$2 \cdot 3 \cdot 5 \cdot \ldots \cdot 9973 + 1.$$

Diese Zahl ist durch keine der bekannten Primzahlen 2, 3, 5, ... teilbar (es bleibt jeweils der Rest 1), sie muss also selbst eine (neue) Primzahl sein oder aber eine (neue) Primzahl als Teiler haben. Damit wäre, zumindest theoretisch, eine weitere Primzahl gefunden.

Rückblick

Teiler und Vielfache

Kann man eine Zahl a ohne Rest durch eine Zahl b teilen, dann bedeutet das:

b ist ein Teiler von a oder
b teilt a oder
a ist durch b teilbar oder
a ist ein Vielfaches von b.

24 teilt 144,
denn 144 : 24 = 6

128 ist kein Vielfaches von 24,
denn
128 : 24 = 5 Rest 8

Teilbarkeitsregeln

Jeder Teiler zweier Zahlen teilt auch die Summe und die Differenz dieser Zahlen.

Eine Zahl ist teilbar …	wenn …
durch 10	sie auf 0 endet.
durch 5	sie auf 0 oder 5 endet.
durch 2	auf 0, 2, 4, 6 oder 8 endet.
durch 4	die Zahl aus ihren zwei letzten Ziffern durch 4 teilbar ist.
durch 3	ihre Quersumme durch 3 teilbar ist.
durch 9	ihre Quersumme durch 9 teilbar ist.

7 teilt 7000 und 7 teilt 21, also:
7 teilt 7000 + 21 = 7021 und
7 teilt 7000 − 21 = 6979

14532 ist
teilbar durch 2,
teilbar durch 4,
nicht teilbar durch 10 und 5.

Die Quersumme
von 14532 ist 15.

Damit ist 14532
teilbar durch 3,
aber nicht teilbar durch 9.

Primzahlen

Eine natürliche Zahl mit genau zwei Teilern heißt Primzahl.

Die Zahl 2 ist die kleinste Primzahl. Alle größeren Zahlen sind entweder auch Primzahlen, oder sie lassen sich als Produkt von Primzahlen schreiben.

$21 = 3 \cdot 7$	*Produkt von Primzahlen*
$22 = 2 \cdot 11$	*Produkt*
23	*Primzahl*
$24 = 2 \cdot 2 \cdot 2 \cdot 3 = 2^3 \cdot 3$	*Produkt*
$25 = 5 \cdot 5 = 5^2$	*Produkt*
$26 = 2 \cdot 13$	*Produkt*
$27 = 3 \cdot 3 \cdot 3 = 3^3$	*Produkt*
$28 = 2 \cdot 2 \cdot 7 = 2^2 \cdot 7$	*Produkt*
29	*Primzahl*

ggT und kgV

Unter den gemeinsamen Teilern zweier Zahlen gibt es einen größten. Er heißt **größter gemeinsamer Teiler (ggT)**.

Unter den gemeinsamen Vielfachen zweier Zahlen gibt es ein kleinstes. Es heißt **kleinstes gemeinsames Vielfaches (kgV)**.

Den ggT findet man durch Ausprobieren oder mithilfe der Teilermengen.

Das kgV findet man durch Ausprobieren oder mithilfe der Vielfachenmengen.

Der ggT von 18 und 24 ist 6,
denn
$T_{12} = \{1, 2, 3, 4, 6, 8, 12, 24\}$ *und*
$T_{18} = \{1, 2, 3, 6, 9, 18\}$.

Das kgV von 24 und 36 ist 72,
denn
36 ist nicht durch 24 teilbar,
aber
$2 \cdot 36 = 72$ *und*
$72 : 24 = 3$

Training

1 Bestimme alle Teiler und die ersten drei Vielfachen.
a) 19; 20; 21 b) 48; 49; 50 c) 30; 31; 32

2 Bestimme zu den Zahlen 2473, 5476, 4029 und 55482 die nächstgelegene größere Zahl, die durch 3 (4; 6) teilbar ist.

3 a) Wie viele Teiler hat die Zahl 25 (27; 35)?
b) Finde je 3 Zahlen mit 2 (3; 4) Teilern.
c) Wie sieht die Primfaktorzerlegung einer Zahl aus, die 2 (3; 4) Teiler hat?

4 Zerlege zuerst in eine Summe oder in eine Differenz.
a) Ist 25075 teilbar durch 25? b) Ist 69996 teilbar durch 7? c) Ist 26010 teilbar durch 13?
d) Ist 60060 teilbar durch 12? e) Ist 17992 teilbar durch 18? f) Ist 22120 teilbar durch 11?

5 Berechne möglichst geschickt.
a) ggT(40; 110) b) ggT(14; 35) c) ggT(40; 48) d) ggT(45; 90)

6 Ergänze die fehlenden Ziffern so, dass die Zahlen durch 3 (durch 9) teilbar sind.
a) 7□82 b) 127□2 c) 934□ d) 6778□ e) 7□632

7 Schreibe als Produkt von Primzahlen. Fasse gleiche Faktoren zu Potenzen zusammen.
a) 99 b) 378 c) 1470

8 Enrico behauptet: „Je mehr Primfaktoren eine Zahl hat, desto größer ist sie."
Margitta sagt: „Je mehr Primfaktoren eine Zahl hat, desto mehr Teiler hat sie."
Prüfe beide Aussagen mithilfe geeigneter Beispiele.

9 Frau Diehl geht jeden 4. Tag im Stadtpark joggen, Frau Rosen jeden 6. Heute haben sie sich dabei getroffen. In wie vielen Tagen können sie sich wieder beim Joggen treffen?

10 An die Zahl 564 sollen zwei Ziffern angehängt werden. So entsteht eine fünfstellige Zahl. Welche Ziffern musst du anhängen, damit diese Zahl durch 15 teilbar ist?

11 Die beiden Streifen sollen in gleich lange Stücke zerschnitten werden. Die Stücke sollen mindestens 50 cm, aber höchstens 150 cm lang sein.
a) Wie lang können die Stücke werden?
b) Wie viele gibt es?

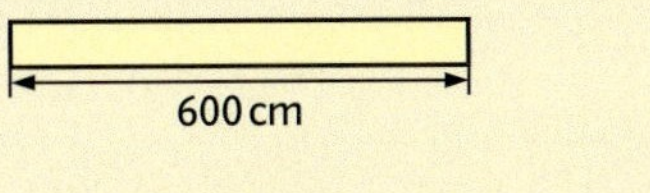

12 Ralf möchte die beiden 90 cm und 1,26 m langen Rundhölzer so zersägen, dass gleich lange Stücke entstehen.
a) Wie lang werden die Stücke höchstens?
b) Wie viele Stücke erhält er?

13 Welche Zahlen kann man passend einsetzen?
a) ggT(33; □) = 3 b) kgV(□; 14) = 12 c) ggT(45; 28) = □ d) kgV(57; 19) = □
e) ggT(56; □) = 7 f) kgV(120; □) = 20 g) ggt(54; 90) = □ h) kgV(36; 54) = □

Lösungen auf den Seiten 242–243.

II Gebrochene Zahlen

Bruch, Komma und Prozent

Wir schreiben für den Beginn
mal ein paar neue Zahlen hin:
1; 0,5; 0,25; 0,05; 1,5 …
Kaum steh'n sie da, hört man die Worte:
Von uns gibt's auch noch diese Sorte
$\frac{1}{1}$; $\frac{1}{2}$; $\frac{1}{4}$; $\frac{1}{20}$; $\frac{3}{2}$ …
Und schließlich darf man nicht vergessen,
dass wir ganz viel in Prozenten messen
100 %; 50 %; 25 %; 5 %; 150 % …

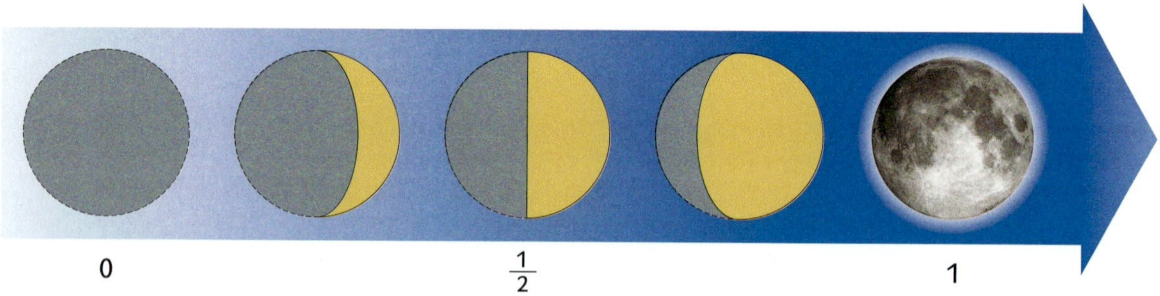

Das kannst du schon

- Mit natürlichen Zahlen rechnen
- Mit Längen, Massen und Uhrzeiten rechnen
- Flächeninhalte und Rauminhalte berechnen

$\frac{x+y}{2}$ **Arithmetik/Algebra**   Funktionen   Geometrie   Stochastik

Das kannst du bald

- Anteile mit Brüchen beschreiben
- Anteile in Prozenten angeben
- Die Kommaschreibweise verstehen

Argumentieren/ Kommunizieren | Problemlösen | **Modellieren** | Werkzeuge

Siehe Lerneinheit 1, Seite 38.

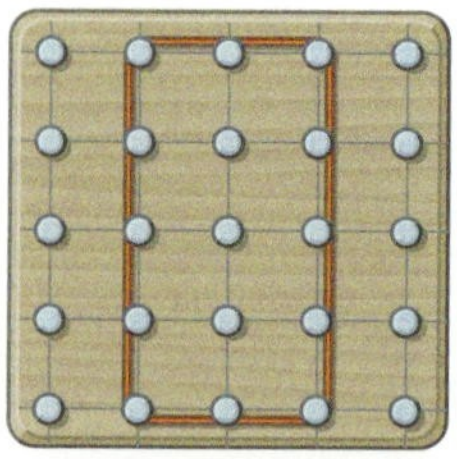

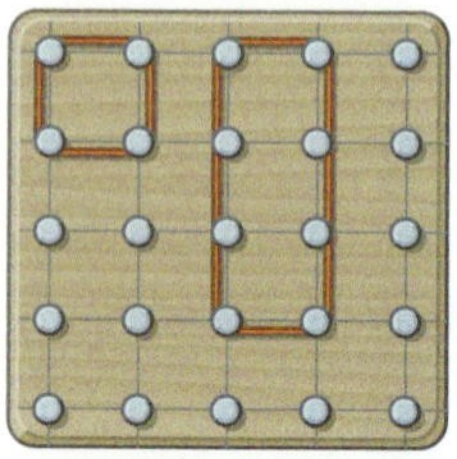

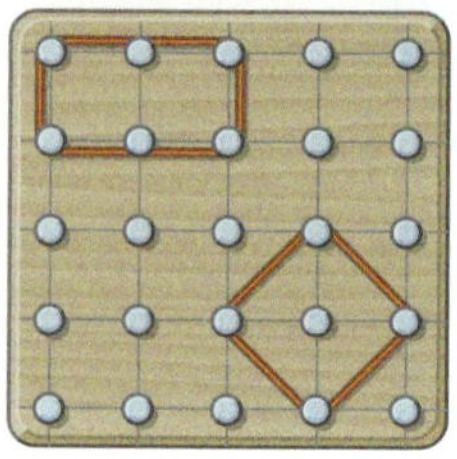

Erkundung 1: Geobrett

Erinnert ihr euch noch an das Geobrett? Auf dem Rand seht ihr Geobretter auf denen verschiedene Anteile der Fläche mit einem Gummiband umspannt sind.
- Welche Anteile sind jeweils auf den Geobrettern umspannt?
- Spannt $\frac{1}{4}$ eines gesamten Geobrettes durch eine Figur ab, die höchstens vier Ecken hat. Wie viele Möglichkeiten gibt es insgesamt? Haltet eure Lösungen in eurem Heft fest. Beschreibt, wie ihr vorgegangen seid.
- Probiert dasselbe auch für $\frac{2}{8}$ und $\frac{1}{16}$. Was fällt euch auf? Nennt Gründe für eure Beobachtungen.
- Denkt euch selbst andere Bruchteile aus und spannt sie auf möglichst verschiedene Weisen. Gibt es Bruchteile, die sich nicht spannen lassen? Welche?

Bauanleitung für ein 5 x 5-Geobrett:
Du benötigst ein Brett aus Sperrholz von der Größe 12,4 cm x 12,4 cm. Das Sperrholz sollte mindestens 12 mm dick sein. Zeichne ein Gitternetz von derselben Größe wie die Sperrholzplatte auf Papier. Die Gitterlinien sollten jeweils 3 cm Abstand besitzen. Klebe dieses Papier auf die Platte und schlage kleine Nägel in die Gitterpunkte ein.

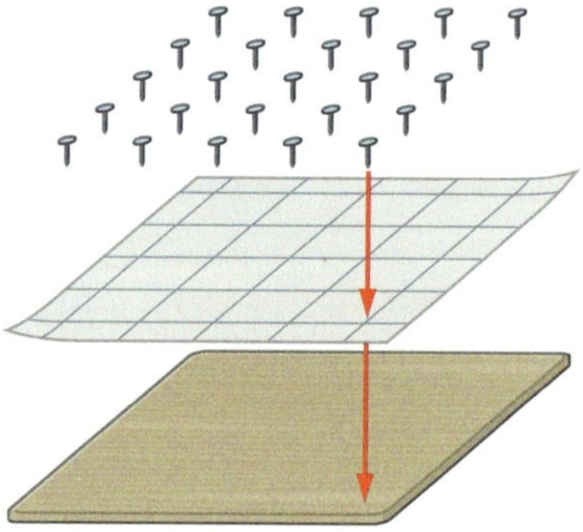

Online-Link
734261-0361

Erkundung 2: Auf die Waage

Siehe Lerneinheit 1, Seite 38, und Lerneinheit 2, Seite 43.

Online-Link
734261-0362

Man kann Bruchteile auch wiegen. Schneidet die Bruchteile entlang der Linien aus der Kopiervorlage (siehe Online-Link 734261-0362) aus und klebt sie auf eine dicke Pappe. Wichtig ist dabei, dass ihr immer die gleiche Pappe benutzt. Notiert auf den unbeschrifteten Teilen jeweils, welcher Bruchteil des ganzen Rechtecks dargestellt ist.
- Wiegt jetzt die einzelnen Teile. Welche Teile sind gleich schwer?
- Mehrere der kleineren Teile sind gemeinsam genauso schwer wie andere größere. Findet möglichst viele Kombinationen. Erklärt.

Falls du beim Wiegen krumme Werte erhältst, dann kannst du ruhig runden.

Erkundung 3: Pizzen

Siehe Lerneinheit 8, Seite 62.

Juliane, Tina, Laura und Nele wollen nach dem Kino gemeinsam eine Pizza essen gehen. Leider reicht ihr Geld nur noch für drei Pizzen. Nach zehn Minuten stehen die leckeren Pizzen vor ihnen. Doch was nun, wie können sie die Pizzen möglichst gerecht teilen?

- Überlegt euch verschiedene Verfahren für eine gerechte Teilung der Pizzen. Beschreibt die Verfahren in eigenen Worten und vergleicht sie untereinander. Welches Verfahren haltet ihr für das Beste? Nennt Gründe für eure Wahl.
- Angenommen es sind nicht vier Kinder, sondern drei, fünf oder irgendeine beliebige Anzahl an Kindern, die Pizza essen. Funktioniert euer Verfahren für eine gerechte Aufteilung dann immer noch?
- Beim nächsten Mal nehmen Juliane, Tina, Laura und Nele noch Tim mit zum Pizzaessen. Sie wollen sich dann vier Pizzen bestellen und diese unter sich aufteilen. Bekommt nun jedes der fünf Kinder einen größeren Anteil Pizza als vorher die vier Mädchen?
- Noch mehr Kinder und noch mehr Pizza: Stellt euch vor, es bestellen sechs Kinder fünf Pizzen oder sieben Kinder sechs Pizzen usw. Was fällt euch bezüglich der Größe des Pizzaanteils auf, den jedes Kind erhält? Begründet eure Beobachtungen.

Tipp
Ihr könnt vielleicht so vorgehen:
Ihr arbeitet in Gruppen, sodass ihr die Arbeit aufteilen könnt. Schreibt euch vorher auf, wer welche Aufgabe übernommen hat (vgl. Tabelle). Zum Schluss präsentiert ihr eure Ergebnisse auf einem Poster pro Gruppe.

Person	Pizzen	Kinder
Hendrik und Tim	5	6
Hendrik und Tim	6	7
Julia und Sylvia	7	8
Julia und Sylvia	8	9

1 Anteile und Brüche

Helft dem Pferd. Recherchiert die Anteile von Wasser bei verschiedenen Tieren und beim Menschen. Trifft die Behauptung des Hundes zu?

Aus dem Alltag kennt man $\frac{3}{4}$ kg. Das sind drei Viertel von 1 Kilogramm. Den Bruchteil $\frac{3}{4}$ kg kann man auch in Gramm angeben. Dafür teilt man 1 kg in vier gleich große Teile, also 1 kg : 4 = 1000 g : 4 = 250 g. Anschließend nimmt man drei Teile davon und erhält: $\frac{3}{4}$ kg = 3 · 250 g = 750 g.

Brüche wie $\frac{1}{4}$ und $\frac{3}{4}$ benutzt man nicht nur, um Massen, Längen oder Zeitdauern anzugeben. Sie sind auch beim Teilen von Bedeutung. Je nach Situation kann man Brüche auf zweierlei Weise deuten:

1. Möglichkeit

Peter möchte $\frac{3}{4}$ von einer Tafel Schokolade abtrennen. Dazu teilt er die Tafel im ersten Schritt in vier gleich große Stücke und nimmt dann drei von ihnen:

2. Möglichkeit

Julia, Tim, Lene und Fabian wollen sich drei Pizzen teilen, eine mit Spinat, eine mit Paprika und eine mit Salami. Dazu wird jede Pizza in Viertel geschnitten und auf die vier Kinder verteilt. Auf diese Weise bekommt jedes Kind insgesamt drei Viertel ($\frac{3}{4}$).

*Nimm ein **Ganzes**.*

Teile erst durch 4.

Nimm drei Teile davon.

*Nimm drei **Ganze**.*

Nimm von jedem ein Viertel.

Fasse zu drei Viertel zusammen.

Zur Beschreibung von Anteilen verwendet man **Brüche** wie $\frac{1}{5}, \frac{3}{5}, \frac{3}{4}$ …
Die obere Zahl nennt man **Zähler**, die untere **Nenner** des Bruches.
Diese Brüche heißen auch **gemeine Brüche**.
Es gibt zwei Möglichkeiten, den Bruch $\frac{3}{4}$ zu erhalten:

1. Möglichkeit:
Man zerlegt ein Ganzes in vier Teile und nimmt dann drei 3 Teile.

2. Möglichkeit
Man teilt drei Ganze jeweils in vier gleiche Teile und nimmt dann von jedem Ganzen ein Viertel.

*Der **Zähler** „zählt" die Teile.*
Bruchstrich → $\frac{3}{4}$
*Der **Nenner** beschreibt, in wie viele Teile unterteilt wurde.*

Beispiel 1
Stelle die folgenden Situationen grafisch dar. Beschreibe, wie du vorgegangen bist.
a) Joana kauft $\frac{2}{4}$ einer Torte.
b) Drei unterschiedliche Schokoriegel sollen auf fünf Kinder verteilt werden.
Mögliche Lösungen:

a)

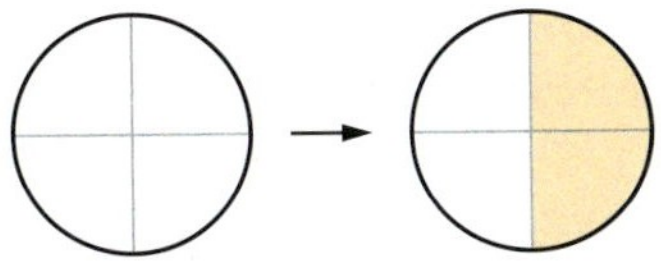

Eine Torte kann man mit einem Kreisbild veranschaulichen.
Man teilt den Kreis in vier gleiche Teile und markiert zwei davon. Dies sind die Teile, die Joana kauft.

b)

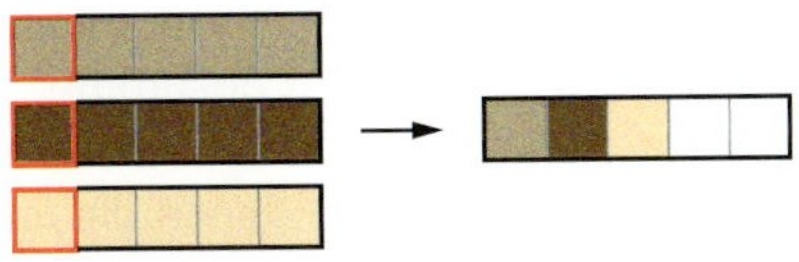

Die Schokoriegel lassen sich mit Rechteckbildern darstellen. Ich nehme drei Rechtecke, markiere ein Fünftel von jedem Rechteck und fasse zu $\frac{3}{5}$ zusammen. Somit bekommt jedes Kind insgesamt drei Fünftel Schokoriegel.

In Erkundung 1, Seite 36, geht es auch um die Darstellung von Brüchen.

Beispiel 2 Bruchteile berechnen
Schreibe ohne Verwendung eines Bruches.
a) $\frac{3}{4}$m b) $\frac{7}{10}$t c) $\frac{2}{5}$ von 20 Personen d) $\frac{5}{6}$ von 2h

Lösung:
a) $\frac{1}{4}$m = 25cm; $\frac{3}{4}$m = 3 · 25cm = 75cm. *$\frac{3}{4}$ heißt: Teile durch 4; nimm 3 dieser Teile.*
b) $\frac{1}{10}$t = 100kg; $\frac{7}{10}$t = 7 · 100kg = 700kg. *$\frac{7}{10}$ heißt: Teile durch 10; nimm 7 dieser Teile.*
c) $\frac{1}{5}$ von 20 Personen sind 4 Personen; $\frac{2}{5}$ von 20 Personen sind 8 Personen.
d) 2h = 120min; $\frac{1}{6}$ von 120min sind 20min; *Schreibe 2h zunächst in Minuten.*
$\frac{5}{6}$ von 120min sind 5 · 20min = 100min. *Teile dann durch 6; nimm 5 dieser Teile.*

Zu d):
2h = 120min
:6 ↓
20min
· 5 ↓
100min

Aufgaben

1 Wenn die Tankanzeige „voll" anzeigt, sind 80 Liter im Tank. Wie viel Liter sind jeweils im Tank?

a)

b)

c)

2 Schreibe den gefärbten Anteil als Bruch und beschreibe deinen Lösungsweg.

a)

b)

c)
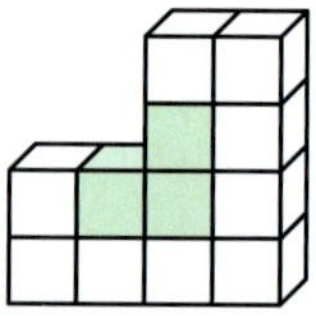

3 Welcher Anteil des Rechtecks ist gefärbt und welcher Anteil ist nicht gefärbt?

a)
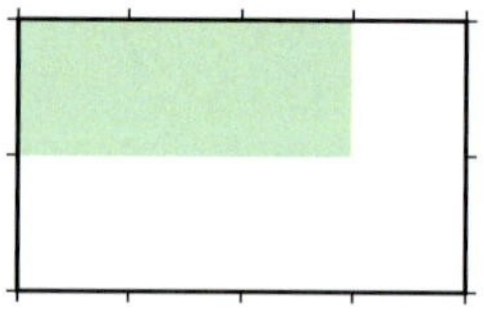

b)
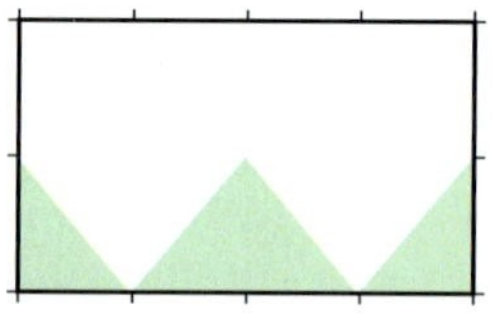

c)
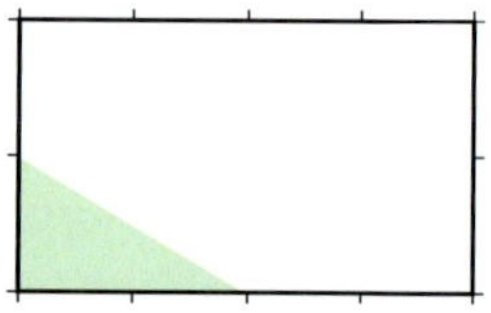

Kreisbild:
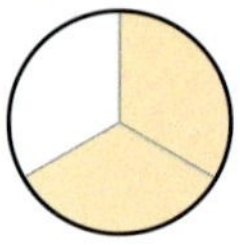
$\frac{2}{3}$

Fig. 1

Stabbild:

$\frac{2}{3}$

Rechteckbild:
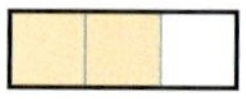
$\frac{2}{3}$

Fig. 2

4 Stelle drei Brüche deiner Wahl als Stab- oder als Rechteckbild (siehe Fig. 2) dar. Lasse deinen Nachbarn bestimmen, welchen Bruch du dargestellt hast.

5 Erfinde Situationen, in denen die folgenden Brüche eine Rolle spielen.

a) $\frac{2}{5}$ b) $\frac{3}{6}$ c) $\frac{4}{9}$ d) $\frac{3}{7}$ e) $\frac{4}{8}$

6 Gib die Größen ohne gemeinen Bruch an.

a) $\frac{1}{2}$km, $\frac{3}{4}$€
b) $\frac{1}{4}$m, $\frac{3}{4}$km
c) $\frac{1}{5}$cm, $\frac{3}{10}$kg
d) $\frac{1}{4}$h, $\frac{3}{4}$h
e) $\frac{1}{3}$h, $\frac{4}{5}$km

7 Schreibe ohne Bruch und gib zu den Größen jeweils ein passendes Beispiel an.

a) $\frac{1}{20}$m, $\frac{1}{12}$h
b) $\frac{3}{100}$kg, $\frac{3}{10}$min
c) $\frac{20}{100}$€, $\frac{6}{20}$t
d) $\frac{1}{8}$km, $\frac{7}{60}$min
e) $\frac{1}{60}$h, $\frac{99}{100}$m

8 Schreibe wie in Beispiel 2 ohne gemeinen Bruch.

a) $\frac{1}{4}$ von 8 kg, $\frac{3}{10}$ von 20 Äpfeln
b) $\frac{2}{3}$ von 60 m, $\frac{1}{2}$ von 5 €
c) $\frac{1}{10}$ von 1 cm, $\frac{7}{8}$ von 40 Eiern
d) $\frac{2}{5}$ von 100 Personen, $\frac{3}{100}$ von 8 km

9 In der Klassenstufe 6 sind 80 Kinder. Wie viele Kinder sind davon

a) drei Viertel, b) vier Achtel, c) ein Zehntel, d) fünf Fünftel?

Zur Erinnerung:
$1\,m^2 = 100\,dm^2$
$1\,dm^2 = 100\,cm^2$
$1\,m^3 = 1000\,dm^3$
$1\,dm^3 = 1000\,cm^3$
$1\,a = 100\,m^2$
$1\,ha = 100\,a$
$500\,m = \frac{1}{2}\,km$

10 Schreibe die Flächeninhalte und Volumina ohne Bruch in einer anderen Einheit.

a) $\frac{1}{2}m^2$, $\frac{1}{2}m^3$, $\frac{1}{2}$a
b) $\frac{1}{5}m^2$, $\frac{3}{10}dm^3$, $\frac{1}{10}$a
c) $\frac{1}{5}cm^2$, $\frac{3}{4}m^3$, $\frac{1}{2}$ha
d) $\frac{1}{4}dm^2$, $\frac{1}{4}m^3$, $\frac{1}{10}$ha
e) $\frac{1}{10}cm^2$, $\frac{1}{5}dm^3$, $\frac{1}{5}$ha

11 Schreibe in einer größeren Einheit und verwende dabei einen gemeinen Bruch.

a) 50 cm b) 500 m c) 750 g d) 400 mg e) 30 min
f) 45 min g) 50 Cent h) 54 min i) 5000 cm^2 j) 100 cm^3

Bist du sicher?

1 Stelle die Brüche als Rechteck- oder Stabbild dar (vgl. Fig. 2 auf S. 40): a) $\frac{2}{4}$ b) $\frac{3}{5}$

2 Gib die Größen ohne Bruch an.

a) $\frac{3}{10}$ kg b) $\frac{1}{4}\,m^2$ c) $\frac{2}{3}$ von 30 min d) $\frac{1}{8}$ von $4\,m^3$

3 Welcher Anteil der Figur ist gefärbt?

a) 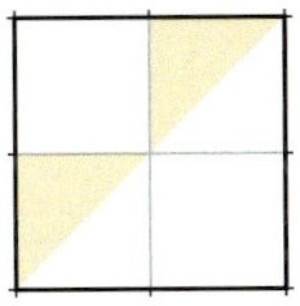

b) 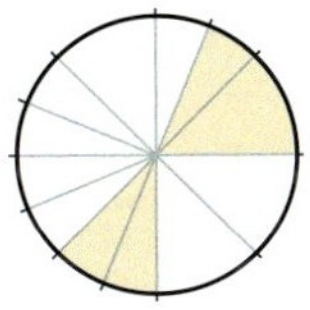

c) 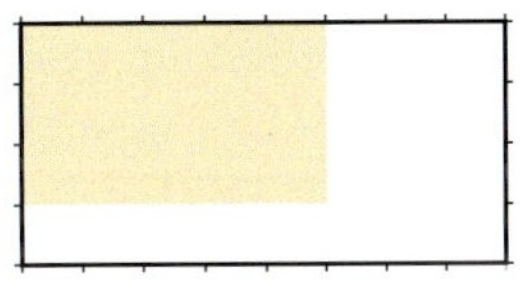

4 Von einer Tafel Schokolade mit 24 Stückchen isst Yvonne $\frac{1}{6}$ und Ricki $\frac{2}{3}$. Wie viele Stückchen bleiben übrig?

12 Rothirsche und Impala-Antilopen haben mit 10 m mit die größten Sprungweiten aller Tiere. Löwen kommen auf $\frac{2}{5}$ dieser Weite, Füchse auf $\frac{1}{4}$ und Flöhe auf $\frac{1}{20}$. Berechne die Sprungweiten dieser Tiere.

13 a) Welchem Anteil von drei Schokoladentafeln mit je 24 Stücken entsprechen 12 Stücke?
b) Welchem Anteil einer Schokoladentafel mit 24 Stücken entsprechen 8; 10; 16; 20 Stücke?

14 Nina und ihre Mutter spielen für 12 € Lotto. Davon bezahlt Nina 2 € und ihre Mutter 10 €. Zu ihrer Freude gewinnen sie 300 €. Wie würdest du den Gewinn aufteilen?

15 Ordne die Strecken von kurz nach lang, die Gewichte von leicht nach schwer und die Zeiten von kurz nach lang. Tipp: $\frac{1}{2}$ km sind 500 m.

$\frac{1}{2}$ km	$\frac{1}{4}$ m	$\frac{1}{5}$ cm	$\frac{1}{4}$ h	$\frac{1}{3}$ h
$\frac{3}{4}$ cm	$\frac{3}{4}$ km	$\frac{3}{10}$ kg	$\frac{3}{4}$ h	$\frac{4}{5}$ km
$\frac{3}{10}$ t	$\frac{1}{6}$ h	$\frac{2}{6}$ h	$\frac{1}{2}$ g	$\frac{1}{10}$ cm

16 a) 80 Kinder gehen in die Jahrgangsstufe 6. Vier Achtel der Kinder sind blond, zwei Viertel haben blaue Augen, drei Fünftel sind Mädchen. Wie viele Kinder sind das jeweils?
b) Denke dir selbst Aufgaben wie in a) aus. Bei welchen Aufgaben erhältst du ein sinnvolles Ergebnis? Begründe.

17 Dreieck und Parallelogramm
Von dem Parallelogramm in Fig. 1 wird ein Dreieck abgeschnitten. Welcher Anteil der Parallelogrammfläche ist das?

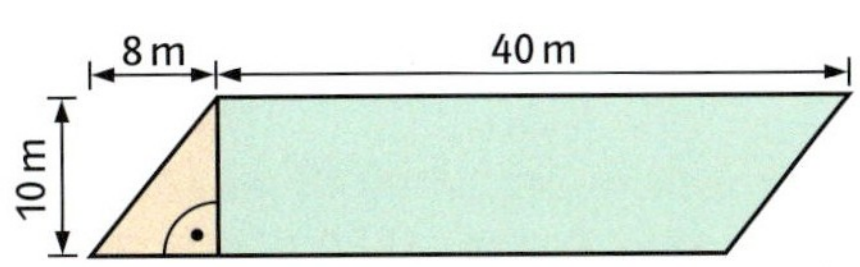

Fig. 1

18 Zeichne die Figuren (Fig. 1) in dein Heft und ergänze sie zu einem Ganzen.

19 Gero hat von seinen Einnahmen des letzten halben Jahres $\frac{2}{3}$ für einen Kletterkurs gespart. Seine Einnahmen waren: Das monatliche Taschengeld von 6 € und Geldgeschenke von 15 € und 60 €. Wie viel hat er für den Kletterkurs gespart?

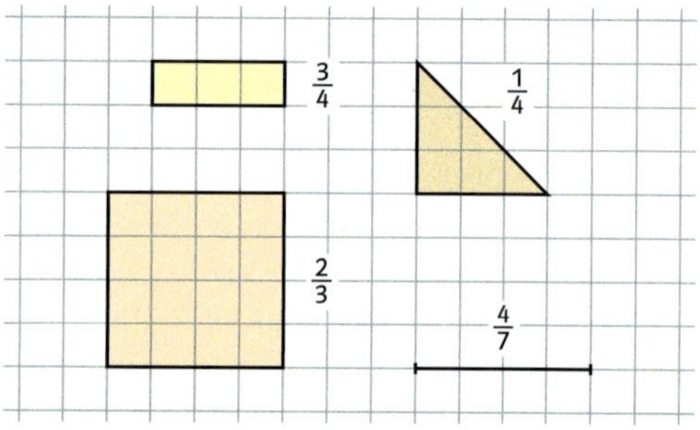

Fig. 1

Info

Verhältnis 2 : 1

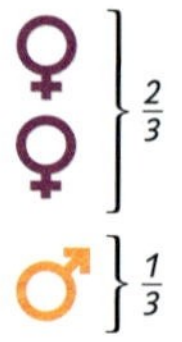

Anteile und Verhältnisse
Mit Brüchen kann man auch Verhältnisse angeben. Zum Beispiel gehen 16 Mädchen und 8 Jungen in die Klasse 6 a. Das bedeutet, das Verhältnis von Mädchen zu Jungen beträgt 16 : 8 (gesprochen 16 zu 8). Pro Junge sind demnach zwei Mädchen in der Klasse. Daher kann man auch sagen, dass das Verhältnis 2 : 1 beträgt. Man kann die Klasse 6 a also in drei gleich große Teile teilen, sodass zwei dieser Teile Mädchen und ein Teil Jungen sind. Der Anteil an Jungen beträgt folglich $\frac{1}{3}$, der Anteil an Mädchen $\frac{2}{3}$.

20 In der Klasse 6 c gibt es 12 Kinder, die mit dem Fahrrad zur Schule kommen. Die anderen 16 Kinder gehen zu Fuß. Wie groß ist das Verhältnis der Kinder, die zu Fuß gehen, zu denen, die mit dem Fahrrad zur Schule kommen? Gib jeweils auch die Anteile an.

21 a) In der Klasse 6 a ist das Verhältnis von Mädchen zu Jungen 3 : 2. Wie groß ist der Anteil an Mädchen in dieser Klasse? Wie viele Mädchen könnten in der Klasse sein?
b) Wie groß ist das Verhältnis von Mädchen zu Jungen in eurer Klasse?

22 Fabians Fruchtcocktail ist der „absolute Renner". Nimmt man genau einen Teil Bananensaft, vier Teile Apfelsaft, einen Teil roten Traubensaft, zwei Teile Waldmeistersirup und zwei Teile Sprudelwasser, dann ist die Mischung kaum noch zu überbieten.
a) Bestimme den Anteil der verschiedenen Säfte in Fabians Cocktail.
b) Fabian hat drei Freunde eingeladen. Dafür sind 2 Liter gerade gut. Dann bekommt jeder ungefähr zwei Gläser. Wie viel der einzelnen Säfte und Wasser muss besorgt werden?
c) Lukas und Hanno haben von Fabians leckerem Fruchtcocktail gehört. Fabian lädt die beiden das nächste Mal ebenfalls ein. Wie viel Saft benötigt er dann?

Kannst du das noch?

23 Führe eine Überschlagsrechnung durch und multipliziere dann.
a) $12 \cdot 18$ b) $78 \cdot 97$ c) $649 \cdot 311$ d) $1023 \cdot 596$ e) $7006 \cdot 210$

24 Für welche Zahl steht ◻ jeweils?
a) $2457 : 39 = ◻$ b) $◻ \cdot 311 = 5287$ c) $20\,664 : ◻ = 246$ d) $◻ : 1243 = 37$

2 Kürzen und Erweitern von Brüchen

Was könnte der Pizza-Verkäufer antworten?

Um eine Pizza gerecht auf vier Personen zu verteilen, kann man sie in vier gleich große Stücke teilen. Dann bekommt jeder ein Viertel $\left(\frac{1}{4}\right)$ der Pizza. Teilt man die Pizza in acht Stücke, dann bekommt jeder zwei Stücke, also zwei Achtel $\left(\frac{2}{8}\right)$ Pizza. In beiden Fällen ist der Anteil an der Pizza, die jede Person bekommt, gleich.

Die Brüche $\frac{1}{4}$ und $\frac{2}{8}$ beschreiben denselben Anteil.

Ob zwei Brüche denselben Anteil bezeichnen, ist nicht immer leicht zu erkennen. Hier können wieder Bilder von Stäben, Rechtecken oder Kreisen helfen:

Das Verfeinern einer Unterteilung heißt **erweitern**.

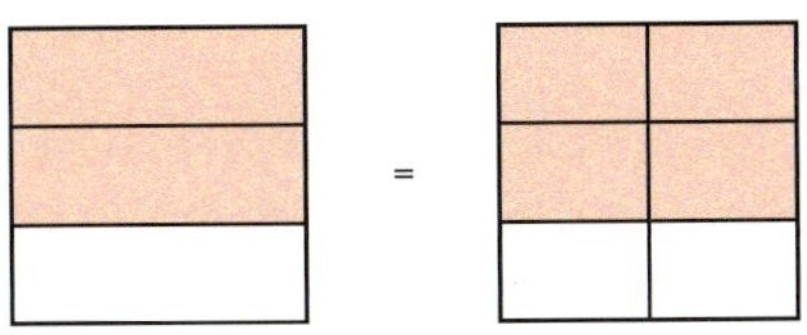

$\cdot 2$

$$\frac{2}{3} = \frac{4}{6}$$

$\cdot 2$

Fig. 1

Zähler und Nenner werden mit derselben Zahl multipliziert.

Das Vergröbern einer Unterteilung heißt **kürzen**.

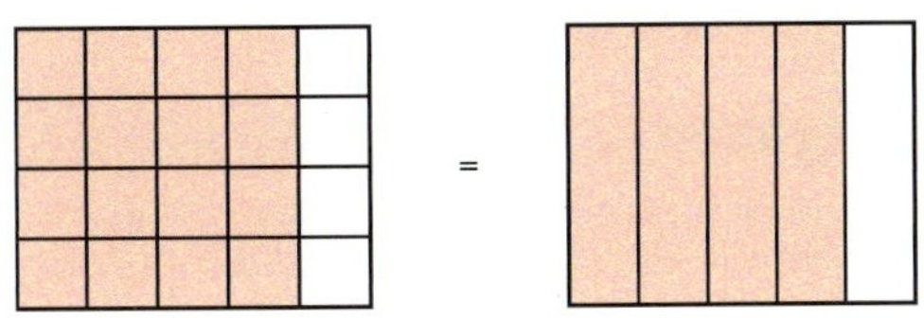

$:4$

$$\frac{16}{20} = \frac{4}{5}$$

$:4$

Fig. 2

Zähler und Nenner werden durch dieselbe Zahl dividiert.

Erweitern eines Bruches bedeutet: Der Zähler und der Nenner des Bruches werden mit derselben Zahl multipliziert, z. B. $\frac{1}{4}$ erweitert mit 3 ergibt $\frac{3}{12}$.

Kürzen eines Bruches bedeutet: Der Zähler und der Nenner des Bruches werden durch dieselbe Zahl dividiert, z. B. $\frac{2}{6}$ gekürzt mit 2 ergibt $\frac{1}{3}$.

Wird ein Bruch erweitert oder gekürzt, dann bezeichnet der ursprüngliche und der entstandene Bruch denselben Anteil. Man schreibt: $\frac{1}{4} = \frac{3}{12}$; $\frac{2}{6} = \frac{1}{3}$.

Mit 0 darf man nicht erweitern oder kürzen.

Man kann einen Bruch mit jeder natürlichen Zahl erweitern. Kürzen kann man einen Bruch nur mit einer Zahl, durch die man den Zähler und Nenner ohne Rest dividieren kann. Eine solche Zahl heißt **gemeinsamer Teiler** von Zähler und Nenner.

Die Teilbarkeitsregeln können helfen herauszufinden, mit welcher Zahl man kürzen kann.

Statt „kürze so weit wie möglich" sagt man auch: „kürze vollständig".

Beispiel 1 Erweitern und kürzen

a) Erweitere $\frac{3}{7}$ mit 3. b) Kürze $\frac{16}{28}$ mit 4. c) Kürze $\frac{48}{72}$ so weit wie möglich.

Lösung:

a) $\frac{3}{7} = \frac{9}{21}$ *Zähler: 3 · 3= 9; Nenner 7 · 3 = 21*

b) $\frac{16}{28} = \frac{4}{7}$ *Zähler 16 : 4 = 4; Nenner: 28 : 4 = 7*

c) $\frac{48}{72} = \frac{24}{36} = \frac{12}{18} = \frac{6}{9} = \frac{2}{3}$ *Weitere Möglichkeiten:* $\frac{48}{72} = \frac{2}{3}$ *(gekürzt mit 24) oder* $\frac{48}{72} = \frac{24}{36} = \frac{4}{6} = \frac{2}{3}$ *oder* $\frac{48}{72} = \frac{6}{9} = \frac{2}{3}$ *oder* $\frac{48}{72} = \frac{12}{18} = \frac{2}{3}$ *oder …*

Beispiel 2

Ist es egal, ob du eine Torte in acht Stücke unterteilst und davon sechs Stücke nimmst oder eine Torte in zwölf Stücke unterteilst und davon neun Stücke nimmst? Begründe.

Mögliche Lösung:

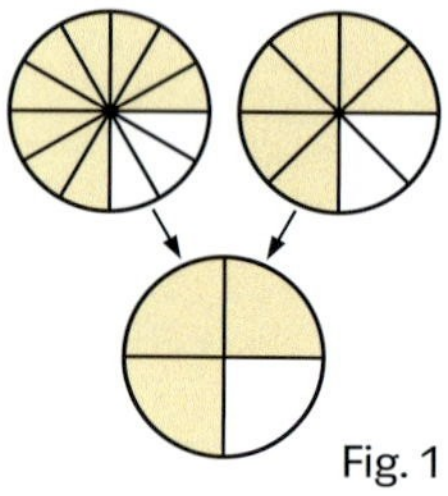

Fig. 1

Bei der Teilung in acht Stücke erhält man $\frac{6}{8}$ der Torte, bei der Teilung in zwölf Stücke $\frac{9}{12}$. Die beiden Brüche kann man z. B. mithilfe von Kreisbildern vergleichen.

In den oberen Kreisen in Fig. 1 werden die Brüche $\frac{6}{8}$ und $\frac{9}{12}$ dargestellt. Der gefärbte Anteil ist in beiden Kreisen gleich groß. Besonders gut kann man dies erkennen, wenn man in beiden Kreisbildern die Einteilung vergröbert. Man erhält jeweils drei Viertel (vgl. Fig. 1).

Man kann die Brüche auch miteinander vergleichen, indem man $\frac{6}{8}$ mit 2 und $\frac{9}{12}$ mit 3 kürzt. Man erhält jeweils denselben Bruch $\frac{3}{4}$:

$\frac{6}{8} = \frac{\cancel{2} \cdot 3}{\cancel{2} \cdot 4} = \frac{3}{4}$ $\frac{9}{12} = \frac{\cancel{3} \cdot 3}{\cancel{3} \cdot 4} = \frac{3}{4}$

Aufgaben

1 Drücke den Anteil der braunen Stückchen an der ganzen Tafel mit verschiedenen Brüchen aus.

a)

b)

c)

2 a) Fasse die Bilder zusammen, die denselben Bruch beschreiben, und gib diesen an.

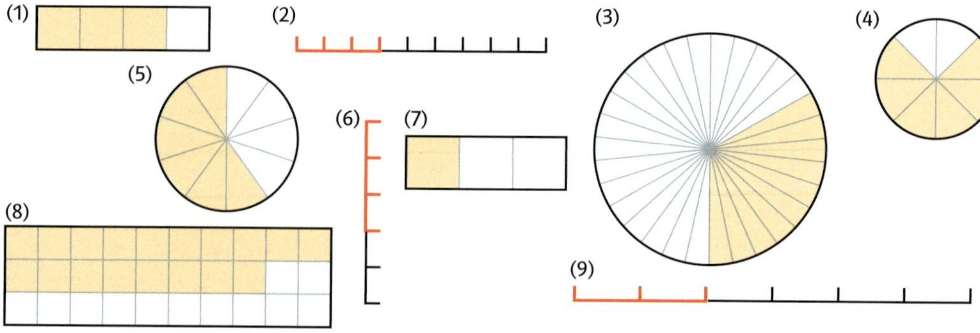

b) Zeichne selbst Bruchbilder wie in a), bei denen jeweils zwei denselben Bruch beschreiben. Lass deinen Nachbarn herausfinden, welche Bilder dies sind.

3 Erweitere.

a) $\frac{2}{3}$ mit 5 b) $\frac{1}{2}$ mit 3 c) $\frac{5}{4}$ mit 2 d) $\frac{3}{10}$ mit 10 e) $\frac{3}{2}$ mit 11 f) $\frac{1}{13}$ mit 3

$\frac{1}{12}$ mit 6 $\frac{5}{7}$ mit 7 $\frac{8}{8}$ mit 8 $\frac{1}{4}$ mit 15 $\frac{20}{25}$ mit 5 $\frac{8}{9}$ mit 7

4 Kürze.

a) $\frac{6}{10}$ mit 2 b) $\frac{8}{10}$ mit 2 c) $\frac{6}{18}$ mit 6 d) $\frac{6}{12}$ mit 2 e) $\frac{6}{9}$ mit 3 f) $\frac{20}{100}$ mit 10

$\frac{15}{50}$ mit 5 $\frac{14}{28}$ mit 7 $\frac{26}{39}$ mit 13 $\frac{28}{42}$ mit 7 $\frac{18}{42}$ mit 6 $\frac{19}{38}$ mit 19

5 a) Mit welcher Zahl wurde erweitert?
$\frac{3}{5} = \frac{9}{15}$; $\frac{6}{8} = \frac{60}{80}$; $\frac{4}{9} = \frac{36}{81}$; $\frac{7}{11} = \frac{84}{132}$

b) Mit welcher Zahl wurde gekürzt?
$\frac{15}{20} = \frac{3}{4}$; $\frac{14}{35} = \frac{2}{5}$; $\frac{25}{75} = \frac{1}{3}$; $\frac{91}{117} = \frac{7}{9}$

6 Prüfe, ob die Brüche denselben Anteil bezeichnen.

a) $\frac{4}{12}$; $\frac{1}{3}$ b) $\frac{30}{48}$; $\frac{10}{16}$ c) $\frac{12}{16}$; $\frac{9}{12}$ d) $\frac{10}{15}$; $\frac{6}{9}$ e) $\frac{18}{24}$; $\frac{15}{20}$ f) $\frac{36}{60}$; $\frac{15}{30}$

7 Kürze vollständig.

a) $\frac{12}{24}$; $\frac{12}{18}$; $\frac{30}{40}$; $\frac{25}{100}$; $\frac{50}{60}$; $\frac{50}{75}$ b) $\frac{15}{18}$; $\frac{16}{18}$; $\frac{6}{30}$; $\frac{48}{56}$; $\frac{75}{100}$; $\frac{120}{200}$ c) $\frac{8}{12}$; $\frac{35}{42}$; $\frac{13}{65}$; $\frac{80}{100}$; $\frac{125}{1000}$; $\frac{34}{51}$

8 Gib den gefärbten Anteil der Figur mit einem vollständig gekürzten Bruch an.

a)
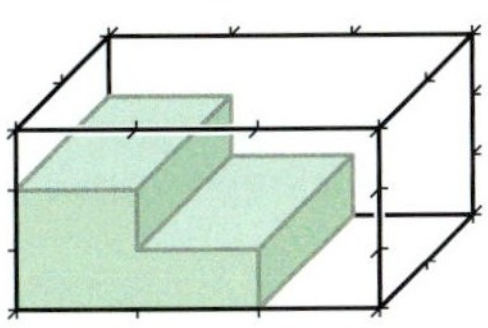

b)
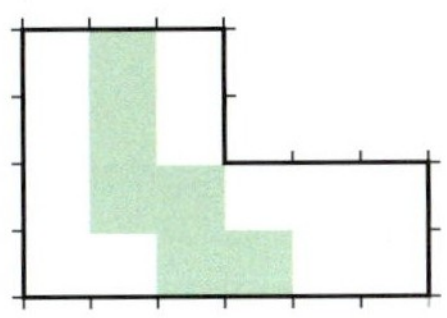

c)
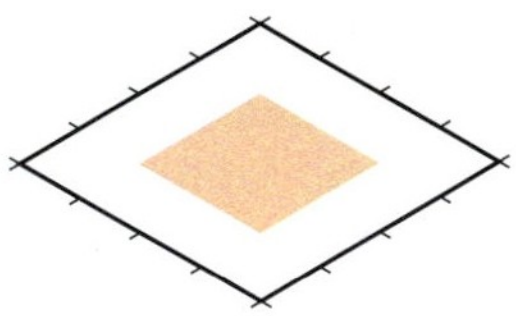

9 Übertrage ins Heft und ergänze die fehlende Zahl.

a) $\frac{\square}{12} = \frac{1}{2}$ b) $\frac{35}{42} = \frac{\square}{6}$ c) $\frac{\square}{108} = \frac{5}{9}$ d) $\frac{9}{\square} = \frac{3}{9}$ e) $\frac{45}{\square} = \frac{5}{8}$ f) $\frac{60}{144} = \frac{5}{\square}$

$\frac{32}{40} = \frac{\square}{5}$ $\frac{\square}{42} = \frac{3}{7}$ $\frac{\square}{121} = \frac{8}{11}$ $\frac{16}{\square} = \frac{2}{7}$ $\frac{91}{\square} = \frac{7}{10}$ $\frac{99}{\square} = \frac{9}{13}$

Die gesuchten Zahlen aus Aufgabe 9 ergeben ein Lösungswort.

27	*T*
12	*U*
4	*C*
60	*I*
143	*H*
18	*L*
6	*S*
130	*H*
72	*C*
88	*T*
56	*S*
5	*H*

10 Ergänze die richtige Zahl. a) $\frac{\square}{6} = \frac{2}{4}$ b) $\frac{\square}{8} = \frac{3}{12}$ c) $\frac{5}{25} = \frac{\square}{15}$

Bist du sicher?

1 a) Erweitere $\frac{4}{9}$ mit 6. b) Kürze $\frac{24}{32}$ vollständig. c) Schreibe $\frac{4}{6}$ mit dem Nenner 9.

2 Gib einen Bruch an, den man mit 6, aber nicht mit 4 kürzen kann.

3 Welche der Anteile $\frac{3}{12}$; $\frac{20}{100}$; $\frac{20}{80}$; $\frac{3}{15}$; $\frac{5}{20}$ sind gleich?

Das sind die Zähler und Nenner der Ergebnisse von Aufgabe 1:

3 9 24 6 4 54

11 Jana kann den Bruch $\frac{2}{5}$ in drei Schritten zu einem Bruch mit dem Nenner 120 erweitern:

$\frac{2}{5} \overset{\cdot 2}{=} \frac{4}{10} \overset{\cdot 3}{=} \frac{12}{30} \overset{\cdot 4}{=} \frac{48}{120}$ Tim findet sogar vier Schritte: $\frac{2}{5} \overset{\cdot 2}{=} \frac{4}{10} \overset{\cdot 2}{=} \frac{8}{20} \overset{\cdot 2}{=} \frac{16}{40} \overset{\cdot 3}{=} \frac{48}{120}$

Erweitere die Brüche

a) mit möglichst vielen Schritten. $\frac{1}{2} \rightarrow \frac{}{100}$ $\frac{3}{4} \rightarrow \frac{}{120}$ $\frac{2}{3} \rightarrow \frac{}{99}$

b) mit möglichst wenig Schritten. $\frac{5}{7} \rightarrow \frac{}{63}$ $\frac{7}{8} \rightarrow \frac{}{512}$ $\frac{1}{3} \rightarrow \frac{}{213}$

12 Gib die Anteile mit einem vollständig gekürzten Bruch an.
a) Von 100 Losen waren 90 Nieten.
b) Drei von 72 kontrollierten Fahrgästen fuhren ohne Fahrausweis.
c) Von 60 kontrollierten Autos fuhren 24 zu schnell.

13 Untersuche, welche Brüche den gleichen Anteil beschreiben.
$\frac{3}{5}$; $\frac{2}{3}$; $\frac{1}{3}$; $\frac{9}{15}$; $\frac{4}{12}$; $\frac{54}{90}$; $\frac{7}{12}$; $\frac{63}{189}$; $\frac{35}{60}$; $\frac{30}{45}$

14 Schreibe als Anteil und kürze.
a) 2 g von 1 kg b) 24 g von 1 kg c) 10 min von 1 h d) 15 min von 1 h
e) 25 cm von 1 m f) 625 m von 1 km g) 18 h von 1 Tag h) 36 min von 1 h
i) 20 ml von 1 l j) 55 cm^2 von 1 m^2 k) 270 cm^2 von 1 m^2 l) 12 500 cm^3 von 100 l

15 a) Schreibe die Anteile $\frac{4}{5}$; $\frac{1}{4}$; $\frac{18}{60}$ und $\frac{18}{24}$ jeweils als Bruch mit dem Nenner 20.
b) Denke dir selbst mindestens drei Brüche aus, die man mit dem Nenner 20 schreiben kann.
c) Gib sechs Brüche mit dem Zähler 20 an, die man nicht mehr kürzen kann.

16 a) Nenne fünf Brüche, die man so erweitern kann, dass sie im Nenner 100 enthalten.
b) Kannst du den Brüchen ansehen, ob man sie mit 100 im Nenner schreiben kann? Formuliere eine Regel.

zu Aufgabe 17:
Die Zahl 1 ist immer dabei. Wenn du die Zahlen addierst, ergibt das folgende Ergebnisse:
12 60 3 6
18 39

17 Kürzen und Teilbarkeit
Gib nach der Größe geordnet alle Zahlen an, mit denen man den Bruch kürzen kann.
a) $\frac{8}{10}$ b) $\frac{12}{18}$ c) $\frac{15}{25}$ d) $\frac{18}{36}$ e) $\frac{10}{50}$ f) $\frac{48}{72}$

18 Mareike behauptet: „Brüche erweitern, das kann man immer. Kürzen hingegen ist gar nicht so einfach." Nimm Stellung dazu und begründe an Beispielen.

19 Welcher der folgenden Brüche lässt sich so kürzen, dass im Zähler 1 steht? Begründe.
a) $\frac{2}{653}$ b) $\frac{2}{132}$ c) $\frac{10}{7680}$ d) $\frac{3}{450}$ e) $\frac{3}{289}$
f) $\frac{4}{688}$ g) $\frac{5}{876}$ h) $\frac{9}{358}$ i) $\frac{9}{531}$

zu Aufgabe 20:
Meistens ist es hilfreich, in mehreren Schritten zu kürzen.

20 Kürze soweit wie möglich.
a) $\frac{235}{240}$ b) $\frac{195}{455}$ c) $\frac{672}{1288}$ d) $\frac{298}{306}$ e) $\frac{448}{832}$
f) $\frac{3840}{4352}$ g) $\frac{21}{658}$ h) $\frac{130}{182}$ i) $\frac{324}{405}$

21 Kürzen mithilfe Primfaktorzerlegungen
Ist bei einem Bruch der Zähler und der Nenner in seine Primfaktoren zerlegt, so wird das Kürzen sehr einfach: $\frac{28}{210} = \frac{\cancel{2} \cdot 2 \cdot \cancel{7}}{\cancel{2} \cdot 3 \cdot 5 \cdot \cancel{7}} = \frac{2}{3 \cdot 5} = \frac{2}{15}$
Schreibe Zähler und Nenner jeweils als Produkt von Primzahlen und kürze dann.
a) $\frac{56}{110}$ b) $\frac{420}{500}$ c) $\frac{252}{360}$ d) $\frac{132}{156}$ e) $\frac{2520}{7560}$

22 Wahr oder falsch?
a) Wenn der Zähler und der Nenner eines Bruches beide eine gerade Zahl sind, dann kann man den Bruch mit einer Zahl kürzen, die größer als 1 ist.
b) Wenn der Zähler und der Nenner eines Bruches beide eine ungerade Zahl sind, dann kann man den Bruch mit einer Zahl kürzen, die größer als 1 ist.
c) Zwischen $\frac{1}{9}$ und $\frac{1}{10}$ passt kein anderer Bruch.

3 Brüche auf der Zahlengeraden

Müsst ihr alle so durcheinanderlaufen?
Könnt ihr euch nicht einmal der Reihe nach auf der weißen Linie aufstellen?

Auf einer Tankanzeige wird bei vollem Tank 1 angezeigt. Die Anteile $\frac{1}{4}$, $\frac{1}{2}$ und $\frac{3}{4}$ sind dadurch auf der Skala festgelegt. Wenn die Tankfüllung noch genauer angezeigt werden soll, kann man die Skala feiner einteilen, z. B. in Achtel. Die Brüche $\frac{1}{4}$ und $\frac{2}{8}$ stehen dann auf der Skala an derselben Stelle.

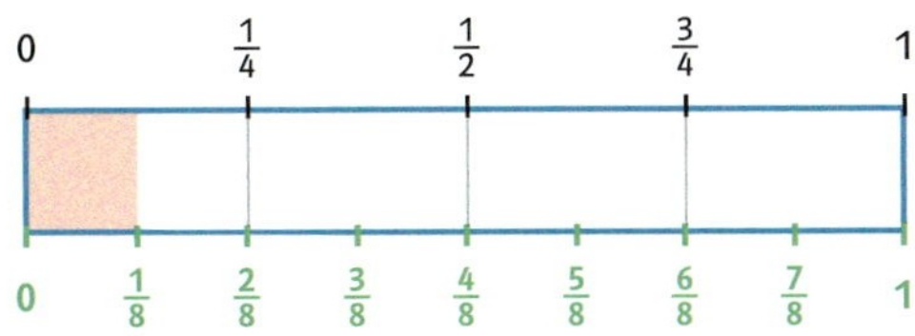

Fig. 1

Auf einer Zahlengeraden, auf der die Zahlen 0 und 1 eingetragen sind, kann man jedem Bruch eine bestimmte Stelle zuordnen. Dabei werden Brüche, die denselben Anteil beschreiben, wie $\frac{1}{4}$ und $\frac{2}{8}$, an derselben Stelle eingetragen. Diese Brüche bezeichnen dieselbe Zahl. Man nennt diese Zahl auch gebrochene Zahl.
Brüche wie $\frac{3}{2}$, bei denen der Zähler größer als der Nenner ist, sind größer als 1 und werden rechts von der 1 eingetragen. Sie werden oft auch in **gemischter Schreibweise** angegeben, z. B.: $\frac{3}{2} = \frac{2}{2} + \frac{1}{2} = 1 + \frac{1}{2} = 1\frac{1}{2}$

Brüche in gemischter Schreibweise nennt man auch "gemischte Zahlen".

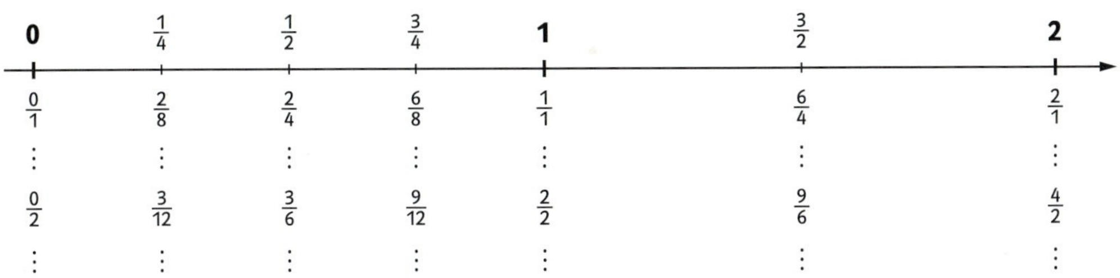

Fig. 2

Eine Division lässt sich als Bruch schreiben und umgekehrt.

$9:3 = \frac{9}{3}$

$\frac{9}{5} = 9:5$

$9:1 = \frac{9}{1}$

Eine Division wie 2 : 3 wurde bisher nicht berechnet. Diese Rechnung müsste man beispielsweise ausführen, wenn man zwei Blechkuchen auf drei Personen verteilen möchte. Fig. 3 zeigt das Ergebnis: Jede Person erhält $\frac{2}{3}$ eines Blechkuchens. Das Ergebnis der Division 2 : 3 ist der Bruch $\frac{2}{3}$. Es gilt $2:3 = \frac{2}{3}$.

Fig. 3

Natürliche Zahlen können auch als Brüche geschrieben werden:

$6 = 6 : 1 = \frac{6}{1}$

Brüche, die durch Kürzen und Erweitern auseinander hervorgehen, werden auf der Zahlengeraden an derselben Stelle eingetragen. Sie bezeichnen dieselbe **gebrochene Zahl**.
Eine Division von zwei Zahlen wie 7:8 hat als Ergebnis den Bruch $\frac{7}{8}$.
$\frac{14}{16}, \frac{21}{24}, \frac{28}{32}, \ldots$ bezeichnen **dieselbe gebrochene** Zahl.

*Die Strecke zwischen den Zahlen 0 und 1 nennt man auch **Einheitsstrecke**.*

Beispiel 1 Brüche anordnen
Zeichne auf einer Zahlengeraden die Brüche $\frac{1}{3}; \frac{1}{2}; \frac{5}{6}; \frac{4}{3}; \frac{2}{6}; \frac{4}{2}$ ein.
Lösung:

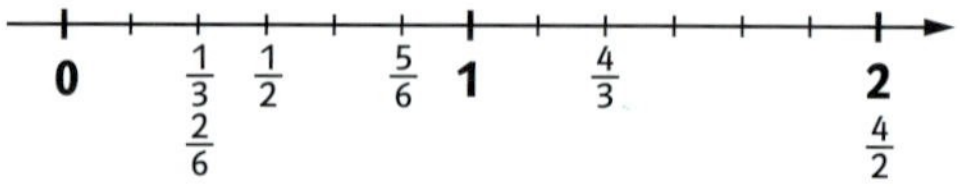

Man muss überlegen, wie lang die Strecke von 0 bis 1 sein soll. Bei diesen Zahlen ist für eine günstige Einteilung 6 cm geeignet.

Man erkennt, dass, wie bei den natürlichen und ganzen Zahlen auch, der auf der Zahlengerade weiter links stehende Bruch der kleinere ist.

Beispiel 2 Brüche als Ergebnis von Divisionen
Schreibe das Ergebnis als Bruch.
a) 15 : 12 b) 6 kg : 11 c) 10 : 7
Lösung:
a) $15 : 12 = \frac{15}{12} = \frac{5}{4}$ b) $6\,\text{kg} : 11 = \frac{6}{11}\,\text{kg}$ c) $10 : 7 = \frac{10}{7}$

Aufgaben

Online-Link
734261-0481

1 Übertrage die Zahlengerade in dein Heft. Zeichne die Strecke $\overline{AE}$ zwischen 0 und 1 mit einer Länge von 5 cm.
Zeichne die Brüche $\frac{2}{5}; \frac{1}{4}; \frac{1}{5}; \frac{8}{10}; \frac{7}{10}; \frac{80}{100}$ ein.

2 Schreibe für jeden Buchstaben einen vollständig gekürzten Bruch.
a)

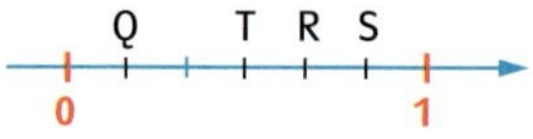

b)

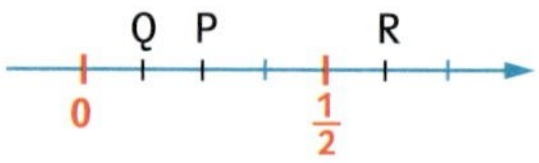

c)

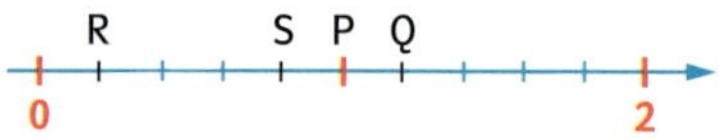

$1\frac{1}{4}$ bedeutet: $1 + \frac{1}{4}$

3 Zeichne eine Zahlengerade, bei dem das Teilstück zwischen 1 und 5 eine Länge von 16 cm hat. Trage die Brüche $1\frac{1}{4}; \frac{9}{8}; \frac{5}{5}; \frac{14}{8}; \frac{18}{16}; \frac{11}{4}; \frac{7}{2}; \frac{25}{8}; 4\frac{3}{4}$ ein.

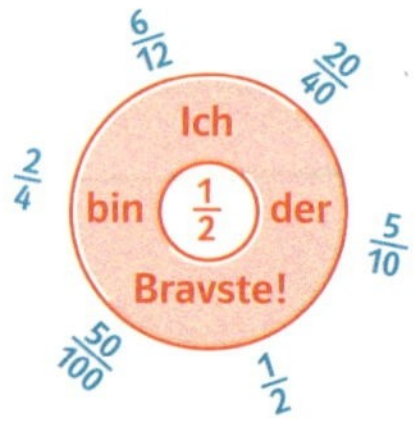

Fig. 1

4 Es ist $18\,\text{cm} : 30 = \frac{18}{30}\,\text{cm} = \frac{3}{5}\,\text{cm} = 6\,\text{mm}$. Schreibe ebenso mit einer natürlichen Maßzahl.
a) 3 kg : 5 b) 12 m : 24 c) $50\,\text{m}^3 : 20$ d) 4 km : 100 e) $300\,\text{cm}^2 : 120$

5 Schreibe als Bruch. Kürze vollständig. Ordne die Ergebnisse nach der Größe.
a) 40 : 30 b) 25 : 20 c) 16 : 18 d) 6 : 8 e) 1 : 13 f) 81 : 54

6 Gib drei Divisionsaufgaben an, die als Ergebnis die angegebene Zahl haben.

a) $\frac{3}{4}$ b) $\frac{2}{5}$ c) $\frac{1}{12}$

7 Bei welchen Brüchen handelt es sich um dieselbe Zahl? Begründe deine Antwort.

a) $\frac{4}{5}$; $\frac{12}{15}$ b) $\frac{20}{5}$; $\frac{4}{1}$ c) $\frac{3}{2}$; $\frac{2}{3}$ d) $\frac{14}{18}$; $\frac{7}{9}$ e) $\frac{25}{30}$; $\frac{10}{12}$ f) $\frac{80}{100}$; $\frac{4}{5}$

Bist du sicher?

1 Schreibe für jeden Buchstaben einen vollständig gekürzten Bruch.

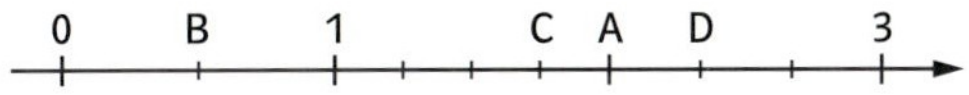

2 Prüfe, ob es sich um dieselbe gebrochene Zahl handelt.

a) $\frac{9}{15}$; $\frac{12}{20}$ b) $\frac{9}{6}$; $\frac{32}{8}$

8 Trage die Brüche auf einer Zahlengeraden ein. Überlege vorher, wie lang du die Einheitsstrecke (das ist die Strecke zwischen den Zahlen 0 und 1) zeichnest.

a) $\frac{1}{5}$; $\frac{2}{10}$; $\frac{5}{10}$; $\frac{4}{5}$; $\frac{2}{20}$; $\frac{7}{20}$ b) $\frac{5}{8}$; $\frac{3}{4}$; $\frac{9}{8}$; $\frac{3}{8}$; $\frac{1}{4}$ c) $\frac{4}{12}$; $\frac{7}{12}$; $\frac{1}{6}$; $\frac{12}{12}$; $\frac{11}{12}$

9 Ergänze die fehlende Zahl. Kann es mehr als eine Lösung geben? Begründe.

a) $\frac{100}{150} = \frac{\square}{15}$ b) $\frac{11}{2} = \frac{44}{\square}$ c) $\frac{1}{\square} = \frac{4}{12}$ d) $\frac{150}{\square} = \frac{300}{150}$ e) $\frac{\square}{22} = \frac{22}{11}$

10 Gib fünf Brüche an, die alle die Zahl $\frac{6}{10}$ bezeichnen.

11 Finde passende Zahlen für das Kästchen und das Dreieck.

a) $3:\square = \frac{9}{\triangle}$ b) $\square:18 = \frac{\triangle}{6}$ c) $27:\square = \frac{9}{\triangle}$ d) $\square:24 = \frac{\triangle}{18}$

12 Gib drei verschiedene Bruchdarstellungen der natürlichen Zahlen 2 und 7 an.

13 Zum Knobeln

Welche Brüche wohnen in der Bruchbude? Lies den Text sorgfältig durch.
Im 1. Stock wohnt ein Bruch mit dem Nenner 8. Im 2. Stock und 3. Stock wohnen Brüche, die dieselbe Zahl bezeichnen. Bei den Brüchen im Dachgeschoss und im 4. Stock sind Zähler und Nenner vertauscht. Im 4. Stock wohnt ein Bruch, dessen Zähler dem Flächeninhalt und dessen Nenner dem Umfang eines Quadrates mit der Seitenlänge 3 entspricht. Der Zähler des Bruches im 1. Stock ist ein Viertel von seinem Nenner. Beim Bruch im 2. Stock sind Zähler und Nenner gleich und ihre Summe entspricht der Stocknummer. Beim Bruch im 3. Stock ist die Summe aus Zähler und Nenner 10.

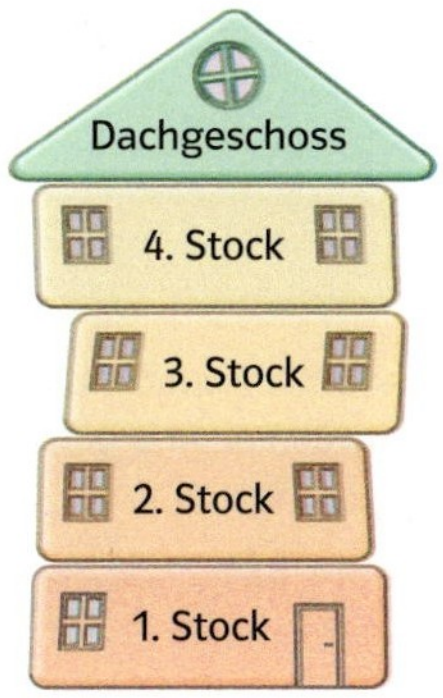

Kannst du das noch?

14 Berechne.

a) 12 + 30 − 11 b) 40 + 10 + 18 + 32 c) 22 + 33 + 1023 d) 23 + 14 + 17 + 36

15 Wie weit und in welche Richtung muss man auf der Zahlengeraden gehen,
a) um von der Zahl 11 zur Zahl 30 zu kommen,
b) um von der Zahl 190 zur Zahl 110 zu kommen?

4 Dezimalschreibweise

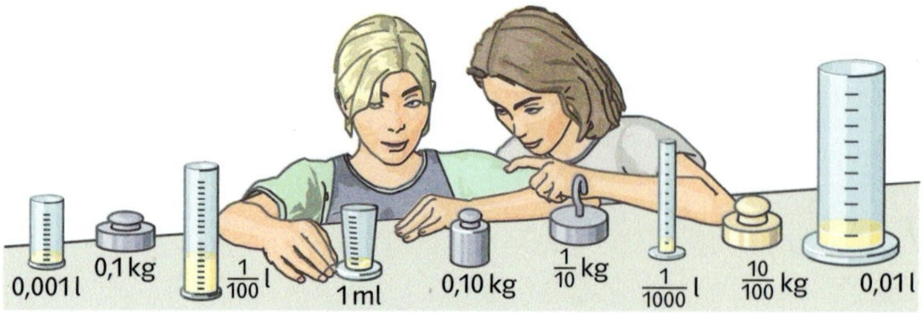

Teile eines Ganzen kann man mit Brüchen bezeichnen. Einige der Messgeräte zeigen eine andere Schreibweise. Vergleiche die abgebildeten Massestücke und Messbecher. Welche Schreibweise findest du praktischer? Warum?

0,63 liest man: null Komma sechs drei

Was bedeutet eine Kommazahl wie 0,63? Man erkennt dies, wenn man die Zahl mit einer Größe verbindet.

$0{,}1\,\text{m} = 1\,\text{dm} = \frac{1}{10}\,\text{m}$; $\quad 0{,}63\,€ = 63\,\text{ct} = \frac{63}{100}\,€$; $\quad 0{,}308\,\text{kg} = 308\,\text{g} = \frac{308}{1000}\,\text{kg}$

0,1 bedeutet $\frac{1}{10}$; $\quad$ 0,63 bedeutet $\frac{63}{100}$; $\quad$ 0,308 bedeutet $\frac{308}{1000}$

„Dezi" ist ein lateinisches Wort mit der Bedeutung „Zehntel". Zum Beispiel bedeutet ein Dezimeter übersetzt ein Zehntelmeter.

Die Beispiele zeigen: Bei der Kommaschreibweise oder **Dezimalschreibweise** von Zahlen entscheidet die Anzahl der Stellen hinter dem Komma darüber, ob in der Bruchschreibweise der Nenner 10, 100 oder 1000 steht. Dies gilt auch, wenn vor dem Komma keine 0 steht: $1{,}53\,€ = 153\,\text{ct} = \frac{153}{100}\,€$.

Bei der Bruchschreibweise kann eine Zahl verschieden dargestellt werden.

$\frac{3}{10} = \frac{30}{100}$ $\left(\frac{3}{10}\text{ erweitert mit 10}\right)$

$\frac{3}{10} = \frac{300}{1000}$ $\left(\frac{3}{10}\text{ erweitert mit 100}\right)$

Diese verschiedenen Darstellungen finden sich entsprechend in der Dezimalschreibweise.

$\frac{3}{10} = 0{,}3$; $\frac{30}{100} = 0{,}30$; $\frac{300}{1000} = 0{,}300$

Dies zeigt: 0,3 = 0,30 = 0,300

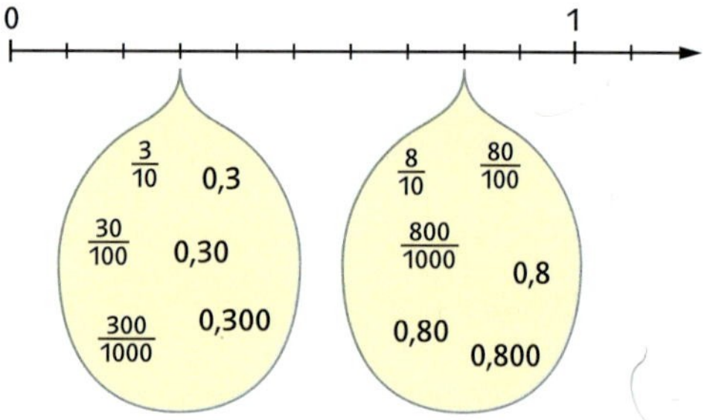

Fig. 1

Man kann die Bedeutung der Ziffern nach dem Komma auch mit einer Stellenwerttafel erklären. Hierzu trägt man die Zahl in Kommaschreibweise in eine Stellenwerttafel mit Komma ein.

Der Tabelle kann man entnehmen, dass gilt:
$135{,}4 = \frac{1354}{10}$
$0{,}750 = \frac{750}{1000}$

Hunderter H	Zehner Z	Einer E	,	Zehntel z	Hundertstel h	Tausendstel t
1	3	5	,	4		
		0	,	7	5	0

Statt Dezimalbruch sagt man auch Dezimalzahl.

Gebrochene Zahlen können mit Komma, d.h. in **Dezimalschreibweise**, angegeben werden. Eine gebrochene Zahl in Dezimalschreibweise nennt man kurz **Dezimalbruch**.

Hat ein Dezimalbruch eine, zwei, drei … Stellen hinter dem Komma, dann kann man ihn als Bruch mit dem Nenner 10; 100; 1000 … schreiben.

$0{,}7 = \frac{7}{10}$; $\quad 3{,}31 = \frac{331}{100}$; $\quad 8{,}039 = \frac{8039}{1000}$; $\quad 10{,}05 = \frac{1005}{100}$

Umwandeln in die Dezimalschreibweise

Um einen gemeinen Bruch wie $\frac{1}{4}$ dezimal zu schreiben, muss man so erweitern, dass der Nenner 10 oder 100 oder 1000 oder eine andere Potenz von 10 ist: $\frac{1}{4} = \frac{25}{100} = 0{,}25$.
Brüche wie $\frac{1}{3}$ lassen sich auf diese Weise nicht dezimal schreiben, weil man diesen Bruch nicht mit einem Nenner, der eine Potenz von 10 ist, schreiben kann.

Eine Zahl, zwei Schreibweisen:

$\frac{1}{2}$ = 0,5

Bruch- **Dezimal-** **schreibweise**

Fig. 1

Umwandeln in die Bruchschreibweise

Der Dezimalbruch 0,75 hat zwei Stellen hinter dem Komma. Man schreibt ihn als Bruch mit dem Nenner 100: $0{,}75 = \frac{75}{100}$. Gekürzt erhält man $0{,}75 = \frac{75}{100} = \frac{3}{4}$.
Entsprechend gilt:
2,050 hat drei Stellen hinter dem Komma. Wir schreiben die Zahl als Bruch mit dem Nenner 1000 und kürzen den Bruch: $2{,}050 = \frac{2050}{1000} = \frac{205}{100} = \frac{41}{20}$.

Online-Link
734261-0511

Beispiel 1 Einen Dezimalbruch als gemeinen Bruch schreiben
Schreibe als Bruch.
a) 0,9 b) 0,48 c) 0,700 d) 8,030
Lösung:
a) $0{,}9 = \frac{9}{10}$ b) $0{,}48 = \frac{48}{100} = \frac{12}{25}$ c) $0{,}700 = \frac{700}{1000} = \frac{7}{10}$ d) $8{,}030 = \frac{8030}{1000} = \frac{803}{100}$

Beispiel 2 Einen gemeinen Bruch als Dezimalbruch schreiben
Schreibe als Dezimalbruch.
a) $\frac{71}{100}$ b) $\frac{1}{5}$ c) $\frac{18}{15}$ d) $\frac{5}{8}$

Lösung:
a) $\frac{71}{100} = 0{,}71$ b) $\frac{1}{5} = \frac{2}{10} = 0{,}2$ c) $\frac{18}{15} = \frac{6}{5} = \frac{12}{10} = 1{,}2$ d) $\frac{5}{8} = \frac{625}{1000} = 0{,}625$

Aufgaben

1 Übertrage in dein Heft. Trage den entsprechenden Bruch oder Dezimalbruch ein.

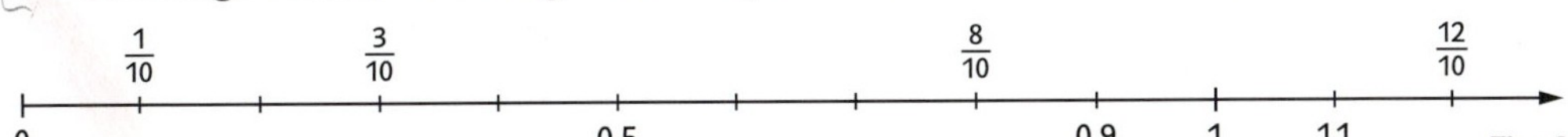

Fig. 2

2 Schreibe als gemeinen Bruch.

a) 0,3	b) 0,27	c) 0,90	d) 0,4	e) 0,67	f) 0,10
0,800	0,006	0,012	0,404	0,999	1,001
1,4	3,8	2,90	4,25	10,80	10,100

3 Schreibe als Dezimalbruch.

a) $\frac{1}{2}$	b) $\frac{1}{5}$	c) $\frac{1}{4}$	d) $\frac{3}{5}$	e) $\frac{7}{10}$	f) $\frac{12}{100}$
$\frac{10}{100}$	$\frac{25}{20}$	$\frac{6}{1000}$	$\frac{7}{200}$	$\frac{1}{8}$	$\frac{20}{25}$
$\frac{5}{4}$	$\frac{3}{4}$	$\frac{11}{5}$	$\frac{2}{8}$	$\frac{9}{18}$	$\frac{24}{30}$

Häufig verwendete Dezimalbrüche:
$0{,}1 = \frac{1}{10}$
$0{,}5 = \frac{1}{2}$
$0{,}25 = \frac{1}{4}$
$0{,}75 = \frac{3}{4}$
$0{,}2 = \frac{1}{5}$
$0{,}125 = \frac{1}{8}$

4 Den Buchstaben auf der Zahlengeraden in Fig. 3 sind Zahlen zugeordnet. Gib diese als Bruch und Dezimalbruch an.

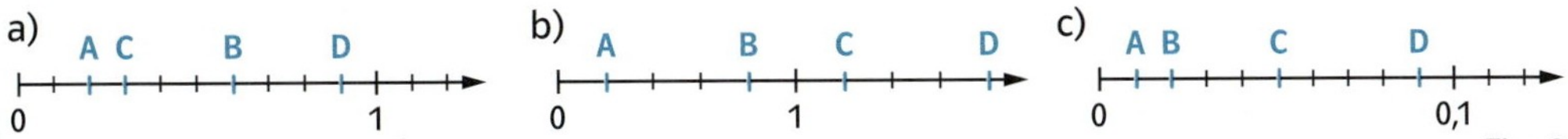

Fig. 3

5 Trage die Zahlen auf einer Zahlengeraden ein.
a) 0,9; 0,6; 0,05; 1,1; 1,2 b) 0,25; 0,5; 0,75; 1,25 c) 2,5; 1,5; 1,25; 1,75

6 Zeichne die „Schlange" in dein Heft und zähle in jeder Richtung in gleichen Schritten weiter.

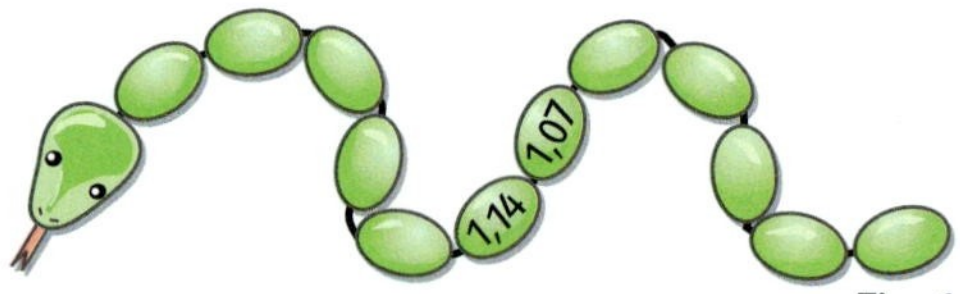

Fig. 1

Bist du sicher?

1 Schreibe als gemeinen Bruch.
a) 0,8 b) 0,09 c) 0,25 d) 0,011 e) 0,4500

2 Schreibe als Dezimalbruch.
a) $\frac{3}{5}$ b) $\frac{70}{100}$ c) $\frac{3}{4}$ d) $\frac{7}{1000}$ e) $\frac{990}{1000}$

3 Den Buchstaben auf der Zahlensgeraden in Fig. 2 sind Zahlen zugeordnet. Gib diese als gemeinen Bruch und als Dezimalbruch an.

Online-Link
734261-0521

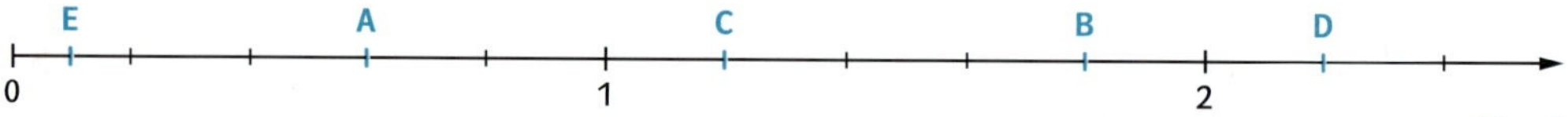

Fig. 2

7 Ein Floh springt von der Startzahl aus nach rechts die angegebene Anzahl von Sprüngen. Schreibe den Dezimalbruch auf, bei denen er landet.

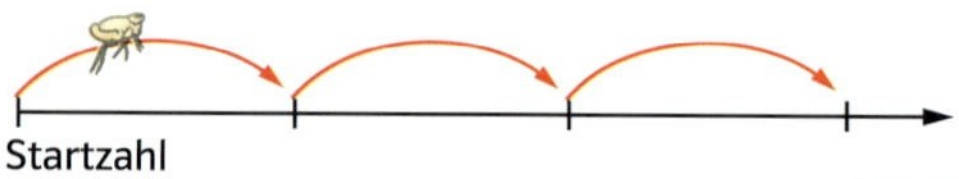

Fig. 3

Startzahl	Sprungweite	Anzahl der Sprünge
0,8	0,1	5
89,5	0,2	6
0,4	0,5	6
0	0,01	20

8 Ordne den Bällen die richtigen Massen zu.

Schlagball | 0,0027 kg | Kugel (beim Kugelstoßen) | 7,257 kg
0,08 kg | Tennisball | 0,058 kg | Tischtennisball

9 Milli und Mikro
Bei Einheiten bedeutet das Beiwort **Kilo** „tausend": 1 Kilometer = 1000 Meter. Solche Beiworte gibt es auch für „Tausendstel", „Million" usw. (siehe Tabelle).

Giga	Mega	Kilo	Milli	Mikro
$1\,000\,000\,000 = 10^9$	$1\,000\,000 = 10^6$	$1000 = 10^3$	$0{,}001 = \frac{1}{1000}$	$0{,}000\,001 = \frac{1}{1000000}$

Schreibe in der in Klammern angegebenen Einheit mithilfe eines gemeinen Bruches und eines Dezimalbruches.
a) eine Millisekunde (s) b) ein Mikrometer (m) c) ein Milliliter (l)

5 Periodische Dezimalbrüche

Es gibt Brüche, die du noch nicht als Dezimalbruch schreiben kannst.

Brüche, die im Nenner eine Zehnerpotenz haben, lassen sich leicht als Dezimalbrüche schreiben: $\frac{3}{10} = 0{,}3$; $\frac{47}{100} = 0{,}47$; $\frac{13}{1000} = 0{,}013$; …
Manche Brüche kann man durch Kürzen und Erweitern in Dezimalbrüche umwandeln.

$\frac{63}{70} = \frac{9}{10} = 0{,}9$	Durch Kürzen bringt man den Nenner auf eine Zehnerpotenz.
$\frac{7}{20} = \frac{35}{100} = 0{,}35$	Durch Erweitern bringt man den Nenner auf eine Zehnerpotenz.
$\frac{21}{14} = \frac{3}{2} = \frac{15}{10} = 1{,}5$	Durch Kürzen und Erweitern bringt man den Nenner auf eine Zehnerpotenz.

Online Link
734261-0531

Da ein Bruch als Quotient geschrieben werden kann, erhält man den Dezimalbruch auch, wenn der Zähler des Bruches durch den Nenner geteilt wird. Dazu schreibt man den Zähler als Dezimalbruch. Es sind zwei Fälle möglich:

1. Fall:

7 : 16

```
= 7,0 : 16 = 0,4375
 - 0
   70        ← Rest 7
 - 64
    60       ← Rest 6
  - 48
    120      ← Rest 12
  - 112
      80     ← Rest 8
    - 80
       0     ← Rest 0
```

2. Fall:

13 : 11

$= 13{,}0 : 11 = 1{,}1818\ldots = 1{,}\overline{18}$

```
 - 11
   20        ← Rest 2
 - 11
    90       ← Rest 9
  - 88
     20      ← Rest 2
   - 11
      90     ← Rest 9
    - 88
       ⋮
```

Im 1. Fall endet die Division irgendwann, ohne dass ein weiterer Rest auftritt. Man erhält einen **endlichen** Dezimalbruch.
Im 2. Fall beobachtet man, dass sich die Reste 2 und 9 und damit die Ziffern 1 und 8 fortlaufend wiederholen und die Division nie aufgeht. Man erhält einen unendlichen **periodischen** Dezimalbruch. Der Strich über den Ziffern 1 und 8 bedeutet: Diese Ziffernfolge wiederholt sich bei der Fortsetzung des Divisionsverfahrens ständig.

periodos *(griech.): Umlauf, Wiederholung*

Um die Dezimalbruchdarstellung eines Bruches zu bekommen, dividiert man den Zähler des Bruches durch den Nenner.
Wandelt man Brüche mit dem Divisionsverfahren in Dezimalbrüche um, so erhält man entweder **endliche** Dezimalbrüche oder unendliche **periodische** Dezimalbrüche, z. B.:

$\frac{13}{40} = 0{,}325$,

$\frac{1}{3} = 0{,}\overline{3}$ (sprich: null-Komma-Periode-drei),

$\frac{29}{110} = 0{,}2\overline{63}$ (sprich: null-Komma-zwei-Periode-sechs-drei).

$0{,}\overline{3} = \frac{1}{3}$; $0{,}3 = \frac{3}{10}$

***Rein-periodisch** heißen Dezimalbrüche, bei denen die Periode unmittelbar nach dem Komma beginnt, z. B. $2{,}\overline{3}$; $0{,}\overline{48}$. Gibt es zwischen dem Komma und der Periode noch Dezimalstellen, die nicht zur Periode gehören, nennt man die Dezimalbrüche **gemischt-periodisch**, z. B. $0{,}2\overline{7}$; $4{,}7\overline{125}$.*

Beispiel 1
Schreibe $\frac{57}{80}$ als Dezimalbruch.
Lösung:
$\frac{57}{80} = 57{,}0 : 80 = 0{,}7125$

```
 - 0
 570
- 560
  100
 - 80
  200
- 160
  400
- 400
    0
```

Beispiel 2
Schreibe $\frac{25}{90}$ als Dezimalbruch.
Lösung:
$25{,}0 : 90 = 0{,}2\overline{7}$

```
 - 0
 250
- 180
  700
- 630
   70
  ...
```

Der Rest 70 wiederholt sich.

Man erhält einen gemischt-periodischen Dezimalbruch.

Beispiel 3
Vergleiche $0{,}\overline{17}$ und $0{,}\overline{171}$.
Lösung:
$0{,}\overline{17} = 0{,}171717\ldots$
$0{,}\overline{171} = 0{,}171171\ldots$
↑
Hier treten erstmals verschiedene Ziffern auf. $0{,}\overline{171} < 0{,}\overline{17}$

Beispiel 4
Vergleiche $\frac{5}{32}$ und 0,162.
Lösung:
Berechne 5 : 32 und brich ab, sobald du die Zahlen vergleichen kannst.
$5 : 32 = 0{,}15\ldots$; $0{,}15 < 0{,}162$.
Also $\frac{5}{32} < 0{,}162$.

Aufgaben

1 Schreibe als Dezimalbruch.

a) $\frac{1}{2}$ b) $\frac{2}{3}$ c) $\frac{4}{5}$ d) $\frac{3}{25}$ e) $\frac{1}{6}$ f) $\frac{10}{11}$
g) $\frac{5}{24}$ h) $\frac{43}{25}$ i) $\frac{14}{9}$ j) $\frac{39}{65}$ k) $\frac{7}{30}$ l) $\frac{49}{112}$

2 Bilde aus den Brüchen und Dezimalbrüchen im Sack (Fig. 1) Pärchen gleicher gebrochener Zahlen.

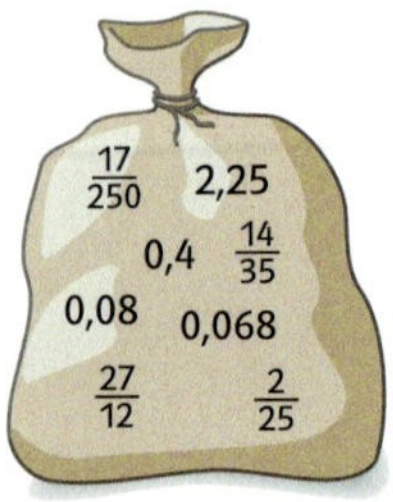

Fig. 1

3 Vergleiche. Schreibe mit < oder >.
a) $3{,}\overline{82}$; $3{,}\overline{828}$ b) $\frac{3}{8}$; 0,3 c) $\frac{13}{16}$; 0,81 d) $5{,}\overline{17}$; $5{,}1\overline{7}$
e) $7{,}12\overline{3}$; $7{,}1\overline{23}$ f) 3,3; $\frac{13}{4}$ g) $\frac{17}{25}$; 0,7 h) 0,35; $0{,}35\overline{4}$

4 Peter, Sven und Oliver berechnen die Dezimalbruchdarstellung von $\frac{17}{22}$. Ihre Ergebnisse sind in Fig. 1 dargestellt. Welches Ergebnis ist richtig?

Fig. 1

Bist du sicher?

1 Führe eine schriftliche Division durch und schreibe als Dezimalbruch.

a) $\frac{5}{6}$ b) $\frac{81}{8}$ c) $\frac{1}{9}$ d) $\frac{23}{16}$ e) $1\frac{1}{18}$ f) $11\frac{2}{11}$ g) $4\frac{17}{13}$

2 Bilde Pärchen aus jeweils gleichen Zahlen.

$\frac{1}{7}$ $0,\overline{13}$ $0,\overline{142857}$ $0,1\overline{3}$ $\frac{13}{99}$ $0,1875$ $\frac{2}{15}$ $\frac{3}{16}$

---

5 Schreibe als Dezimalbruch und runde auf Zehntel.

a) $\frac{27}{80}$ b) $\frac{7}{20}$ c) $\frac{3}{16}$ d) $\frac{4}{3}$ e) $\frac{5}{9}$ f) $\frac{3}{11}$

6 Schreibe als Dezimalbruch und runde auf Hundertstel.

a) $\frac{3}{8}$ b) $\frac{6}{5}$ c) $\frac{7}{16}$ d) $\frac{5}{3}$ e) $\frac{7}{9}$ f) $\frac{5}{7}$

7 Caroline rechnet mit ihrem Taschenrechner 1 : 6. Das Ergebnis siehst du in Fig. 2. Rechne selbst schriftlich nach und erkläre das Ergebnis.

8 Begründe, warum man $\frac{1}{3}$ nicht in einen Bruch umwandeln kann, bei dem der Nenner eine Zehnerpotenz ist.

Fig. 2

9 Kann man einen vollständig gekürzten Bruch durch Erweitern in einen Bruch mit einer Zehnerpotenz umwandeln, ist der zugehörige Dezimalbruch endlich. Ist dies nicht möglich, ist der Dezimalbruch periodisch. Kürze zuerst so weit wie möglich. Entscheide dann, ob sich der Bruch als endlicher oder periodischer Dezimalbruch schreiben lässt.

a) $\frac{27}{225}$ b) $\frac{150}{225}$ c) $\frac{65}{169}$ d) $\frac{81}{18}$ e) $\frac{51}{425}$ f) $\frac{40}{56}$ g) $\frac{7}{56}$

10 a) Fig. 3 zeigt periodische Dezimalbrüche mit den zugehörigen Brüchen. Stelle eine Vermutung auf, welcher Bruch zu $0,\overline{4}$; $0,\overline{5}$; $0,\overline{7}$ gehört. Überprüfe deine Vermutung durch eine Rechnung.

b) Bestimme die periodischen Dezimalbrüche, die sich für $\frac{1}{99}$; $\frac{2}{99}$; $\frac{3}{99}$ ergeben. Stelle eine Vermutung auf, welcher Bruch zu $0,\overline{13}$; $0,\overline{20}$; $0,\overline{65}$ gehört. Überprüfe deine Vermutung durch eine Rechnung.

11 a) Schreibe $\frac{4}{11}$ als Dezimalbruch, ohne die Division in Fig. 4 zu vervollständigen.

b) Bestimme $\frac{2}{11}$, $\frac{7}{11}$ und $\frac{10}{11}$ mit möglichst geringem Rechenaufwand.

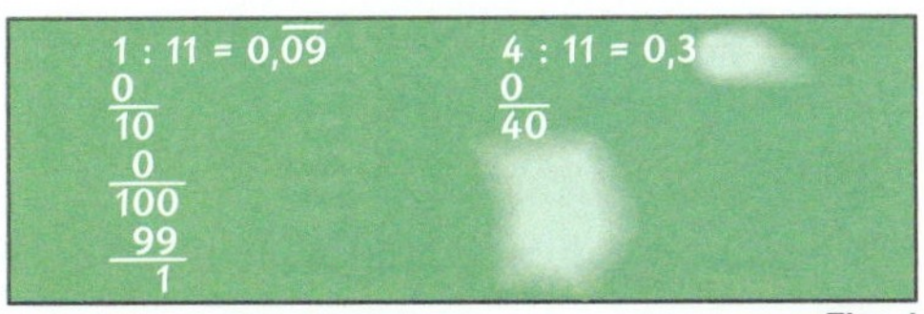

Fig. 4

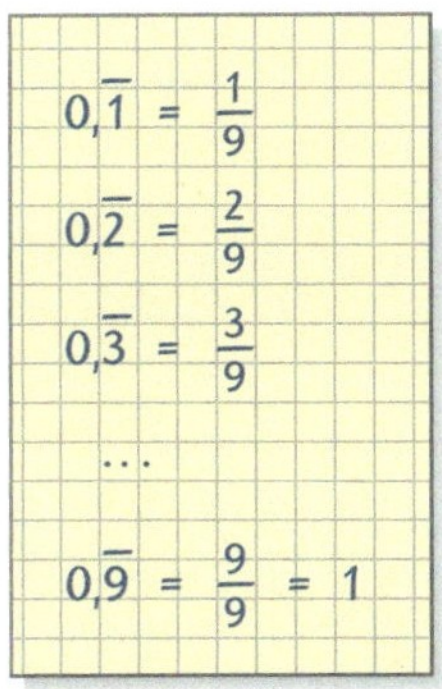

Fig. 3

6 Prozentschreibweise

Was bedeuten die Prozentangaben auf den Schildern? Wie kann man mithilfe von Brüchen die gleichen Aussagen wie auf den Schildern machen? Wo kommen im Alltag noch Prozentangaben vor? Was bedeuten diese?

Oft werden für die Beschreibung von Anteilen Prozente verwendet. Wie man Prozentzahlen ermittelt, wird im Folgenden erklärt.

Bei einer Kontrolle wurden 200 LKWs untersucht. 40 LKWs hatten Mängel. Zwei weitere LKWs hatten so schwere Mängel, dass sie stillgelegt wurden. Der Anteil der stillgelegten LKWs beträgt $\frac{2}{200} = \frac{1}{100}$ (vgl. Tabelle).

pro cento (lat.): von Hundert

Statt $\frac{1}{100}$ schreibt man auch 1% (ein Prozent).
Der Anteil der bemängelten LKWs beträgt $\frac{40}{200} = \frac{1}{5}$. Wenn man auch diesen Anteil in Prozent angeben möchte, kann man $\frac{40}{200}$ so kürzen, dass im Nenner 100 steht:
$\frac{40}{200} = \frac{20}{100} = 20\,\%$.
Also hatten 20% der LKWs Mängel.

200 LKWs kontrolliert	davon mit Mängeln	davon stillgelegt
Anzahl	40	2
Anteil	$\frac{40}{200} = \frac{1}{5}$	$\frac{2}{200} = \frac{1}{100}$
Anteil in Prozent	$\frac{40}{200} = \frac{20}{100} = 20\,\%$	$\frac{1}{100} = 1\%$

Anteile werden häufig in der **Prozentschreibweise** angegeben.
1% (gesprochen „ein Prozent") ist dabei eine andere Schreibweise für $\frac{1}{100}$.
Ein Anteil lässt sich in Prozent angeben, indem man den Bruch so kürzt oder erweitert, dass im Nenner 100 steht. Der Anteil $\frac{1}{4}$ ist in Prozent: $\frac{1}{4} = \frac{25}{100} = 25\,\%$.

$\frac{1}{2} = 0{,}5 = 50\,\%$
$\frac{1}{3} = 0{,}333\ldots = 33\frac{1}{3}\,\%$
$\frac{1}{4} = 0{,}25 = 25\,\%$
$\frac{1}{5} = 0{,}2 = 20\,\%$
$\frac{1}{6} = 0{,}166\ldots = 16\frac{2}{3}\,\%$
$\frac{1}{8} = 0{,}125 = 12{,}5\,\%$
$\frac{1}{10} = 0{,}1 = 10\,\%$
$\frac{1}{20} = 0{,}05 = 5\,\%$

Beispiel 1 Bruch- und Prozentschreibweise
a) Schreibe den Anteil als Bruch: 5%; 75%; 20%; 95%.
b) Drücke den Anteil in Prozent aus: $\frac{1}{2}$; $\frac{1}{10}$; $\frac{3}{5}$; $\frac{1}{4}$.
Lösung:
a) $5\,\% = \frac{5}{100} = \frac{1}{20}$; $75\,\% = \frac{75}{100} = \frac{3}{4}$; $20\,\% = \frac{20}{100} = \frac{1}{5}$; $95\,\% = \frac{95}{100} = \frac{19}{20}$
b) $\frac{1}{2} = \frac{50}{100} = 50\,\%$; $\frac{1}{10} = \frac{10}{100} = 10\,\%$; $\frac{3}{5} = \frac{60}{100} = 60\,\%$; $\frac{1}{4} = \frac{25}{100} = 25\,\%$

Beispiel 2 Prozentuale Anteile bestimmen
Wie viel sind 8% von 50€?
Lösung:
$8\,\% = \frac{8}{100}$; $\frac{1}{100}$ von 50€ sind 50 Cent, also sind $\frac{8}{100}$ von 50€ 8 · 50 Cent = 400 Cent = 4€

Aufgaben

1 Finde die Prozentzahlen, die hier versteckt sind.
a) 94 von 100 Kindern können im Alter von zehn Jahren schwimmen.
b) Von 25 Schülern der Klasse wohnen zwei außerhalb des Stadtbezirks.
c) 30 von 250 Befragten lesen jede Woche ein Buch.
d) Denke dir selbst Aufgaben aus, in denen Prozentzahlen versteckt sind.

2 Wie viel Prozent der Fläche sind gefärbt?
a) 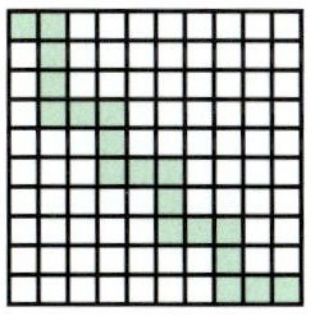
b) 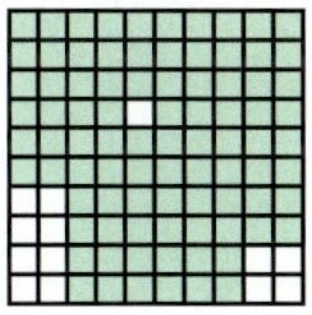
c) 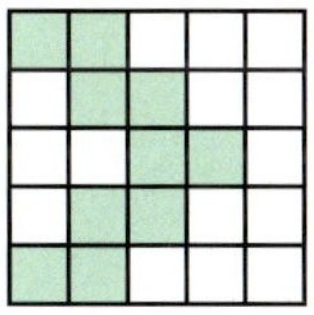
d) 
e) 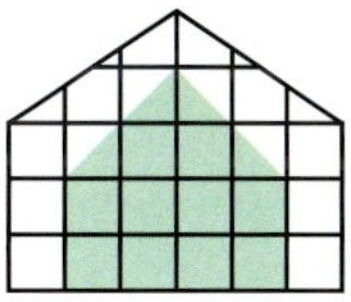

3 Drücke mit einem Bruch und in Prozent aus.
a) Jedes zwanzigste Los gewinnt.
b) Bei dem Unwetter wurde jedes vierte Haus beschädigt.
c) Im Mittelalter verlangten die Grundherren von den Bauern den Zehnten.

4 Schreibe als Bruch. Kürze, wenn möglich.

a) 2%	b) 6%	c) 10%	d) 5%	e) 50%	f) 8%
20%	75%	40%	80%	12%	60%

5 Schreibe als Prozentangabe.
a) $\frac{1}{2}$ b) $\frac{1}{5}$ c) $\frac{3}{5}$ d) $\frac{60}{200}$ e) $\frac{3}{10}$ f) $\frac{4}{20}$

6 Wie viel sind
a) 5% von 10 kg, 10% von 3 km,
b) 4% von 50 Dollar, 90% von 1 kg,
c) 50% von 25 000 Menschen, 2% von 10 €?

Info

Drei Schreibweisen einer gebrochenen Zahl
Man kann eine gebrochene Zahl als Bruch, als Dezimalbruch oder als Prozentangabe schreiben. Brüche und Prozente verwendet man üblicherweise, um Anteile anzugeben. Dezimalbrüche verwendet man häufig, wenn man Größen angeben möchte.

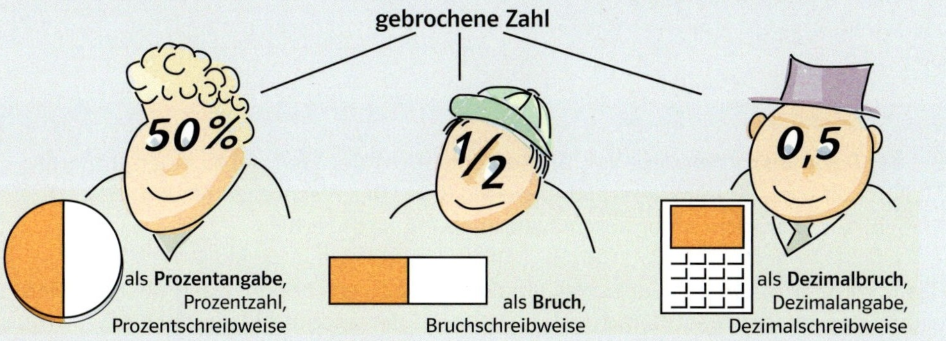

Gebrochene Zahlen können drei verschiedene „Gesichter" zeigen.

7 Dezimalschreibweise bei Größen

An der Wasseruhr lässt sich ablesen, wie viel Wasser verbraucht wurde. Wie stehen die Zeiger der Uhr, nachdem
- eine 0,75-l-Flasche
- ein 10-l-Eimer
- eine Badewannenfüllung
- ein Schwimmbad

mit Wasser gefüllt wurde?

Eine in Dezimalschreibweise gegebene Größe kann man mit einer anderen Maßeinheit schreiben, wenn man die Maßzahl entsprechend verändert.

Für Längen gilt:
Da $1\,mm = \frac{1}{10}\,cm = 0{,}1\,cm$,
sind $17\,mm = \frac{17}{10}\,cm = 1{,}7\,cm$.
Das Komma wurde von 17,0 mm zu 1,7 cm um **eine Stelle** nach **links** verschoben.
$1{,}4\,m = \frac{14}{10}\,m = 14\,dm$.
Das Komma wurde von 1,4 m zu 14,0 dm um **eine Stelle** nach **rechts** verschoben.

Wo ist bei 14 dm ein Komma? Ganz einfach: 14 dm = 14,0 dm.

Für Massen gilt:
Da $1\,g = \frac{1}{1000}\,kg = 0{,}001\,kg$,
sind $105\,g = \frac{105}{1000}\,kg = 0{,}105\,kg$.
Das Komma wurde von 105,0 g zu 0,105 kg um **drei Stellen** nach **links** verschoben.
$0{,}045\,kg = \frac{45}{1000}\,kg = 45\,g$.
Das Komma wurde von 0,045 kg zu 45,0 g um **drei Stellen** nach **rechts** verschoben.

Für Flächeninhalte gilt:
$9\,mm^2 = \frac{9}{100}\,cm^2 = 0{,}09\,cm^2$.
Das Komma wurde von 9,0 mm² zu 0,09 cm² um **zwei Stellen** nach **links** verschoben.
$0{,}02\,dm^2 = \frac{2}{100}\,dm^2 = 2\,cm^2$.
Das Komma wurde von 0,02 dm² zu 2,0 cm² um **zwei Stellen** nach **rechts** verschoben.

Wie verschiebt man bei 16 das Komma um drei Stellen nach links? Man fügt Nullen dazu, verändert aber die Zahl nicht: 16 = 16,0 = 0016,0. Jetzt kann man das Komma nach links verschieben.

Für Rauminhalte gilt:
$16\,mm^3 = \frac{16}{1000}\,cm^3 = 0{,}016\,cm^3$.
Das Komma wurde von 16,0 mm³ zu 0,016 cm³ um **drei Stellen** nach **links** verschoben.
$0{,}68\,m^3 = \frac{68}{100} = \frac{680}{1000}\,m^3 = 680\,dm^3$.
Das Komma wurde von 0,68 m³ zu 680,0 dm³ um **drei Stellen** nach **rechts** verschoben.

Denke daran:
$1\,m = 10\,dm$
$1\,m^2 = 100\,dm^2$
$1\,m^3 = 1000\,dm^3$

Eine Stellenwerttafel mit Einheiten kann hier helfen. Man sieht, dass $3\,m^2 = 300\,dm^2$, aber auch 0,03 a sind.

km²		ha		a		m²		dm²		cm²		mm²	
							3						
							3	0	0				
					0	0	3						

Bei der **Dezimalschreibweise von Größen** entspricht der Wechsel zu einer größeren Maßeinheit einer **Kommaverschiebung** nach links. Der Wechsel zu einer kleineren Maßeinheit entspricht einer Kommaverschiebung nach rechts.

Das Komma wird um eine, um zwei, um drei Stellen verschoben, wenn die eine Maßeinheit das 10fache, das 100fache, das 1000fache der anderen Maßeinheit ist.

kleinere Maßzahl, größere Maßeinheit
0,189 m = 18,9 cm
größere Maßzahl, kleinere Maßeinheit

Beispiel 1 Kommaverschiebung beim Wechsel von Maßeinheiten
Schreibe in der angegebenen Einheit.
a) 2,68 m (in dm) b) 420 m^2 (in a) c) 34,2 m^3 (in l)
Lösung:
a) 2,68 m = 26,8 dm *Kleinere Maßeinheit; 1 m = 10 dm; Komma eine Stelle nach rechts*
b) 420 m^2 = 4,20 a *Größere Maßeinheit; 1 a = 100 m^2; Komma zwei Stellen nach links*
d) 34,2 m^3 = 34 200 l *Kleinere Maßeinheit; 1 m^3 = 1000 l; Komma drei Stellen nach rechts*

Beispiel 2 Größenangaben ohne Komma und Bruch schreiben
Schreibe so, dass die Maßzahl eine natürliche Zahl ist.
a) 0,2 m^2 b) 0,371 m
Lösung:
a) 0,2 m^2 = 20 dm^2 *Wechsel zur kleineren Maßeinheit 1 dm^2; 1 m^2 = 100 dm^2;*
b) 0,371 m = 371 mm *0,371 m = 3,71 dm = 37,1 cm = 371 mm*

Beispiel 3 Größenangaben mit Komma schreiben
Schreibe mit Komma.
a) 10 km 56 m b) 1 m^3 3 dm^3 c) $\frac{1}{20}$ m d) 6 % von 2 m^2
Lösung:
a) 10 km 56 m = 10 056 m = 10,056 km
b) 1 m^3 3 dm^3 = 1003 dm^3 = 1,003 m^3
c) $\frac{1}{20}$ m = $\frac{5}{100}$ m = 0,05 m
d) 2 m^2 = 200 dm^2;
$\frac{6}{100}$ von 200 dm^2 sind 12 dm^2 = 0,12 m^2.

Zur Erinnerung:
Flächeneinheiten
1 km^2 = 1 km · 1 km
1 ha = 100 m · 100 m
1 a = 10 m · 10 m
1 m^2 = 1 m · 1 m
1 dm^2 = 1 dm · 1 dm
1 cm^2 = 1 cm · 1 cm
1 mm^2 = 1 mm · 1 mm

Volumeneinheiten
1 m^3 = 1 m · 1 m · 1 m
1 dm^3 = 1 l
1 cm^3 = 1 ml
...

Aufgaben

1 In der Schlange steht rechts die nächst größere Einheit. Vervollständige im Heft.
a)
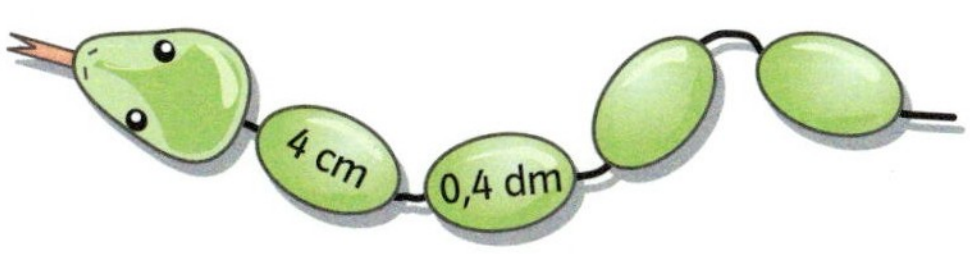

b)
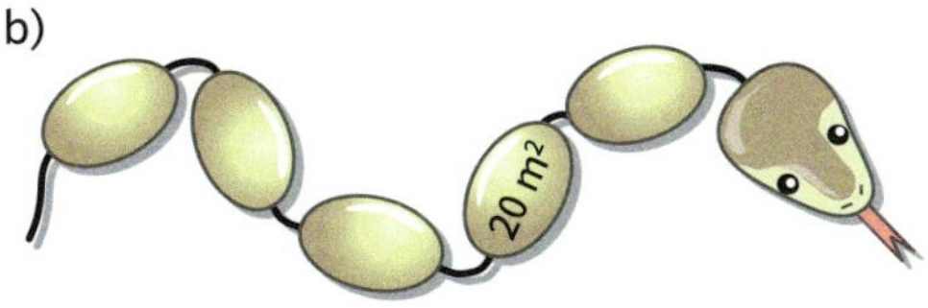

c) Erfinde für andere Maßeinheiten weitere Schlangen.
d) Erstelle ein Diagramm wie in Fig. 1 für Flächen, Volumina und Massen.

So kann man die Maßzahl bei Längen berechnen, wenn man die Maßeinheit verändert:

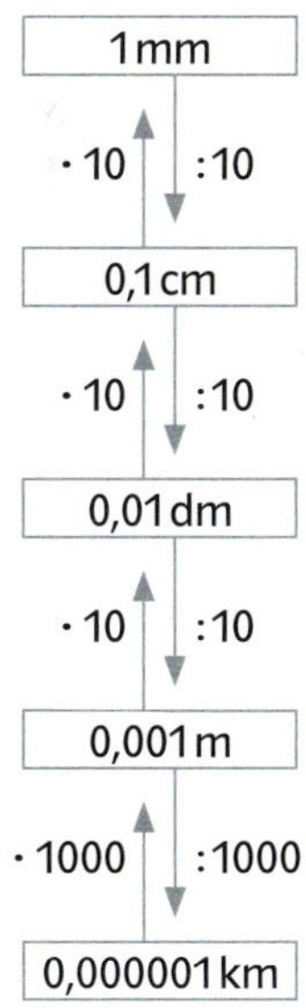

Fig. 1

2 Schreibe mit Komma in der angegebenen Einheit.
a) 2 cm (in dm) b) 30 g (in kg) c) 4,2 m (in cm) d) 1,06 t (in kg)
4,8 kg (in g) 3,09 km (in m) 104 m (in km) 560 mm (in dm)
6 ct (in €) 6,831 m (in cm) 17,3 € (in ct) 91,5 kg (in t)

3 Schreibe für das Kästchen die passende Zahl oder die passende Maßeinheit.
a) 69 cm^2 = ▢ dm^2 b) 400 mm^3 = ▢ cm^3 c) 2,4 a = ▢ m^2 d) 4900 cm^2 = ▢ m^2
120 l = 0,12 ▢ 40 dm^2 = 0,4 ▢ 75 cm^3 = ▢ l 3,7 m^3 = 3700 ▢
532 m^2 = ▢ a 3 a = 300 ▢ 300 ha = ▢ m^2 8840 m^2 = 0,8840 ▢

4 Schreibe so, dass die Maßzahl eine natürliche Zahl ist.
a) 5,07 t b) 0,078 km c) 0,60 m^3 d) 1,2 ha e) 0,08 km^2 f) 4,60 cm^2
0,03 m^2 10,70 € 8,930 kg 10,12 kg 3,2 m^3 405,70 l
0,1 cm^3 0,4 ha 8,04 km 10,5 m^3 5,05 € 4,8 cm

5 Schreibe mit Komma.

a) 30 m 20 cm; 30 a 20 m^2; 30 m^3 20 l
b) 2 m^3 200 dm^3; 2 kg 200 g; 2 km^2 20 ha
c) 40 km 40 m; 40 l 40 cm^3; 40 dm^2 40 cm^2
d) 8 m^2 1 dm^2; 8 m 10 cm; 8 cm^3 1 mm^3
e) 5 € 7 ct; 5 ha 7 a; 5 t 7 kg

6 Gib mit Komma in der Einheit an, die in der Klammer steht.

a) 20 % von 600 g (in kg); $\frac{3}{4}$ von 10 a (in a); 60 % von 12 € (in €)
b) $\frac{2}{5}$ von 20 dm^2 (in m^2); 5 % von 1 l (in l); $\frac{1}{50}$ von 2 km^2 (in km^2)
c) 3 % von 900 l (in m^3); $\frac{9}{10}$ von 25 m^2 (in dm^2); 4 % von 88 cm^3 (in cm^3)

7 a) Was gehört zusammen?

20 m^2 | 200 000 cm^2 | 2 m^2 | 2000 dm^2 | 20 000 000 mm^2 | 0,0002 ha | 0,000 002 km^2 | 0,2 a | 0,002 ha | 200 dm^2 | 0,00002 km^2

b) Überlege dir ähnliche Maßzahlen und Maßeinheiten wie in a), von denen einige zusammengehören. Lass deinen Nachbarn herausfinden, welche zusammengehören.

8 Schreibe als Dezimalzahl.

a) $\frac{2}{5}$ m b) $\frac{7}{10}$ kg c) $2\frac{1}{2}$ cm d) $\frac{24}{120}$ km^2 e) $\frac{3}{25}$ cm^2 f) $\frac{18}{20}$ m^3 g) $\frac{14}{50}$ l h) $\frac{5}{8}$ dm^3

i) Schreibe die Größen aus a) bis h) in einer anderen Maßeinheit ohne Komma.

Bist du sicher?

1 Schreibe in der Einheit, die in Klammern steht.

a) 106 m (in km) b) 10 g (in kg) c) 0,4 m^2 (in dm^2) d) 8,03 a (in m^2) e) 45 l (in m^3)

2 a) 2 m^2 40 dm^2 (in dm^2) b) 30 m^3 30 dm^3 (in m^3) c) 7 ha 20 a (in ha)

3 a) 10 % von 0,5 m^2 (in m^2) b) $\frac{2}{5}$ von 0,01 m^3 (in l) c) 5 % von 1,2 cm^3 (in mm^3)

zu Aufgabe 3:

60 4 0,05

9 Gib den Flächeninhalt in der Einheit 1 cm^2 an.

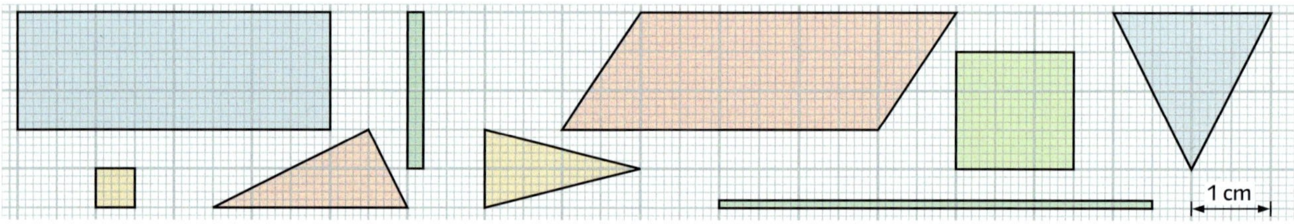

10 Welches Volumen (in dm^3) hat ein Quader mit den Maßen 0,04 m, 5 cm und 0,8 dm?

11 Gib den Anteil als Bruch und in Prozent an.

a) 0,2 m von 80 cm; 40 mm^2 von 1,60 cm^2
b) 50 m^2 von 2,5 a; 400 g von 0,8 kg
c) 20 dm^3 von 0,1 m^3; 0,01 m^2 von 20 dm^2

12 Hier siehst du für dieselbe Größe viele verschiedene Schreibweisen:

$2{,}5\,m^2 = 250\,dm^2 = \frac{25}{10}\,m^2 = 2\,m^2\,50\,dm^2 = 25\,000\,cm^2 = \frac{5}{2}\,m^2 = 0{,}025\,a = 2{,}50\,m^2 \ldots$

Wer findet dafür die meisten Schreibweisen? a) 6,02 kg b) 0,05 dm^3

13 Raphaela hat folgende Angaben notiert: Gib in kg an.

Elefant: $3\frac{1}{4}$ t	Gorilla: 0,31 t	Dackel: 8340 g	Pferd: $\frac{1}{2}$ t
Wellensittich: 25 g	Löwe: 62 500 g	Hamster: 275 g	Schäferhund: 0,05 t

14 a) Ein Grundstück ist 6,4 a groß, ein anderes 599 m^2. Welches Grundstück ist größer?
b) Ein Quader ist 0,24 m^3 groß, ein anderer 75,2 l. Welcher hat den größeren Rauminhalt?
c) Ein Messbecher fasst 0,75 l. Ein anderer Becher hat die Form eines Quaders mit den Maßen $a = 8$ cm, $b = 7$ cm und $c = 12$ cm. In welchen Becher passt mehr Wasser?

15 Ein Erwachsener soll täglich mindestens 2700 cm^3 Flüssigkeit zu sich nehmen. Wie viel Liter sind das? Wie viele Gläser mit 0,3 l Inhalt sind das?

16 Schreibe die Längenangaben als Bruchteile von 1 m. Kürze, wenn möglich.
a) Ein Floh hat eine Länge von 3 mm.
b) Ein Öltropfen bildet auf Wasser eine Ölschicht von 0,000 000 3 mm Dicke.
c) Recherchiere nach sehr kurzen Längen. Schreibe sie als Bruchteil von einem Meter.

Fig. 1

Bei Zeitangaben ist die Schreibweise als Bruch oft praktischer als Dezimalzahlen.

Info

Wie werden Zeiteinheiten umgerechnet?
Das Besondere an den Maßeinheiten der Zeitdauern ist die Umrechnungszahl **60**.
1 h = **60** min; 1 min = **60** s.
Ein solches Zahlsystem mit Umrechnungszahl 60 ist vor 4000 Jahren in Babylonien entstanden.
Das bedeutet: **0,1 h** = $\frac{1}{10}$ h = **60** min : 10 = **6 min**.
Beim Wechsel der Maßeinheit erhält man die eine Maßzahl nicht durch Kommaverschiebung aus der anderen Maßzahl.

17 Schreibe als Bruch und kürze falls möglich. Schreibe dann in der angegebenen Einheit.

a) 0,1 min (in s)	b) 1,5 h (in min)	c) 1,2 min (in s)	d) 0,9 min (in s)
e) 0,25 h (in min)	f) 0,2 h (in min)	g) 1,2 Tage (in h)	h) 0,025 h (in s)

18 Welche Zeitangaben gehören zusammen?

$0,\overline{3}$ h | 1,5 h | 30 min | 0,9 min | 20 min | $\frac{1}{36}$ Tag | 54 s | $0,158\overline{3}$ h
$\frac{1}{2}$ h | 90 s | 1,5 min | 9,5 min | 95 s | $1,58\overline{3}$ min | 570 s | $\frac{1}{48}$ Tag

Kannst du das noch?

19 Zeichne eine Gerade g durch die Punkte A (4 | 4) und B (6 | 3) und einen Punkt P (1 | 3).
a) Zeichne eine parallele Gerade h zur Geraden g durch den Punkt P.
b) Zeichne eine senkrechte Gerade k zur Geraden g durch P. In welchem Punkt schneidet k die Gerade g?

20 Untersuche die Figuren auf Symmetrie.
Wie viele Symmetrieachsen findest du?

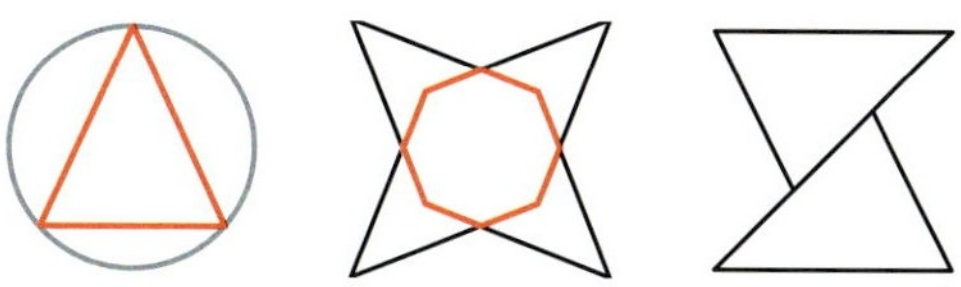

8 Gebrochene Zahlen vergleichen

Catrin und Elena würfeln um die Wette Sechsen. In je 20 Würfen erzielt Catrin 4-mal und Elena 3-mal die Sechs. Im zweiten Durchgang mit je 30 Würfen erreicht Catrin 6-mal und Elena 5-mal die Sechs. Sie notieren die Ergebnisse in Bruchschreibweise.
Welche Serie war die beste?
Würfelt selbst Serien und vergleicht.

Von zwei natürlichen Zahlen ist diejenige kleiner, die auf der Zahlengeraden weiter links liegt. Z. B. ist $4 < 5$; $0 < 2$; $3 < 10$.

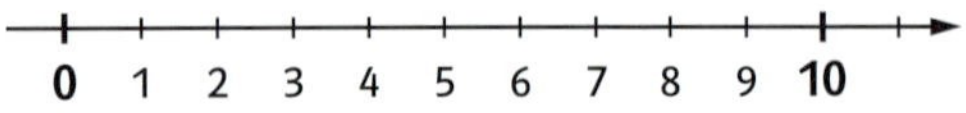

Auch für zwei gebrochene Zahlen gilt: Diejenige gebrochene Zahl ist die kleinere, die auf der Zahlengeraden weiter links liegt. Um dies zu entscheiden, kann es hilfreich sein, wenn die Zahlen beide in Dezimalschreibweise oder beide in Bruchschreibweise vorliegen.

Möchte man zwei gebrochene Zahlen in Bruchschreibweise vergleichen, so kann man drei Fälle unterscheiden, die sich anhand des Rechteckmodells verdeutlichen lassen:

Haben zwei Brüche den gleichen Nenner, nennt man sie auch ***gleichnamig.***

Wenn man die Nenner von zwei Brüchen multipliziert, erhält man immer einen gemeinsamen Nenner. Bei den Brüchen $\frac{1}{6}$ und $\frac{1}{4}$ erhält man dadurch 24 als gemeinsamen Nenner. Das ist aber nicht immer der kleinste gemeinsame Nenner. Der ist in diesem Fall 12.

1. Fall: Haben beide Zahlen den gleichen Nenner, so ist die Zahl mit dem größeren Zähler größer, z. B. $\frac{7}{12} > \frac{4}{12}$.

2. Fall: Haben beide Zahlen den gleichen Zähler, dann ist die Zahl mit dem kleineren Nenner größer, z. B. $\frac{5}{6} > \frac{5}{10}$.

3. Fall: Die Zahlen haben verschiedene Zähler und Nenner, z. B. $\frac{2}{3}$ und $\frac{1}{2}$.
Man muss die beiden Brüche so erweitern oder kürzen, dass sie einen gemeinsamen Nenner haben, z. B. $\frac{2}{3} = \frac{4}{6}$ und $\frac{1}{2} = \frac{3}{6}$.
Weil $\frac{4}{6} > \frac{3}{6}$ ist, ist auch $\frac{2}{3} > \frac{1}{2}$.

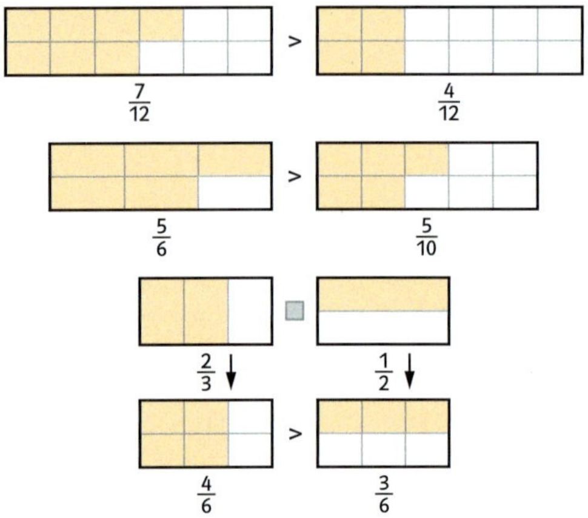

$\frac{4}{7} > \frac{3}{7}$
$\frac{7}{3} > \frac{7}{4}$

Die **Größe von zwei Brüchen** kann man wie folgt **vergleichen**:
Man erweitert oder kürzt so, dass Zähler oder Nenner übereinstimmen.
- Wenn die Nenner gleich sind, dann ist der Bruch mit dem größeren Zähler größer.
- Wenn die Zähler gleich sind, dann ist der Bruch mit dem kleineren Nenner größer.

99,9 < 123,187
6,5 < 7,1
0,7418 < 0,7462
12,059 < 12,19

Die **Größe von zwei Dezimalbrüchen** kann man wie folgt **vergleichen**:
- Die Zahl, die mehr Stellen vor dem Komma hat, ist größer.
- Bei gleicher Stellenzahl vor dem Komma ist die Zahl größer, die von links nach rechts gelesen zuerst eine größere Ziffer hat.

Beispiel 1
Finde mithilfe einer Zahlengerade oder einer Rechnung heraus, welche Zahl größer ist.

a) $\frac{3}{7}$ oder $\frac{5}{7}$ b) $\frac{3}{4}$ oder $\frac{2}{3}$ c) 1,05 oder 1,22 d) 0,4 oder $\frac{3}{5}$

Mögliche Lösung:
a) Für die Zähler gilt: $3 < 5$, also $\frac{3}{7} < \frac{5}{7}$.
b) $\frac{3}{4} = \frac{9}{12}$; $\frac{2}{3} = \frac{8}{12}$; $\frac{9}{12} > \frac{8}{12}$, also $\frac{3}{4} > \frac{2}{3}$.
c)

1,05 ist auf der Zahlengerade weiter links als 1,22. Folglich gilt: $1{,}05 < 1{,}22$.

d) $0{,}4 = \frac{4}{10} = \frac{2}{5}$. $\frac{2}{5}$ ist kleiner als $\frac{3}{5}$, da der Zähler kleiner ist. Somit ist auch $0{,}4 < \frac{3}{5}$.

Beispiel 2 Vergleich von Anteilen
In welchem Gefäß ist der Anteil der Gewinnlose höher?
Lösung:
Im linken Gefäß beträgt der Anteil der Gewinnlose 4 von 16, also $\frac{4}{16} = \frac{1}{4}$.
Im rechten Gefäß beträgt der Anteil der Gewinnlose 3 von 10, also $\frac{3}{10}$.
$\frac{1}{4} = \frac{10}{40}$; $\frac{3}{10} = \frac{12}{40}$. Der Anteil der Gewinnlose ist im rechten Gefäß höher.

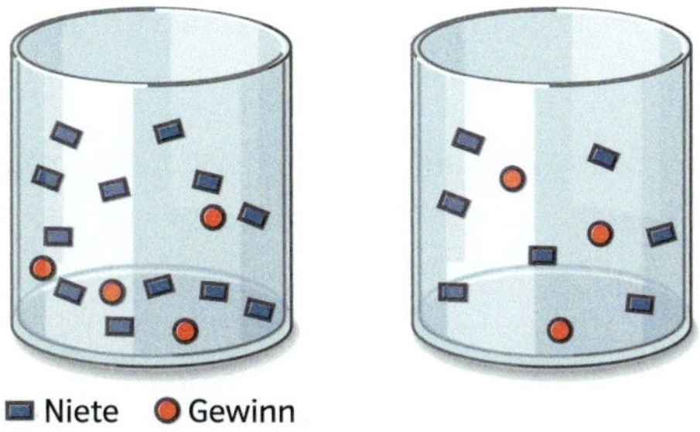

Aufgaben

1 Ordne die beim Sporttag von den Mädchen der 6b erzielten 50-m-Zeiten:
Anita 8,93 s; Barbara 9,21 s; Franca 9,02 s; Doris 8,99 s; Fatma 8,96 s; Eleni 9,00 s;
Lisa 8,88 s; Marja 9,20 s; Sabina 8,78 s; Petra 9,03 s; Gina 8,98 s; Anne 9,04 s.

2 Welche Zahl ist jeweils größer? Erkläre, bei welchen Aufgabenteilen du den Zähler und bei welchen du den Nenner verglichen hast.
a) $\frac{3}{5}$; $\frac{1}{5}$ b) $\frac{1}{3}$; $\frac{1}{2}$ c) $\frac{3}{4}$; $\frac{4}{5}$ d) $\frac{2}{7}$; $\frac{4}{10}$ e) $\frac{11}{6}$; 2 f) $\frac{9}{8}$; $1\frac{3}{8}$ g) $\frac{10}{4}$; $2\frac{3}{5}$
h) Erfinde selbst Aufgaben, bei denen man besser den Zähler vergleicht, und solche, bei denen man besser den Nenner vergleicht.

3 Ordne die gebrochenen Zahlen der Größe nach.
a) 0,4; 0,6
0,034; 0,04
b) 0,76; 0,71
2,98; 2,89
c) 1,45; 1,29
0,004; 0,010
d) 6,958; 6,955
3,900; 3,055
e) 5,09; 5,111
7,701; 7,107

4 Ordne der Größe nach.
a) 25 %; 2,5; $\frac{50}{200}$; $\frac{50}{2}$; $\frac{1}{4}$; 0,25; $\frac{5}{20}$; $2\frac{7}{100}$; 2,5 %; 0,0025
b) 0,125; $\frac{25}{2}$; $\frac{125}{10\,000}$; $\frac{250}{200}$; $\frac{2}{16}$; 1,25 %; 125 %; $\frac{2}{8}$; $3\frac{4}{5}$

5 In den Klassen 6a und 6b des Albert-Schweitzer-Gymnasiums sind 30 bzw. 24 Schüler. Von diesen singen 12 bzw. 10 im Chor. In welcher Klasse ist dieser Anteil höher?

6 In welchem Gefäß ist der Anteil der Gewinnlose höher?

a) b)

Niete
Gewinn

Bist du sicher?

Bei Aufgabe 1 gibt es dreimal <; zweimal >.

1 Setze < oder > passend im Heft ein.

a) 0,63 $\square$ 0,71 b) $\frac{3}{5} \square \frac{7}{10}$ c) 1,245 $\square$ $\frac{126}{100}$ d) 8,051 $\square$ 8,049 e) $\frac{8}{3} \square 1\frac{5}{6}$

2 Von zwei gleichen Torten wird eine in 12 Stücke und die andere in 16 Stücke geschnitten. Welcher Anteil ist größer: 4 Stücke der ersten oder 6 Stücke der zweiten Torte?

---

7 Ordne die Längen, die Zeitdauern und die Massen der Größe nach.

1,3 km

4,81 m | 0,8 kg | $\frac{3}{4}$ h | 4,09 m | $\frac{3}{4}$ kg | 0,5 h | 2000 m

0,790 kg | $\frac{1}{3}$ h | 50,01 dm | 0,001 t | 40 min | 3,90 m | 1,09 km | 1,02 km

8 Für das Kästchen soll jeweils die gleiche Ziffer eingesetzt werden. Gib, wenn möglich, eine Lösung an.

a) 10,5$\square$ < 10,6 < 10,$\square$5 b) 5,$\square$12 < 5,213 < 5,21$\square$ c) 1,5 < 1,5$\square$ < 1,$\square$9

9 Welche natürlichen Zahlen können für das Kästchen stehen?

a) $1{,}6 < \frac{\square}{10}$ b) $\frac{6}{4} < \square{,}39$ c) $\frac{1}{\square} > 0{,}1$

10 Gib eine Zahl an, die zwischen den gegebenen Zahlen liegt.

a) 3,4; 3,5 b) $\frac{4}{8}$; $\frac{6}{10}$ c) 0,3; 0,34 d) $\frac{1}{4}$; $\frac{1}{5}$ e) 1,06; 1,07 f) 0,01; 0,011

2 9 0 1

11 Lege aus den Kärtchen auf dem Rand alle möglichen Dezimalbrüche, die vor dem Komma die Ziffer 1 haben, und ordne sie nach der Größe.

12 Stellt 16 Bruchkarten her. Auf einer Seite ist ein Bruch zwischen 0 und 1 dargestellt, die Rückseite bleibt leer. Spielt nun zu zweit das Spiel nach folgenden Regeln:
- Ihr mischt die Karten und verteilt sie an Spieler A und Spieler B. Jeder erhält 8 Karten.
- A und B legen ihre Karten auf einen Stapel und decken die oberste Karte auf. Wer den größeren Bruch hat, gewinnt beide Karten und legt sie unter seinen Stapel. Sind beide Brüche gleich groß, entscheidet die nächste Karte, wer die beiden Karten erhält.
- Es geht mit der nächsten Karte genauso weiter. Wer keine Karte mehr hat, hat verloren.

13 a) Begründe, warum $3{,}1\overline{2}$ größer als $3{,}\overline{12}$ ist.

b) Welche Zahl ist jeweils größer? Begründe.

1) $3{,}1$; $3{,}\overline{1}$ 2) $2{,}\overline{91}$; $2{,}9\overline{1}$ 3) $1{,}41\overline{2}$; $1{,}4\overline{12}$ 4) $3{,}\overline{102}$; $3{,}10\overline{2}$ 5) $3{,}323$; $3{,}\overline{32}$

Wiederholen – Vertiefen – Vernetzen

1 Enio hat eine Entdeckung gemacht: „Ich kann dem Bruch $\frac{31}{341}$ sofort ansehen, dass man ihn kürzen kann, denn 341 ist gleich 310 + 31 und deshalb durch 31 teilbar." Überprüfe mithilfe von Enios Überlegung, ob man die folgenden Brüche kürzen kann.
a) $\frac{17}{187}$ b) $\frac{23}{483}$ c) $\frac{11}{1109}$ d) $\frac{43}{4386}$ e) $\frac{17}{153}$

2 Welcher Anteil der Fläche ist gefärbt? Gib das Ergebnis als Bruch und in Prozent an.

a) 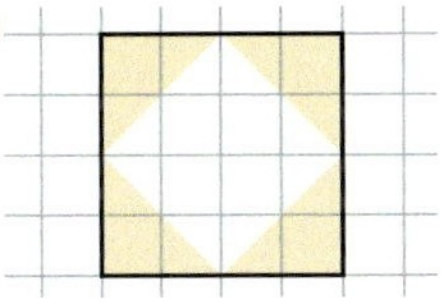
b) 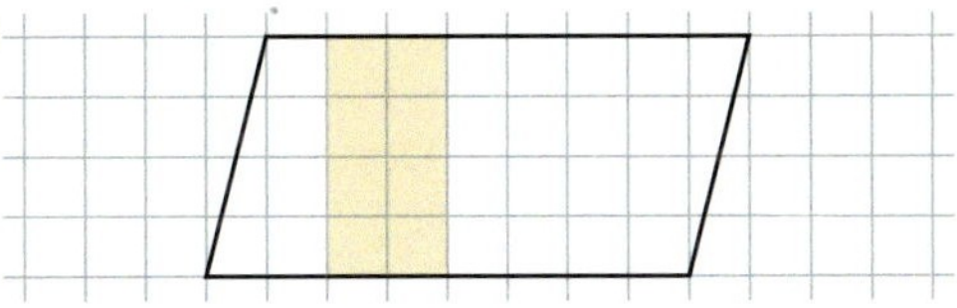
c) 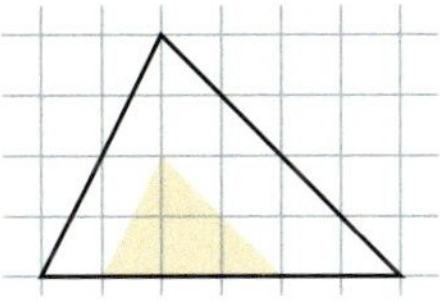

3 Zeichne einen geeigneten Zahlenstrahl in dein Heft und trage die Brüche ein.
$\frac{1}{2}$; $\frac{2}{2}$; $\frac{1}{4}$; $\frac{2}{4}$; $\frac{3}{4}$; $\frac{4}{4}$; $\frac{1}{5}$; $\frac{2}{5}$; $\frac{3}{5}$; $\frac{4}{5}$; $\frac{5}{5}$; $\frac{1}{8}$; $\frac{4}{8}$; $\frac{5}{8}$; $\frac{1}{10}$; $\frac{2}{10}$; $\frac{5}{10}$; $\frac{7}{10}$; $\frac{9}{10}$

4 Wenn es auf Blätter und Nadeln einer Baumkrone regnet, so verdunsten je nach Witterung etwa 20 % des Regenwassers. Das meiste Wasser tropft auf den Boden und versickert. Ungefähr 30 % des Regenwassers kann der Waldboden im Wurzelraum speichern und 50 % des Regenwassers gelangen ins Grundwasser.
a) Stelle die Prozentanteile in einem Diagramm dar.
b) Bei einem Landregen prasseln auf eine Baumkrone 8000 l Wasser. Wie viele Liter davon verdunsten, wie viele werden im Waldboden gespeichert?

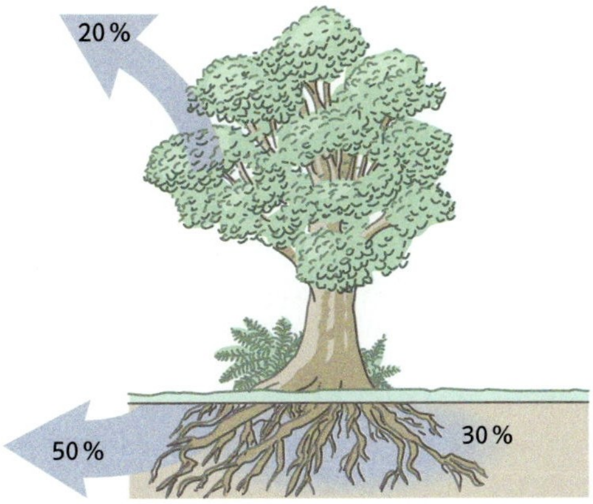

Fig. 1

5 Zum Forschen
a) Welcher Anteil an der Fläche des großen Dreiecks ist jeweils gefärbt (siehe Fig. 2)? Gib den Anteil mit einem vollständig gekürzten Bruch an.
b) Bei einem großen Dreieck seien 100 kleine Dreiecke wie in Fig. 2 gefärbt. Welcher Anteil ist dies vermutlich?

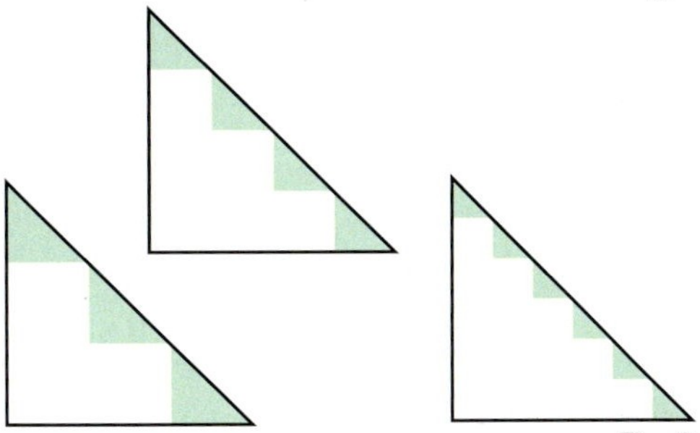
Fig. 2

6 Beim Schulfest darf man mit Wurfpfeilen auf eine der in Fig. 3 abgebildeten Scheiben schießen. Wenn man auf ein farbiges Feld trifft, erhält man einen Gewinn. Welche Zielscheibe würdest du nehmen, wenn du mit verbundenen Augen werfen würdest?

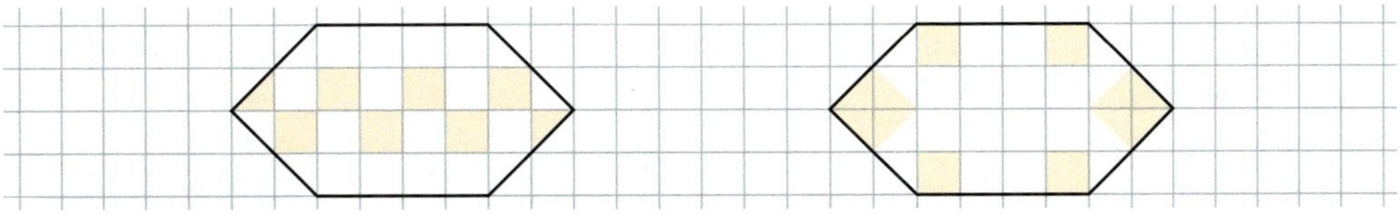
Fig. 3

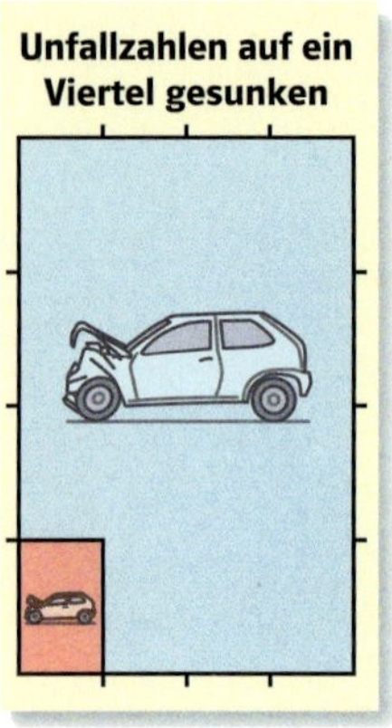

Fig. 2

7 In Zeitungen und Prospekten werden Anteile oft bildlich dargestellt. Dabei kann es passieren, dass die bildliche Darstellung nicht zu den angegebenen Zahlen passt (Fig. 1 und Fig. 2). Beschreibe jeweils, warum die Darstellung irreführend ist.

Fig. 1

8 Zahlenvergleich mit Köpfchen
Versuche durch Nachdenken und ohne Rechnung die größere Zahl anzugeben. Beschreibe deine Überlegung.
a) $\frac{5}{11}$; $\frac{5}{12}$ b) $\frac{8}{20}$; $\frac{8}{30}$ c) $\frac{15}{18}$; $\frac{19}{16}$ d) $\frac{7}{5}$; $\frac{19}{22}$ e) $\frac{13}{14}$; $\frac{8}{9}$ f) $\frac{25}{24}$; $\frac{7}{6}$

9 Zum Forschen
a) Schreibe die Bruchzahlen $\frac{1}{4}$; $\frac{1}{40}$; $\frac{1}{400}$ ... in Dezimalschreibweise. Was beobachtest du? Beschreibe, wie sich die Dezimalschreibweise einer Bruchzahl ändert, wenn man an ihren Nenner eine Null anhängt.
b) Bei Brüchen, wie $\frac{1}{2}$; $\frac{2}{3}$; $\frac{3}{4}$ usw., ist der Zähler um eins kleiner als der Nenner. Bei welchen dieser Brüche ist in Dezimalschreibweise die erste Stelle nach dem Komma eine 9?

10 Denke dir einen Würfel mit der Kantenlänge 4 cm. Er ist aus kleinen Würfeln mit der Kantenlänge 1 cm zusammengesetzt. Alle kleinen Würfel, die man von außen sehen kann, haben die Farbe Grün, die anderen haben die Farbe Rot. Wie viele der Würfel sind rot? Gib den Anteil der kleinen roten Würfel mit einem vollständig gekürzten Bruch an.

11 Prozentangaben kritisch verwenden
Bei einem Fernsehkanal wurde an sieben aufeinander folgenden Tagen die Zeitdauer der Sendungen in verschiedenen Sparten aufgeschrieben und dann in Prozente umgerechnet (siehe Tabelle). Welche Aussagen sind durch die Tabelle belegt?
a) Mehr als die Hälfte der Sendezeit ist Unterhaltung.
b) Etwa jede zweite Sendung ist eine Unterhaltungssendung.
c) Pro Stunde Sendezeit sind im Schnitt drei Minuten Musiksendungen.
d) Von 100 Sendungen waren 14 Sportsendungen.

Sparte	Anteil an der Sendezeit
Information	12 %
Unterhaltung (ohne Musik)	53 %
Natursendungen	8 %
Musiksendungen	5 %
Sport	14 %
Sonstiges	8 %

12 a) Ein Hühnerei besteht zu etwa drei Viertel aus Wasser, zu 15 % aus Eiweiß und zu 10 % aus Fett. Wie viel Prozent Wasser enthalten zwei Hühnereier?
b) Ein Ei wird in $\frac{1}{6}$ h hartgekocht. Wie lange brauchen fünf Eier?

Exkursion Unendlich endlich: Hausnummer 0

Felicitas Hoppe

In Träumen, sagt man, ist alles möglich. Man schwimmt wie ein Fisch und ist frei wie ein Vogel. Man muss auch nicht erst ein Flugzeug besteigen, um endlich an anderen Orten zu sein. Mühelos kann man die Erde verlassen. Die Sterne sind zählbar und leicht zu haben. Man kann zu Fuß bis zur Sonne gehen und verbrennt sich dabei keinen Finger. Man kann die schwierigsten Aufgaben lösen, jede Rechnung geht auf. Problemlos erreicht man das Ende der Welt, obwohl niemand weiß, wo das wirklich ist. Denn was uns bei Tag kompliziert erscheint, wird im Traum plötzlich leicht.

Doch letzte Nacht war es umgekehrt. Ich träumte, ich sei längst erwachsen geworden. Ich trug eine Briefträgeruniform, ging schwitzend im Traum durch die Straßen der Stadt und warf den Leuten die Post in die Kästen. Nur ein Brief blieb übrig, der Brief mit der seltsamen Hausnummer 0. An Haus Nummer 1 war ich längst vorbei, doch die Straße schien trotzdem kein Ende zu nehmen, stattdessen schien sie nur länger zu werden. Häuser zur linken und rechten Seite, mit Nummern, die gar nicht zu Häusern passen. Halbe, viertel und sechzehntel Häuser, die sich niemand mehr vorstellen kann. Das nächste, dachte ich, das muss es sein, das nächste ist endlich das Haus Nummer 0. Doch so weit ich auch ging und so lange ich suchte, das Haus Nummer 0 war nirgends zu finden.

Langsam begann ich unruhig zu werden, die Häuser kamen mir unheimlich vor. „Wo bitte ist das Haus Nummer 0?", fragte ich eine Frau, die vor ihrem Haus die Straße fegte. „Einfach zu finden", sagte sie lachend, „geradeaus, gleich am Ende der Straße", dann fegte sie weiter. Ich ging weiter und weiter und immer schneller, nur das Haus Nummer 0 war nicht zu finden. „Wo bitte ist das Haus Nummer 0?", fragte ich einen Mann mit Hund. „Am Ende der Straße, nur geradeaus", sagte er lachend, „man kann es doch fast schon von weitem sehen!" Doch so weit ich auch ging und so lange ich suchte, das Haus Nummer 0 war nicht zu finden.

Die Sonne stand schon hoch am Himmel, mir war sehr heiß in der Uniform. Trotzdem ging ich schneller und schneller, und schließlich begann ich zu laufen, denn in Haus Nummer 0 wartet jemand auf Post! Und links und rechts fliegen Häuser vorüber, hundertstel, tausendstel, endlose Häuser, ich laufe und laufe und zähle und zähle, ich zähle endlose Zahlenreihen, ich zähle, bis mir schwindelig wird. Nur das Haus Nummer 0 ist nirgends zu finden.

Und so bleibe ich schließlich am Straßenrand sitzen. Erschöpft reiße ich mir die Mütze vom Kopf und schreie ein letztes Mal laut und verzweifelt: „Wo bist du, verfluchtes Haus Nummer 0?" Und da spüre ich auf meinem Kopf eine Hand und höre die Stimme meiner Mutter, die neben mir auf der Bettkante sitzt und lachend sagt: „Das Haus Nummer 0 ist das Ende der Welt und nichts als Erfindung, nichts als ein Traum. Und heute ist Sonntag, da kommt keine Post, und niemand muss warten. Und Aufgaben musst du heut auch nicht lösen, denn sonntags haben die Menschen frei, hier und am Ende der Welt!"

Aus einer Schülerzeitung ...

Liebe Mitschülerinnen, liebe Mitschüler!
All diejenigen, die nicht dabei waren, haben etwas versäumt. Für sie und für euch alle zur Erinnerung will ich kurz von unserem Schulausflug erzählen. Wenn ihr meinen Bericht genau lest (und vor Brüchen keine Angst habt), dann werdet ihr die Fragen am Schluss ohne große Mühe beantworten können. Unter den richtigen Antworten wird ein Gewinn ausgelost:
Der Gewinner braucht eine Woche lang keine Mathehausaufgaben zu machen.
Wenn das nicht die Mühe lohnt!

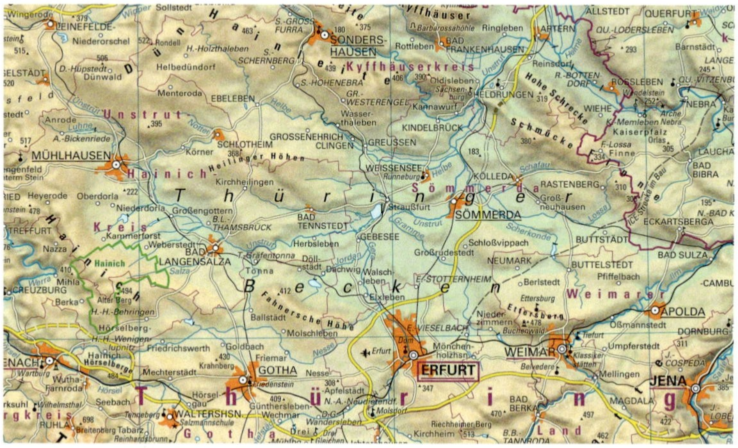

Noch etwas verschlafen versammelten wir uns am Morgen auf dem Hauptbahnhof in Erfurt. Unser Sonderzug stand schon bereit. Er bestand aus acht Wagen mit je vierzig Sitzplätzen und einer schönen alten Lok. Nach einem Blick auf den Sammelfahrschein meinte unser Mathelehrer: „So ein Zufall, wir sind ebenso viele Schüler, wie wir Fahrkilometer vor uns haben". Er kann's halt nicht lassen!

Schlag sechs fuhren wir los. Unser Ziel am ersten Tag war Jena. Wir fuhren nicht die kürzeste Strecke, sondern wählten einen Umweg, der uns an interessante Orte führen sollte. Unterwegs hielt der Zug zweimal an, um einige Wagen abzuhängen. Die Insassen hatten dann Zeit zu einer Besichtigung oder Wanderung. Sie kamen später mit einer anderen Lok nach.

Auf diese Weise war immer nur eine überschaubare Zahl von Schülern gleichzeitig an einem Ort. War das toll organisiert? Nach einer Stunde Fahrt hielt der Zug erstmals an. Ein Viertel von uns stieg aus, um das schöne Schloss, das bis 1918 Residenzort des Fürstentums Schwarzburg-Sondershausen war, zu besichtigen.

Schon nach kurzer Zeit gab es einen zweiten Halt in der Stadt mit dem schiefsten Turm Deutschlands. Aber nicht nur den galt es zu besichtigen, vor allem wegen des bekannten Panoramamuseums machten wir hier halt. Besonders die, die sich noch für Kunst und Geschichte interessierten, stiegen hier aus. Das war immerhin ein Drittel der Schüler!

Am nächsten Morgen brachten wir um acht Uhr auf. Obwohl noch etwas müde, fanden wir die Fahrt entlang der Saale ganz wunderbar. Ziel der Hälfte von uns war heute die "Königin der Saalenburgen", die Leuchtenburg. Diese Schüler waren tüchtige Marschierer, die einen großen Teil ihrer Strecke an der Saale entlang liefen um dann mit dem Zug pünktlich da zu sein. Denn wir trafen uns alle am späten Nachmittag wieder, wo die andere Hälfte die wunderschöne Tropfensteinhöhle "Feengrotte" besuchte.

Und nun meine Fragen:

a) Wie heißen die besuchten Orte, und in welcher Reihenfolge haben wir sie besucht?
b) Wann kam die letzte Gruppe am Abend des ersten Tages in Jena an?
c) Wie viele Schüler haben am Ausflug teilgenommen?
d) Und wie weit hatten wir nach dem letzten Aufenthalt noch zu fahren?

Viel Spaß beim Rechnen und Raten und nächstes Jahr wieder einen so schönen Ausflug wünscht euch

Der mit der gelben Sonnenbrille!

Der Rest fuhr durch bis Jena. Sie wollten die Universitäts- und Wissenschaftsstadt erkunden. Drei Zehntel der Schüler zog es ins Zeiss-Planetarium zu einer besonderen Vorführung. Drei Zwanzigstel interessierten sich für das Museum für Abstammungslehre der Universität. Im Laufe des Abends trafen auch die anderen ein. Als die letzten endlich ankamen, waren schon ziemlich genau zwei Fünftel der für den Ausflug vorgesehenen Zeit vergangen.

Am Nachmittag trafen wir uns zur verabredeten Zeit auf dem Bahnhof der Stadt. Alle, auch die Wanderer, waren pünktlich. Wohlgemut und hochzufrieden traten wir die Heimreise nach Erfurt an. Wir hatten immerhin noch ein Viertel unserer Reiseroute vor uns und wollten doch um sechs Uhr abends zu Hause sein.

Rückblick

Gebrochene Zahlen in Bruchschreibweise

Mit einem Bruch kann man einen Anteil beschreiben.
Der **Nenner** gibt an, in wie viele gleich große Teile man ein Ganzes teilt. Der **Zähler** gibt an, wie viele dieser Teile man betrachtet.
Man kann Brüche auch als Ergebnis einer Division betrachten (z. B. $\frac{3}{4} = 3 : 4$).
Den Anteil $\frac{3}{4}$ einer Größe oder eines Ganzen bestimmt man so:

1. Man teilt die Größe oder das Ganze durch 4.
2. Man nimmt 3 dieser Teile (multipliziert das Ergebnis mit 3).

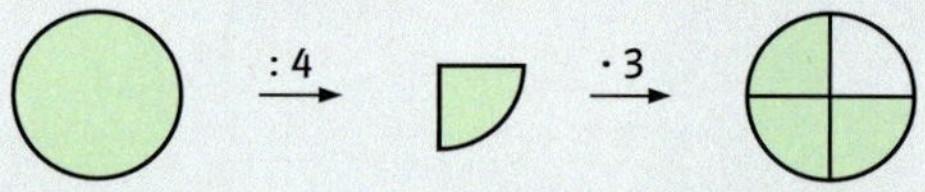

$\frac{3}{4}$ von 24 kg:
$24\,kg : 4 = 6\,kg$
$3 \cdot 6\,kg = 18\,kg$

Erweitern und kürzen

Ein Bruch wird erweitert, indem man den Zähler und den Nenner mit derselben natürlichen Zahl (ungleich null) multipliziert.
Ein Bruch wird gekürzt, indem man den Zähler und den Nenner durch dieselbe natürliche Zahl (ungleich null) dividiert.
Alle Brüche, die aus einem Bruch durch Erweitern oder Kürzen entstehen, bezeichnen dieselbe Zahl. Sie werden auf der Zahlengerade an derselben Stelle eingetragen.

$\frac{5}{6}$ mit 3 erweitert ergibt $\frac{15}{18}$.
$\frac{8}{12}$ mit 4 gekürzt ergibt $\frac{2}{3}$.

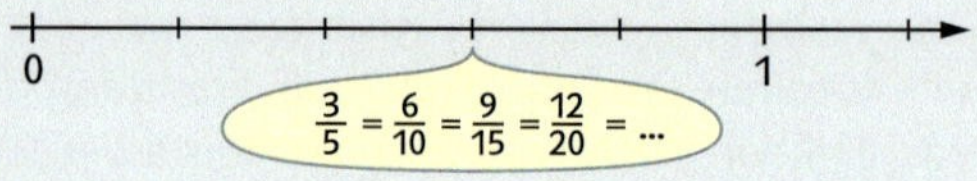

Gebrochene Zahlen in Dezimalschreibweise

Dezimalbrüche mit ein, zwei, drei … Stellen nach dem Komma sind eine andere Schreibweise für Brüche mit dem Nenner 10, 100, 1000, … Will man einen Bruch in einen Dezimalbruch umwandeln, so bringt man den Nenner auf eine Zehnerpotenz oder man dividiert den Zähler durch den Nenner.
Wandelt man einen Bruch durch Division in einen Dezimalbruch um, so erhält man einen endlichen oder einen unendlichen periodischen Dezimalbruch.

$0{,}4 = \frac{4}{10}$; $0{,}17 = \frac{17}{100}$; $0{,}513 = \frac{513}{100}$
$\frac{12}{75} = \frac{4}{25} = \frac{16}{100} = 0{,}16$
$\frac{15}{40} = 15 : 40 = 0{,}375$
$\frac{15}{99} = 15 : 99 = 0{,}151515\dots = 0{,}\overline{15}$

Gebrochene Zahlen in Prozentschreibweise

Anteile gibt man oft in Prozent an. 1 % bedeutet den Anteil $\frac{1}{100}$ oder 0,01.
Statt 1 % sagt man auch: „1 von 100" oder jeder „Hundertste"

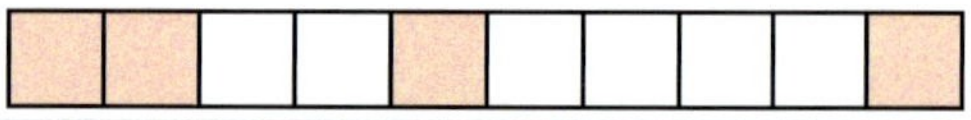

4 von 10 Karos sind gefärbt. Das ist ein Anteil von $\frac{40}{10}$ oder $\frac{4}{100}$ oder 40 % oder 0,4.

Kommaverschiebung bei Größen

Bei der Dezimalschreibweise von Größen entspricht der Wechsel zu einer größeren Maßeinheit einer Kommaverschiebung nach links und der Wechsel zu einer kleineren Maßeinheit einer Kommaverschiebung nach rechts.

Kleinere Maßzahl, größere Maßeinheit ↘ *0,189 m = 18,9 cm* ↙ *Größere Maßzahl, kleinere Maßeinheit*

Gebrochene Zahlen vergleichen

Dezimalbrüche vergleicht man, indem man die Ziffern stellenweise miteinander vergleicht.
Gemeine Brüche lassen sich vergleichen, indem man sie so erweitert oder kürzt, dass der Nenner oder der Zähler gleich sind.
Ist der Nenner gleich, so ist der Bruch mit dem größeren Zähler größer. Ist der Zähler gleich, so ist der Bruch mit dem kleineren Nenner größer.

$0{,}4 < 0{,}5$ $\quad 0{,}091 < 0{,}126$ $\quad 0{,}0102 < 0{,}02$

$\frac{2}{5} < \frac{1}{2}$, denn $\frac{2}{5} < \frac{2}{4} = \frac{1}{2}$
$\frac{1}{7} < \frac{4}{21}$, denn $\frac{1}{7} = \frac{3}{21} < \frac{4}{21}$
$25\,\% < \frac{1}{2} < 2{,}5$, denn $0{,}25 < 0{,}5 < 2{,}5$

Training

Mit diesen Aufgaben kannst du überprüfen, wie gut du die Themen dieses Kapitels beherrschst. Danach weißt du auch besser, was du vielleicht noch üben kannst.

1 Prüfe ob man die Brüche kürzen kann.
a) $\frac{3}{111}$ b) $\frac{5}{167}$ c) $\frac{9}{5445}$ d) $\frac{4}{524}$ e) $\frac{9}{1257}$ f) $\frac{12}{891}$ g) $\frac{18}{9873}$

2 Schreibe als Bruch und kürze vollständig.
a) 4% b) 60% c) 0,2 d) 0,3 e) 2,6

3 Schreibe als Dezimalzahl und in Prozent.
a) $\frac{7}{10}$ b) $\frac{4}{5}$ c) $\frac{21}{4}$ d) $\frac{230}{1000}$ e) $3\frac{6}{100}$

4 Schreibe ohne Bruch, Komma und Prozent in einer anderen Einheit.
a) $\frac{3}{5}$kg b) $\frac{1}{20}$ von 4km c) 2,6m^2 d) 25% von 80€ e) 3% von 1Liter

5 Welcher Anteil in Fig. 1 ist jeweils grün gefärbt? Schreibe mit einem vollständig gekürzten Bruch.

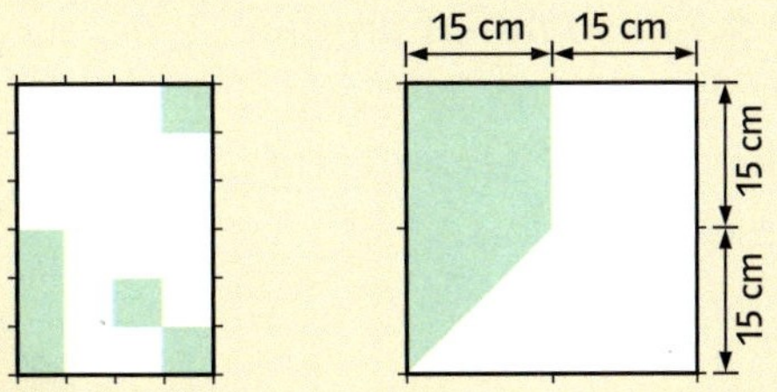

Fig. 1

6 Schreibe in der angegebenen Einheit.
a) 280m (in km) b) 3,45m^3 (in dm^3)
c) 20% von 1,5t (in t) d) $\frac{3}{100}$ von 3a (in a)

7 Setze im Heft passend < oder > ein.
a) 2,786 ▢ 2,699 b) $\frac{7}{9}$ ▢ $\frac{8}{12}$ c) 0,34 ▢ $\frac{9}{25}$

8 Schreibe die zu dem Buchstaben in Fig. 2 gehörende Zahl in Dezimal- und Bruchschreibweise.

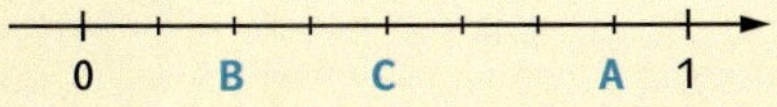

Fig. 2

9 Mit einem Wurfpfeil wird auf die schnell rotierenden Scheiben in Fig. 3 geworfen. Rot zählt als Treffer. Sind die Zielscheiben bei einem Wettkampf gleichwertig?

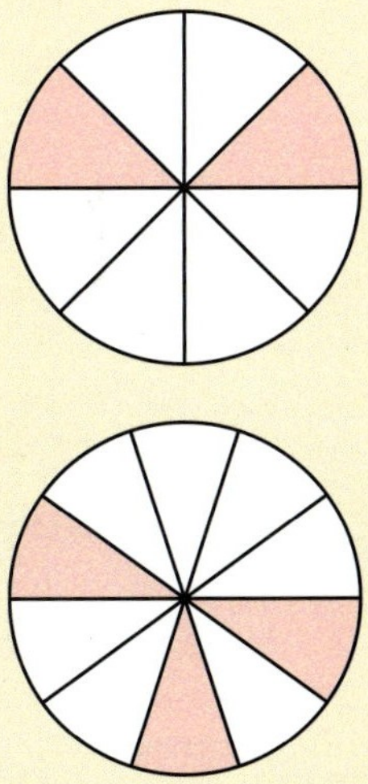
Fig. 3

10 Ordne die folgenden Zahlen nach ihrer Größe und beginne bei der kleinsten.
a) 25%; 2,5; $\frac{50}{200}$; $\frac{50}{2}$; $\frac{1}{4}$; 0,25; $\frac{5}{20}$; $2\frac{7}{100}$; 2,5%; 0,0025
b) 4,0; $\frac{4}{10}$; 40%; 4,04; $\frac{24}{6}$; $\frac{1}{4}$; $\frac{401}{100}$; 0,4

11 Gib an, welche Bruchzahl größer ist und beschreibe, wie du vorgegangen bist.
a) $\frac{5}{9}$; $\frac{10}{11}$ b) $\frac{3}{4}$; $\frac{4}{3}$ c) $\frac{4}{6}$; $\frac{4}{7}$ d) $\frac{3}{5}$; $\frac{7}{10}$ e) $\frac{2}{3}$; $\frac{6}{7}$ f) $\frac{6}{3}$; $1\frac{1}{3}$ g) $4\frac{5}{6}$; $5\frac{4}{5}$

12 Stelle die folgenden Brüche grafisch als Rechteck- oder Stabbild dar.
$\frac{2}{3}$; $\frac{5}{4}$; $\frac{3}{8}$; $\frac{3}{10}$; $\frac{7}{7}$; $\frac{21}{16}$

13 In der Klasse 6a sind 14 Mädchen und 12 Jungen, in der 6b sind 12 Mädchen und 10 Jungen und in der 6c sind 13 Mädchen und 13 Jungen.
a) Gib die Verteilung der Mädchen und Jungen in den drei Klassen als Verhältnisse an.
b) In welcher Klasse sind anteilig die meisten Mädchen bzw. die meisten Jungen?

14 Lege mit den Kärtchen auf dem Rand alle möglichen Dezimalzahlen und ordne sie der Größe nach. Vor dem Komma dürfen höchstens zwei Ziffern stehen. Wie viele Möglichkeiten gibt es? Vergleiche deine Ergebnisse mit dem deines Nachbarn.

Rechnen bei 10°

Etwa 150 Jahre v. Chr. gingen die Astronomen davon aus, dass die Erde ruht und die Sterne und der Mond sich auf Kreisbahnen um die Erde bewegen. In der Vorstellung bestand die Kreisbahn aus 12 Teilen von 30 Tagen Länge, etwa der Dauer eines Mondzyklus.

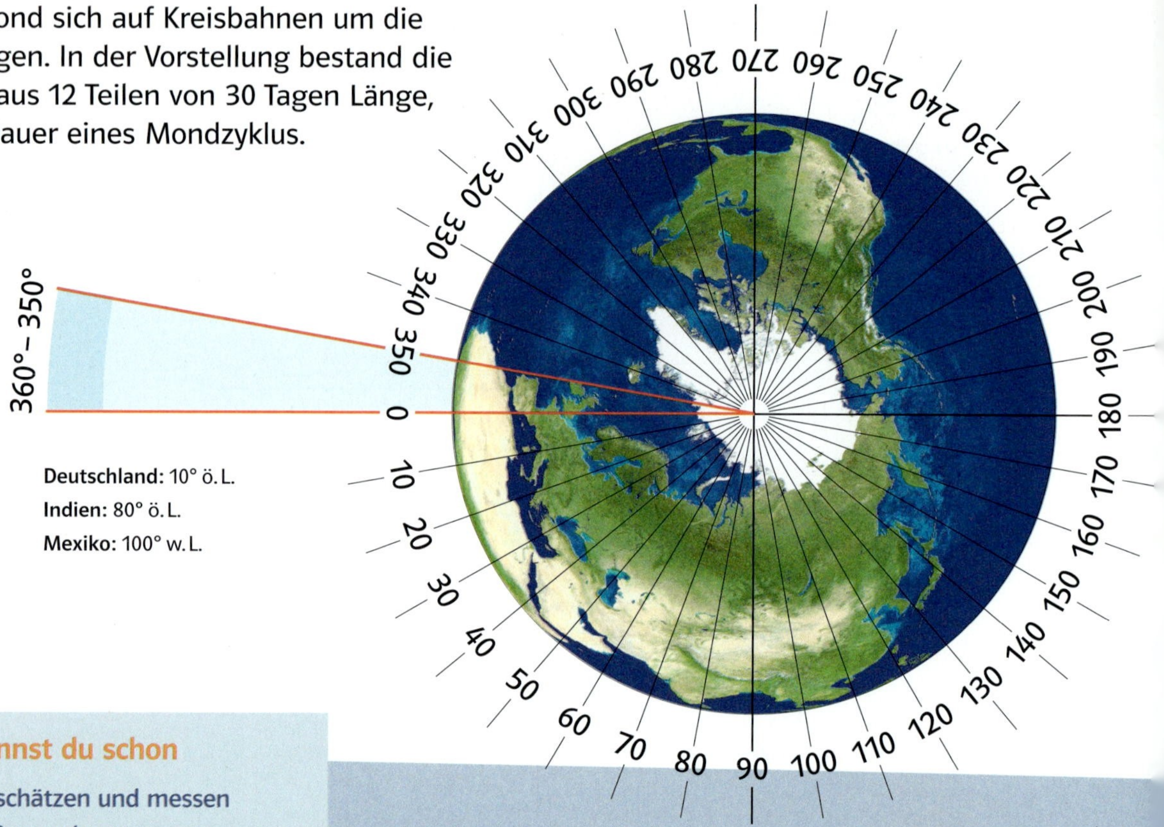

Deutschland: 10° ö. L.
Indien: 80° ö. L.
Mexiko: 100° w. L.

Das kannst du schon

- Größen schätzen und messen
- Mit Größen rechnen
- Mit dem Geodreieck zueinander senkrechte und parallele Geraden zeichnen

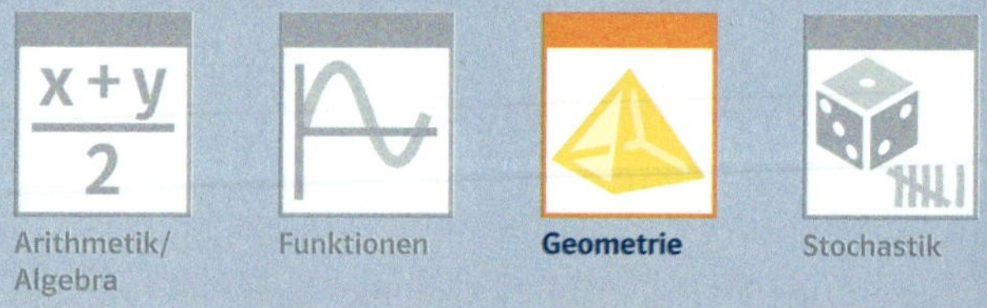

Das kannst du bald

- Winkel schätzen, messen und zeichnen
- Mit Zirkel und Geodreieck Kreise und regelmäßige Figuren zeichnen
- Zusammenhänge zwischen Winkeln und Eigenschaften von Dreiecken nutzen

Argumentieren/ Kommunizieren

Problemlösen

Modellieren

Werkzeuge

Siehe Lerneinheit 1, Seite 76, und Lerneinheit 3, Seite 81.

1. Winkel erleben

Wenn man sehen kann, wo man hingeht, verfehlt man sein Ziel selten. Schwieriger ist es jedoch, wenn man durch ein dunkles Zimmer geht oder sich die Augen verbunden hat. Dann muss man sich genau merken, in welche Richtung und wie weit man laufen muss, oder jemand anderes erklärt einem den Weg. Hierbei ist es wichtig, dass die Erklärungen gut verständlich und genau sind.

Mögliche Kommandos:

Dreh dich um 90 Grad nach links und mache drei Schritte vorwärts.

Mache eine $\frac{1}{4}$-Drehung nach rechts und gehe zwei Gänseschritte vorwärts.

Einem Roboter den Weg beschreiben

Bildet Gruppen mit je drei Schülern. Jede Gruppe markiert im Klassenraum oder auf dem Schulhof einen Startpunkt und ein Ziel. Start und Ziel sollten bei allen Gruppen gleich weit auseinander liegen.

In jeder Dreiergruppe gibt es einen „Roboter", einen Kommandogeber und einen Schiedsrichter. Der Roboter verbindet sich die Augen, sodass er nichts mehr sehen kann. Er stellt sich auf den Startpunkt und wird dort vom Schiedsrichter mehrfach im Kreis gedreht. Der Kommandogeber hat nun die Aufgabe, den Roboter durch seine Anweisungen vom Start zum Ziel zu führen. Er überlegt sich hierzu Kommandos. Jedes Kommando enthält eine Angabe, wie viel sich der Roboter drehen und wie viele Schritte er laufen soll. Es sind pro Kommando höchstens drei Schritte erlaubt, und es muss eine Drehung um mindestens 90° vorkommen. Der Kommandogeber schreibt das Kommando auf eine Karteikarte oder einen Zettel. Dieses Kommando wird dann vom Schiedsrichter vorgelesen und vom Roboter ausgeführt. Mündliche Kommandos oder Tipps vom Kommandogeber sind nicht erlaubt. Wenn der Roboter das Ziel erreicht hat, werden die Rollen getauscht, sodass jeder in der Gruppe jede Rolle einmal einnimmt.

Strafpunkte
- Der Kommandogeber gibt dem Roboter mündliche Hinweise: 2 Strafpunkte.
- Der Roboter stößt mit dem einer anderen Dreiergruppe zusammen: 2 Strafpunkte.

Die Strafpunkte werden am Ende zu der Zahl der gegebenen Kommandos addiert.

Wenn die Kommandos zusätzliche Informationen außer der Angabe einer Drehung und der Zahl der Schritte enthalten, kann der Schiedsrichter das Vorlesen des Kommandos ablehnen und ein neues Kommando verlangen. Der Schiedsrichter notiert die Anzahl der Versuche, die der Roboter benötigt. Falls notwendig, notiert er auch Strafpunkte.
- Bestimmt die Summe aus der Anzahl der Kommandos und den Strafpunkten. Welches Zweierteam aus Kommandogeber und Roboter war am besten?
- Was war schwerer: Kommandos geben oder als Roboter den Weg laufen? Warum? Vergleicht eure Ergebnisse in der Klasse.

Projektidee:
Man könnte auch ein Brettspiel bauen, bei dem eine Figur ähnlich wie der Roboter von einem Startpunkt ein Ziel erreichen muss. In dem Spiel sollten Drehungen in Grad angeben werden. Versucht auch das Geodreieck in eurem Spiel zu berücksichtigen.

Weiterentwicklung des Spiels

Überlegt gemeinsam, welche Regeln in dem Spiel sinnvoll waren und welche Regeln man noch verändern könnte. Überlegt euch anschließend in Gruppen andere Regeln und Spielvariationen. Stellt eure Ergebnisse den anderen Gruppen vor.

2. Sehwinkel bei Mensch, Tier und Technik

Siehe Lerneinheit 1, Seite 76, und Lerneinheit 3, Seite 81.

Wenn man ohne den Kopf zu bewegen geradeaus schaut, so überblickt man vor sich einen bestimmten Bereich, der durch den Sehwinkel beschrieben wird. Die Größe des Sehwinkels ist davon abhängig, ob die Augen bewegt werden oder nicht.

Ähnlich wie das menschliche Auge kann auch die Linse eines Fotoapparats einen bestimmten Winkel aufnehmen. Diesen Winkel nennt man Bildwinkel. Durch einen Zoom oder verschiedene Objektive kann die Brennweite der Linse und somit der Bildwinkel verändert werden.

Sehwinkel und Bildwinkel von Fotoapparaten bestimmen
Bearbeitet die folgenden Forschungsaufträge in Vierergruppen. Haltet eure Ergebnisse mit geeigneten Zeichnungen schriftlich fest (z. B. auf einer Folie).
- Bestimmt die Sehwinkel sämtlicher Gruppenmitglieder mit und ohne Bewegung der Augen. Überlegt vorher, wie man dazu am besten vorgeht.
- Bringt Fotoapparate mit in den Unterricht und bestimmt deren Bildwinkel bei verschiedenen Einstellungen des Zooms.

Sehfelder von Tieren
Verschiedene Tiere haben zum Teil sehr unterschiedliche Augen. In den Bildern ist jeweils der Bereich markiert, den die Tiere mit dem linken bzw. dem rechten Auge sehen können. Vergleicht die Sehwinkel der Tiere und beschreibt, welche Vor- und Nachteile sich daraus für die Tiere ergeben. Überlegt zunächst, ob es sich um Raub- oder um Fluchttiere handelt.

Für das räumliche Sehen und das Schätzen von Entfernungen ist es wichtig, dass man Gegenstände mit beiden Augen sieht.

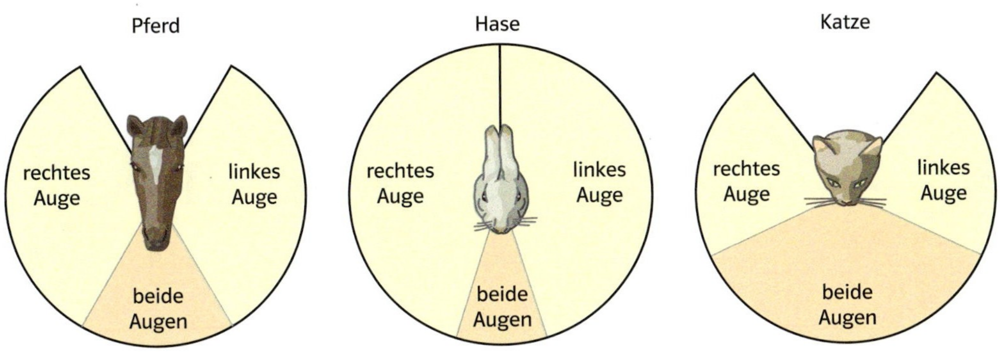

Ihr könnt im Internet nach den Sehwinkeln weiterer Tiere suchen. Gebt hierzu in einer Suchmaschine den Namen des Tieres und den Begriff „Gesichtsfeld" ein. Die Ergebnisse könnt ihr auf einem Plakat oder einer Folie festhalten und den Mitschülern vorstellen.

3. Das Geodreieck

Das Geodreieck ist eines der wichtigsten Hilfsmittel, um geometrische Größen zu messen und exakte Zeichnungen anzufertigen. Hierzu sind eine ganze Menge Hilfslinien und Zahlen auf dem Geodreieck. Aber wozu dienen all diese Linien und Zahlen?
Versucht herauszufinden, was man mit den Hilfslinien und den Zahlen auf dem Geodreieck messen und zeichnen kann und schreibt eine Gebrauchsanleitung für Geodreiecke. Überlegt euch mindestens drei Aufgaben, bei denen man die Linien und Zahlen auf dem Geodreieck zum Messen oder Zeichnen benötigt.
Tauscht die Aufgaben untereinander aus, versucht die Aufgaben der anderen zu lösen und besprecht anschließend die Lösungen.

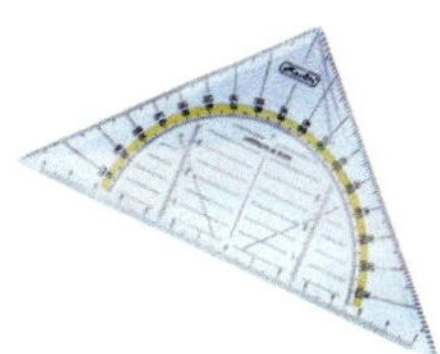

2 Beim Handball grenzt die Torraumlinie den Bereich ab, der von den Feldspielern nicht betreten werden darf. Entscheide, welche Wurfposition am günstigsten ist. Begründe die Entscheidung mit dem Torwinkel. Stelle den Sachverhalt in einer Skizze dar.

Fig. 1

3 Laura sieht einen Turm unter einem bestimmten Blickwinkel.
Wie ändert sich dieser Blickwinkel, wenn Laura auf den Turm zugeht bzw. sich vom Turm entfernt.

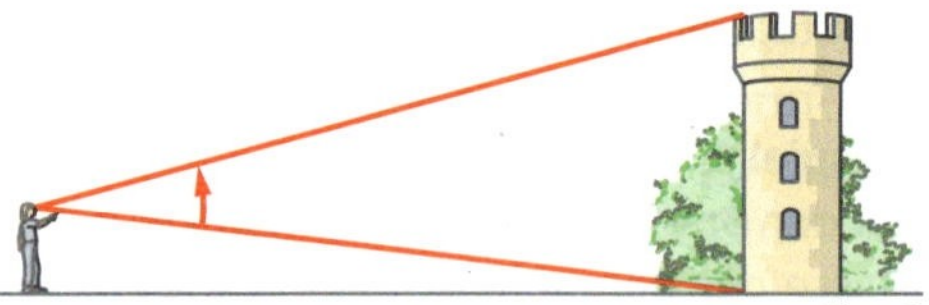
Fig. 2

4 Übertrage Fig. 3 in dein Heft.
Trage mit farbigen Pfeilen die folgenden Winkel ein und bezeichne sie mit den griechischen Buchstaben.
$\alpha = \sphericalangle\, gh$, $\beta = \sphericalangle\, hk$, $\gamma = \sphericalangle\, kl$,
$\delta = \sphericalangle\, lh$, $\varepsilon = \sphericalangle\, kh$

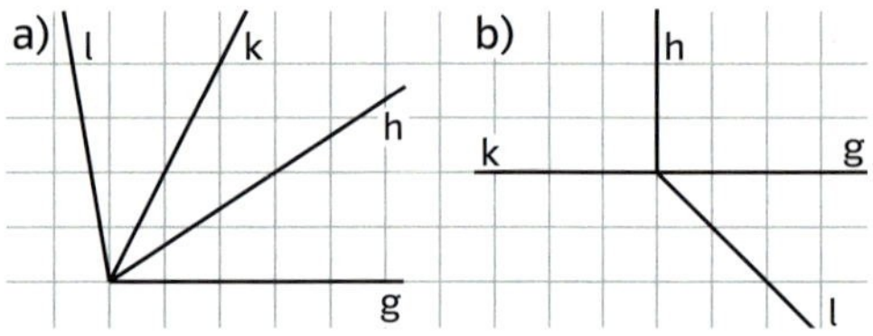

Fig. 3

5 Übertrage Fig. 4 in dein Heft.
Trage mit farbigen Pfeilen die folgenden Winkel ein und bezeichne sie mit den griechischen Buchstaben.
$\alpha = \sphericalangle\, BAE$, $\beta = \sphericalangle\, AEB$, $\gamma = \sphericalangle\, FCB$,
$\delta = \sphericalangle\, CFD$, $\varepsilon = \sphericalangle\, CDF$

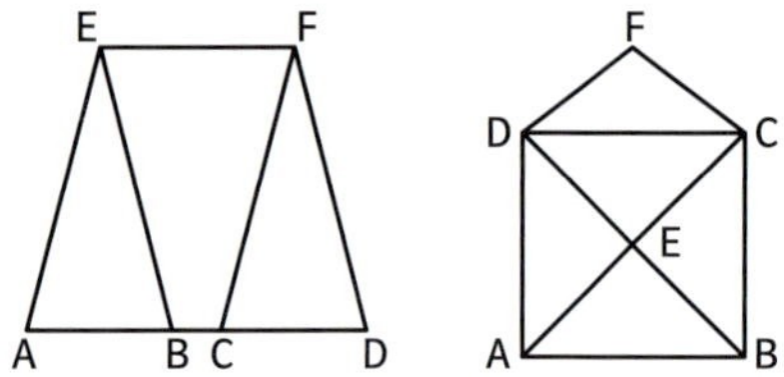

Fig. 4

Bist du sicher?

1 Notiere alle Winkel mithilfe der angegebenen Punkte oder Schenkel (Fig. 5–7).

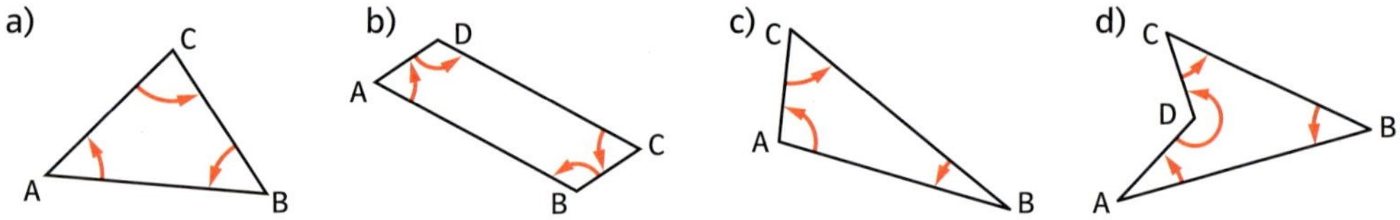

Fig. 5

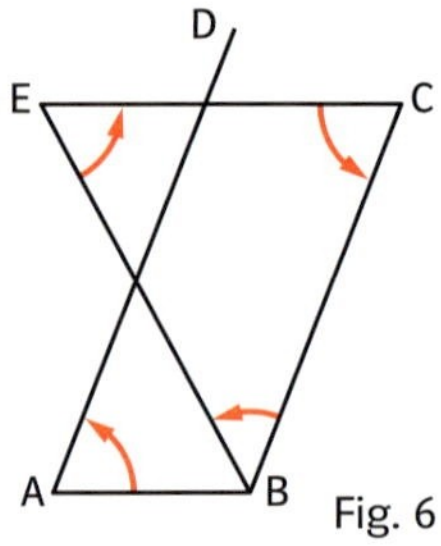

Fig. 6

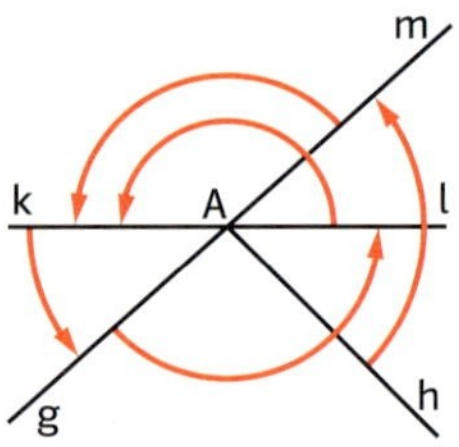

Fig. 7

6 Detektiv Emil Puchmeyer beobachtet aus einer Garageneinfahrt die gegenüberliegende Straßenseite.
a) Übertrage ins Heft.
b) Welche der Personen kann er sehen?
c) Wo sollte er sich in der Einfahrt hinstellen, damit er ein möglichst großes Stück der gegenüberliegenden Straßenseite sehen kann?
Zeichne verschiedene Möglichkeiten. Trage jeweils sein Blickfeld ein.

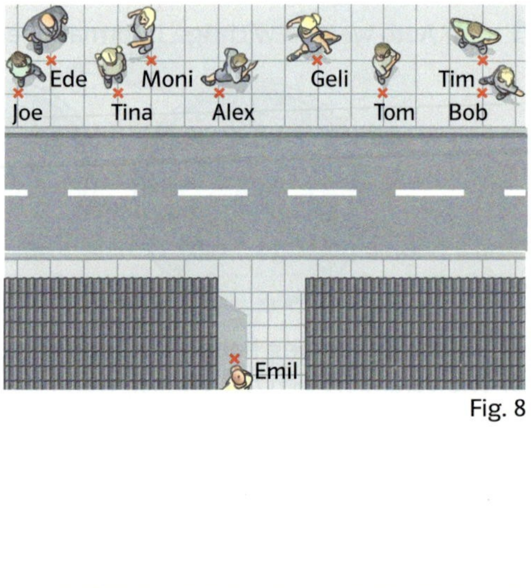

Fig. 8

2. Sehwinkel bei Mensch, Tier und Technik

Siehe Lerneinheit 1, Seite 76, und Lerneinheit 3, Seite 81.

Wenn man ohne den Kopf zu bewegen geradeaus schaut, so überblickt man vor sich einen bestimmten Bereich, der durch den Sehwinkel beschrieben wird. Die Größe des Sehwinkels ist davon abhängig, ob die Augen bewegt werden oder nicht.

Ähnlich wie das menschliche Auge kann auch die Linse eines Fotoapparats einen bestimmten Winkel aufnehmen. Diesen Winkel nennt man Bildwinkel. Durch einen Zoom oder verschiedene Objektive kann die Brennweite der Linse und somit der Bildwinkel verändert werden.

Sehwinkel und Bildwinkel von Fotoapparaten bestimmen

Bearbeitet die folgenden Forschungsaufträge in Vierergruppen. Haltet eure Ergebnisse mit geeigneten Zeichnungen schriftlich fest (z. B. auf einer Folie).

- Bestimmt die Sehwinkel sämtlicher Gruppenmitglieder mit und ohne Bewegung der Augen. Überlegt vorher, wie man dazu am besten vorgeht.
- Bringt Fotoapparate mit in den Unterricht und bestimmt deren Bildwinkel bei verschiedenen Einstellungen des Zooms.

Für das räumliche Sehen und das Schätzen von Entfernungen ist es wichtig, dass man Gegenstände mit beiden Augen sieht.

Sehfelder von Tieren

Verschiedene Tiere haben zum Teil sehr unterschiedliche Augen. In den Bildern ist jeweils der Bereich markiert, den die Tiere mit dem linken bzw. dem rechten Auge sehen können. Vergleicht die Sehwinkel der Tiere und beschreibt, welche Vor- und Nachteile sich daraus für die Tiere ergeben. Überlegt zunächst, ob es sich um Raub- oder um Fluchttiere handelt.

Pferd

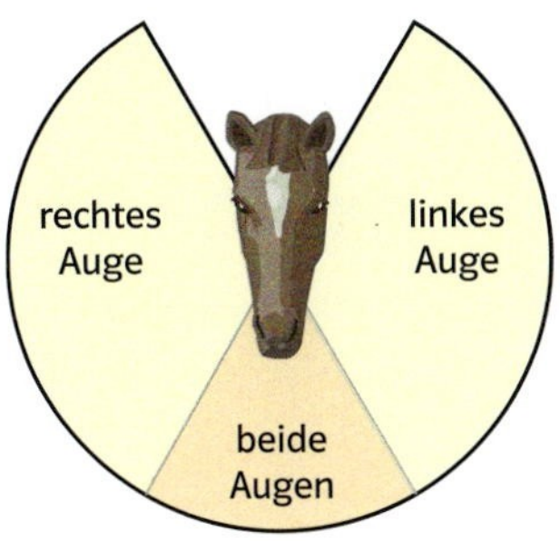

Hase

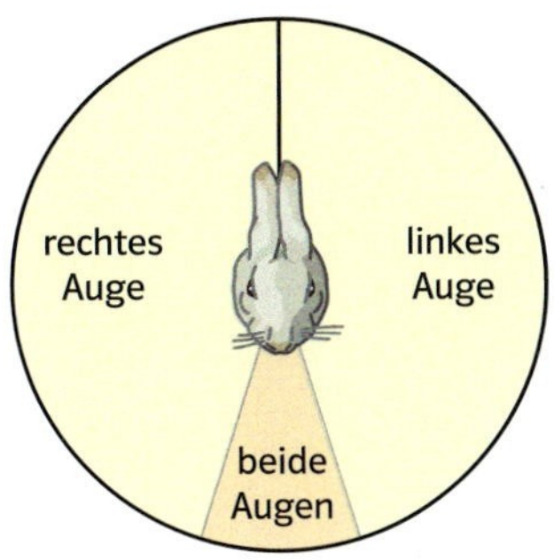

Katze

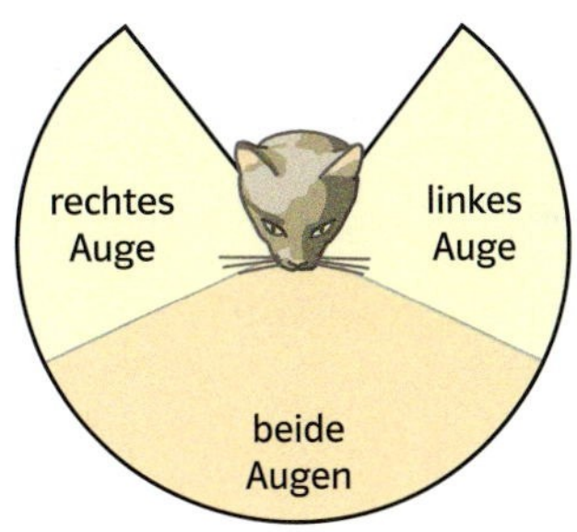

Ihr könnt im Internet nach den Sehwinkeln weiterer Tiere suchen. Gebt hierzu in einer Suchmaschine den Namen des Tieres und den Begriff „Gesichtsfeld" ein. Die Ergebnisse könnt ihr auf einem Plakat oder einer Folie festhalten und den Mitschülern vorstellen.

3. Das Geodreieck

Das Geodreieck ist eines der wichtigsten Hilfsmittel, um geometrische Größen zu messen und exakte Zeichnungen anzufertigen. Hierzu sind eine ganze Menge Hilfslinien und Zahlen auf dem Geodreieck. Aber wozu dienen all diese Linien und Zahlen?

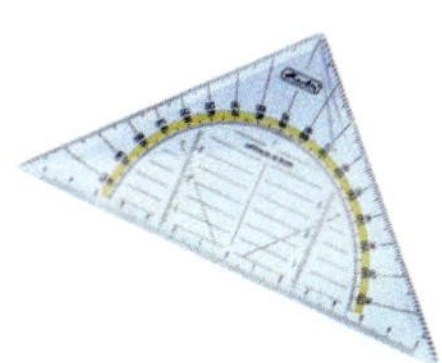

Versucht herauszufinden, was man mit den Hilfslinien und den Zahlen auf dem Geodreieck messen und zeichnen kann und schreibt eine Gebrauchsanleitung für Geodreiecke.

Überlegt euch mindestens drei Aufgaben, bei denen man die Linien und Zahlen auf dem Geodreieck zum Messen oder Zeichnen benötigt.

Tauscht die Aufgaben untereinander aus, versucht die Aufgaben der anderen zu lösen und besprecht anschließend die Lösungen.

1 Winkel

Frau Möller fährt mit ihrem Auto auf der Bundesstraße 7 von Erfurt nach Weimar. Sie beobachtet, wie sich die Tachonadel bewegt.

Herr Krause geht in den Keller seines Hauses, um am Manometer der Warmwasserheizung den Wasserdruck zu überprüfen. Er stellt eine Veränderung zum Vortag fest.

Der Begriff Winkel wird in vielen Situationen gebraucht.

Ein Flugzeug erreicht seine Flughöhe durch das Starten mit einem **Steigungswinkel.**

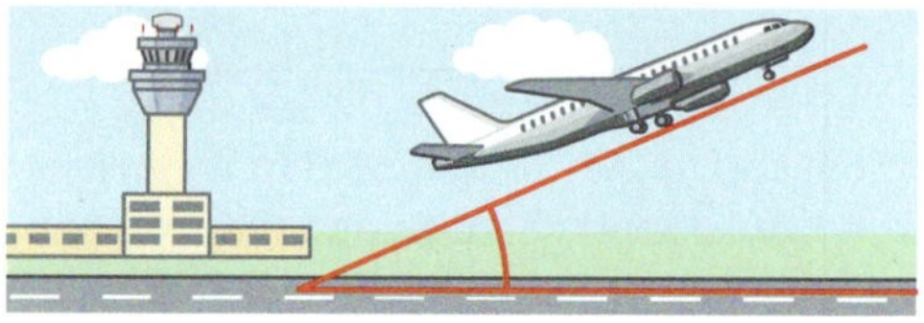

Fig. 1

An einer Straßenkreuzung tritt ein **Kreuzungswinkel** auf.

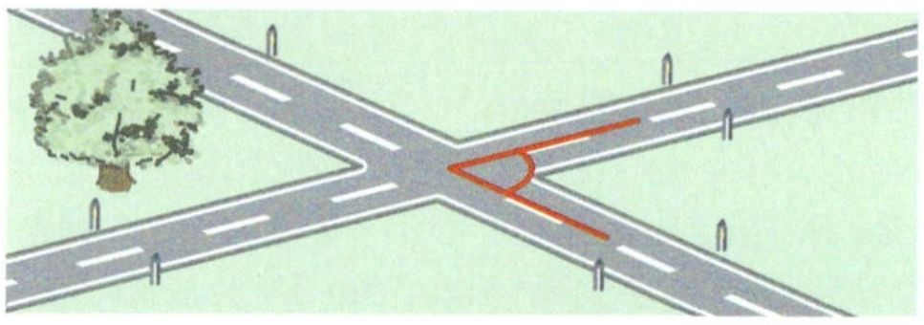

Fig. 2

Deiche an der Meeresküste baut man mit einem bestimmten **Böschungswinkel.**

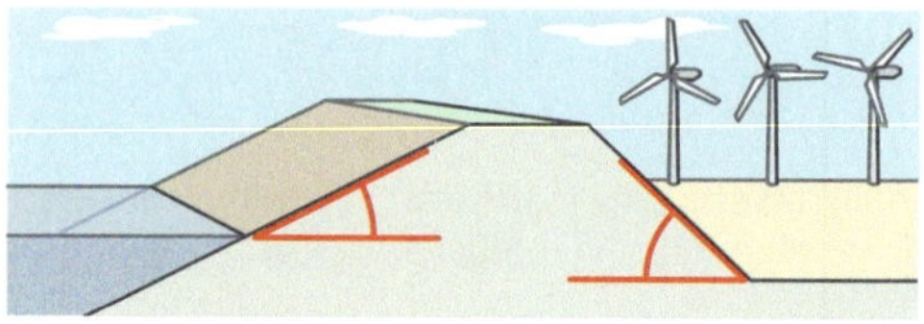

Fig. 3

Ein Dach besitzt einen **Neigungswinkel.**

Fig. 4

Dreht man einen Strahl um seinen Anfangspunkt S, so entsteht ein **Winkel.**

S heißt **Scheitelpunkt** oder **Scheitel** des Winkels, g und h heißen **Schenkel** des Winkels.

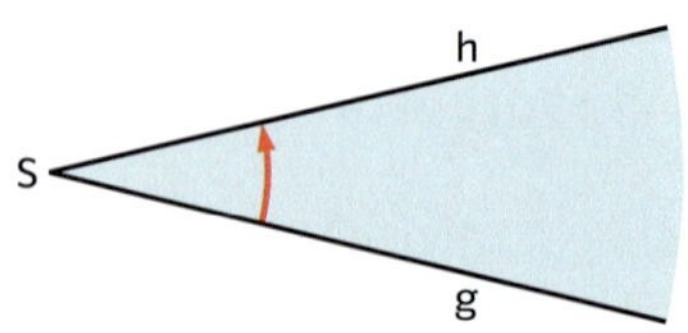

In der Mathematik werden Drehungen, wenn nichts anderes gesagt wird, gegen den Uhrzeigersinn ausgeführt.

Winkel bezeichnet man meist mit griechischen Buchstaben. Die ersten fünf griechischen Buchstaben sind:

α	β	γ	δ	ε
alpha	beta	gamma	delta	epsilon

Bezeichnung von Winkeln durch Schenkel oder Punkte:
Geht bei einer Linksdrehung der **Schenkel g** in den **Schenkel h** über (Fig. 1), so schreibt man: ∢ **gh** (lies: Winkel gh).
Geht der Schenkel h in den Schenkel g über (Fig. 2), so schreibt man: ∢ hg.
Geht der erste Schenkel g durch einen Punkt A und der zweite Schenkel h durch einen Punkt B (Fig. 1), so kann man den Winkel durch **drei Punkte** bezeichnen:
∢ **ASB** (lies: Winkel ASB).
Der Winkel ∢ hg in Fig. 2 wird durch ∢ BSA bezeichnet. Beachte die Reihenfolge der Punkte. Der mittlere Buchstabe bezeichnet immer den Scheitel des Winkels.

Der Pfeil hilft dir bei der Reihenfolge der Bezeichnungen.

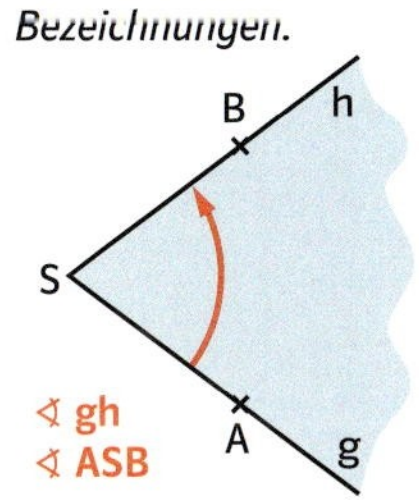

Fig. 1

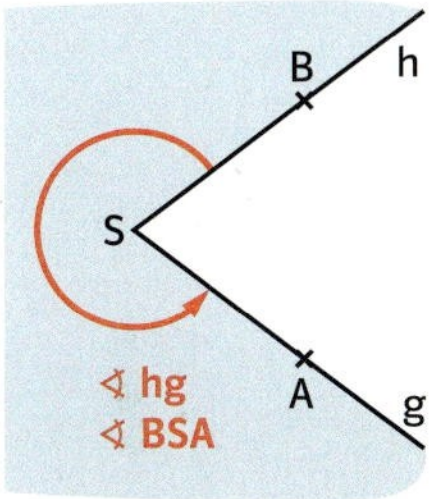

Fig. 2

Beispiel 1
Bei der Briefwaage zeigt ein Winkel die Masse des darauf liegenden Briefes an.
a) Skizziere die Briefwaage und zeichne den Messwinkel ein.
b) Welche Bedeutung hat ein größerer oder kleinerer Messwinkel?
Lösung:

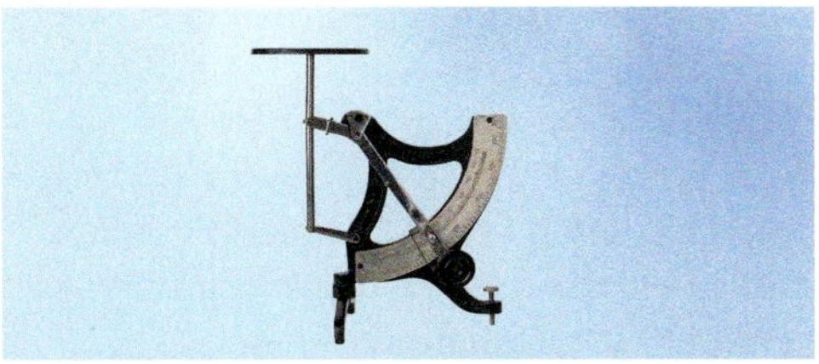

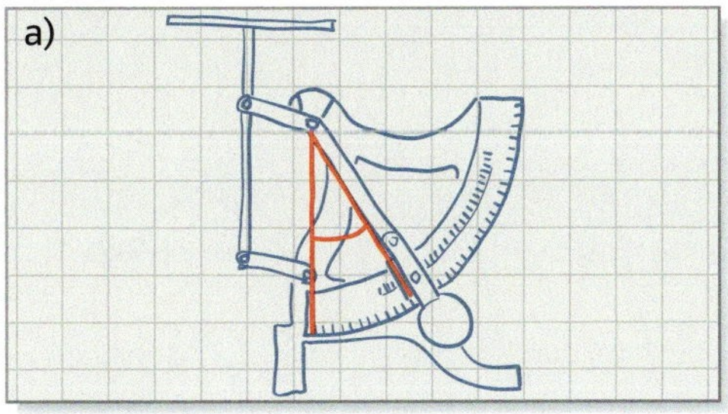

Fig. 3

Lösung:
b) Wird der Messwinkel größer, so liegt eine größere Masse auf der Waage, wird der Winkel kleiner, so ist auch die Masse auf der Waage kleiner (s. Fig. 3).

Beispiel 2
Notiere die eingezeichneten Winkel mithilfe der angegebenen Punkte oder Schenkel.
Lösung:
a) α = ∢ ab
b) β = ∢ ba
c) α = ∢ QPS, β = ∢ RQP
γ = ∢ SRQ, δ = ∢ PSR

a)
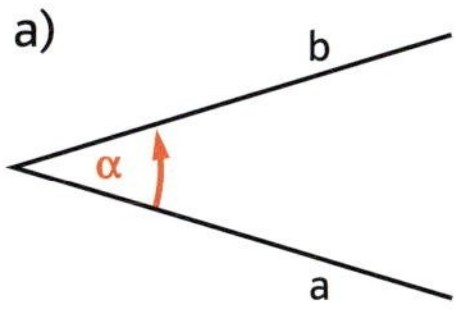

b)
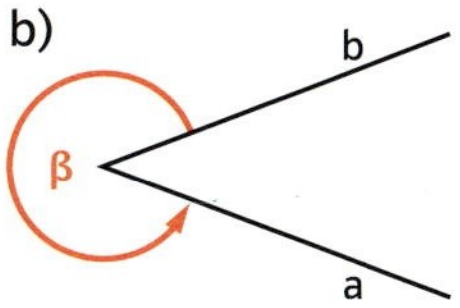

c)
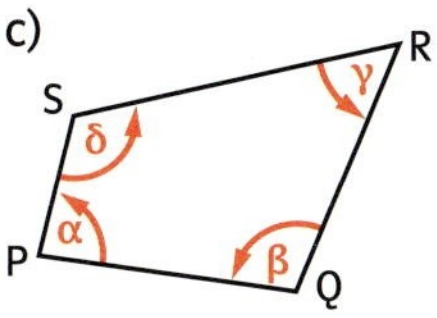

Aufgaben

1 Im Auto werden wichtige Informationen für den Fahrer durch Drehwinkel angezeigt.

a) Welche Bedeutung haben die angezeigten Winkel?
b) Wie verändert sich der Winkel, wenn man mit dem Auto fährt?

2 Beim Handball grenzt die Torraumlinie den Bereich ab, der von den Feldspielern nicht betreten werden darf. Entscheide, welche Wurfposition am günstigsten ist. Begründe die Entscheidung mit dem Torwinkel. Stelle den Sachverhalt in einer Skizze dar.

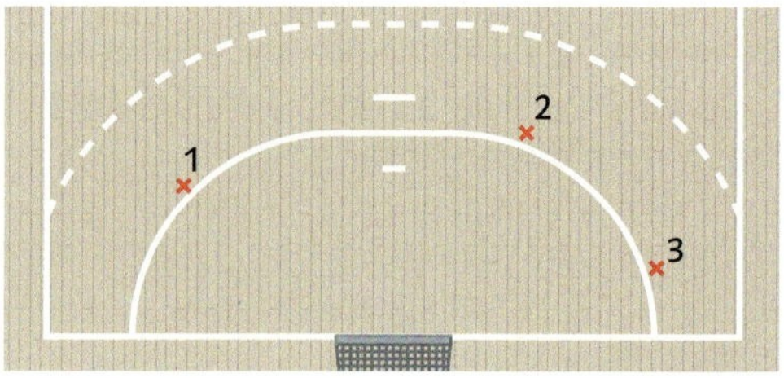

Fig. 1

3 Laura sieht einen Turm unter einem bestimmten Blickwinkel.
Wie ändert sich dieser Blickwinkel, wenn Laura auf den Turm zugeht bzw. sich vom Turm entfernt.

Fig. 2

4 Übertrage Fig. 3 in dein Heft.
Trage mit farbigen Pfeilen die folgenden Winkel ein und bezeichne sie mit den griechischen Buchstaben.
$\alpha = \sphericalangle\, gh$, $\beta = \sphericalangle\, hk$, $\gamma = \sphericalangle\, kl$,
$\delta = \sphericalangle\, lh$, $\varepsilon = \sphericalangle\, kh$

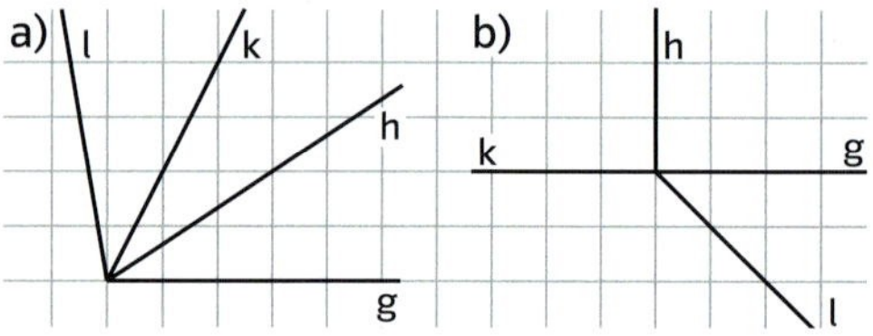

Fig. 3

5 Übertrage Fig. 4 in dein Heft.
Trage mit farbigen Pfeilen die folgenden Winkel ein und bezeichne sie mit den griechischen Buchstaben.
$\alpha = \sphericalangle\, BAE$, $\beta = \sphericalangle\, AEB$, $\gamma = \sphericalangle\, FCB$,
$\delta = \sphericalangle\, CFD$, $\varepsilon = \sphericalangle\, CDF$

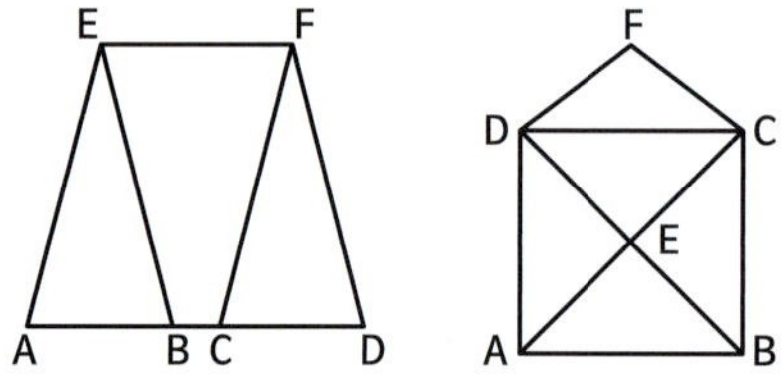

Fig. 4

Bist du sicher?

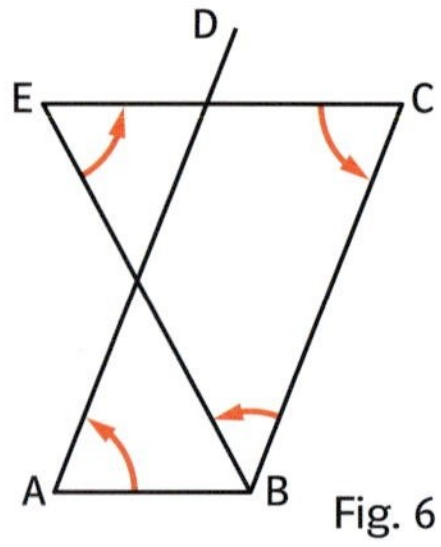

Fig. 6

1 Notiere alle Winkel mithilfe der angegebenen Punkte oder Schenkel (Fig. 5–7).

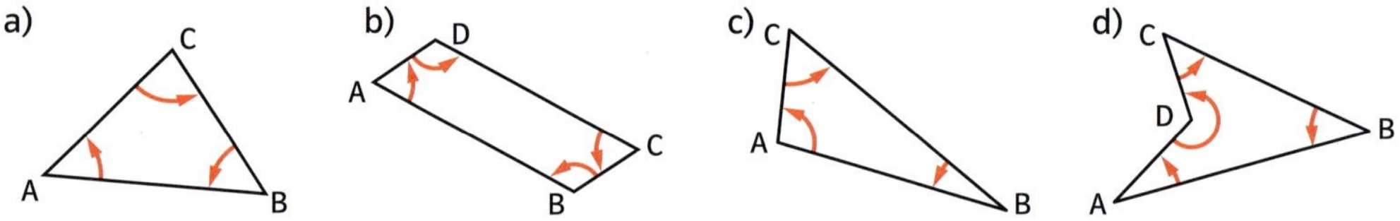

Fig. 5

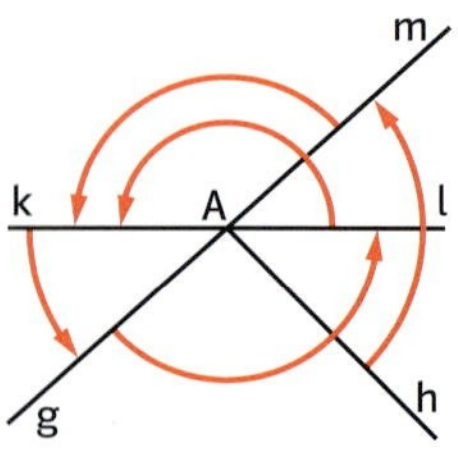

Fig. 7

6 Detektiv Emil Puchmeyer beobachtet aus einer Garageneinfahrt die gegenüberliegende Straßenseite.
a) Übertrage ins Heft.
b) Welche der Personen kann er sehen?
c) Wo sollte er sich in der Einfahrt hinstellen, damit er ein möglichst großes Stück der gegenüberliegenden Straßenseite sehen kann?
Zeichne verschiedene Möglichkeiten.
Trage jeweils sein Blickfeld ein.

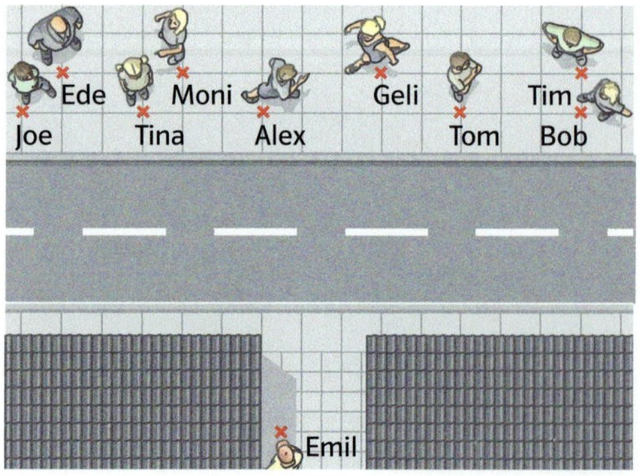

Fig. 8

2 Größe eines Winkels

Tor!!!
Das Tor zu treffen, kann einfach, schwierig oder fast unmöglich sein.

Zwei Winkel könnte man miteinander vergleichen, indem man sie übereinander legt wie in Fig. 1. Beim größeren Winkel sind die beiden Schenkel weiter auseinander gedreht als beim kleineren.
Um Winkel einfacher zu vergleichen, misst man ihre Größe: Dazu wird ein Kreis vom Mittelpunkt aus in 360 gleich große Winkel geteilt. Die Größe eines solchen Winkels wird mit 1 Grad (kurz: 1°) bezeichnet.

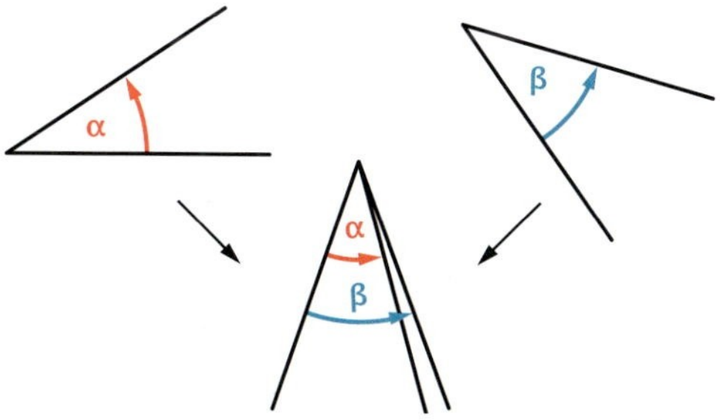

Fig. 1

*Die Aufteilung des Kreises in **360** gleich große Winkel kann dadurch erklärt werden, dass das babylonische und auch das ägyptische Jahr einst 360 Tage hatten. Nach damaliger Vorstellung bewegte sich die Sonne in 360 Tagen auf einer Kreisbahn einmal um die Erde.*

Um die Größe eines beliebigen Winkels anzugeben, bestimmt man die Anzahl der kleinen 1°-Winkel, die man in den Winkel einzeichnen könnte.

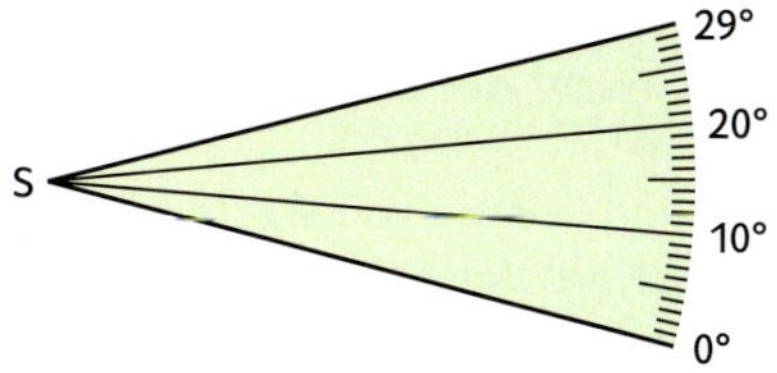

Fig. 2

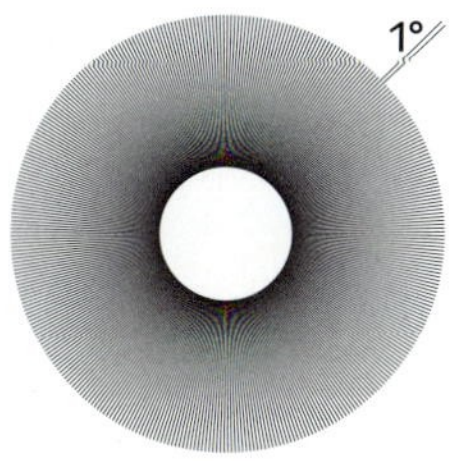

Fig. 3

So wie für die Längenmessung z. B. Meter und Zentimeter als Maßeinheiten verwendet werden, ist Grad die Maßeinheit für die Winkelmessung.

Die **Größe** von Winkeln wird in **Grad** angegeben.
Ein Winkel von 1 Grad (kurz: **1°**) entsteht, wenn ein Kreis in 360 gleiche Kreisausschnitte geteilt wird.

Beispiel 1 Winkel von Kreisausschnitten bestimmen
In Fig. 4 wird ein Kreis in acht, in Fig. 5 in vier gleiche Teile geteilt. Welche Größe hat der Winkel, der zu dem roten Bereich gehört?
Lösung:
Der gesamte Kreis hat einen Winkel von 360°.
In Fig. 4 gehören zu jedem Teil:
$360° : 8 = 45°$. Der rote Bereich hat einen Winkel von 45°.
In Fig. 5 gehören zu jedem Teil:
$360° : 4 = 90°$. Der rote Bereich hat einen Winkel von $3 \cdot 90° = 270°$.

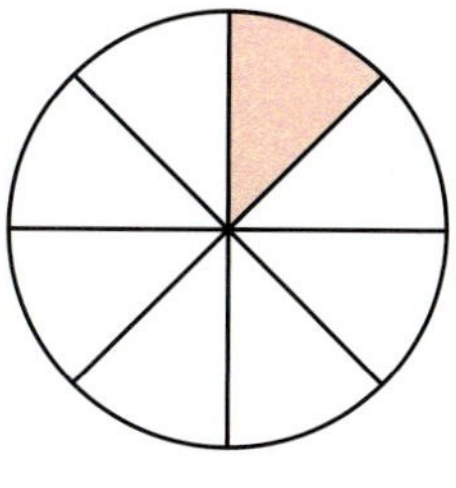
Fig. 4

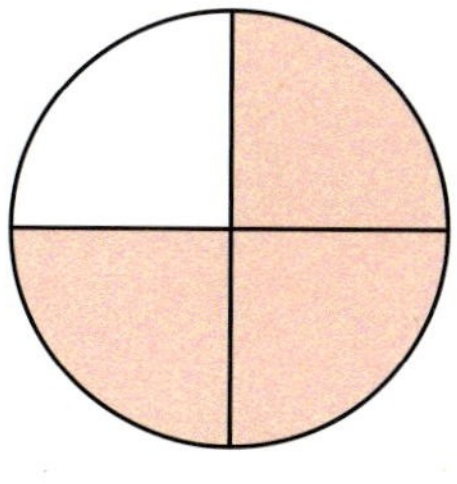
Fig. 5

Beispiel 2

Die Uhr in Fig. 1 zeigt die Zeit 4 Uhr an.

a) Es vergeht eine Zeit von 5 Minuten. Welchen Winkel hat der große Zeiger überstrichen?

b) Wie groß ist der Winkel des gefärbten Bereiches zwischen kleinem und großen Zeiger?

Fig. 1

Lösung:

a) Die Minuteneinteilung teilt den Kreis in 60 gleiche Teile. Zu jedem Teil (jeder Minute) gehören $360° : 60 = 6°$. Zu 5 Minuten gehört dann der Winkel $5 \cdot 6° = 30°$.

b) Die Stundeneinteilung teilt den Kreis in 12 gleiche Teile. Zu jedem Teil (jeder Stunde) gehören $360° : 12 = 30°$. Zu 4 Stunden gehört dann der Winkel $4 \cdot 30° = 120°$.

Aufgaben

1 Der abgebildete Kreis in Fig. 2 ist in gleich große Teile unterteilt.

a) Um wie viel Grad dreht sich der Zeiger, wenn er um ein Feld weiterrückt?

b) Der Zeiger soll jeweils von „Start" aus nach A, B, …, F gedreht werden. Welchen Winkel überstreicht der Zeiger dabei?

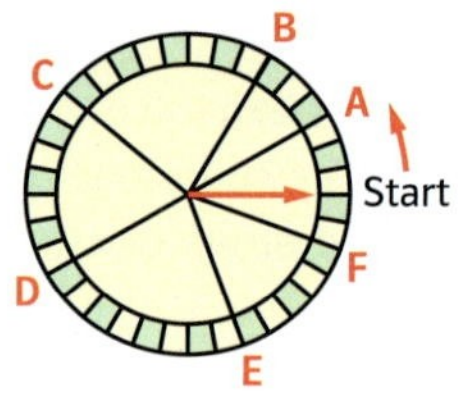

Fig. 2

2 a) Der Wind kommt von Westen (W). Er dreht über Nord-West (NW) nach Norden (N). Um wie viel Grad hat sich der Wind gedreht?

b) Der Wind dreht sich von Süd (S) über Ost (O) nach Nord-Ost (NO). Um wie viel Grad hat sich der Wind gedreht?

c) Um wie viel Grad dreht der Wind, wenn er sich von Süd-Ost (SO) über Süd (S) nach West-Süd-West (WSW) dreht?

d) Der Wind kam aus Süd-Süd-West und hat sich um 135° Richtung Westen gedreht. Aus welcher Richtung bläst er jetzt?

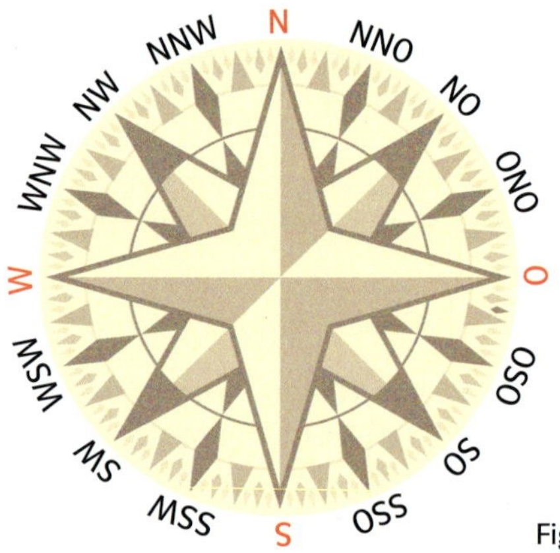

Fig. 3

3 Die Torte ist in gleiche Teile zerschnitten. Welche Größe hat der Winkel bei einem Tortenstück?

a)

Fig. 4

b)

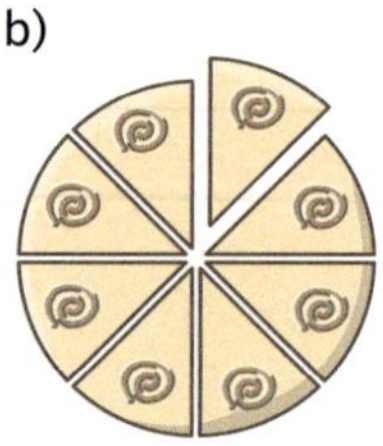
Fig. 5

c)

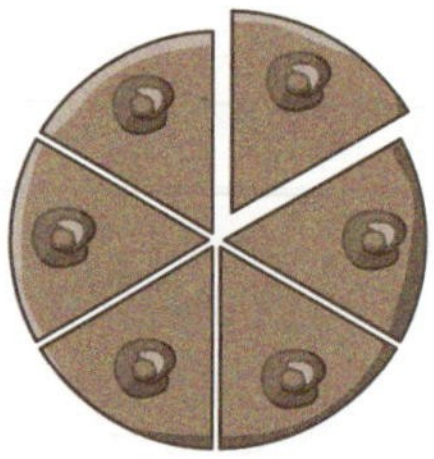
Fig. 6

3 Winkelgrößen schätzen, messen und zeichnen

„Ich kann mein Maul weiter aufreißen!"

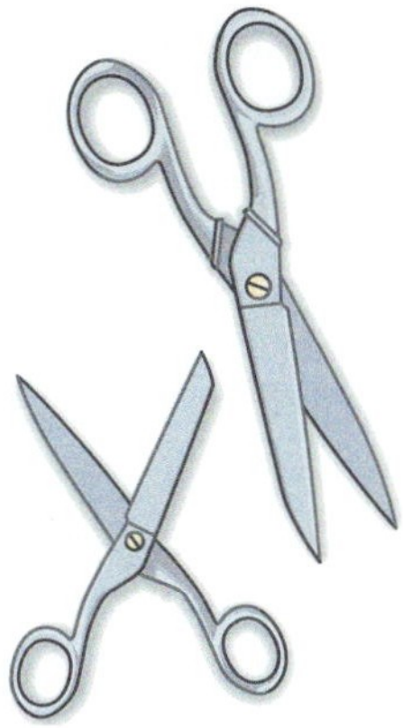

Die Länge einer Strecke kannst du mit einem Lineal oder Maßband messen. Wie bei Strecken möchte man auch bei Winkeln ihre genaue Größe mithilfe eines Messinstrumentes bestimmen.

Die **Größe eines Winkels** misst man mit einer Kreisskala, wie sie auf dem Geodreieck zu finden ist.
Die Größe des Winkels gibt an, wie weit man den ersten Schenkel drehen muss, um den zweiten zu erreichen.

Messen eines Winkels:

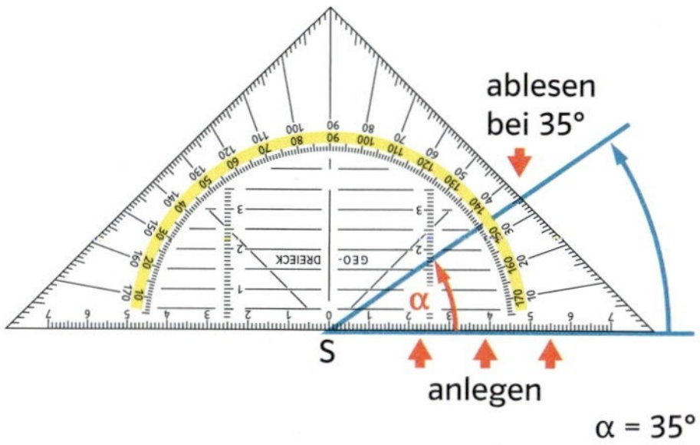

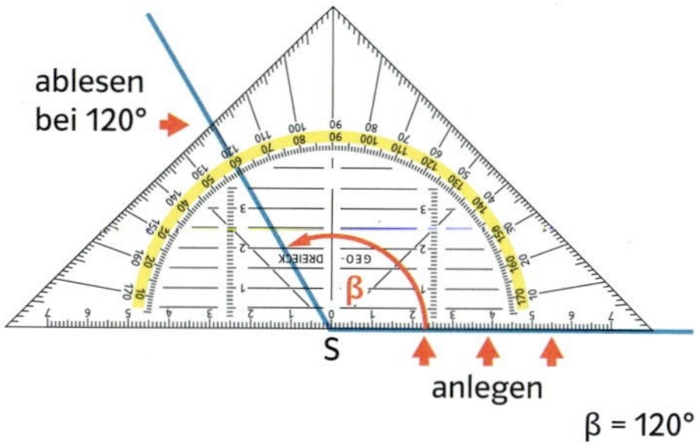

Das Geodreieck hat zwei Skalen, die links bzw. rechts mit 0° beginnen.

Siehe Erkundung 3, Seite 75

Zeichnen eines Winkels, z. B. ∢ gh = 55°:

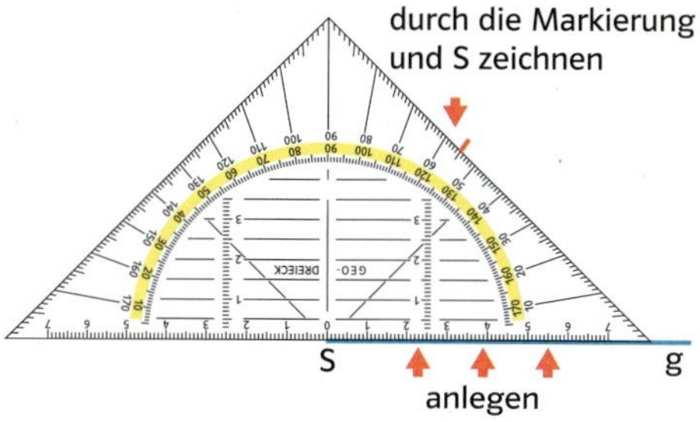

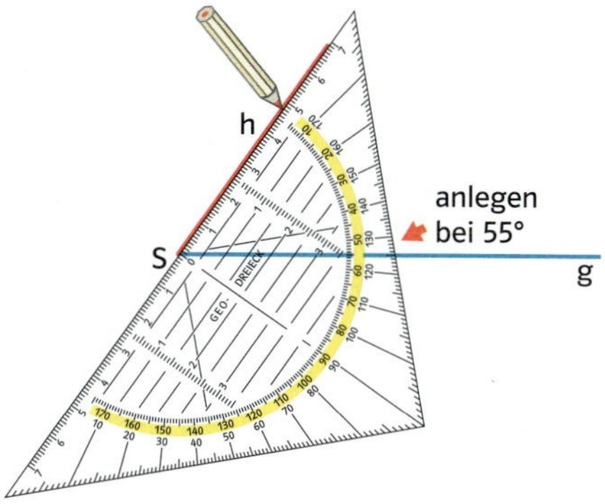

Beachte: Die meisten Geodreiecke haben zwei Skalen. Du musst die Skala benutzen, die bei einem der Schenkel mit 0° beginnt.

Bisher wurden Winkel mit Pfeilen gekennzeichnet. Jetzt wird statt des Pfeils außer bei Drehungen nur noch ein Bogen eingezeichnet.

*Volle Winkel heißen auch **Vollwinkel.***

Winkel werden nach ihrer Größe in verschiedene Winkelarten eingeteilt.

spitzer Winkel	rechter Winkel	stumpfer Winkel	gestreckter Winkel	überstumpfer Winkel	voller Winkel

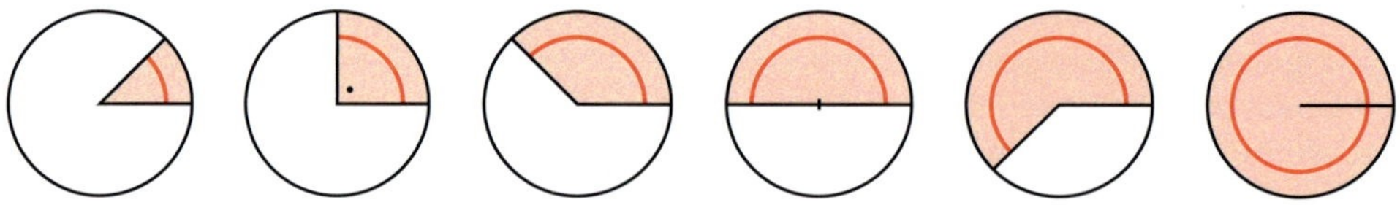

(kleiner als 90°)	(genau 90°)	(zwischen 90° und 180°)	(180°)	(zwischen 180° und 360°)	(360°)

Beachte:
Mit den giechischen Buchstaben bezeichnet man sowohl den Winkel selbst als auch seine Größe.

Mit dem Geodreieck kann man auch **überstumpfe Winkel** zeichnen, z. B. $\alpha = 210°$.
Dabei gibt es zwei Möglichkeiten:

1. Möglichkeit:

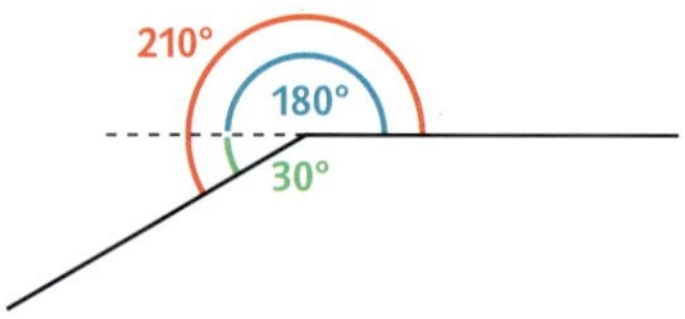

Fig. 1

Man zeichnet zu einem 180°-Winkel noch 30° dazu (180° + 30° = 210°).

2. Möglichkeit:

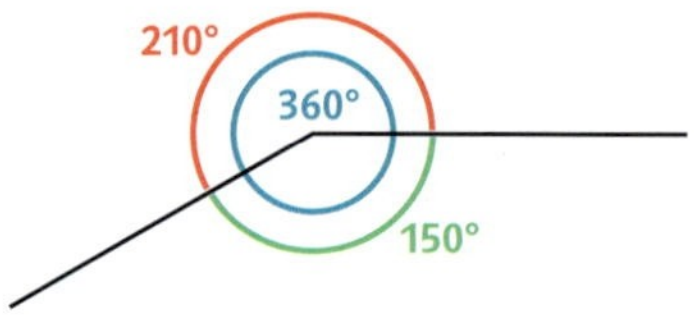

Fig. 2

Man zeichnet den Winkel, der den 210°-Winkel zu 360° ergänzt (360° − 210° = 150°).

Beispiel Winkel schätzen und messen
Schätze die Größe des Winkels α, gib die Art des Winkels an und miss ihn anschließend.

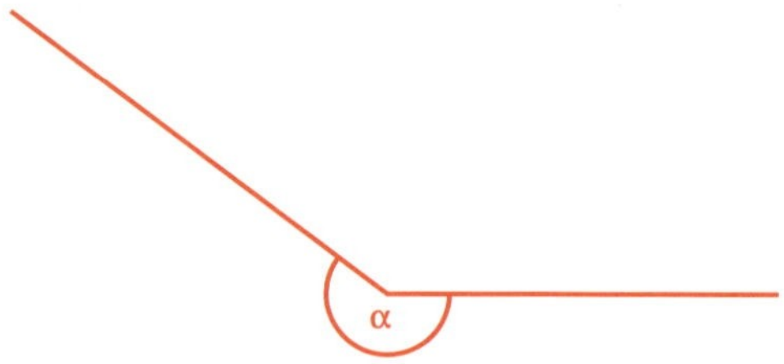

Fig. 3

Mögliche Lösung:
α ist ein überstumpfer Winkel, der ungefähr 225° groß ist. Zum Messen legt man das Geodreieck so an, als ob man den Winkel messen würde, der α zu 360° ergänzt (vgl. Fig. 4). Es gibt nun zwei Möglichkeiten den Winkel α zu bestimmen.
1. Möglichkeit:
Man misst den Winkel, der zu 180° addiert werden muss, um α zu erhalten (37°), und berechnet α: (α = 180 + 37° = 217°)
2. Möglichkeit:
Man misst den Winkel, der α zu einem Vollwinkel ergänzt (143°), und berechnet α:
(α = 360° − 143° = 217°)

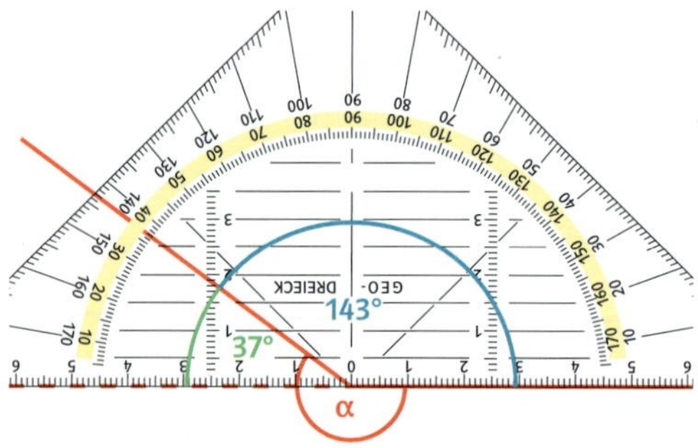

Fig. 4

Aufgaben

1 a) Schätze zuerst die Größe der Winkel in Fig. 1 und gib an, um welche Winkelart es sich handelt. Miss anschließend mit dem Geodreieck.
b) Suche nach Winkeln, deren Summe 90°, 180° bzw. 360° ergibt.

Tipp.
Zur genauen Messung eines Winkels ist es oft zweckmäßig, die Schenkel länger zu zeichnen.

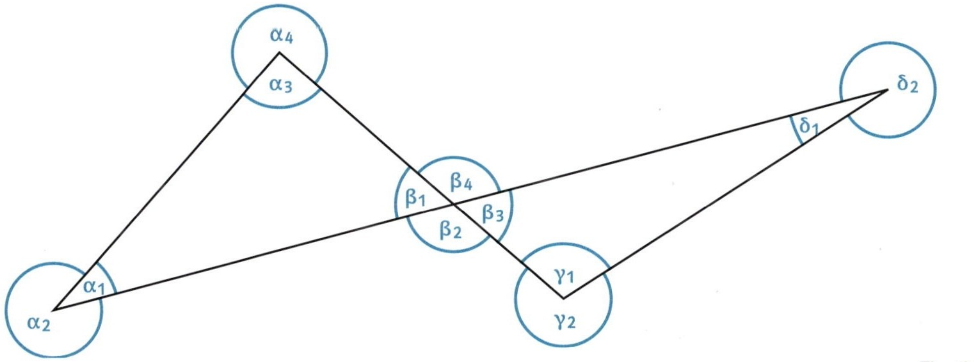

Fig. 1

Online-Link
734261-0831

2 Bestimme mit dem Geodreieck die Größen der Winkel, α, β, γ und δ.

a)

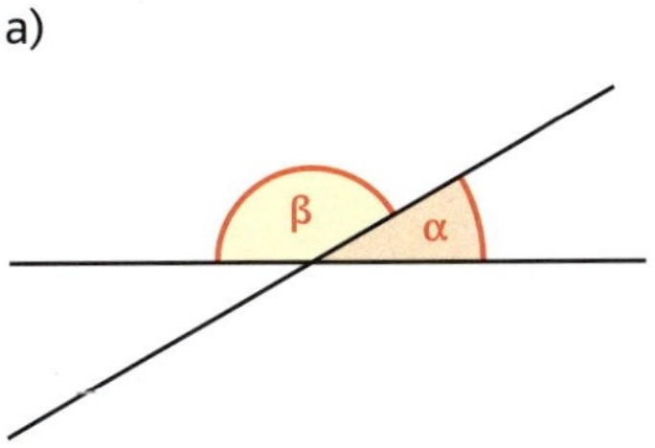

b)

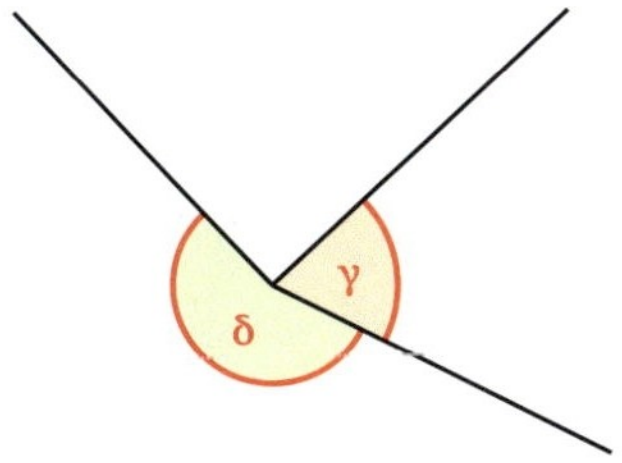

3 Bestimme mit dem Geodreieck die Größen der markierten Winkel.

a)

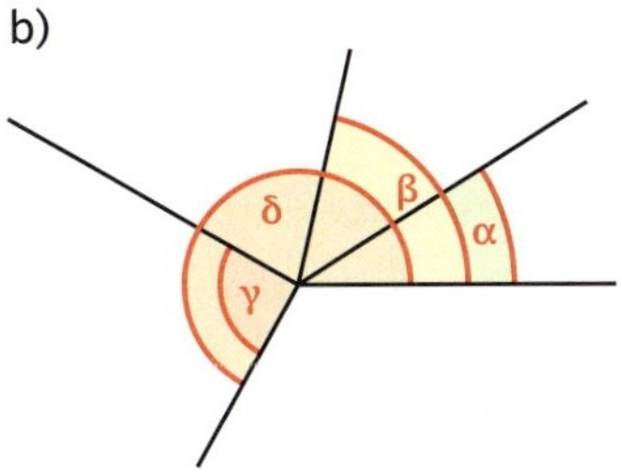

b)

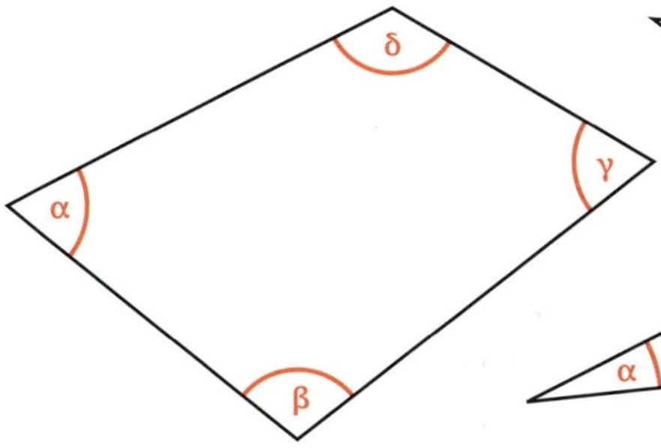

c)

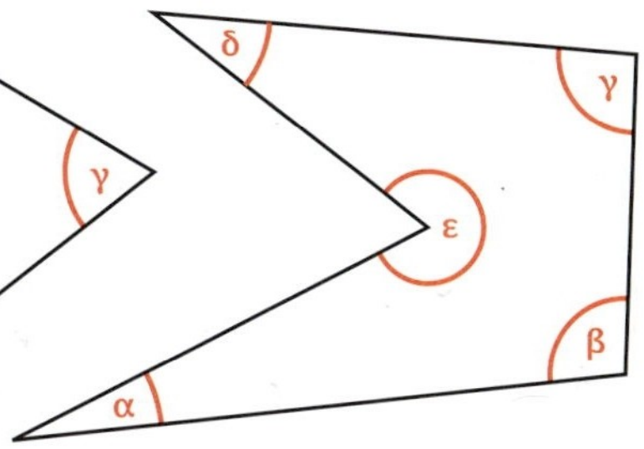

4 Zeichne Winkel mit der angegebenen Größe. Schreibe dazu, von welcher Art der Winkel ist (z. B. spitzer Winkel).

a) 75°	b) 90°	c) 125°	d) 160°
e) 180°	f) 237°	g) 270°	h) 315°

5 Warum nennt man die verschiedenen Winkelarten eigentlich *spitzer Winkel, rechter Winkel, stumpfer Winkel, gestreckter Winkel, überstumpfer Winkel* und *voller Winkel*? Formuliere sinnvolle Begründungen und zeichne dazu geeignete Bilder.

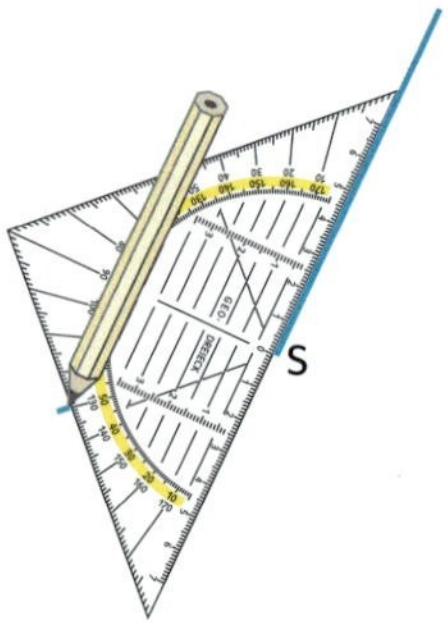

Horst soll einen Winkel von 50° zeichnen. Was macht er falsch?

6 a) Sebastian hat den Winkel α mit dem Geodreieck gemessen wie in Fig. 1 abgebildet. Er behauptet α sei 25° groß. Erkläre, welchen Fehler er beim Messen des Winkels gemacht hat.
b) Beschreibe, worauf man beim Messen und Zeichnen von Winkeln achten muss und welche Fehler man machen kann.

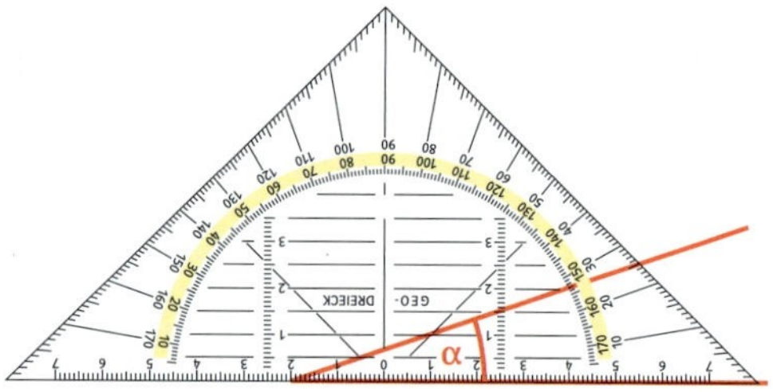

Fig. 1

7 a) Welche der folgenden Winkelgrößen lassen sich den Winkeln in Fig. 2 zuordnen? Entscheide, ohne zu messen.
16°; 51°; 90°; 42°; 112°; 5°; 27°; 77°; 110°
b) Miss die Größen der Winkel in Fig. 2 und vergleiche mit den in a) angegebenen Werten.

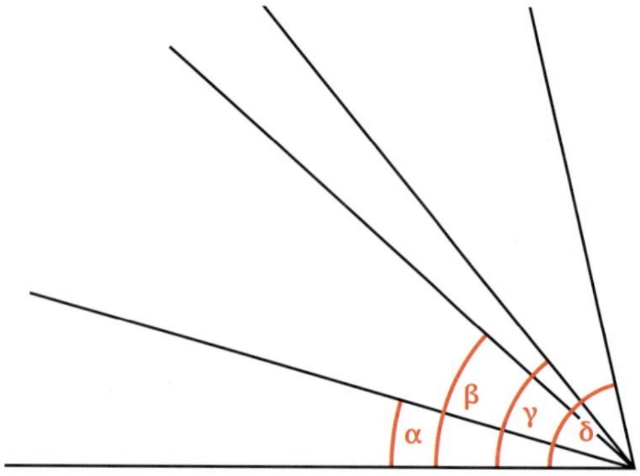

Fig. 2

8 Zeichne nur durch Abschätzen, ohne Verwendung eines Winkelmessers, einen Winkel, der die angegebene Größe hat. Dein Partner misst die wirkliche Größe, berechnet die Abweichung und überträgt anschließend die Ergebnisse in eine Tabelle.

a)

verlangte Größe	45°	30°	135°	10°	90°
gezeichnete Größe					
Abweichung					

b)

verlangte Größe	56°	120°	7°	153°	98°
gezeichnete Größe					
Abweichung					

9 Trage in ein Koordinatensystem die Punkte S und A ein. Zeichne einen Winkel mit dem Scheitel S und der Größe α, bei dem ein Schenkel durch den Punkt A geht.
a) S(3|1); A(7|3); α = 50°
b) S(6|7); A(1|2); α = 175°
c) S(5|5); A(10|1); α = 255°
d) S(5|5); A(0|1); α = 302°

Bist du sicher?

1 Übertrage die Zeichnung aus Fig. 4 ins Heft. Bestimme die Größen der Winkel.

2 Zeichne vier Winkel der Größen 12°; 33°; 127° und 8° mit gemeinsamem Scheitelpunkt wie in Fig. 3. Welcher Gesamtwinkel entsteht?

Fig. 3

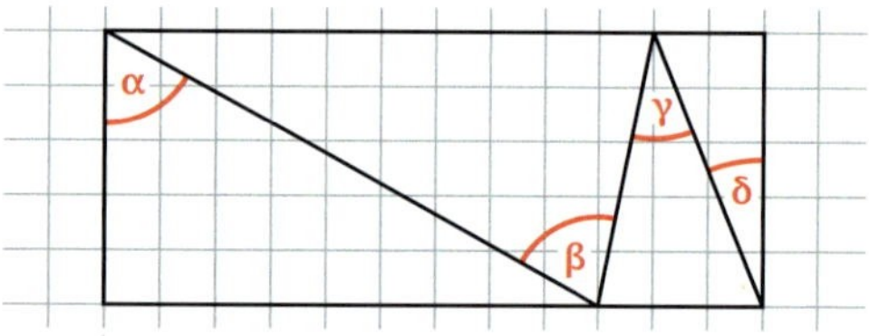

Fig. 4

10 In Fig. 5 sind zwei gleich große Winkel vorgegeben. Übertrage die Figur in dein Heft und ergänze sie so, dass neun dieser Winkel aneinander gereiht sind. Miss den Gesamtwinkel.

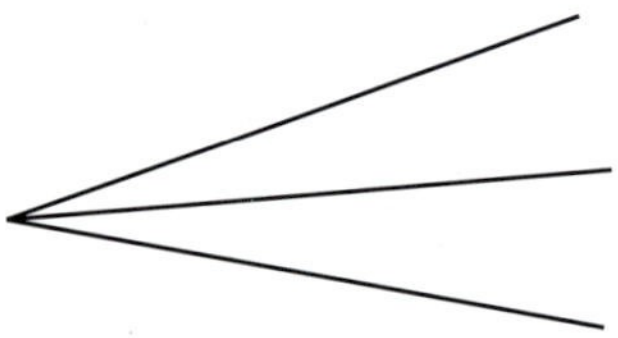

Fig. 5

11 Eine Ameise läuft um das Viereck ABCD in Fig. 1. Sie startet bei A und ändert in B, C, D und A ihre Richtung um die Winkel β, γ, δ und α.
Zeichne das Viereck in dein Heft und miss die Größen der vier Winkel. Berechne die Summe der Winkelgrößen.

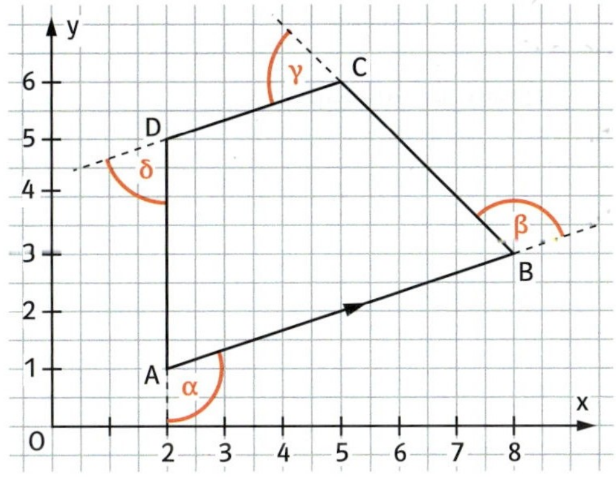

Fig. 1

Winkelgymnastik

12 Zeichne ein Viereck
a) mit zwei rechten Winkeln,
b) mit zwei stumpfen und zwei spitzen Winkeln.

13 Zeichne das Dreieck ABC in ein Koordinatensystem. Miss die Größen der Winkel ∢ BAC; ∢ CBA; ∢ ACB.

a) A(1|2); B(6|4); C(3|6)
b) A(2|6); B(4|2); C(8|2)
c) A(1|1); B(5|2); C(6|8)
d) A(0|3); B(12|3); C(12|8)

14 Fig. 2 zeigt die Seitenansicht eines Satteldaches mit dem Neigungswinkel α. Bei C liegt der First des Daches, $\overline{CD}$ nennt man daher Firsthöhe. Die Breite $\overline{AB}$ des Daches beträgt 8 m.

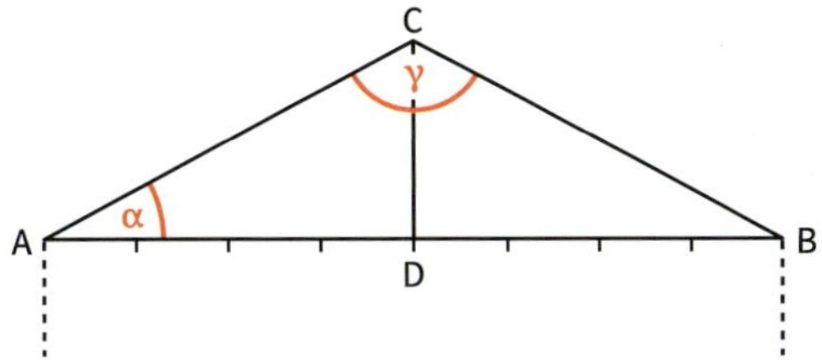

Fig. 2

a) Zeichne das Dreieck ABC mit α = 28° in dein Heft. Wähle 1 cm für 1 m. Miss den Winkel γ und die Firsthöhe $\overline{CD}$.
b) Zeichne ebenso Seitenansichten für Satteldächer mit den Neigungswinkeln 38° und 48°. Wähle als Breite $\overline{AB}$ = 8 m. Miss jeweils den Winkel γ und die Firsthöhe $\overline{CD}$.
c) Welchen Neigungswinkel muss ein 12 m breites Satteldach mindestens haben, damit die Firsthöhe $\overline{CD}$ größer als 2 m ist? Zeichne und miss α.

Online-Link
734261-0851

15 **Die Winkelscheibe**

a) Baut aus zwei Kreisen mit 5 cm Radius, die ihr aus verschiedenfarbigem Karton ausschneidet, eine Winkelscheibe wie unten angegeben.
Zeichnet auf den gelben Karton eine Winkelskala in 10°-Schritten ein, auf den anderen jedoch nicht. Schneidet die beiden Scheiben entlang des Radius bis zur Mitte durch. Bei der gelben Scheibe muss der Schnitt durch die Nullmarke gehen. Schiebt die Scheiben wie im Bild zusammen. Jetzt kann man auf der gelben Scheibe die Größe eines eingestellten blauen Winkels ablesen.
b) Stellt unterschiedlich große Winkel ein. Lasst euren Partner bei zehn Winkeln nacheinander die Größe schätzen. Dann tauscht ihr die Rollen. Ein Schätzwert kann als richtig gelten, wenn er auf 10° genau angegeben wurde.
c) Überlegt euch gemeinsam, wie man am geschicktesten vorgeht, um Winkel zu schätzen und notiert euer Ergebnis.

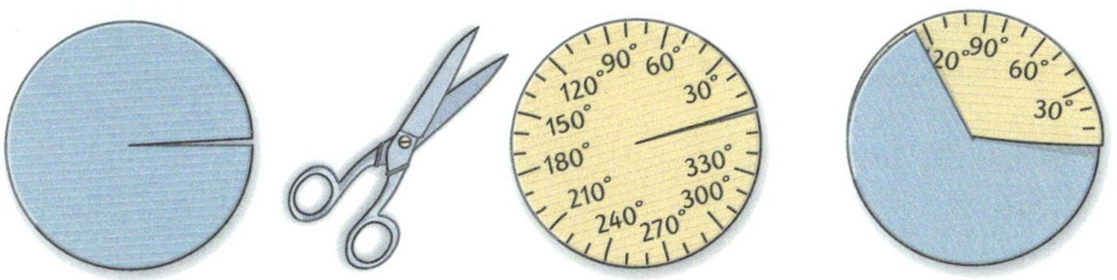

4 Figuren aus Kreisen und Winkeln

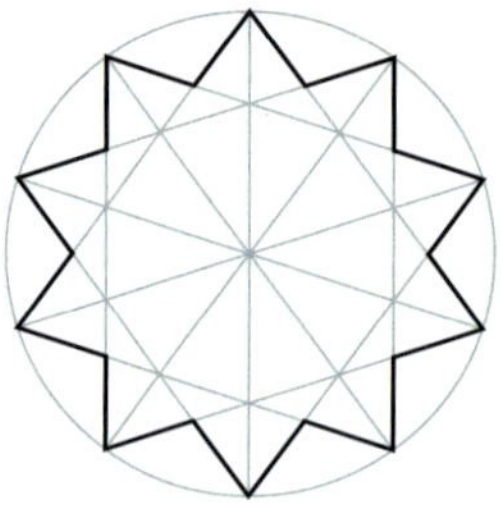

Beschreibe die beiden Sterne und zeichne sie ab. Zeichne weitere Sterne mit unterschiedlicher Anzahl von Zacken. Beschreibe jeweils, wie du vorgehst, um die Sterne möglichst genau zu zeichnen. Versuche die Sterne durch Falten zu erstellen.

Zur Erinnerung:

Kreis

Der Kreis als regelmäßige symmetrische Figur ohne Ecken und Kanten bewegt seit vielen tausend Jahren die Aufmerksamkeit von Künstlern, Architekten und Wissenschaftlern. Er bildet auch die Grundlage für viele regelmäßige Kreisfiguren.

Beim Zeichnen von regelmäßigen Kreisfiguren werden 360° gleichmäßig aufgeteilt. Es entstehen gleich große **Kreisausschnitte** als Grundlage der Kreisfigur.
In Fig. 1 ist der Kreis in sechs gleiche Teile zerlegt. Es entsteht ein Mittelpunktswinkel von $360° : 6 = 60°$ mit dem Mittelpunkt als Scheitelpunkt. Durch das Verbinden der Eckpunkte entsteht das Sechseck in Fig. 2.

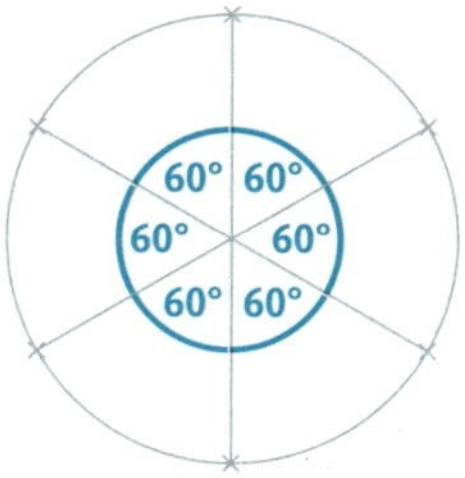

Fig. 1

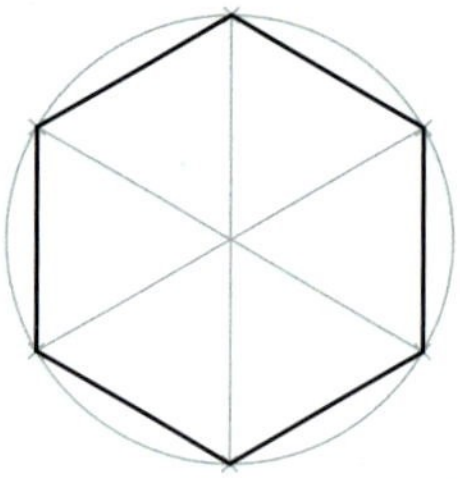

Fig. 2

Eckenzahl	Mittelpunktswinkel
3	120°
4	90°
5	72°
6	60°
8	45°
9	40°
10	36°

Durch die gleichmäßige Aufteilung des 360°-Winkels im Kreismittelpunkt wird der Kreis in gleich große Ausschnitte geteilt.

Beispiel Grundstruktur einer Kreisfigur
Bestimme den Mittelpunktswinkel des Kirchenfensters aus Fig. 3 und zeichne die Grundstruktur.
Mögliche Lösung:
Das Fenster besteht aus fünf gleichen Teilen. Mittelpunktswinkel: $360° : 5 = 72°$
1. Durch Einzeichnen der Mittelpunktswinkel erhält man fünf gleich große Kreisausschnitte (vgl. Fig. 4).
2. Vom Schnittpunkt der Schenkel mit dem Kreis kann man Kreisteile zeichnen, die durch die benachbarten Schnittpunkte gehen (vgl. Fig. 5).
3. Zuletzt zeichnet man die fünf gleich großen Kreise (vgl. Fig. 6).

Fig. 3

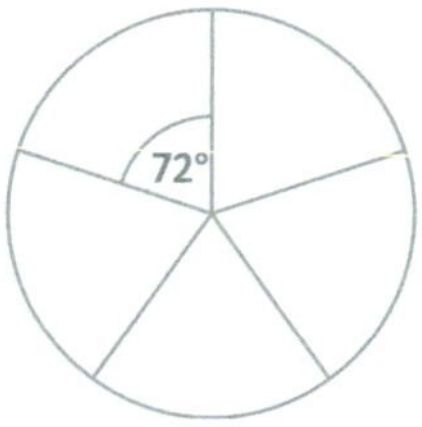

Fig. 4

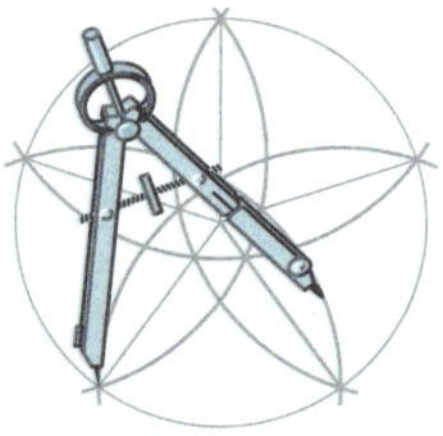

Fig. 5

Fig. 6

Online-Link
734261-0861

Aufgaben

1 a) Hier ist die Kuppel des Berliner Doms mit der Pfingsttaube abgebildet. Zeichne die Kreisfigur ab und überprüfe durch geeignetes Falten, ob du genau gezeichnet hast.
b) Kreisfiguren begegnen einem an vielen Stellen im Alltag, in der Technik, in der Kunst oder in der Architektur. Sucht in Dreiergruppen nach Beispielen und fertigt zu einem Beispiel ein Plakat an, dass Ihr den anderen Schülern präsentiert.

2 Schon im Altertum war den Römern das Prinzip von Windmühlen bekannt: Die „geradlinige“ Bewegung der Luft wird in eine Drehbewegung umgewandelt.

a) In welchem Winkel zueinander stehen jeweils zwei benachbarte Windmühlenflügel bei den abgebildeten Windmühlen?
b) Entwürfe zu möglichen Windmühlenrotoren entstehen als Kreisbilder. Zeichne die Windmühlenrotoren aus Fig. 1 in dein Heft. Entwirf selbst einen Windmühlenrotor.

Fig. 1

3 Mandalas zeichnen und ausmalen ist eine alte indische Form sich zu konzentrieren und Ruhe zu finden. Dabei steht der Kreis durch seine Form ohne Anfang und Ende für das Symbol der Mitte.
a) Zeichne die Form der Mandalas aus Fig. 2 jeweils auf einem großen Blatt ab und male sie bunt aus.
b) Entwirf eigene Mandalas.

Fig. 2

4 In Kirchen und alten Klöstern findet man speziell gestaltete Fenster, in denen Kreise und Kreisfiguren zu finden sind. Nach der Anzahl der inneren Kreise nennt man diese Formen Dreipass, Vierpass und Sechspass (vgl. Fig. 3).
a) Zeichne die Grundfiguren ins Heft.
b) Entwirf mit den Grundfiguren ein eigenes Kirchenfenster.

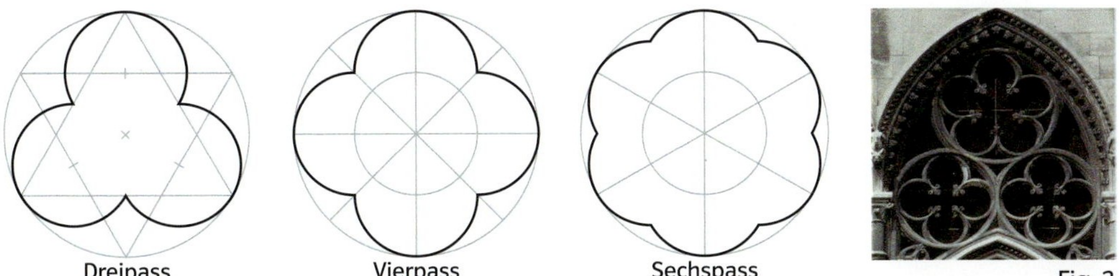

Dreipass Vierpass Sechspass

Fig. 3

5 Winkelbeziehungen

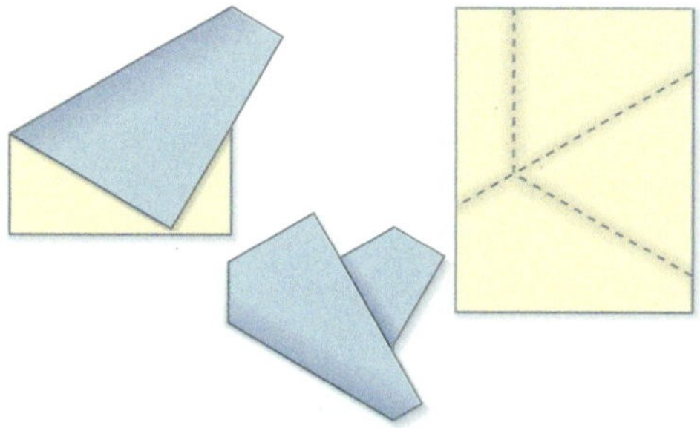

Falte ein leeres Blatt zweimal hintereinander an einer beliebigen Stelle. Welche Beziehungen zwischen den Winkeln kannst du feststellen? Kommt es darauf an, wie gefaltet wird?
Vergleiche auch die Winkel bei dreimaligem Falten.

Die Gerade h entsteht durch paralleles Verschieben der Geraden g. Die Schnittwinkel mit der Geraden k bleiben dabei gleich groß.
Man kann in Fig. 1 noch weitere Beziehungen zwischen den Winkeln erkennen, die im Folgenden zusammengefasst werden:

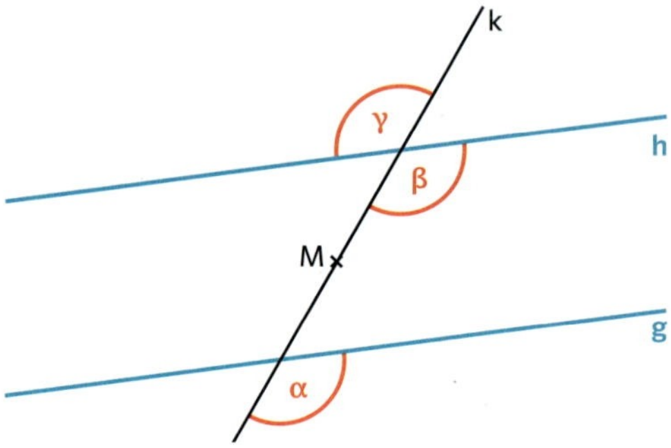

Fig. 1

An Geradenkreuzungen gilt:

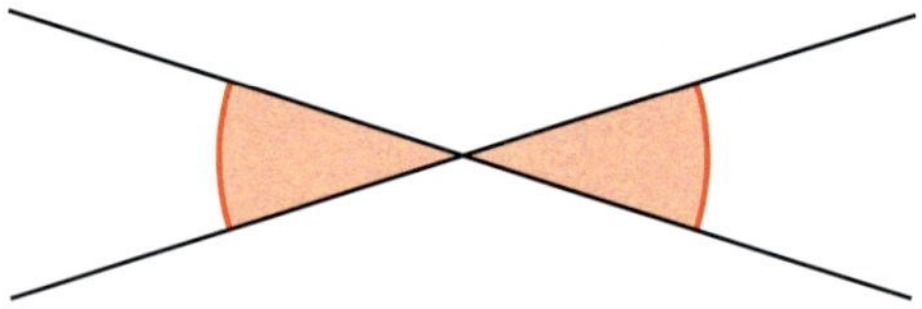

Scheitelwinkel sind gleich groß.

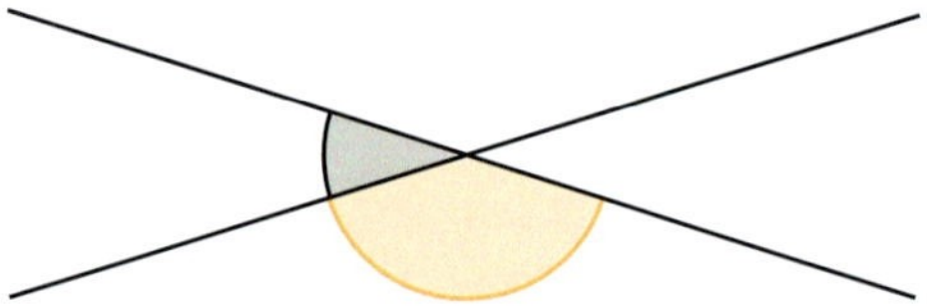

Die Summe zweier Nebenwinkel beträgt 180°.

An Geradenkreuzungen mit zueinander parallelen Geraden gilt:

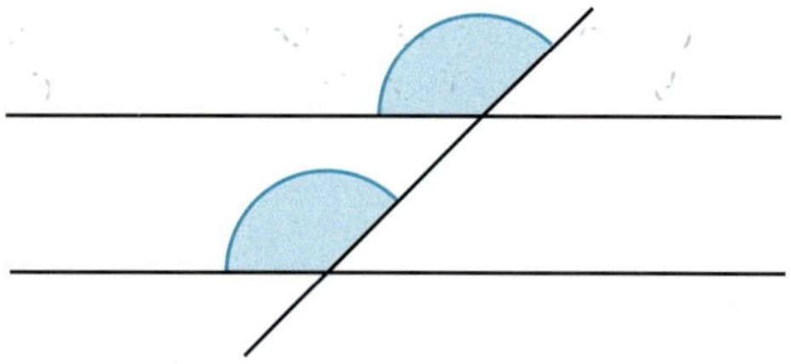

Stufenwinkel sind gleich groß.

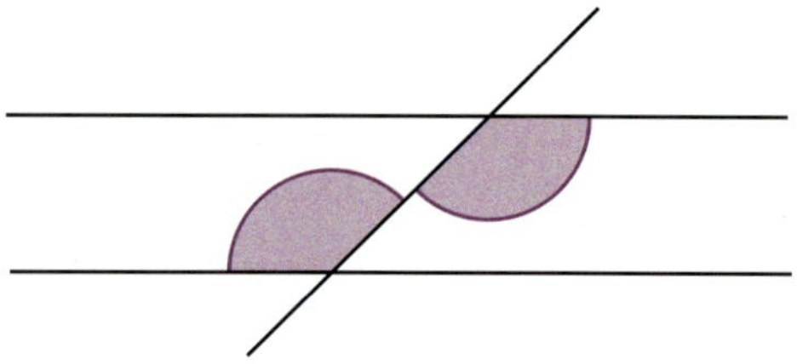

Wechselwinkel sind gleich groß.

Umgekehrt gilt auch: Zwei Geraden verlaufen parallel zueinander, wenn die Wechsel- und die Stufenwinkel gleich groß sind. Wenn die Wechsel- und die Stufenwinkel nicht gleich groß sind, können die zwei Geraden auch nicht zueinander parallel sein.

Beispiel Winkelgrößen bestimmen

Die Geraden g und h in Fig. 1 sind parallel zueinander und α beträgt 45°. Bestimme ohne Messung die Größe der anderen Winkel und begründe dein Vorgehen.

Mögliche Lösung:

b = 180° − 45° = 135°, weil α und β Nebenwinkel sind und sich daher zu 180° ergänzen.

γ = 45°, weil α und γ Scheitelwinkel und daher gleich groß sind.

δ = β = 135°, weil β und δ Stufenwinkel und deshalb gleich groß sind.

ε = β =135°, weil β und ε Wechselwinkel und deshalb gleich groß sind.

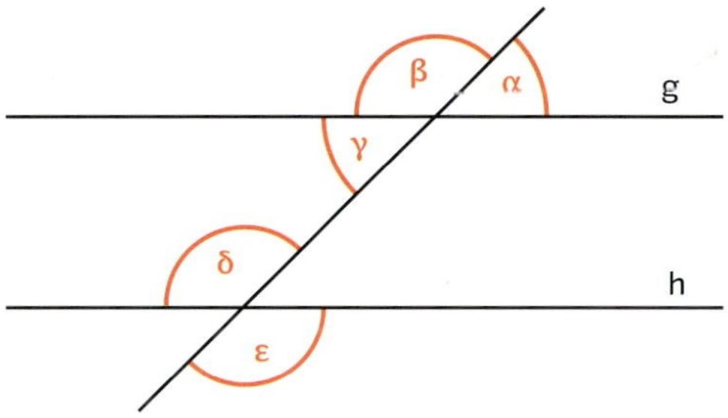

Fig. 1

Einige kleine Buchstaben des griechischen Alphabets:

α alpha
β beta
γ gamma
δ delta
ε epsilon
η eta
λ lambda
μ my
ν ny
π pi
ω omega

Aufgaben

1 Zeichne ein Fachwerkhaus und markiere mindestens ein Paar Stufen-, Scheitel-, Wechsel- und Nebenwinkel farbig.

2 Winkelbeziehungen im Alphabet
Untersuche die Winkelbeziehungen bei den Buchstaben im Alphabet. Wo findet man Scheitelwinkel, Nebenwinkel, Stufenwinkel oder Wechselwinkel?

3 Bestimme ohne Messung die Größe aller eingezeichneten Winkel und begründe dein Vorgehen. Verwende bei deiner Begründung die richtigen Fachbegriffe.

a)

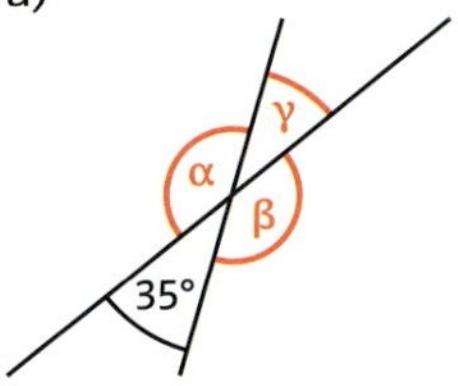

b)

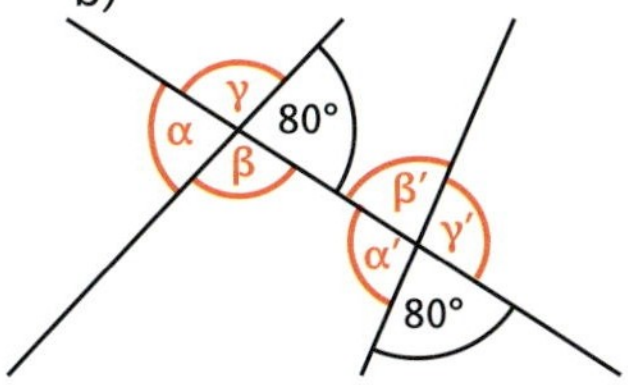

c)

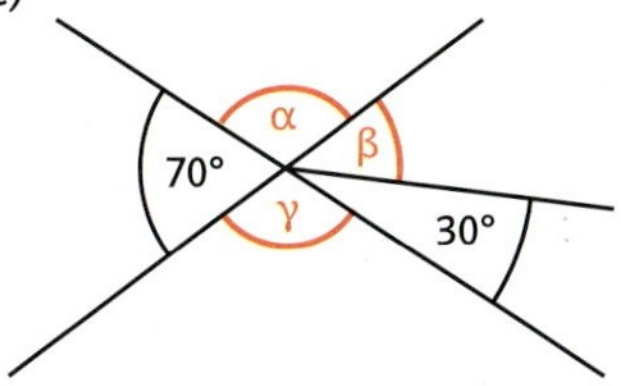

4 In den folgenden Figuren sind die Geraden g und h jeweils parallel zueinander. Zeichne die Figuren in dein Heft und benenne die Winkel. Bestimme ohne Messung die Größe aller eingezeichneten Winkel und begründe dein Vorgehen. Verwende bei deiner Begründung die richtigen Fachbegriffe.

a)

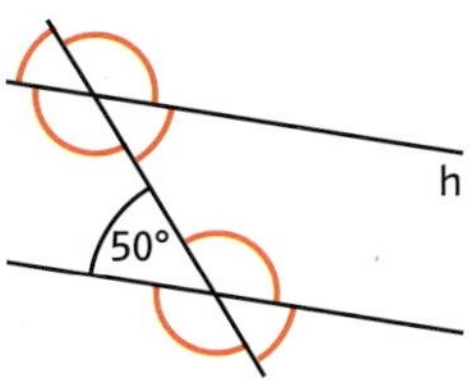

b)

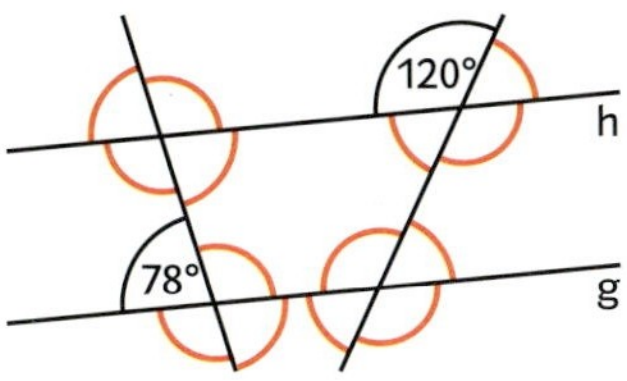

c)

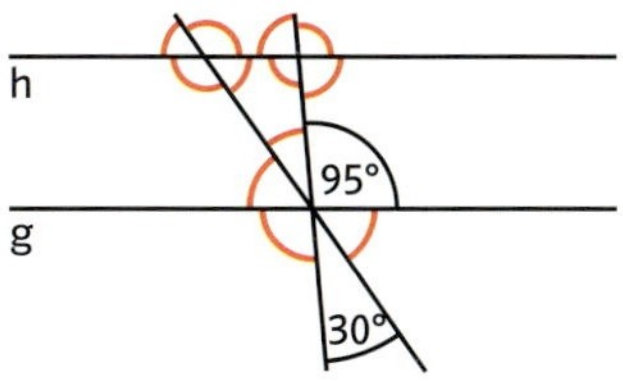

d) Überlege dir ähnliche Aufgaben für deine Mitschüler. Achte darauf, dass sie lösbar sind.

5 a) Sind die Geraden g und h in Fig. 1 parallel? Was lässt sich über die Lage der beiden anderen Geraden sagen?
b) Entscheide, ob die Geraden g und h in Fig. 2 parallel sind.
c) Zeichne weitere Figuren und beschrifte sie wie in a) und b). Formuliere dazu Fragen und lasse sie deinen Nachbarn lösen. Du kannst auch Fig. 1 und Fig. 2 kombinieren.

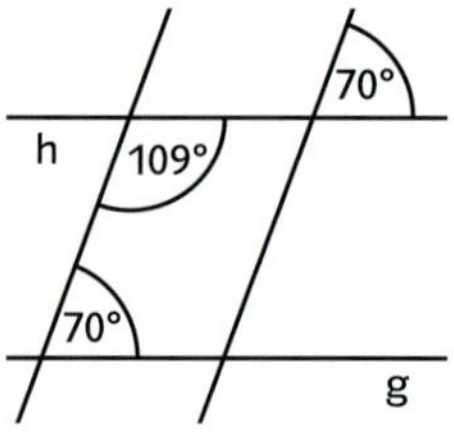

Fig. 1

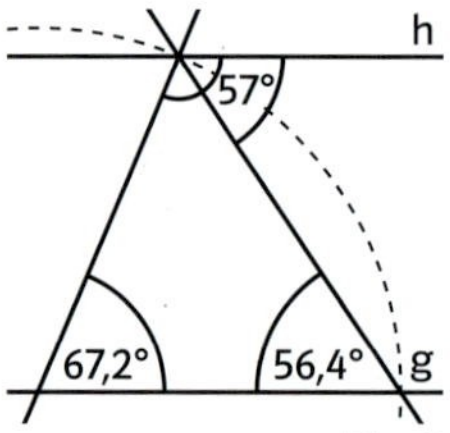

Fig. 2

Bist du sicher?

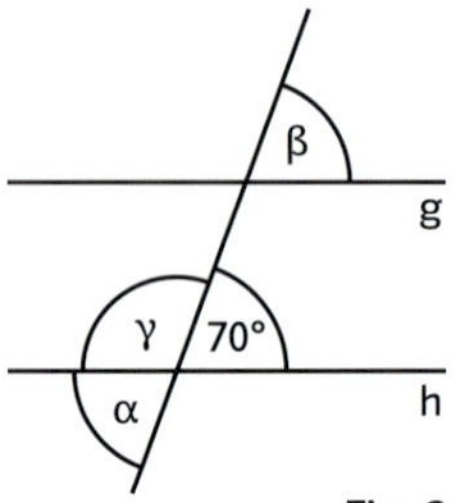

Fig. 3

1 In Fig. 3 ist g parallel zu h. Übertrage die Figur in dein Heft. Die vorkommenden Beziehungen zwischen den Winkeln können mit Gleichungen beschrieben werden.
a) Begründe z. B. die Gleichungen $\alpha = \beta$ und $\alpha = 180° - \gamma$.
b) Beschrifte die übrigen Winkel, stelle weitere Gleichungen auf und begründe diese.
c) Kann man die Größen aller Winkel bestimmen?

2 Übertrage die Abbildung in Fig. 4 ins Heft. Fritz behauptet, dass er zu jedem vorkommenden Winkel die Größe eintragen kann und die Begründung allein mit den Sätzen über Scheitel-, Neben-, Stufen- und Wechselwinkel geben kann. Hat Fritz Recht?

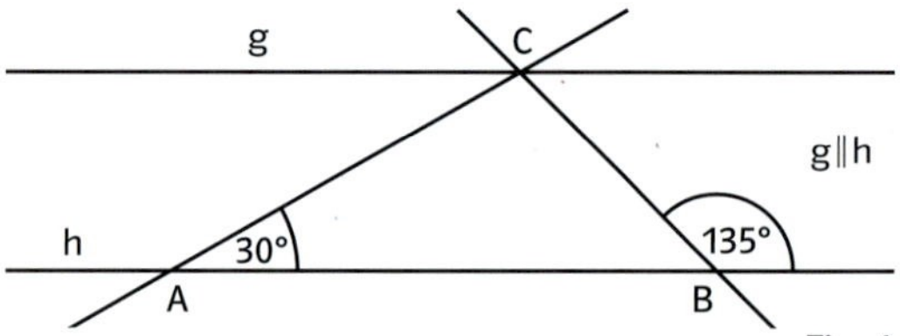

Fig. 4

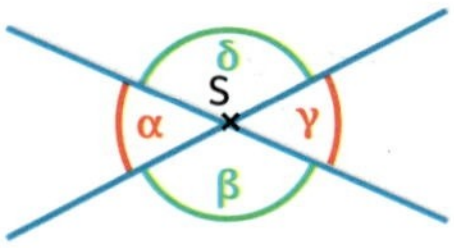

6 Löse die Probleme mit einer Überlegung oder Rechnung. Zeichne zur Kontrolle.
a) Zwei sich schneidende Geraden haben gleich große Scheitel- und Nebenwinkel.
b) Ein Winkel ist um 15° größer als sein Nebenwinkel.
c) Der Nebenwinkel eines Winkels α misst den vierten Teil von α.
d) Der Scheitelwinkel eines Winkels misst ein Drittel eines zugehörigen Nebenwinkels.

7 Winkeldetektive suchen die Fehler
Welche der folgenden Aussagen treffen nicht auf Fig. 5 zu? Begründe.

a) $\alpha = \gamma$
b) $\delta = \gamma$
c) $\alpha = 180° - \beta$
d) $\varepsilon = \mu$
e) $\varepsilon + \eta + \gamma = 180°$
f) $\gamma = \eta + \varepsilon$

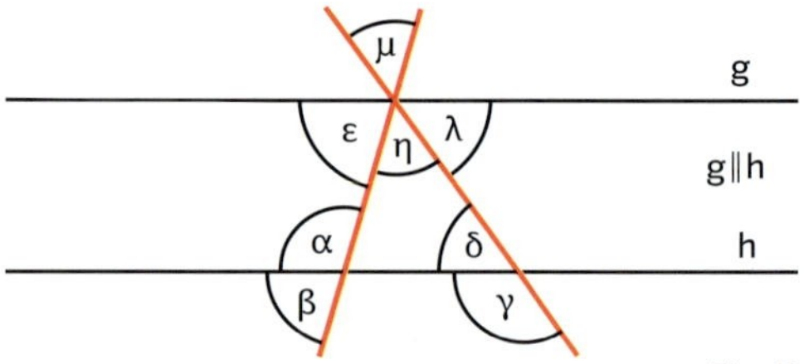

Fig. 5

8 Parallelogramme untersuchen
a) Leonie behauptet: „Mit den Eigenschaften von Stufen- und Wechselwinkeln kann man erklären, wieso die gegenüberliegenden Winkel eines Parallelogramms gleich groß sind." Zeichne in dein Heft ein Parallelogramm mit verlängerten Seiten und erkläre, wie Leonie zu ihrer Behauptung kommt.
b) Welche Vierecke in Fig. 6 sind keine Parallelogramme? Begründe.

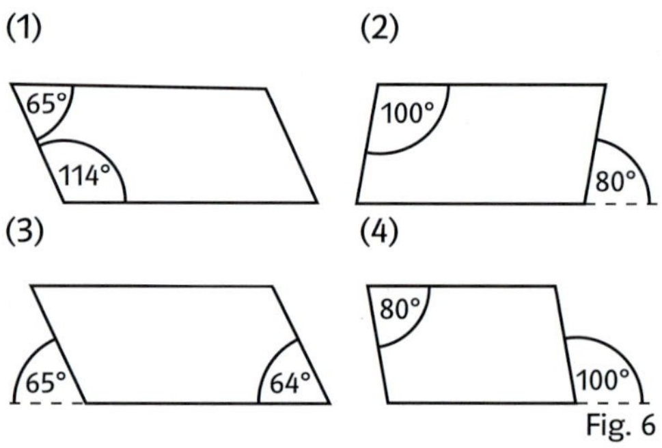

Fig. 6

6 Dreiecke

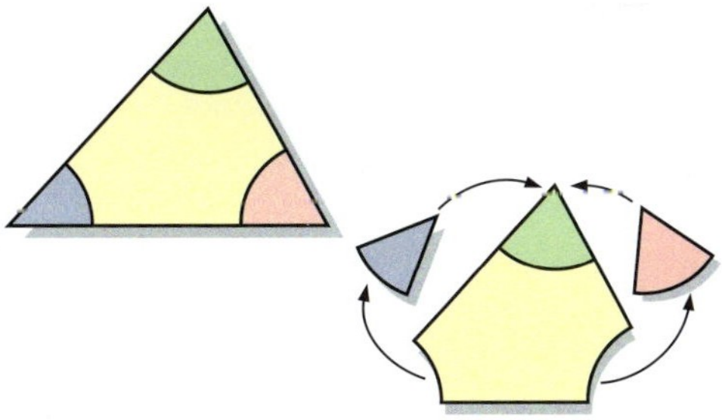

Wie groß ist die Summe der Winkel innerhalb des Dreiecks?
Zeichne einige Dreiecke, schneide sie aus und mache die „Zerreißprobe".

Im Dreieck ABC (Fig. 1) mit den Eckpunkten A, B und C sind $\overline{AB} = c$, $\overline{BC} = a$ und $\overline{AC} = b$ die Dreiecksseiten. Je zwei Seiten schließen einen **Innenwinkel** des Dreiecks ein. Dabei vereinbaren wir: $\sphericalangle BAC = \alpha$, $\sphericalangle CBA = \beta$ und $\sphericalangle ACB = \gamma$. Der Winkel α liegt der Seite a gegenüber, der Winkel β der Seite b und der Winkel γ der Seite c (Fig. 1).
Je nach Größe der einzelnen Seiten und Winkel eines Dreiecks unterscheidet man verschiedene Dreiecksarten.
Besitzt ein Dreieck ABC zwei gleich lange Seiten (Fig. 2), nennt man es **gleichschenklig**; die beiden gleich langen Seiten heißen **Schenkel**. Sind alle drei Seiten gleich lang, dann heißt das Dreieck **gleichseitig** (Fig. 3).
Zur Unterscheidung der Dreiecke nach Winkeln siehe Fig. 3, Seite 92.

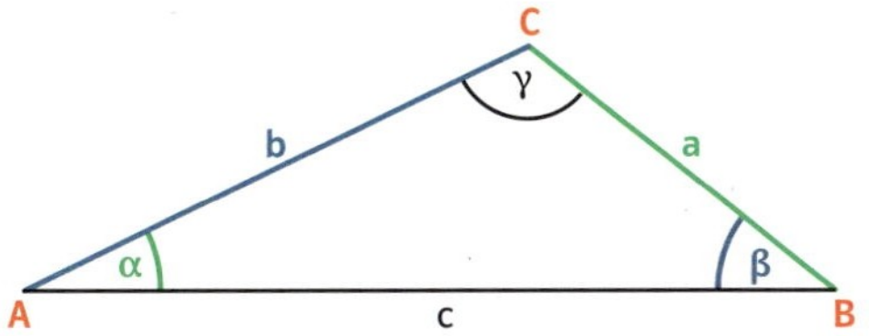

Fig. 1

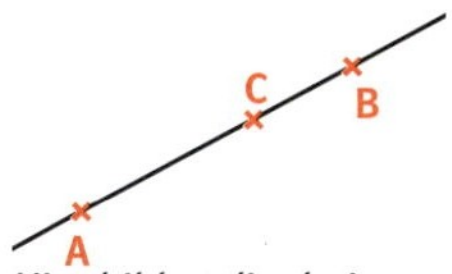

*Hier bilden die drei Punkte A, B und C **kein** Dreieck.*

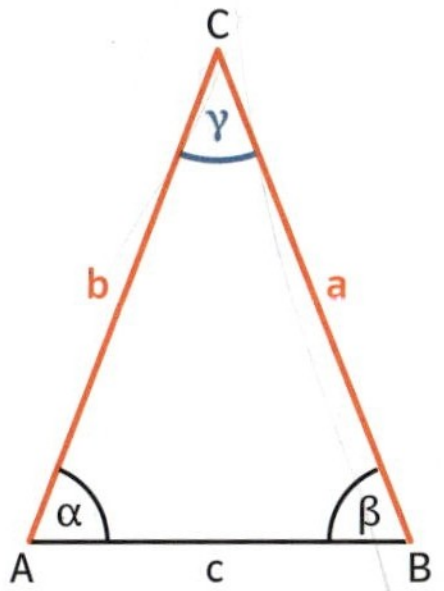

Fig. 2

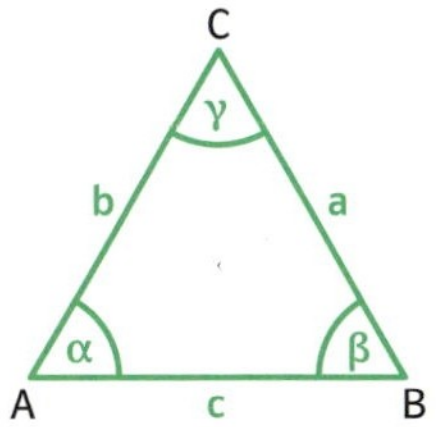

Fig. 3

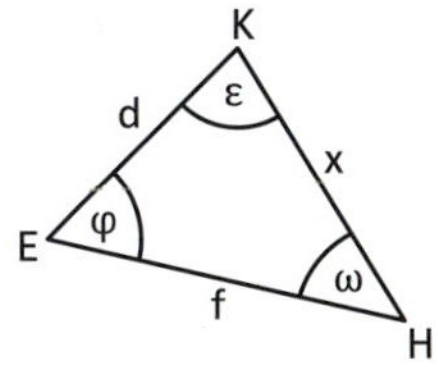

Dreiecke können auch völlig anders bezeichnet werden.

Winkelmessungen in verschiedenen Dreiecken lassen vermuten, dass die Summe der drei Winkel immer 180° ergibt. Diese Eigenschaft soll nun für alle Dreiecke begründet werden.

In Fig. 4 ist ein Dreieck ABC durch eine zur Strecke $\overline{AB}$ parallele Gerade ergänzt.
Die Winkel α und ε sind Wechselwinkel an parallelen Geraden, also gilt $\alpha = \varepsilon$.
Die Winkel β und δ sind ebenfalls Wechselwinkel, also gilt $\beta = \delta$.
Da δ, γ und ε zusammen einen gestreckten Winkel bilden, gilt $\varepsilon + \gamma + \delta = 180°$.
Somit gilt auch $\alpha + \beta + \gamma = 180°$.

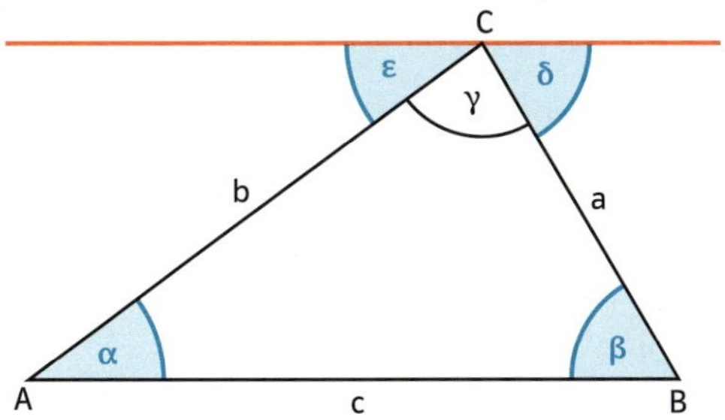

Fig. 4

Online-Link
734261-0911

Innenwinkelsatz für Dreiecke
In jedem Dreieck beträgt die Summe der Innenwinkel 180°.

Einteilung von Dreiecken nach der Größe der Winkel:

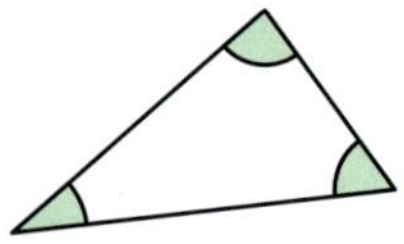

spitzwinkliges Dreieck

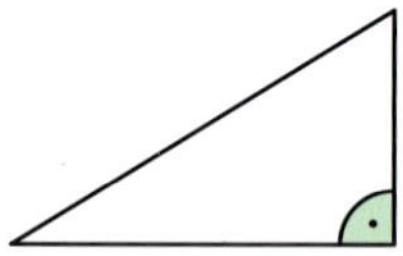

rechtwinkliges Dreieck

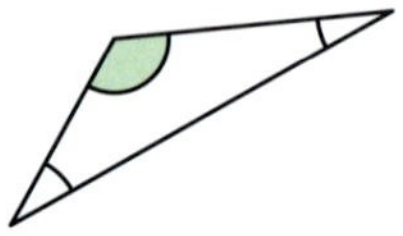

stumpfwinkliges Dreieck

Fig. 3

Beispiel 1
Bestimme die fehlenden Winkelgrößen zu den in Fig. 1 und Fig. 2 abgebildeten Dreiecken.
Lösung:
Fig. 1: *Mit* $\alpha = 87°$ *und* $\beta = 28°$ *gilt nach dem Innenwinkelsatz für Dreiecke*
$87° + 28° + \gamma = 180°$.
Also gilt $\gamma = 180° - 115° = 65°$.
Fig. 2: *Das Dreieck ist gleichschenklig mit den Winkeln* $\alpha = \beta = 52°$.
Es gilt $52° + 52° + \gamma = 180°$.
Somit ist $\gamma = 76°$.

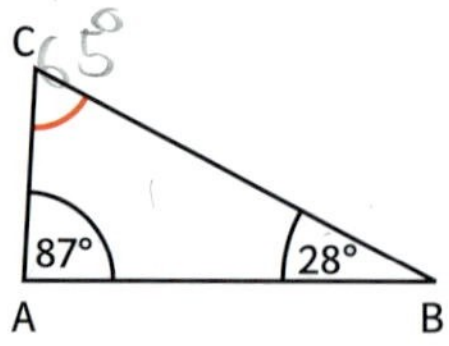

Fig. 1

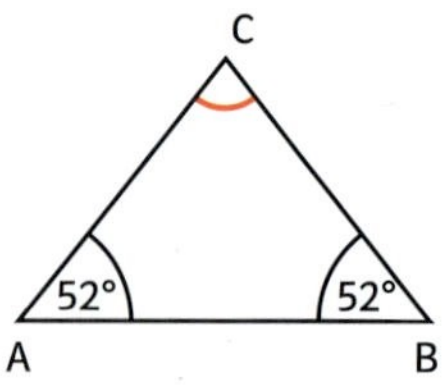

Fig. 2

Beispiel 2
Warum kann in einem Dreieck höchstens ein Winkel größer als 90° sein?
Lösung:
Wenn in einem Dreieck zwei Winkel größer als 90° wären, dann wäre die Summe dieser Winkel größer als 180°. Dies kann nach dem Innenwinkelsatz für Dreiecke nicht sein.

Aufgaben

1 Berechne den fehlenden Winkel.
a) $\alpha = 54°$; $\beta = 37°$ b) $\beta = 76°$; $\gamma = 24°$ c) $\alpha = 11°$; $\gamma = 22°$ d) $\alpha = 55°$; $\beta = 35°$

Online-Link
734261-0921

2 a) Begründe, dass in jedem gleichseitigen Dreieck ABC die Winkel α, β und γ gleich groß sind. Wie groß ist dann ein Winkel?
b) Überlege dir eine Begründung für die Dreiecksnamen in Fig. 3.

3 Die Schnipsel aus Fig. 4 waren die Ecken von drei Dreiecken. Wie haben sie zusammengehört?

Fig. 4

Bist du sicher?

1 a) Berechne den fehlenden Winkel eines Dreiecks mit $\alpha = 54°$ und $\beta = 32°$.
b) Für ein gleichschenkliges Dreieck ABC gilt $\alpha = \beta$ und $\gamma = 76°$.
Wie groß sind α und β?

2 Wahr oder falsch? Begründe.
a) Es gibt ein Dreieck mit einem rechten und zwei gleichen Winkeln.
b) Es gibt ein Dreieck mit zwei stumpfen Winkeln.
c) Es gibt ein gleichschenkliges Dreieck mit einem Winkel über 70° und einem über 60°.

4 Geo **Experimente zur Winkelsumme im Dreieck**
Zeichne einen Kreis mit dem Radius 5 cm und ein Dreieck ABC, dessen Eckpunkte auf dem Kreis liegen. Führe die folgenden Aufträge aus.
a) Bestimme für verschiedene Dreiecke die Längen der Seiten und die Größe der Winkel und bilde ihre jeweilige Summe. Erfasse die Beispiele und Ergebnisse in einer Tabelle.
b) Gehe vor wie in a). Verändere die Lage des Dreiecks auf dem Kreis so, dass spezielle Dreiecke entstehen, z. B. ein gleichschenkliges, gleichseitiges oder rechtwinkliges Dreieck.

5 Ein Dreieck mit den gegebenen Größen soll gleichschenklig sein. Berechne aus den Angaben die fehlenden Winkel.

a) $\alpha = 46°$; $b = c$ b) $\alpha = 90°$ c) $\alpha = 35°$; $\beta = 35°$
d) $\alpha = 70°$; $\gamma = 40°$ e) $\alpha = \beta = \gamma$ f) $\alpha = 110°$
g) Warum reicht bei den Aufgaben b) und f) die Angabe nur eines Winkels?

6 Die folgenden Dreiecke haben jeweils eine besondere Eigenschaft. Skizziere das Dreieck und berechne die fehlenden Winkel.

a) $\alpha = 90°$; $\beta = 45°$; $c = 6\,cm$ b) $a = 5\,cm$; $b = 5\,cm$; $\gamma = 50°$
c) $\alpha = \beta = \gamma$; $a = 5\,cm$ d) $\beta = 50°$; $c = 6\,cm$; $b = 6\,cm$

7 Gibt es ein Dreieck ABC mit den verlangten Eigenschaften? Wenn ja, bestimme die Größe der fehlenden Winkel. Nenne gegebenenfalls Besonderheiten des Dreiecks.

a) $\alpha = 38°$; $\beta = 71°$ b) $\beta = 57°$; $\gamma = 33°$ c) $\alpha = 112°$; $c = 58°$ d) $\beta = 125°$; $\gamma = 80°$
e) $\alpha = 30°$; $\beta = 30°$ f) $\gamma = 90°$; $\alpha = \beta$ g) $\alpha = 56°$; $\alpha = \beta = c$ h) $\gamma = 89°$; $\beta = 91°$

8 Bestimme die Größe der Winkel α, β und γ. Erläutere deinen Lösungsweg.

a)

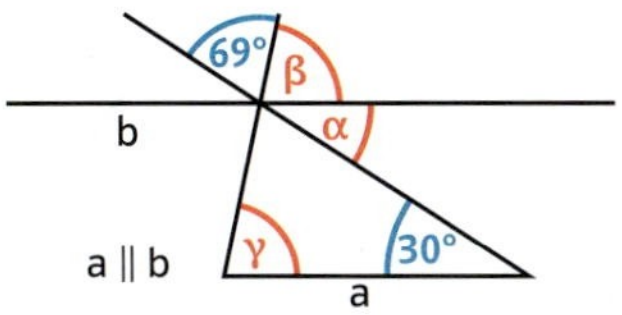

b)

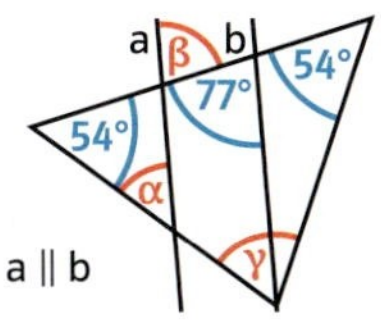

c)

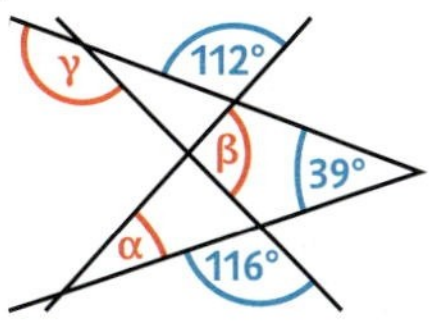

9 Erstelle eine Skizze für das gesuchte Dreieck ABC. Bestimme die Größe aller Winkel. Gibt es weitere Seitenlängen, die man durch Überlegen bestimmen kann?

a) $c = 8\,cm$; $\alpha = 60°$; $\beta = 30°$ b) $c = 5\,cm$; $b = 5\,cm$; $\alpha = 40°$
c) $a = 6\,cm$; $c = 6\,cm$; $\beta = 50°$ d) $\alpha = \beta$ und $c = b = 5\,cm$

10 Was muss man beachten, wenn man ein Dreieck durch die Angabe von drei Winkeln bestimmt? Warum reicht diese Angabe noch nicht aus, um genau ein Dreieck festzulegen?

11 Wie groß ist der Winkel ε in Fig. 1? Notiere und begründe deine Rechenschritte.

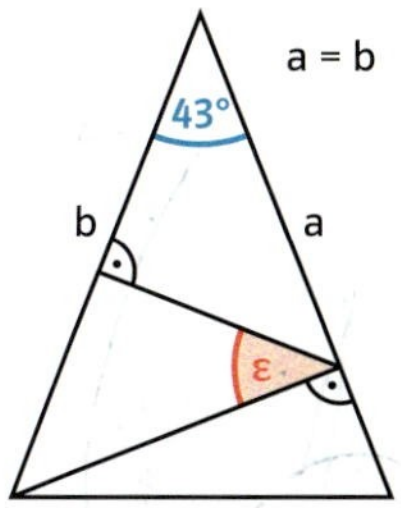

Fig. 1

12 In Fig. 2 ist der Punkt M die Mitte der Strecke $\overline{AB}$. Die Strecke $\overline{MC}$ ist genau halb so lang wie die Strecke $\overline{AB}$. Bestimme die fehlenden Winkel des Dreiecks ABC.

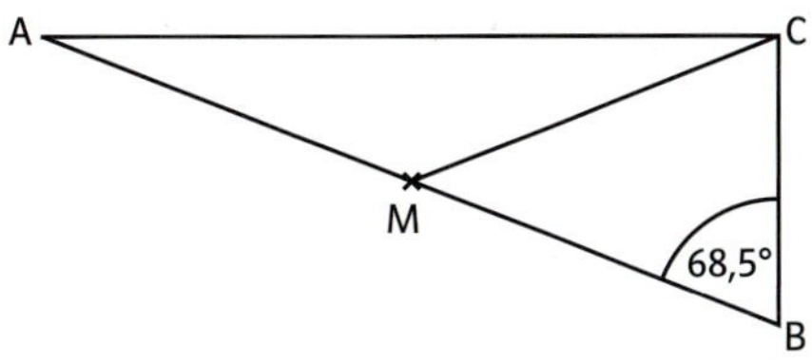

Fig. 2

13 Ricarda behauptet: „Man kann durch Falten beweisen, dass die Summe der Winkel im Dreieck 180° beträgt." Erkläre, wie Ricarda das Dreieck faltet und probiere es an verschiedenen Dreiecken aus. Hat Ricarda Recht? Begründe.

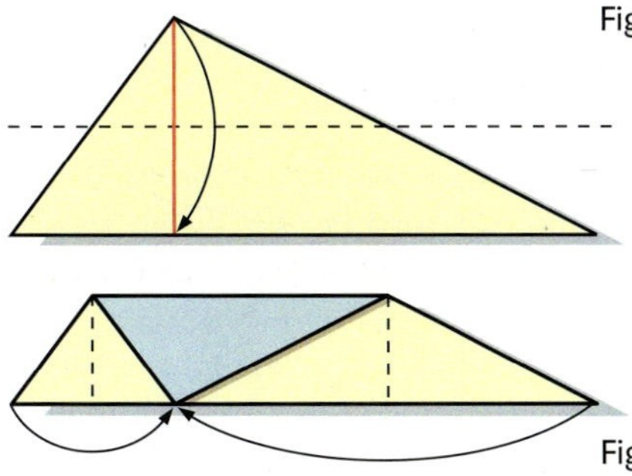

Fig. 3

Aufgabe 13 eignet sich auch für einen kurzen Vortrag. Hierzu sollte man große Dreiecke ausschneiden und die verschiedenen Winkel auf der Vorder- und Rückseite des Dreiecks farbig markieren.

Eine Strecke ist länger als die beiden anderen zusammen.

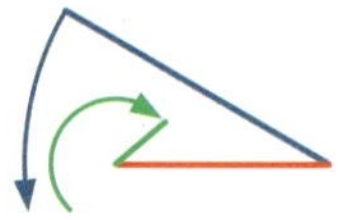

Auch hier ist eine Strecke ist länger als die beiden anderen zusammen.

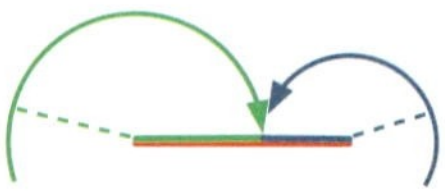

Eine Strecke ist so lang wie die beiden anderen zusammen.

Info

Dreiecksungleichung
In einem Dreieck ist die Summe zweier Seitenlängen stets größer als die Länge der dritten Seite.

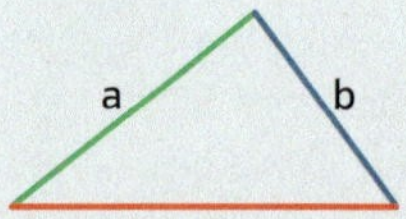

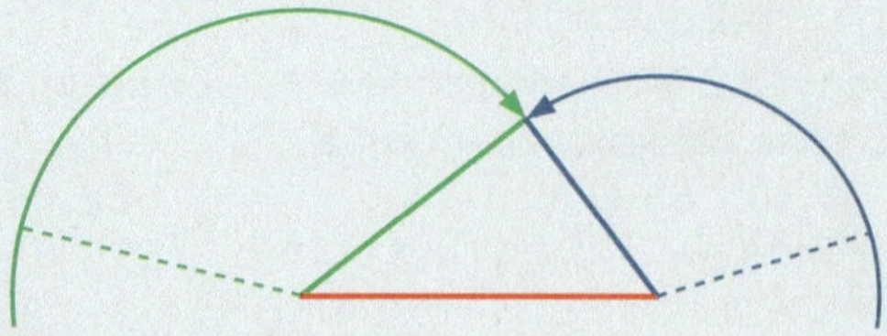

Sind a, b und c die Seitenlängen eines Dreiecks, so gilt:

$$a + b > c \text{ und } a + c > b \text{ und } b + c > a.$$

Wenn für drei Punkte A, B und C gilt:

$$\overline{AB} + \overline{BC} > \overline{AC} \text{ und } \overline{AB} + \overline{AC} > \overline{BC} \text{ und } \overline{BC} + \overline{AC} > \overline{AB},$$

dann bilden diese Punkte ein Dreieck.

14 Kai behauptet: „Wenn man überprüfen will, ob es ein Dreieck mit den Seitenlängen 3,75 cm, 4,08 cm und 7,82 cm gibt, dann muss man drei Ungleichungen aufstellen". Johanna behauptet: „Bei dieser Überprüfung muss ich aber nur einmal rechnen". Hat Johanna Recht? Begründe deine Antwort.

15 Wirf drei Würfel gleichzeitig und notiere die gefallenen Augenzahlen als Längen (in cm). Prüfe, ob es ein Dreieck mit diesen drei Längen als Seitenlängen gibt. Wiederhole den Wurf mehrmals.

16 Überprüfe, ob es ein Dreieck mit den angegebenen Seitenlängen gibt.

a) 3,5 cm; 2 cm; 4 cm
b) 5,3 cm; 4,2 cm; 10,1 cm
c) 3,4 cm; 7,1 cm 4,3 cm
d) 2,7 cm; 9,3 cm 6,6 cm
e) 4,9 cm 12 mm 0,6 dm

Kannst du das noch?

17 Gib die gefärbten Anteile der Figuren in Bruch-, Dezimal- und Prozentschreibweise an.

a)
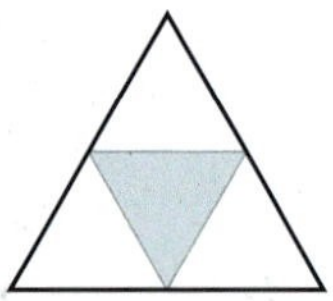

b)
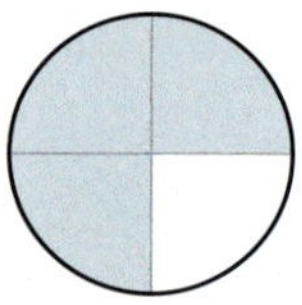

c)
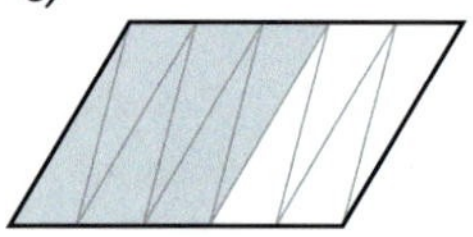

d)
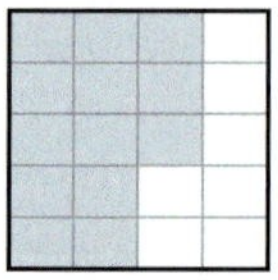

18 Annika kauft sich ein Fahrrad, das 200 € kosten soll. Ein Viertel dieses Preises zahlt ihre Oma, 50 % des Preises erhält sie von ihren Eltern. Mit diesem Geld geht sie zum Händler, der ihr bei Barzahlung einen Rabatt gibt, sodass sie nur 30 € von ihrem ersparten Taschengeld dazulegen muss.

a) Wie viel Geld erhält Annika von ihrer Oma und ihren Eltern?
b) Veranschauliche alle Anteile in einem geeigneten Diagramm.

1 Im Deckel eines Camembert-Käses befand sich der Hinweis auf die Geschmacksentfaltung des Käses.
a) Welcher Fehler wurde beim Darstellen in der gewählten Diagrammform gemacht?
b) Zeichne ein Diagramm, welches den zeitlichen Verlauf der Käsereifung besser darstellt.
c) Welche Gründe könnten zur Darstellung des zeitlichen Verlaufs der Käsereifung in der abgebildeten Form geführt haben?

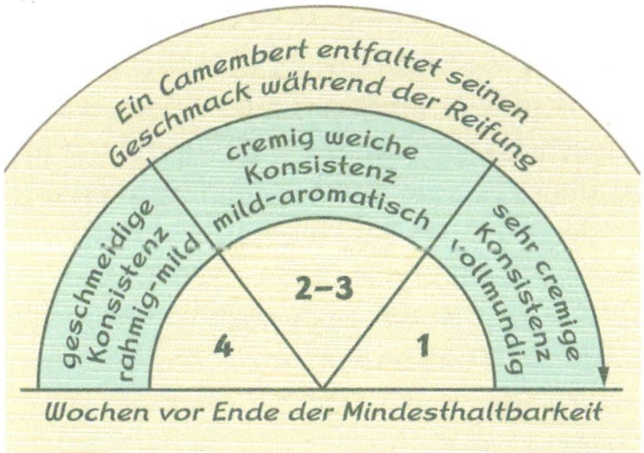

2 Um den Steigungswinkel α einer Dachschräge, eines Weges oder einer Straße zu bestimmen, kann man sich ein einfaches Messgerät selbst bauen. Stellt man das Gerät auf eine geneigte Ebene, so zeigt α den Steigungswinkel an.
a) Baut euch ein solches Messgerät. Zeichnet hierzu auf ein Rechteck aus Pappe einen Halbkreis und tragt die Skala wie im Bild dargestellt auf. Bringt einen Faden und eine Nadel als Zeiger im Mittelpunkt des Halbkreises an. Der Faden wird auf der Rückseite der Scheibe mit einem Klebestreifen befestigt.
b) Bestimmt mit dem Messgerät den Steigungswinkel der Treppen in eurer Schule.
c) Messt auf einem Weg, der einen Höhenunterschied überwindet, den Steigungswinkel an verschiedenen Stellen.

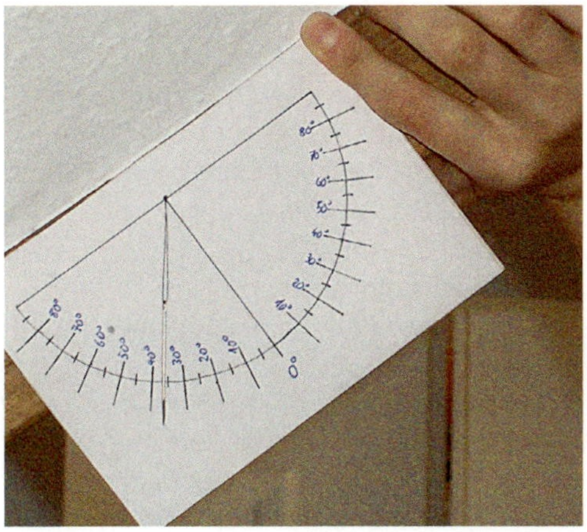

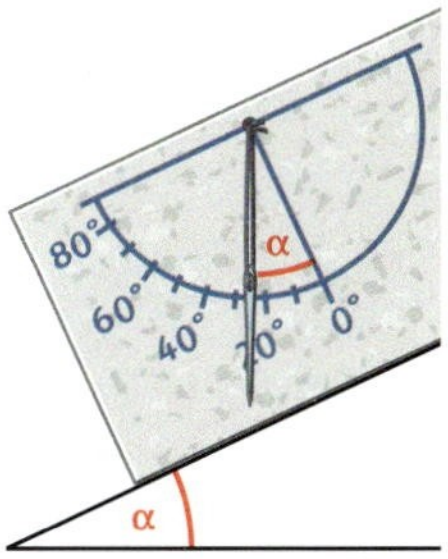

Fig. 1

Versucht die Ergebnisse eurer Messungen übersichtlich zusammenzufassen und zu präsentieren. Ihr könnt auch eure Ergebnisse nutzen, um einen Artikel für die Schülerzeitung zu schreiben.

3 Verkehrsschilder geben die Steigung oder das Gefälle einer Straße in Prozent an. 10 % Steigung bedeutet, dass die Straße auf 100 m einen Höhenunterschied von 10 m hat (vgl. Fig. 2).
a) Die Steigungswinkel zu den beiden Schildern in Fig. 3 sollen durch Zeichnen und Messen bestimmt werden.
Zeichne dazu ein geeignetes Dreieck in dein Heft.
b) Eine steile Straße im Gebirge hat eine Steigung von 16 %. Bestimme mithilfe einer Zeichnung die Steigungswinkel.
c) Ein Skihang hat ein Gefälle von 40 %. Bestimme den Abfahrtswinkel für die Skifahrer.

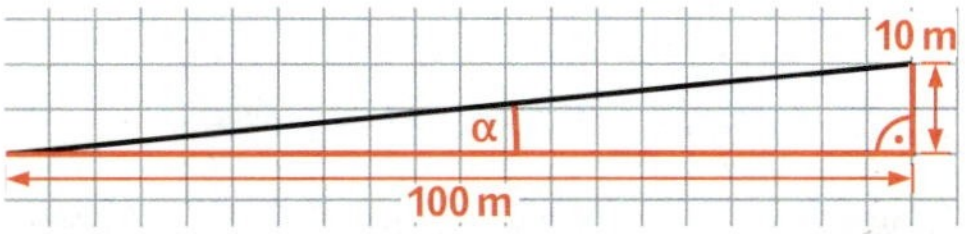

Fig. 2

Steigung

Gefälle

Fig. 3

So kannst du den Abstand eines Punktes von einer Geraden messen:

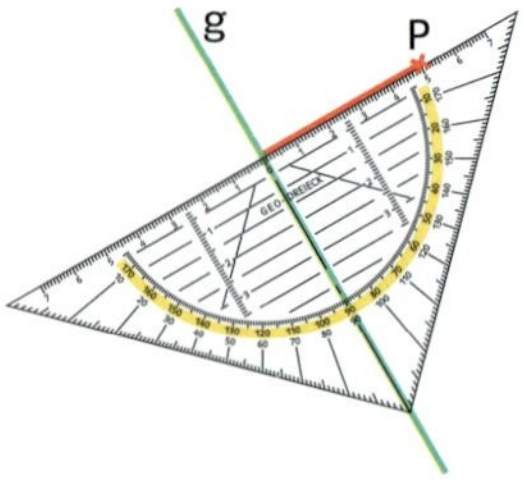

4 Auf einem Kompass sind häufig sowohl Himmelsrichtungen als auch Winkel angegeben. Die Richtung Nord entspricht dabei 0°, Osten entspricht 90° usw.
Ein Segelboot fährt von A-Dorf nach B-Dorf. Um den Wind günstig zu nutzen, fährt es zunächst 1200 m mit Kurs 30° und dann 500 m mit Kurs 345°.

a) Übertrage die Karte in dein Heft, ergänze den Kurs des Segelbootes und bestimme die Position des Boots auf dem See.

b) Wie weit ist das Boot noch von B-Dorf entfernt? Welchen Kurs muss das Boot nun einschlagen, um B-Dorf auf direktem Wege zu erreichen?

c) Welchen Kurs müsste das Boot bei der Rückfahrt einschlagen, um geradlinig nach A-Dorf zurückzufahren?

d) Aufgrund starken Nebels beträgt die Sichtweite auf dem See nur etwa 200 m. Kann man das Boot während seiner Fahrt von der Insel aus sehen?

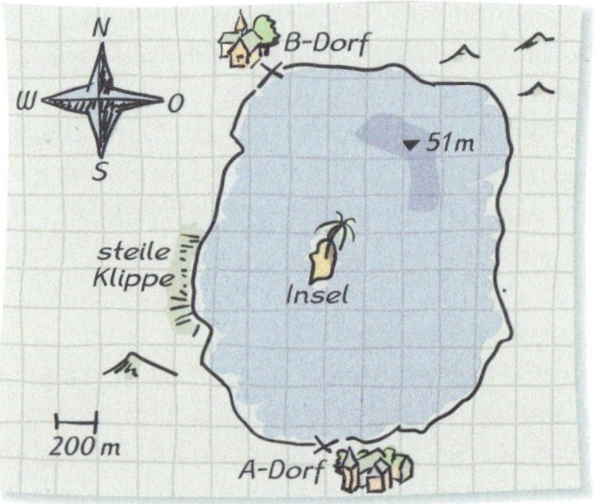

5 **Fahrradprojekt**

Bei Fahrrädern können die Speichen radial oder tangential angebracht werden. Radial angebrachte Speichen kreuzen sich nicht. Sie verlaufen wie der Radius eines Kreises von der Mitte des Rades bis zur Kreislinie bzw. zur Felge des Rades. Tangential angebrachte Speichen kreuzen sich. Die Speichen verlaufen tangential zum Speichenlochkreis, dem kleinen Kreis in der Mitte des Rades, wo die Speichen befestigt werden. Diese Speichen schneiden den Speichenlochkreis also nicht, sondern berühren ihn nur.

Radial verlaufende Speichen

Tangential verlaufende Speichen

Ihr könnt die Ergebnisse auch in einem kurzen Vortrag präsentieren. Überlegt euch vorher, was ihr beachten müsst, damit eure Präsentation interessant und gut verständlich ist.

a) Ein normales Rad hat 36 Speichen. Zeichnet ein radial und ein tangential eingespeichtes Rad in euer Heft.

b) Untersucht die Räder und die Speichen von Fahrrädern in eurer Umgebung. Wie sind sie eingespeicht? Wie groß sind die Radien der Felgen und des Speichenlochkreises? Notiert die Ergebnisse und fertigt Zeichnungen der Räder an.

c) Sucht im Internet nach Vor- und Nachteilen radial und tangential eingespeichter Räder und erstellt ein Informationsblatt oder Poster über Fahrradspeichen.

6 Der Rettungshubschrauber Christoph Thüringen ist in Bad Berka stationiert. Er ist 24 h am Tag im Einsatz und fliegt Ziele in ganz Thüringen an.
a) Welche größeren Orte liegen im 30 km Umkreis um den Helikopterstandort?
b) Der Hubschrauber fliegt von Bad Berka nach Jena und dann weiter nach Dornburg. Um welchen Winkel muss sich der Hubschrauber über Jena drehen?
c) In welche Himmelsrichtung muss der Hubschrauber starten, wenn sein Einsatzgebiet in Saalfeld, Eisenberg bzw. Gotha liegt?
d) Der Helikopter startet in Bad Berka und fliegt 10 km Richtung Norden. Nach einer Drehung um 45° Richtung Osten werden 16 Flug-km absolviert. Nochmals wird um 100° in gleicher Richtung gedreht und ungefähr 20 km geflogen. Wo befindet sich der Hubschrauber?
e) Gib eine eigene Flugroute an, die dein Partner auf der Karte verfolgen kann.

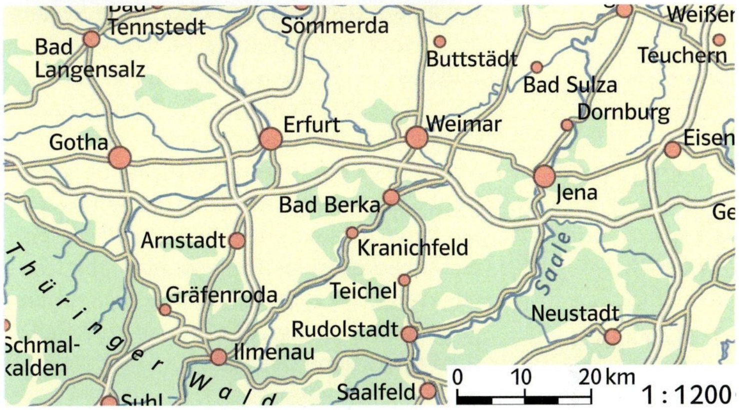

7 Das Zahnrad z_1 ist in seiner Bewegung durch einen Bolzen B eingeschränkt.
a) In welche Richtung und um wie viel Grad werden Z_2 und Z_3 gedreht, wenn Z_1 nach links bis zum Anschlag gedreht wird?
b) Wo müsste man den Bolzen anbringen, damit sich das Zahnrad Z_3 maximal um 360° drehen kann?

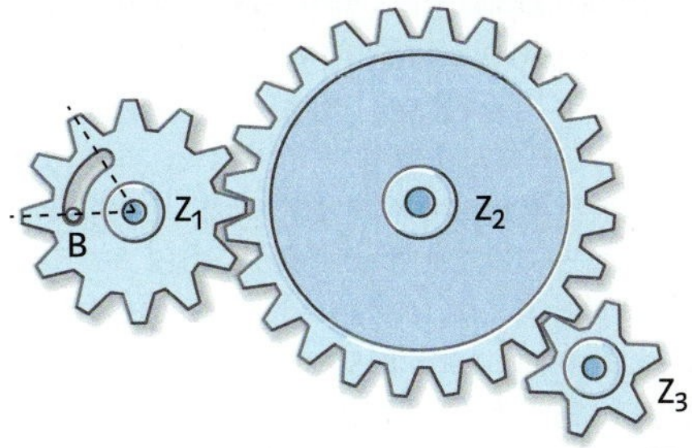

Fig. 1

8 Zu jedem Punkt A kann man einen Punkt B durch Vertauschen der Koordinaten bilden. Zu dem Punkt A(3|1) gehört der Punkt B(1|3). Zeichne die Punkte A, B und O(0|0) in ein Koordinatensystem. Durch das Verbinden von A mit O und von B mit O erhält man den Winkel α (Fig. 2).
a) Zeichne die in der Tabelle angegebenen Winkel in ein Koordinatensystem und miss ihre Größe. Übernimm die Tabelle in dein Heft und ergänze die fehlenden Angaben.
b) Wann entstehen rechte bzw. gestreckte Winkel? Gib jeweils geeignete Beispiele an.
c) Welche Koordinaten muss der Punkt A haben, damit besonders kleine bzw. besonders große Winkel entstehen?

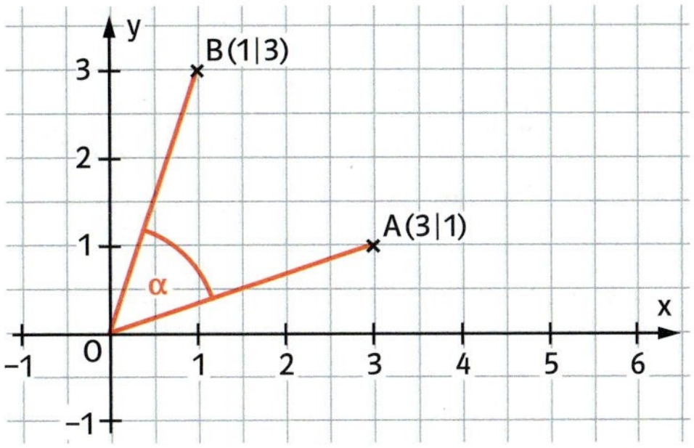

Fig. 2

A	(3|1)	(7|3)	(−5|3)			
B	(1|3)			(−1|−4)	(3|8)	
α						30°

Eine neue Zeichenfläche erzeugen.

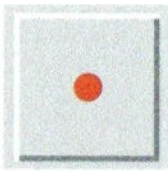

Einen Punkt zeichnen.

Eine Gerade durch zwei Punkte zeichnen.

Zwei Punkte durch eine Strecke verbinden.

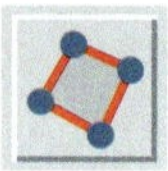

Ein Vieleck zeichnen.

Einen Kreis zeichnen.

Den Abstand zwischen zwei Punkten messen.

Die Zeichnung speichern.

Eine gespeicherte Zeichnung aktivieren.

Winkel und Figuren mit Winkeln kann man auch am Computer zeichnen. Dazu benötigt man ein Geometrieprogramm. Im Unterschied zu einer Zeichnung auf Papier kann bei einer Konstruktion mit einem Geometrieprogramm die Lage von Punkten jederzeit geändert werden. Die Programme werden Dynamische Geometrie Systeme (DGS) genannt.

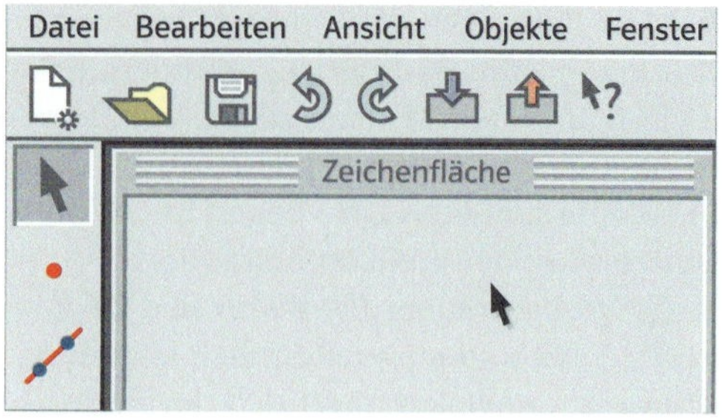

Fig. 1

Bei einem Dynamischen Geometrie System sind neben der Arbeitsfläche Icons (kleine Bildchen) angebracht, die zum Ausführen von Arbeitsschritten dienen. Diese Schaltflächen werden erklärt, sobald man den Mauszeiger über das entsprechende Icon zieht. Die wichtigsten Schaltflächen sind am Rand zusammengestellt. Durch doppeltes Anklicken eines Icons werden alle Icons angezeigt, die zu einer Gruppe zusammengefasst sind. In Fig. 2 sieht man zum Beispiel die Gruppe der Linien.

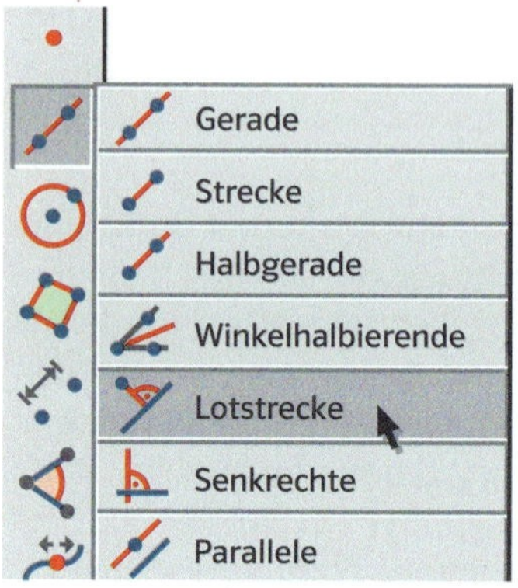

Fig. 2

Nach dem Erzeugen einer Zeichenfläche kann man mit wenigen Schritten eine kleine Zeichnung erstellen. Durch das Anklicken eines Icons wählt man die gewünschte Zeichenfunktion aus. Die blau gekennzeichneten Elemente sind auf der Zeichenfläche mit dem Mauszeiger festzulegen. Die rot gekennzeichneten Elemente werden durch den Computer erzeugt. Ist ein Punkt nicht wie gewünscht auf dem Zeichenfeld positioniert, so kann er jederzeit an eine andere Stelle verschoben werden. Hierzu ist das Icon „Bewegen“ zu aktivieren. Durch Festhalten mit der linken Maustaste kann dann ein Punkt bewegt werden.

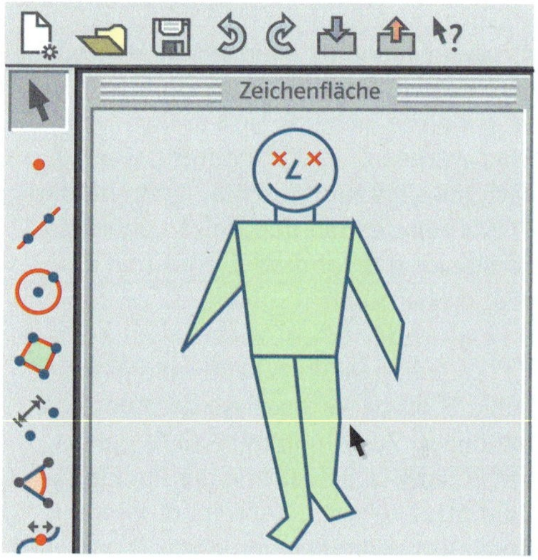

Fig. 3

Zeichne eine Figur (Person, Auto, Haus, Baum ...) nach deiner Wahl. Probiere dabei die verschiedenen Funktionen eines Dynamischen Geometrie Systems aus

Falsch gezeichnete geometrische Objekte können nach dem Aktivieren der Löschfunktion durch Anklicken von der Zeichenfläche entfernt werden.

Nach der Beendigung einer Konstruktion können Teile einer Zeichnung als Hilfslinien gekennzeichnet werden. Die Übersichtlichkeit der Zeichnung wird dadurch erhöht.

Messen und Beobachten eines Winkels

Um einen Winkel zu messen, werden nach dem Aktivieren der entsprechenden Schaltfläche drei Punkte angegeben, die den zu messenden Winkel bestimmen. Dabei ist auf die Reihenfolge der Punkte zu achten.

Einen Winkel messen.

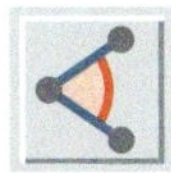

Den Winkel markieren.

Das Bild in Fig. 1 zeigt ein Dreieck, in welchem der Winkel ∢ ACB gekennzeichnet und gemessen ist. Bewegt man den Punkt C, so können die Winkelweiten in Abhängigkeit von der Lage des Punktes C beobachtet werden.

a) Zeichne ein Dreieck wie in Fig. 1 mit einem Dynamischen Geometrie System.

b) Bestimme für verschiedene Lagen von C den Winkel ∢ ACB.

c) Wo liegt der Punkt C, wenn der beobachtete Winkel eine Weite von 180° hat?

d) Wo muss der Punkt C liegen, damit der Winkel besonders klein wird?

e) Gibt es Positionen von C, bei denen ∢ ACB = 90° ist?

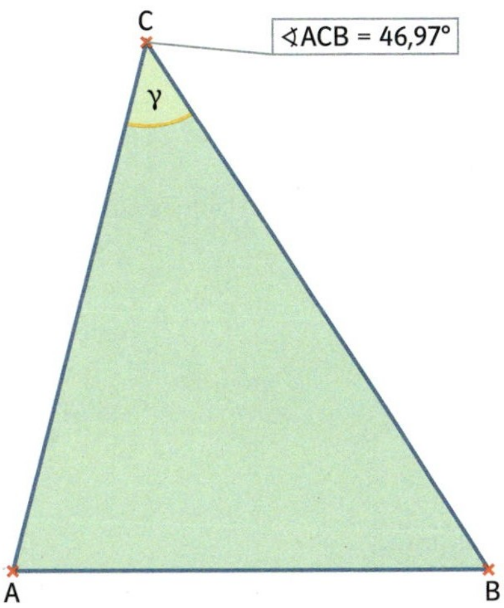

Fig. 1

Zu der Strecke AB verläuft die Gerade g parallel. Auf der Geraden liegt ein Punkt D (Gleiter auf der Geraden; Fig. 2). Untersuche den Winkel ∢ ADB.

a) Wie ändert sich der Winkel in Abhängigkeit von der Lage des Punktes C auf der Geraden?

b) Wo muss sich D befinden, damit der Winkel ∢ ADB am größten ist?

c) Wie ändert sich der Winkel, wenn der Abstand zwischen Strecke und Parallele verändert wird?

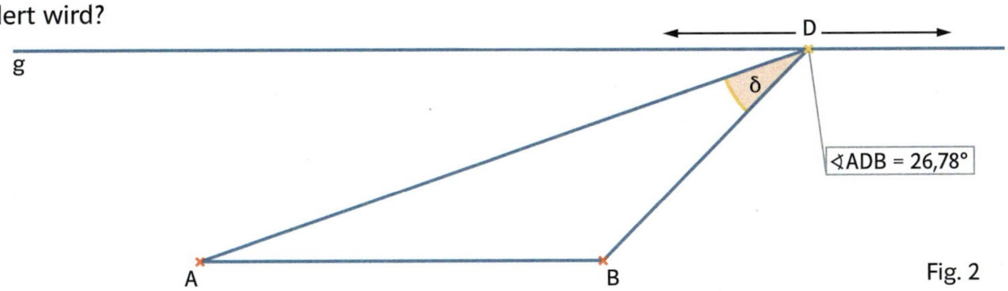

Fig. 2

(Gleiter)
Einen verschiebbaren Punkt auf einer Linie festlegen.

Orientierung mit Karte und Kompass
Die farbige Nadel eines Kompasses zeigt in Richtung des magnetischen Nordpols der Erde. Auf einem Kompass sind nicht nur die Himmelsrichtungen Norden, Osten, Süden und Westen angegeben, sondern auch Gradzahlen. Die Richtung Nord entspricht 0°, Osten entspricht 90° usw. Mit den Gradzahlen lassen sich die Himmelsrichtungen genauer angeben als mit den vier Himmelsrichtungen.

Angenommen, du befindest dich in Plettenberg im Sauerland. In welcher Himmelsrichtung befinden sich dann die Orte Arnsberg, Iserlohn, Lüdenscheid, Olpe, Schwerte und Warstein? Bestimme die Himmelsrichtung in Grad mit einem Kompass oder mit einem Geodreieck.

Besorge dir eine genaue Karte deiner Region oder einen Stadtplan. Suche auf dem Plan die Position deiner Schule, deiner Wohnung und weiterer Orte, z. B. deines Sportvereins, die Wohnung von Freunden und Verwandten oder einer Kirche. Bestimme mithilfe eines Kompasses oder eines Geodreiecks, in welcher Richtung diese Orte von der Schule aus liegen.

Punkte anpeilen
Im Gelände kann es wichtig sein zu wissen, in welcher Himmelsrichtung markante Punkte liegen, z. B. ein Kirchturm, ein großer Baum oder die Spitze eines Berges. Man kann sich dann an diesen Punkten orientieren. Ein guter Kompass bietet Hilfen zum Anpeilen. Er besitzt ein drehbares Gehäuse und eingezeichnete Linien und Pfeile.

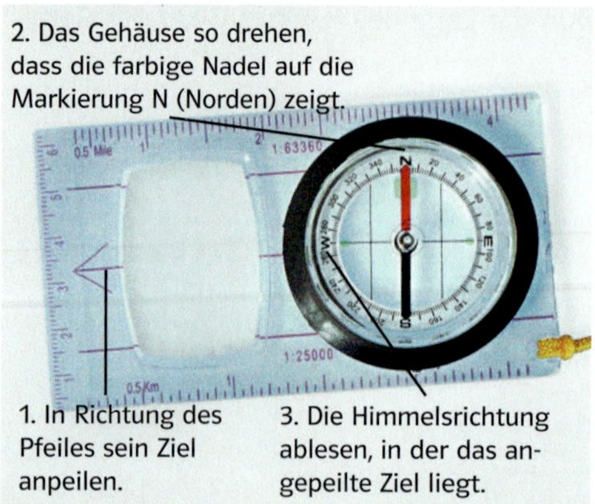

Bestimme mit einem Kompass durch Anpeilen die Himmelsrichtung von markanten Punkten in deinem Klassenzimmer, auf dem Schulhof oder in freiem Gelände.

Erkläre in einem kurzen Text mit eigenen Worten, wie du beim Anpeilen vorgehst, um die Himmelsrichtung von Punkten zu bestimmen.

Der Kompasslauf

Mit Kompass und Karte kann man relativ genau den eigenen Wanderkurs bestimmen.

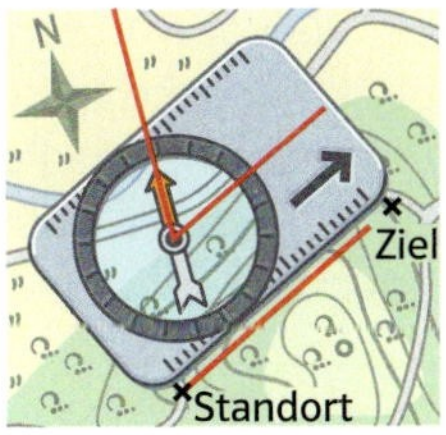

1. Schritt: Kompass anlegen

Man legt den Kompass so an, dass die Kante des Kompasses den eigenen Standort mit dem Ziel verbindet. Die Pfeile auf dem Kompass zeigen dabei in die Richtung des Ziels.

2. Schritt: Karte einnorden

Man dreht die Karte und das Gehäuse des Kompasses, sodass die Nadel in Richtung Norden auf der Karte und in Richtung Norden auf dem Kompassgehäuse zeigt.

3. Schritt: Punkte anpeilen

Oft ist es günstig, Punkte anzupeilen, die in der Richtung liegen, in die man laufen muss. Dann muss man beim Laufen nicht ständig auf den Kompass gucken. Man läuft dann bis zu diesem Punkt und zählt die Anzahl der Schritte. Auf der Karte kann man dann seine neue Position bestimmen. Hierzu muss man jedoch sein eigenes Schrittmaß bestimmen, d.h. wie viele Schritte man macht, um 100 Meter zu laufen.

Virtueller Kompasslauf

- Sebastian hat eine Beschreibung erhalten, wie er vom Baumstumpf zu einem versteckten Schatz kommen kann. Welchen Weg muss Sebastian laufen? Wo befindet sich der Schatz?
- Sebastian hat den Winkel für die erste Richtung ungenau gemessen und ist 250 m mit Kurs 100° gelaufen. Die anderen Angaben hat er genau befolgt. Um wie viele Meter verfehlt er den Schatz?

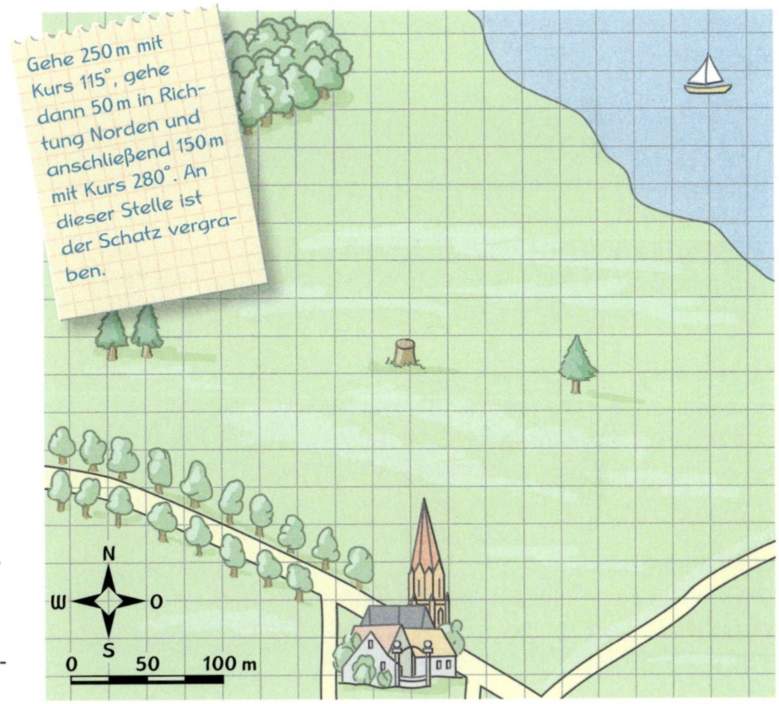

Einen Kompasslauf organisieren

Überlegt euch für den nächsten Klassenausflug einen Weg, bei dem man sich mit Kompass und Karte orientieren muss. Ihr könnt auch eine Schatzsuche organisieren. Dann muss eine Gruppe von Schülern oder der Lehrer vorher den Schatz verstecken und die Position in der Wanderkarte angeben bzw. eine entsprechende Wegbeschreibung verfassen.

Weiterführende Aufträge

- Suche nach Erklärungen, wie ein Kompass funktioniert. Man kann sich einen Kompass auch selber bauen. Suche nach geeigneten Bauanleitungen. Gib hierzu in einer Suchmaschine im Internet die Begriffe „Kompass“ und „bauen“ ein.
- Man kann auch ohne Kompass näherungsweise die Himmelsrichtungen bestimmen, indem man sich an der Sonne, den Sternen oder dem Mond orientiert. Sucht im Internet nach Informationen hierzu, indem ihr z. B. „Mond“ und „Orientierung“ in eine Suchmaschine eingebt. Die Ergebnisse könnt ihr dann in Form eines Referates präsentieren.

Rückblick

Winkel
Ein Winkel wird von zwei Schenkeln mit gemeinsamen Anfangspunkt eingeschlossen.
Der gemeinsame Punkt heißt Scheitelpunkt.
Winkel werden durch einen Kreisbogen gekennzeichnet und mit griechischen Buchstaben bezeichnet: z. B.: α, β, γ, ...

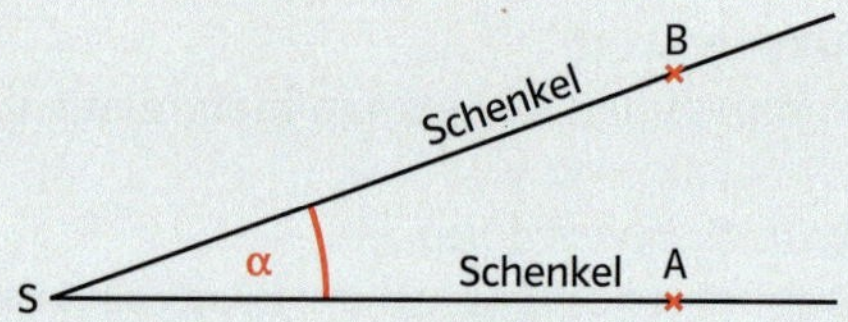

$\alpha = \sphericalangle ASB$

Fig. 1

Winkelgrößen
Die Größe von Winkeln wird in Grad angegeben. Ein Winkel von 1 Grad (kurz 1°) entsteht, wenn ein Kreis in 360 gleiche Teile zerlegt wird. Anstatt „Größe eines Winkels" sagt man auch „Winkelweite".

Einteilung von Winkeln
Winkel werden nach ihrer Größe in verschiedene Winkelarten eingeteilt: in spitze Winkel (kleiner als 90°), rechte Winkel (genau 90°), stumpfe Winkel (zwischen 90° und 180°), gestreckte Winkel (genau 180°), überstumpfe Winkel (zwischen 180° und 360°) und Vollwinkel (genau 360°).

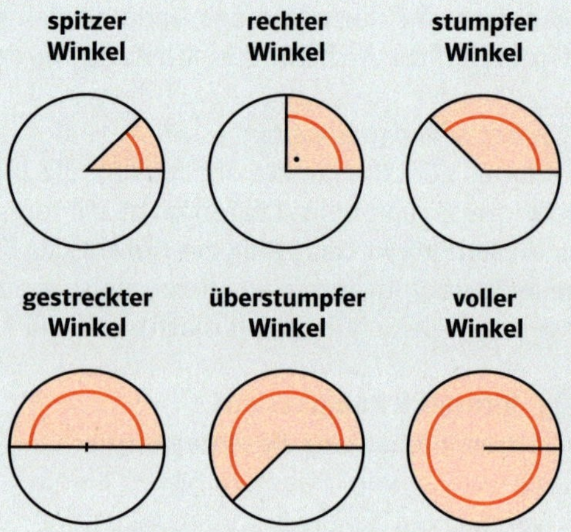

Fig. 2

Scheitelwinkel und Nebenwinkel
Scheitelwinkel sind gleich groß. $\alpha = \gamma$; $\beta = \delta$
Nebenwinkel sind zusammen 180° groß. $\alpha + \beta = 180°$; $\gamma + \delta = 180°$

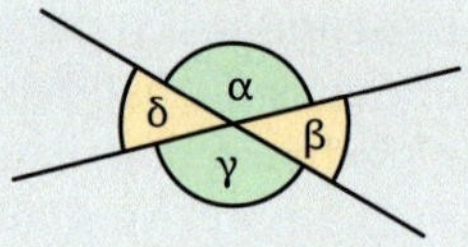

Fig. 3

Stufenwinkel und Wechselwinkel
An parallelen Geraden sind Stufenwinkel und Wechselwinkel gleich groß. $\alpha = \beta$; $\gamma = \delta$

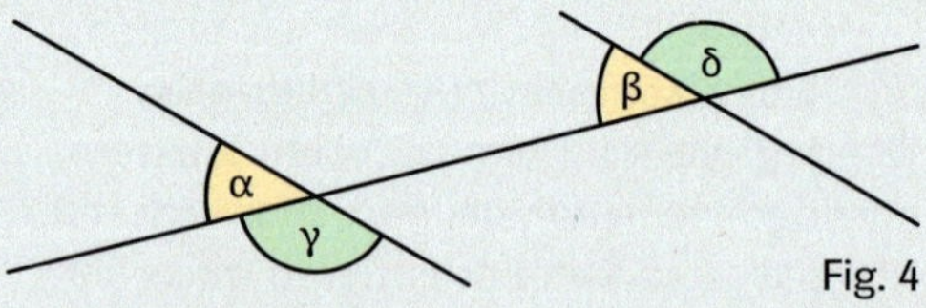

Fig. 4

Winkel im Dreieck
Die Summe der Winkel im Dreieck ergibt 180°. $\alpha + \beta + \gamma = 180°$
Wenn ein Dreieck gleichschenklig ist und z. B. $a = b$ gilt, dann sind auch die Winkel α und β gleich groß. $\alpha = \beta$
Im gleichseitigen Dreieck sind alle Winkel gleich groß. Ihre Größe beträgt 60°. $\alpha = \beta = \gamma = 60°$

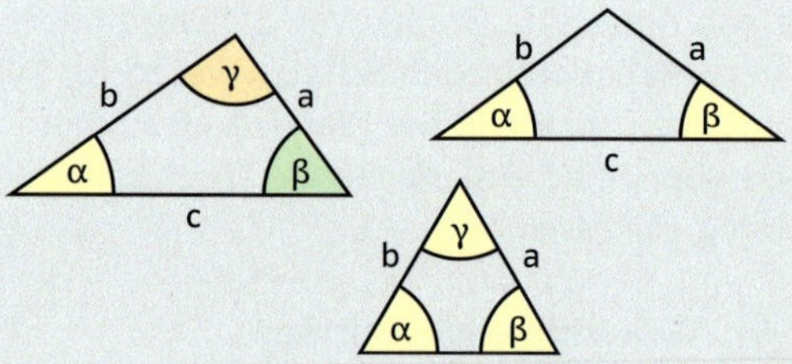

Fig. 5

Dreiecksungleichung
Die Summe der Längen zweier Dreiecksseiten ist stets größer als die Länge der dritten Seite.

Ein Dreieck mit den Seiten 3 cm, 7 cm und 15 cm kann es nicht geben, weil 3 cm + 7 cm < 15 cm ist.

Training

Mit diesen Aufgaben kannst du überprüfen, wie gut du die Themen dieses Kapitels beherrschst. Danach weißt du auch besser, was du vielleicht noch üben kannst.

1 Die Uhr in Fig. 1 zeigt 6.15 Uhr.
a) Es vergehen 17 Minuten. Gib die Größe des Winkels an, den der Minutenzeiger in dieser Zeit überstreicht.
b) Der Minutenzeiger der Uhr bewegt sich um einen Winkel von 240° weiter. Welche Uhrzeit zeigt die Uhr jetzt an? Wie viel Zeit ist vergangen?

Fig. 1

2 a) Schätze zunächst die Größe der Winkel in Fig. 2 und gib an, um welche Winkelart es sich jeweils handelt.
b) Übertrage die Zeichnung in dein Heft und miss die Größe der Winkel.
c) Gib die eingezeichneten Winkel mithilfe der Punkte A, B, C, D, E und F an.

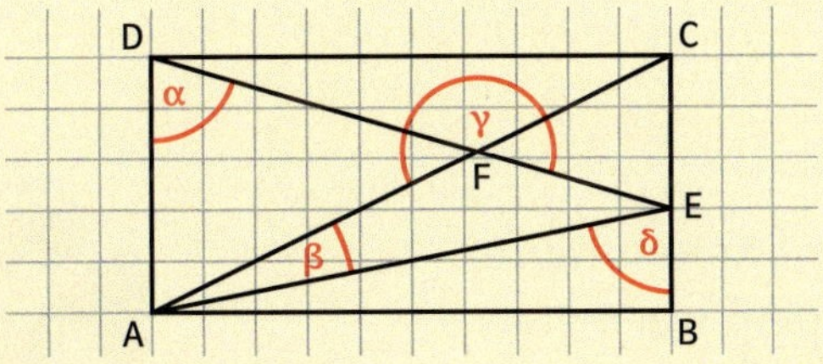

Fig. 2

3 a) Zeichne die Winkel $\alpha = 38°$, $\beta = 127°$, $\gamma = 233°$ und $\delta = 322°$.
b) Jochen behauptet: „Ich habe nur zwei Winkel gezeichnet und die Aufgabe trotzdem vollständig gelöst." Erkläre, wie Jochen vorgegangen sein könnte.

4 In Fig. 3 gilt: g || h.
a) Übertrage die Figur in dein Heft.
b) Bestimme die fehlenden Winkelgrößen.
c) Gib drei Beispiele für die Winkelbeziehungen an.

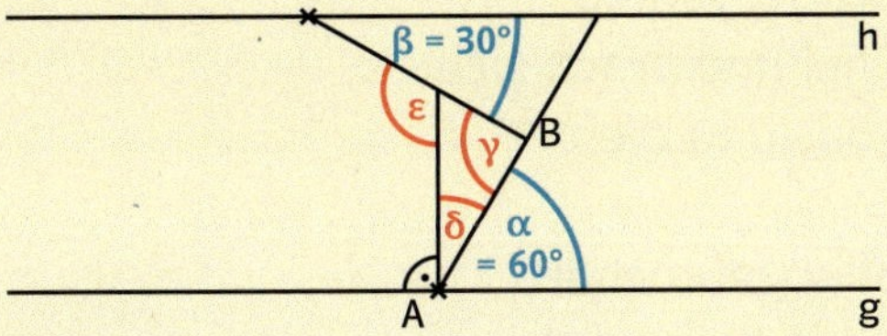

Fig. 3

5 Vom Fünfeck in Fig. 4 wurden zwei Ecken abgeschnitten, eine wurde sogar abgerissen. Wie groß war dort der Winkel?

Fig. 4

6 In Fig. 5 sind alle Dreiecke gleichschenklig. Welche Winkelsumme ergibt sich am gemeinsamen Eckpunkt? Erläutere deine Rechenschritte anhand einer Skizze.

Fig. 5

7 Zeichne das Dreieck ABC mit A(1|5), B(5|1) und C(7|3) ins Heft. Miss an jeder Dreiecksecke die großen, außerhalb des Dreiecks liegenden Winkel. Wie groß ist die Summe dieser drei Winkel?

8 a) Fig. 6 enthält drei gleichschenklige Dreiecke. Welche? Begründe.
b) Welche Strecken sind gleich lang?
c) Bestimme zu $\alpha = 26°$ die Größe der anderen beschrifteten Winkel und zeichne danach die Figur mit $\overline{AB} = 8\,\text{cm}$ ins Heft.
d) Kann die Figur auch so gezeichnet werden, dass $\alpha = 45°$ ist?

Achtung: Manchmal trügt der erste Eindruck. Es gibt hier ein Dreieck, das nur so aussieht, als sei es gleichschenklig.

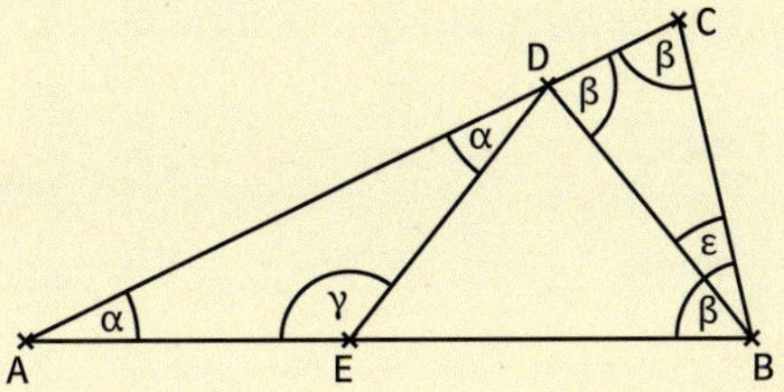

Fig. 6

Mit Brüchen muss man rechnen ... mit Kommas aber auch!

Der Mathematiker

Es war sehr kalt, der Winter dräute,
da trat – und außerdem war's glatt –
Professor Wurzel aus dem Hause,
weil er was einzukaufen hat.

Kaum tat er seine ersten Schritte,
als ihn das Gleichgewicht verließ,
er rutschte aus und fiel und brach sich
die Beine und noch das und dies.

Jetzt liegt er nun, völlig gebrochen,
im Krankenhaus in Gips und spricht:
„Ich rechnete schon oft mit Brüchen,
mit solchen Brüchen aber nicht!"

Heinz Erhardt

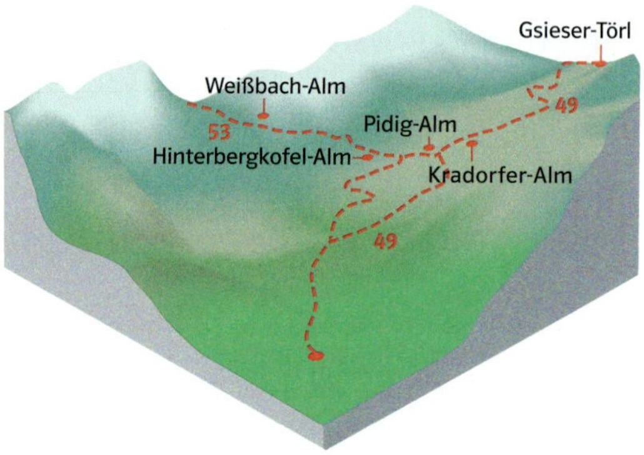

Das kannst du schon

- Mit natürlichen Zahlen rechnen
- Gebrochene Zahlen in Bruch- und Dezimalschreibweise darstellen
- Situationen mit gebrochenen Zahlen beschreiben
- Brüche kürzen und erweitern

$\frac{x+y}{2}$ Arithmetik/Algebra

Funktionen

Geometrie

Stochastik

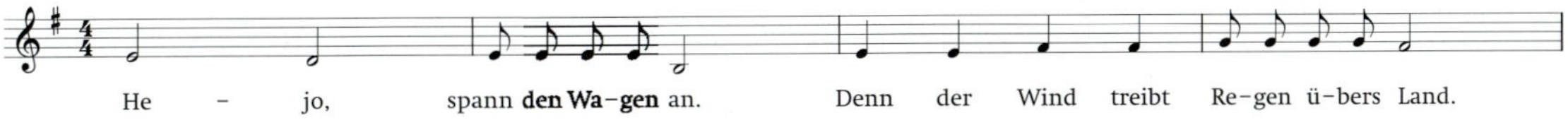

Erfrischungsdrink

$\frac{1}{2}$ l Mineralwasser
$\frac{2}{4}$ l naturtrüber Apfelsaft
$\frac{1}{8}$ l Orangensaft
$\frac{1}{4}$ l Ananassaft

Zutaten mischen.
Fertig!

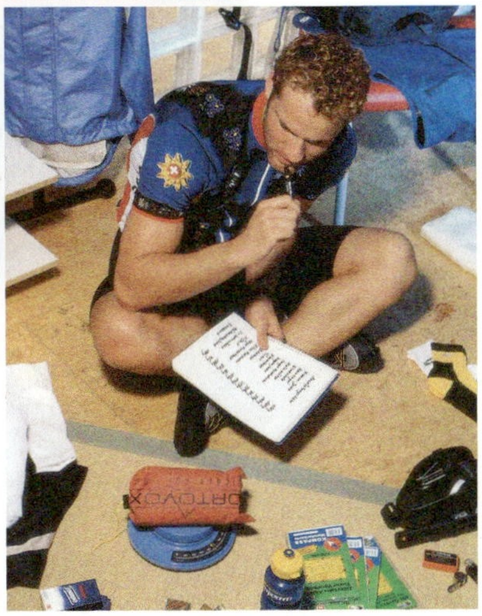

Das kommt in den Rucksack

□ Rucksack	1,040 kg
□ Regenjacke	0,369 kg
□ Regenhose	0,358 kg
□ Gamaschen, Überschuhe	–
□ Fleece-Jacke	0,650 kg
□ Beinlinge	0,125 kg
□ Armlinge	0,117 kg
□ Windstopper-Weste	0,148 kg

Das kannst du bald

- Gebrochene Zahlen addieren und subtrahieren
- Gebrochene Zahlen runden und eine Überschlagsrechnung durchführen

Argumentieren/ Kommunizieren

Problemlösen

Modellieren

Werkzeuge

Erkundungen

1. Mit Kreisteilen rechnen

Vorbereitung

- Schneidet aus farbigem Papier vier Kreise mit gleichem Radius aus.
- Faltet die Kreise so über die Mitte, dass zwei Hälften, vier Viertel, acht Achtel und sechzehn Sechzehntel entstehen.
- Schneidet entlang der Faltlinien folgende Kreisausschnitte aus:
  $\frac{1}{2}$; $\frac{1}{2}$ $\frac{1}{4}$; $\frac{1}{4}$; $\frac{2}{4}$ $\frac{1}{8}$; $\frac{1}{8}$; $\frac{1}{8}$; $\frac{2}{8}$; $\frac{3}{8}$
  $\frac{1}{16}$; $\frac{1}{16}$; $\frac{2}{16}$; $\frac{2}{16}$; $\frac{3}{16}$; $\frac{3}{16}$; $\frac{4}{16}$
- Beschriftet jeden Kreisausschnitt mit dem dazugehörigen Bruchanteil.

Forschungsaufträge

- Versucht zu zweit auf möglichst verschiedene Weisen einen ganzen Kreis zusammenzustellen. Schreibt euch jeweils die Brüche der Kreisstücke auf, mit denen euch dies gelungen ist $\left(\text{z.B. } \frac{1}{2} + \frac{1}{2}\right)$. Könnt ihr Regelmäßigkeiten feststellen? Versucht danach in gleicher Weise auf möglichst verschiedene Arten einen Halbkreis zu legen.
- Legt mithilfe der Kreisausschnitte wie in Fig. 1 verschiedene Additionsaufgaben mit jeweils zwei Brüchen und versucht das Ergebnis abzulesen. Welche Aufgaben lassen sich leicht lösen? Welche Lösungen können nicht sofort abgelesen werden?

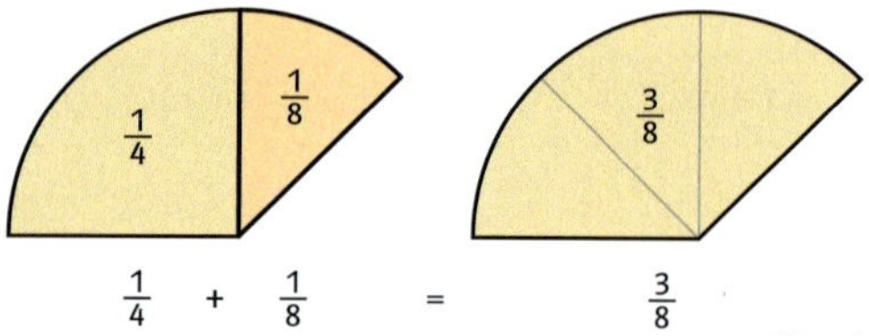

Fig. 1

- Legt nun die Kreisausschnitte beiseite. Schreibt Aufgaben mit den Brüchen wie eben auf und versucht sie ohne Kreisausschnitte zu lösen.
- Formuliert eine eigene Regel, wie man zwei Brüche addiert. Überprüft eure Regel mithilfe selbst gewählter Aufgaben und versucht sie bei Bedarf zu verbessern. Vergleicht eure Regel anschließend mit der einer anderen Zweiergruppe.
- Versucht, gemeinsam mit der anderen Zweiergruppe ein Verfahren für die Subtraktion von Brüchen zu entwickeln. Schreibt eure Gedanken auf. Formuliert dann eine Regel, vergleicht sie mit einer anderen Vierergruppe und verbessert sie wenn nötig.
- Arbeitet in der Vierergruppe einen kleinen Vortrag aus, bei dem die Addition und Subtraktion von Brüchen erläutert wird.

2. Australian triple jump (Spiel)

Siehe Lerneinheit 2, Seite 112, und Lerneinheit 3, Seite 115.

Fips the kangaroo is practicing for the famous Australian triple jump. With three jumps he must land near the ten meter mark. You can play the practice jumps with two, three or four players. You need a dice and a pen.
First write the scoreboard on a piece of paper or in your exercise book. Player 1 throws the dice. He writes the number in a space on his scoreboard. Remember, the jumps should add up to about 10, so choose the best space for each number!
Then Player 2 throws the dice and writes the number in the best space on his scoreboard. Go on throwing the dice and write down the numbers in the best free spaces.
The game ends when there are no more free spaces. Now you can find out how long the jump is. Each player adds up the three jumps on his scoreboard. The player who is farthest away from 10 meters gets only one point, the next player gets two points and so on. Play again. When you stop, the player with the most points is the winner. Have fun!

Score board	
1. jump:	_, _ _
2. jump:	_, _ _
3. jump:	_, _ _

triple jump = Dreisprung
to practice = üben
dice = Würfel
close to = nahe bei
farthest away = am weitesten weg
to add up = addieren

3. Überschlag dich nicht ... (Spiel)

Pro Spielgruppe (3 oder 4 Spieler) benötigt ihr einen Würfel und eine Spielfigur. Der erste Spieler setzt die Spielfigur auf ein beliebiges rechteckiges Feld. Mit einem Würfel bestimmt er die Anzahl der (rechteckigen) Felder, die die Figur im Uhrzeigersinn vorrücken darf. Jetzt müssen alle anderen Mitspieler möglichst schnell die Lösung der auf dem Feld verzeichneten Rechnung in einem der Kreise finden. Der Würfelnde hat die Aufgabe, die genannten Ergebnisse zu überprüfen; er selbst darf sich nicht an der Lösungssuche beteiligen. Derjenige, der als Erster das richtige Ergebnis nennen kann, erhält einen Punkt. Anschließend eröffnet dieser die nächste Runde, indem er mit dem Würfel die Anzahl der Felder bestimmt, die die Spielfigur vorrücken darf. Gewonnen hat, wer nach einer vorher vereinbarten Zeit (z. B. 10 Minuten) die meisten Punkte sammeln konnte.

Siehe Lerneinheit 3, Seite 115.

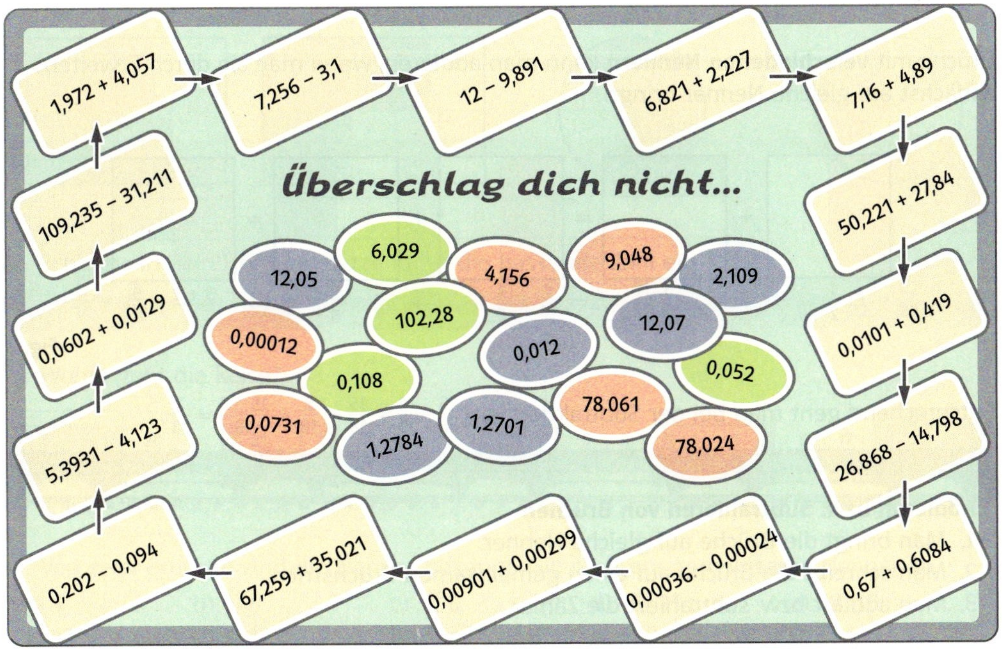

7 In einem Rechteck sollen die Anteile $\frac{1}{3}$, $\frac{1}{5}$ und $\frac{1}{15}$ in verschiedenen Farben gefärbt werden. Welche Maße für das Rechteck sind günstig? Welcher Anteil des Rechtecks bleibt ungefärbt?

8 a) Vermindere dreizehn Zehntel um zwei Drittel.
b) Wie viel liegt zwischen einem Fünftel und einundzwanzig Hundertstel?
c) Wie viel muss man von zweiunddreißig abziehen, um hundert Sechstel zu erhalten?

In Aufgabe 9 erfährst du Toms Berufswunsch. Schreibe dazu die zugehörigen Buchstaben in der Reihenfolge der Teilaufgaben auf.

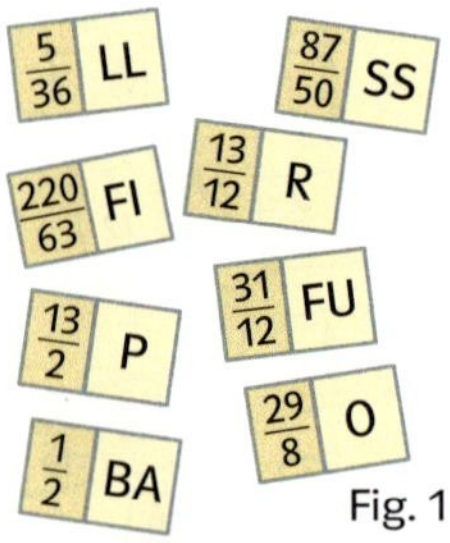

Fig. 1

9 Berechne und gib das Ergebnis als vollständig gekürzten Bruch an.

a) $\frac{1}{3} + \frac{3}{4} + \frac{3}{2}$ b) $\frac{8}{3} - \frac{1}{6} - \frac{2}{1}$ c) $\frac{30}{4} + \frac{20}{30} - \frac{10}{6}$ d) $\frac{11}{8} + \frac{11}{5} + \frac{1}{20}$

$\frac{6}{25} + \frac{7}{10} + \frac{4}{5}$ $\frac{11}{12} - \frac{2}{9} - \frac{5}{9}$ $\frac{1}{2} - \frac{5}{12} + \frac{8}{8}$ $4 - \frac{9}{7} + \frac{7}{9}$

10 Vor dem Rechnen kann Kürzen nützlich sein.

a) $\frac{45}{60} + \frac{9}{72}$ b) $\frac{30}{36} - \frac{32}{80}$ c) $\frac{105}{150} + \frac{24}{144}$ d) $\frac{190}{240} - \frac{96}{256}$

11 Findest du den Fehler? Erkläre.

a) $\frac{1}{6} + \frac{3}{5} = \frac{4}{11}$ b) $\frac{5}{6} - \frac{2}{5} = \frac{1}{3}$ c) $\frac{7}{8} + \frac{2}{3} = \frac{14}{37}$

12 a) In der Zahlenmauer (Fig. 2) steht über zwei Zahlen stets deren Summe. Übertrage die Figur in dein Heft und ergänze die fehlenden Zahlen.
b) Gehe so durch das Labyrinth (Fig. 3), dass du eine möglichst große Summe erhältst.

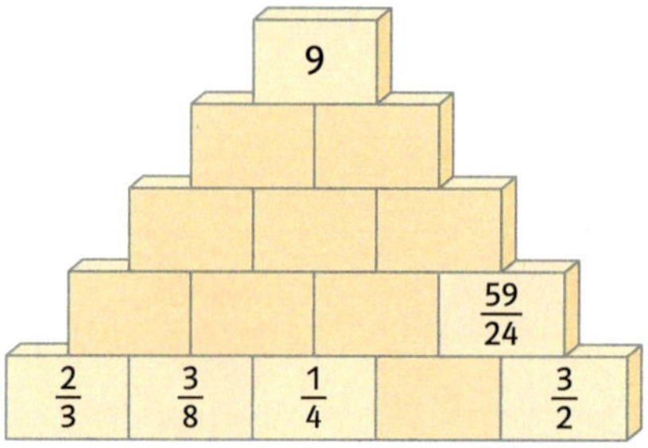

Fig. 2

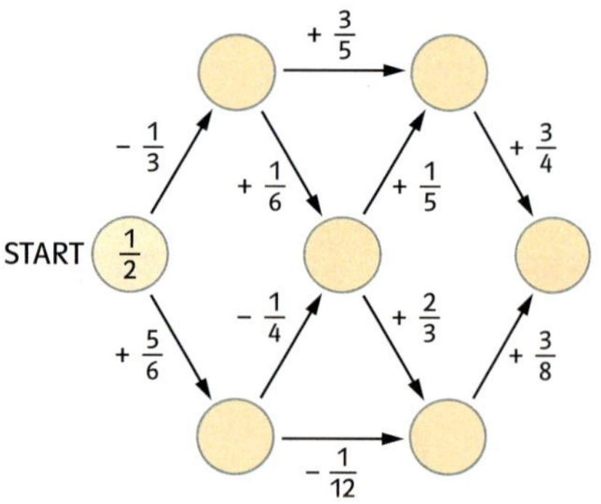

Fig. 3

Bist du sicher?

1 Berechne und gib das Ergebnis mit einem vollständig gekürzten Bruch an.

a) $\frac{7}{8} + \frac{5}{12}$ b) $\frac{17}{5} - \frac{9}{20}$ c) $3 - \frac{4}{9} + \frac{7}{6}$ d) $\frac{24}{27} - \frac{20}{24}$

$\frac{7}{8} - \frac{5}{12}$ $\frac{11}{15} + \frac{13}{20}$ $\frac{7}{6} - \frac{4}{9} + 3$ $\frac{36}{36} - \frac{25}{30}$

2 a) Subtrahiere ein Achtel von einem Fünftel.
b) Wie viel liegt zwischen einem Hundertstel und einem Zehntel?

13 a) Schreibe $\frac{3}{4}$ auf drei verschiedene Arten als Summe.
b) Schreibe $\frac{1}{2}$ als Summe von Brüchen, deren Nenner alle größer als 10 sind.

Online-Link
734261-1101

2. Australian triple jump (Spiel)

Siehe Lerneinheit 2, Seite 112, und Lerneinheit 3, Seite 115.

Fips the kangaroo is practicing for the famous Australian triple jump. With three jumps he must land near the ten meter mark. You can play the practice jumps with two, three or four players. You need a dice and a pen.
First write the scoreboard on a piece of paper or in your exercise book. Player 1 throws the dice. He writes the number in a space on his scoreboard. Remember, the jumps should add up to about 10, so choose the best space for each number!
Then Player 2 throws the dice and writes the number in the best space on his scoreboard. Go on throwing the dice and write down the numbers in the best free spaces.
The game ends when there are no more free spaces. Now you can find out how long the jump is. Each player adds up the three jumps on his scoreboard. The player who is farthest away from 10 meters gets only one point, the next player gets two points and so on. Play again. When you stop, the player with the most points is the winner. Have fun!

Score board	
1. jump:	_, _ _
2. jump:	_, _ _
3. jump:	_, _ _

triple jump = Dreisprung
to practice = üben
dice = Würfel
close to = nahe bei
farthest away = am weitesten weg
to add up = addieren

3. Überschlag dich nicht ... (Spiel)

Siehe Lerneinheit 3, Seite 115.

Pro Spielgruppe (3 oder 4 Spieler) benötigt ihr einen Würfel und eine Spielfigur. Der erste Spieler setzt die Spielfigur auf ein beliebiges rechteckiges Feld. Mit einem Würfel bestimmt er die Anzahl der (rechteckigen) Felder, die die Figur im Uhrzeigersinn vorrücken darf. Jetzt müssen alle anderen Mitspieler möglichst schnell die Lösung der auf dem Feld verzeichneten Rechnung in einem der Kreise finden. Der Würfelnde hat die Aufgabe, die genannten Ergebnisse zu überprüfen; er selbst darf sich nicht an der Lösungssuche beteiligen. Derjenige, der als Erster das richtige Ergebnis nennen kann, erhält einen Punkt. Anschließend eröffnet dieser die nächste Runde, indem er mit dem Würfel die Anzahl der Felder bestimmt, die die Spielfigur vorrücken darf. Gewonnen hat, wer nach einer vorher vereinbarten Zeit (z. B. 10 Minuten) die meisten Punkte sammeln konnte.

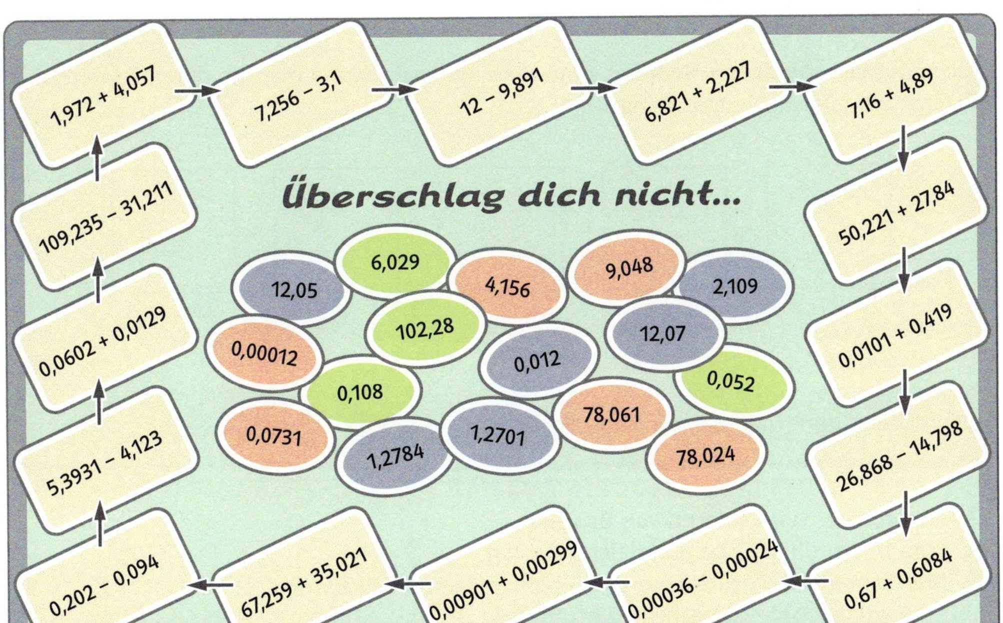

1 Addieren und Subtrahieren von Brüchen

Fläche Australiens: ca. 7,7 Mio. km^2

Zum Vergleich: Die Fläche Deutschlands beträgt ca. 357000 km^2.

Mit gebrochenen Zahlen kann man ebenso rechnen wie mit natürlichen Zahlen.
Es gibt Situationen, in denen man sie in der Bruchschreibweise addieren oder subtrahieren muss.

Australien besteht zu $\frac{1}{25}$ aus Ackerland, zu $\frac{1}{20}$ aus Wald, zu $\frac{3}{5}$ aus Weideland. Der Rest ist Ödland, vor allem Wüste.

Addieren und Subtrahieren von Brüchen ist leicht, wenn die Brüche **gleiche Nenner** haben.

Addieren von Brüchen mit gleichem Nenner.

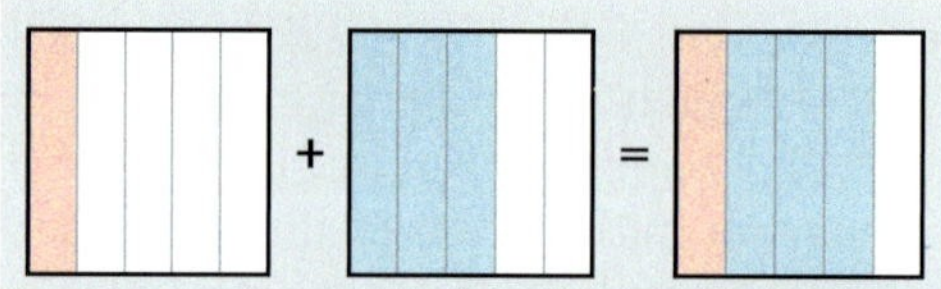

$\frac{1}{5} + \frac{3}{5} = \frac{1+3}{5} = \frac{4}{5}$

Fig. 1

Subtrahieren von Brüchen mit gleichem Nenner.

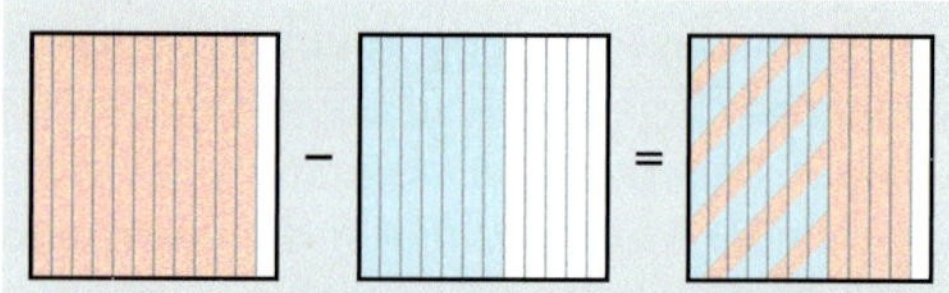

$\frac{11}{12} - \frac{7}{12} = \frac{11-7}{12} = \frac{4}{12}$

Fig. 2

Brüche mit **verschiedenen Nennern** kann man addieren, wenn man sie durch Erweitern zunächst auf gleiche Nenner bringt.

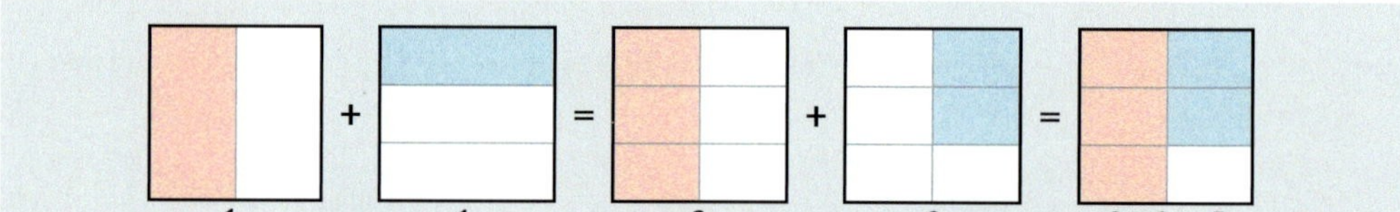

$\frac{1}{2} + \frac{1}{3} = \frac{3}{6} + \frac{2}{6} = \frac{3+2}{6} = \frac{5}{6}$

Fig. 3

Entsprechend geht man bei der Subtraktion vor: $\frac{5}{6} - \frac{4}{9} = \frac{15}{18} - \frac{8}{18} = \frac{15-8}{18} = \frac{7}{18}$.

Ergebnis kürzen nicht vergessen!

Addieren bzw. Subtrahieren von Brüchen
1. Man bringt die Brüche auf gleiche Nenner.
2. Man schreibt die Brüche auf einen gemeinsamen Bruchstrich.
3. Man addiert bzw. subtrahiert die Zähler.

Beispiel 1 Gleiche Nenner

Berechne und gib das Ergebnis mit einem vollständig gekürzten Bruch an.

a) $\frac{3}{8} + \frac{1}{8}$ b) $\frac{3}{7} - \frac{1}{7}$

Lösung:

a) $\frac{3}{8} + \frac{1}{8} = \frac{3+1}{8} = \frac{4}{8} = \frac{1}{2}$ b) $\frac{3}{7} - \frac{1}{7} = \frac{3-1}{7} = \frac{2}{7}$

Beispiel 2 Verschiedene Nenner

a) $\frac{3}{4} + \frac{1}{6}$ b) $\frac{5}{6} - \frac{1}{2}$

Lösung:

a) $\frac{3}{4} + \frac{1}{6} = \frac{9}{12} + \frac{2}{12} = \frac{9+2}{12} = \frac{11}{12}$ b) $\frac{5}{6} - \frac{1}{2} = \frac{5}{6} - \frac{3}{6} = \frac{5-3}{6} = \frac{2}{6} = \frac{1}{3}$

In Aufgabe 1 erfährst du, woran Uta gerade denkt. Schreibe dazu die zugehörigen Buchstaben in der Reihenfolge der Teilaufgaben auf.

Aufgaben

1 Berechne und gib das Ergebnis mit einem vollständig gekürzten Bruch an. Die Lösungen findest du in Fig. 1.

a) $\frac{3}{4} + \frac{2}{4}$; $\frac{5}{3} - \frac{1}{3}$; $\frac{9}{19} + \frac{19}{19}$

b) $\frac{1}{7} + \frac{5}{7}$; $\frac{7}{10} - \frac{3}{10}$; $\frac{31}{8} - \frac{15}{8}$

c) $\frac{5}{3} - \frac{2}{3}$; $\frac{21}{15} + \frac{13}{15}$; $\frac{13}{6} + \frac{29}{6}$

d) $\frac{11}{5} - \frac{11}{5}$; $\frac{5}{28} + \frac{7}{28}$; $\frac{17}{16} - \frac{13}{16}$

e) $\frac{2}{17} + \frac{7}{17}$; $\frac{12}{12} - \frac{5}{12}$; $\frac{0}{5} + \frac{16}{5}$

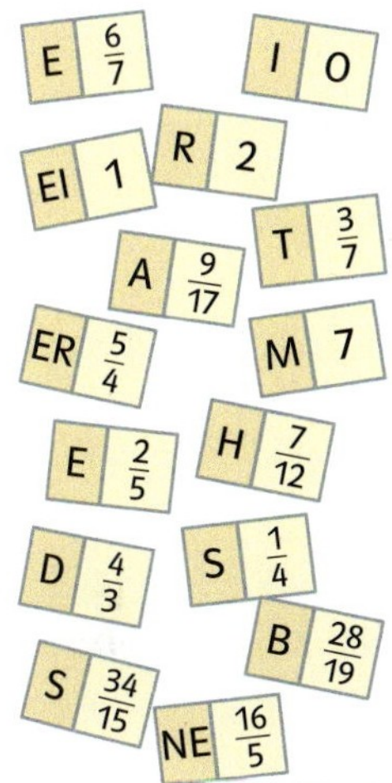

Fig. 1

2 Schreibe in dein Heft und berechne.

a) Startzahl $\frac{5}{8}$, plus $\frac{6}{8}$, minus $\frac{3}{8}$, minus 5 Achtel, plus $\frac{20}{8}$, minus dreizehn Achtel.

b) Startzahl $\frac{19}{10}$, minus $\frac{13}{10}$, plus $\frac{7}{10}$, plus $\frac{7}{10}$, plus $\frac{15}{10}$, minus 7 Zehntel, minus $\frac{3}{10}$.

3 Welche Summe ist durch die gefärbten Flächen dargestellt? Welcher Anteil der Fläche ist ungefärbt?

a) b) c) d)

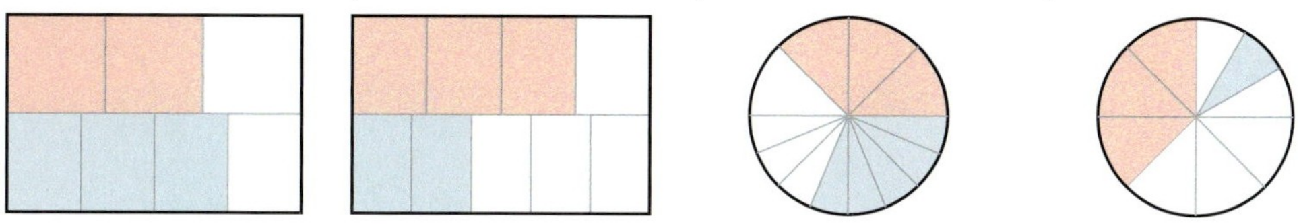

4 Schreibe in dein Heft und setze für △ die passende Zahl ein.

a) $\frac{\triangle}{14} + \frac{3}{14} = \frac{9}{14}$ b) $\frac{11}{6} - \frac{\triangle}{6} = \frac{5}{6}$ c) $\frac{6}{17} + \frac{5}{\triangle} = \frac{11}{17}$ d) $\frac{\triangle}{22} - \frac{5}{22} = \frac{22}{22}$

5 Wohin geht die Reise?

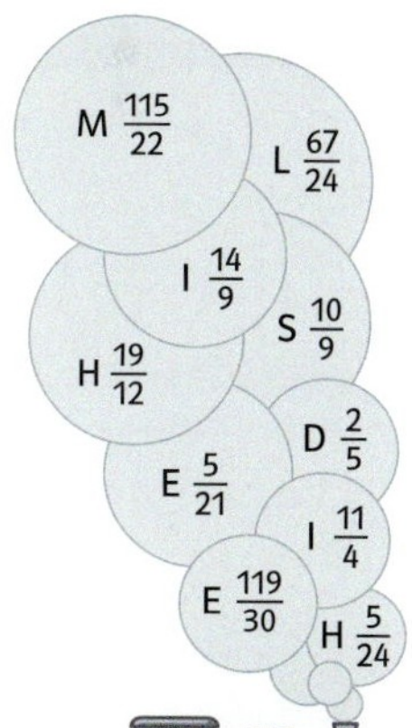

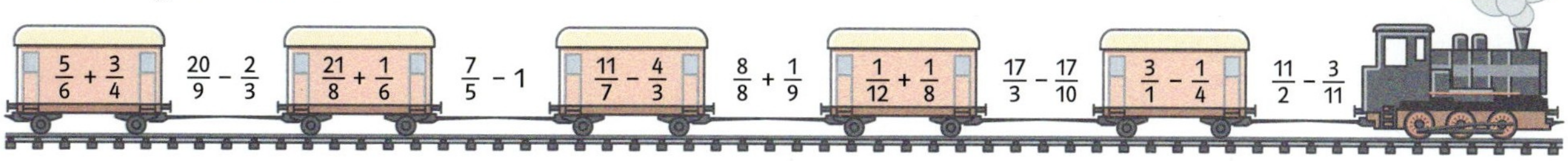

Fig. 2

6 Von zwei Brüchen sind die Nenner bekannt. Gib mehrere gemeinsame Nenner an.

a) 4; 5 b) 4; 6 c) 4; 8 d) 15; 25 e) 12; 15

f) 8; 10 g) 8; 12 h) 7; 35 i) 6; 9 j) 6; 14

7 In einem Rechteck sollen die Anteile $\frac{1}{3}$, $\frac{1}{5}$ und $\frac{1}{15}$ in verschiedenen Farben gefärbt werden. Welche Maße für das Rechteck sind günstig? Welcher Anteil des Rechtecks bleibt ungefärbt?

8 a) Vermindere dreizehn Zehntel um zwei Drittel.
b) Wie viel liegt zwischen einem Fünftel und einundzwanzig Hundertstel?
c) Wie viel muss man von zweiunddreißig abziehen, um hundert Sechstel zu erhalten?

In Aufgabe 9 erfährst du Toms Berufswunsch. Schreibe dazu die zugehörigen Buchstaben in der Reihenfolge der Teilaufgaben auf.

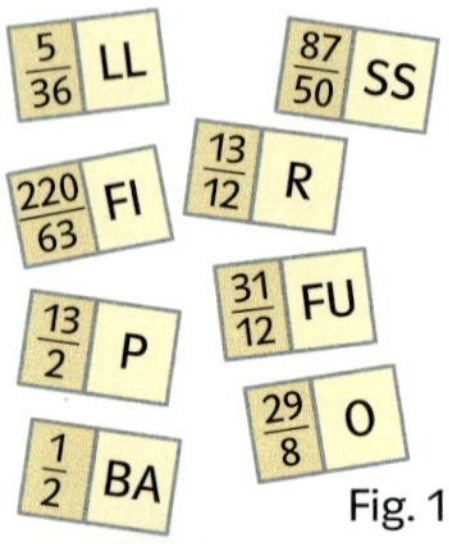

Fig. 1

Online-Link
734261-1101

9 Berechne und gib das Ergebnis als vollständig gekürzten Bruch an.

a) $\frac{1}{3}+\frac{3}{4}+\frac{3}{2}$ b) $\frac{8}{3}-\frac{1}{6}-\frac{2}{1}$ c) $\frac{30}{4}+\frac{20}{30}-\frac{10}{6}$ d) $\frac{11}{8}+\frac{11}{5}+\frac{1}{20}$

$\frac{6}{25}+\frac{7}{10}+\frac{4}{5}$ $\frac{11}{12}-\frac{2}{9}-\frac{5}{9}$ $\frac{1}{2}-\frac{5}{12}+\frac{8}{8}$ $4-\frac{9}{7}+\frac{7}{9}$

10 Vor dem Rechnen kann Kürzen nützlich sein.

a) $\frac{45}{60}+\frac{9}{72}$ b) $\frac{30}{36}-\frac{32}{80}$ c) $\frac{105}{150}+\frac{24}{144}$ d) $\frac{190}{240}-\frac{96}{256}$

11 Findest du den Fehler? Erkläre.

a) $\frac{1}{6}+\frac{3}{5}=\frac{4}{11}$ b) $\frac{5}{6}-\frac{2}{5}=\frac{1}{3}$ c) $\frac{7}{8}+\frac{2}{3}=\frac{14}{37}$

12 a) In der Zahlenmauer (Fig. 2) steht über zwei Zahlen stets deren Summe. Übertrage die Figur in dein Heft und ergänze die fehlenden Zahlen.
b) Gehe so durch das Labyrinth (Fig. 3), dass du eine möglichst große Summe erhältst.

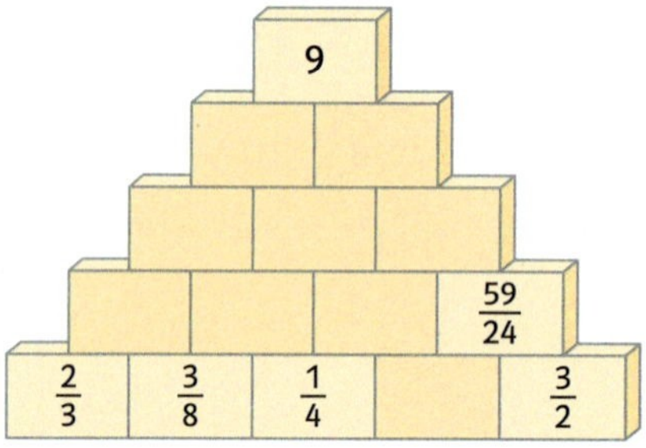

Fig. 2

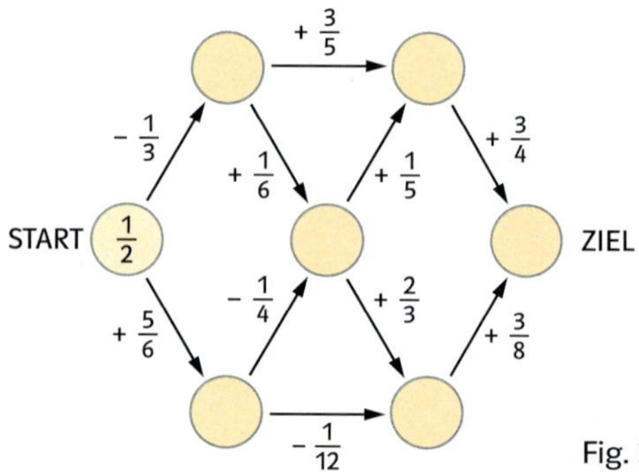

Fig. 3

Bist du sicher?

1 Berechne und gib das Ergebnis mit einem vollständig gekürzten Bruch an.

a) $\frac{7}{8}+\frac{5}{12}$ b) $\frac{17}{5}-\frac{9}{20}$ c) $3-\frac{4}{9}+\frac{7}{6}$ d) $\frac{24}{27}-\frac{20}{24}$

$\frac{7}{8}-\frac{5}{12}$ $\frac{11}{15}+\frac{13}{20}$ $\frac{7}{6}-\frac{4}{9}+3$ $\frac{36}{36}-\frac{25}{30}$

2 a) Subtrahiere ein Achtel von einem Fünftel.
b) Wie viel liegt zwischen einem Hundertstel und einem Zehntel?

13 a) Schreibe $\frac{3}{4}$ auf drei verschiedene Arten als Summe.

b) Schreibe $\frac{1}{2}$ als Summe von Brüchen, deren Nenner alle größer als 10 sind.

14 Frau Mall berichtet: „Von meinem Monatseinkommen benötige ich ein Drittel für die Miete und ein Achtel für mein Auto. Dann ist bereits mehr als die Hälfte weg." Stimmt das?

Fig. 1

15 Peter möchte gerne ein neues Mountainbike kaufen. Die Hälfte des Kaufpreises hat er bereits gespart. Von seinen Eltern erhält er $\frac{1}{4}$ des Preises. Die Großeltern beteiligen sich mit 20 %. Welchen Rabatt muss der Händler gewähren, damit Peter es sofort kaufen kann?

16 Jan mixt ein Getränk nach einem neuen Rezept (Fig. 1). Hat er den richtigen Krug gewählt?

17 a) Wie viel Flüssigkeit befindet sich jeweils in den drei Gefäßen?
b) Die Flüssigkeiten werden in das hohe Gefäß zusammengeschüttet. Zeichne dieses Gefäß in dein Heft und beschrifte seine Skala.

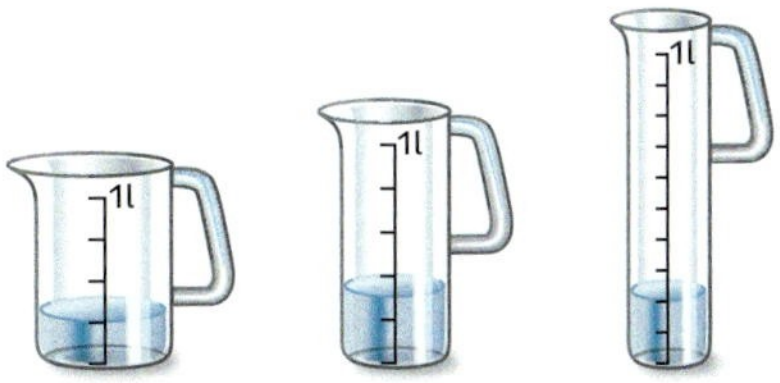

18 Was meinst du dazu?

19 Welche Behauptung ist wahr, welche falsch?
a) Die Differenz zweier verschiedener Brüche ergibt nie eine natürliche Zahl.
b) Addiert man mehrmals den gleichen positiven Bruch, so ergibt sich irgendwann eine natürliche Zahl.
c) Der Nenner der Summe zweier Brüche ist stets größer als die Nenner der Summanden.

20 Zum Knobeln
Ein alter Araber bestimmte vor seinem Tode, dass der erste seiner Söhne die Hälfte, der zweite den vierten und der dritte den fünften Teil seiner Kamele erben sollte. Da der Alte 19 Kamele hinterließ, konnten sich die drei Söhne nicht einigen.
a) Warum konnten sich die Söhne nicht einigen? Wie würdest du teilen?
b) Die Söhne wandten sich an einen Derwisch, der auf einem alten Kamel dahergeritten kam, und baten ihn um Hilfe. Dieser sagte: „Ich will euch mein Kamel leihen." Nun nahm sich der Erste die Hälfte von den 20 Kamelen heraus, der Zweite $\frac{1}{4}$ und der Dritte ein Fünftel. Zum Schluss blieb das Kamel des Derwischs übrig. Der Derwisch bestieg es wieder und ritt davon. Alle waren zufrieden. Rechne nach.

2 Addieren und Subtrahieren von Dezimalbrüchen

Thüringer holen wieder Medaillen beim Zweierbob (Vancouver 2010)

Beim Bobfahren gibt es vier Durchgänge. Die Summe der benötigten Zeiten entscheidet über die Platzierung.

Zweierbob	1. Durchgang	2. Durchgang	3. Durchgang	4. Durchgang
Kanada I (Brown/Rush)	51,67 s	54,70 s	51,93 s	52,16 s
Deutschland I (Lange/Kuske)	51,59 s	51,72 s	51,57 s	51,77 s
Deutschland II (Florschütz/Adjei)	51,57 s	51,85 s	51,62 s	51,83 s
Russland I (Zubkow/Vojewoda)	51,79 s	52,02 s	51,80 s	51,90 s
USA I (Holkomb/Tomasevicz)	51,89 s	52,04 s	51,98 s	52,03 s

Um festzustellen, ob der LKW die zulässige Zuladung von 5 t überschritten hat, kann man zunächst einen Überschlag durchführen. Man rundet die Massen geeignet und addiert: $2\frac{1}{2}\,t + 2\,t + \frac{1}{2}\,t = 5\,t$.
Die zugeladene Masse wäre zulässig. Da nur mit gerundeten Werten gearbeitet wurde, muss man genauer nachrechnen.

Fig. 1

Wie man Dezimalbrüche addiert und subtrahiert, kann man sich herleiten, wenn man die Dezimalbrüche als Brüche schreibt.
Die vorliegenden Zahlen reichen nicht weiter als zur Tausendstelstelle. Daher können alle als Brüche mit dem Nenner 1000 geschrieben werden.
Es ist $2{,}55 + 2{,}1 + 0{,}455 = \frac{2550}{1000} + \frac{2100}{1000} + \frac{455}{1000} = \frac{5105}{1000} = 5{,}105$.

Man trägt die Maßzahlen der einzelnen Massen in eine Stellenwerttafel ein und addiert sie wie bei natürlichen Zahlen stellenweise.
Die unterste Zeile zeigt die Summe.
Der LKW ist also überladen, da 5,105 t > 5 t.

E	,	*z*	*h*	*t*
2	,	5	5	0
2	,	1	0	0
0	,	4	5	5
1		1		
5	,	1	0	5

Um festzustellen, um wie viel der LKW überladen ist, subtrahiert man 5 t von 5,105 t. Die Subtraktion ergibt 0,105 t. Der LKW ist um 0,105 t = 105 kg überladen.

Man addiert oder subtrahiert Dezimalbrüche, indem man sie so untereinanderschreibt, dass Komma unter Komma steht. Dann addiert bzw. subtrahiert man stellenweise.

	1	2,	5	3	4
+		8,	9	1	0
	1	1			
	2	1,	4	4	4

	1	2,	5	3	4
−		8,	9	1	0
	1	1			
		3,	6	2	4

Beispiel

a) 30,125 + 1,279 b) 12,5 + 0,487 c) 2,342 − 1,4 d) 7 − 2,83

Lösung:

a)	b)	c)	d)
30,125	12,500	2,342	7,00
+ 1,279	+ 0,487	− 1,400	− 2,83
1 1		1	1 1
31,404	12,987	0,942	4,17

Aufgaben

1 Berechne im Kopf.

a) 1,4 + 0,6 b) 6,3 + 2,9 c) 7,8 − 5,6 d) 2,9 + 4,3 e) 67,7 − 15,2 f) 45,7 + 13,8

2 Berechne schriftlich.

a) 5,22 + 2,73 b) 2,03 + 1,28 c) 4,27 + 16,2 d) 0,021 + 5,23
e) 3,45 − 1,89 f) 0,473 − 0,289 g) 1 − 0,097 h) 3,999 − 3,7

Bei Aufgabe 2 kannst du zur Kontrolle die Quersumme bilden.

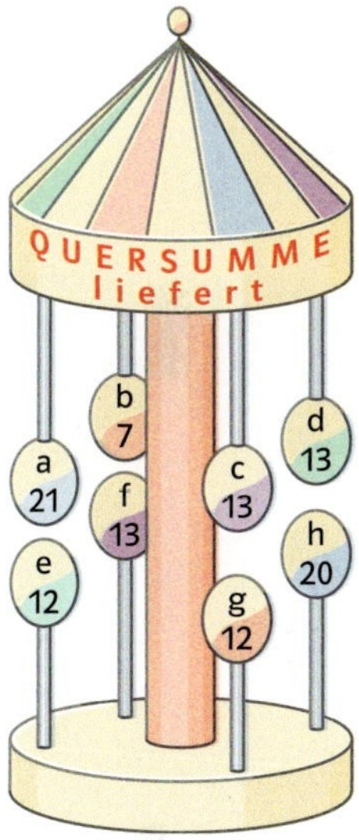

Fig. 1

3 a) Um wie viel ist 1 (1,5; 1,04; 1,33; 2,22; 1,001; 10,01) größer als 1?
b) Wie groß ist der Abstand von 9,7 km (9270 m; 16,64 km; 17866 m) zu 15 km?

4 Übertrage in dein Heft und setze im Ergebnis das Komma an die richtige Stelle.

a) 4,4 + 0,8 = 52 b) 1,04 + 0,4 = 144 c) 8,4 − 6,2 = 22 d) 7,89 − 5,63 = 226

5 Berechne jeweils die Summe und die Differenz der Zahlen.

a) 5,7; 3,6 b) 1,8; 0,9 c) 99,9; 9,99 d) 10,01; 1,1

6 Welche Zahl musst du für □ bzw. △ einsetzen?

a) 7,2 + □ = 9,7 b) □ + 3,8 = 9,9 c) 8,9 − □ = 3,1 d) □ − 4,5 = 5,6 e) □ − △ = 2,3

7 □□,□ − 0,□ = ?

Setze die Ziffern 4; 5; 6; 7 so ein, dass das Ergebnis

a) möglichst groß wird, b) möglichst klein wird, c) genau 55,7 beträgt.

8 Berechne. Überlege dir zu jeder Aufgabe eine passende Sachsituation.

a) 610 m + 0,45 km − 0,05 km b) 3,2 m^3 + 255 l − 3300 dm^3

9 a) Berechne die Summe 3,923 + 8,084 + 13,4247 + 7,031 + 0,5938 und runde das Ergebnis auf Hundertstel.
b) Runde in der Summe in a) jeden Summanden erst auf Hundertstel und addiere dann. Vergleiche das Ergebnis mit dem aus a).

10 a) Welche der drei Messbecher können in einen anderen umgefüllt werden?
b) Wie viel Wasser fehlt bei 0,75 l an 2 l?
c) Erfinde ähnliche Aufgaben und löse sie.

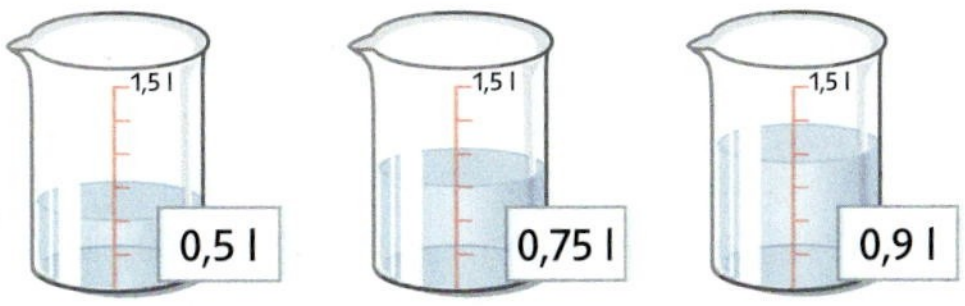

Tipp:
Fehlende Stellenwerte kannst du mit Nullen auffüllen.

11 Welche Zahlen ergeben die Summe 1? Versuche es mit zwei, drei oder vier Zahlen.

0,6 | 0,2 | 0,3715 | 0,0285 | 0,5 | 0,8 | 0,1715 | 0,3 | 0,6285

Bist du sicher?

1 a) Berechne im Kopf: 5,2 + 2,4, 3,9 − 2,7, 10,22 − 1,5.
b) Berechne schriftlich: 6,59 + 13,8, 3,608 + 2,22, 10,5 − 6,97.
c) Berechne: 15,8 kg + 6,3 kg, 27,2 kg − 1100 g, $47{,}8\,m^3 - 800\,dm^3$.

2 a) Welche Zahl vermindert um 3,55 ergibt 7,99?
b) Welche Zahl muss man zu 6,57 addieren, um 17,22 zu erhalten?

12 Tim hat am Fahrrad einen Kilometerzähler (Fig. 1), der eine Dezimalstelle anzeigt.
a) Was bedeutet die Dezimalstelle?
b) Gib die Längen der gefahrenen Strecken zwischen den einzelnen Zählerständen an.
c) Wie viele Kilometer muss Tim noch fahren, bis die erste Ziffer auf 4 springt?

Fig. 1

13 a) Die Entfernung Erde – Sonne beträgt bei Sonnenferne 152,099 Mio. km, bei Sonnennähe 147,096 Mio. km. Wie groß ist der Unterschied? Woher kommt er?
b) Der Erdumfang über die Pole gemessen beträgt 40 008,006 km und entlang des Äquators 40 075,161 km. Wie groß ist der Unterschied? Woran liegt das?

14 Hier wurde falsch gerechnet. Suche den Fehler und erkläre ihn. Gib anschließend das richtige Ergebnis an.

a)	b)	c)	d)
2,75	7	9,87	7,2
+ 3,8	+ 0,8	− 4,3	− 5
1 1	1		1
31,3	1,5	5,84	6,7

15 In einen Güterwagen werden Kisten mit Maschinenteilen geladen.
Sie haben folgende Gewichtsaufschriften: 3,55 t; 1,520 t; 2,300 t; 1,265 t; 1,750 t; 3,050 t.
a) Berechne das Gesamtgewicht der Ladung.
b) Auf der Seitenwand des Güterwagens ist angeschrieben, mit wie vielen Tonnen er höchstens beladen werden darf. Das Ladegewicht hängt von der Streckenart (A, B oder C) und der Geschwindigkeit des Güterzuges ab (S: bis 100 $\frac{km}{h}$, SS: bis 120 $\frac{km}{h}$). Wie viele Tonnen können in den einzelnen Fällen jeweils geladen werden?

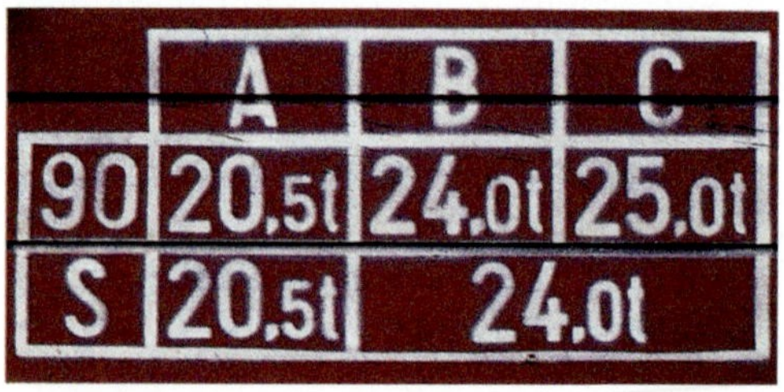

16 In Schilda wurde bei der Stadtgründung im Jahre 1594 ein Wettbewerb im Schildweitwurf ausgetragen. Der Sieger erzielte nach Auskunft der Chronik mit einer Weite von 0,014 34 Meilen den ersten Stadtrekord. Im Jahre 1702 findet man folgenden Eintrag in der Chronik: „Wie jedes Jahr wurde auch gestern beim Stadtsportfest ein neuer Stadtrekord im Schildweitwurf aufgestellt. Die Siegerweite betrug 0,015 41 Meilen."
Wurde tatsächlich jedes Jahr ein neuer Rekord erzielt?

3 Runden und Überschlagen bei Dezimalbrüchen

Beim Bau eines Schrankes muss ein Schreiner die Einzelteile auf Millimeter genau zusägen, damit beim Zusammenbauen keine Probleme entstehen. Manchmal jedoch werden nur ungefähre Werte benötigt, um das Wichtige einer Information mitzuteilen.

Beim Runden von Dezimalbrüchen geht man wie beim Runden von natürlichen Zahlen vor.

Vor dem **Runden** von Dezimalbrüchen muss man festlegen, wie viele Stellen nach dem Komma die gerundete Zahl haben soll.
Ist die erste Ziffer, die man weglässt 0; 1; 2; 3 oder 4, so wird **abgerundet**.
Ist die erste Ziffer, die man weglässt 5; 6; 7; 8 oder 9, so wird **aufgerundet**.

*Die Stellen nach dem Komma nennt man auch **Dezimalen**.*

Rundet man 1,099 auf Hundertstel, so erhält man 1,099 ≈ 1,10. Durch die Null verdeutlicht man, dass auf zwei Dezimalen gerundet wurde.

Eine wichtige Anwendung des Rundens ist der **Überschlag**. Bei umfangreichen Rechnungen kann man mit einer Überschlagsrechnung schnell einen Näherungswert finden oder kontrollieren, ob das Ergebnis der genauen Rechnung ungefähr stimmt. Dabei werden die Zahlen so gerundet, dass der Überschlag im Kopf gerechnet werden kann:

	123,86 + 37,41 = 161,27	1,736 − 0,497 = 1,239
Überschlag:	120 + 40 = 160	1,7 − 0,5 = 1,2

Beim Umgang mit **Messwerten** sind noch weitere Aspekte zu beachten. Wird die Größe einer Schülerin auf Zentimeter genau gemessen, so bedeutet die Angabe 142 cm, dass sie in Wirklichkeit z.B. 141,5 cm oder 141,7 cm groß sein könnte. Es kommen alle Längen in Frage, die gerundet 142 cm ergeben.
Manchmal muss man **mit Messwerten rechnen**. Haben zwei Strecken die gemessenen Längen 1,2 m und 0,68 m, so ist die wirkliche Gesamtlänge mindestens 1,15 m + 0,675 m = 1,825 m. Sie könnte aber auch 1,24 m + 0,684 m = 1,924 m sein. Aus diesem Grund beschränkt man sich bei der Angabe des Endergebnisses auf die Anzahl der Dezimalen des ungenauesten Messwertes, d.h. 1,2 m + 0,68 m = 1,88 m ≈ 1,9 m.

Fig. 1

Beispiel 1 Runden
a) Runde 3,029 auf Zehntel.
b) Runde 3,029 m auf cm.
Lösung:
a) 3,029 ≈ 3,0 *Die Ziffer 2 an der Hundertstelstelle entscheidet für Abrunden.*
b) 3,029 m ≈ 3,03 m *Die Ziffer 9 an der mm-Stelle entscheidet für Aufrunden.*

Beispiel 2 Überschlagen
a) Überschlage zuerst. Rechne dann genau: 47,47 + 52,52 − 19,19 − 63,63.
b) 1,03 + 10,11 + 100,01 − 0,05
Welcher Wert ist dem richtigen Ergebnis am nächsten: 90; 100; 110?
Lösung:
a) Überschlag: 50 + 50 − 20 − 60 = 20   Genaues Ergebnis: 17,17
b) Überschlag: 10 + 100 = 110, also liegt 110 dem richtigen Wert am nächsten.

Was ist denn hier los?
1,455 ≈ 1,5 ≈ 2
aber
1,455 ≈ 1

Was sagst du dazu?
0,02549 ≈ 0

Aufgaben

1 a) Runde auf eine Dezimale: 3,24; 1,346; 30,96; 0,99; 1,001; 1,009; 1,01; 1,09
b) Runde auf zwei Dezimalen: 2,837; 0,608; 0,905; 6,998; 9,995; 9,994; 9,999; 10,004

2 a) Runde auf Tausendstel: 0,4451; 0,0516; 8,86471; 13,50069; 0,0097; 3,9999
b) Um wie viel weicht der gerundete Wert vom exakten Wert ab?

Vorsicht!
2 h 41 min = 3 h

3 a) Runde auf kg: 7,52 kg; 4963 g; 0,7537 t. b) Runde auf min: 4 min 20 s; 1 min 42 s.

Die Kosten für das Schiller-Gymnasium betrugen 9,5 Mio. €.

Fig. 1

4 Zwischen welchen Euro-Beträgen lagen die genauen Kosten für die Schule (Fig. 1)?

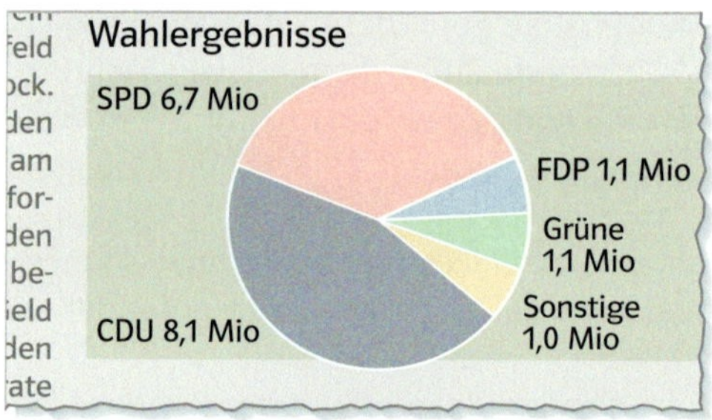

5 a) Wie viele Erststimmen hat jede Partei mindestens bzw. höchstens erhalten?
b) Sammle Zeitungsnotizen, in denen gerundete Zahlenangaben verwendet werden. Überprüfe, ob es sinnvoll ist, gerundete Angaben zu verwenden.

6 Nenne fünf Zahlen, die gerundet 5,3 ergeben. Gibt es eine größte bzw. eine kleinste?

7 Überschlage zuerst und berechne dann genau.
a) 23,91 + 136,69   b) 520,49 − 89,51   c) $10 + \frac{1}{4} - 1{,}23 + 7{,}6$ d) $6{,}9 - 3{,}5 + 12\frac{1}{2}$

Dachdecker Freiluft
Rechnung
Familie Kern

Dachplatten	47,42
Kleinteile	9,04
Lohn (3 h)	76,95
MwSt.	21,35

Fig. 2

8 Es ist 2,7 + 4,2 + 6,1 + 12,0 = 25,0. Gib vier Zahlen mit je zwei Dezimalen an, die auf Zehntel gerundet jeweils gerade die Summanden 2,7; 4,2 usw. ergeben und die ungerundet eine möglichst große bzw. kleine Summe ergeben.

9 Beim letzten Sturm wurde das Dach des Hauses von Familie Kern beschädigt. Der Schaden wurde vom Dachdecker beseitigt. Frau Kern hat 150 € Bargeld zu Hause. Überschlage und berechne dann, ob sie die Rechnung (Fig. 2) sofort bezahlen kann.

Bist du sicher?

1 Runde jeweils auf eine bzw. zwei Dezimalen: 1,2543; 1,5991; 0,58739; 199,0099.

2 Überschlage zuerst und rechne dann genau. a) 1122,7 + 3,9 − 0,75 b) 7,66 − 5,9 + 4,8

Centi-Markt
2,45 €
12,99 €
9,56 €
23,98 €

3 Reicht Carola ein 50-€-Schein zum Bezahlen an der Kasse des Centi-Marktes?

10 Runde mit dem Taschenrechner

a) auf eine Dezimale: 2,74; 2,75; 5,666; 0,347; 13,589; 7,8971; 24,05

b) auf m^3: 19,81 m^3; 22 561 dm^3; 2 156 122 cm^3; 1,09 m^3; 56 791 dm^3; 33 499 028 cm^3

Auf vielen Taschenrechnern bestimmt man mit den beiden Tasten 2nd und FIX, auf wie viele Dezimalen eine Zahl angezeigt werden soll. Die Zahl wird dazu auf- oder abgerundet.

11 a) Schätze, wie schwer deine volle Schultasche ist. Wiege sie anschließend.

b) Katja hat ihre Schultasche ausgepackt und den Inhalt gewogen.

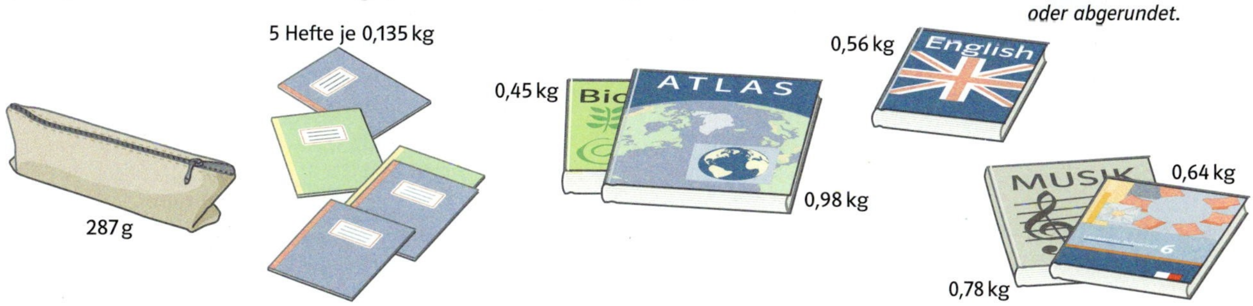

Fig. 1

Die leere Schultasche wiegt 1,13 kg. Überschlage zunächst, welches Gewicht Katjas gefüllte Schultasche besitzt, und berechne dann genau.

12 Runden oder nicht runden? Das ist hier die Frage!

Überlege, ob es sinnvoll ist, in jeder Situation zu runden. Begründe deine Entscheidung.

a) Der Rundwanderweg für den Ausflug ist 17,462 km lang.

b) Die Essensvorräte der Expedition reichen noch für 1,5 Monate.

c) Timo hat berechnet, dass das Auto im Schnitt 8,162 Liter pro 100 km verbraucht.

d) Martin hat errechnet, dass man $4\frac{1}{4}$ Rollen zum Tapezieren des Zimmers benötigt.

Erkundige dich, wie man mit deinem Taschenrechner runden kann.

13 Die ältesten Steinbrücken stammen aus der Steinzeit. Die Römer bauten vor 2000 Jahren die ersten großen Brückenanlagen in Europa. Die Technik des Brückenbaus wurde stets verbessert; anstelle der Baumaterialien Stein und Holz traten Eisen und Beton. Die Geschichte des Tunnelbaus ist dagegen sehr jung. Die ersten längeren Tunnel wurden erst im vorigen Jahrhundert gebaut, als es Tunnelbaumaschinen gab.

Gotthard-Tunnel, Schweiz, 16 289 m

Elb-Tunnel, Hamburg, 3342 m

Simplon-Tunnel, Schweiz-Italien, 19 800 m

Rhein-Brücke, Düsseldorf, 590 m

Golden Gate Bridge, San Francisco 2150 m

Ärmelkanal-Tunnel, Engl.-Frankr., 50 532 m

Bosporus-Brücke, Istanbul, 1560 m

Pont du Gard, Frankreich, 273 m

Europa-Brücke, Innsbruck, 785 m

Frejm-Tunnel, Italien – Schweiz, 12 832 m

Köhlbrand-Brücke, Hamburg, 3940 m

Rennsteigtunnel, Thüringen, 7916 m

Fig. 2

Informiert euch über die Geschichte des Brücken- und Tunnelbaus. Sammelt Bilder von bedeutenden Bauwerken. Gestaltet damit ein Wandplakat und stellt es euren Mitschülerinnen und Mitschülern vor. Überlegt euch, wie man die Längen der Brücken bzw. der Tunnel veranschaulichen könnte, und führt eure Idee durch.

Kannst du das noch?

14 a) Benenne die Vierecke (Fig. 3) und untersuche sie auf Achsensymmetrie.

b) Zeichne zwei weitere achsensymmetrische Vierecke.

15 Gegeben ist das Viereck ABCD mit A(1|1), B(3,5|1), C(3,5|3), D(1,5|4). Ergänze es zu einer achsensymmetrischen Figur durch Spiegelung an $\overline{BC}$. Gib die Bildpunkte an.

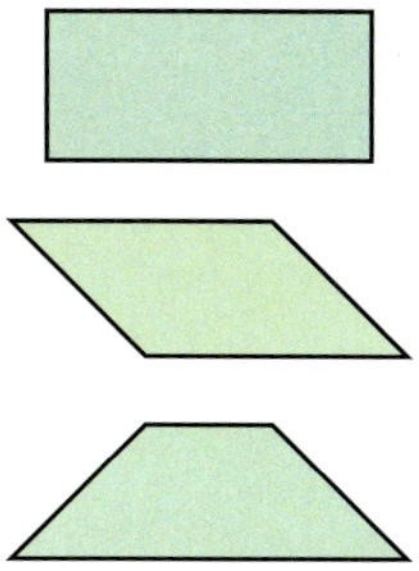

Fig. 3

4 Rechenvorteile

Anna verwaltet die Klassenkasse der Klasse 6 b. Am Ende des Schuljahres muss sie über die Einnahmen und Ausgaben Bilanz ziehen.

Rechenausdrücke werden meistens von links nach rechts berechnet. Um geschickt zu rechnen, lassen sich Rechenregeln vorteilhaft nutzen. Bei der Berechnung eines Rechenausdrucks mit Brüchen oder mit Dezimalbrüchen gelten die gleichen **Rechenregeln** wie bei natürlichen Zahlen.

Manchmal kann man einen mehrgliedrigen Rechenausdruck geschickter berechnen, wenn man zuerst die Zahlen zusammenfasst, die subtrahiert werden sollen.

Statt von links nach rechts zu rechnen,

17,4 − 8,5 − 1,5
= 8,9 − 1,5
= 7,4

kann man auch so vorgehen:

17,4 − 8,5 − 1,5
= 17,4 − (8,5 + 1,5)
= 17,4 − 10
= 7,4

Werden in einem Rechenausdruck **mehrere Zahlen subtrahiert**, so kann man diese zunächst addieren und dann die Summe subtrahieren:
6,5 − 3,1 − 1,2 = 6,5 − (3,1 + 1,2)

Kommutativ- und Assoziativgesetz gelten nicht für die Subtraktion.

Zwei wichtige Rechengesetze, die auch für Brüche und Dezimalbrüche gültig sind, heißen:
Kommutativgesetz:
Bei der Addition darf man die Summanden vertauschen.
0,75 + 0,3 + 0,25 = 0,75 + 0,25 + 0,3 = 1,3
Assoziativgesetz:
Bei der Addition darf man durch das Setzen von Klammern die Reihenfolge der Berechnung verändern.
(8,3 + 2,4) + 0,6 = 10,7 + 0,6 = 11,3
8,3 + (2,4 + 0,6) = 8,3 + 3 = 11,3

Beispiel Rechenvorteile nutzen
Fasse geschickt zusammen und berechne.
a) 28,6 − 12,8 − 3,2
b) 23,6 + 4,5 + 6,4 + 8,5
Lösung:
a) 28,6 −12,8 − 3,2 = 28,6 − (12,8 + 3,2)
= 28,6 − 16,0
= 12,6

23,6 + 4,5 + 6,4 + 8,5 = (23,6 + 6,4) + (4,5 + 8,5)
= 30 + 13
= 43

Beispiel 2 Rechenregeln kombinieren

35,9 + 6,7 + 5,1 + 3,3	*Vertauschen der Reihenfolge*
= 35,9 + 5,1 + 6,7 + 3,3	
= (35,9 + 5,1) + (6,7 + 3,3)	*Klammern setzen, zusammenfassen*
= 41,0 + 10,0	
= 51,0	

Aufgaben

1 Fasse geschickt zusammen und berechne im Kopf.
a) 7,5 − 2,5 − 1,5 − 2 b) 16,3 + 2,7 − 3,9 − 5,1 c) $17 + \frac{1}{4} + 5{,}2 + 1{,}75$ d) $\frac{1}{8} + \frac{3}{16} + \frac{13}{16} + \frac{7}{8}$

2 Berechne die Summen im Kopf.
a) 17,95 + 34,78 + 3,05 b) 17,45 + 16,98 + 2,55
c) 35,23 + 4,57 + 4,77 d) 6,34 + 99,01 + 0,99

3 Überlege, ob sich durch das Anwenden von Rechenregeln die Berechnung vereinfachen lässt. Berechne anschließend.
a) 34,5 − 23,2 − 6,8 b) 125,9 − 35,9 + 17,1 c) 9 + 6,3 − 6,3 − 5,9 d) 9,7 − 5,9 + 6,3 − 6
e) $\frac{12}{5} - \frac{9}{10} - \frac{11}{10} - \frac{2}{10}$ f) $\frac{7}{6} + \frac{7}{4} - \frac{11}{6} - \frac{5}{6}$ g) $\frac{27}{9} - \frac{13}{9} - \frac{1}{3}$ h) $0{,}5 + \frac{3}{4} - 0{,}3 + 0{,}25$

4 Begründe am Beispiel der drei Holzstücke (siehe Fig. 1) die Gültigkeit des
a) Kommutativgesetzes,
b) Assoziativgesetzes.

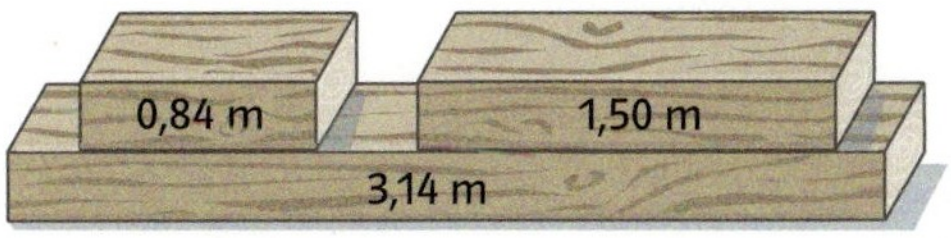

Fig. 1

5 Wurde richtig oder falsch gerechnet? Korrigiere gegebenenfalls.
a) 7,7 + 3,5 + 9,3 = 7,7 + 9,3 + 3,5 = 16 + 3,5 = 19,5
b) 8,4 + 6,8 + 2,6 = 8,4 + 2,6 + 6,8 = 11,0 + 6,8 = 71,8

6 Der Kassenzettel wurde so zerrissen, dass die Summe nicht mehr lesbar ist. Maximilian will die Gesamtsumme nochmals nachrechnen. Wie kann er geschickt vorgehen?

7 Welche Zahl ist kleiner? $\frac{7}{8}$ vermindert um die Differenz von 0,4 und $\frac{1}{4}$, oder die Summe von $\frac{7}{8}$ und 0,25, vermindert um $\frac{2}{5}$?

Bist du sicher?

1 Berechne.
a) 7 − 0,7 − 1,3 − 2,9 b) 16,9 − 0,6 − 0,3 + 0,6 c) 5,8 + 8,2 − 4,1 − 3,1 d) $\frac{3}{4} + \frac{8}{3} - \frac{7}{3} + \frac{11}{4} + \frac{1}{6}$

Die Summe aller Lösungen ist 29,5.

8 Tricks mit Köpfchen
a) Frau Nagel addiert beim Einkaufen die einzelnen Preise, ärgert sich aber über die Rechnerei. Ihre Tochter Simone hat das genaue Ergebnis sofort. Wie rechnet sie (Fig. 2)?
b) Rolf rechnet 87,581 − 0,999 fix im Kopf. Wie geht er vor?
c) Findet selbst entsprechende Aufgaben, die man mit kleinen Tricks schnell im Kopf rechnen kann. Erfindet dazu ein Wettspiel!

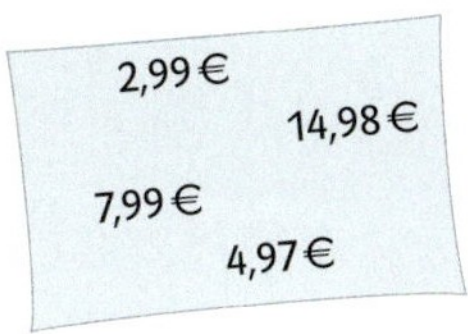

Fig. 2

Wiederholen – Vertiefen – Vernetzen

1 Hier wurde falsch gerechnet. Suche den Fehler und erkläre ihn. Gib anschließend das richtige Ergebnis an.

a) $\frac{3}{5} + \frac{6}{7} = \frac{9}{12}$ b) $\frac{2}{7} + \frac{3}{2} = \frac{6}{25}$ c) $\frac{7}{4} - \frac{4}{5} = \frac{3}{20}$ d) $\frac{4}{7} + 0{,}5 = \frac{27}{35}$

Lösungskontrolle zu Aufgabe 2:

(Die Ziffern der Teilaufgaben nach der Größe geordnet.)

0; 0; 1; 1; 2; 3; 4; 4; 5; 6; 6; 7; 7; 7; 8; 9

2 Ersetze jeweils die □ so, dass die Rechnung richtig wird.

a)
```
  8 6,0 7
+ □2,6 3
---------
  9 □,□□
```
b)
```
   1 2,□□
+ 2 □,6 3
---------
   □2,3 4
```
c)
```
  8 5,□5
- 2 □,2 0
---------
   □2,5 □
```
d)
```
  7 0,□□
- □□,8 3
---------
  6 7,8 1
```

3 Zeichne die Zahlenmauer in dein Heft. Beschrifte die Steine anschließend so, dass in jedem Stein die Summe der Brüche der Steine steht, auf dem der Stein liegt.

a) 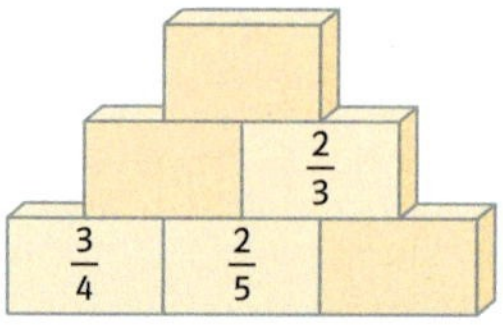

b) 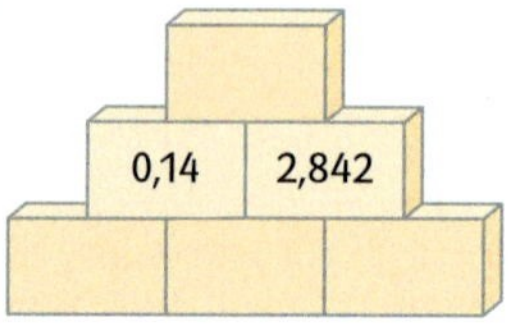

c) 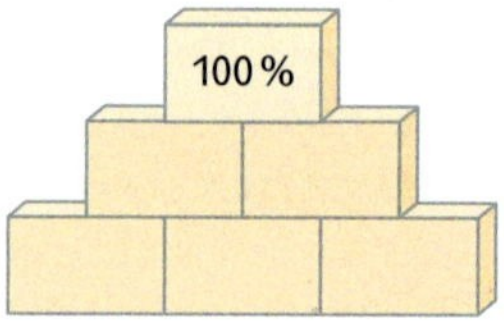

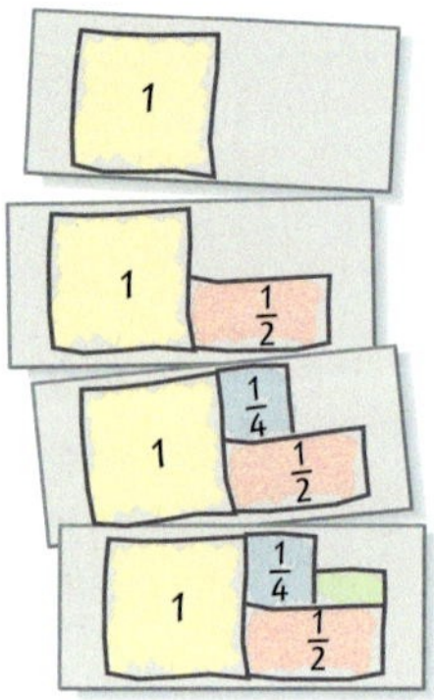

Fig. 1

4 Kann das sein?

Kai bildet die Zahlenreihe $1 + \frac{1}{2}$; $1 + \frac{1}{2} + \frac{1}{4}$; $1 + \frac{1}{2} + \frac{1}{4} + \frac{1}{8}$ … und zeichnet dazu (Fig. 1). Erkennst du den Zusammenhang zwischen den Bildern und der Zahlenreihe? Kai sagt: „Ich glaube, dass mir das Zeichenblatt nicht ausgeht, auch wenn es 30 Summanden sind."

5 Bruch oder dezimal?

a) In den folgenden Rechenausdrücken kommen sowohl Brüche als auch Dezimalbrüche vor. Bei welchem Rechenausdruck würdest du mit Brüchen rechnen, bei welchem mit Dezimalbrüchen? Kann man jeden Rechenausdruck auf beide Weisen berechnen?

(1) $1{,}7 + \frac{9}{10} - 2{,}5$ (2) $\frac{7}{9} + 0{,}3 - \frac{5}{6}$ (3) $2{,}25 + \frac{3}{20} - \frac{7}{5}$ (4) $1{,}5 + 2{,}2 - 0{,}4 - \frac{1}{8}$

b) Notiere einen Rechenausdruck, der besser mit Brüchen zu lösen ist und einen, der besser mit Dezimalbrüchen zu berechnen ist.

6 Mixgetränke

Mirko mischt $1\frac{1}{2}$ l Zitronenlimo mit $1\frac{3}{4}$ l Mineralwasser und $2\frac{1}{4}$ l Orangensaft.

a) Wie viel l Mixgetränk erhält er?

b) Gib verschiedene Möglichkeiten an, $2\frac{1}{8} + 5\frac{3}{4}$ zu berechnen.

c) Wie kann man bei der Subtraktion $8\frac{5}{6} - 4\frac{1}{12}$ vorgehen?

Wo steckt jeweils der Fehler?

$\frac{2}{3} + \frac{2}{5} = \frac{2}{8} = \frac{1}{4}$

42,503 – 2,23 = 42,28

7 Aus der Ziffernfolge 00032180 soll durch Setzen eines Kommas eine Zahl gebildet werden, die kleiner als 100, aber größer als $\frac{1}{100}$ ist. Schreibe alle Möglichkeiten auf.

8 Bei den Dezimalbrüchen sind einige Ziffern nicht lesbar. Ordne sie trotzdem nach der Größe. Beginne mit der kleinsten Zahl: 0,7□59; 0,698□; 0,6□79; 0,79□6

9 a) Schreibe die hier veranschaulichte Rechenaufgabe auf.

b) Man könnte als Zwischenschritt noch zwei weitere Rechtecke einfügen. Zeichne sie und erkläre, was sie veranschaulichen.

c) Veranschauliche in ähnlicher Weise $\frac{4}{5} - \frac{2}{3}$.

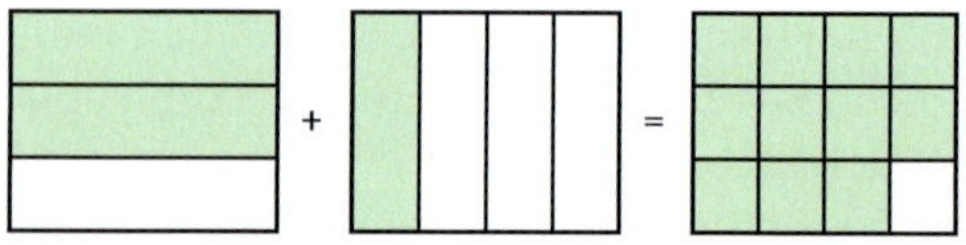

10 Das nebenstehend dargestellte Grundstück soll eingezäunt werden (Fig. 1). Berechne die Länge des dafür erforderlichen Zaunes auf zwei Arten.

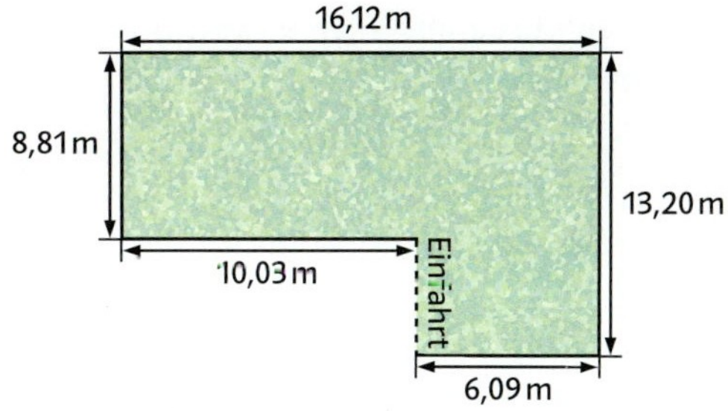

Fig. 1

11 **Geheimnisvolle Summanden**
Rundet man drei Summanden auf die erste Stelle nach dem Komma und addiert sie dann, so erhält man 12,6. Addiert man jedoch die nicht gerundeten Werte, so liegt der Wert der Summe nicht zwischen 12,6 und 12,7. Finde drei solche Zahlen.

12 Die nebenstehenden Schachteln sollen so auf eine Balkenwaage gelegt werden, dass die Waage im Gleichgewicht ist (vgl. Fig. 2). Dabei ist das Gewicht jeweils auf den Schachteln verzeichnet.
Wie viele Möglichkeiten findest du?

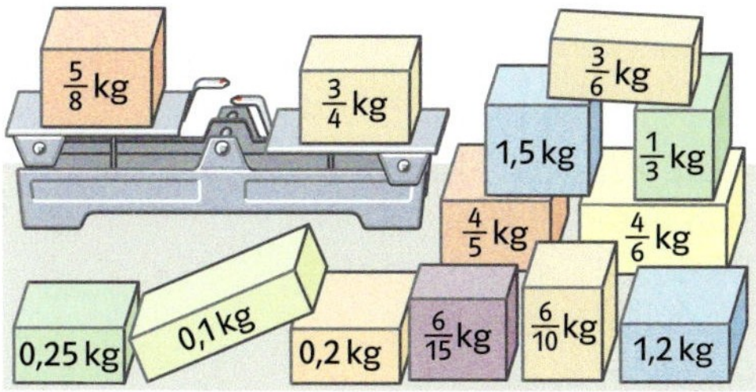

Fig. 2

Bei Aufgabe 12 müssen nicht alle Schachteln auf die Waage gelegt werden.

13 Die Speicherkarte von Lauras Fotoapparat ist schon halb voll. Sie nimmt noch zwölf Bilder auf, danach ist noch ein Drittel leer. Wie viele Bilder passen auf die Speicherkarte?

14 Lies dir den Artikel in Fig. 3 genau durch und schreibe einen geeigneten Leserbrief an die Zeitung.

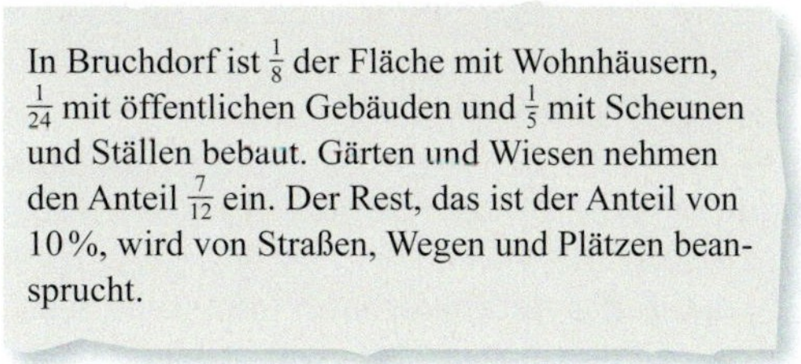
In Bruchdorf ist $\frac{1}{8}$ der Fläche mit Wohnhäusern, $\frac{1}{24}$ mit öffentlichen Gebäuden und $\frac{1}{5}$ mit Scheunen und Ställen bebaut. Gärten und Wiesen nehmen den Anteil $\frac{7}{12}$ ein. Der Rest, das ist der Anteil von 10 %, wird von Straßen, Wegen und Plätzen beansprucht.

Fig. 3

15 Am Monatsende kontrolliert Frau Neumann die Buchungen auf ihrem Girokonto. Im vergangenen Monat erhielt sie 2458,45 € Gehalt, überwies 36,00 € an das Energieversorgungsunternehmen und zahlte 636,91 € für das Darlehen ihres Hauses ab. 52,36 € und 18,43 € wurden für zwei Bausparverträge abgebucht. Für die Krankenversicherung zahlte sie 367,12 €, die Lebensversicherung buchte 62,12 € ab. Für Lebensmittel, Benzin und Kleidung hob Frau Neumann 950 € von ihrem Girokonto ab.
Zu Beginn des Monats wies ihr Konto ein Guthaben von 154,77 € auf.
Welchen Stand hat das Girokonto am Ende des Monats?

16 Bei einer Umfrage wurden die Schüler und Lehrer eines Gymnasiums von den Sechstklässlern befragt, ob die Hausaufgabenbelastung angemessen sei. Die mit dem Taschenrechner berechneten prozentualen Ergebnisse wurden in der Tabelle in Fig. 4 festgehalten.

Die Hausaufgabenbelastung ist ...	Prozentuale Anteile
... zu hoch	83,70967742 %
... in Ordnung	12,93548387 %
... zu gering	2,90322581 %

Fig. 4

a) Stellt in einer Dreiergruppe die Anteile auf einem Plakat übersichtlich in einem Säulen- oder Balkendiagramm dar.
b) Wie groß ist etwa der Anteil derjenigen, die sich bei der Umfrage enthalten haben?

Aus dem Musikunterricht kennst du die **Notenwerte**:

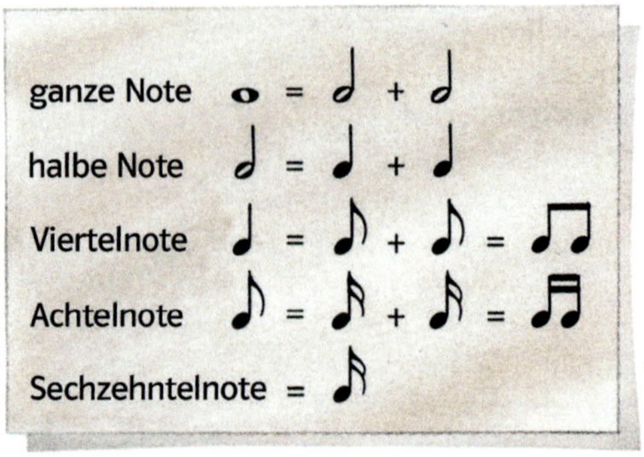

Mehr über Takte kannst du von deinem Musiklehrer erfahren. Frage ihn danach.

Addiert man die Notenwerte, so erhält man einen Hinweis auf den jeweiligen **Takt**:

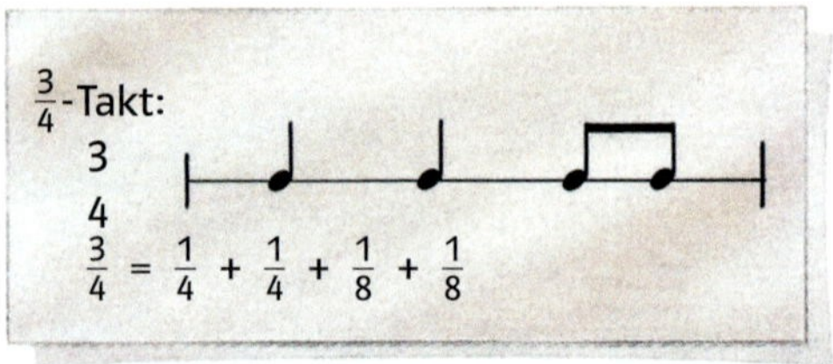

Gib die Notenwerte an und stelle fest, ob es sich um einen 2/4-, 4/4- oder 3/4-Takt handelt.

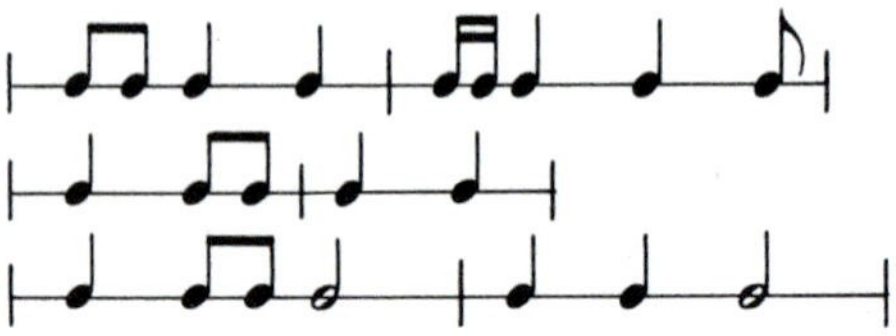

Schreibe die Brüche als Noten und gib an, ob es sich um einen 2/4-, 4/4- oder einen 3/4-Takt handelt.

a) $\frac{1}{4} + \frac{1}{4}$ b) $\frac{1}{8} + \frac{1}{8} + \frac{1}{8} + \frac{1}{8}$
c) $\frac{1}{4} + \frac{1}{4} + \frac{1}{4}$ d) $\frac{1}{8} + \frac{1}{2} + \frac{1}{8}$
e) $\frac{1}{4} + \frac{1}{4} + \frac{1}{2}$ f) $\frac{1}{4} + \frac{1}{8} + \frac{1}{8} + \frac{1}{2}$

a) Welchen Wert müsste die Note ◊ besitzen?

b) Die Note ◊ gibt es nicht. Man schreibt für ◊ ◊ ◊ diese Triole 

Welchen Wert hat diese Triole  ?

Dies ist der Bolero-Rhythmus:

Welchen Wert hat die hier vorkommende Triole  ?

Ein Punkt hinter einer Note verlängert den Notenwert um seine Hälfte. Man spricht von **Punktierung**:

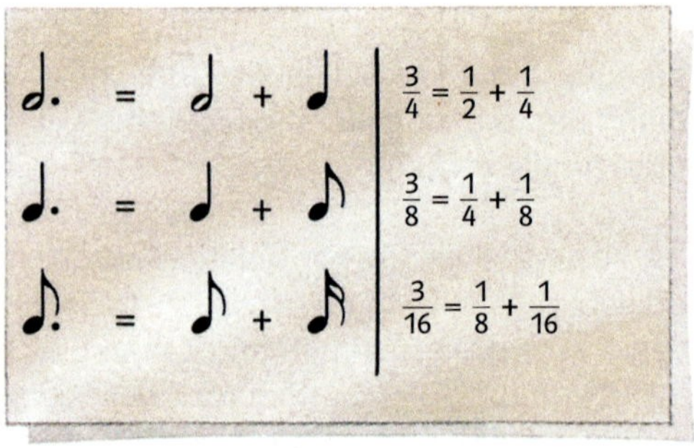

Gib die Notenwerte an und berechne den jeweiligen Takt:

a)  b) 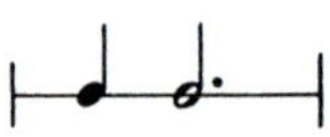

Schreibe einen 2/4-Takt mit zwei punktierten Noten und einer nicht punktierten Note.

In der Mathematik ist $\frac{3}{4} = \frac{6}{8}$ denn 3 Viertel sind genauso viel wie 6 Achtel. Das gilt auch in der Musik: 3 Viertelnoten sind genauso lang wie 6 Achtelnoten. Trotzdem unterscheidet man in der Musik zwischen einem 3/4-Takt von einem 6/8-Takt. Denn hier kommt es neben der Länge des Taktes auch darauf an, wie er unterteilt ist. Aus diesem Grund schreiben Komponisten vor manche Musikstücke 3/4- und vor andere 6/8.

Der 3/4-Takt ist in drei gleiche Teile unterteilt. Wenn man einen 3/4-Takt hört (oder z. B. als Walzer tanzt) zählt man nur die betonten Teile (mit dem > darunter). Die anderen drei Noten sind unbetont und man sagt leise „und". Der 3/4-Takt klingt also so:

„Eins – (und) – zwei – (und) – drei – (und)"

Der 6/8-Takt wird nicht in drei Teile, sondern nur in zwei gleiche Teile unterteilt. Jeder Teil enthält drei Achtel.

„Eins – (und) – (und) – zwei – (und) – (und)"

Man erkennt Musikstücke im 6/8-Takt häufig daran, dass drei Achtel durch einen gemeinsamen Balken zu einer Gruppe zusammengefasst werden. Hierbei wird jeweils die erste Achtelnote betont.

Die auf dem unteren Teil dieser Seite abgedruckten Noten sind ein Auszug aus

CARILLON
(L'Arlésienne Suite No. I)
von GEORGES BIZET

Das ist eines der seltenen Stücke, in dem 6/8- und 3/4-Takte vorkommen. Vergleiche die Takte der Flöten und Hörner. Wo spielen die Instrumente einen 3/4-Takt, wo einen 6/8-Takt?

Rückblick

Addieren und Subtrahieren von gebrochenen Zahlen
Sollen gebrochene Zahlen addiert bzw. subtrahiert werden, so unterscheidet man, ob sie in Bruchdarstellung oder in Dezimaldarstellung vorliegen.

1. Addieren und Subtrahieren von gebrochenen Zahlen in **Bruchdarstellung**
- Vereinfachen der Schreibweise.
- Auf gleichen Nenner bringen.
- Auf einen gemeinsamen Bruchstrich schreiben.
- Den Zähler berechnen.
- Falls möglich kürzen.

$$\frac{3}{8} + \frac{5}{6} - \frac{7}{21} = \frac{9}{24} + \frac{20}{24} - \frac{8}{24} = \frac{9 + 20 - 8}{24} = \frac{21}{24} = \frac{7}{8}$$

2. Addieren und Subtrahieren von gebrochenen Zahlen in **Dezimaldarstellung**
- Entsprechende Stellen der Dezimalzahlen addieren bzw. subtrahieren.
- Beim schriftlichen Rechnen Komma unter Komma schreiben.

136,5 − 25,366

136,500
− 25,366
1 1
111,134

Berechnen eines Rechenausdrucks
1. Was in der Klammer steht, muss zuerst berechnet werden.
2. Wenn mehrere Zahlen subtrahiert werden, kann man diese zusammenfassen.
3. Wenn keine Klammer vorkommt, von links nach rechts rechnen.

Beim Einsatz des Taschenrechners kann die Verwendung der Speicher sinnvoll sein.

12,8 − (0,5 + 10,7) + 4,2 − 5,8
= 12,8 − 11,2 + 4,2 − 5,8
= 12,8 + 4,2 − 11,2 − 5,8
= 17,0 − (11,2 + 5,8)
= 17,0 − 17,0
= 0

Runden und Überschlagen bei Dezimalzahlen
Steht rechts von der Rundungsstelle eine 5, 6, 7, 8 oder 9, so wird aufgerundet.

5,79 ≈ 5,8

Steht rechts von der Rundungsstelle eine 0, 1, 2, 3 oder 4, so wird abgerundet.

5,74 ≈ 5,7

Bei umfangreichen Rechnungen kann man mit einer Überschlagsrechnung schnell einen Näherungswert finden oder kontrollieren, ob das Ergebnis einer genauen schriftlichen Rechnung oder einer Taschenrechnerrechnung ungefähr stimmt.
Die Überschlagsrechnung wird im Kopf gerechnet.

10,75 − 8,69 + 22,8 + 0,1
≈ 11 − 9 + 23 + 0
≈ 25

Training

Mit diesen Aufgaben kannst du überprüfen, wie gut du die Themen dieses Kapitels beherrschst. Danach weißt du auch besser, was du vielleicht noch üben kannst.

1 Berechne.

a) $\frac{3}{5} + \frac{7}{3}$ b) $\frac{3}{10} + \frac{5}{2}$ c) $0{,}3 - \frac{2}{15}$ d) $\frac{5}{8} + \frac{7}{12}$

e) $2 - 0{,}7$ f) $5{,}1 - 2{,}6$ g) $2 + \frac{1}{10}$ h) $\frac{10}{4} + 10{,}9$

2 Welche Zahl musst du einsetzen?

a) $\square + \frac{4}{9} = \frac{16}{15}$ b) $\frac{2}{15} - \square = \frac{1}{25}$ c) $\square + 2{,}8 = 14{,}7$ d) $\square - 0{,}6 = 4{,}9$

3 Berechne geschickt.

a) $23{,}9 + 7{,}1 - 6 - 23{,}9$ b) $5{,}3 - 0{,}8 + 3{,}2 + 1{,}5 - 2{,}2$ c) $20{,}3 - 0{,}75 + \frac{7}{10} + \frac{3}{4} - 12{,}5$

4 Welche Zahl musst du einsetzen?

a) $\square + 3{,}75 = 10$ b) $4{,}3 + \square = 11{,}25$ c) $\square - 0{,}205 = 0{,}01$ d) $14{,}7 - \square = 9{,}84$

5 Welchen Abstand haben die beiden Zahlen auf der Zahlengeraden?

a) $\frac{1}{6}, \frac{7}{15}$ b) $\frac{4}{7}, \frac{5}{2}$ c) $\frac{11}{3}, \frac{15}{4}$ d) $2\frac{1}{2}, 3{,}4$

104. nationale Titelkämpfe in Braunschweig 10./11.7. 2004

6 Führe zunächst eine Überschlagsrechnung durch und berechne anschließend genau.

a) $(100{,}75 - 15{,}9) - (13{,}83 + 5{,}2)$ b) $200{,}9 - 63{,}5 - 123{,}6$ c) $(33{,}5 - 3{,}9) - (18{,}9 - 13{,}2)$

7 Opa Gustav möchte sein Vermögen von 120 000 € seinen fünf Söhnen vererben. Konrad soll $\frac{1}{6}$, Karl $\frac{1}{5}$, Knut $\frac{1}{4}$ und Konstantin $\frac{1}{3}$ erhalten. Das restliche Vermögen soll der kleine Kunibert erben.

a) Welchen Anteil des Vermögens erhält Kunibert?

b) Wie viel Geld erhält jeder der fünf Söhne?

3000-m-Hindernisläufer Filmon Ghirmai holte sich den Titel bei den deutschen Meisterschaften.

8 Der Läufer Filmon Ghirmai erzielte beim Hindernislauf im Jahr 2003 mit 8:20,50 Minuten seine Bestzeit. Obwohl er bester Deutscher über diese Strecke war, musste er die Hoffnung auf eine Olympiateilnahme in Athen 2004 begraben, da er in Braunschweig mit 8:38,91 Minuten deutlich über der Olympianorm (8:21,00 Minuten) geblieben war.

a) Um wie viel hätte er für eine Olympia-Qualifikation seine Zeit steigern müssen?

b) Wie groß ist der Unterschied zwischen seinen Läufen von 2003 und 2004?

9 Als Tanja ihre Radtour beginnt, zeigt ihr Kilometerzähler 2653,1 km an. Auf der Radtour notiert sie bei der Ankunft an jedem Abend den Kilometerstand. Leider sind die Zettel durcheinandergeraten.

2715,7 2869,0 2795,2 2688,4 2909,3

a) Wie weit ist sie an den einzelnen Tagen gefahren?

b) Insgesamt möchte sie ca. 400 km zurücklegen. Wie viele Kilometer muss sie noch fahren? Was zeigt der Tacho dann an? Schätze, wie viele Tage sie noch unterwegs ist.

10 Familie Flüssig hatte im vergangenen Jahr folgenden Wasserverbrauch (vgl. Fig. 1).

a) Berechne den Jahresverbrauch.

b) Wie groß ist der Unterschied zwischen dem geringsten und dem höchsten Verbrauch?

c) Nenne mögliche Gründe, warum der Wasserverbrauch der Familie im Sommer stark schwankte.

Januar	15,8 m^3
Februar	16,2 m^3
März	15,9 m^3
April	16,5 m^3
Mai	16,7 m^3
Juni	24,6 m^3
Juli	26,5 m^3
August	1,6 m^3
September	16,8 m^3
Oktober	16,5 m^3
November	15,9 m^3
Dezember	16,0 m^3

Fig. 1

Lösungen auf den Seiten 248–249.

Probleme lösen mit Strategie und Pfiff

Theseus und der Minotaurus, E. Burne-Jones (1833 – 1896)

Jede Lösung eines Problems
ist ein neues Problem.

Johann Wolfgang von Goethe
(1749 – 1832)

$$1 + 3 + 5 = 3 \times 3$$
$$1 + 3 + 5 + 7 = 4 \times 4$$
$$\ldots ?$$

Das kannst du schon

- Mit Zahlen forschen und rechnen
- Mit Formen und Figuren umgehen
- Mit Daten arbeiten

$\frac{x+y}{2}$ Arithmetik/Algebra

Funktionen

Geometrie

Stochastik

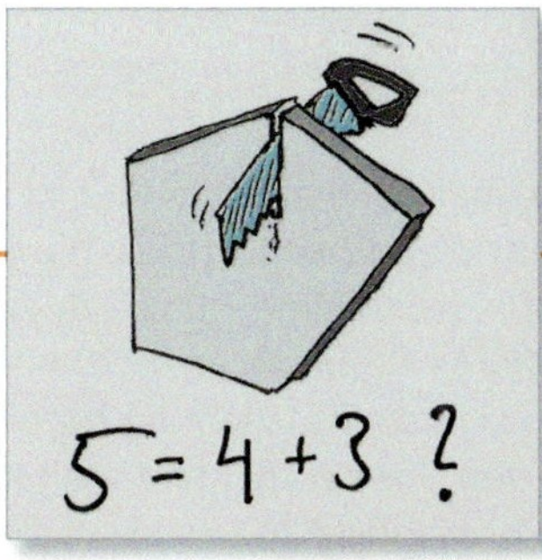

Thomas Alva Edison (1847 – 1931) gilt als einer der bedeutendsten Erfinder der Weltgeschichte. Seinen ersten Erfolg hatte der amerikanische Elektotechniker mit der Konstruktion eines verbesserten Börsentelegrafen. Weitere bahnbrechende Erfindungen, unter ihnen der Fonograf, Filmaufnahmegeräte und das Kohlekörnermikrofon, ein Bestandteil des Telefons, folgten. Insgesamt erhielt Edison Patente für 1500 Erfindungen, zu denen sogar das Fertighaus gehört.

Das kannst du bald

- Probleme erkunden und verändern
- Probleme mit Strategien lösen
- Lösungen bewerten

Argumentieren/ Kommunizieren | **Problemlösen** | Modellieren | Werkzeuge

Erkundungen

Manchmal ist das Lösen einer Mathematikaufgabe wie eine Flussfahrt. Man muss immer nur den Fluss entlang fahren, dann kommt man irgendwann ans Ziel.

7 + ((12 + 3)·97 + 20) · 5 − 100 = ?

Manchmal ist das Lösen einer Mathematikaufgabe aber auch aufregender. Man weiß gar nicht genau, wohin man fährt, und entdeckt auf dem Weg Unerwartetes. Dann fühlt man sich eher wie die frühen Seefahrer, die auszogen, um unbekannte Meere zu erkunden und neue Kontinente zu entdecken. Das ist ein ganz anderes Gefühl. Man weiß nie ganz genau, wo man gerade ist und wann man neues Land sichtet. Trotzdem ist man nicht ganz verloren, denn man kann sich nach der Sonne und den Sternen richten, man kann günstige Winde ausnutzen und manchmal kann man sich von Insel zu Insel vorarbeiten.

Solche Mathematikaufgaben nennt man auch „Probleme“. Ihr habt in diesem Mathebuch auf den Seiten „Erkundungen“ schon viele Probleme gelöst und dabei schon manches Neuland selbst entdeckt. In diesem Kapitel sollt ihr nun zu erfahrenen Seeleuten auf dem Meer des Problemlösens werden. Dazu gehört vor allem, dass ihr zunächst noch einige Reisen unternehmt und dabei mathematische Erkundungen durchführt. Papagei Polly weiß darüber Bescheid und wird euch begleiten. Also los geht's ...

Wie man die Übersicht behält ...
Aber Halt! Damit ihr hinterher noch wisst, was so passiert ist und was ihr alles entdeckt habt, solltet ihr eine gute Tradition aus der Seefahrt übernehmen: Das Logbuch. Das kann z. B. so aussehen:

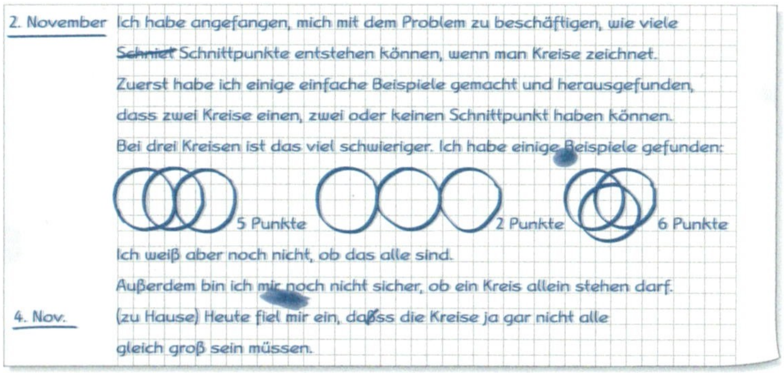

Was alles im Logbuch stehen kann

- Was ich herausfinden will
- Welche Ideen ich habe
- Wie ich vorgehen will
- Was ich versucht habe
- Was nicht geklappt hat
- Was geklappt hat
- Was ich sonst noch vermute

Problem 1 (aus dem Bereich Geometrie)
Wenn man zwei Geraden zeichnet, dann können sie einen Schnittpunkt haben, sie können aber auch keinen einzigen Schnittpunkt haben.
Wenn man drei Geraden zeichnet, wie viele Schnittpunkte können sie haben? Gibt es eine Möglichkeit, dass sie 0, 1, 2, 3, 4 oder sogar mehr Schnittpunkte haben? Wie müssen die Geraden liegen, damit sie jeweils so viele Schnittpunkte haben?
Was kann alles passieren, wenn man vier Geraden schneidet? Und bei fünf?

Pollys Tipp:
Vielleicht malst du von jedem Fall immer ein Bild oder mehrere verschiedene Bilder.

Problem 2 (aus dem Bereich Rechnen mit Zahlen)
Ihr habt eine bestimmte Zahl von gleichen Münzen und sollt daraus Türme bauen:
Mit 11 Münzen kann man zwei Türme bauen, bei denen einer genau ein Stockwerk höher ist als der andere. Mit wie viel Münzen kann man noch solche Türme bauen, die sich nur um ein Stockwerk unterscheiden?
Mit 12 Münzen kann man auch drei Türme bauen, die sich jeweils um ein Stockwerk unterscheiden (siehe Fig. 1). Mit wie vielen Münzen geht das noch?
Kannst du dir andere Turmprobleme ausdenken?
Pollys Tipp:
Finde erst einmal möglichst viele Beispiele und schaue dann, was sie gemeinsam haben.

Fig. 1

Problem 3 (aus dem Bereich Daten)
Die drei Kinder von Familie Johanson sind durchschnittlich 10 Jahre. Wie alt könnten die drei Kinder von Familie Johanson sein? Finde alle Möglichkeiten!
Pollys Tipp:
Finde erst einige einfache Beispiele und erstelle dir dann eine Übersicht.

Problem 4 (aus dem Bereich Rechnen, Geometrie und Daten)
Jeder kennt Dominos. Spannender sind da schon *Triominos*, die aus *drei* Quadraten bestehen. Da gibt es nämlich schon zwei verschiedene Steine (siehe Fig. 2). Wie mag es erst bei *Tetrominos* (Steine aus 4 Quadraten) oder *Pentominos* (Steine mit 5 Quadraten) aussehen?

Fig. 2

Problem 5: Flussfahrt oder auf hoher See?
Inzwischen bist du ein mutiger Seefahrer und kannst deine Reiseroute selbst bestimmen. Das heißt, du kannst dir auch eigene Probleme stellen.
Stell dir eigene Aufgaben, bei denen es darum geht, auf welche Weise sich Figuren schneiden. Also z. B. wie oft, welche Anzahl oder Form die Schnittgebiete haben usw. Nimm Kreise, Quadrate, Rechtecke, … wie immer du willst. Deine Aufgaben müssen nicht genau zu diesen Bildern passen. Sie dienen nur zur Anregung.

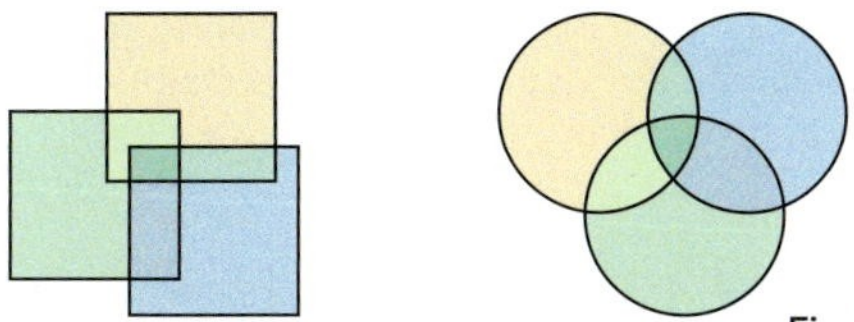
Fig. 3

Pollys Tipp:
1. *Du stellst dir (mindestens) drei verschiedene Aufgaben.*
2. *Du probierst, sie zu lösen (wenn ihr zur zweit arbeitet, könnt ihr euch die Aufgaben auch gegenseitig stellen).*
3. *Du überlegst nachher, ob es eine Flussfahrt oder eine Fahrt auf offener See war.*

Nicht vergessen: Auch hier ein Logbuch führen.

‹‹‹ Blick zurück ‹‹‹
Du hast schon fünf Erkundungsfahrten hinter dir. Dabei hast du viele Entdeckungen gemacht und sie in deinem Logbuch festgehalten. Schau es dir noch einmal durch und schreibe auf:
- Was war schwierig, was war einfach? Warum?
- Bist du bei den fünf Problemen in ähnlicher Weise vorgegangen? Wie?
- Hast du bei den Problemen unterschiedliche Erfahrungen gemacht? Welche?

1 Mathematische Probleme

Cafeteria im Jugendgästehaus

Pfandliste		
	Tasse	2,50 €
	Glas	0,15 €
	Flasche	0,70 €

Grigori hat zwei Tassen, zwei Gläser und fünf Flaschen zurückgegeben. Michel hat für sein Leergut an der Pfandkasse 7,80 € bekommen.

$2 \cdot 3 \cdot 4 \cdot 5 = \_\_$

$\_ \cdot \_ \cdot \_ \cdot \_ = 1680$

Mathematikaufgaben können ganz unterschiedlich sein:
- Bei manchen Aufgaben weiß man sofort, was zu tun ist. Man weiß auch, dass man am Schluss eine Lösung haben wird.
- Bei anderen Aufgaben gibt es keinen direkten Weg zur Lösung. Es kann sogar sein, dass es keine Lösung oder mehrere Lösungen gibt. Solche Aufgaben nennt man auch „mathematische Probleme".

Eine Aufgabe ist ein **mathematisches Problem**, wenn man mit dem, was man gelernt hat, nicht sofort weiterkommt.

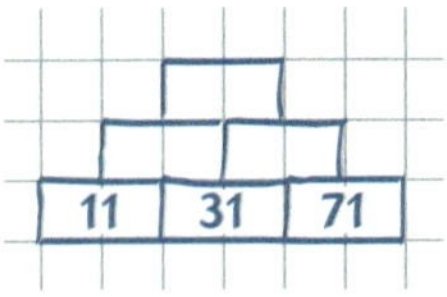

Fig. 1

Beispiel 1
Vervollständige die Zahlenmauer in Fig. 1. Die Zahl in jedem Stein ist die Summe der beiden darunter liegenden Steine.
Mögliche Lösung:
Peter hat in sein Logbuch eingetragen:

Ich habe von unten nach oben einfach alles ausgerechnet:
11 + 31 = 42, 31 + 71 = 102, 42 + 102 = 144. Ich habe schon vorher gewusst, dass es eine Lösung gibt und wie ich sie bekomme. Für mich war das kein mathematisches Problem.

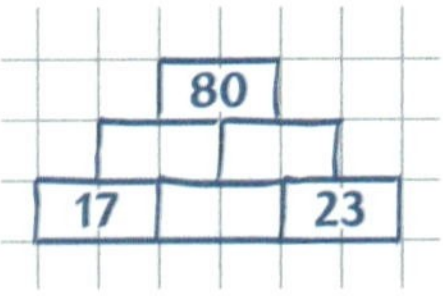

Fig. 2

Beispiel 2
Vervollständige die Zahlenmauer in Fig. 2. Die Zahl in jedem Stein ist die Summe der beiden darunter liegenden Steine.
Mögliche Lösung:
Anja hat in ihr Logbuch eingetragen:

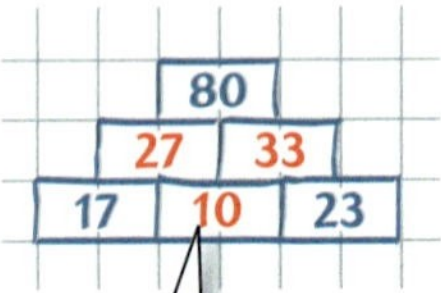

Fig. 3

Die Aufgabe ist genauso wie bei Peter, aber die Zahlenmauer ist anders. Sie hat Lücken an anderen Stellen, deswegen kann ich gar nichts ausrechnen. Vielleicht gibt es ja gar keine Lösung?
Weil ich nichts Besseres weiß, probiere ich einfach mal eine Zahl aus und setze eine 10 in das unterste leere Feld. Oben kommt dann 60 heraus (Fig. 3). Wäre ja auch Glück gewesen, wenn ausgerechnet 80 herausgekommen wäre. Vielleicht klappt es, wenn ich unten etwas größeres einsetze, z. B. noch 20 mehr, also 30. Jetzt kommt oben 100 heraus, also sind oben nicht nur 20, sondern 40 dazugekommen. Vielleicht kommt oben immer doppelt so viel wie ich unten einsetze dazu. Dann müssten unten 20 reichen. Toll – jetzt klappt es!
Das war wirklich ein mathematisches Problem. Was ich gelernt habe, hat mir irgendwie nicht weitergeholfen. Ich musste mir was Neues ausdenken.

Aufgaben

1 Bilde Additionsaufgaben. In jedem Kästchen soll eine der Ziffern 1, 2, 3, 4, 5, 6, 7, 8 oder 9 stehen. Aber Achtung: Du darfst keine Ziffer doppelt verwenden!

a) □□ + □□ = 99   b) 123 + 65 = □□□   c) 1□ + □1 = 50

d) 123 + □□□ = 912   e) □□□ + □□□ = 999   f) □□□ + □□□ = □□□

g) Bei welcher Aufgabe gibt es genau eine Lösung? Bei welcher gibt es mehrere Lösungen? Bei welcher Aufgabe gibt es keine?

h) Welche Aufgaben waren direkt lösbar, welche waren ein mathematisches Problem? Warum?

2 Quadrate aus Quadraten bilden

a) Lege oder zeichne aus vier kleinen Quadraten so viele verschiedene Figuren wie möglich. Bei den Quadraten soll immer Seite an Seite stoßen. Diese Figuren heißen „Quadrominos". Fig. 1 zeigt zwei Beispiele.

b) Lege mit jeweils vier gleichen Quadrominos nun ein Quadrat zusammen.

c) Zeichne ein Quadrat, das 6 Kästchen breit und 6 Kästchen lang ist, auf kariertes Papier. Zerteile es entlang der Linien in vier gleich aussehende Figuren. Welche Möglichkeiten gibt es?

d) Welche der Aufgaben a) bis c) waren direkt lösbar, welche waren eher ein mathematisches Problem? Warum?

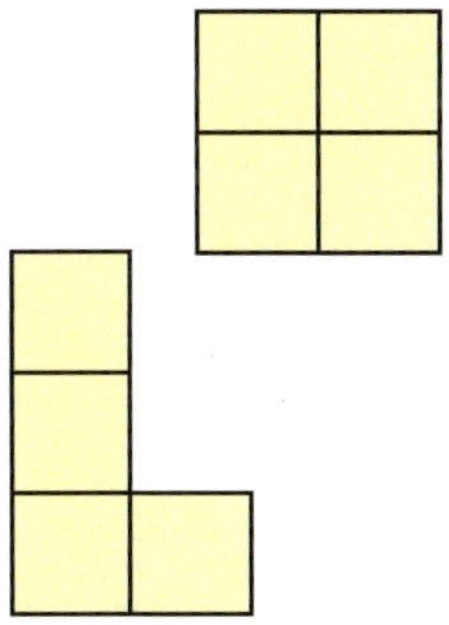

Fig. 1

3 Es gibt Falschspieler, die ihre Würfel zinken, sodass auf den sechs Seiten nicht die Zahlen 1, 2, 3, 4, 5 und 6 stehen, sondern manche Zahlen fehlen und andere mehrfach auftauchen. Beim schnellen Spiel tauschen sie dann, ohne dass es jemand bemerkt, normale Würfel gegen solche Würfel aus. Fig. 2 zeigt das Netz eines solchen Würfels.

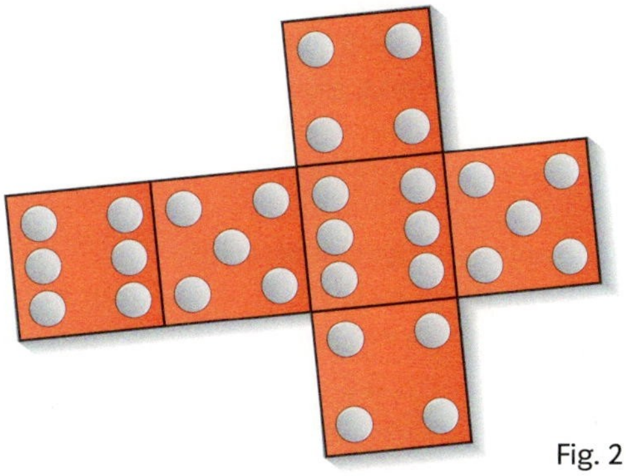

Fig. 2

Bei einem geläufigen Würfelspiel würfelt man mit zwei Würfeln und berechnet die Summe der Augen auf beiden Würfeln. Wer dann z. B. die Augensumme 7 hat, gewinnt.

a) Welche Augensummen können beim Werfen mit zwei fairen Würfeln auftreten? Welche nicht?

b) Wenn der eine Würfel nur die Augenzahlen 1, 3 und 5 hat und der andere nur die 2, 4 und 6, welche Augensummen kommen dann nie?

c) Du sollst Zahlen auf die beiden Würfel schreiben, sodass niemals eine 7 gewürfelt werden kann. Es sollen aber trotzdem möglichst viele verschiedene Augenzahlen auf den Würfeln stehen. Mache sinnvolle Vorschläge.

d) Wenn man bei zwei normalen Würfeln nur einen fälscht und bei diesem nur eine Zahl gegen eine andere austauscht, welche Auswirkungen kann das auf die möglichen Augensummen haben?

e) Welche der Aufgaben a)–d) waren direkt lösbar, welche waren eher ein mathematisches Problem? Warum?

Entdeckst du den Fehler auf der Briefmarke?

2 Strategien anwenden

Ein Briefmarkenheftchen soll Marken zu 55 Cent und zu 95 Cent enthalten. Es soll ganze Euro kosten. Welche Möglichkeiten der Zusammenstellung gibt es?

Wenn man bei einem mathematischen Problem nicht sofort weiterkommt, muss man nicht aufgeben. Es gibt einige Strategien, die man oft anwenden kann.

Problem:
Die 75 Stühle im Saal sollen für eine Vorstellung „auf Lücke" gestellt werden. In jeder Reihe steht dann ein Stuhl mehr als in der Reihe davor. Wie kann die Aufstellung aussehen?

Mögliche Strategie:
Karen sieht keine unmittelbare Lösung. Daher will sie erst einmal **„einzelne Beispiele finden"**. Sie probiert zunächst $7 + 8 + 9 + 10 + 11 + 12 + 13 = 70$. Also noch eine Reihe $70 + 14 = 84$, aber das ist schon zu viel. Dann kann man ja die erste Reihe wieder wegnehmen $84 - 7 = 77$. Leider immer noch knapp zu viel. Vielleicht mit einer anderen Zahl anfangen: $6 + 7 + 8 + 9 + 10 + 11 + 12 = 63$. Klar, das sind ja in jeder Reihe ein Stuhl weniger als am Anfang, also 7 weniger als 70. Jetzt noch eine Reihe $63 + 13 = 76$. Schon wieder zu viel. Bei diesem Problem scheint sie mit der Strategie „einzelne Beispiele finden" nicht weiterzukommen.

Eine andere mögliche Strategie:
Karen probiert es jetzt systematischer mit der Strategie **„eine Tabelle anlegen"**. Sie trägt ihre Ergebnisse ein und rechnet weitere aus:

in der 1. Reihe	bei 5 Reihen	bei 6 Reihen	bei 7 Reihen	bei 8 Reihen
6 ↘ +1	40 ↘ +5	51 ↘ +6	63	76
7	45	57	70	84
8	50	63	77	92
9	55	69	84	100

Dabei erkennt sie Regelmäßigkeiten: Wenn man bei 6 Reihen einen Stuhl zur ersten Reihe stellt, muss man das auch bei den folgenden Reihen tun. Es kommen also immer 6 Stühle dazu. Wenn man die Zahlenreihe 51, 57, 63, 69 fortsetzt bekommt man bei 10 Stühlen in der ersten Reihe die gesuchten 75. (Übrigens kann man mit der Tabelle auch die Lösung 13 Stühle in der 1. Reihe und 5 Reihen finden.)

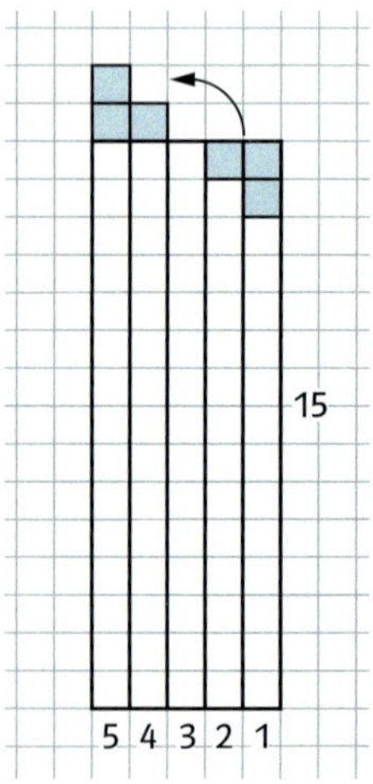

Fig. 1

Mögliche Strategie:
Lukas mag es gern konkret, er verwendet die Strategie **„eine Zeichnung anlegen"**. Er rechnet $75 = 5 \cdot 15$ und stellt die Stühle erst einmal im Rechteck auf (Fig. 1). Um das „Versetzt stehen" macht er sich erst einmal keine Gedanken, man kann ja später noch rücken. Wenn er jetzt von den vorderen Reihen Stühle wegnimmt und nach hinten stellt, bekommt er sofort eine Lösung. In diesem Fall hat die Zeichnung schnell weitergeholfen.

Drei Strategien, die bei mathematischen Problemen manchmal weiterhelfen, sind:
- **Einzelne Beispiele ausprobieren**
- **Eine Tabelle anlegen**
- **Eine Zeichnung anlegen**

Nicht *jede* Strategie hilft bei *jedem* Problem weiter.

Aufgaben

Überlege bei jeder der folgenden Aufgaben, ob dir eine der drei Strategien weiterhilft.

1 Miriam wohnt 4 km und Dimitri 3 km von der Schule entfernt. Wie weit könnten Miriam und Dimitri voneinander entfernt wohnen? Gib verschiedene Lösungen an.

2 Versuche mit 20 m Zaun eine möglichst große rechteckige Fläche zu umschließen.

3 Asterix, Obelix und Idefix teilen sich einen Kuchen. Obelix bekommt fünfmal so viel wie Asterix. Asterix bekommt doppelt so viel wie Idefix. Wie viel bekommt jeder?

4 Ein Würfelspiel geht so: Du würfelst mit drei Würfeln und setzt aus den drei gewürfelten Ziffern alle möglichen Zahlen zusammen, also z. B. aus einer 1, 3 und 3 eine 331 oder auch eine 313. Dann darfst du alle verschiedenen Zahlen, die du aus diesen drei Ziffern bilden konntest, zusammenzählen. Was ist das größte Ergebnis?

Wenn du hier ein Logbuch führst (s. S. 128), kannst du deine Ideen besser nachvollziehen.

5 Melanie, Ralf und Peter helfen in den Sommerferien im Tierheim aus. Melanie hilft alle 3 Tage am Empfang, Ralf fegt alle 5 Tage die Hundezwinger und Peter hilft alle 2 Tage beim Füttern. Wie oft treffen die drei in den 6 Wochen Ferien im Tierheim aufeinander?

6 Wie oft am Tag ist die Summe der Ziffern auf der Digitaluhr gleich 6?

7 Peter, Hans, Tina und Susi sind Vierlingsgeschwister und Eisfans. In den Sommerferien haben sie sich vorgenommen, jeden Tag ein Eis zu essen. Ihr Vater hat also schon einmal eine große Ration eingekauft und in die Tiefkühltruhe gestellt: Zitrone, Vanille, Erdbeer, Banane und Schlumpf. Er entscheidet: Jeden Tag gibt es für jeden ein Eis mit drei Kugeln.
a) Peter will jeden Tag ein anderes Eis essen. Und jeden Tag sollen drei verschiedene Sorten dabei sein. Wie viele Tage kann er das durchhalten?
b) Hans will auch jeden Tag ein anderes Eis essen. Ihm macht es aber nichts aus, wenn auch mal zwei oder drei Kugeln gleich sind. Wie viele Tage kommt er aus?
c) Tina und Susi könnten andere Wünsche haben. Welche? Wie viel Tage kommen sie aus?

8 Marvins Mathelehrer hat sich einen Weg ausgedacht, wie er Marvin länger beschäftigen kann. Er gibt ihm am Anfang der Stunde auf: Addiere alle ungeraden Zahlen (also 1, 3, 5 usw.) bis 99 – ohne Taschenrechner. Aber Marvin findet einen Weg, wie er sich die Arbeit vereinfachen kann. Er ist nach 5 Minuten fertig.

3 Messen, schätzen oder rechnen?

Stimmt die Rechnung des verrückten Professors? Wie genau sind die einzelnen Angaben eigentlich? Wie viel Gramm Spucke bleibt bei jedem Befeuchten am Brief vermutlich hängen?

Bei manchen Problemen liegen nicht alle Informationen, die man benötigt, vor oder sie sind nur sehr ungenau. Zuerst vergewissert man sich: Welche Informationen liegen eigentlich schon vor? Dann gibt es verschiedene Strategien, wie man weiterarbeiten kann.

Wenn man bei einem Problem nicht unmittelbar die Lösung angeben kann, weil noch Informationen fehlen, kann man überlegen:

- Gibt es Informationen, die man durch **Messen** erhält?
- Gibt es Informationen, die man durch **Schätzen** erhält?
- Gibt es Informationen, die man durch **Rechnen** findet?

Oft kann man mehrere der Strategien anwenden und kommt dann bei einem Problem besser weiter.

Beispiel

Janina, Martin und Nicole haben diesen Satz im Internet gefunden: „Ein tropfender Wasserhahn kann pro Tag bis zu 100 Liter Wasser verschwenden." Sie wollen herausfinden, ob das stimmen kann oder ob sich die Autoren der Internetseite nicht gehörig verschätzt haben. Nun kann man aber erst einmal nichts ausrechnen.

Jeder versucht es mit einer anderen Strategie:
Janina geht das Problem durch **Messen** an: Sie lässt den Wasserhahn tropfen und fängt das Wasser in einem Trinkbecher auf. In 10 Minuten ist der Becher, der ein Volumen von 0,2 Liter hat, voll. Dann rechnet sie nach: Nach 50 Minuten hat sie einen Liter. Ein Tag hat $24 \cdot 60 = 1440$ Minuten, also berechnet sie $1500 : 50$ und kommt auf etwa 30 Liter am Tag.

Eine andere mögliche Strategie:
Martin probiert es zunächst mit **Schätzen**: Er stellt sich einen Tropfen etwa 5 Millimeter groß vor. Ein Liter ist ein Würfel mit 1 dm, also 100 mm, Kantenlänge. Also passen in einen Liter $20 \cdot 20 \cdot 20 = 8000$ Tropfen, eher mehr, weil ein Tropfen ja kleiner ist als ein Würfel, also eher 10 000 Tropfen.

Nun rechnet er: In 100 Liter Wasser sind dann etwa 1 000 000 Tropfen. Ein Tag hat $24 \cdot 60 \cdot 60 = 86\,400$ Sekunden. Dann müssten jede Sekunde $1\,000\,000 : 86\,400$, also etwa 10 Tropfen durch den Wasserhahn gehen. Das scheint ihm eher ein sehr stark tropfender Hahn zu sein.

Die drei runden zwischendurch immer wieder, weil sie wissen, dass sie nur einen groben Wert benötigen und weil ihre Ausgangsschätzungen bereits sehr unsicher sind.

Eine andere mögliche Strategie:
Nicole macht zunächst – soweit wie es die Informationen zulassen – eine **Rechnung**: 100 Liter am Tag, das sind 100 : 24, also etwa 4,2 Liter in der Stunde, das sind 4,2 : 60 = 0,07 Liter in der Minute. 0,07 Liter sind $0{,}07 \cdot 1000\,\text{cm}^3 = 70\,\text{cm}^3$. In jeder Sekunde sind das etwa $70 : 60 \approx 1{,}2\,\text{cm}^3$. Nun zeichnet sie das Schrägbild eines Quaders mit den Maßen $1\,\text{cm} \cdot 1\,\text{cm} \cdot 1{,}2\,\text{cm}$. Das soll die Wassermenge sein, die jede Sekunde durchtropft? Das scheint ihr etwas viel. Ein Zehntel davon wäre wohl eher realistisch.

Janina, Martin und Nicole haben verschiedene Ergebnisse, aber alle drei sind sich sicher, dass die Internetseite übertrieben hat.

Aufgaben

1 Was man mit DIN-A4-Papier so alles machen kann ...

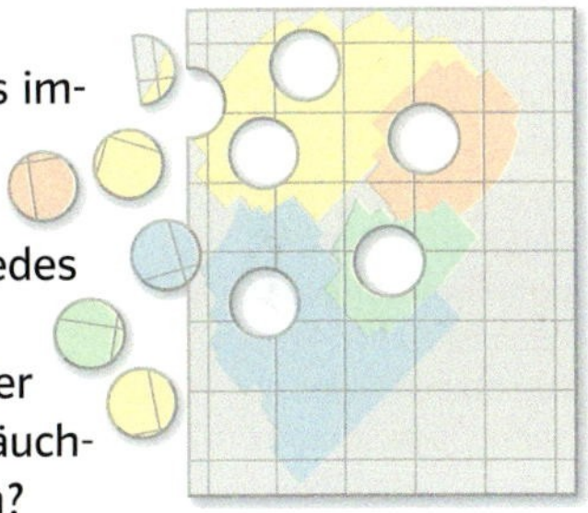

a) Ein gefaltetes Blatt Papier kann man wieder in der Mitte falten usw. Dabei wird es immer dicker. Wie oft müsstest du das Papier falten, damit es höher wird als du?
b) Wie viele Konfetti kann man aus einem DIN-A-4-Blatt Papier stanzen?
c) Wie hoch wäre der Stapel an Papier, wenn man alle Kopien, die in deiner Schule jedes Jahr gemacht werden, aufeinander legt?
d) Der längste Roman der Welt hat über 5000 Seiten. Er heißt „Auf der Suche nach der verlorenen Zeit" und ist vom französischen Schriftsteller Marcel Proust. Wie lange bräuchtest du wohl, um einen solchen Roman zu schreiben? Und wie lange, um ihn zu lesen?

2 Nach den Schulbauempfehlungen sollte der Pausenhof so groß sein, dass rechnerisch für jeden Schüler $5\,\text{m}^2$ zur Verfügung stehen. Prüft das an dem Pausenhof im Bild oder an eurem eigenen Pausenhof nach.

Schreibe dir bei jedem Problem auf:
- *Was ich messen kann: ...*
- *Was ich schätzen kann: ...*
- *Was ich sofort berechnen kann: ...*

Du kannst auch hier wieder eine Tabelle oder eine Zeichnung anlegen.

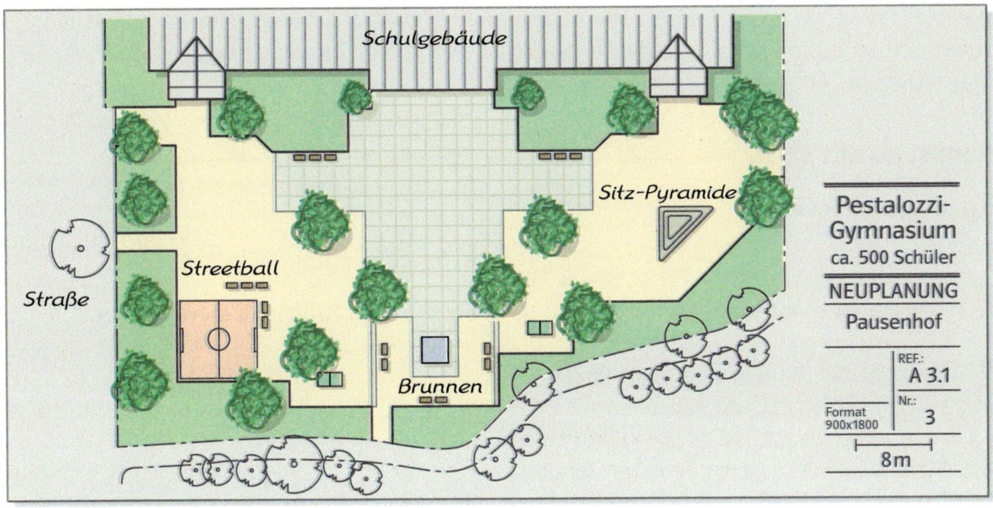

3 **„Schulforschung"**

a) Welcher Lehrer redet am meisten?

b) Wie viele Kilometer Weg legt ein Lehrer im Schulgebäude pro Tag zurück?

c) Was ist eigentlich schwerer? Alle Lehrerinnen und Lehrer der Schule zusammen? Oder alle Schülerinnen und Schüler zusammen? Oder alle Schulbücher in der Schule? Oder alle Tische und Stühle?

d) Denkt euch eine eigene Frage aus, die ihr erforschen könnt.

Bist du sicher?

1 Sucht eine Ampel in eurem Ort aus und bestimmt, wie viele Stunden am Tag das grüne Licht leuchtet.

Du kannst auch hier deine Ideen und den Lösungsweg in einem Logbuch festhalten, damit hinterher jeder nachvollziehen kann, wie du zu deinem Ergebnis gekommen bist.

4 Die Erbauer dieses Wegelabyrinths neben der St.-Pauls-Kirche in Kentucky möchten gerne Werbung für das Labyrinth machen. Dazu möchten sie die Fläche der Anlage und die Länge des Weges auf ein Hinweisschild schreiben. Welche Angaben sollten sie machen? (Die rot markierte Strecke zwischen den beiden Bäumen am Eingang beträgt 5 Meter.)

5 Eltern stellen oft seltsame Behauptungen auf: „Wenn ich den ganzen Tag im Haus arbeite, habe ich mindestens 10 Kilometer hinter mir." Überprüfe dies einmal.

6 Sammelt eigene Fragen, bei denen man messen, rechnen oder schätzen muss – vielleicht sogar alles drei? Solche Fragen könnten z. B. lauten:
Wie viele Tropfen Wasser füllen ein Trinkglas? Wie viele Bäume stehen in unserem Ort?
Schreibt eure besten drei Fragen auf ein Blatt Papier und fertigt zu jeder Frage eine Beispiellösung an. Dann werden alle Aufgaben im Klassenraum ausgehängt und jeder sucht sich eine Aufgabe der anderen zur Bearbeitung aus. Ihr könnt auch einen Preis für die „schönste" Aufgabe vergeben.

Kannst du das noch?

7 Berechne im Kopf.

a) $\frac{1}{2} + \frac{5}{6} =$ b) $\frac{3}{4} - \frac{1}{5} =$ c) $\frac{4}{9} + \frac{2}{3} =$ d) $\frac{3}{8} - \frac{1}{12} =$

8 Schreib eine Aufgabe mit dem Ergebnis $\frac{1}{2}$, bei der fünf Brüche addiert werden.

9 Beachte die Reihenfolge beim Rechnen.

a) $12 + 3 \cdot 7 =$ b) $42 : 6 - 4 =$ c) $12 \cdot 3 : (53 - 49) =$ d) $37 - 10 \cdot (5 - 3) =$

10 Schreibe in der nächstkleineren Einheit.

a) 12 m b) 15 a c) 2,5 h d) $2\,m^2$ e) 33 kg f) $3\,cm^3$

4 Probleme formulieren

Peter: „Ich habe im Internet das Puzzle gefunden." Nicola: „Na und?" Peter: „Ich glaube, die Steine sind alle verschieden, aber irgendetwas haben sie alle gemeinsam ..."

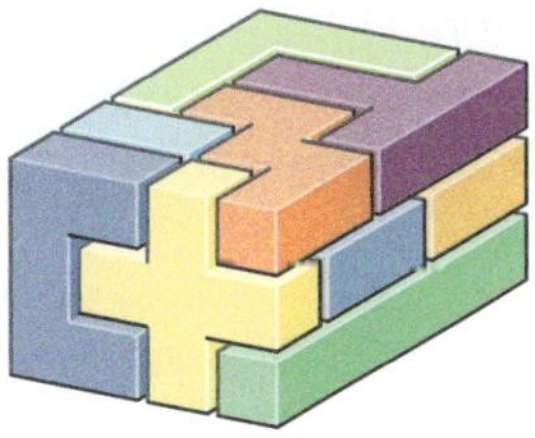

In vielen Situationen sind mathematische Probleme versteckt. Meist steht aber nicht eine Aufgabenstellung daneben – dann kann man selbst versuchen, sinnvolle Fragestellungen zu finden. Oft beginnen solche Fragen mit: „Wie viele ...?", „Welche ...?" oder „Ist das immer so?" oder „Warum ist das so?" oder „Was passiert, wenn ...?"

Beispiel 1
Eine einfache Rechenaufgabe sieht z. B. so aus: $1 + 3 + 5 = 9$.
- Michael probiert weiter: „$1 + 3 + 5 + 7 = 16$. Schon wieder eine Quadratzahl. Warum ist das so?"
- Joana probiert etwas anderes: „Sie addiert immer drei Zahlen, die im Abstand 2 aufeinander folgen: $2 + 4 + 6 = 12$, $3 + 5 + 7 = 15$. Diesmal sind es keine Quadratzahlen. Aber die Ergebnisse sind immer durch drei teilbar. Ist das immer so?"

Ein Problem kommt selten allein. Wenn man ein Problem gelöst hat, kann man es oft verändern und erhält ein neues Problem. Das geht zum Beispiel, wenn man bei der Aufgabenstellung bestimmte Teile weglässt oder verändert. Das neue Problem kann schwieriger oder leichter sein, das kann man nie vorhersehen.

Beispiel 2
Ein gelöstes Problem sieht z. B. so aus: Addiert man drei aufeinander folgende Zahlen, so ist das Ergebnis durch drei teilbar. $11 + 12 + 13 = 36$. Marcel hat erkannt, dass das Ergebnis das Dreifache der mittleren Zahl ist, also $36 = 3 \cdot 12$, denn die anderen beiden Summanden sind ja jeweils eins größer und eins kleiner als die mittlere Zahl.
- Mirjam fragt: „Wodurch kann man das Ergebnis teilen, wenn man vier aufeinander folgende Zahlen addiert?"
- Dennis fragt: „Was passiert, wenn man drei aufeinander folgende Brüche addiert?"
- Matthias hakt nach: „Welcher Bruch folgt denn überhaupt auf $\frac{1}{3}$?"
- Marisa fragt: „Was kann man über die Ergebnisse sagen, wenn man drei aufeinander folgende Zahlen *multipliziert*?"

In manchen Situationen ist keine Aufgabe vorgegeben. Hier kann man verschiedene Probleme finden, wenn man z. B. fragt: „Wie viele ...?", „Warum ...?" oder „Ist das immer so?"

Wenn man ein mathematisches Problem gelöst hat, kann man oft ein neues Problem daraus machen, z. B. indem man die Frage etwas verändert.

Aufgaben

Überlegt bei gefundenen Fragen: Ist das überhaupt ein Problem? Erinnert ihr euch an alle Strategien aus diesem Kapitel? Vielleicht helfen sie ja auch hier.

1 Mit 6 Streichhölzern kann man eine Fläche von 2 Quadraten umranden (Fig. 1). Welche Fragen kann man hier stellen? Versuche auch, die aufgeworfenen Fragen zu beantworten.

Fig. 1

2 Das „Haus vom Nikolaus“ kann man mit einem Mal durchzeichnen, ohne den Bleistift abzusetzen. Wie sieht es aus, wenn der Nikolaus in ein anderes Haus umzieht (z. B. das in Fig. 2)? Wie oft muss man den Stift höchstens absetzen? Welche anderen Probleme kann man hier finden?

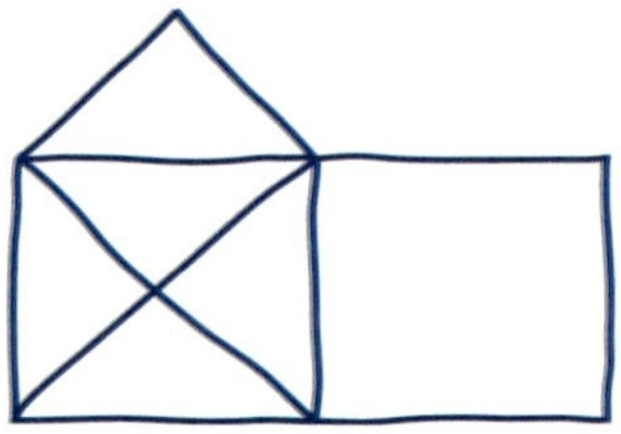

Fig. 2

3 Man kann nicht nur Zahlen, sondern auch ebene Figuren addieren. Ein Dreieck und ein Viereck kann man z. B. zu einem Fünfeck zusammensetzen, also 3 + 4 = 5 (siehe Fig. 3). Welche anderen „Rechnungen“ kann man mit Vielecken noch machen?

Fig. 3

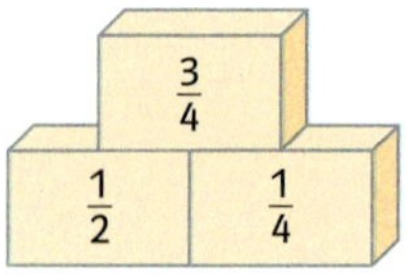

Eine Zahlenmauer mit Brüchen funktioniert genauso, wie mit natürlichen Zahlen.

4 Du sollst vier Teelichter in einen rechteckigen Karton verpacken. Der Karton soll so klein wie möglich sein. Fig. 4 zeigt, wie es mit 3 Teelichtern funktionieren könnte. Versuche auch andere, ähnliche Probleme zu finden und zu untersuchen.

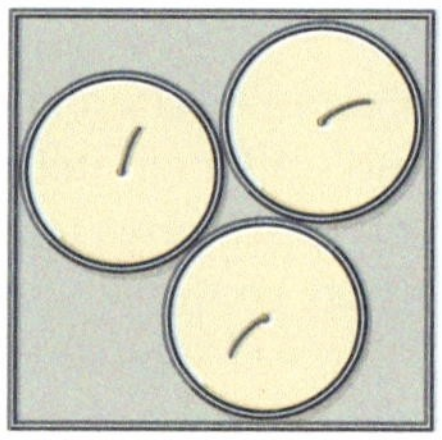

Fig. 4

5 Untersuche die Zahlenmauer in Fig. 5. Was kannst du für Regeln entdecken?

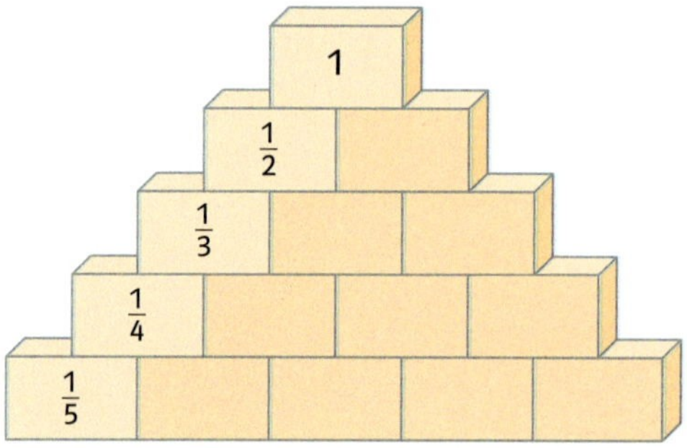

Fig. 5

6 a) Untersuche, wie die Maschine in Fig. 6 funktioniert: Was kommt unten heraus, wenn man oben eine andere Startzahl als 8 einwirft? Ziel ist es, dass unten 50 herauskommt!
b) Wähle auch andere Additionszahlen oder konstruiere andere Maschinen und gib sie deinem Nachbarn zur Untersuchung.

Fig. 6

7 Wassermengen abzumessen ist leicht, wenn man einen Messbecher hat. Was aber, wenn man nur zwei Eimer hat, bei denen einer 5 Liter fasst und der andere 8 Liter? Dann kann man z. B. den großen ganz füllen und dann in den kleinen umgießen, sodass man im großen Topf danach 3 Liter übrig hat. Kann man auch andere Mengen, z. B. 4 Liter, erhalten?

8 **Spiel: Autorennen**

Ihr braucht dazu nur ein kariertes Blatt Papier und für jeden Mitspieler einen anders farbigen Stift. Mit den folgenden Regeln könnt ihr beginnen:

1. Ein Spieler zeichnet einen Rundkurs mit Start- und zugleich Ziellinie auf kariertes Papier (ein Ausschnitt ist in Fig. 1 dargestellt).
2. Der jüngste beginnt, dann geht es *gegen* den Uhrzeigersinn weiter.
3. Jeder platziert sein Auto auf einem Punkt der Startlinie.
4. Ab jetzt geht es in umgekehrter Reihenfolge, wer zuletzt sein Auto platziert hat, darf anfangen.
5. Jeder Spieler darf bei jedem Zug seine Geschwindigkeit nur um *eine* Einheit in *eine* Richtung verändern. Beispiele:
   - Wer sich noch gar nicht bewegt hat, darf wenn er dran ist, eine Einheit nach oben, nach unten, nach rechts oder nach links ziehen.
   - Wer beim letzten Schritt 4 nach rechts und 1 nach oben gegangen ist, darf wenn er wieder dran ist, genau um eine Einheit beschleunigen (4 nach rechts und 2 nach oben oder 5 nach rechts und 1 nach oben) oder um eine Einheit abbremsen (3 nach rechts und 1 nach oben oder 4 nach rechts und 0 nach oben) oder mit derselben Geschwindigkeit weiterfahren.
6. Wer die Bahn verlässt, muss sich wieder in die Bahn stellen, und zwar auf den Punkt der Stelle, wo er die Bahn verlassen hat, am nächsten ist. Er muss wieder mit der Geschwindigkeit 0 anfangen.
7. Legt vorher fest, ob auch zwei Autos auf einem Punkt stehen dürfen.

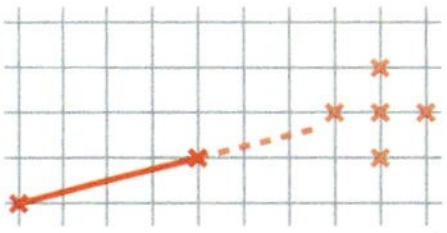

Fig. 1

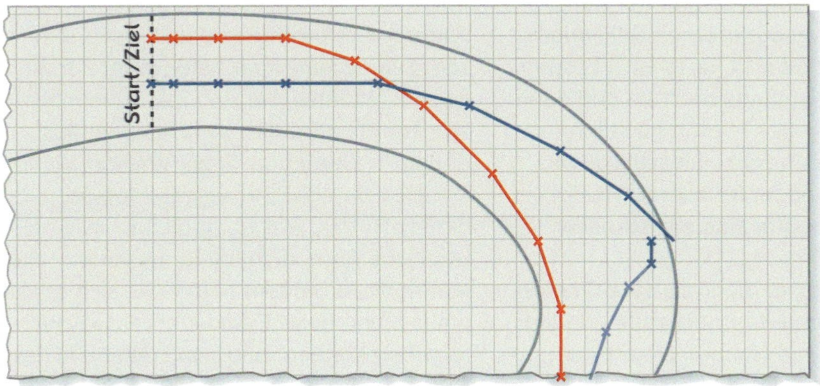

Fig. 2

Nach einigen Spielrunden könnt ihr mathematische Probleme formulieren und lösen wie zum Beispiel: Wie weit kommt man, wenn man bis 5 oder 6 beschleunigt und dann wieder bremst?

Wie gut kommt man um eine enge Kurve, je nachdem, wie viel Zeit man hat? usw.

Elementar, mein lieber Watson …

Timo Leuders

Als der große Detektiv Sherlock Holmes an einem kühlen Novemberabend des Jahres 1877 in die Baker Street zurückkehrte, öffnete ihm ein verstörter Dr. Watson atemlos die Tür. „Holmes! Sie müssen … Was für eine Frechheit … Sie glauben gar nicht …“ „Nun beruhigen Sie sich doch, Watson. Gehen wir erst einmal in den Salon.“

Nachdem Holmes seine Pfeife entzündet hatte, hörte er sich Watsons Geschichte an. „Da hat sich doch tatsächlich ein Spitzbube heute Nachmittag in ihr Arbeitszimmer geschlichen und hat das Kästchen mit den wertvollen Orden Ihrer Majestät entwendet. Noch um vier Uhr habe ich hier im Salon gesessen und die Times gelesen. Kurz nach vier habe ich dann zu Fuß eine Besorgung gemacht, und als ich um halb fünf zurückkam, habe ich sofort die Klappe am Schreibtisch offen stehen sehen. Die Orden waren spurlos verschwunden.“ „Lieber Watson, Sie erwähnten noch nicht, dass sich keine Einbruchspuren an den Türen und am Sekretär finden lassen – ich habe diesen ansonsten unveränderten Zustand des Hauses bereits beim Heimkehren festgestellt. In diesem Fall werden wir die Angelegenheit wohl schnell klären können. Es wussten in der Tat nur ganz wenige unserer gemeinsamen Bekannten vom Ort und Inhalt des Kästchens. Lassen Sie uns eine Aufstellung machen und dann die Betreffenden per Telefon nach ihrem Aufenthaltsort befragen. Ich schlage vor, Sie nutzen den Apparat unserer freundlichen Nachbarn, dann sind wir schneller.“

Dennoch dauerte es mehr als eine Stunde, bis alle Anrufe und Kontrollanrufe erledigt waren. Watson und Holmes erstatteten sich gegenseitig Bericht. „Mrs. Thatchett, unsere alte Haushälterin, die jetzt beim Bahnhof King's Cross wohnt, ist um fünf vom Regen durchnässt heimgekehrt, das hat mir die Pförtnerin bestätigt. Hätte sie sich mit einem Nachschlüssel um vier Uhr Zutritt verschafft, hätte sie die Strecke nach Hause niemals geschafft. Und Droschken fuhren an diesem Nachmittag nicht. Sie wissen, Watson – der Streik.“

„Tja, lieber Holmes, unsere jetzige Haushälterin, Miss Meadow scheidet auch aus. Die habe ich auf meinem Besorgungsgang persönlich getroffen. Wir beide haben offensichtlich dieselbe Vorliebe für die Pralinen, die man im kleinen Laden am Victoria Embankment erstehen kann.“

„Als letzte Möglichkeit bliebe also noch Mr. Mollingham, der Hausmeister, der bisweilen die Möbel reinigt. Der weilte aber zu der fraglichen Zeit bei seinem Bruder in der Wigmore Street.“ „Da haben wir es – die beiden haben sicher zusammengearbeitet!“, rief Watson. „Pech gehabt, mein Lieber“, erwiderte Holmes, „Mr. Mollinghams Bruder ist ein angesehener Police Officer und über jeden Verdacht erhaben. Aber ich glaube nicht, dass wir hier vor einem Rätsel stehen, denn ich denke, ich habe den Fall gelöst. Sie selbst, guter Freund, haben die Orden entwendet – wohl um mich auf die Probe zu stellen.“

Watson verstummte und erst als er sich vom Schrecken erholt hatte, wagte er zu fragen: „Holmes, Sie sind mir unheimlich! Wie konnten Sie dies so schnell herausfinden?“. „Elementar, lieber Watson. Wenn Sie alles Unmögliche ausgeschlossen haben, ist das, was übrig bleibt – wie unwahrscheinlich auch immer es klingt – die Wahrheit. Außerdem hätten Sie sich etwas mehr Mühe beim Erfinden Ihrer Geschichte geben können. Und nun stellen Sie das Kästchen am besten wieder zurück, oder möchten Sie die Orden selbst tragen?“

Erstes Problem: Bist du Watson auch auf die Schliche gekommen?
Zweites Problem: Natürlich ist die Geschichte erfunden – Sir Arthur Conan Doyle, der Erfinder von Sherlock Holmes, hätte seinen Watson so etwas nie tun lassen. Noch dazu wäre ihm ein anderer Fehler in der Geschichte nicht passiert. Kannst du herausfinden, was für ein Fehler das sein könnte? Vielleicht hilft dir dabei das Internet.

Die Lösungen findest du auf der Seite mit der Hausnummer von Sherlock Holmes Wohnung in der Baker Street.

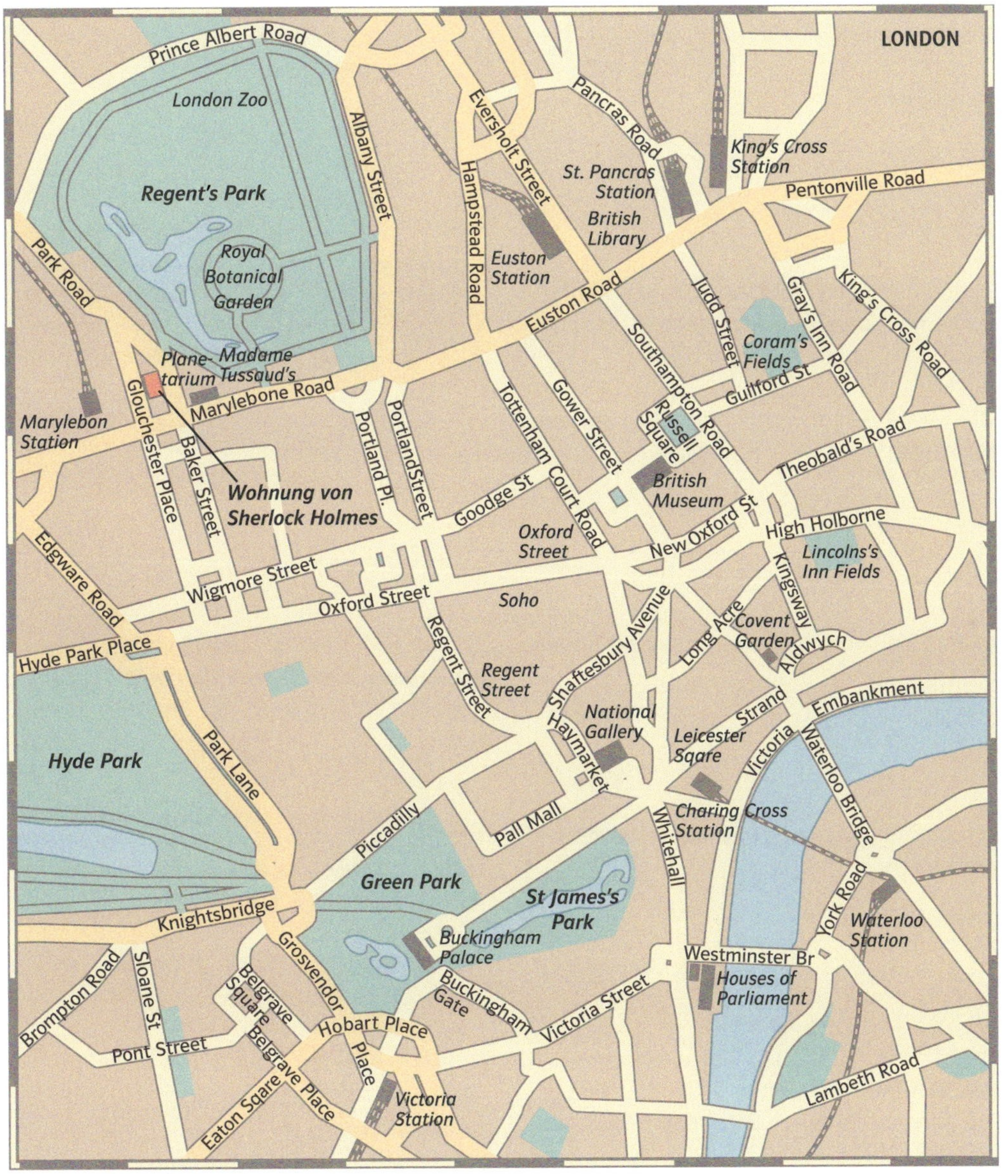

Rückblick

Mathematische Probleme
Eine Aufgabe ist ein mathematisches Problem, wenn man mit dem, was man gelernt hat, nicht sofort weiterkommt. Probleme haben manchmal auch keine Lösung oder mehrere Lösungen.

Wenn man sofort weiß, was zu tun ist und dass man am Schluss eine Lösung hat, so liegt kein mathematisches Problem vor.

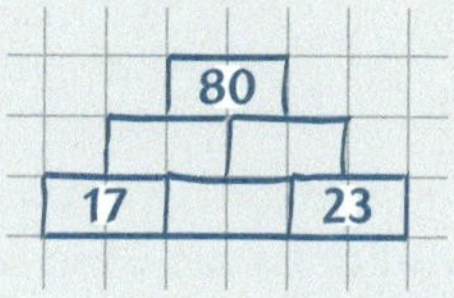

Fig. 1

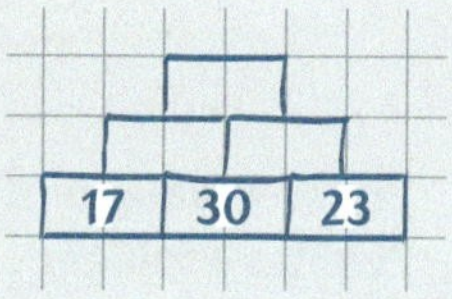

Fig. 2

Beispiele finden:

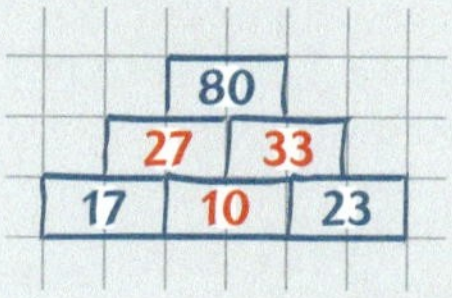

Fig. 3

Strategien für das Problemlösen
Strategien, die bei Problemen weiterhelfen können, sind z. B.

- einzelne Beispiele ausprobieren,
- eine Tabelle anlegen,
- eine Zeichnung anlegen.

Dann kann man überlegen:

- Gibt es Informationen, die man durch Messen erhalten kann?
- Gibt es Informationen, die man durch Schätzen erhält?
- Gibt es Informationen, die man durch Rechnen findet?

Oft kann man mehrere der Strategien anwenden und kommt dann bei einem Problem besser weiter.

Ein tropfender Wasserhahn kann pro Tag bis zu 100 Liter Wasser verschwenden. Kann das stimmen?

Probleme formulieren
In manchen Situationen kann man verschiedene Probleme finden, wenn man z. B. fragt:
- „Wie viele …?“
- „Warum …?“
- „Ist das immer so?“

Man kann auch gelöste Probleme verändern und dabei neue, interessante Probleme entdecken.

17 + 18 + 19 = 54 ist durch 3 teilbar. Gilt das immer: addiert man drei aufeinander folgende Zahlen, so ist das Ergebnis durch 3 teilbar?

Gilt das auch: addiert man vier aufeinander folgende Zahlen, so ist das Ergebnis durch 4 teilbar? Und mit 5 …?

Probleme aufschreiben
Wenn man beim Problemlösen nachvollziehen will, was man bereits probiert oder herausgefunden hat, ist es günstig, seine Ideen und Lösungsschritte aufzuschreiben, z. B. in einem Logbuch.

Training

1 Ergänze die fehlenden Werte in der Zahlenmauer.

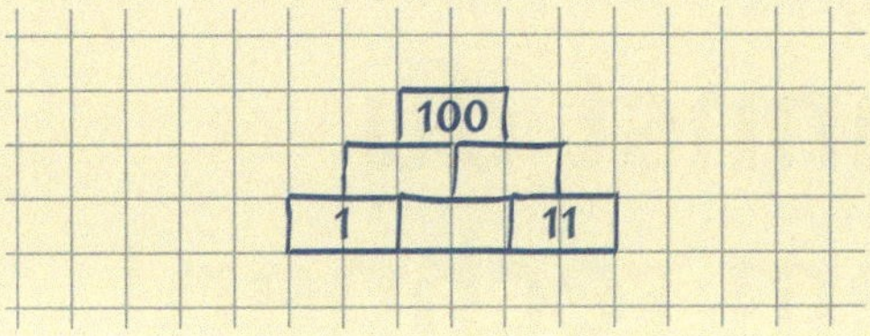

Mit diesen Aufgaben kannst du überprüfen, wie gut du im Problemlösen geworden bist. Danach weißt du auch besser, was du vielleicht noch üben kannst.

2 Gib jeweils vier möglichst unterschiedliche Rechnungen mit ganzen Zahlen an, die zum jeweiligen Ergebnis führen.

a) □ + □ + □ + □ = 10 b) □ · □ · □ · □ = 500

3 Old MacDonalds hat Hühner und Schweine, insgesamt 100 Tiere. Zusammen haben sie 300 Beine. Wie viele Hühner und wie viele Schweine sind es?

4 Ein rechteckiger Kuchen soll in rechteckige Stücke zerschnitten werden. Wie viele Schnitte braucht man mindestens, um ihn in 10, in 15 oder in 20 Stücke zu zerteilen? Erkennst du günstige Schneidestrategien?

5 a) Wie viel Schnitte braucht man, um aus einem kreisrunden Kuchen ein rechteckiges Stück herauszuschneiden?
b) Kannst du ähnliche Aufgaben erfinden und lösen?

6 Bestimme ungefähr.
a) Wenn sich alle 30 Schüler einer Klasse eng nebeneinanderstellen, wie lang ist die Kette dann? Wie lang ist sie, wenn sie sich mit seitlich ausgestreckten Armen anfassen?
b) Wie hoch wären die 30 Schüler, wenn sie alle übereinanderstünden?

7 Wie oft stehen der Minuten- und der Stundenzeiger einer Uhr während eines ganzen Tages übereinander?

8 Die vier Brüder Julius, Nicolas, Silas und Robin sind zusammen 5,20 m groß. Julius, der größte, und Robin, der kleinste, unterscheiden sich um 20 cm. Wie groß könnten die vier sein? Wie viele Lösungen gibt es, wenn die Größen in ganzen Zentimetern angegeben werden?

9 Zeichne ein Fantasieverkehrsschild, das achsensymmetrisch, aber nicht punktsymmetrisch ist.
b) Zeichne auch eines, das punktsymmetrisch, aber nicht achsensymmetrisch ist.

10 Gib zwei verschiedene Brüche an, die zusammengerechnet $\frac{1}{6}$ ergeben.

‹‹‹ Blick zurück ‹‹‹

Wenn du die Aufgaben 1–10 bearbeitet hast, kannst du vielleicht auch sagen, welche Strategien du verwendet hast?
- Hast du Beispiele betrachtet?
- Hast du eine Tabelle angelegt?
- Hast du eine Zeichnung gemacht?
- Hast du geschätzt oder gerechnet?

An welchen Stellen sind dir zu den Aufgaben weitere Fragen eingefallen?

Lösungen auf den Seiten 249–250.

Jetzt kannst du mit allem rechnen!

Piet Mondrian 1872-1944
Composition II, mit rot, blau, schwarz und gelb, 1929

Die Hälfte der Hälfte waren zufriedene Rote;
und ein Viertel dieser Hälfte waren Grüne.
Da riefen ein Drittel der anderen Hälfte:
„Wir sind gelb!" Der Rest war Orange; dies
waren 11. Sie riefen: „Wir sind die Mehrheit!"
Das glaubten die anderen nicht, denn sie
taten sich zusammen!
(aus einem Knobelbuch)

Noten: Das Lummerlandlied aus „Jim Knopf und Lukas der Lokomotivführer"

T/M:M. Jenning, H. Amann

Das kannst du schon

- Gebrochene Zahlen in Bruch- und Dezimalschreibweise addieren und subtrahieren
- Natürliche Zahlen multiplizieren und dividieren

Arithmetik/Algebra | Funktionen | Geometrie | Stochastik

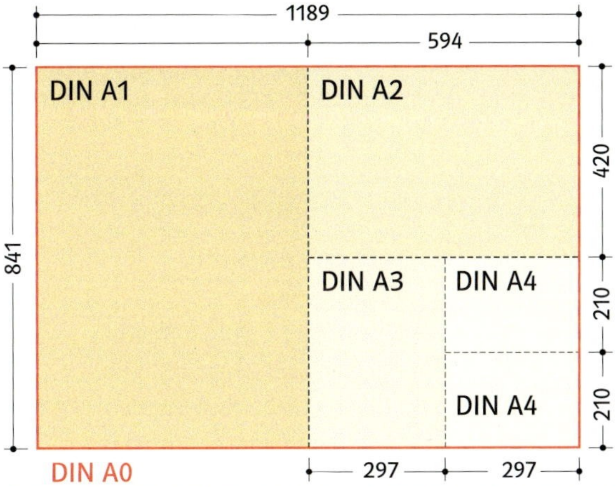

Aus einem Bauantrag

Grundstücksfläche
ca. $0{,}5 \cdot (12{,}5 + 3{,}0) \cdot 30{,}5 = 236{,}38$

GRZ $\frac{82{,}37}{236{,}38} = 0{,}35$

GFZ $\frac{159{,}02}{236{,}38} = 0{,}67$

Verbrauchszeitraum vom 06.01.2010 bis 01.02.2010

Identifikations-nummer	Zählerstand alt	Zählerstand neu	Differenz	Multi-plikator	Verbrauch	Tage
4.534.232.31	81.645.000	82.112.000	467.000	1	467 kWh	26

Arbeitspreisberechnung	11.210 ct/kWh	x	467.00	kWh	52.35 EUR
Grundpreisberechnung	93.100 EUR/jährlich		für 26	Tage	6.63 EUR
				Nettobetrag	58.98 EUR
				MwSt. 19 %	11.21 EUR
				Bruttobetrag	70.19 EUR

Argumentieren/ Kommunizieren

Problemlösen

Modellieren

Werkzeuge

Das kannst du bald

- Brüche und Dezimalbrüche multiplizieren und dividieren
- Rechenvorteile bei Brüchen und Dezimalbrüchen nutzen
- Mit besonderen Dezimalbrüchen umgehen

Siehe Lerneinheit 1, Seite 148.

1. Streifentausch (Spiel für 3 bis 5 Personen)

Vorbereitungen
Für das Spiel benötigt man 10 blaue, 10 gelbe und 10 rote Papierstreifen sowie einen Spielwürfel. Jeder Spieler erhält zu Beginn drei Papierstreifen – entweder drei rote, drei blaue oder drei gelbe. Der Rest wird auf einem Stapel an die Seite gelegt – die Streifenbank.

Tipp:
Eine Gruppe kann sich das Spiel zu Hause anschauen und es den anderen erklären!

Warum könnte man die dritte Angabe bei den Tauschverhältnissen auch weglassen?

Augenzahl/ Punkte	zu zahlender Preis
1	1 gelben Streifen
2	2 blaue Streifen
3	1 roten und 1 gelben Streifen
4	1 gelben und 2 blaue Streifen
5	1 blauen und 2 rote Streifen
6	1 roten und 2 gelbe Streifen

Fig. 1

Tauschverhältnisse
1 gelber Streifen : 2 blaue Streifen
2 gelbe Streifen : 3 rote Streifen
4 blaue Streifen : 3 rote Streifen

Fig. 2

Spielverlauf
Der Jüngste fängt an und darf einmal würfeln. Würfelt er eine „1“, so muss er einen gelben Streifen an die Bank zahlen, um einen Punkt zu erhalten (vgl. Fig. 1). Würfelt er eine „4“, so muss er entsprechend einen gelben und zwei blaue Streifen an die Bank zahlen und erhält dafür vier Punkte. Man erhält also immer so viele Punkte wie man gewürfelt hat, wenn man die entsprechenden Streifen an die Bank zahlen kann. Hat ein Spieler nicht die erforderlichen Streifen, kann er einen Streifen mit denen der anderen Spieler nach den festgelegten Tauschverhältnissen (Fig. 2) tauschen. Man kann auch halbe, drittel, … Streifen tauschen. Dazu kann der Spieler, der an der Reihe ist, die Streifen entsprechend knicken und durchschneiden. Er darf auch die Streifen der anderen Spieler durchschneiden. Wichtig ist nur, dass das Tauschverhältnis erfüllt ist. (Beispielsweise kann ein halber gelber Streifen gegen einen blauen Streifen getauscht werden.) Die anderen Spieler dürfen den Tauschwunsch nicht verweigern. Man kann in einer Runde auch mit mehreren Spielern nacheinander tauschen. Ist ein Tauschvorgang abgeschlossen und der Spieler hat sich seine Punkte bei der Bank „gekauft“, werden die Punkte in einer Liste notiert und der Spieler erhält von der Bank einen Streifen seiner Wahl. Wenn man keine Punkte „kaufen“ kann, erhält man trotzdem einen Streifen seiner Wahl. Nun ist der Spielzug abgeschlossen und der nächste Spieler ist an der Reihe.

Spielvarianten:
- *Ihr könnt euch auch eigene Tauschverhältnisse überlegen.*
- *Man kann die Streifen auch mit Geldwerten beschriften (z.B.: gelb = 6 €; blau = 3 €; rot = 4 €).*

Ziel des Spieles
Gewonnen hat der Spieler, der mit seinen Streifen zuerst 20 Punkte „gekauft“ hat.

Auf dem linken Bild seht ihr eine mögliche Markierung der Papierstreifen, wenn das Papier nicht bunt ist.

2. „$\frac{1}{3}$ von $\frac{1}{2}$ ist …“ – Bruchteile von Bruchteilen sehen

Siehe Lerneinheit 2, Seite 151.

Forschungsauftrag 1

Kira hat den Bruchteil $\frac{1}{3}$ von $\frac{1}{2}$ mithilfe eines Papierbogens dargestellt.
- Wie viel vom Ganzen ist der dritte Teil von einer Hälfte?
- Was hat sich Kira beim Falten des Bogens gedacht?

Forschungsauftrag 2

Der Bruchteil $\frac{1}{3}$ von $\frac{1}{4}$ kommt zweimal vor!

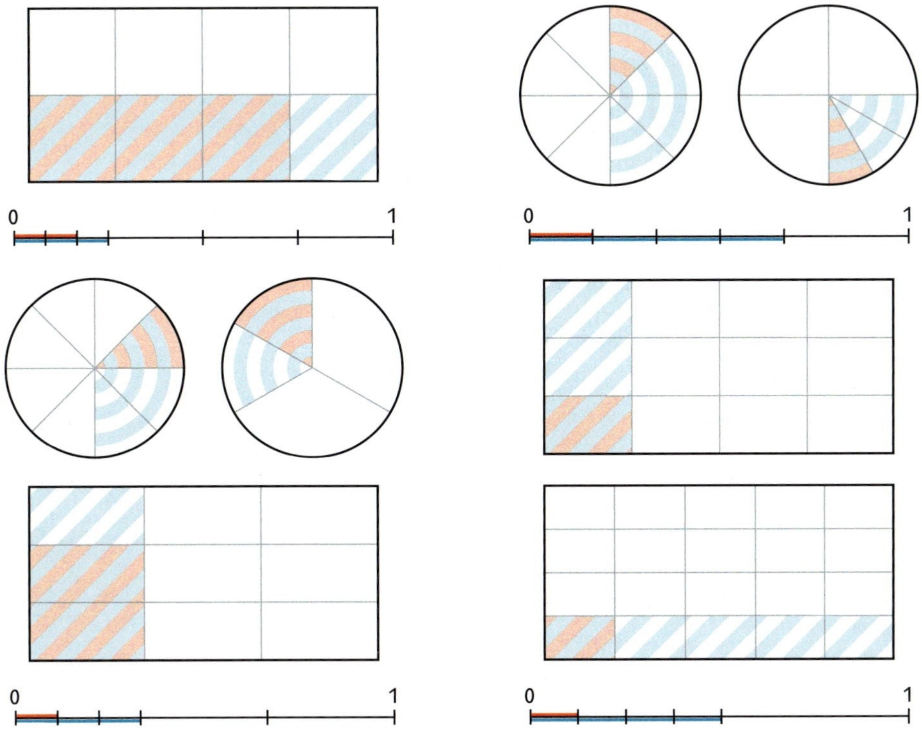

- Welche Bruchteile sind hier dargestellt? Schreibe in der Form „$\frac{1}{3}$ von $\frac{1}{2}$ ist gleich …“
- Welche Darstellungen beschreiben den gleichen Bruchteil?
- Stellt alle abgebildeten Bruchteile in den drei Darstellungen (Stab, Rechteck, Kreis) dar.
- Erfindet in Partnerarbeit selber Aufgaben der Form „$\frac{1}{3}$ von $\frac{1}{2}$“ und stellt die Lösung dar.
- Wie kann man $\frac{1}{12}$ darstellen? Versucht, selbst gewählte Bruchteile darzustellen.
- Versucht andere eigene Darstellungen für Bruchteile zu finden.

Man kann alle drei Darstellungen auch aus Papier falten!

1 Vervielfachen und Teilen von Brüchen

Ein Erwachsener hat eine durchschnittliche Schrittlänge von circa $\frac{4}{5}$m. Um quer über das Grundstück zu gehen, benötigt Maximilian 16 Schritte. Sein Vater hingegen benötigt nur 12 Schritte.

Legt man fünf Rechtecke zusammen, die jeweils $\frac{3}{4}\text{m}^2$ groß sind, so ergibt sich die Größe der Gesamtfläche aus:
$\frac{3}{4}\text{m}^2 + \frac{3}{4}\text{m}^2 + \frac{3}{4}\text{m}^2 + \frac{3}{4}\text{m}^2 + \frac{3}{4}\text{m}^2$. Verkürzt kann man dafür schreiben: $5 \cdot \frac{3}{4}\text{m}^2$
Das Produkt aus einem Bruch und einer natürlichen Zahl bedeutet, dass man den Bruch mehrfach addiert, man sagt vervielfacht.

$$5 \cdot \frac{3}{4} = \frac{3}{4} + \frac{3}{4} + \frac{3}{4} + \frac{3}{4} + \frac{3}{4} = \frac{5 \cdot 3}{4} = \frac{15}{4}$$

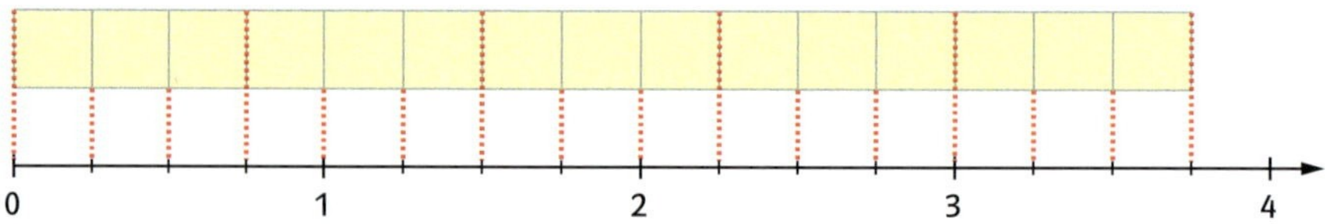

Fig. 1

Man rechnet:
$5 \cdot \frac{3}{4} = 5 \cdot 3 \text{ Viertel} = 15 \text{ Viertel} = \frac{15}{4} = 3\frac{3}{4}$

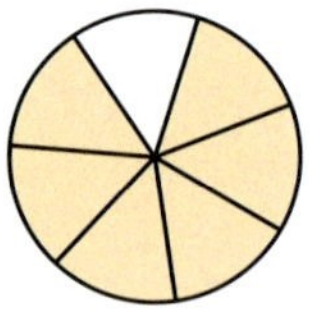

Multiplizieren eines Bruches mit einer natürlichen Zahl
Multipliziert man einen Bruch mit einer natürlichen Zahl, so wird der Zähler mit dieser Zahl multipliziert und der Nenner wird beibehalten.
$3 \cdot \frac{2}{7} = 3 \cdot \frac{2}{7} = \frac{6}{7}$

Umgekehrt kann ein Bruch durch jede natürliche Zahl außer Null dividiert werden. Die Abbildung zeigt, wie ein Bruch durch eine Zahl geteilt wird, die Teiler des Zählers ist.

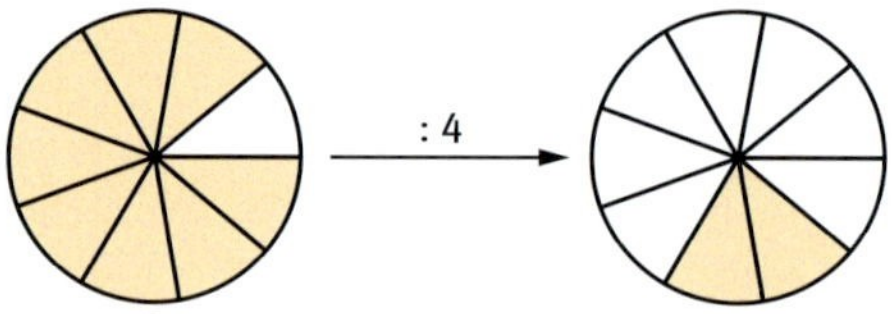

$\frac{8}{9}$: 4 $= \frac{2}{9}$

Oft ist der Zähler jedoch nicht durch die Zahl teilbar. Um beispielsweise $\frac{3}{5}$ durch 2 dividieren zu können, muss der Bruch zunächst erweitert werden, da 2 kein Teiler von 3 ist.

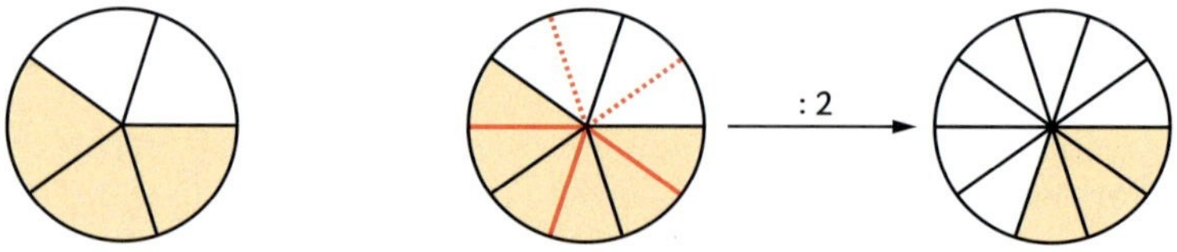

$\frac{3}{5}$ $= \frac{3 \cdot 2}{5 \cdot 2} = \frac{6}{10}$ $\frac{6}{10} : 2 = \frac{3}{10} = \frac{3}{5 \cdot 2}$

Dividieren eines Bruches durch eine natürliche Zahl
Dividiert man einen Bruch durch eine natürliche Zahl, so wird der Nenner mit dieser Zahl multipliziert und der Zähler wird beibehalten.
$\frac{4}{11} : 3 = \frac{4}{11 \cdot 3} = \frac{4}{33}$

Bevor man im Zähler oder Nenner des Bruches multipliziert, ist es sinnvoll zu überprüfen, ob man kürzen kann.
$3 \cdot \frac{4}{9} = \frac{3 \cdot 4}{9} = \frac{3 \cdot 4}{3 \cdot 3} = \frac{4}{3}$

Beispiel Multiplikation und Division
Berechne: a) $\frac{8}{27} \cdot 18$ b) $\frac{3}{7} : 5$ c) $\frac{8}{11} : 4$
Lösung:

a) $\frac{8}{27} \cdot 18 = \frac{8 \cdot 18}{27} = \frac{8 \cdot 2}{3} = \frac{16}{3}$ *Es wurde mit 9 gekürzt.*

b) $\frac{3}{7} : 5 = \frac{3}{7 \cdot 5} = \frac{3}{35}$ c) $\frac{8}{11} : 4 = \frac{8}{11 \cdot 4} = \frac{2 \cdot 4}{11 \cdot 4} = \frac{2}{11}$

Aufgaben

1 Rechne im Kopf. Die Ergebnisse findest du auf dem Rand.
a) $4 \cdot \frac{1}{9}$ b) $7 \cdot \frac{1}{12}$ c) $\frac{2}{11} \cdot 5$ d) $32 \cdot \frac{1}{8}$ e) $28 \cdot \frac{2}{7}$
$\frac{1}{5} : 2$ $\frac{1}{2} : 3$ $\frac{9}{5} : 3$ $\frac{6}{11} : 2$ $\frac{15}{7} : 5$

2 Achte auf das Kürzen. Die Ergebnisse ergeben ein Lösungswort.
a) $4 \cdot \frac{1}{2}$ b) $15 \cdot \frac{1}{30}$ c) $64 \cdot \frac{3}{4}$ d) $320 \cdot \frac{1}{660}$ e) $108 \cdot \frac{7}{48}$
$\frac{4}{31} : 4$ $\frac{25}{27} : 5$ $\frac{56}{59} : 7$ $\frac{68}{11} : 102$ $\frac{23}{24} : 92$

3 Setze die Zahlen 2; 5 und 12 in die Kästchen so ein, dass
a) eine ganze Zahl, b) eine Zahl kleiner als 1,
c) eine Zahl größer als 1 entsteht.

$\square \cdot \frac{\square}{\square} =$

4 Setze die passenden Zahlen ein.
a) $5 \cdot \frac{\square}{7} = \frac{10}{7}$ b) $\frac{\square}{20} \cdot 7 = \frac{49}{20}$ c) $\frac{2}{3} : \square = \frac{2}{9}$ d) $\square : 9 = \frac{2}{117}$ e) $16 \cdot \frac{\square}{35} = 1\frac{13}{35}$

5 Ergänze. Es gibt mehrere Möglichkeiten.
a) $7 \cdot \frac{\square}{\square} = \frac{56}{11}$ b) $11 \cdot \frac{\square}{12} = \frac{77}{\square}$ c) $\frac{6}{\square} \cdot 8 = \frac{\square}{7}$ d) $\square \cdot \frac{13}{15} = \frac{78}{\square}$ e) $\frac{\square}{14} \cdot 20 = \frac{90}{\square}$

6 Nach dem Training stürzen sich alle auf den Kasten mit dem Sprudel.
a) Wie viel Liter Sprudel enthält der Kasten insgesamt?
b) Peter und seine Freunde trinken nach dem Sport 5 Flaschen. Wie viel Liter haben sie zusammen getrunken?

7 Karin trainiert in der Woche dreimal eineinhalb Stunden Tennis, Dennis fünfmal eine Dreiviertelstunde Tischtennis und Susanne viermal eineinviertel Stunden Badminton. Berechne die Trainingszeit in Stunden und Minuten. Vergleiche sie.

Erweitern ist nicht Multiplizieren!

Erweitern:

$\frac{2}{6}$

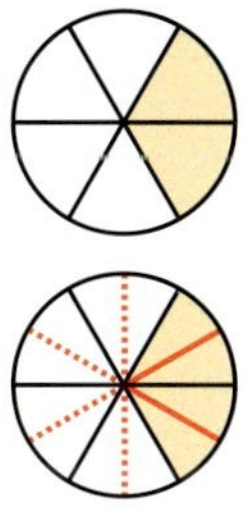

$=$

$\frac{4}{12}$

Multiplizieren:

$\frac{2}{6}$

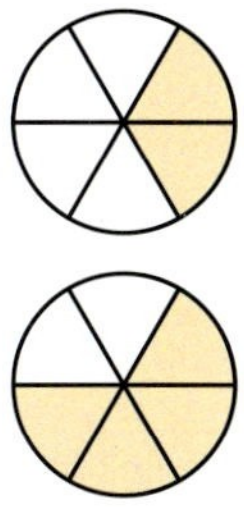

$\cdot 2 =$

$\frac{4}{6}$

Zu Aufgabe 1:

$\frac{10}{11}$ 8 $\frac{4}{9}$ $\frac{3}{11}$ $\frac{7}{12}$ $\frac{3}{7}$ $\frac{1}{10}$ $\frac{1}{6}$ $\frac{3}{5}$ 4

Zu Aufgabe 2:

$\frac{16}{33}$ L · $\frac{63}{4}$ O · 2 L · $\frac{8}{59}$ A · $\frac{5}{27}$ T · $\frac{1}{96}$ N · $\frac{2}{33}$ L · $\frac{1}{31}$ U · $\frac{1}{2}$ F · 48 B

Bist du sicher?

1 Berechne.

a) $4 \cdot \frac{2}{11}$ b) $\frac{5}{46} \cdot 23$ c) $\frac{15}{23} : 5$ d) $\frac{3}{4} : 51$ e) $\frac{2}{21} \cdot 7$

2 In einem Kasten sind 6 Flaschen mit Apfelsaft. Jede Flasche enthält $\frac{3}{4}$ l Saft. Wie viel Liter Apfelsaft sind dies insgesamt?

3 Anika möchte das Kaffee-Eis mit ihrer Freundin Janine ausprobieren. Welche Menge benötigt sie, wenn das Rezept für vier Personen ist?

8 Petra betrachtet unter einem Mikroskop winzige Pflanzenzellen; zunächst mit 20facher, dann mit 25facher und schließlich mit 75facher Vergrößerung. Wie groß erscheinen die Zellen unter dem Mikroskop, wenn sie in Wirklichkeit $\frac{1}{5}$ mm, $\frac{1}{10}$ mm und $\frac{1}{15}$ mm groß sind?

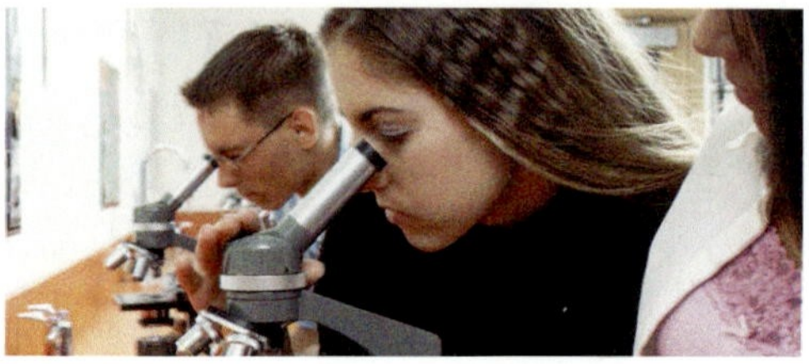

9 In der Metzgerei werden aus $1\frac{3}{4}$ kg Schweinefleisch 14 etwa gleich große Schnitzel geschnitten.

a) Wie viel wiegt ein Schnitzel im Durchschnitt?

b) Peters Vater kauft sechs dieser Schnitzel. Wie viel wiegen sie zusammen?

c) 1 kg Schnitzelfleisch kostet 10,80 €. Wie viel hat Peters Vater ungefähr zu zahlen?

10 Sebastian und Thomas vergleichen ihre Laufleistungen.
Sebastian läuft $3\frac{1}{2}$ km in 15 Minuten, Thomas $5\frac{1}{4}$ km in 21 Minuten. Wer läuft schneller?

11 Setze die Zahlen 3; 5 und 15 in die Kästchen so ein, dass

a) das größtmögliche Ergebnis entsteht,

b) das kleinstmögliche Ergebnis entsteht.

$\square : \frac{\square}{\square} =$

12 a) Teile durch 5 und kürze mit 5. Vergleiche.

$\frac{5}{45}$; $\frac{25}{90}$; $\frac{100}{135}$; $\frac{185}{10}$

b) Erläutere den Unterschied zwischen Kürzen mit 4 und Dividieren durch 4.

13 Finde drei verschiedene mögliche Rechnungen.

a) $\frac{\square}{\square} \cdot \square = \frac{2}{5}$ b) $\square \cdot \frac{\square}{\square} = \frac{7}{9}$ c) $\frac{\square}{\square} : \square = 4$ d) $\frac{\square}{\square} : \square = \frac{1}{12}$

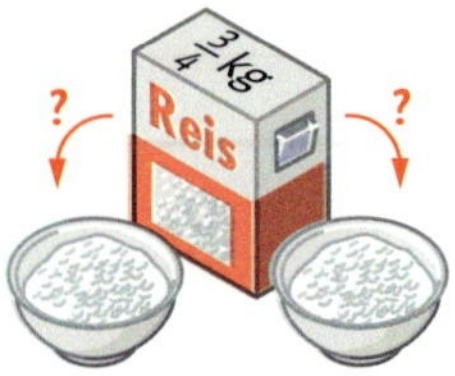

14 Rechne mit Größen. Gib das Ergebnis in der nächstkleineren Einheit an.

a) Wie viel ist die Hälfte von $\frac{3}{4}$ kg?

b) Wie viel ist ein Viertel von einer halben Stunde?

c) Wie viel ist ein Zehntel von einem halben Kilometer?

d) Wie viel ist der achte Teil von $\frac{1}{5}$ Liter?

2 Multiplizieren von Brüchen

Der Schulgarten wird neu angelegt. Von der Gesamtfläche soll $\frac{3}{4}$ bepflanzt werden. Die Klasse 6a soll $\frac{2}{3}$ der Beete pflegen, der andere Teil wird von der Klasse 6b versorgt. Die Klasse 6a möchte auf der Hälfte ihrer Fläche Radieschen und Bohnen und auf der restlichen Fläche Erdbeeren pflanzen. Die Klasse 6b plant, auf $\frac{3}{4}$ ihrer Beete Erdbeeren und auf dem Rest Zucchini anzupflanzen.

Florian zeichnet ein Rechteck in sein Heft. $\frac{3}{4}$ davon malt er gelb aus. Malt er von der gelben Fläche zwei Fünftel blau an, so entsteht eine grüne Färbung. Diese grüne Fläche macht dann $\frac{2}{5}$ von $\frac{3}{4}$ der Gesamtfläche aus.

Um den Anteil der grünen Fläche an der Gesamtfläche zu bestimmen, rechnet man:

$\frac{3}{4} : 5 = \frac{3}{4 \cdot 5} = \frac{3}{20}$

$\frac{3}{20} \cdot 2 = \frac{6}{20} = \frac{3}{10}$

$\frac{2}{5}$ von $\frac{3}{4}$ bedeutet $\left(\frac{3}{4 \cdot 5}\right) \cdot 2$, also

$\frac{2 \cdot 3}{5 \cdot 4} = \frac{6}{20} = \frac{3}{10}$

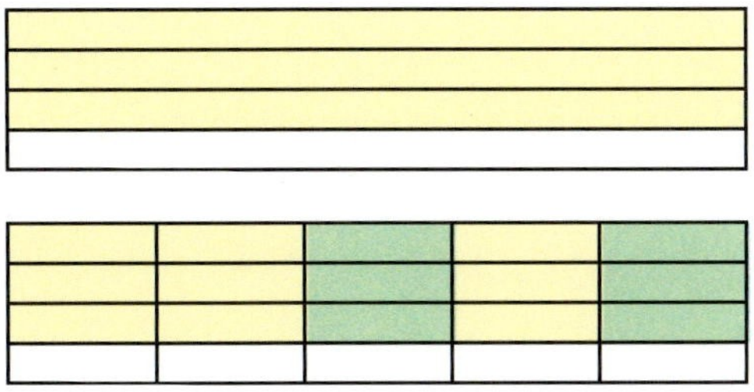

Berechnet man **Anteile von Anteilen**, so wird Zähler mit Zähler multipliziert und Nenner mit Nenner multipliziert. Man sagt, die beiden Brüche werden miteinander multipliziert.

Multiplizieren von Brüchen
Berechnet man Anteile von Anteilen, so werden Brüche miteinander multipliziert. Dabei multipliziert man die Zähler miteinander und multipliziert die Nenner miteinander.
$\frac{1}{3}$ von $\frac{4}{5}$ bedeutet $\frac{1}{3} \cdot \frac{4}{5} = \frac{1 \cdot 4}{3 \cdot 5} = \frac{4}{15}$

Bei vielen Rechnungen lässt sich der Rechenaufwand verringern, indem man so früh wie möglich kürzt. Um $\frac{2}{5}$ von $\frac{15}{16}$ zu berechnen, ergibt sich: $\frac{2}{5} \cdot \frac{15}{16} = \frac{2 \cdot 15}{5 \cdot 16} = \frac{2 \cdot 3 \cdot 5}{5 \cdot 2 \cdot 8} = \frac{3}{8}$.
Tritt bei einem Produkt mehrfach derselbe Faktor auf, so lässt sich dies kürzer schreiben:
$\frac{3}{4} \cdot \frac{3}{4} \cdot \frac{3}{4} = \left(\frac{3}{4}\right)^3$.

$\left(\frac{1}{2}\right)^2 = \frac{1}{2} \cdot \frac{1}{2}$
$\left(\frac{1}{2}\right)^3 = \frac{1}{2} \cdot \frac{1}{2} \cdot \frac{1}{2}$
$\left(\frac{1}{2}\right)^4 = \frac{1}{2} \cdot \frac{1}{2} \cdot \frac{1}{2} \cdot \frac{1}{2}$

Ist ein Faktor eine natürliche Zahl, so kann man auch diese als Bruch schreiben und dann multiplizieren:
$\frac{3}{8} \cdot 4 = \frac{3}{8} \cdot \frac{4}{1} = \frac{3 \cdot 1}{2 \cdot 1} = \frac{3}{2}$.

Beispiel 1 Multiplikation von Brüchen
Berechne: a) $\frac{5}{12} \cdot \frac{8}{25}$ b) $2\frac{3}{4} \cdot \frac{2}{3}$
Lösung:
a) $\frac{5}{12} \cdot \frac{8}{25} = \frac{5 \cdot 8}{12 \cdot 25} = \frac{1 \cdot 2}{3 \cdot 5} = \frac{2}{15}$
b) $2\frac{3}{4} \cdot \frac{2}{3} = \frac{11}{4} \cdot \frac{2}{3} = \frac{11}{6}$

Beispiel 2 Anteile von Größen
Berechne: $\frac{2}{5}$ von $\frac{3}{4}$ kg.
Lösung:
$\frac{2}{5}$ von $\frac{3}{4}$kg $= \left(\frac{2}{5} \cdot \frac{3}{4}\right)kg= \frac{2 \cdot 3}{5 \cdot 4}$kg $= \frac{3}{10}$kg.

In welcher Stadt liegt diese Brücke?

Ordne dazu die Ergebnisse von Aufgabe 5.

$\frac{5}{3}$ X $\frac{8}{3}$ D $\frac{11}{10}$ B
$\frac{7}{3}$ O $\frac{4}{5}$ E $\frac{5}{6}$ A
$\frac{6}{17}$ R $\frac{45}{68}$ U

Die Lösungsstadt von Aufgabe 5 liegt im Lösungsland von Aufgabe 4.

$\frac{5}{12}$ N $\frac{2}{3}$ C
$\frac{1}{6}$ F $\frac{5}{48}$ K $\frac{12}{35}$ A
$\frac{4}{15}$ H $\frac{6}{35}$ R $\frac{27}{56}$ R
$\frac{20}{21}$ I $\frac{4}{35}$ E

Achtung:
Beachte den Unterschied zwischen $3\frac{1}{3}$ und $3 \cdot \frac{1}{3}$!

Aufgaben

1 Welche Multiplikation ist dargestellt?

a) 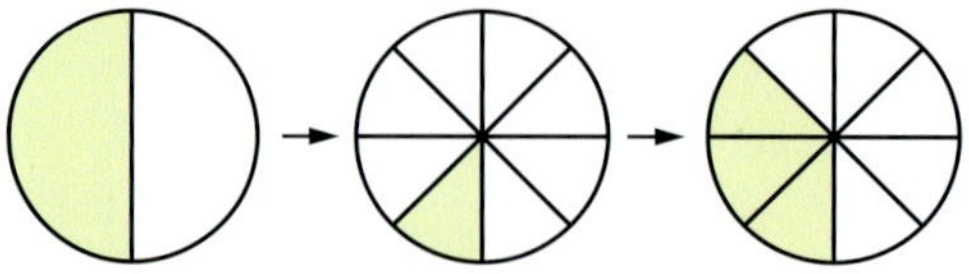

b) 

2 Veranschauliche mit einem Kreisbild wie in Aufgabe 1.

a) $\frac{3}{4}$ von $\frac{4}{9}$ b) $\frac{1}{6}$ von $\frac{2}{3}$ c) $\frac{5}{4}$ von $\frac{2}{5}$

3 Berechne.

a) $\frac{1}{2}$ von $\frac{1}{4}$h   b) $\frac{2}{5}$ von $\frac{5}{3}$kg   c) $\frac{1}{4}$ von $\frac{2}{3}$km   d) $\frac{3}{4}$ von $2\frac{1}{2}$l

4 Rechne im Kopf.

a) $\frac{1}{3} \cdot \frac{1}{2}$ b) $\frac{4}{5} \cdot \frac{3}{7}$ c) $\frac{5}{8} \cdot \frac{1}{6}$ d) $\frac{3}{7} \cdot \frac{2}{5}$ e) $\frac{3}{4} \cdot \frac{8}{9}$
$\frac{2}{5} \cdot \frac{3}{7}$ $\frac{1}{2} \cdot \frac{5}{6}$ $\frac{3}{7} \cdot \frac{9}{8}$ $\frac{4}{7} \cdot \frac{5}{3}$ $\frac{4}{5} \cdot \frac{1}{3}$

5 Berechne. Kürze, wenn möglich.

a) $\frac{5}{8} \cdot \frac{44}{25}$ b) $\frac{3}{8} \cdot \frac{48}{51}$ c) $\frac{13}{14} \cdot \frac{56}{65}$ d) $\frac{48}{51} \cdot \frac{45}{64}$
$3\frac{1}{3} \cdot \frac{7}{10}$ $5 \cdot \frac{8}{15}$ $2\frac{1}{2} \cdot \frac{1}{3}$ $4\frac{1}{6} \cdot \frac{2}{5}$

6 a) Wie viel sind zwei Drittel von einem halben Liter?
b) Wie viel sind drei Viertel von einem halben Liter?
c) Wie viel sind vier Fünftel von drei viertel Kilometer?
d) Wie viel sind zwei Drittel von einer Dreiviertelstunde?

Bist du sicher?

1 Berechne die Anteile.

a) $\frac{2}{3}$ von $\frac{1}{2}$kg   b) $\frac{2}{5}$ von $\frac{7}{8}$t   c) $\frac{3}{2}$ von $\frac{3}{4}$km   d) $\frac{5}{6}$ von $9\,m^3$

2 Berechne.

a) $\frac{4}{3} \cdot \frac{2}{3}$ b) $\frac{6}{3} \cdot \frac{10}{3}$ c) $\frac{98}{68} \cdot \frac{51}{21}$ d) $\frac{15}{2} \cdot \frac{2}{5}$ e) $\frac{7}{9} \cdot 2\frac{7}{8}$

3 Die Ernte eines Bauernhofes besteht zu drei Fünfteln aus Getreide, davon sind zwei Drittel Weizen. Welchen Anteil macht der Weizen an der gesamten Ernte aus?

7 Ergänze die Rechenpyramiden. Über zwei Zahlen steht immer deren Produkt.

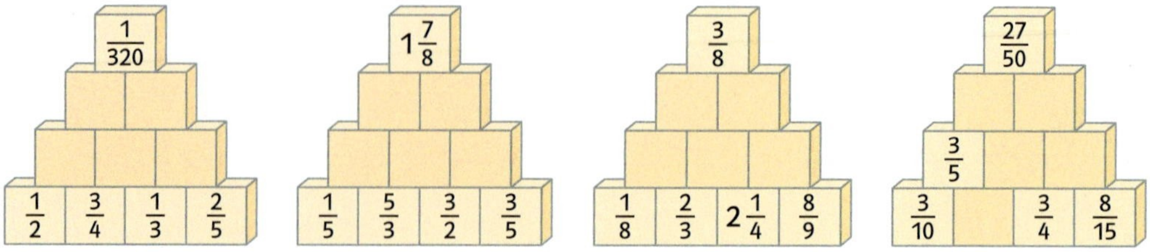

8 a) In einer Klasse ist ein Drittel der Schülerinnen und Schüler erkrankt, die Hälfte davon an einer Grippe. Wie hoch ist der Anteil der an Grippe Erkrankten in der Klasse?
b) Wie viele Kinder sind der Anteil aus a), wenn in der Klasse 30 Kinder sind?

9 In Michaels Heft steht:
Zeige durch eine Überschlagsrechnung, dass er nicht richtig gerechnet hat. Beschreibe, welchen Fehler er gemacht hat und bestimme das richtige Ergebnis.

$$1\frac{17}{19} \cdot 3\frac{19}{27} = 3\frac{17}{27}$$

10 Den Goldanteil von Schmuck und Besteck erkennt man an einer eingestempelten Zahl. Ist der Stempeldruck z. B. 585, so besteht der Gegenstand zu $\frac{585}{1000}$ aus reinem Gold. Wie viel Gold enthält

a) ein Ring: $2\frac{1}{4}$ g; Stempel 750.
b) eine Kette: $28\frac{1}{5}$ g; Stempel 585?

11 **Rechenspiel mit vier Würfeln**
Würfle und bilde aus den vier Augenzahlen zwei Brüche und multipliziere sie.
a) Wer hat ein Ergebnis, das am nächsten an der Zahl 1 liegt?
b) Wer hat das größte, wer das kleinste Ergebnis?

Beispiel:
$\frac{5}{2} \cdot \frac{4}{6} = \frac{20}{12}$

12 a) Die Erdoberfläche ist zu etwa $\frac{7}{10}$ mit Meeren bedeckt. $\frac{3}{10}$ der Meeresflächen entfallen auf den Atlantischen Ozean, $\frac{1}{5}$ auf den Indischen Ozean und der Rest auf den Pazifischen Ozean. Welchen Anteil der Erdoberfläche nehmen die drei Meere jeweils ein?
b) Der Rest der Erdoberfläche ist Festland, das sich wie folgt auf die Kontinente verteilt: $\frac{1}{5}$ Afrika, $\frac{4}{25}$ Nord-, $\frac{3}{25}$ Südamerika, $\frac{7}{75}$ Antarktis, $\frac{3}{10}$ Asien, $\frac{3}{50}$ Ozeanien und $\frac{1}{15}$ Europa. Welchen Anteil der Erdoberfläche nehmen die Kontinente jeweils ein?
c) Der afrikanische Kontinent ist zu $\frac{3}{5}$ mit Wüsten oder Halbwüsten bedeckt. Die Wüste Sahara nimmt $\frac{5}{12}$ davon ein. Welcher Teil des Kontinents entfällt auf die Sahara?

Die beiden Gläser sind je zu $\frac{2}{3}$ gefüllt. Man gießt aus dem linken die Hälfte in das rechte Glas, dann die Hälfte aus dem rechten in das linke Glas, nun wieder die Hälfte aus dem linken ins rechte Glas usw. Wann läuft welches Glas beim Umfüllen über?

13 Max, Bettina und Kim teilen sich eine Schale Reis so, dass jeder gleich viel erhält. Als Bernd hinzukommt, geben ihm Max und Bettina jeweils ein Drittel ab. Kim gibt ihm von ihrem Reis ein Viertel. Welchen Anteil an der ursprünglichen Menge Reis hat jetzt jedes der Kinder? Wer hat die größte, wer hat die kleinste Portion?

14 **Zum Knobeln**
Zwei Kerzen sind verschieden lang und dick. Die kürzere Kerze ist nach zwölf Stunden heruntergebrannt, die andere schon nach sechs Stunden. Nach drei Stunden sind beide gleich lang. Wie viel kürzer war die eine Kerze zu Beginn?

15 **Endlich fehlerfrei?**
Uta erzählt Johanna, dass sie im letzten Diktat nur noch die Hälfte der Fehler gemacht habe. Sie will im nächsten Diktat die Fehlerzahl nochmals halbieren. Johanna staunt und antwortet: „Toll, dann wirst du im nächsten Diktat ja gar keine Fehler mehr machen."
Nimm Stellung dazu.

3 Dividieren von Brüchen

Nach den Ferien unterhalten sich die Schülerinnen und Schüler über die Autofahrt zum Urlaubsort und wer schneller gefahren ist.
„Mein Vater hat für die Strecke von 400 km $3\frac{1}{2}$ Stunden benötigt", sagt Peter. „Meine Mutter ist in $4\frac{1}{4}$ Stunden die Strecke von 550 km gefahren", erwidert Petra.

Fig. 1

Verteilt man 12 l Wasser gleichmäßig auf mehrere Gefäße, so hängt die Anzahl der Gefäße von deren Fassungsvermögen ab. In der Tabelle sind verschiedene Möglichkeiten notiert.

Inhalt eines Gefäßes in l	2	1	$\frac{1}{2}$	$\frac{1}{4}$	$\frac{3}{4}$
Anzahl der Gefäße	6	12	24	48	?

Die Anzahl der benötigten Gefäße lässt sich berechnen, indem man die Gesamtmenge des Wassers durch das Fassungsvermögen eines Gefäßes dividiert.
$12\,l : 2\,l = 6$, $12\,l : 1\,l = 12$, $12\,l : \frac{1}{2}\,l = 24$ und $12\,l : \frac{1}{4}\,l = 48$.
Man erkennt, dass die Division durch $\frac{1}{4}$ dasselbe bedeutet wie die Multiplikation mit 4.
Nimmt man nun das Gefäß mit $\frac{3}{4}$ l Inhalt, so passt in dieses Gefäß die dreifache Menge, also benötigt man nur noch ein Drittel der Gefäße. Das sind 48 Gefäße $\cdot \frac{1}{3}$ = 16 Gefäße.
Verteilt man 12 l auf $\frac{3}{4}$ l-Gefäße, so kann man $12 : \frac{3}{4} = (12 \cdot 4) \cdot \frac{1}{3} = 12 \cdot \frac{4}{3} = 16$ Gefäße füllen.
Zähler und Nenner des zweiten Bruches wurden vertauscht, dies nennt man den **Kehrwert** des Bruches. Bei der Division wird also mit dem Kehrwert multipliziert.

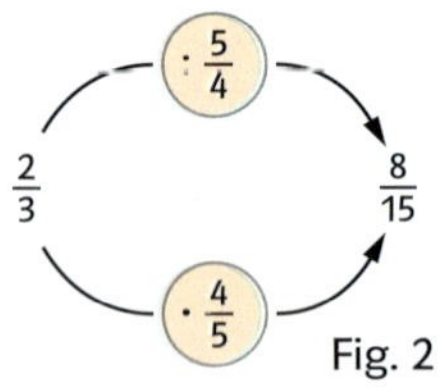

Fig. 2

$: \frac{5}{4}$ und $\cdot \frac{4}{5}$ liefern dasselbe Ergebnis.

Dividieren durch einen Bruch
Man **dividiert** durch einen Bruch, indem man mit seinem **Kehrwert** multipliziert.

Beispiel
Berechne: a) $\frac{3}{5} : \frac{7}{8}$ b) $\frac{6}{5} : \frac{9}{20}$ c) $2 : \frac{3}{8}$
Lösung:
a) $\frac{3}{5} : \frac{7}{8} = \frac{3}{5} \cdot \frac{8}{7} = \frac{3 \cdot 8}{5 \cdot 7} = \frac{24}{35}$
b) $\frac{6}{5} : \frac{9}{20} = \frac{6}{5} \cdot \frac{20}{9} = \frac{6 \cdot 20}{5 \cdot 9} = \frac{2 \cdot 4}{1 \cdot 3} = \frac{8}{3}$
c) $2 : \frac{3}{8} = 2 \cdot \frac{8}{3} = \frac{2 \cdot 8}{3} = \frac{16}{3}$

Bruch	*Kehrwert*
$\frac{4}{3}$	$\frac{3}{4}$
$\frac{2}{3}$	$\frac{3}{2}$

Aufgaben

Achte auf die Reihenfolge!

1 Rechne im Kopf.
a) $\frac{1}{2} : \frac{1}{8}$ $\frac{2}{3} : \frac{1}{4}$
b) $\frac{1}{2} : \frac{1}{3}$ $\frac{3}{5} : \frac{6}{10}$
c) $\frac{1}{5} : \frac{1}{2}$ $\frac{5}{7} : \frac{7}{15}$
d) $\frac{4}{5} : \frac{1}{10}$ $\frac{15}{21} : \frac{5}{7}$
e) $\frac{4}{9} : \frac{1}{6}$ $\frac{14}{25} : \frac{7}{5}$

Als Produkt schreiben
↓
Kürzen
↓
Multiplizieren

2 Berechne und kürze, wenn möglich vor dem Multiplizieren.
a) $\frac{5}{12} : \frac{15}{8}$ $\frac{95}{24} : \frac{25}{36}$
b) $\frac{10}{21} : \frac{15}{14}$ $\frac{36}{45} : \frac{24}{27}$
c) $\frac{22}{21} : \frac{11}{28}$ $\frac{33}{84} : \frac{11}{48}$
d) $\frac{21}{12} : \frac{49}{16}$ $\frac{25}{49} : \frac{81}{35}$
e) $\frac{24}{49} : \frac{36}{56}$ $\frac{18}{17} : \frac{90}{34}$

3 Welcher Bruch steht für ■?

a) $\frac{7}{5} : ■ = \frac{14}{25}$ b) $\frac{8}{9} : ■ = \frac{4}{9}$ c) $■ : \frac{1}{4} = \frac{1}{2}$ d) $■ : \frac{7}{2} = \frac{2}{21}$ e) $■ : 2\frac{7}{8} = \frac{8}{23}$

4 a) $2\frac{2}{5} : \frac{2}{5}$ b) $10 : \frac{4}{5}$ c) $4 : \frac{3}{8}$ d) $\frac{\frac{2}{5}}{\frac{3}{4}}$ e) $\frac{\frac{2}{3}}{\frac{3}{8}}$

$\frac{3}{4} : \frac{6}{15}$ $\frac{2}{3} : \frac{4}{9}$ $\frac{1}{3} : \frac{1}{6}$

$\frac{\frac{1}{4}}{\frac{2}{3}}$ bedeutet

$\frac{1}{4} : \frac{2}{3}$

5 Übertrage ins Heft und fülle aus.

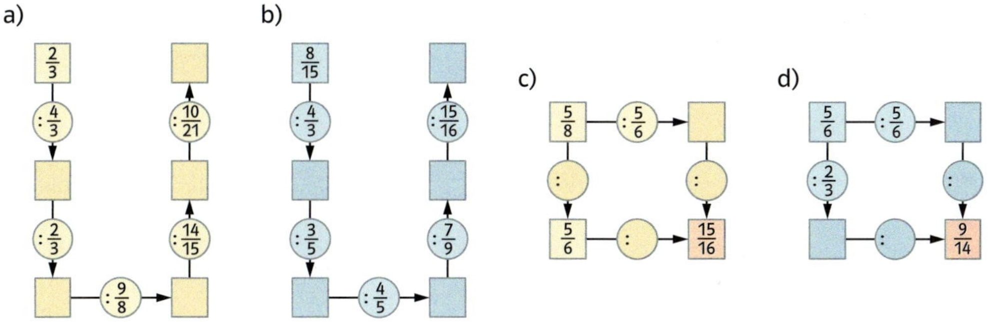

Bist du sicher?

1 Berechne.

a) $\frac{3}{4} : \frac{6}{5}$ b) $\frac{21}{16} : \frac{7}{24}$ c) $\frac{35}{36} : \frac{25}{54}$ d) $\frac{64}{75} : \frac{32}{95}$

2 Berechne.

a) $\frac{5}{7} : 2\frac{2}{5}$ b) $4 : \frac{1}{2}$ c) $\frac{4}{9} : \frac{3}{4}$ d) $9\frac{1}{2} : 2\frac{1}{9}$

3 Ein Imker füllt seine Ernte von $77\frac{1}{2}$ kg Honig in Dosen zu $2\frac{1}{2}$ kg ab.
Wie viele Dosen Honig erhält er?

4 Kann man 5 so durch eine andere Zahl dividieren, dass das Ergebnis größer ist als 5?
Schreibe deine Überlegung auf.

6 Ein rechteckiges Grundstück hat den Flächeninhalt 730 m² und eine Seite mit der Länge $18\frac{1}{4}$ m. Berechne die Länge der anderen Seite.

7 Die Kästchen sollen in die Felder eingefügt werden. Gibt es mehrere Möglichkeiten?

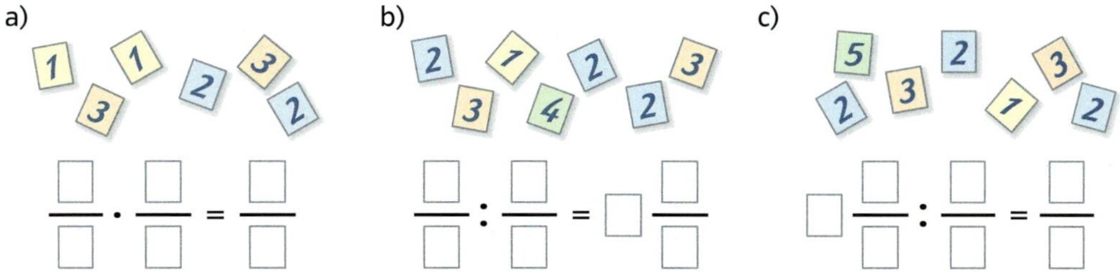

8 Die rechteckige Bodenfläche eines Schwimmbeckens von 800 m² soll mit quadratischen Fliesen der Seitenlänge $\frac{1}{4}$ m ausgelegt werden. Berechne die Materialkosten, wenn eine Fliese 12,50 € kostet.

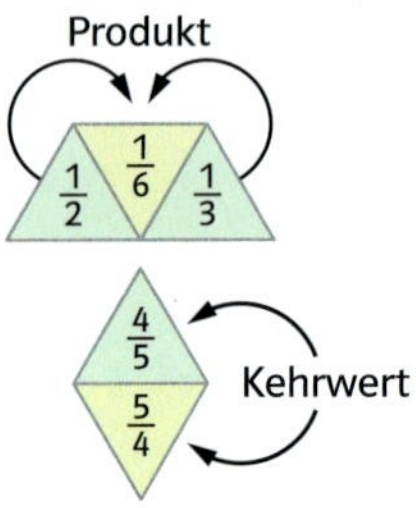

9 In jedem gelben Dreieck steht das Produkt der Zahlen in den daneben stehenden grünen Dreiecken. In übereinanderliegenden grünen und gelben Dreiecken stehen die Kehrwerte. Übertrage die Dreiecke in dein Heft und ergänze sie.

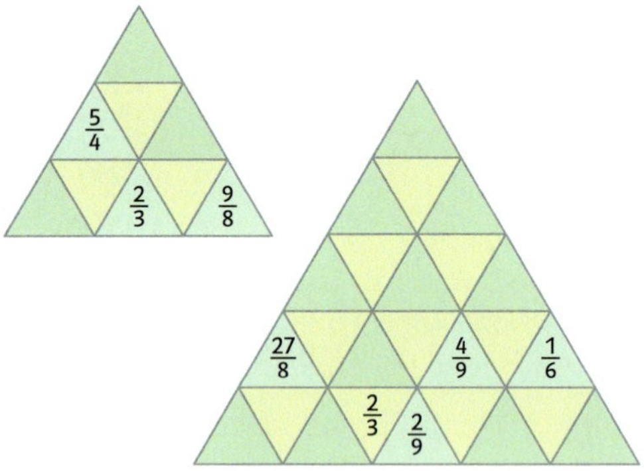

10 Anika erhält $2\frac{1}{4}$-mal so viel Taschengeld wie ihr jüngerer Bruder Sebastian. Anika bekommt monatlich 9 Euro. Wie viel Taschengeld erhält Sebastian?

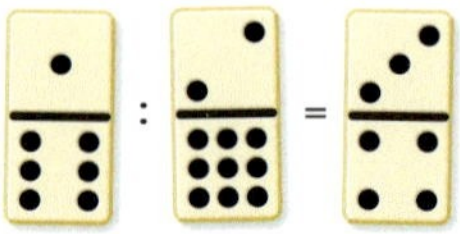

11 Ein Dominospiel besteht aus verschiedenen Steinen, auf denen je zwei Zahlen zwischen 0 und 9 dargestellt sind. Entfernt alle Steine, welche die Zahl 0 oder zweimal die gleiche Zahl zeigen. Dreht dann alle verbleibenden Steine so, dass oben die kleinere Zahl steht. Gebt alle Divisionsaufgaben an, die ihr mit den verbleibenden Steinen legen könnt.

Beispiel:
$\frac{2}{6} : \frac{3}{5} = \frac{5}{9}$

12 **Rechenspiel mit vier Würfeln**
Würfle und bilde aus den vier Augenzahlen zwei Brüche und dividiere sie.
a) Wer hat ein Ergebnis, das am nächsten an der Zahl 1 liegt?
b) Wer hat das größte, wer das kleinste Ergebnis?

13 Nach Auskunft eines Autohändlers verliert ein fabrikneues Auto im ersten Jahr $\frac{1}{4}$, im zweiten Jahr $\frac{1}{6}$ und im dritten Jahr $\frac{1}{8}$ seines Neupreises an Wert.
a) Welchen Wert hat ein Auto nach drei Jahren, wenn der Neupreis 14 400 Euro beträgt?
b) Welchem Anteil vom Neupreis entspricht der Restwert nach drei Jahren?
c) Was kostet ein Auto fabrikneu, das nach drei Jahren noch 8800 Euro wert ist?
d) Welchen Bruchteil seines Wertes zu Beginn des zweiten Jahres verliert das Auto im zweiten Jahr?

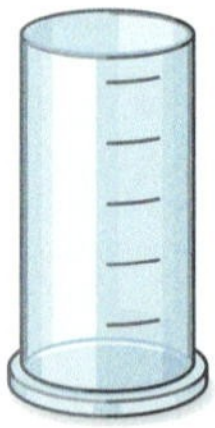

14 In einem Wanderführer ist für eine Strecke von $6\frac{1}{2}$ km eine Gehzeit von $1\frac{1}{2}$ Stunden angegeben. Von welcher Geschwindigkeit (zurückgelegter Weg pro Stunde) wird hier ausgegangen?

15 An einem Becherglas sind fünf Markierungen in gleichen Abständen angebracht. Gießt man $\frac{3}{5}$ l Wasser in das Glas, so ist es genau bis zum zweiten Strich gefüllt. Mit welcher Zahl muss der oberste Strich beschriftet werden?

16 **Zum Knobeln**
Kann man mit zwei Gefäßen, die $\frac{3}{4}$ Liter und $\frac{2}{3}$ Liter fassen, eine Flüssigkeitsmenge von fünf Litern abmessen? Begründe deine Antwort.

Kannst du das noch?

17 Multipliziere und schreibe in der nächstgrößeren Einheit.
a) 10 cm · 1000 b) 25 g · 10 000 c) 25 mm · 1 000 000 d) 12 kg · 1000

18 Schreibe in der nächstkleineren Einheit und dividiere dann.
a) 20 km : 1000 b) 12 t : 100 c) 2 m : 1000 d) 5 km : 10 000

4 Zehnerpotenzen multiplizieren und dividieren

Die Schüler der 6a in Weimar planen eine mehrtägige Radtour und überlegen, ob sie den Ilmtalradweg von Weimar nach Allzunah im Vessertal abfahren. Obwohl alle gute Radfahrer sind, soll keine der drei Etappen länger als 40 km werden.

Den Dezimalbruch 0,32 kann man auch $\frac{32}{100}$ schreiben. Multipliziert man diese Zahl mit 10, so erhält man: $\frac{32}{100} \cdot 10 = \frac{32}{10} = 3{,}2$.

Das **Multiplizieren eines Dezimalbruchs** mit 10 entspricht also einer Verschiebung des Kommas um eine Stelle nach rechts.

Bei der **Division** durch 100 wird das Komma um zwei Stellen nach links verschoben, denn es gilt: $792{,}4 : 100 = \frac{7924}{10} : \frac{100}{1} = \frac{7924}{10} \cdot \frac{1}{100} = \frac{7924}{1000} = 7{,}924$.

Die Zahlen 10; 100; 1000 heißen Zehnerpotenzen, weil
$10 = 10^1$
$100 = 10 \cdot 10 = 10^2$
$1000 = 10 \cdot 10 \cdot 10 = 10^3$
usw.

Beim **Multiplizieren** eines Dezimalbruchs mit 10; 100; 1000 ... verschiebt sich das Komma des Dezimalbruchs um 1; 2; 3 ... Stellen **nach rechts**.
Beim Dividieren eines Dezimalbruchs durch 10; 100; 1000 ... verschiebt sich das Komma des Dezimalbruchs um 1; 2; 3 ... Stellen **nach links**.
Die Zahlen 10; 100; 1000 ... heißen **Zehnerpotenzen**.

Bei der Division einer ganzen Zahl durch 100 muss die Zahl zuerst mit Komma geschrieben werden: 23 : 100 = 23,0: 100 = 0,23.
Wenn die Anzahl der Ziffern zum Verschieben des Kommas nicht reicht, werden Nullen vorangesetzt oder angehängt.

Beispiel 1 Rechnen mit Kommaverschiebung
Berechne: a) $5{,}23 \cdot 10^3$ b) 834 : 1000 c) $2{,}74 : 10^4$
Lösung:
a) $5{,}23 \cdot 10^3 = 5{,}23 \cdot 1000 = 5230$ — *Um das Komma um 3 Stellen nach rechts verschieben zu können, muss eine* **zusätzliche Null** *angehängt werden.*
b) 834 : 1000 = 834,0 : 1000 = 0,834 — *Zuerst wird die Zahl mit Komma geschrieben.*
c) $2{,}74 : 10^4 = 2{,}74 : 10\,000 = 0{,}000\,274$ — *Um das Komma 4 Stellen nach links verschieben zu können, müssen drei zusätzliche Nullen vorangesetzt werden.*

Beispiel 2 Bedeutung der Kommaverschiebung
Welche Rechnung wurde durchgeführt?
a) 0,0247 $\xrightarrow{\square}$ 24,7 b) 25,26 $\xrightarrow{\square}$ 0,002 526
Lösung:
a) Kommaverschiebung um 3 Stellen nach rechts; es wurde mit $10^3 = 1000$ multipliziert.
b) Kommaverschiebung um 4 Stellen nach links; es wurde durch $10^4 = 10\,000$ dividiert.

Aufgaben

1 Berechne im Kopf.

a) $65{,}42 \cdot 100$ b) $0{,}245 \cdot 10^2$ c) $100 \cdot 15$ d) $0{,}0004 \cdot 10^3$ e) $10\,000 \cdot 0{,}0041$
$272{,}6 : 10$ $0{,}6 : 100$ $21 : 10^3$ $4{,}321 : 100$ $3{,}07 : 10^3$
$0{,}0047 : 10$ $10^5 \cdot 0{,}0034$ $30{,}03 : 10$ $10^2 \cdot 21$ $700 : 10^4$

2 Welche Rechnung wurde durchgeführt?

a) $0{,}2 \xrightarrow{\square} 20$ b) $3{,}6 \xrightarrow{\square} 360$ c) $0{,}0001 \xrightarrow{\square} 1$ d) $0{,}0026 \xrightarrow{\square} 2600$
$1{,}3 \xrightarrow{\square} 0{,}13$ $75{,}2 \xrightarrow{\square} 0{,}752$ $1 \xrightarrow{\square} 0{,}000\,01$ $0{,}05 \xrightarrow{\square} 0{,}0005$

3 Gib die kleinste Zehnerpotenz an, mit der man multiplizieren muss, damit man eine natürliche Zahl erhält.

a) 0,04 b) 1,007 c) 0,0251 d) 1,414 123
2,102 310,310 3,1413 0,600

4 Welche Angabe macht der Drehzahlmesser im nebenstehenden Foto?

5 Das Mikroskop vergrößert auf das Tausendfache.
a) Ein Faden eines Spinnennetzes erscheint unter dem Mikroskop 5 mm dick. Wie dick ist er in Wirklichkeit?
b) Ein Bazillus ist 0,004 mm lang. Wie lang erscheint er unter dem Mikroskop?

6 a) Ein Kilogramm Schinken kostet 18,50 €. Wie viel kosten 100 g?
b) 10 g eines Gewürzes kosten 0,45 €. Wie viel kostet ein Kilogramm?
c) 0,1 l Parfüm kostet 74,75 €. Was würde ein Liter kosten?

Bist du sicher?

1 Berechne.

a) $0{,}045 \cdot 100$ b) $10^5 \cdot 0{,}000\,31$ c) $0{,}07 : 10^2$ d) $5{,}07 : 10^3$ e) $230 : 10\,000$

2 Welche Rechnung wurde durchgeführt?

a) $1{,}441 \xrightarrow{\square} 1441$ b) $0{,}387 \xrightarrow{\square} 0{,}003\,87$ c) $0{,}07 \xrightarrow{\square} 7$ d) $111{,}1 \xrightarrow{\square} 0{,}1111$

3 Eine 1-Euro-Münze ist 2,125 mm dick und 7,5 g schwer. Wie hoch und wie schwer ist ein Stapel aus 10; 100; 1000 Münzen?

7 Findest du die Ergebnisse ohne die Zwischenergebnisse aufzuschreiben?

a) $(53{,}2 \cdot 100) : 10$ b) $(0{,}08 \cdot 1000) : 100$ c) $1000 \cdot (4 : 100)$
$0{,}31 \cdot 100 \cdot 10 \cdot 10$ $((1736{,}2 : 10) : 100) : 100$ $((22{,}83 : 100) \cdot 1000) : 10$

8 Lege 100 Blätter Zeitungspapier übereinander und bestimme die Höhe und die Masse des Stapels.
a) Wie dick ist ein einzelnes Blatt? Gib die Dicke in cm und in mm an.
b) Wie schwer ist ein einzelnes Blatt? Gib die Masse in kg und g an.

5 Multiplizieren von Dezimalbrüchen

Rebecca, Max und Bettina schauen sich die nebenstehende Aufstellung an. Plötzlich fängt Rebecca an zu lachen. Als die anderen verwundert schauen, sagt sie: „Ich stelle mir gerade vor, aus wie vielen Flaschen Wasser, Eiern und Paketen Butter ich bestehe."

Aus der Medizin
„1 kg Mensch" besteht aus ca.
0,65 kg Wasser
0,1 kg Fett
0,15 kg Eiweiß
0,05 kg Mineralien
0,05 kg Kohlenhydrate

Um die Dezimalbrüche 2,3 und 1,34 miteinander zu multiplizieren, kann man sie als Brüche schreiben: $2{,}3 \cdot 1{,}34 = \frac{23}{10} \cdot \frac{134}{100} = \frac{23 \cdot 134}{10 \cdot 100} = \frac{3082}{1000} = 3{,}082$.
Der Zähler 3082 des Bruches $\frac{3082}{1000}$ ist das Produkt der Dezimalbrüche, wenn man das Komma nicht berücksichtigt.
Der Nenner 1000 zeigt an, dass das Ergebnis drei Stellen nach dem Komma haben muss. Das Ergebnis hat also so viele Nachkommastellen wie die beiden Faktoren zusammen.

Multiplizieren von Dezimalbrüchen
Multipliziere zuerst, ohne auf das Komma zu achten.
Setze das Komma dann so, dass das Ergebnis genau so viele Stellen nach dem Komma hat wie beide Faktoren zusammen.

Die beiden Multiplikationen $0{,}15 \cdot 13{,}2$ und $1{,}5 \cdot 1{,}32$ haben das gleiche Ergebnis, da jeweils die Ziffernfolge und die Anzahl der Nachkommastellen gleich sind.
Verschiebt man also das Komma bei beiden Zahlen um gleich viele Stellen in entgegengesetzte Richtungen, so ändert sich das Ergebnis nicht.

Komma um eine Stelle nach links – durch 10

Komma um eine Stelle nach rechts – mal 10

Beispiel 1
Multipliziere.
a) $0{,}436 \cdot 0{,}35$ b) $4{,}36 \cdot 0{,}035$ c) $0{,}0436 \cdot 3{,}5$
Lösung:
a) ***3 Dezimalen 2 Dezimalen***

0,436 · 0,35
1308
2180 *Hier muss im Ergebnis die vordere Null ergänzt werden.*
0,15260 *Die hintere Null kann man nach dem Setzen des Kommas weglassen.*
5 Dezimalen $0{,}436 \cdot 0{,}35 = 0{,}1526$

b) $4{,}36 \cdot 0{,}035 = 0{,}1526$ c) $0{,}0436 \cdot 3{,}5 = 0{,}1526$

Beispiel 2 Kommaverschiebung bei beiden Faktoren
a) Berechne.
$0{,}02 \cdot 800$
b) Überschlage.
$135{,}5 \cdot 0{,}0046$
Lösung:
a) $0{,}02 \cdot 800$
$= 2 \cdot 8 = 16$
b) $135{,}5 \cdot 0{,}0046$
$= 1{,}355 \cdot 0{,}46 \approx 1 \cdot 0{,}5 = 0{,}5$

Aufgaben

1 Ordne die Karten einander zu, die dasselbe Ergebnis haben. Wie heißt das Lösungswort?

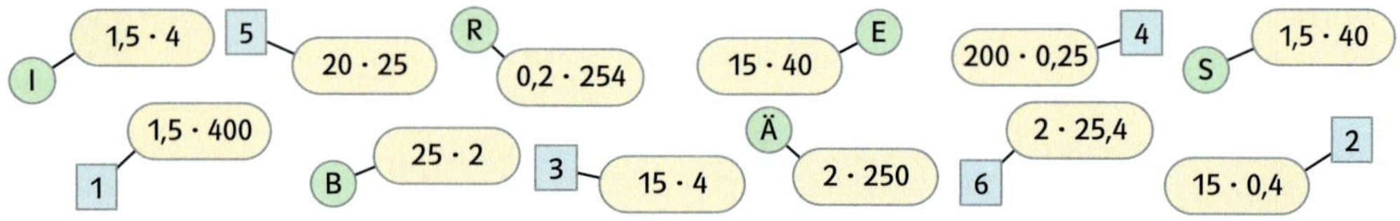

2 Wo musst du beim zweiten Faktor das Komma setzen, damit das Ergebnis stimmt?

	1. Faktor		2. Faktor	Ergebnis
a)	8,3	·	25	20,75
b)	70,4	·	56	39,424
c)	0,23	·	79	0,01817
d)	0,076	·	48	0,3648
e)	120,3	·	62	7,4586
f)	12,25	·	35	4,2875

3 Multipliziere im Kopf.

a) 0,2 · 4; 0,02 · 4; 0,002 · 4
b) 0,3 · 6; 0,03 · 6; 6 · 0,003
c) 1,2 · 3; 3 · 0,12; 0,012 · 3
d) 7 · 1,3; 0,13 · 7; 7 · 0,013
e) 2,1 · 8; 8 · 0,21; 0,021 · 8

4 a) 0,01 · 7; 7 · 0,01; 0,7 · 0,1
b) 0,03 · 5; 3 · 0,05; 0,3 · 0,5
c) 8 · 0,04; 0,08 · 4; 0,8 · 0,4
d) 0,2 · 0,3; 0,02 · 3; 0,03 · 0,2
e) 0,12 · 0,4; 0,04 · 1,2; 0,012 · 0,04

Die Lösung von Aufgabe 5 liegt im Mittelmeer.

13,65 Z 0,33 I
9,375 L 48,6 S
0,7296 I 107,1 N
12,6 E 0,0012 I

5 Berechne schriftlich.

a) 10,8 · 4,5; 1,32 · 0,25
b) 3,25 · 4,2; 1,52 · 0,48
c) 0,75 · 12,5; 0,02 · 0,06
d) 5,6 · 2,25; 25,2 · 4,25

6 Führe zunächst eine Überschlagsrechnung durch und berechne dann.

a) 27,86 · 7 b) 7,843 · 192 c) 71,48 · 0,942 d) 64,3 · 0,06 e) 0,063 · 0,085

7 Hier wurde einige Male falsch gerechnet. Suche die Fehler und schreibe die Rechnung richtig in dein Heft.

80 · 0,3 = 2,4 0,7 · 0,05 = 0,0063
12 · 0,4 = 10,8 0,05 · 1,11 = 5,555
4 · 0,06 = 4,06 0,33 · 0,33 = 0,1089

8 Gib drei Aufgaben an, die das Ergebnis a) 32,6 b) 96,4 c) 16,4 haben.

9 Berechne den Flächeninhalt und den Umfang der Rechtecke.

	a)	b)	c)	d)
Länge	3,2 m	4,6 dm	17,9 cm	1,1 m
Breite	0,5 m	4,2 dm	17,9 cm	7,2 dm

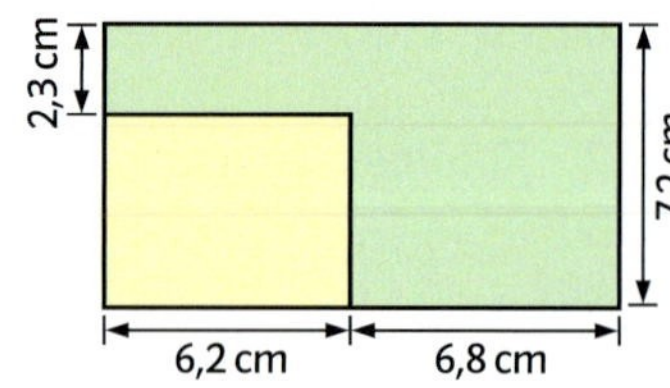

Fig. 1

10 Berechne den Flächeninhalt und den Umfang der grün gefärbten Figur (Fig. 1).

11 Ein Liter Luft wiegt 1,29 g. Wie viel wiegt die Luft in einem Zimmer, das 8,75 m lang, 6,84 m breit und 2,5 m hoch ist? Runde das Ergebnis geeignet.

12 Zwei Dezimalbrüche werden multipliziert. Wie ändert sich das Ergebnis, wenn man
a) bei einem Dezimalbruch das Komma um eine Stelle nach links verschiebt,
b) bei beiden Dezimalbrüchen das Komma um eine Stelle nach rechts verschiebt?

Bist du sicher?

1 Berechne.
a) $0{,}03 \cdot 5$ b) $0{,}12 \cdot 4$ c) $0{,}02 \cdot 0{,}06$ d) $0{,}8 \cdot 0{,}8$ e) $1{,}2 \cdot 0{,}005$

2 Führe zuerst eine Überschlagsrechnung durch und vergleiche mit dem genauen Ergebnis.
a) $82{,}5 \cdot 0{,}29$ b) $832 \cdot 3{,}03$ c) $0{,}045 \cdot 485$ d) $0{,}049 \cdot 65{,}4$ e) $14{,}8 \cdot 19{,}3$

3 Ein rechteckiges Grundstück ist 15,5 m lang und 9,80 m breit. Die Erschließungskosten für einen Quadratmeter betragen 49,20 €. Wie viel Euro muss der Besitzer bezahlen?

13 In manchen Bereichen wird noch immer das Längenmaß Zoll verwendet, das mit ″ abgekürzt wird. 1 Zoll (1″) entspricht etwa 2,54 cm.
a) Welche Länge hat die Diagonale des Bildschirms (des Notebooks) in cm?
b) Suche weitere Gegenstände, bei denen Abmessungen in Zoll angegeben werden. Schreibe sie auf und rechne jeweils um.

14 Der Aufzug in einem Hochhaus steigt durchschnittlich 2,6 m in einer Sekunde.
a) Wie viel m steigt er in einer Minute?
b) Wie lange dauert die Fahrt von der 12. in die 25. Etage, wenn die Stockwerkshöhe 4,2 m beträgt?

15 Klaus hat ausgerechnet, dass alle Einwohner Deutschlands auf dem Chiemsee Platz hätten, wenn eine Person $0{,}2\,m^2$ Standfläche benötigt.
a) Schätze ab, ob er Recht haben könnte. Bestimme dazu anhand der Karte einen ungefähren Wert für die Fläche des Chiemsees.
b) Überprüfe die Behauptung, indem du einen genaueren Wert für die Fläche ermittelst und damit rechnest.

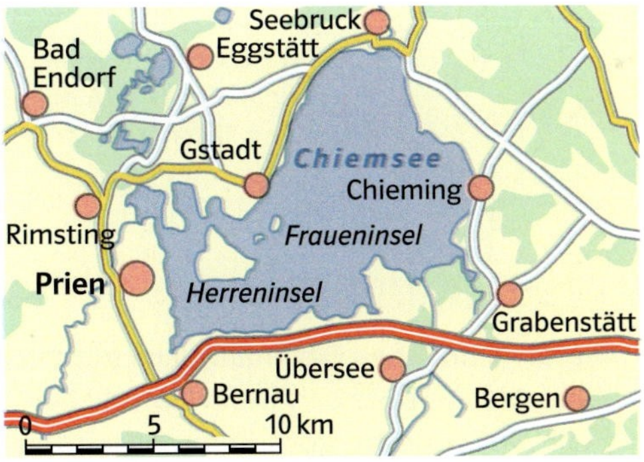

16 In der Schifffahrt werden Entfernungen in Seemeilen (sm) gemessen.
1 sm = 1,852 km. Rechne die Entfernungen in km um.
Hamburg – New York: 3702 sm Bremen – Kairo: 3714 sm

17 Für den Bau eines Hauses soll die Baugrube 1,8 m tief sein. Das Haus soll 14,45 m lang und 9,35 m breit werden. Zwischen der Hauswand und dem Erdreich muss auf allen Seiten 1 m frei sein. Wie viel m^3 Erde müssen ausgehoben werden?

6 Dividieren eines Dezimalbruchs durch eine natürliche Zahl

Die Klasse 6c plant für das nächste Schulfest einen Saftstand. Petra und Felix sollen dafür die Preisschilder malen.
Die Klasse hat sich darauf verständigt, dass pro 0,1-l-Glas ein Gewinn von 5 Cent für die Klassenkasse erzielt werden soll.

Die Zahl 71 ist nicht ohne Rest durch 4 teilbar. 71 ist eine natürliche Zahl, kann aber als Dezimalbruch mit Nullen hinter dem Komma geschrieben werden. Dadurch wird es möglich, die Division über die Einer hinaus fortzusetzen und so den Rest auch noch zu teilen.

H: Hunderter
Z: Zehner
E: Einer
z: Zehntel
h: Hundertstel
t: Tausendstel

```
 Z E , z h          Z E , z h
 7 1 , 0 0 : 4  =   1 7 , 7 5
-4
 3 1
-2 8
   3 0
  -2 8
     2 0
    -2 0
       0
```

*Das Anhängen der Null an den Rest 3 bedeutet die Umwandlung von 3 Einern in **30** Zehntel.*
*Beim Dividieren der **30** Zehntel entstehen im Ergebnis ebenfalls Zehntel. Deshalb muss im Ergebnis ein Komma gesetzt werden.*

Mit diesem Verfahren lassen sich auch Divisionen von Dezimalbrüchen durch natürliche Zahlen durchführen.

Die Rechnung so lange weiterführen, bis der Rest 0 wird.

```
 Z E , z h        E , z h
 1 5 , 7 6 : 4  = 3 , 9 4
-1 2
   3 7
  -3 6
     1 6
    -1 6
       0
```

Der Rest 3 Einer wird in 30 Zehntel umgewandelt. Zusammen mit den 7 Zehnteln aus 15,76 müssen also 37 Zehntel durch 4 geteilt werden. Vor dem Teilen wird im Ergebnis ein Komma gesetzt.

Durch Null darf man nicht dividieren!

Die **Division** eines Dezimalbruchs durch eine natürliche Zahl wird genau so durchgeführt wie die Division zweier natürlicher Zahlen.
Beim Überschreiten des Kommas wird im Ergebnis ein Komma gesetzt.

Bei der Division eines Dezimalbruchs durch eine natürliche Zahl kann es sehr lange dauern, bis der Rest 0 erscheint. Dann sollte man die Rechnung abbrechen und sinnvoll runden.

$$25{,}5\,\text{m} : 13 = 1{,}961\ldots\ldots\text{m} \approx 1{,}96\,\text{m} \approx 2\,\text{m}$$

Beispiel 1 Schriftliches Dividieren mit Komma

Berechne. a) 3 : 4 b) 9,2 : 48 c) 0,24 : 6

Lösung:

a)
```
 3 : 4 = 0,75
-0       ↑
 30 → Komma
-28      setzen
 20
-20
  0
```

b)
```
 9,2 : 8 = 1,15
-8          ↑
 12 → Komma
-8       setzen
 40
-40
  0
```

c)
```
 0,24 : 6 = 0,04
-0           ↑
 02 → Komma
-0       setzen
 24
-24
  0
```

Beispiel 2

a) Rechne schriftlich: 42,7 : 7

b) Finde das Ergebnis von 427 : 7 und 4,27 : 7 ohne erneute Division. Begründe.

Lösung:

a)
```
 42,7 : 7 = 6,1
-42
  07
 -7
  0
```

b) 427 : 7 = 61, denn 427 = 42,7 · 10
also ist 427 : 7 = 6,1 · 10

4,27 : 7 = 0,61, denn 4,27 = 42,7 : 10
also ist 4,27 : 7 = 6,1 : 10.

Aufgaben

1 Das Ergebnis von 245 : 7 ist 35. Damit kannst du die folgenden Divisionen leicht berechnen.

a) 24,5 : 7; 2,45 : 7; 0,245 : 7; 0,0245 : 7

b) 245 : 70; 24,5 : 70; 2,45 : 70; 0,245 : 70

2 Hier wurde einige Male falsch gerechnet. Suche und verbessere die Fehler.

0,5 : 5 = 0,01	0,21 : 7 = 0,3
6,06 : 6 = 1,1	5,6 : 8 = 7
0,99 : 9 = 0,9	0,144 : 12 = 1,2

Fig. 1

3 Berechne im Kopf.

a)	b)	c)	d)	e)
a) 0,9 : 3	b) 0,08 : 4	c) 9,0 : 3	d) 12,6 : 6	e) 3,6 : 9
0,12 : 6	0,025 : 5	0,77 : 7	25,5 : 5	0,36 : 9
8,24 : 4	6,18 : 3	18,27 : 9	0,039 : 13	0,084 : 12

4 Berechne schriftlich.

a)	b)	c)	d)	e)
a) 40,3 : 8	b) 127,5 : 4	c) 4,32 : 16	d) 1016,6 : 13	e) 40,5 : 110
6,05 : 5	322,8 : 5	54,3 : 12	623,9 : 17	325,6 : 120
34,2 : 9	337,8 : 6	100,5 : 15	1698,6 : 19	11,04 : 90

5 Schreibe mit Komma.

a) $\frac{1}{5}$ b) $\frac{3}{8}$ c) $\frac{7}{40}$ d) $\frac{51}{12}$

6 Dividiere bis auf zwei Stellen nach dem Komma. Runde dann auf Zehntel.

a) 7,5 : 8 b) 6,36 : 24 c) 0,98 : 14

d) 15,2 : 16 e) 28,3 : 3 f) 3,815 : 7

g) 22,5 : 12 h) 16,07 : 15 i) 128,5 : 9

Bist du sicher?

1 Berechne.

a) 0,25 : 5 b) 9,6 : 12 c) 0,301 : 7 d) 19 : 5 e) 0,55 : 4

2 Schreibe mit Komma.

a) $\frac{1}{8}$ b) $\frac{9}{20}$ c) $\frac{7}{16}$

7 Rechne jeweils nur einmal schriftlich. Finde die anderen Ergebnisse ohne erneute Division.

a) 63,2 : 8
632 : 8
632 : 80

b) 3,546 : 9
354,6 : 90
35,46 : 900

c) 51,6 : 12
5,16 : 12
516 : 120

d) 1,32 : 11
132 : 1100
0,132 : 1,1

8 a) Dividiere die Summe der Zahlen 6,4 und 27,2 durch 3.
b) Dividiere das Produkt der Zahlen 20,2 und 3,6 durch 30.
c) Dividiere den Quotienten aus 470,4 und 7 durch 24.

9 a) Welche Zahl muss man mit 3 multiplizieren, um 24,96 zu erhalten?
b) Welche Zahl muss man durch 24 dividieren, um 0,36 zu erhalten

10 Achmed vergleicht die Angebote für Hundefutter. Ein 8-kg-Beutel kostet 7,54 €, ein 5-kg-Paket 4,49 €. Welche Packungsgröße sollte er kaufen?

11 Im 19. Jahrhundert wurden in Deutschland 10-Mark- und 20-Mark-Münzen aus Gold geprägt. Dabei hatten 500 g Gold den Wert von 1395 Mark.
a) Wie viel g Gold entsprach 1 Mark? Runde auf Hundertstel Gramm.
b) Wie viel Gramm reines Gold enthielten das 10-Mark- und das 20-Mark-Stück?
c) 1 g Gold hatte 1999 einen Wert von ungefähr 20DM. Berechne den Materialwert der beiden Goldmünzen.

12 a) Dana will wissen, wie schwer ein 1-Cent-Stück ist. Dazu wiegt sie 14 Münzen. Sie wiegen zusammen genau 32,2 g. Wie viel g wiegt ein 1-Cent-Stück?
b) Dana misst auch noch die Höhe des Stapels ihrer vierzehn 1-Cent-Münzen. Er ist 19,04 mm hoch. Wie dick ist eine Münze?
c) Finde auf ähnliche Weise heraus, wie hoch ein Stapel aus lauter 10-Cent-Münzen wird, wenn du Münzen im Wert von 10 € aufstapelst.

13 Marion will ihr Zimmer streichen. Sie vergleicht die Preise für Wandfarbe. Ein 12-Liter-Eimer kostet 23,40 €, ein 5-Liter-Eimer 8,95 €.
Wie groß ist der Preisunterschied pro Liter?

14 Das Ernst-Abbe-Gymnasium erhält zur Ausstattung der neuen Sporthalle die nebenstehende Lieferung von Bällen.
a) Für welche der genannten Sportarten verwendet man die leichtesten Bälle?
b) Bei welcher Sportart sind die Bälle am schwersten?
c) Welche Ballsorten haben das gleiche Gewicht?

Ballsorte	Menge	Gesamtgewicht
Fußball	25	10,500 kg
Handball	12	4,200 kg
Volleyball	15	4,050 kg
Basketball	16	9,792 kg
Gymnastikball	30	5,400 kg
Tischtennisball	144	0,144 kg
Badminton	72	0,252 kg
American Football	4	1,680 kg

7 Dividieren von Dezimalbrüchen

„Jetzt müssten wir, ohne zu tanken, nach Hause kommen. Immerhin habe ich 124,34 € ausgegeben."
„Klar, mit dem vollen Tank schaffen wir die 400 km bis nach Hause locker.
Zeigst du mir jetzt, was du noch eingekauft hast?"

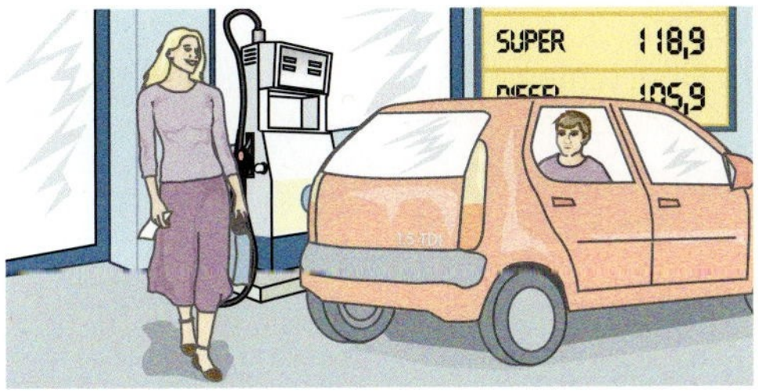

Der Quotient zweier natürlicher Zahlen ändert sich nicht, wenn man beide mit 10, 100, 1000, … multipliziert oder durch 10, 100, 1000, … dividiert.

$123 : 17 = \frac{123}{17} = \frac{12\,300}{1700} = 12\,300 : 1700.$ $\qquad 130 : 120 = \frac{130}{120} = \frac{13}{12} = 13 : 12$

Bei Dezimalbrüchen bedeutet die Multiplikation mit 10, 100, 1000, … eine Kommaverschiebung um 1, 2, 3, … Stellen nach rechts. Die Division bewirkt eine Kommaverschiebung nach links.

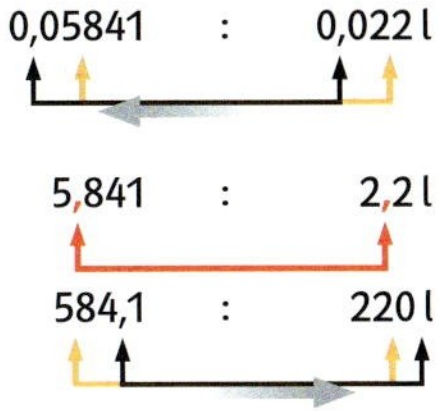

Die Rechnung zeigt, dass sich der Quotient zweier Dezimalbrüche nicht ändert, wenn man das Komma bei beiden Zahlen um gleich viele Stellen nach rechts verschiebt.

$0{,}641 : 3{,}21 = \frac{641}{1000} : \frac{321}{100} = \frac{641}{1000} \cdot \frac{100}{321} = \frac{641 \cdot 100}{1000 \cdot 321} = \frac{641 \cdot 1}{10 \cdot 321} = 641 : 3210.$

Eine Verschiebung des Kommas um gleich viele Stellen nach links ändert den Wert des Quotienten ebenfalls nicht.
Auf diese Weise kann man immer erreichen, dass bei der Division die Zahl, durch die geteilt wird, eine natürliche Zahl ist.

Division durch Dezimalbrüche
Man verschiebt das Komma der beiden Zahlen um gleich viele Stellen so weit nach rechts, dass die Zahl, durch die geteilt wird, kein Komma mehr hat.
Dann führt man die Division durch.

Bei natürlichen Zahlen bedeutet die Verschiebung des Kommas um 1, 2, 3, … Stellen nach rechts, dass 1, 2, 3, … Nullen angehängt werden müssen.
$34 : 8{,}81 = 34{,}000 : 8{,}81 = 3400{,}0 : 881 = 3400 : 881$

Komma verschieben oder Nullen anhängen

Vor der Division von Dezimalbrüchen sollte man einen Überschlag machen. Dabei ist es geschickt, wenn man so vorgeht:
1. Schritt: Verschiebe bei beiden Zahlen das Komma um gleich viele Stellen so weit nach rechts oder nach links, bis die Zahl, durch die geteilt wird, vor dem Komma nur eine von Null verschiedene Ziffer hat.
2. Schritt: Runde zuerst die Zahl, durch die geteilt wird, auf Einer. Runde dann die zu teilende Zahl möglichst so, dass du die Division im Kopf durchführen kannst. Dabei muss man sich nicht immer exakt an die Vorschriften der Regeln für das Runden halten.

$4{,}42 : 0{,}73$	Hier verschiebt man das Komma um eine Stelle nach rechts.
$= 44{,}2 : 7{,}3$	$7{,}3 \approx 7$ und $44{,}2 \approx 42$. 42 ist die Zahl, die möglichst nahe an
$\approx 42 : 7 = 6$	44,2 liegt und im Kopf durch 7 teilbar ist.

Beispiel

Berechne: a) 5,865 : 0,17 b) 1500 : 12,5

Lösung:

a) Überschlag: 5,865 : 0,17 = 58,65 : 1,7
≈ 60 : 2 = 30

Rechnung: 5,865 : 0,17
= 586,5 : 17 = 34,5
− 51
76
− 68
85
− 85
0

b) Überschlag: 1500 : 12,5 = 150 : 1,2
≈ 150 : 1 = 150

Rechnung: 1500 : 12,5
= 15 000 : 125 = 120
− 125
250
− 250
0
− 0
0

Diese Brücke verbindet die Insel aus Aufgabe 1 mit dem Land aus Aufgabe 2.

zu Aufgabe 1

3 O | 200 L | 15 E | 4 N | 50 P | 300 O | 3500 S | 40 N | 60 P | 70 E

zu Aufgabe 2

86,3 C | 1,96 L | 56,5 A | 5,3 I | 2,56 E | 45,3 H | 2,7 G | 3,47 N | 45,2 N | 2,8 R | 0,56 D | 34,6 E

Aufgaben

1 Berechne im Kopf.

a) 10 : 0,2
28 : 0,4

b) 20 : 0,1
60 : 0,2

c) 36 : 0,6
0,9 : 0,3

d) 0,8 : 0,2
1,6 : 0,04

e) 0,75 : 0,05
35 : 0,01

2 Berechne schriftlich.

a) 3,24 : 1,2
3,08 : 1,1
6,89 : 1,3

b) 13,84 : 0,4
25,89 : 0,3
31,71 : 0,7

c) 9,216 : 3,6
29,148 : 8,4
19,012 : 9,7

d) 1,695 : 0,03
13,6956 : 0,303
16,968 : 30,3

3 Zwei Dezimalbrüche werden dividiert. Wie ändert sich das Ergebnis, wenn man
a) bei beiden Dezimalbrüchen das Komma um eine Stelle nach rechts verschiebt,
b) bei dem zu teilenden Dezimalbruch das Komma um eine Stelle nach rechts verschiebt und bei dem anderen um eine Stelle nach links,
c) bei beiden Dezimalbrüchen das Komma um eine Stelle nach links verschiebt?

4 Rechne geschickt, indem du nur eine Rechnung schriftlich durchführst.

a) 1,792 : 0,7
1,792 : 0,07
179,2 : 0,7
17,92 : 0,07

b) 15,12 : 3,6
151,2 : 36
1,512 : 3,6
1,512 : 0,36

c) 30,858 : 111
30,858 : 11,1
308,58 : 0,111
3,0858 : 0,0111

d) 540,1 : 49,1
54,01 : 49,1
5,401 : 0,491
0,5401 : 4,91

5 Klaus hat einige Male falsch gerechnet. Suche und verbessere die Fehler.

0,48 : 0,06 = 0,8 1,44 : 1,2 = 1,2
3 : 0,6 = 0,2 12,4 : 0,02 = 620

Fig. 1

6 Ein Obstbauer hat 100 Liter Apfelsaft gepresst und will ihn in 0,7-Liter-Flaschen abfüllen. Wie viele Flaschen kann er damit abfüllen? Wie viele Liter Apfelsaft bleiben übrig?

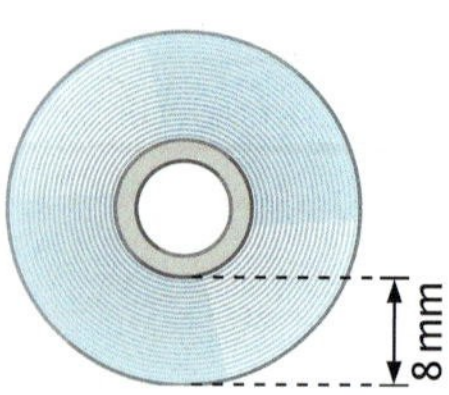

Fig. 2

7 Frischhaltefolien für die Küche sind etwa 0,05 mm dick. Bestimme die Anzahl der Lagen auf einer Rolle, die 8 mm dick gewickelt ist.

Bist du sicher?

1 Berechne im Kopf.

a) 5 : 0,2 b) 4,5 : 0,5 c) 9,9 : 3,3 d) 0,14 : 0,07 e) 9 : 0,003

2 Überschlage zuerst und berechne dann schriftlich.

a) 156,96 : 0,24 b) 27,318 : 0,087 c) 0,1743 : 0,7 d) 3,95 : 0,32

8 Daniela fährt in den Ferien nach Tunesien. Ein tunesischer Dinar (tD) kostet 0,95 €.
a) Wie viele Dinar erhält sie für 180 €? Runde sinnvoll.
b) Nach dem Urlaub hat sie noch 17,5 tD übrig. Wie viel Euro sind das?

Info

Bei vielen Sachaufgaben ist es sinnvoll, einen Taschenrechner einzusetzen. Das spart Zeit beim Rechnen. So kannst du dich besser auf das konzentrieren, was bei Sachaufgaben auch wichtig ist: Die Aufgabe verstehen – festlegen, in welcher Reihenfolge du rechnen willst – die gestellten Fragen beantworten. Die Rechnung übernimmt der Taschenrechner. Ob das Ergebnis sinnvoll ist, musst du entscheiden. Eine Möglichkeit dazu ist der Überschlag. Durch dieses Vorgehen kannst du Eingabe- und Denkfehler leicht entdecken.
Beispiel: Herr Lind tankt 35,1 l Benzin für 44,54 €. Seit dem letzten Volltanken ist Herr Lind 450 km gefahren. Wie hoch sind seine durchschnittlichen Benzinkosten pro 100 km?
Lösung: Die Kosten pro 100 km sind etwa 45 € : 4,5 = 10 €. Der Taschenrechner errechnet die Zahl 9,9022222. Das kann stimmen, denn es ist nahe bei 10. Für die Antwort musst du aber sinnvoll runden: Seine Benzinkosten pro 100 km betragen etwa 9,90 €.

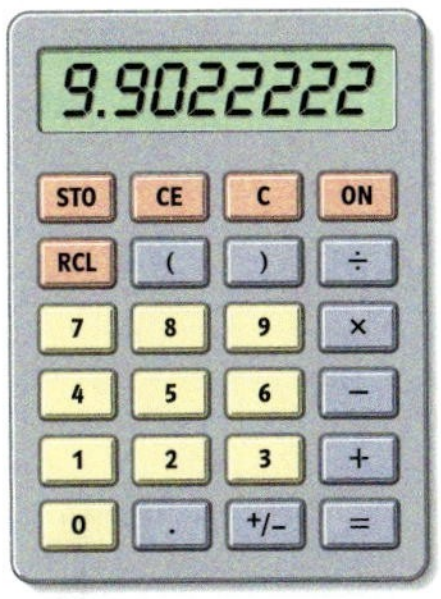

9 Marens Aquarium ist 1,8 m lang und 0,7 m breit. Wie hoch steht das Wasser im Aquarium, wenn 900 Liter eingefüllt sind? Runde sinnvoll.

10 Ein 4,5 cm langer, 3,4 cm breiter und 2,8 cm hoher Goldbarren wird zu einer rechteckigen Folie ausgewalzt. Die Folie ist 1,2 m lang und 75 cm breit. Wie dick ist die Folie?

11 Ein Zimmer von 3,2 m Breite und 6,3 m Länge wird mit 0,5 cm dicken Korkplatten ausgelegt. Folgende Kosten entstehen: 20,16 kg Kork für Fußboden: 573,50 €.
a) Wie viel kostet 1 m^2 des Bodenbelages?
b) Wie viel wiegt 1 m^2 des Bodenbelages?

12 Zum Forschen
a) Bestimme die Masse einer Spaghettinudel. Wie viele Nudeln sind ungefähr in dem Nudelpaket?
b) Bestimme mit einem geeigneten Verfahren näherungsweise die Masse eines Reiskorns. Wie viele Körner sind etwa in der Packung Reis?
c) Wie viele Reiskörner wiegen etwa genauso viel wie 300 Spaghettinudeln?

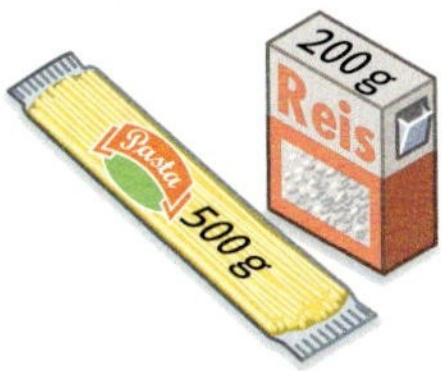

Fig. 1

8 Grundregeln für Rechenausdrücke

In einer Zeitung finden sich zwei Anzeigen für Fotohandys.

Wenn man das Ergebnis eines Rechenausdrucks mit gebrochenen Zahlen bestimmt, in dem Summen, Differenzen, Produkte oder Quotienten und möglicherweise auch Klammern auftreten, so ist wie bei den natürlichen Zahlen die Reihenfolge der Rechenschritte einzuhalten.

Strichrechnungen
Addieren +
Subtrahieren −

Punktrechnungen
Multiplizieren ·
Dividieren :

Grundregeln für die **Reihenfolge beim Berechnen von Rechenausdrücken**

1. Klammern werden zuerst berechnet. Bei geschachtelten Klammern wird die innere Klammer zuerst berechnet.
   $\left(\frac{9}{7}-\frac{4}{7}\right)\cdot\frac{7}{10}=\frac{5}{7}\cdot\frac{7}{10}=\frac{1}{2}$
   $[(2{,}8-1{,}3):0{,}6]\cdot 6=[1{,}5:0{,}6]\cdot 6$
   $=2{,}5\cdot 6=15$
2. Punktrechnungen werden vor Strichrechnungen ausgeführt.
   $\frac{7}{3}-\frac{2}{3}\cdot 2=\frac{7}{3}-\frac{4}{3}=\frac{3}{3}=1$
3. Falls nur Punkt- oder nur Strichrechnungen und keine Klammern vorkommen, so wird von links nach rechts gerechnet.
   $\frac{5}{2}-\frac{3}{2}+2{,}5=1+2{,}5=3{,}5$

Beispiel 1
Berechne $\frac{1}{7}\cdot\left(\frac{13}{9}-\frac{2}{3}\right)+\frac{17}{9}$.
Lösung:

$=\frac{1}{7}\cdot\left(\frac{13}{9}-\frac{2}{3}\right)+\frac{17}{9}$
$=\frac{1}{7}\cdot\left(\frac{13}{9}-\frac{6}{9}\right)+\frac{17}{9}$
$=\frac{1}{7}\cdot\frac{7}{9}+\frac{17}{9}$
$=\frac{1}{9}+\frac{17}{9}$
$=\frac{18}{9}$
$=2$

- *Umformungen untereinanderschreiben*
- *neue Zeile mit „=" beginnen*
- *nicht veränderte Ausdrücke abschreiben*

Ein Rechenbaum hilft für die Übersicht:

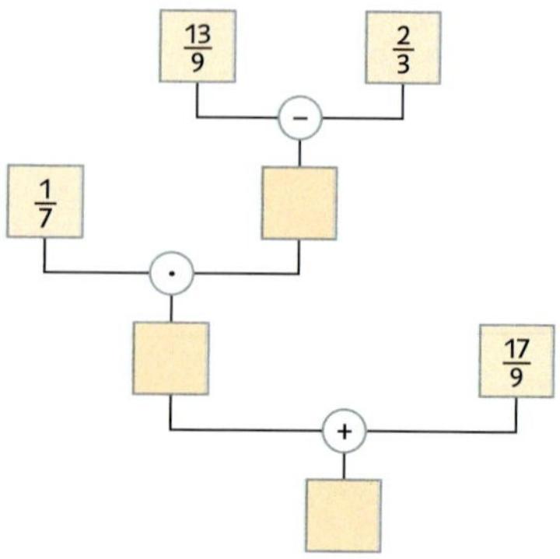

Beispiel 2 Eingaben in den Taschenrechner
Berechne mit dem Taschenrechner $\frac{78}{49 \cdot 56}$.
Lösung:
$\frac{78}{49 \cdot 56} = 78 : (49 \cdot 56) = 0{,}0284\ \ldots$
Das Produkt im Nenner muss in Klammern gesetzt werden, da der Taschenrechner sonst $78 : 49 \cdot 56$ rechnet, d.h., er rechnet von links nach rechts!

Taschenrechnerbildschirm:

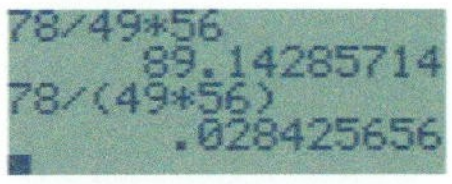

Erste Zeile: falsche Eingabe, falsches Ergebnis. Probiere es aus!

Beispiel 3 Aufstellen und Berechnen eines Rechenausdrucks
Subtrahiere das Produkt aus 4,5 und 0,2 vom Produkt aus 5,5 und 0,6.
Lösung:
$5{,}5 \cdot 0{,}6 - 4{,}5 \cdot 0{,}2 = 3{,}3 - 4{,}5 \cdot 0{,}2 = 3{,}3 - 0{,}9 = 2{,}4$

Aufgaben

1 Berechne die Rechenausdrücke.

a) $\frac{7}{6} + \frac{5}{3} \cdot \frac{1}{2}$
$1{,}25 + 0{,}75 \cdot 5$

b) $\frac{6}{7} : 2 + \frac{11}{7}$
$(0{,}75 - 0{,}25) \cdot \frac{13}{4} + \frac{3}{8}$

c) $\left(\frac{5}{3} + \frac{1}{2} - 1\right) \cdot 3{,}6$
$((5{,}3 - 2{,}1) \cdot 2) : 8 + 8{,}2$

Bevor dir schwindlig wird: Hier sind die Lösungen zu Aufgabe 1:

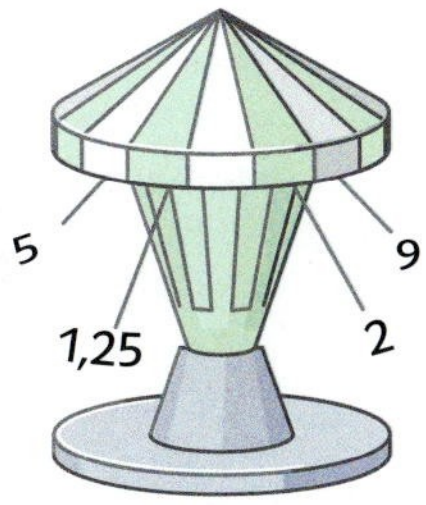

Fig. 1

2 Stelle zu dem Rechenbaum einen Rechenausdruck auf und berechne.

a)

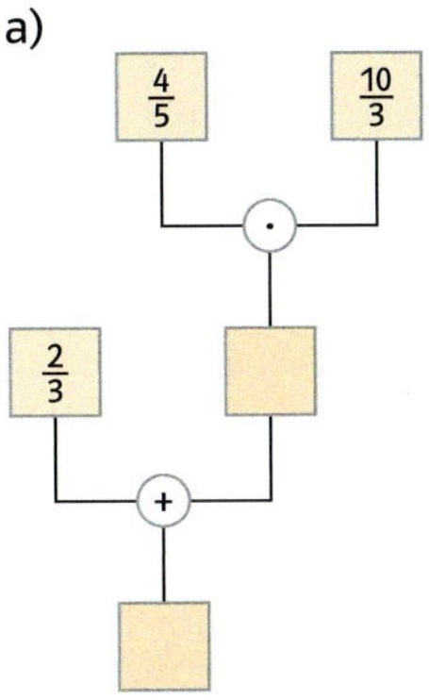

b)

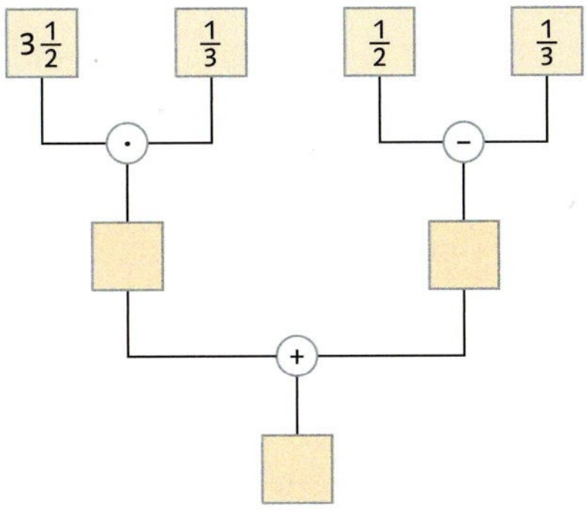

c)

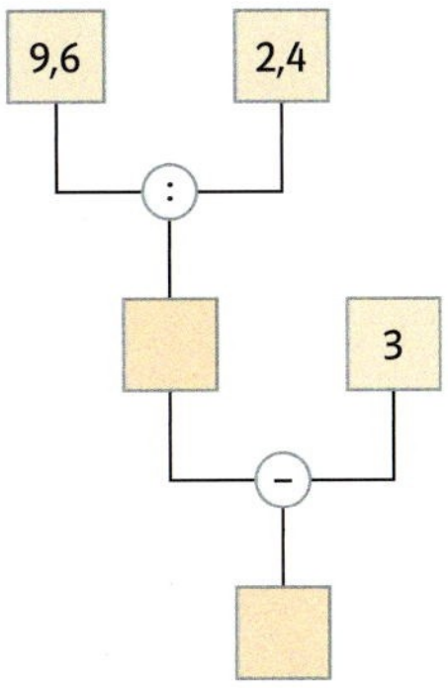

3 Berechne.

a) $\frac{7}{4} + \frac{15}{4} \cdot \frac{17}{3}$ b) $2{,}1 \cdot 5 - 0{,}5 \cdot 11$ c) $\left(\frac{1}{4} + 5 - \frac{3}{2}\right) \cdot \frac{12}{5}$ d) $\left(\frac{15}{8} \cdot 2 + \frac{5}{4}\right) \cdot 4$

e) $\frac{5}{7} \cdot \left(\frac{73}{6} - 3 \cdot \frac{31}{18}\right)$ f) $(2{,}7 + 4{,}1 \cdot 3) : \frac{5}{6}$ g) $\left(2{,}25 + \frac{22}{5}\right) \cdot 6 - 1{,}9 \cdot 1{,}1$ h) $\frac{20}{9} : \frac{5}{18} + 7$

4

a) $\frac{729 - 213}{96}$

b) $\frac{2261 \cdot 3487}{(5634 - 5311) \cdot 4}$

c) $\left(13 \cdot 4\frac{1}{18} - 15\frac{1}{6}\right) \cdot \left(\frac{657}{169}\right)$

d) $14{,}11 : 1{,}7 + \left(3{,}73 - 3\frac{4}{25}\right) \cdot 310$

Hier kann der Taschenrechner als Kontrolle dienen.

5 Schreibe den Rechenausdruck ab und füge so Klammern ein, dass er entweder 2 oder 4 ergibt.

a) $\frac{4}{7} : 2 - \frac{12}{7}$ b) $\frac{7}{3} - \frac{2}{3} : \frac{1}{3} - 1$

c) $\frac{8}{3} - \frac{4}{3} : \frac{2}{3} + 2$ d) $0{,}5 \cdot 7 + 5 \cdot 0{,}5 : 0{,}5 + 1{,}5 - 1$

6 a) Die grünen Fliesen sind 14,4 cm lang und 9,6 cm breit. Stelle einen Term für die Länge und Breite der roten Fliesen auf und berechne sie.
b) Zeichne mit Plättchen der Länge 2,8 cm und der Breite 1,6 cm ein Muster für den Term $(5 \cdot 2{,}8 - 3 \cdot 1{,}6) : 4$.

Fig. 1

Bist du sicher?

4,2 | 0,4 | 0,25 | $\frac{1}{3}$

1 Berechne.
a) $2{,}3 + 3{,}2 \cdot 2 - 4{,}5$ b) $\left(\frac{2}{5} + \frac{8}{15}\right) \cdot \left(\frac{1}{2} - \frac{1}{7}\right)$ c) $0{,}75 - \frac{3}{4} \cdot \left(\frac{5}{6} - \frac{1}{3} : \frac{1}{2} + \frac{1}{2}\right)$

2 Stelle einen Rechenausdruck auf und berechne ihn.
Subtrahiere das Produkt aus $\frac{3}{14}$ und $-\frac{7}{5}$ vom Produkt aus 0,2 und 3,5.

7 Welcher der Rechenausdrücke 1. bis 5. gehört zu welcher der Geschichten A) bis E)?

1. $(5 \cdot 4{,}2 + 3 \cdot 1{,}4) : 7$
2. $(4{,}2 + 1{,}4) : 7 - 0{,}7$
3. $(4{,}2 + 1{,}4 - 0{,}7) : 7$
4. $(4{,}2 \cdot 1{,}4 - 0{,}7) : 7$
5. $(4{,}2 - 0{,}7) : 7 + 1{,}4 : 7$

A) Jonathan erhält jede Woche 4,20 € Taschengeld von seinen Eltern und 1,40 € von seiner Oma. 70 ct davon spart er, vom Rest gibt er täglich gleich viel aus. Wie viel gibt er jeden Tag aus?

B) Annika hat 4,2 kg, Carla 1,4 kg Erdbeeren gepflückt. Annika isst 700 g selbst auf und verteilt den Rest an ihre 7 Freunde, Carla verteilt alles an die gleichen 7 Freunde. Wie viele Kilogramm Erdbeeren bekommt jeder Freund?
C) Andi bekommt jede Woche 4,20 € Taschengeld von seinen Eltern, 1,40 € von seiner Tante. Er gibt jeden Tag gleich viel aus, spart aber täglich 70 ct. Wie viel gibt Andi täglich aus?
D) Mayra fährt mit dem Rad an 5 Tagen in der Woche 4,2 km zur Schule, dreimal in der Woche fährt sie zusätzlich noch 1,4 km zum Training. Wie viele Kilometer fährt Mayra täglich im Durchschnitt?
E) Ein 4,2 km langes und 1,4 km breites rechteckiges Waldstück enthält 70 ha Wege und Gebäude, den Rest haben sich 7 Wölfe gleichmäßig als Revier aufgeteilt. Wie viele Quadratkilometer Revier hat jeder Wolf?

8 Erfinde zu dem Rechenausdruck eine kleine Geschichte und zeige sie deinem Banknachbarn. Lass deinen Banknachbarn den Rechenausdruck, der in deiner Geschichte beschrieben ist, herausfinden und berechnen.
a) $(4 + 1{,}6) : 7$ b) $(43{,}8 + 33{,}7) : 31$ c) $12 \cdot 15 + 4 \cdot 7{,}5$ d) $(7 \cdot 2{,}4 + 6 \cdot 2{,}4) : 4$

9 Würfle eine Startzahl, multipliziere sie mit $\frac{3}{7}$, addiere zum Ergebnis $\frac{5}{7}$ und dividiere schließlich durch $\frac{1}{7}$. Bei welcher gewürfelten Zahl erhältst du so die größte Zahl?

10 Familie Schreiner kauft einen Fernseher für 597,60 €. Ein Drittel des Preises bekommt sie erlassen, da der Bildschirm einen Kratzer hat. Vom Rest zahlt sie 30 % als Anzahlung, das Übrige in 16 gleichen Monatsraten. Wie hoch sind die Monatsraten?

9 Rechengesetze

„Ich bin schneller als dein Taschenrechner."
„Bei solchen Aufgaben benötige ich noch nicht mal einen Stift."
„Das werden wir ja gleich sehen!"

Bei Produkten von natürlichen Zahlen darf man Faktoren vertauschen und in Produkten mit mehr als drei Faktoren beliebig Klammern setzen oder weglassen. Dadurch können Rechenvorteile entstehen. Die folgende Rechnung zeigt, dass das auch bei Brüchen erlaubt ist.

$\frac{3}{5} \cdot \frac{2}{7} = \frac{3 \cdot 2}{5 \cdot 7} = \frac{2 \cdot 3}{7 \cdot 5} = \frac{2}{7} \cdot \frac{3}{5}$

$\frac{2}{3} \cdot \frac{5}{7} \cdot \frac{11}{13} = \frac{2}{3} \cdot \frac{5 \cdot 11}{7 \cdot 13} = \frac{2 \cdot (5 \cdot 11)}{3 \cdot (7 \cdot 13)} = \frac{(2 \cdot 5) \cdot 11}{(3 \cdot 7) \cdot 13} = \left(\frac{2 \cdot 5}{3 \cdot 7}\right) \cdot \frac{11}{13} = \left(\frac{2}{5} \cdot \frac{5}{7}\right) \cdot \frac{11}{13}$

Auch das Distributivgesetz darf man bei Brüchen und Dezimalbrüchen anwenden.

$\left(\frac{5}{13} + \frac{3}{13}\right) \cdot \frac{7}{11} = \frac{5+3}{13} \cdot \frac{7}{11} = \frac{(5+3) \cdot 7}{13 \cdot 11} = \frac{5 \cdot 7 + 3 \cdot 7}{13 \cdot 11} = \frac{5 \cdot 7}{13 \cdot 11} + \frac{3 \cdot 7}{13 \cdot 11} = \frac{5}{13} \cdot \frac{7}{11} + \frac{3}{13} \cdot \frac{7}{11}$

Beim Multiplizieren von Brüchen und Dezimalbrüchen darf man die Faktoren beliebig vertauschen **(Kommutativgesetz)**:
$\frac{3}{7} \cdot \frac{5}{9} = \frac{5}{9} \cdot \frac{3}{7}$.
Wenn mehr als zwei Brüche oder Dezimalbrüche multipliziert werden sollen, darf man beliebig Klammern setzen oder weglassen **(Assoziativgesetz)**:
0,31 · (3,2 · 4,8) = (0,31 · 3,2) · 4,8 = 0,31 · 3,2 · 4,8.
Bei Brüchen und Dezimalbrüchen darf man Klammern ausmultiplizieren **(Distributivgesetz)**:
$\frac{3}{7} \cdot \left(\frac{5}{9} + \frac{1}{3}\right) = \frac{3}{7} \cdot \frac{5}{9} + \frac{3}{7} \cdot \frac{1}{3}$, $\quad \frac{3}{7} \cdot \left(\frac{5}{9} - \frac{1}{3}\right) = \frac{3}{7} \cdot \frac{5}{9} - \frac{3}{7} \cdot \frac{1}{3}$.

Kommutativgesetz und Assoziativgesetz gelten nicht für die Division.
Es ist $\left(\frac{1}{2} : \frac{1}{3}\right) : \frac{1}{4} = \frac{3}{2} : \frac{1}{4} = \frac{12}{2} = 6$, aber $\frac{1}{2} : \left(\frac{1}{3} : \frac{1}{4}\right) = \frac{1}{2} : \frac{4}{3} = \frac{3}{8}$.
Es ist $\frac{1}{2} : \frac{1}{3} = \frac{3}{2}$, aber $\frac{1}{3} : \frac{1}{2} = \frac{2}{3}$.

Das Distributivgesetz ist mit der Division anstatt der Multiplikation nicht anwendbar.
Es ist $\frac{1}{2} : \left(\frac{1}{3} + \frac{1}{4}\right) = \frac{1}{2} : \left(\frac{4}{12} + \frac{3}{12}\right) = \frac{1}{2} : \frac{7}{12} = \frac{1}{2} \cdot \frac{12}{7} = \frac{6}{7}$,
aber $\frac{1}{2} : \frac{1}{3} + \frac{1}{2} : \frac{1}{4} = \frac{1}{2} \cdot \frac{3}{1} + \frac{1}{2} \cdot \frac{4}{1} = \frac{3}{2} + \frac{4}{2} = \frac{7}{2}$.

Beim Teilen einer Summe durch einen Bruch oder Dezimalbruch darf man aber jeden Summanden durch den Bruch oder Dezimalbruch teilen und dann die Ergebnisse addieren.
Es ist (12,45 + 8,3) : 4,15 = 20,75 : 4,15 = 5
und 12,45 : 4,15 + 8,3 : 4,15 = 3 + 2 = 5.

Nudelsalat mit Artischockenherzen und Thunfischsoße
Für 4 Personen,
Pro Portion 410 kcal,
1,5 g Fett, 3,3 % Fettkalorien,
Zubereitungszeit:
ca. 30 Minuten

Zutaten: 400 g Penne Rigate, 150 g Staudensellerie, 150 g Cocktailtomaten,
1 Glas Artischockenherzen,
1 Becher (150 g) Joghurt,
1 EL Balsamico bianco,
80 g Thunfisch, naturell (Dose), Kräutersalz,
Pfeffer aus der Mühle,
5 EL Mineralwasser,
1 EL Kapern,
2 EL Schnittlauchröllchen

Zubereitung:
Nudeln nach Anweisung auf der Packung zubereiten, abschrecken und abtropfen lassen. Staudensellerie putzen, waschen und in dünne Scheiben schneiden. Cocktailtomaten waschen und halbieren. Artischockenherzen abtropfen lassen und in Viertel schneiden. Alles unter die Nudeln mischen. Joghurt mit Balsamico, Thunfisch und Mineralwasser pürieren, mit Kräutersalz und Pfeffer abschmecken. Kapern zugeben und die Salatsoße mit den Salatzutaten mischen. Mit Schnittlauch bestreut servieren.

8 Der Durchmesser von Fahrradreifen wird in Zoll angegeben. Ein Zoll, man schreibt dafür 1″, entspricht etwa 2,5 cm. Um wie viel unterscheidet sich der Reifendurchmesser eines 24″-Fahrrades von dem eines 28″-Fahrrades?

9 Familie Otto will einen Nudelsalat machen, dessen Rezept sie von Freunden bekommen hat. Da sie heute nur zu dritt sind, müssen sie die Zutaten reduzieren.
Welche Mengen sollten sie für die einzelnen Zutaten nehmen? Erkläre, wie du rechnest und runde deine Ergebnisse geeignet.

10 Die drei Panzerknacker haben Onkel Dagoberts Tresor aufgebrochen und 1250 Goldbarren gefunden. Schnell beginnen sie ihre Beute in die Koffer zu packen.
a) Wie viele Goldbarren passen in einen Koffer? Schätze zunächst.
b) Können sie ihre voll gefüllten Koffer schleppen, wenn jeder maximal 50 kg tragen kann? 1 cm³ Gold wiegt 19,3 g und jeder leere Koffer 750 g.
c) Wie viele Goldbarren kann jeder in einem Koffer transportieren?

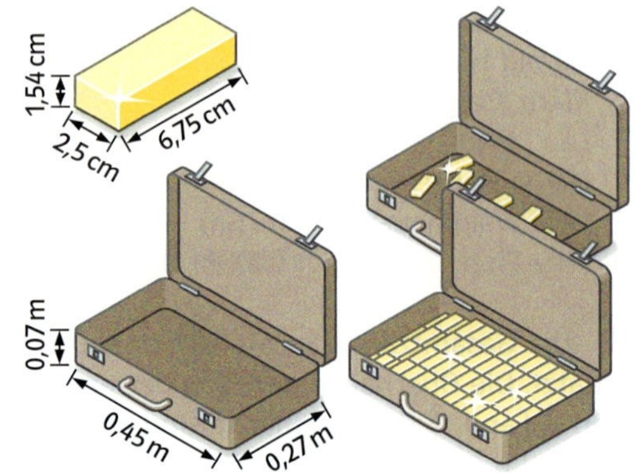

11 Familie Posselt plant, den Dachboden ihres Hauses als Wohnung auszubauen. In Gruppenarbeit könnt ihr helfen, die notwendigen Rechnungen auszuführen.
Gruppe 1 Im Grundriss fehlen die m²-Angaben der einzelnen Zimmer.
Übertragt den Plan im Maßstab 1:100 in euer Heft. Berechnet die Größen der Flächen. Bestimmt die Gesamtfläche der Dachgeschosswohnung. Beachtet, dass Flächen unter Dachschrägen nur mit 50 % auf die Wohnfläche angerechnet werden.
Gruppe 2 Im Schnittbild kann man die Raumhöhen ablesen. Kniestöcke bis 100 cm gelten als nicht bewohnbar. Wie viel Dachbodenfläche geht durch den Kniestock verloren? Roland Posselt ist 15 Jahre alt, aber schon 185 cm groß. Er möchte wissen, auf welchem Bruchteil der Fläche seines Zimmers er aufrecht stehen kann.

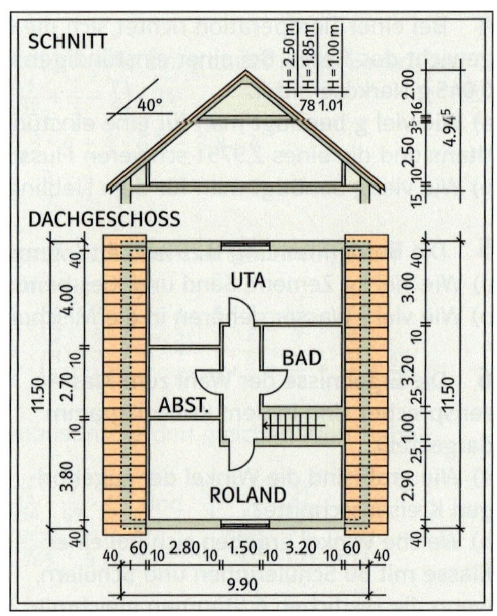

Gruppe 3 Die Wände der Kinderzimmer sollen tapeziert werden. Dazu genügt eine überschlägige Berechnung der Flächen: Wände mit schräg verlaufender Oberkante werden mit einer mittleren Höhe von 170 cm gerechnet und die Flächen für Fenster und Türen werden nicht abgezogen.
Gruppe 4
Die Wände und der Fußboden im Badezimmer werden gefliest. Wie viel Quadratmeter Fliesen werden benötigt?

9 Rechengesetze

„Ich bin schneller als dein Taschenrechner.“
„Bei solchen Aufgaben benötige ich noch nicht mal einen Stift.“
„Das werden wir ja gleich sehen!“

Bei Produkten von natürlichen Zahlen darf man Faktoren vertauschen und in Produkten mit mehr als drei Faktoren beliebig Klammern setzen oder weglassen. Dadurch können Rechenvorteile entstehen. Die folgende Rechnung zeigt, dass das auch bei Brüchen erlaubt ist.

$\frac{3}{5} \cdot \frac{2}{7} = \frac{3 \cdot 2}{5 \cdot 7} = \frac{2 \cdot 3}{7 \cdot 5} = \frac{2}{7} \cdot \frac{3}{5}$

$\frac{2}{3} \cdot \frac{5}{7} \cdot \frac{11}{13} = \frac{2}{3} \cdot \frac{5 \cdot 11}{7 \cdot 13} = \frac{2 \cdot (5 \cdot 11)}{3 \cdot (7 \cdot 13)} = \frac{(2 \cdot 5) \cdot 11}{(3 \cdot 7) \cdot 13} = \left(\frac{2 \cdot 5}{3 \cdot 7}\right) \cdot \frac{11}{13} = \left(\frac{2}{5} \cdot \frac{5}{7}\right) \cdot \frac{11}{13}$

Auch das Distributivgesetz darf man bei Brüchen und Dezimalbrüchen anwenden.

$\left(\frac{5}{13} + \frac{3}{13}\right) \cdot \frac{7}{11} = \frac{5+3}{13} \cdot \frac{7}{11} = \frac{(5+3) \cdot 7}{13 \cdot 11} = \frac{5 \cdot 7 + 3 \cdot 7}{13 \cdot 11} = \frac{5 \cdot 7}{13 \cdot 11} + \frac{3 \cdot 7}{13 \cdot 11} = \frac{5}{13} \cdot \frac{7}{11} + \frac{3}{13} \cdot \frac{7}{11}$

Beim Multiplizieren von Brüchen und Dezimalbrüchen darf man die Faktoren beliebig vertauschen **(Kommutativgesetz)**:
$\frac{3}{7} \cdot \frac{5}{9} = \frac{5}{9} \cdot \frac{3}{7}$.
Wenn mehr als zwei Brüche oder Dezimalbrüche multipliziert werden sollen, darf man beliebig Klammern setzen oder weglassen **(Assoziativgesetz)**:
$0{,}31 \cdot (3{,}2 \cdot 4{,}8) = (0{,}31 \cdot 3{,}2) \cdot 4{,}8 = 0{,}31 \cdot 3{,}2 \cdot 4{,}8$.
Bei Brüchen und Dezimalbrüchen darf man Klammern ausmultiplizieren **(Distributivgesetz)**:
$\frac{3}{7} \cdot \left(\frac{5}{9} + \frac{1}{3}\right) = \frac{3}{7} \cdot \frac{5}{9} + \frac{3}{7} \cdot \frac{1}{3}$, $\quad \frac{3}{7} \cdot \left(\frac{5}{9} - \frac{1}{3}\right) = \frac{3}{7} \cdot \frac{5}{9} - \frac{3}{7} \cdot \frac{1}{3}$.

Kommutativgesetz und Assoziativgesetz gelten nicht für die Division.
Es ist $\left(\frac{1}{2} : \frac{1}{3}\right) : \frac{1}{4} = \frac{3}{2} : \frac{1}{4} = \frac{12}{2} = 6$, aber $\frac{1}{2} : \left(\frac{1}{3} : \frac{1}{4}\right) = \frac{1}{2} : \frac{4}{3} = \frac{3}{8}$.
Es ist $\frac{1}{2} : \frac{1}{3} = \frac{3}{2}$, aber $\frac{1}{3} : \frac{1}{2} = \frac{2}{3}$.

Das Distributivgesetz ist mit der Division anstatt der Multiplikation nicht anwendbar.
Es ist $\frac{1}{2} : \left(\frac{1}{3} + \frac{1}{4}\right) = \frac{1}{2} : \left(\frac{4}{12} + \frac{3}{12}\right) = \frac{1}{2} : \frac{7}{12} = \frac{1}{2} \cdot \frac{12}{7} = \frac{6}{7}$,
aber $\frac{1}{2} : \frac{1}{3} + \frac{1}{2} : \frac{1}{4} = \frac{1}{2} \cdot \frac{3}{1} + \frac{1}{2} \cdot \frac{4}{1} = \frac{3}{2} + \frac{4}{2} = \frac{7}{2}$.

Beim Teilen einer Summe durch einen Bruch oder Dezimalbruch darf man aber jeden Summanden durch den Bruch oder Dezimalbruch teilen und dann die Ergebnisse addieren.
Es ist $(12{,}45 + 8{,}3) : 4{,}15 = 20{,}75 : 4{,}15 = 5$
und $12{,}45 : 4{,}15 + 8{,}3 : 4{,}15 = 3 + 2 = 5$.

Beispiel 1

Vertausche die Faktoren geschickt.

$\frac{3}{2} \cdot \frac{5}{6} \cdot \frac{2}{3} \cdot \frac{6}{5}$

Lösung:

$\frac{3}{2} \cdot \frac{5}{6} \cdot \frac{2}{3} \cdot \frac{6}{5} = \frac{3}{2} \cdot \frac{2}{3} \cdot \frac{5}{6} \cdot \frac{6}{5}$

$= \left(\frac{3}{2} \cdot \frac{2}{3}\right) \cdot \left(\frac{5}{6} \cdot \frac{6}{5}\right) = 1 \cdot 1 = 1$

Beispiel 2

Wende das Distributivgesetz an.

a) $3{,}7 : 2{,}2 + 2{,}9 : 2{,}2$ b) $(4{,}2 + 2{,}4) \cdot 2$

Lösung:

a) $3{,}7 : 2{,}2 + 2{,}9 : 2{,}2$

$= (3{,}7 + 2{,}9) : 2{,}2 = 6{,}6 : 2{,}2 = 3$

b) $(4{,}2 + 2{,}4) \cdot 2 = 4{,}2 \cdot 2 + 2{,}4 \cdot 2$

$= 8{,}4 + 4{,}8 = 13{,}2$

Beispiel 3

Rechne auf zwei Arten. Welche ist vorteilhafter? $\frac{13}{19} \cdot \frac{5}{12} + \frac{13}{19} \cdot \frac{7}{12}$

Lösung:

1. Art

$\frac{13}{19} \cdot \frac{5}{12} + \frac{13}{19} \cdot \frac{7}{12} = \frac{13 \cdot 5}{19 \cdot 12} + \frac{13 \cdot 7}{19 \cdot 12}$

$= \frac{65}{228} + \frac{91}{228} = \frac{156}{228} = \frac{13}{19}$

2. Art

$\frac{13}{19} \cdot \frac{5}{12} + \frac{13}{19} \cdot \frac{7}{12} = \frac{13}{19} \cdot \left(\frac{5}{12} + \frac{7}{12}\right) = \frac{13}{19} \cdot 1 = \frac{13}{19}$

Die zweite Art ist vorteilhafter.

Aufgaben

1 Vertausche die Faktoren geschickt. Bilde Teilprodukte.

a) $\frac{3}{7} \cdot \frac{12}{5} \cdot \frac{14}{21} \cdot \frac{5}{6}$ b) $\frac{8}{9} \cdot \frac{5}{7} \cdot \frac{2}{5} \cdot \frac{3}{4}$ c) $9\frac{1}{2} \cdot \frac{7}{8} \cdot 2 \cdot \frac{6}{19}$ d) $7\frac{1}{3} \cdot \frac{3}{5} \cdot \frac{10}{11} \cdot \frac{2}{9}$

2 Teste, ob die Anwendung des Distributivgesetzes Vorteile bringt oder nicht. Berechne.

a) $6 \cdot \left(\frac{1}{2} + \frac{2}{3} - \frac{1}{4}\right)$ b) $\frac{1}{4}(24 + 72 - 60)$ c) $\left(\frac{1}{12} + \frac{7}{3} - \frac{7}{8}\right) \cdot 24$

d) $5{,}2 \cdot 10 - 10 \cdot 4{,}7$ e) $4{,}7 \cdot 5{,}5 + 5{,}3 \cdot 5{,}5$ f) $4{,}3 \cdot 4 + 4 \cdot 6{,}5 - 3{,}8 \cdot 4$

g) $18 \cdot \frac{4}{5} - \frac{4}{5} \cdot 18$ h) $\frac{3}{5} \cdot \frac{7}{4} + \frac{3}{4} \cdot \frac{1}{5}$ i) $\frac{4}{9} \cdot \frac{2}{3} + \frac{4}{3} \cdot \frac{2}{3}$

3 In den folgenden Rechnungen wurde ein Rechengesetz oder die Reihenfolge der Rechenschritte nicht beachtet. Finde den Fehler und berichtige

a) $\frac{5}{4} + \frac{3}{8} \cdot \frac{3}{13} = \frac{10}{8} + \frac{3}{8} \cdot \frac{3}{13} = \frac{13}{8} \cdot \frac{3}{13} = \frac{3}{8}$

b) $\frac{5}{6} : \left(\frac{4}{3} + \frac{7}{8}\right) = \frac{5}{6} : \frac{4}{3} + \frac{5}{6} : \frac{7}{8} = \frac{10}{9} + \frac{35}{48}$

c) $\frac{5}{6} \cdot \left(\frac{3}{4} + \frac{7}{8}\right) = \frac{5}{6} \cdot \frac{3}{4} + \frac{7}{8} = \frac{5}{8} + \frac{7}{8} = \frac{12}{8} = \frac{3}{2}$

d) $\frac{5}{6} \cdot \left(\frac{3}{4} - \frac{7}{8}\right) = \frac{5}{6} \cdot \frac{7}{8} - \frac{3}{4} \cdot \frac{5}{6} = \frac{35}{48} + \frac{15}{24} = \frac{65}{48}$

4 Prüfe ohne Rechnung, ob die folgenden Rechenausdrücke den gleichen Wert haben. Begründe deine Antwort.

a) $\left(\frac{231}{4} \cdot \frac{7}{339}\right) \cdot \frac{2}{3} \cdot \frac{31}{49}$ und $\frac{231}{4} \cdot \frac{7}{339} \cdot \left(\frac{2}{3} \cdot \frac{31}{49}\right)$

b) $\frac{21}{554} \cdot \frac{7}{69} \cdot \frac{52}{3}$ und $\frac{52}{3} \cdot \frac{7}{69} \cdot \frac{21}{554}$

c) $\frac{21}{554} : \left(\frac{7}{69} \cdot \frac{52}{3}\right)$ und $\frac{21}{554} \cdot \frac{7}{69} \cdot \frac{52}{3}$

d) $\left(\frac{5421}{765} : \frac{71}{9}\right) : \frac{52}{3}$ und $\frac{5421}{765} \cdot \left(\frac{9}{71} \cdot \frac{3}{52}\right)$

5 Rechne geschickt.

a) $\frac{11}{47} \cdot \frac{3}{8} \cdot \frac{94}{11} \cdot \frac{8}{6}$ b) $\frac{169}{109} \cdot \frac{15}{17} \cdot \frac{109}{13} \cdot \frac{17}{225}$ c) $\frac{63}{144} - \frac{7}{36} \cdot \frac{12}{21}$

d) $\frac{1}{7} \cdot \frac{2}{3} + \frac{6}{7} \cdot \frac{2}{3}$ e) $\frac{27}{39} \cdot 18 + \frac{51}{39} \cdot 18$ f) $2\frac{1}{3} \cdot 3\frac{2}{5} \cdot 3 \cdot 5$

6 Rechne im Kopf.

a) $10{,}631 + 1{,}528 - (5{,}631 + 0{,}528) - 5$

b) $\left(\frac{1}{4} + \frac{1}{2}\right) \cdot \left(\frac{3}{4} - \frac{1}{2}\right) + \left(\frac{1}{2} + \frac{1}{4}\right) \cdot \left(\frac{1}{4} + \frac{1}{2}\right)$

Wiederholen – Vertiefen – Vernetzen

1 Berechne.

a) $\left(3\frac{1}{2}\cdot 0{,}7 + 4{,}2\cdot\frac{3}{4}\right):1{,}61$

b) $4{,}5 : 0{,}03 - 4{,}5 : 0{,}9 + 1{,}5\cdot 0{,}003$

c) $\left(2\frac{1}{2} - 1\frac{1}{3}\cdot 0{,}4\right):\left(3\frac{1}{2}\cdot 0{,}6 + 0{,}5\cdot\frac{1}{5} - 1{,}6\right)$

d) $\left[(0{,}04\cdot 10^2):\frac{1}{5} - \frac{3}{25}\cdot 0{,}5\right]:0{,}6$

2 Tierolympiade

Nach Protesten einiger Teilnehmer beim Weitsprungwettbewerb wurde eine neue Bewertungsmethode beschlossen. Für jeden Teilnehmer wird die Sprungweite durch die Körperlänge dividiert. Aus dem Ergebnis ergibt sich die neue Reihenfolge.

Alte Wertung:		Körperlänge
1. Harald Hirsch	11,03 m	2,45 m
2. Klara Känguru	8,98 m	1,32 m
3. Leo Löwe	4,98 m	1,92 m
4. Helga Heuschrecke	1,95 m	0,06 m
5. Willi Waldmaus	0,76 m	0,09 m
6. Fritz Floh	0,58 m	0,003 m

3 Die Gesamtzahl aller Menschen auf der Erde wird auf ungefähr 6,5 Milliarden geschätzt. Die Oberfläche der Erde beträgt rund 510 Millionen Quadratkilometer, davon sind $\frac{3}{10}$ Land. $\frac{2}{10}$ der Landfläche sind unbewohnbar.
Wie viel m^2 Nutzfläche stehen für jeden Menschen durchschnittlich zur Verfügung?

4 Bei einer Tieroperation richtet sich die Menge des Narkosemittels nach dem Körpergewicht des Tieres. Bei einer einstündigen Operation rechnet man für 1 kg Körpergewicht 0,045 g Narkosemittel.

a) Wie viel g benötigt man für eine einstündige Operation eines 74,5 kg schweren Orang-Utans und die eines 2,975 t schweren Flusspferdes?

b) Wie viel g benötigt man für dein Lieblingstier?

5 Die Betonmischung B 25 enthält $\frac{1}{5}$ Zement, $\frac{2}{5}$ Sand, $\frac{2}{7}$ Kies, der Rest ist Wasser.

a) Wie viel kg Zement, Sand und Kies benötigt man für $3\frac{1}{2}$ t Beton?

b) Wie viel l Wasser gehören in die Mischung?

6 Die Ergebnisse der Wahl zum Klassensprecher sind in dem Kreisdiagramm dargestellt.

a) Wie groß sind die Winkel der zugehörigen Kreisausschnitte?

b) Welche Winkel ergeben sich bei einer Klasse mit 30 Schülerinnen und Schülern, wenn die restlichen 6 Stimmen gleichmäßig auf die Kandidaten aufgeteilt werden?

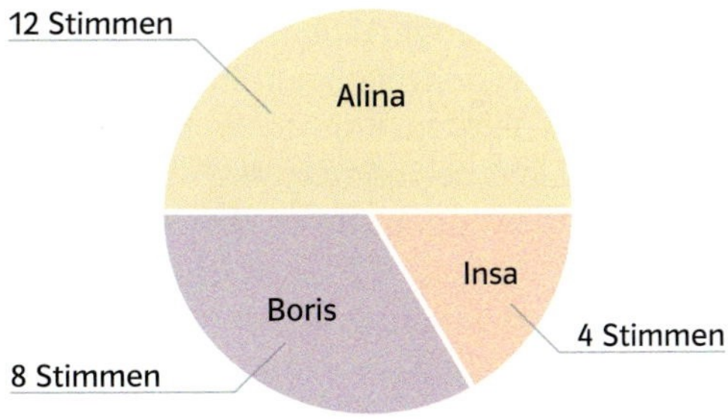

7 Der „Energieverbrauch" eines Elektrogerätes wird in Kilowattstunden (kWh) gemessen. 2004 kostete 1 kWh etwa 11,85 Cent.

a) Berechne die Stromkosten.

b) Manche elektrischen Geräte können beim Ausschalten in einen Bereitschaftsbetrieb (Stand-by) geschaltet werden. Welche Geräte sind das bei dir zu Hause? Ermittle für sie den ungefähren Verbrauch im Stand-by-Betrieb.

Nudelsalat mit Artischockenherzen und Thunfischsoße
Für 4 Personen,
Pro Portion 410 kcal, 1,5 g Fett, 3,3 % Fettkalorien,
Zubereitungszeit: ca. 30 Minuten

Zutaten: 400 g Penne Rigate, 150 g Staudensellerie, 150 g Cocktailtomaten,
1 Glas Artischockenherzen,
1 Becher (150 g) Joghurt,
1 EL Balsamico bianco,
80 g Thunfisch, naturell (Dose), Kräutersalz,
Pfeffer aus der Mühle,
5 EL Mineralwasser,
1 EL Kapern,
2 EL Schnittlauchröllchen

Zubereitung:
Nudeln nach Anweisung auf der Packung zubereiten, abschrecken und abtropfen lassen. Staudensellerie putzen, waschen und in dünne Scheiben schneiden. Cocktailtomaten waschen und halbieren. Artischockenherzen abtropfen lassen und in Viertel schneiden. Alles unter die Nudeln mischen. Joghurt mit Balsamico, Thunfisch und Mineralwasser pürieren, mit Kräutersalz und Pfeffer abschmecken. Kapern zugeben und die Salatsoße mit den Salatzutaten mischen. Mit Schnittlauch bestreut servieren.

8 Der Durchmesser von Fahrradreifen wird in Zoll angegeben. Ein Zoll, man schreibt dafür 1″, entspricht etwa 2,5 cm. Um wie viel unterscheidet sich der Reifendurchmesser eines 24″-Fahrrades von dem eines 28″-Fahrrades?

9 Familie Otto will einen Nudelsalat machen, dessen Rezept sie von Freunden bekommen hat. Da sie heute nur zu dritt sind, müssen sie die Zutaten reduzieren.
Welche Mengen sollten sie für die einzelnen Zutaten nehmen? Erkläre, wie du rechnest und runde deine Ergebnisse geeignet.

10 Die drei Panzerknacker haben Onkel Dagoberts Tresor aufgebrochen und 1250 Goldbarren gefunden. Schnell beginnen sie ihre Beute in die Koffer zu packen.
a) Wie viele Goldbarren passen in einen Koffer? Schätze zunächst.
b) Können sie ihre voll gefüllten Koffer schleppen, wenn jeder maximal 50 kg tragen kann? 1 cm^3 Gold wiegt 19,3 g und jeder leere Koffer 750 g.
c) Wie viele Goldbarren kann jeder in einem Koffer transportieren?

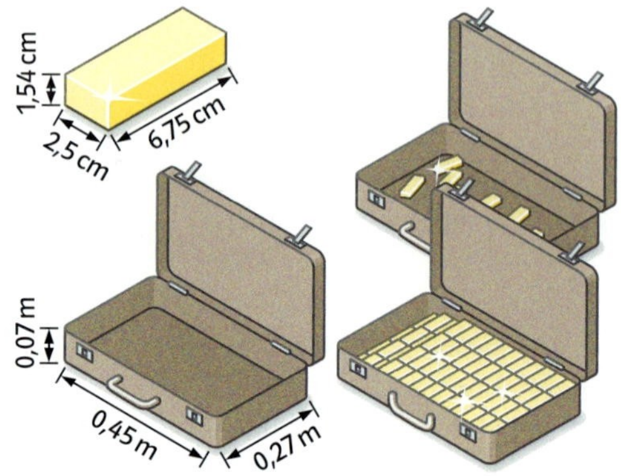

11 Familie Posselt plant, den Dachboden ihres Hauses als Wohnung auszubauen. In Gruppenarbeit könnt ihr helfen, die notwendigen Rechnungen auszuführen.
Gruppe 1 Im Grundriss fehlen die m^2-Angaben der einzelnen Zimmer.
Übertragt den Plan im Maßstab 1:100 in euer Heft. Berechnet die Größen der Flächen. Bestimmt die Gesamtfläche der Dachgeschosswohnung. Beachtet, dass Flächen unter Dachschrägen nur mit 50 % auf die Wohnfläche angerechnet werden.
Gruppe 2 Im Schnittbild kann man die Raumhöhen ablesen. Kniestöcke bis 100 cm gelten als nicht bewohnbar. Wie viel Dachbodenfläche geht durch den Kniestock verloren? Roland Posselt ist 15 Jahre alt, aber schon 185 cm groß. Er möchte wissen, auf welchem Bruchteil der Fläche seines Zimmers er aufrecht stehen kann.

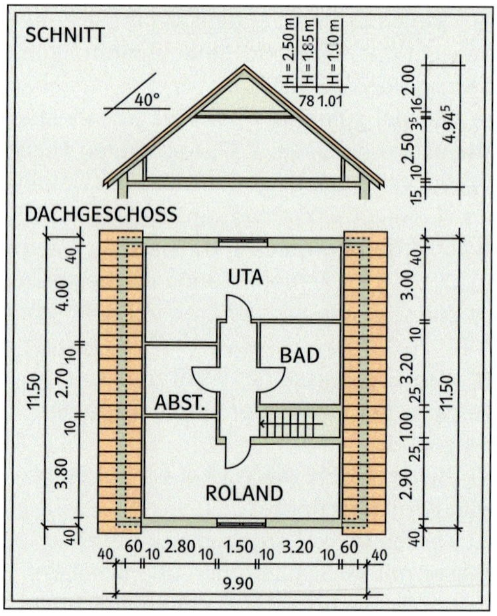

Gruppe 3 Die Wände der Kinderzimmer sollen tapeziert werden. Dazu genügt eine überschlägige Berechnung der Flächen: Wände mit schräg verlaufender Oberkante werden mit einer mittleren Höhe von 170 cm gerechnet und die Flächen für Fenster und Türen werden nicht abgezogen.
Gruppe 4
Die Wände und der Fußboden im Badezimmer werden gefliest. Wie viel Quadratmeter Fliesen werden benötigt?

12 Nimm ein Doppelblatt einer Zeitungsseite und schneide ein möglichst großes Quadrat aus. Stelle dir nun die beiden Symmetrieachsen durch die Seitenmitten des Quadrats vor. Falte das Quadrat entlang dieser beiden Symmetrieachsen zusammen.
a) Welches Viereck entsteht auf diese Weise?
b) Wie groß ist der Anteil des Flächeninhalts und des Umfangs dieses Vierecks am ursprünglichen Quadrat? Begründe deine Antwort.
c) Falte das entstandene Viereck erneut wie oben beschrieben. Welchen Anteil am ursprünglichen Quadrat nehmen Flächeninhalt und Umfang des entstehenden Vierecks nun ein?
d) Wie oft müsste man diese Faltungen ausführen, bis der Anteil des Flächeninhalts des entstehenden Vierecks weniger als 1% des Flächeninhalts des ursprünglichen Quadrats beträgt?

Pfennigfuchser
Das Verwaltungsgericht Frankfurt hat den Umtausch einer wertlosen Banknote aus der Inflationszeit abgelehnt. Der Richter gab der Bundesbank Recht, die auf die vor 80 Jahren abgelaufene Umtauschfrist verwiesen hatte. Ein Amerikaner hatte von der Bank verlangt, ihm die deutsche 100 000-Mark-Note von 1923 in Euro umzutauschen. Ungeachtet der Tauschfrist wäre der Schein gerade noch 0,000 000 05 Cent wert. Der Kläger, der selbst nicht erschienen war, hatte keine gewünschte Erstattungssumme genannt.

13 Ab der dritten Zahl ist jede Zahl $\frac{3}{5}$ der Summe aller vorausgehenden Zahlen. Welche Zahl des Bandes ist nicht lesbar?

14 Ein Rechteck hat die Seitenlängen $\frac{2}{3}$m und $\frac{1}{6}$m. Aus diesem Rechteck wird ein Quadrat der Seitenlänge $\frac{1}{8}$m herausgeschnitten.
a) Berechne die Größe der Restfläche einmal mit den gegebenen Brüchen und einmal unter Verwendung von Dezimalbrüchen. Was stellst du fest? Erkläre deine Beobachtungen.
b) Wie groß ist der Anteil des Flächeninhalts des Quadrats an dem des Rechtecks?

15 Zeichne das Quadrat ABCD mit den Eckpunkten A(3|5), B(5|3), C(7|5) und D(5|7) in ein Koordinatensystem. Konstruiere den Mittelpunkt des Quadrats und spiegele ihn anschließend an allen vier Seiten des Quadrats. Verbinde die vier entstehenden Punkte miteinander.
Wiederhole diesen Vorgang mit dem neuen Viereck und bestimme jeweils den Umfang der drei Vierecke.
Vergleiche die Ergebnisse und gib an, wie groß der Umfang eines vierten Vierecks wäre.

16 Wie viel Mark in der Währung von 1923 hätte der Mann aus dem Zeitungsartikel auf dem Rand heute theoretisch mindestens umtauschen müssen, um einen Cent zu erhalten?

17 DIN-A4-Kopierpapier wiegt üblicherweise 80 g pro Quadratmeter.
Gruppe 1 Wie viel wiegt eine 500-Blatt-Packung?
Gruppe 2 Wie groß ist eine Fläche, die man mit den 500 Blättern auslegen könnte? Gib die Größe der Fläche in einer geeigneten Einheit an.
Gruppe 3 Wie viele DIN-A6-Blätter benötigt man für die gleiche Fläche?
Gruppe 4 Überprüfe die folgende Aussage: Egal, wie man die Blätter zu einem Rechteck anordnet, der entstehende Flächeninhalt und der entstehende Umfang bleiben immer gleich.

18 Lege 100 Blätter Zeitungspapier übereinander und bestimme die Höhe und die Masse des Stapels.
a) Wie dick ist ein einzelnes Blatt? Gib die Dicke in cm und in mm an.
b) Wie schwer ist ein einzelnes Blatt? Gib die Masse in einer sinnvollen Einheit an.
c) Wie viele Blätter bräuchtest du, damit der Stapel bis zum Mond reicht?

Petra und Malte spielen nach der Mathematikstunde mit ihren Taschenrechnern. Sie stellen sich gegenseitig Divisionsaufgaben und wollen feststellen, ob sie erkennen können, ab wann sich die Ziffern im Ergebnis wiederholen. Sie rechnen: 3 : 8; 6 : 25; 21 : 50; 35 : 25 und 33 : 48. Jürgen hat zugeschaut und sagt: „So bekommt ihr nie periodische Dezimalbrüche. Da müsst ihr schon andere Nenner nehmen. Eure Brüche haben Nenner, bei denen die Dezimaldarstellung abbricht. Das sehe ich ohne Taschenrechner."

> Hat Jürgen Recht? Finde selbst Brüche, bei denen du ohne Division erkennen kannst, dass ihre Dezimaldarstellung abbricht.

„Na gut", meint Petra. „Dann nehmen wir andere Brüche." Sie probieren es mit $\frac{5}{6}$; $\frac{3}{22}$; $\frac{5}{13}$; $\frac{1}{7}$; $\frac{3}{17}$ und $\frac{4}{7}$. Malte versucht, die Ergebnisse des Taschenrechners zu deuten: „$5 : 6 = 0{,}8\overline{3}$ und $3 : 22 = 0{,}1\overline{36}$. Der Taschenrechner muss doch irgendwann abbrechen. Manchmal rundet er die letzte Ziffer. Aber wenn man genau hinschaut, sieht man schon, welche Ziffern sich wiederholen." „Und wie siehst du das bei unseren anderen Rechnungen?", fragt Petra. Jürgen meint. „Gar nicht so einfach. Bei 1 : 7 würde ich auf $0{,}\overline{142857}$ tippen, 5 : 13 könnte $0{,}\overline{384615}$ sein, die 4 : 7 ist auch klar, aber bei der 3 : 17 ist die Periode wohl länger als die Anzeige des Taschenrechners. Da kann man sie nicht erkennen. Eigentlich kannst du den Taschenrechner hier vergessen."

> Prüfe durch schriftliche Division, ob Jürgen Recht hat. Finde selbst Brüche, deren Dezimalbruchdarstellung sofort hinter dem Komma periodisch wird, und solche, bei denen es zuerst Ziffern gibt, die sich nicht wiederholen. Woran liegt das?

Malte mag sich nicht mit dem Gedanken abfinden, dass er den Taschenrechner vergessen soll. Er meint: „Mir ist schon klar, dass er die letzte Stelle manchmal rundet, aber rechnen kann er trotzdem richtig." Die beiden testen ihn. Malte rechnet 4 : 7 und Petra tippt auf ihrem Rechner 1 : 7 · 4. Beide Ergebnisse stimmen überein: 0,571428571. Eigentlich hätte bei Petras Rechner 0,1428573 · 4 = 0,571428572 herauskommen müssen.
Jürgen meint: „Logisch, die Dinger rechnen genauer, als sie anzeigen. Meistens genügt es, wenn man auf zwei oder drei Stellen hinter dem Komma rundet."

> Jürgen hat Recht, aber bei ganz großen und ganz kleinen Zahlen gibt es schon Probleme. Probiere es aus. Tippe auf deinem Rechner so viele Mal die 9 wie möglich und addiere dann 10. Oder: Multipliziere 3040506 mit 20109.

Malte und Petra wollen Perioden besser verstehen. Sie schauen nochmals ihre Rechnungen an.

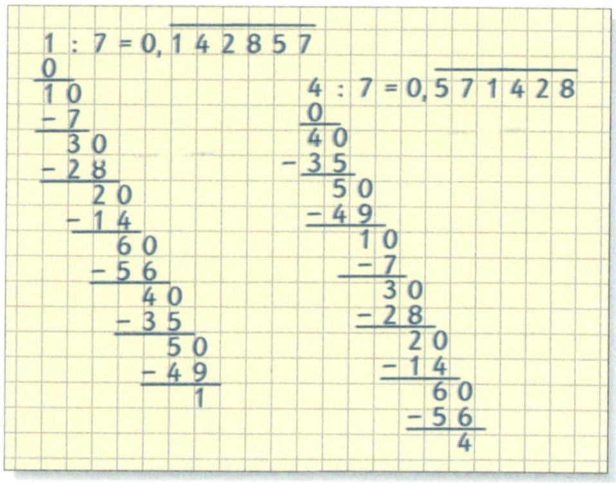

Fig. 1

Beim Vergleichen stellen sie fest, dass in beiden Divisionen dieselben Rechenschritte durchgeführt wurden. Dies können sie ausnutzen, um $\frac{3}{7}$ umzuwandeln.

$3 : 7 = 0{,}4\ldots$ Dann ist $\frac{3}{7} = 0{,}\overline{428571}$.
$-\,0$
30
$-\,28$
…

> Bestimme den Dezimalbruch von $\frac{5}{7}$, $\frac{2}{7}$ und $\frac{6}{7}$.
> Schreibe $\frac{1}{17}$ als Dezimalbruch.
> Ermittle hiermit die Dezimalbrüche von $\frac{3}{17}$, $\frac{4}{17}$, $\frac{11}{17}$ und $\frac{16}{17}$ ohne weitere Rechnungen. Warum klappt dieses Verfahren nicht, um $\frac{8}{13}$ zu bestimmen?

In verschiedenen Mathebüchern finden Petra und Malte weitere interessante Dinge über periodische Dezimalbrüche.

Besondere Perioden

Beim Teilen durch 17 wiederholt sich der Rest erst nach 16 Stellen. Die Ziffernfolge ist aber ganz unregelmäßig. Anders ist das bei folgenden Brüchen:

$\frac{1}{81} = 0,\overline{0123456789}$

$\frac{1}{891} = 0,\overline{00112233445566778 9}$

$\frac{1}{8991} = 0,\overline{000111222333444555666777889}$

$\frac{1}{89991} = ?$

> Wie sehen die Perioden jeweils aus?
>
> a) $\frac{1}{9}, \frac{1}{99}, \frac{1}{999}, \ldots$ b) $\frac{1}{9}, \frac{1}{90}, \frac{1}{900}, \ldots$
>
> c) $\frac{1}{9}, \frac{1}{90}, \frac{1}{990}, \ldots$ d) $\frac{11}{90}, \frac{101}{900}, \frac{1001}{9000}, \ldots$
>
> Finde selbst weitere Reihen.

Besonders lange Perioden

$\frac{1}{61} = 0,\overline{0163934426229508196721311475409836065573770491803278688524 59}$

> Bei welchem der Brüche wiederholen sich in der Dezimalbruchdarstellung die meisten Ziffern, bei welchem die wenigsten? Wie viele gibt es höchstens? $\frac{1}{13}; \frac{1}{17}; \frac{5}{37}; \frac{3}{22}; \frac{65}{26}; \frac{5}{24}$

> Bei welchem Bruch würdest du die Dezimalbruchdarstellung den Taschenrechner ausrechnen lassen, bei welchem lieber nicht?
>
> $\frac{1}{13}; \frac{1}{17}; \frac{5}{37}; \frac{3}{22}; \frac{65}{26}; \frac{5}{24}$
>
> Begründe deine Antwort und prüfe dann mit dem Taschenrechner nach.

Unendlich lang, aber nicht periodisch

Jürgen hat alle Rechnereien von Petra und Malte angeschaut und kommt zu der Überzeugung: „Alle Dezimalbrüche, die nicht endlich sind, sind periodisch, weil auch bei noch so großem Nenner sich die Reste irgendwann wiederholen." Da widerspricht Petra energisch: „Das stimmt gar nicht!" Sie schreibt folgende Zahlenreihe auf:

$0,1 \rightarrow 0,10 \rightarrow 0,10100 \rightarrow 0,101001000 \rightarrow \ldots$

„Stimmt, solche Kommazahlen sind nicht periodisch und können immer weiter fortgesetzt werden", gibt Jürgen zu. „Das heißt aber dann, dass solche Zahlen sich nicht in einen Bruch verwandeln lassen. Es gibt also außer den Dezimalbrüchen noch eine andere Sorte von Kommazahlen."

> Gib die nächsten Ziffern von Petras Zahl an. Finde selbst weitere Beispiele für Kommazahlen, die nicht abbrechen, aber auch nicht periodisch sind. Frage deinen Nachbarn, wie die nächsten Ziffern deiner Zahl lauten.

Umwandeln periodischer Dezimalbrüche in Brüche

„Und die periodischen kann man in Brüche umwandeln. Nur habe ich keine Ahnung, wie das geht," sagt Petra. Jürgen weiß es auch nicht. Sie gehen in die Bibliothek und finden dort die folgenden Beispiele:

$0,\overline{14}$

$100 \cdot 0,\overline{14} = 14,141414\ldots$

$1 \cdot 0,\overline{14} = 0,141414\ldots$

$(100 - 1) \cdot 0,\overline{14} = 14$

$99 \cdot 0,\overline{14} = 14$

$0,\overline{14} = \frac{14}{99}$

$3,3\overline{56}$

$1000 \cdot 3,3\overline{56} = 3356,5656\ldots$

$10 \cdot 3,3\overline{56} = 33,5656\ldots$

$(1000 - 10) \cdot 3,3\overline{56} = 3323$

$990 \cdot 3,3\overline{56} = 3323$

$3,3\overline{56} = \frac{3323}{990}$

Petra schaut sich die beiden Rechnungen genau an und strahlt: „Schön, da gibt es einen Trick. Wenn du den erkannt hast, ist die Umwandlung eines periodischen Dezimalbruchs in einen Bruch ganz einfach. Du musst dann nicht mehr die ganze Rechnung durchführen und es klappt trotzdem." Zuerst schaut Jürgen ganz verdutzt, dann fängt er an zu probieren.

> Hast du auch eine Idee, wie Petras Trick aussehen könnte? Probiere zunächst noch ein paar Beispiele. Am besten tust du dich mit deinem Nachbarn zusammen und ihr forscht gemeinsam …

Rückblick

Rechnen mit Brüchen

Multiplizieren von Brüchen

Zwei Brüche werden multipliziert, indem man Zähler mit Zähler und Nenner mit Nenner multipliziert.
Rechtzeitiges Kürzen vereinfacht oft die Rechnung.

$\frac{5}{24} \cdot \frac{16}{17} = \frac{5 \cdot 16}{24 \cdot 17} = \frac{5 \cdot 2}{3 \cdot 17} = \frac{10}{51}$

$\frac{2}{3} \cdot 5 = \frac{2}{3} \cdot \frac{5}{1} = \frac{2 \cdot 5}{3} = \frac{10}{3}$

$4 \cdot \frac{3}{7} = \frac{4}{1} \cdot \frac{3}{7} = \frac{4 \cdot 3}{7} = \frac{12}{7}$

Dividieren durch einen Bruch

Man dividiert durch einen Bruch, indem man mit seinem Kehrwert multipliziert.

$\frac{7}{9} : \frac{5}{18} = \frac{7}{9} \cdot \frac{18}{5} = \frac{7 \cdot 18}{9 \cdot 5} = \frac{7 \cdot 2}{1 \cdot 5} = \frac{14}{5}$

$\frac{5}{3} : 7 = \frac{5}{3} : \frac{7}{1} = \frac{5}{3} \cdot \frac{1}{7} = \frac{5 \cdot 1}{3 \cdot 7} = \frac{5}{21}$

$\frac{3}{4} : 5 = \frac{3}{4} : \frac{5}{1} = \frac{3}{4} \cdot \frac{1}{5} = \frac{3}{4 \cdot 5} = \frac{3}{20}$

Rechnen mit Dezimalbrüchen

Multiplizieren mit (Dividieren durch) Zehnerpotenzen

Multiplizieren mit 10; 100; 1000 ... bedeutet eine Kommaverschiebung um 1; 2; 3 ... Stellen nach rechts.
Dividieren durch 10; 100; 1000 ... bedeutet eine Kommaverschiebung um 1; 2; 3 ... Stellen nach links.

$3{,}2145 \cdot 10^3 = 3{,}2145 \cdot 1000 = 3214{,}5$

$25 : 10^4 = 25{,}0 : 10\,000 = 0{,}0025$

Multiplizieren von Dezimalbrüchen

Man multipliziert zunächst, ohne die Kommas zu beachten.
Dann setzt man das Komma so, dass das Ergebnis genau so viele Stellen nach dem Komma hat wie beide Faktoren zusammen.

```
2,1 · 6,34
    126
     63
      84
  13,314
```

```
0,23 · 0,4
        92
     0,092
```

Dividieren von Dezimalbrüchen

Man verschiebt das Komma der beiden Zahlen so weit nach rechts, bis die Zahl, durch die geteilt wird, eine natürliche Zahl ist.
Dann dividiert man und setzt beim Überschreiten des Kommas auch im Ergebnis ein Komma.

```
3,78 : 1,4 = 37,8 : 14 = 2,7
            -28
              98
             -98
               0
```

Umwandeln eines Bruches in einen Dezimalbruch

Wandelt man einen Bruch in einen Dezimalbruch um, so entsteht entweder ein abbrechender oder ein periodischer Dezimalbruch.

$\frac{11}{8} = 1{,}375$

$\frac{7}{22} = 0{,}3\overline{18}$

Rechengesetze und Rechenvorteile

Die von den natürlichen Zahlen bekannten Rechengesetze gelten auch für Brüche und Dezimalbrüche. Dazu gehören das Assoziativ- und das Kommutativgesetz bei der Addition und der Multiplikation. Auch das Distributivgesetz ist weiter gültig.

Durch die Anwendung der Gesetze können Rechenvorteile entstehen.

$2{,}3 + 4{,}1 = 4{,}1 + 2{,}3$ — *Kommutativgesetz*

$2{,}3 \cdot 4{,}1 = 4{,}1 \cdot 2{,}3$

$\frac{3}{7} + \left(\frac{5}{9} + \frac{1}{3}\right) = \left(\frac{3}{7} + \frac{5}{9}\right) + \frac{1}{3}$ — *Assoziativgesetz*

$\frac{3}{7} \cdot \left(\frac{5}{9} \cdot \frac{1}{3}\right) = \left(\frac{3}{7} \cdot \frac{5}{9}\right) \cdot \frac{1}{3}$

$\frac{3}{7} \cdot \left(\frac{5}{9} + \frac{1}{3}\right) = \frac{3}{7} \cdot \frac{5}{9} + \frac{3}{7} \cdot \frac{1}{3}$ — *Distributivgesetz*

$\left(\frac{5}{9} - \frac{1}{3}\right) : \frac{2}{7} = \frac{5}{9} : \frac{2}{7} - \frac{1}{3} : \frac{2}{7}$

Training

1 Berechne.

a) $3 \cdot \frac{5}{7}$ b) $\frac{5}{9} \cdot \frac{18}{25}$ c) $2\frac{1}{3} \cdot 3$ d) $\frac{69}{60} \cdot \frac{48}{23}$ e) $5 \cdot \frac{3}{4}$

f) $\frac{4}{7} \cdot \frac{35}{12}$ g) $\frac{36}{25} \cdot 2\frac{2}{9}$ h) $3\frac{1}{2} \cdot 5\frac{2}{7}$ i) $\frac{36}{75} \cdot \frac{45}{24}$ j) $1\frac{4}{7} \cdot \frac{3}{5}$

2 Berechne.

a) $\frac{4}{5} : \frac{2}{3}$ b) $\frac{35}{26} : \frac{25}{39}$ c) $\frac{2}{3} : \frac{4}{9}$ d) $6 : \frac{3}{10}$

e) $\frac{2}{5} : 14$ f) $\frac{32}{51} : \frac{8}{17}$ g) $1\frac{1}{2} : 1\frac{1}{8}$ h) $1\frac{3}{35} : 4\frac{1}{14}$

3 Berechne.

a) $0{,}032 \cdot 10^3$ b) $15{,}23 : 10^2$ c) $125 : 10\,000$ d) $1000 \cdot (5 : 100)$

4 Berechne schriftlich.

a) 30,54 · 5 b) 3,5 · 4,2 c) 0,03 · 0,25 d) 0,05 · 0,18 e) 25,6 : 8 f) 25,5 : 0,5

5 Berechne ohne Taschenrechner.

a) 0,45 · 0,002 b) 2,9 · 2,1 c) 27,86 · 7 d) 0,5 · 0,12 e) 15,6 : 6 f) 10 : 0,2

6 Eine Tischtennisplatte ist 2,74 m lang und 1,53 m breit, ein Billardtisch ist 2,84 m lang und 1,42 m breit. Welcher Flächeninhalt ist größer? Runde die Ergebnisse auf Hundertstel.

Fig. 1

7 Eine Einheit beim Telefonieren kostet bei einem bestimmten Anbieter zurzeit 4,5 Cent. Wie viele Einheiten kann man für 5,04 € (9,18 €; 44,91 €) telefonieren?

8 Klaus zählt die Streichhölzer von 7 Schachteln und erhält 39, 37, 38, 40, 42, 35 und 41.
a) Bestimme die durchschnittliche Anzahl von Hölzern pro Schachtel.
b) Wie ändert sich das Ergebnis, wenn in jeder Schachtel ein Holz mehr (weniger) ist?

9 Eine Ölmühle liefert 18 900 kg Öl.
Wie viele Fässer kann man damit füllen, wenn jedes Fass 175 l fasst? (1 l Öl wiegt 0,9 kg.)

10 Welches Angebot (Fig. 1) ist günstiger? Begründe deine Antwort.

11 Zwei Dezimalbrüche werden miteinander multipliziert. Wie ändert sich das Ergebnis, wenn man
a) bei einem Dezimalbruch das Komma um eine Stelle nach rechts verschiebt,
b) bei einem Dezimalbruch das Komma um eine Stelle nach rechts verschiebt und bei dem anderen um eine Stelle nach links?

12 Die Leistung bei Autos wurde früher in PS (Pferdestärken) angegeben.
Heute verwendet man die Maßeinheit kW (Kilowatt).
1 kW = 1,36 PS 1 PS = 0,736 kW
Wie viel PS entsprechen 70 kW und wie viel kW entsprechen 75 PS?

13 a) Wie teuer ist eine Einzelfahrt bei einer Mehrfachfahrkarte?
b) Claudia ist mit ihrer Wochenkarte in der letzten Woche 11-mal gefahren. Wie teuer war für sie eine einzelne Fahrt?
c) Ab wie vielen Fahrten lohnt sich eine Wochenkarte oder eine Monatskarte?

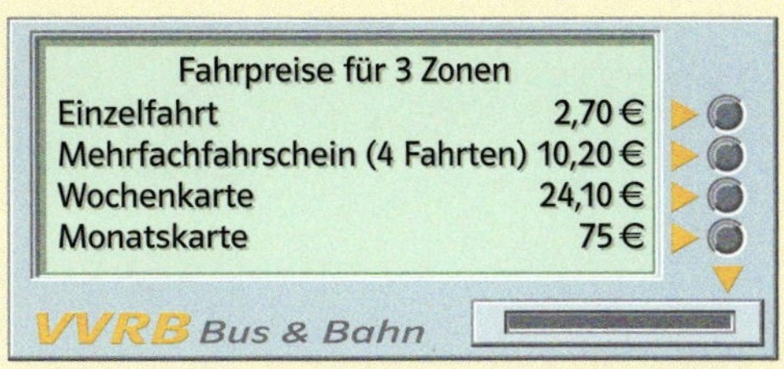

Fig. 2

VII Daten erfassen, darstellen und interpretieren

Ein Bild sagt oft mehr als 1000 Worte

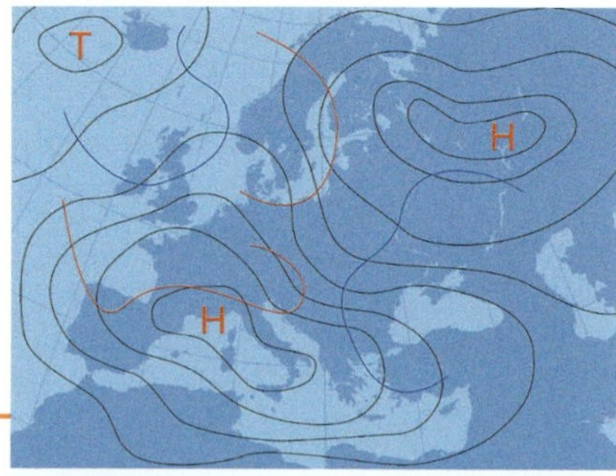

Wer nichts Unerwartetes erwartet,
wird das Unerwartete nicht finden,
weil es schwer aufspürbar und
unzugänglich ist.

Heraklit

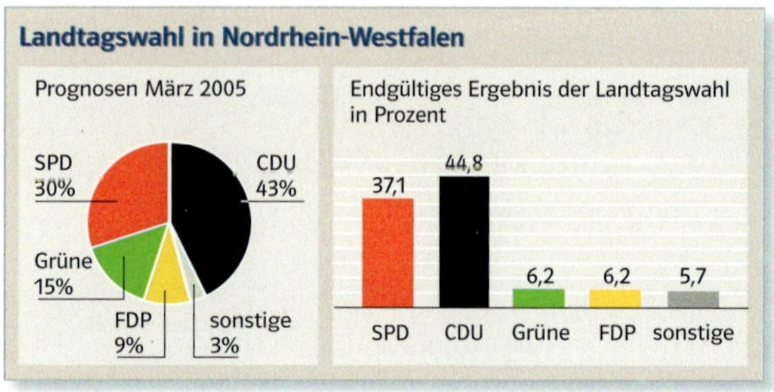

Das kannst du schon

- Zahlenlisten auszählen
- Tabellen lesen
- Säulendiagramme erstellen
- Anteile in Prozent schreiben

Ein Mensch, der von Statistik hört,
denkt dabei nur an Mittelwert.
Er glaubt nicht dran und ist dagegen,
ein Beispiel soll es gleich belegen:

Ein Jäger auf der Entenjagd
hat einen ersten Schuss gewagt.
Der Schuss, zu hastig aus dem Rohr,
lag eine gute Handbreit vor.
Der zweite Schuss mit lautem Krach
lag eine gute Handbreit nach.
Der Jäger spricht ganz unbeschwert
voll Glauben an den Mittelwert:
Statistisch ist die Ente tot.
Doch wär' er klug und nähme Schrot
– dies sei gesagt, ihn zu bekehren –
er würde seine Chancen mehren:
Der Schuss geht ab, die Ente stürzt,
weil Streuung ihr das Leben kürzt.

Das kannst du bald

- Mit relativen Häufigkeiten umgehen
- Kreisdiagramme erstellen und lesen
- Zahlenlisten durch Kennzahlen charakterisieren
- Ein Tabellenkalkulationsprogramm nutzen

Argumentieren/Kommunizieren | Problemlösen | Modellieren | Werkzeuge

Siehe Lerneinheit 1, Seite 184, und Lerneinheit 2, Seite 190.

1. Was Kassenzettel erzählen

Es ist erstaunlich, wie viele Informationen in Kassenzetteln stecken. Schaut einmal genauer hin und versucht, so viel wie möglich über das Geschäft herauszufinden, von dem die Kassenzettel stammen.
Dazu teilt ihr eure Klasse in Gruppen auf, sammelt Bons in Lebensmittelläden, Baumärkten, Drogerien oder Bäckereien und versucht, anhand der gesammelten Kassenzettel einige der gestellten Fragen zu beantworten und die Antworten in kleinen Vorträgen zu präsentieren.
Sicher fallen euch weitere eigene Fragen ein, auch wenn ihr verschiedene Geschäfte vergleicht. Natürlich kann man vor der eigenen Sammelaktion auch erst einmal die hier abgedruckten Zettel studieren, die von einem Stehkaffee (mit einer einzigen Kasse) stammen, das täglich von 7.00 bis 19.00 Uhr geöffnet hat.

In Supermärkten werfen die „98er- oder 99er-Preise" interessante Fragen auf. Runden beim Abwiegen der Waren die Kassen eigentlich auf oder ab? Was findet ihr über Mehrwertsteuersätze heraus?

Ein Vormittag

REG 29-04-2009 11:08
B01 1705 449202
KAFFEE GROSS * 1,70
SP.BRö./WECK/CR *
1,95
ZW-SUMME 3,65
BAR 5,00
RüCKGELD 1,35
MWST 19% 0,60

REG 29-04-2009 11:18
B01 1705 449208
SP.BRö./WECK/CR *
1,95
KAFFEE GROSS * 1,70
ZW-SUMME 3,65
BAR 5,00
RüCKGELD 1,35
MWST 19% 0,60

REG 29-04-2009 13:43
B01 1705 449271
KAFFEE GROSS * 1,70
BRöTCHEN BELEGT 1,65
BRöTCHEN BELEGT 1,65
TEIL.SCHNIT.STü 2,45
ZW-SUMME 7,45
BAR 7,45
RüCKGELD 0,00
MWST 7% 0,16
MWST 19% 0,82

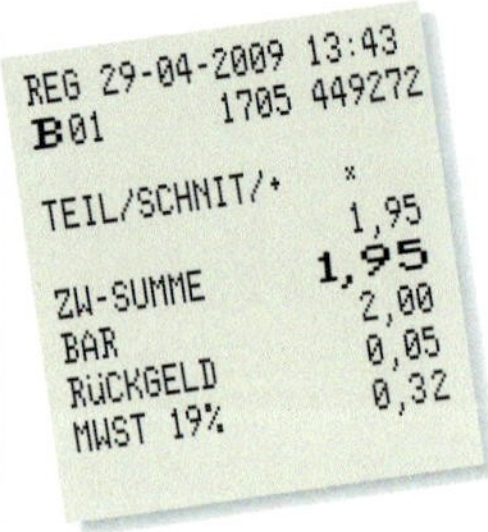
REG 29-04-2009 13:43
B01 1705 449272
TEIL/SCHNIT/+ *
1,95
ZW-SUMME 1,95
BAR 2,00
RüCKGELD 0,05
MWST 19% 0,32

Die gleiche Kasse, Tage später

REG 08-05-2009 11:35
B01 1705 451463
2GED.BELEGTES *
2,35
BROT M.ZUS.KoRN 0,50
ZW-SUMME 2,85
BAR 3,05
RüCKGELD 0,20
MWST 7% 0,03
MWST 19% 0,38

REG 08-05-2009 11:41
B01 1705 451465
TORTEN/KUCHEN 1,75
TORT/KUCHEN/+ 1,95
KAFEE KL.TASSE *
1,30
ZW-SUMME 5,00
BAR 10,00
RüCKGELD 5,00
MWST 7% 0,11
MWST 19% 0,53

REG 17-05-2009 13:07
B01 1705 453884
KAFFEE KL.TASSE *
1,30
KAFFEE KL.TASSE *
1,30
ZW-SUMME 2,60
BAR 3,00
RüCKGELD 0,40
MWST 19% 0,43

REG 02-06-2009 12:54
B01 1705 457869
TEIL/SCHNIT/+ *
1,95
KAFFEE KL.TASSE *
1,30
ZW-SUMME 3,25
BAR 5,00
RüCKGELD 1,75
MWST 19% 0,53

1 Wie viele Waren kauft ein Kunde bei seinem Einkauf im Mittel?
Wie viel Geld bezahlt er im Mittel?
Wie teuer sind die einzelnen Waren im Mittel?

Tipp:
Professor Fisher verrät auf Seite 192 in Aufgabe 9 einen Trick, mit dem du bei großen Einkäufen den an der Kasse fälligen Rechnungsbetrag vorhersagen kannst. Hebe also deine Kassenzettel auf – oder schaue es dir schon jetzt an …

2 Wie viele Kunden werden täglich ungefähr an einer Kasse bedient?
Wie lange dauert im Mittel die Bedienung eines Kunden?

3 Wie viel nimmt der Kassierer im Mittel jeden Tag ein?
Wie viele Waren („Positionen") werden dabei verbucht?

4 Welcher Anteil der Kunden sucht nach Kleingeld?

5 Wie viel Wechselgeld zahlt der Kassierer täglich?

2. Eine Meinungsumfrage zum Thema Roulette

Siehe Lerneinheit 1, Seite 184.

1 Stelle dir vor, du hast beim Roulette zehnmal gespielt. Jedes Mal hast du auf Rot gesetzt. Jedes Mal hat Schwarz gewonnen. Einmal kannst du noch spielen, bevor dein Geld verbraucht ist.
Auf welche Farbe setzt du? Beibst du bei Rot oder wechselst du auf Schwarz? Beantworte die Frage für dich alleine, ohne dich mit deinem Tischnachbarn auszutauschen. Begründe deine Wahl schriftlich auf einer Karteikarte.

2 Hängt eure Karteikarten auf oder heftet sie an die Tafel, und zwar so, dass auf
- der linken Seite die Argumente für ein „Bei-Rot-Bleiben" und auf
- der rechten Seite die Argumente für „Wechseln auf Schwarz" stehen.

Welche Meinung überwiegt in eurer Klasse?

3 Führt (als Wochenaufgabe) unter Erwachsenen mithife einer Strichliste eine Meinungsumfrage durch, wobei ihr die Begründungen der Befragten ebenfalls auf einer Karteikarte notiert. Wertet diese Umfrage gemeinsam aus.
Weicht das Meinungsbild unter Erwachsenen deutlich von dem Meinungsbild in eurer Klasse ab? Gibt es bei den Erwachsenen Begründungen, auf die ihr in eurer Klasse nicht gekommen seid? Hängt diese Begründungen an die Pinnwand zu euren eigenen Begründungen.

3. Sind Münzen vergesslich?

Siehe Lerneinheit 1, Seite 184, Lerneinheit 2, Seite 190 und Exkursion, Seite 195.

Jan, Sven und Svea sind sich uneinig über den Zufall beim Münzwurf:
Jan: „Wenn ich dreimal hintereinander ‚Zahl' geworfen habe, bin ich in einer Glückssträhne, dann kommt bei mir anschließend eher noch eine Zahl."
Sven protestiert: „Ganz im Gegenteil, bei Münzen kommen Kopf und Zahl auf lange Sicht etwa gleich häufig. Wenn du dreimal Zahl hattest, muss eher wieder Kopf kommen, wegen der ausgleichenden Gerechtigkeit."
Svea glaubt auch nicht an Glückssträhnen, aber auch nicht an Jans „ausgleichende" Gerechtigkeit. Dann müsste sich ja die Münze erinnern können. Und Münzen haben kein Gedächtnis.

1 Welcher der drei Positionen kannst du dich am ehsten anschließen? Erstellt mithilfe einer Strichliste ein Meinungsbild in eurer Klasse.

2 Versucht, durch ein groß angelegtes gemeinsames Experiment herauszufinden, wer von den Dreien Recht hat. Vorschlag: Jeder von euch wirft die Münze solange, bis dreimal „Zahl" erschienen ist, und notiert dann, ob beim vierten Wurf wieder Zahl kam oder doch Kopf. Das ganze wiederholt jeder 10-mal. Dann kann man die Ergebnisse in Gruppen zusammenfassen und vergleichen.

Strichliste
Pos 1: |||| |||| ||
Pos 2: |||| |||| |||| |||| |||
Pos 3: |||| ||

1 Relative Häufigkeiten und Diagramme

Note	Anzahl
5€	5940
10€	29700
20€	142560
50€	285120
100€	100980
200€	23760
500€	5940
Summe	594000

Quelle: EZB

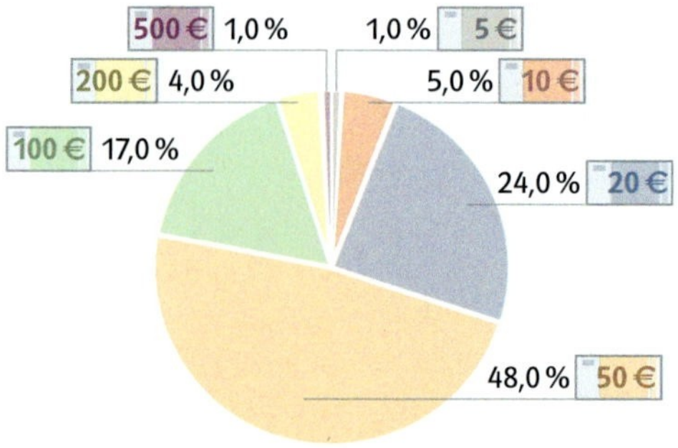

Anzahl der Fälschungen Fig. 1

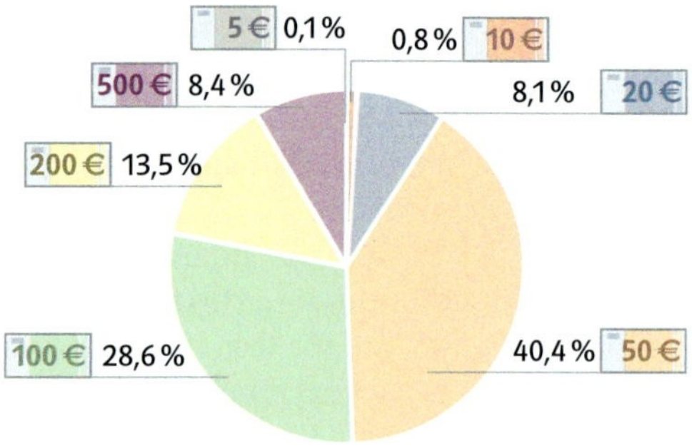

Wert der Fälschungen Fig. 2

Im Jahr 2009 wurden 594 000 gefälschte Banknoten aus dem Verkehr gezogen. Einzelheiten zeigen die Tabelle und Fig. 1.
Die 20-€- und die 50-€-Scheine machen zusammen fast $\frac{3}{4}$ (75 %) aus.

Das Stadtblatt veröffentlicht die Grafik aus Fig. 2, bei der die 20-€- und 50-€-Scheine nur ca. die Hälfte (50 %) ausmachen. Wie kann man sich das erklären?

In der **Statistik** versucht man, Fragen, z. B. nach der Popularität, der Zustimmung zu politischen Parteien, der Lebenserwartung von Menschen, der Qualität von Medikamenten, … zu beantworten. Dazu sammelt man Daten, indem man Leute befragt, Messungen durchführt, Karteien oder Datenbanken abfragt. Anschließend wertet man die Daten aus, stellt sie übersichtlich dar, deutet sie und erhält Antworten auf die gestellten Fragen.

Wenn von einer 170 g schweren Frucht 37 g auf die Kerne entfallen, beträgt der Anteil der Kerne $\frac{37}{170}$ = 21,8 %.

Dabei spielen **Anteile** eine zentrale Rolle, etwa welcher Anteil von Wählerstimmen auf einzelne Parteien entfällt, welche Marktanteile einzelne Fernsehsender besitzen oder wie hoch der Anteil von Nieten bei einer Tombola ist.

So haben bei einer Wahl zum Schülersprecher vier Personen Alf, Bert, Claus und Doro kandidiert. Es wurden 250 gültige Stimmzettel abgegeben.
Auf Alf entfielen 97 Stimmen, sein Anteil – man sagt auch seine **relative Häufigkeit** – beträgt $\frac{97}{250} = \frac{388}{1000} = \frac{38,8}{100} = 38,8\,\%$.

	absolute Häufigkeit	relative Häufigkeit	in %
Alf	97	$\frac{97}{250}$	38,8 %
Bert	73	$\frac{73}{250}$	29,2 %
Claus	59	$\frac{59}{250}$	23,6 %
Doro	21	$\frac{21}{250}$	8,4 %
Summe	250	1	100,0 %

relativ = „bezogen auf" (die Gesamtzahl)

Anzahlen nennt man in der Statistik **absolute Häufigkeiten**.
Die zugehörigen Anteile an der Gesamtzahl nennt man **relative Häufigkeiten**.

$$\textit{relative Häufigkeit} = \frac{\textit{absolute Häufigkeit}}{\textit{Gesamtzahl}}$$

Die Summe aller relativen Häufigkeiten muss 1 oder 100 % ergeben.

Wenn man Anteile in **Diagrammen** veranschaulicht, erkennt man Wesentliches auf einen Blick.
In dem **Säulendiagramm** (Fig. 1) sieht man z. B. sofort, dass Alf bei der Sprecherwahl die meisten Stimmen erhielt.
Im **Kreisdiagramm** (Fig. 2) erkennt man zusätzlich, dass Bert und Claus zusammen mehr Stimmen erreicht haben als Alf. Sie besäßen, wenn sie als Team zusammen arbeiten („koalieren") dürften, sogar die absolute Mehrheit (mehr als 50 % der Stimmen).
Beim Erstellen eines Kreisdiagramms muss man Prozentwerte in Winkelgrößen umrechnen: 100 % entsprechen dem Vollkreis (360°). Um 1 % darzustellen, braucht man daher 3,6°, zu 28 % gehört dann der Winkel $28 \cdot 3{,}6° = 100{,}8° \approx 101°$.
Streifendiagramme (Fig. 3) liest man ähnlich wie Kreisdiagramme, auch sie zeigen die einzelnen Anteile im Vergleich zum Ganzen sehr deutlich. Allerdings fehlt hier die Möglichkeit des unmittelbaren Vergleichs mit einem Viertel oder einer Hälfte.
Dafür sind Streifendiagramme einfacher zu zeichnen, da die Umrechnung in Winkelgrößen entfällt.

Säulendiagramm

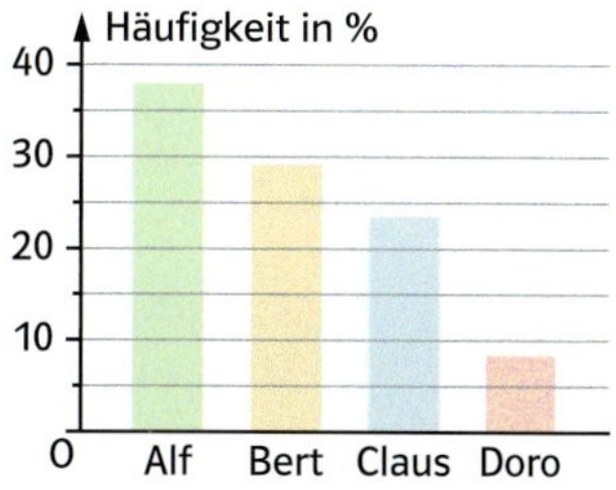

Fig. 1

Kreisdiagramm

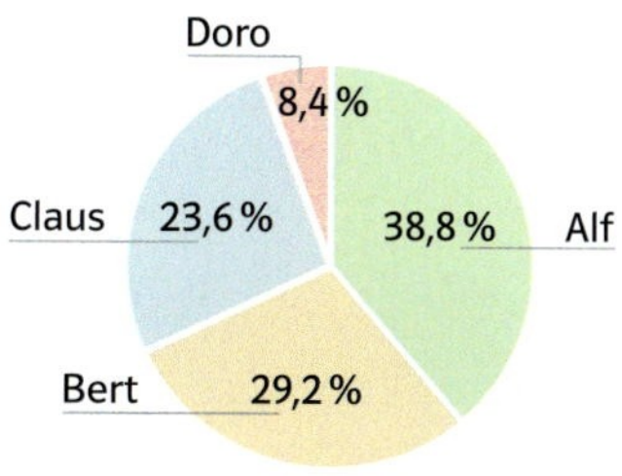

Fig. 2

Streifendiagramm

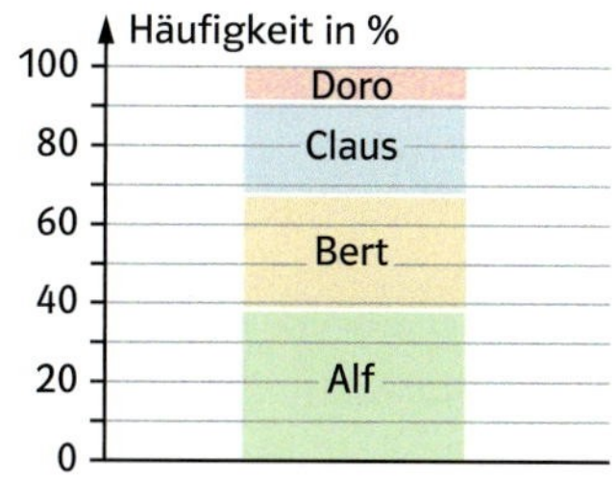

Fig. 3

Beispiel 1 Kreisdiagramm erstellen
Eine Umfrage unter Schülern der Orientierungsstufe hatte folgendes Ergebnis:

Anzahl der Geschwister	0	1	2	3 und mehr
absolute Häufigkeit	124	57	16	11

Berechne die relativen Häufigkeiten, zeichne ein Kreisdiagramm.
Lösung:
Die Gesamtzahl der Kinder ist $124 + 57 + 16 + 11 = 208$. Keine Geschwister haben $\frac{124}{208} = 59{,}6\,\%$ aller Befragten. Im Kreisdiagramm entspricht das dem Winkel $59{,}6 \cdot 3{,}6° = 214{,}6°$. Die anderen Kreisteile werden in gleicher Weise bestimmt.

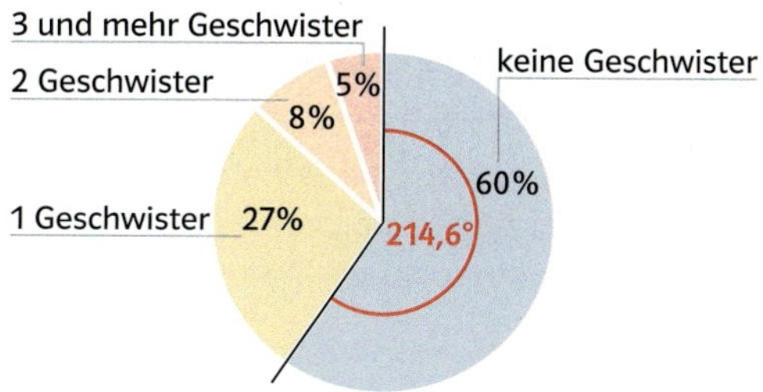

Fig. 4

Beispiel 2 Kreisdiagramm überschlagsmäßig lesen
30 Schüler wurden nach ihrer Lieblingssportart befragt. Das Ergebnis ist in Fig. 5 veranschaulicht. Schätze, wie viele der 30 Schüler die angegebenen Sportarten bevorzugen.
Lösung:
Die Hälfte der Schüler (15) bevorzugen Fußball oder Schwimmen. Da Fußball etwas beliebter ist, gehören dazu etwa 8 und zu Schwimmen dann 7 Schüler. Für die übrigen Sportarten schätzt man: Eishockey (1), Volleyball (2) Basketball (3) Tennis (4) Ballett (5).

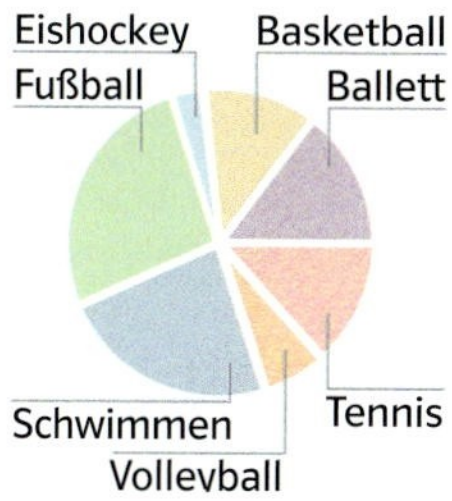

Fig. 5

Aufgaben

1 Kopfrechnen
Schaue zuerst, welche Aufgaben das gleiche Ergebnis haben, schreibe dann die Anteile in Prozent und schätze, welche Winkel ihnen in einem Kreisdiagramm entsprechen. Würde man den Anteil auch als relative Häufigkeit bezeichnen?

a) 2g von 100g
b) 4 von 200
c) 2 Leute von 20
d) 4 Treffer bei 40 Versuchen
e) 4 von 15
f) 5cm von 15dm
g) 6km von 60km
h) 7 von 12

2 Gib die relativen Häufigkeiten bzw. Anteile in Prozent an und skizziere, wie man sie in einem Kreisdiagramm veranschaulichen würde.

a) 5 Treffer in 20 Versuchen
b) 5 Gramm Fett in 100 Gramm Fleisch
c) 85g Wasser in 100g Pudding
d) 53 von 85 Läufern erreichten das Ziel

3 a) Schätze die dargestellten relativen Häufigkeiten in Prozent.
b) Welche Winkel müssten den geschätzten Anteilen im Kreisdiagramm entsprechen? Kontrolliere deine Schätzungen durch Nachmessen.
c) Welche absoluten Häufigkeiten gehören etwa zu den relativen Häufigkeiten, wenn die Gesamtzahl 50 (80) beträgt?

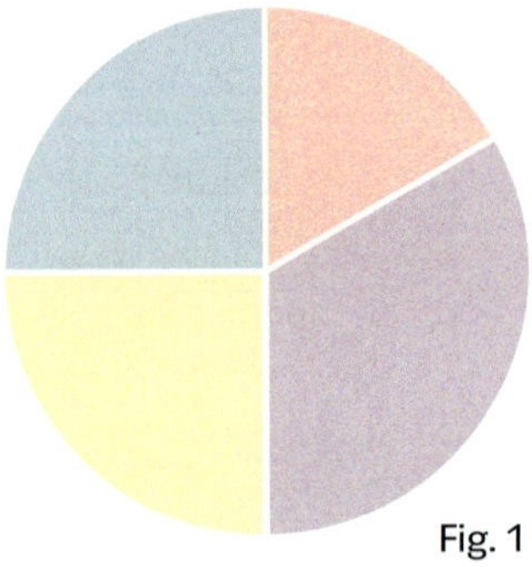
Fig. 1

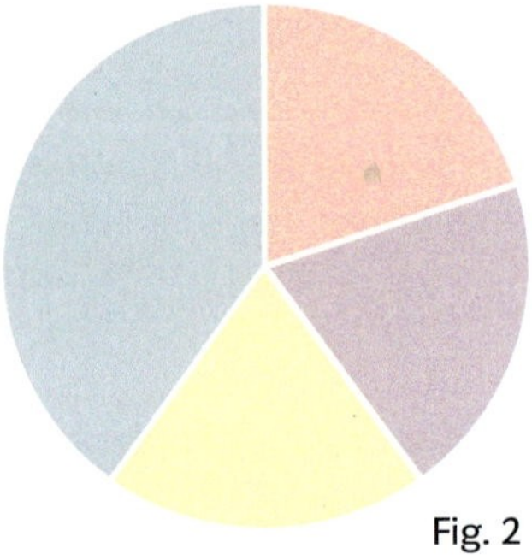
Fig. 2

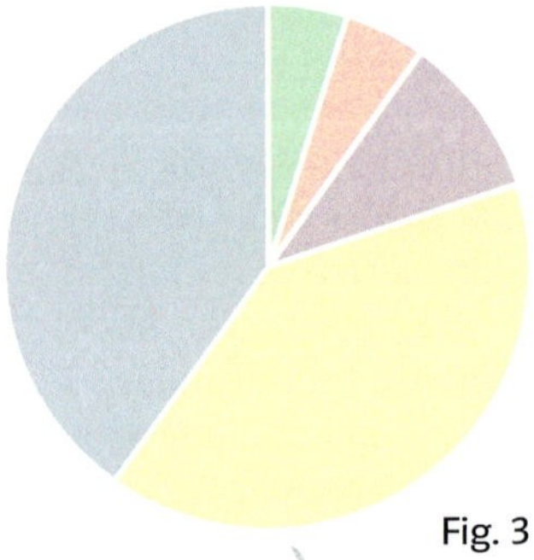
Fig. 3

4 Das Regelheft wird von den meisten Schülerinnen und Schülern der 6c mit Bleistift, von den wenigsten mit Kugelschreiber geführt. Füller und Fineliner sind gleich beliebt.
a) Schätze die Anteile der Schülerinnen und Schüler, die Bleistift, Kuli, Füller und Fineliner bevorzugen, aus den Diagrammen. Welche absoluten Häufigkeiten ergeben sich, wenn die Gesamtzahl der Schüler 20 beträgt?
b) Welches Diagramm lässt sich besonders einfach ablesen? Begründe deine Antwort.
c) Jan möchte kontrollieren, ob die Diagramme tatsächlich zusammenpassen. Schreibe auf, wie er vorgehen könnte.
d) Fertigt entsprechende Diagramme für das Lieblings-Schreibgerät in eurer Klasse an.

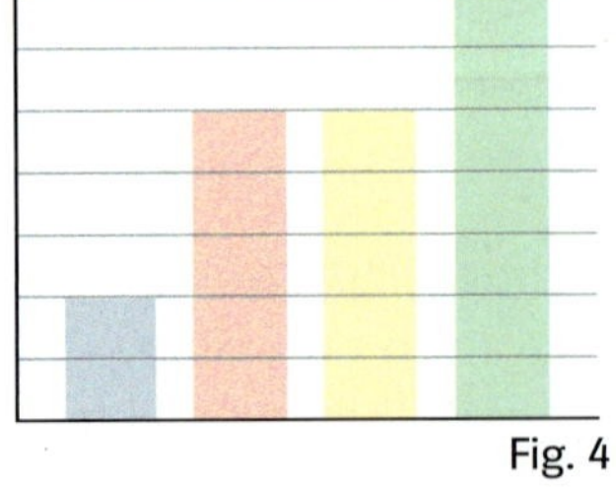
Fig. 4

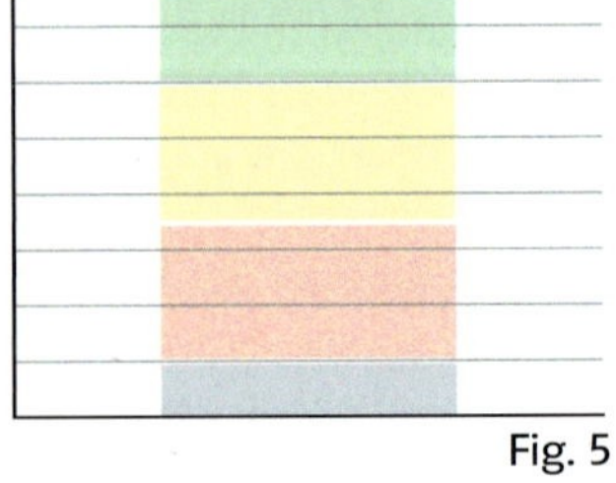
Fig. 5

Fig. 6

Bist du sicher?

1 In der Lernstandserhebung 2010 für die Klasse 9 wurde folgende Aufgabe gestellt: Eine Schulklasse hat im Rahmen des Sozialkundeunterrichts an einem Donnerstag und einem Freitag alle Besucher des Kinos „Odeon" befragt, wie alt sie sind. Die Schülerinnen und Schüler haben in Kreisdiagrammen dargestellt, wie sich die Besucher auf verschiedene Altersgruppen an diesem Donnerstag bzw. Freitag verteilten.

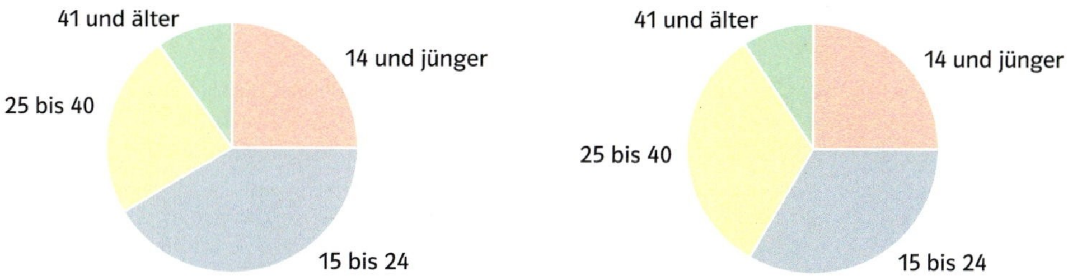

a) Wie viel Prozent der Besucher am Donnerstag waren 14 Jahre und jünger?
b) Wie viele Besucher waren am Freitag jünger als 15 Jahre?
c) An welchem Tag waren mehr Besucher 15 bis 24 Jahre alt?

Die Aufgabe c) wurde im Original-Test nicht verwendet. Warum wohl?

5 a) Die 6c verbringt einen Wandertag im Schnee, man kann Ski oder Snowboard fahren. Schätze die relativen Häufigkeiten, mit denen diese Sportgeräte geliehen wurden, nach Augenmaß.
b) Bestimme nach Augenmaß die zugehörigen absoluten Häufigkeiten, wenn du weißt, dass 24 Kinder Sportgeräte ausgeliehen haben.
c) Ist der Anteil der Skifahrer bei den Mädchen oder bei den Jungen größer? Bestimme ihn.

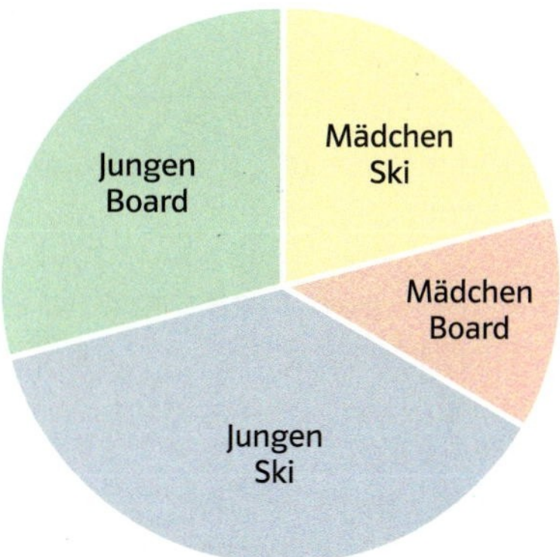

6 Bei der Wahl für den beliebtesten Ferienpark standen drei Alternativen zur Auswahl. Es ergab sich Fig. 1.
a) Überprüfe stichprobenartig, ob die Kreisdiagramme aus Fig. 2 und 3 zu Fig. 1 passen.
b) Welches Diagramm ist am informativsten? Welches Diagramm versteckt Informationen? Welche Informationen sind das? Welches Diagramm würde der Werbechef von FunCity veröffentlichen? Entwirf ein Diagramm, das der Werbechef von Fantasyland gebrauchen könnte.

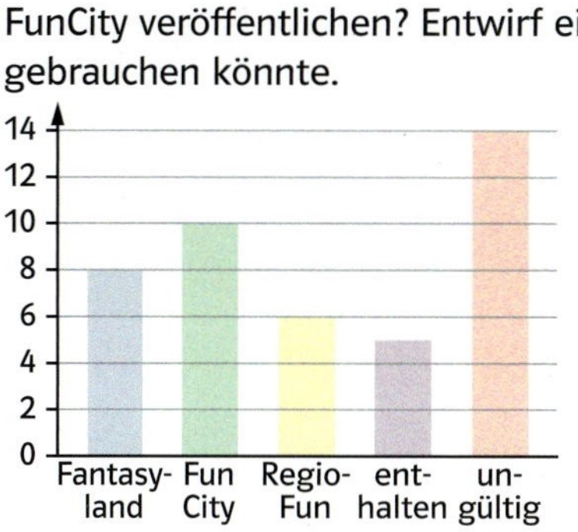

Fig. 1

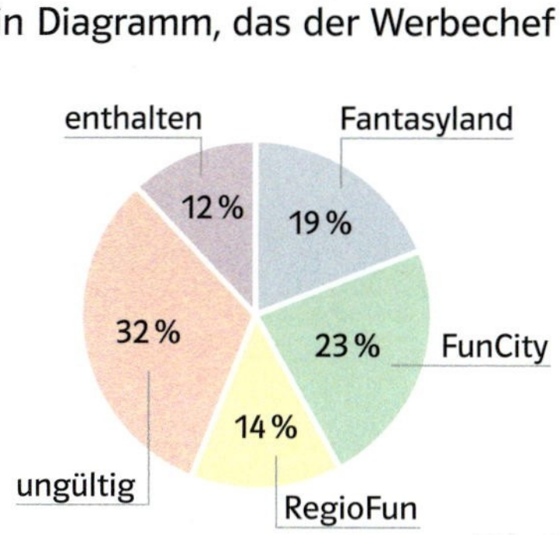

Fig. 2

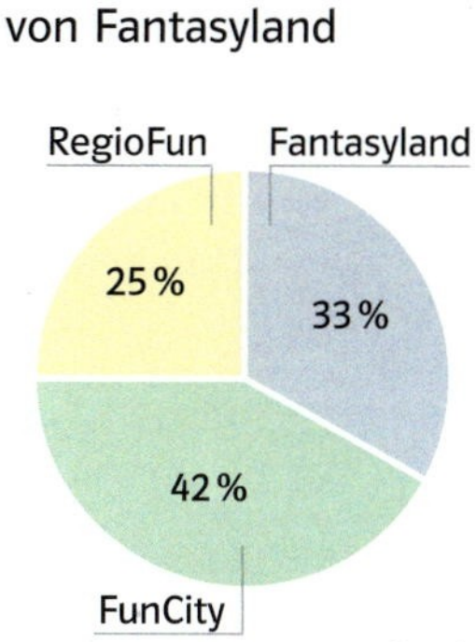

Fig. 3

7 a) Eine Cremedose enthält netto 20 g Creme. Sie wiegt brutto 35 g, eine Banane wiegt 230 g, die Schale alleine 80 g. Wo ist das Verhältnis von Verpackung und Inhalt günstiger? Stelle den Sachverhalt grafisch dar.
b) Suche zu Hause nach Dingen, bei denen das Verhältnis von Inhalt und Verpackung besonders ungünstig bzw. günstig ist und fertige Kreisdiagramme an, die du der Klasse zusammen mit der Verpackung vorstellst!

8 Die Zeitung hatte keinen Platz mehr für ein Diagramm.
Mache geeignete Vorschläge.

Einschaltquoten
Das ZDF hat nach Quoten das erste Quartal des Jahres für sich entschieden. Der Mainzer Sender lag nach einer von ihm veröffentlichten Auswertung mit einem Marktanteil von 14 Prozent bis zum 30. März einschließlich vor dem öffentlich-rechtlichen Mitbewerber ARD, der auf 13,6 Prozent kam. Als stärkster Privatsender platzierte sich RTL mit 12,8 Prozent vor Sat 1 (10,4 Prozent), RTL II (4,5 Prozent), Vox (4,2 Prozent) und Kabel 1 (3,9 Prozent).

Nachrichtensendungen
Die „Tagesschau“ ist in den Augen der Fernsehzuschauer in Deutschland die hochwertigste und glaubwürdigste Nachrichtensendung.
88 Prozent der Zuschauer geben ihr ein „gut“ oder „sehr gut“, wie eine Infratest-Umfrage im Auftrag der ARD ergab. Gerade bei widersprüchlichen Meldungen vertrauen die meisten Zuschauer (49 Prozent) der „Tagesschau“ – vor der ZDF-Konkurrenz „heute“ (17 Prozent), „RTL aktuell“ (13 Prozent) und „Sat 1 News“ (3 Prozent).

9 Bei einer Radarkontrolle vor einer Schule wurden insgesamt 1000 Fahrzeuge gezählt.
a) Wie häufig fuhren PKW (LKW, Transporter) zu schnell?
b) Berechne die relative Häufigkeit, wie oft Schnellfahrer unter den PKW (LKW, Transportern) festgestellt wurden.
c) Sandra möchte in einem Streifendiagramm (Kreisdiagramm) darstellen, wie sich die „Temposünder“ auf die PKWs bzw. Transporter bzw. LKWs verteilen. Hilf ihr.

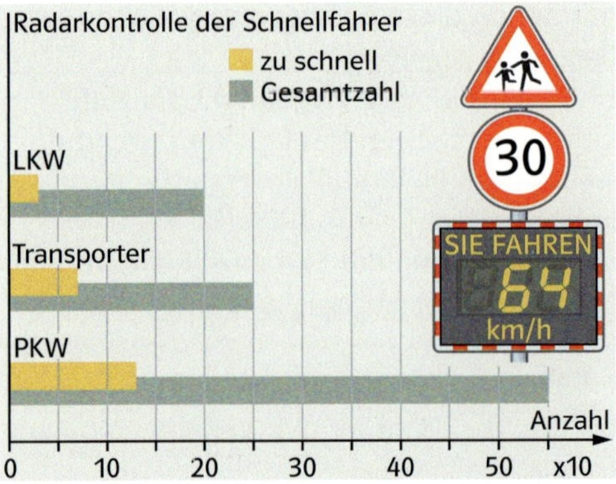

10 a) Ein Zeitungsleser kritisiert in einem Leserbrief das Diagramm. Er meint, die Summe aller relativen Häufigkeiten müsse 1 (100 %) ergeben. Du sollst den Leserbrief beantworten. Was schreibst du?
b) Erstellt für einige Fächer in eurer Klasse ein entsprechendes Diagramm.

Du kannst dir einfache Zahlenbeispiele zurechtlegen und in deinem Logbuch für dieses Beispiel notieren, welche Zahlen zusammen 100 % ergeben müssen, welche nicht.

11 a) In Fig. 1 erkennt man auf Viertelstunden gerundet, wann bei (R)ainer, (I)bi, (P)it, (C)laudia, (K)im, (B)ülent, (A)yse und (U)lla der Fernseher lief. Wie hoch war die Sehbeteiligung bezogen auf diese Achtergruppe um 17.00 Uhr, um 18.00 Uhr und um 20 Uhr?
b) Wann war die Sehbeteiligung am höchsten? Wann war sie am niedrigsten?
c) Zeichne für die Achtergruppe ein Diagramm wie in Fig. 2.

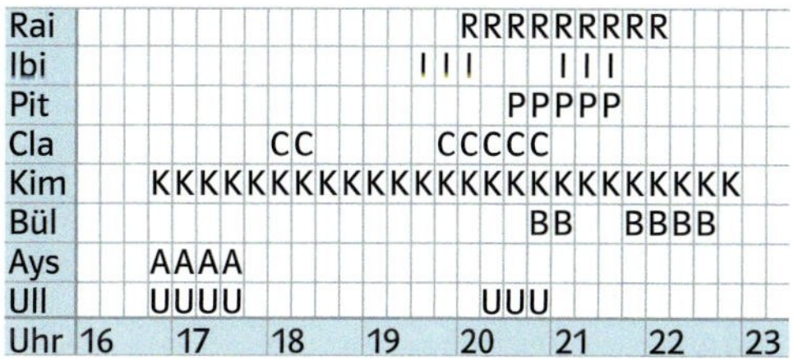

Fig. 1

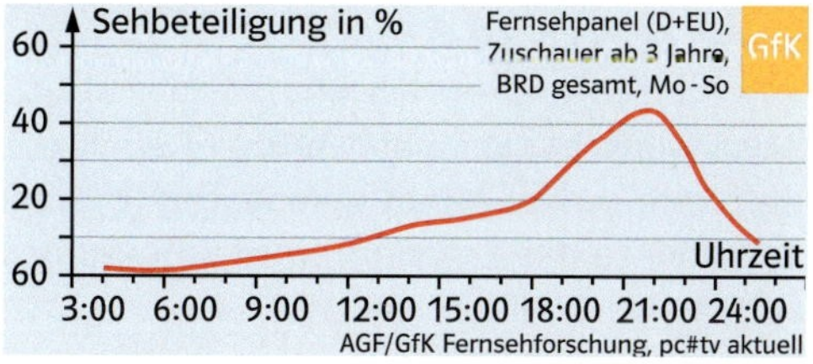

Fig. 2

12 Führt in eurer Klasse folgende Frühstücksumfrage anonym durch:

Wenn du frühstückst, trinkst bzw. isst du in der Regel
1) a) Milch oder Kakao b) Kaffee c) Tee d) Saft e) Sprudelwasser f) nichts g) etwas anderes
2) a) Brot oder Brötchen b) Müsli c) Cornflakes o. Ä. d) Frühstücksriegel e) Obst
3) Wie viel hast du heute vor Beginn des Unterrichts getrunken? Runde auf Viertelliter.
a) nichts b) $\frac{1}{4}$ l c) $\frac{1}{2}$ l d) $\frac{3}{4}$ l e) 1 l
4) Wie viele Brötchenhälften hast du heute vor der Schule gegessen?
Wenn du Brot, Müsli, Cornflakes, Jogurt, Keksriegel etc. bevorzugst, schätze, wie viele belegte Brötchenhälften dem entsprechen (dich genau so satt machen) würden.
5) Wie lange hast du heute am Frühstückstisch gesessen? Runde auf 5 Minuten
a) 0 Minuten (unterwegs „aus der Hand", nichts gegessen) b) 5 Minuten c) 10 Minuten ...

Wertet in Arbeitsgruppen die Fragen aus und stellt die Ergebnisse im Plenum vor. Vergleicht dann die Ergebnisse mit dem folgenden Zeitungsartikel:

Rund ein Viertel der 14- bis 24-Jährigen frühstückt nicht, dreißig Prozent der Befragten verlassen das Haus sogar ohne einen Schluck zu trinken. Bei jungen Familien beträgt der Anteil der Frühstücksmuffel immerhin noch ein Fünftel. Die Hitliste der Nahrungsmittel zum Frühstück führt das Brot an. Junge Menschen greifen lieber zu Cerealien und Nougatcreme. Brötchen sind bei Jung und Alt gleichermaßen beliebt, während Wurst, Jogurt, Gemüse und Salat kaum zum Frühstück verzehrt werden. Auch bei den Getränken gibt es Unterschiede: Jugendliche trinken morgens am liebsten Milch, Saft oder Kakao. Die Älteren greifen zu Kaffee oder Tee. (ZMP, Pressemeldung)

Das Auswerten in Arbeitsgruppen geht effektiv, wenn jeder seinen Fragebogen zerschneidet und seine Antworten den einzelnen Auswertungsgruppen zur Verfügung stellt.

Kannst du das noch?

13 a) Wandle um

als Bruch	als Dezimalbruch	in Prozent
$\frac{1}{5}$		
	0,5	
		5 %
$\frac{20}{25}$		
		20 %

b) Berechne $\frac{1}{5}$ von 25 km; 5 % von 25 km; 0,5 von 25 km
c) Berechne die Anteile in Prozent.
Von 25 Kindern ...
- besitzen 24 ein Fahrrad
- besitzen 18 einen Computer
- besitzen 23 ein Handy
- spielen 7 ein Instrument

das Wörtchen „von" hat viele Übersetzungen ...:
A: 2 von 5: 5 − 2 = 3
*von bedeutet **minus***
B: 2 von 5: $\frac{2}{5}$ = 0,4 = 40 %
*von bedeutet **durch***
C: $\frac{1}{3}$ von 15: $\left(\frac{1}{3}\right) \cdot 15 = 5$
*von bedeutet **mal***

2 Mittelwerte

Der Kinderwunsch in Deutschland wird schwächer. Bei einer Umfrage wünschten sich die Befragten zwischen 20 und 39 Jahren im Durchschnitt 1,7 Kinder. Vor 10 Jahren waren es noch 2,0 Kinder.

„Also wünscht sich jeder Befragte ein Kind, aber das zweite nur ‚mit halbem Herzen', weil das erste so viel Arbeit gemacht hat?", fragt Ulla. Wie ist der Zahlenwert 1,7 zu verstehen? Wie könnte das Ergebnis einer Befragung unter 10 Personen aussehen, das diesen Durchschnittswert liefert?

Häufig reichen **Mittelwerte** aus, um das Ergebnis von Klassenarbeiten, den Benzinverbrauch von PKWs oder finanzielle Ausgaben zu charakterisieren oder zu vergleichen. Zwei Mittelwerte sind besonders beliebt: der **Median** und das **arithmetische Mittel**.
Herr Roth zahlte für sein Mobiltelefon in den letzten fünf Monaten 8,05 €; 12,71 €; 9,52 €; 133 € und 13,70 €. Solche Listen mit den erhobenen Daten nennt man **Urlisten**. Werte, die von den übrigen Daten der Urliste weit entfernt sind (wie die wegen eines Auslandsaufenthaltes angefallenen 133 €), bezeichnet man als **Ausreißer**. Wie viel bezahlte Herr Roth im Mittel?

Der Median heißt auch Zentralwert, weil er im Zentrum liegt. Statt arithmetisches Mittel sagt man oft nur Mittelwert, „im Mittel" oder „im Durchschnitt" …

Um den **Median** zu bestimmen, sortiert man die Zahlen der Urliste der Größe nach und nimmt den Wert, der in der Mitte steht: 8,05; 9,52; 12,71; 13,7; 133. Der Median beträgt also 12,71 €. Links und rechts vom Median stehen gleich viele Werte. Statt zu sortieren, kann man die größten und die kleinsten Werte nacheinander streichen, bis nur noch einer, der mittlere, übrig bleibt. Wenn die Anzahl gerade ist, gibt es zwei mittlere Werte. Dann wählt man den Median genau dazwischen.

Zur Berechnung des **arithmetischen Mittels** addiert man alle Werte der Urliste und teilt die Summe durch deren Anzahl. So hat Herr Roth in den 5 Monaten insgesamt 176,98 € bezahlt. Wären in allen Monaten gleiche Kosten angefallen, so wären das pro Monat 176,98 € : 5 = 35,40 €. Man kann die Rechnung auch in Bruchform schreiben:

$$\frac{8{,}05 + 12{,}71 + 9{,}52 + 133 + 13{,}70}{5} \approx 35{,}40\,€$$

Mitunter entstehen Ausreißer durch falsche Dateneingaben (Komma an der falschen Stelle) oder durch Ablesefehler

„Normalerweise" sind Median und Mittelwert ungefähr gleich groß. Wenn sie weit auseinander liegen, deutet das auf einseitige Ausreißer hin (hier 133 €).
Hätte Herr Roth statt 133 € – wie in den anderen Monaten – z. B. nur 13,30 € gezahlt,
- wäre der Median unverändert bei 12,71 € geblieben.
- läge der Mittelwert mit 11,46 € sehr nahe am Median.

Man sagt, **der Median ist gegenüber Ausreißern stabiler oder robuster als der Mittelwert.**

Für den Median müssen die Zahlen der Liste der Größe nach geordnet sein und mehrfach vorkommende Zahlen auch mehrfach aufgeschrieben werden.

Für Zahlenlisten gibt es zwei Mittelwerte, das arithmetische Mittel und den Median:

arithmetisches Mittel $= \frac{\textit{Summe aller Werte}}{\textit{Anzahl der Werte}}$

Der **Median** liegt in der Mitte der Liste.
Unterhalb und oberhalb des Medians liegen gleich viele Zahlen der Liste.

Zufallsschwankungen: Die Ergebnisse statistischer Untersuchungen schwanken meist zufällig. So liefern Umfragen an verschiedenen Tagen oder Orten selten die gleichen Ergebnisse. Auf einer Personenwaage ist man an aufeinander folgenden Tagen meist unterschiedlich schwer. Mittelwerte dienen dazu, diese Zufallsschwankungen zu verringern.

Beispiel 1
Frank hat die Masse einiger Brötchen zweier Bäcker gemessen. Wo sind die Brötchen im Mittel schwerer?

Bäcker Klein	Bäcker März
50,1 g	51,4 g
53,2 g	54,8 g
55,6 g	55,3 g
50,6 g	53,4 g
	54,9 g

Wenn man nicht alle Brötchen untersucht, sondern nur eine kleine Auswahl, dann bezeichnet man das in der Statistik als eine Stichprobe.

Mögliche Lösungen:
a) Man vergleicht die arithmetischen Mittelwerte der Masse:
Klein: $(50{,}1 + 53{,}2 + 55{,}6 + 50{,}6) : 4 \approx 52{,}4$; März: $(51{,}4 + 54{,}8 + 55{,}3 + 53{,}4 + 54{,}9) : 5 \approx 54{,}0$
Die Brötchen sind bei Bäcker März im Mittel schwerer.
b) Wenn man den Median verwendet, ergibt sich ein ähnliches Bild:
Der Median des Brötchengewichts bei Bäcker Klein liegt in der Mitte zwischen 50,6 und 53,2, also bei $(50{,}6 + 53{,}2) : 2 = 51{,}9$. Bei Bäcker März liest man ihn einfach ab: 54,8.

Beispiel 2 Häufigkeitsverteilung
Die Tabelle zeigt die Ergebnisse zweier Klassenarbeiten. Welche Klassenarbeit ist besser ausgefallen?

	1	2	3	4	5	6
6a	4	7	6	10	2	1
6b	6	3	7	6	5	0

Wenn Zahlenlisten tabellarisch aufbereitet sind, lassen sich Mittelwert und Median noch einfacher berechnen.

Mögliche Lösung:
In der 6a ist das arithmetische Mittel $(4 \cdot 1 + 7 \cdot 2 + 6 \cdot 3 + 10 \cdot 4 + 2 \cdot 5 + 1 \cdot 6) : 30 = 92 : 30 = 3{,}07$. In der 6b erhält man entsprechend $67 : 27 = 2{,}48$. Die 6b hat besser abgeschnitten. Der Median ist für beide Klassen 3. Denkt man sich die 30 bzw. die 27 Noten aufsteigend hintereinander geschrieben, so bleiben in der Mitte nur Dreier übrig. Der Median ist hier zum Vergleich weniger geeignet.

Aufgaben

1 Die 6a hat 28, die 6b 30, die 6c 27 und die 6d 29 Schüler. Wie groß ist die Klassenstärke der sechsten Klassen im Mittel?

2 Berechne das arithmetische Mittel und den Median.
a) 2,50 m; 2,10 m; 1,80 m; 1,90 m; 1,75 m; 2,05 m; 2,15 m
b) 12,4 kg; 12,1 kg; 14,4 kg; 11,8 kg; 12,5 kg
c) 1,5 dm; 1,6 dm; 1,5 dm; 1,7 dm; 1,7 dm; 1,5 dm; 1,6 dm
d) Untersuche, wie sich arithmetisches Mittel und Median ändern, wenn man den jeweils größten Wert um eine Einheit (um 20 Einheiten) vergrößert?

3 Hier das Ergebnis eines Tests, bei dem man maximal 10 Punkte erreichen konnte:

Punkte	0	1	2	3	4	5	6	7	8	9	10
Anzahl	2	4	0	1	5	6	11	10	14	16	18

a) Berechne das arithmetische Mittel der Punktzahl.
b) Wie viele Schüler haben besser als das arithmetische Mittel abgeschnitten?
c) Liegt der Median rechts oder links vom arithmetischen Mittel?

4 Frank hat bei der Klassenarbeit nur eine 3– geschrieben. „Ich bin besser als der Durchschnitt", sagt er zu Hause. Prüfe.

Note	1	2	3	4	5	6
Anzahl	8	1	4	11	3	0

5 Die Durchschnittstemperatur der letzten drei Tage betrug 17 Grad. Welche Temperaturen könnten an den drei Tagen geherrscht haben? Gib zwei Beispiele und vergleiche mit deinem Nachbarn.

Informiere dich, wo Mumbai liegt und versuche herauszufinden, wie es zu den Unterschieden in den Niederschlagsdiagrammen kommt.

6 Fig. 1 zeigt die monatlichen Niederschlagsmengen für die Orte Essen und Mumbai (früher: Bombay).
a) Stelle die in dem Diagramm enthaltenen Informationen in einer Tabelle dar.
b) Berechne das arithmetische Mittel und den Median der Niederschlagsmengen, erläutere, warum man aus Mittelwerten keine voreiligen Schlüsse ziehen sollte.

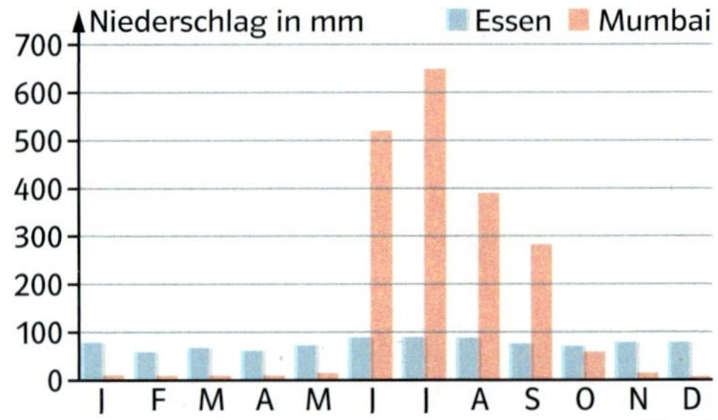

Fig. 1

7 Schätze, um welchen Wert das arithmetische Mittel der Körpergröße (des Alters) aller Schüler aus eurer Klasse in einem Jahr zunimmt.

Bist du sicher?

1 Drei Schüler haben folgende Ergebnisse beim Weitsprung. Frank: 4,05 m; 3,76 m; 4,20 m. Cihan: 3,64 m; 3,95 m; 4,21 m; 3,81 m. Dirk: 3,80 m; 4,15 m; 3,90 m; 4,08 m; 4,08 m.
a) Wer springt im Mittel am weitesten?
b) Wie groß ist die rel. Häufigkeit der Sprünge, deren Weite jeweils den Median übertrifft?

8 Mittelwert ist nicht gleich Mittelwert
Drei Schülerinnen teilen sich die Arbeit bei der Meinungsumfrage: Johanna hat bei 10 Befragten 6 regelmäßige Leser (60 %), Claudia unter 30 Befragten 15 regelmäßige Leser (50 %) und Lina unter 20 Befragten 2 regelmäßige Leser gefunden (10 %). Johannes meint: Also lesen im Mittel $\frac{(60\,\% + 50\,\% + 10\,\%)}{3} = 40\,\%$ regelmäßig die PopNews. Larissa meint, das Ergebnis sei falsch. Sie kommt auf einen Mittelwert von 38,3 %. Nimm Stellung.

9 Kopfrechnen in der Warteschlange vor Supermarkt-Kassen
a) Überprüfe die Aussage des Zeitungsartikels anhand des abgebildeten Kassenzettels.
b) Überprüfe die Aussage an selbst gesuchten, langen Supermarkt-Kassenzetteln.
c) Ob dieses Forschungsergebnis auch für die Rechnungsbeträge in Restaurants gilt?

```
KRAFT ECK BROT   1,49
KRAFT ECK BROT   1,49
EISSALAT         0,69
GEMUSEMAIS       0,35
GEMUSEMAIS       0,35
TRAUBE KERNLOS   2,34
 0,812KG×2,88EUR/KG
HALBFETT-BUTTER  0,85
EIER GR.L        0,55
EIER GR.L        0,55
HALBFETT-BUTTER  0,85
ZITRONEN         0,69
ZITRONEN         0,69
ZITRONEN         0,69
ZITRONEN         0,69
NATURIS JOGHURT  0,39
NATURIS JOGHURT  0,39
ERDBEERE 0,5KG   0,57
GURKEN           0,45
TARRAZZU 500G    3,99
TRAUBE KERNLOS   1,68
 0,582KG×2,88EUR/KG
FRISCHMILCH 1,5  0,49
FRISCHMILCH 1,5  0,49
PORREE           1,49
                ------
SUMME 23 Pos    22,21
                ------
```

Einkaufen – Verflixt
Wer kennt das nicht? An der Supermarktkasse ist alles schön aufs Band gelegt, die Kassiererin beginnt die Waren zu scannen und nun grübelt man, wie viel denn wohl für den Einkauf zu berappen ist. Reicht das Geld überhaupt?
Eine hastige Schätzung, vor allem bei größeren Einkäufen, führt selten zu einer richtigen Summe. Das Problem: Die verflixten Nach-Komma-Stellen, denn mal kostet etwas 1,29 Euro, mal 2,59 Euro, vieles 0,99 Euro. Und den meisten Menschen ist es zu blöd, mit dem Taschenrechner durch den Supermarkt zu laufen.
[…] Dann ging Fisher das Werk empirisch an und klaubte zwecks Studium hunderte Kassenzettel aus Supermarkt-Papierkörben.
Aus der Analyse ergab sich folgende Lösung: Er zählt die Beträge vor dem Komma zusammen und addiert rund zwei Drittel der Anzahl der eingekauften Artikel als Euro (bei 30 Artikeln also 20 Euro) hinzu, denn – so fand er heraus – der Durchschnittspreis hinter dem Komma beträgt 61 Cent. […]

Fig. 2, Prof. Fishers Forschungsergebnis

10 Bei einem Radrennen liegen 65% der Fahrer im Spitzenfeld, 30% der Fahrer im Mittelfeld, 5% radeln weit abgeschlagen hinterher. Formuliere mithilfe eines Zahlenbeispiels eine Aussage, in der der Begriff „Median" vorkommt und erläutere sie.

Mache erst ein einfaches Zahlenbeispiel, in dem du den Median angeben kannst.

Experimente

11 Muster

a) Romeo und Julia werfen eine Münze so lange, bis eines der Muster WWW oder WZW erscheint. Im ersten Fall gewinnt Romeo, beim zweiten Muster Julia.
Schätze, wie lange das Spiel ungefähr im Mittel dauern wird. Haltet eure Schätzungen schriftlich fest.
b) Schließt euch in Sechsergruppen zusammen und überprüft eure Schätzungen gemeinsam.
c) Stellt eure Ergebnisse den anderen Gruppen auf einem Plakat vor und vergleicht.

Beispiel:
WWZW
Romeo hat gewonnen
Spieldauer 4 Würfe

WWZZZWZZWWW
Julia gewinnt
Spieldauer 11 Würfe

12 Die beste Startposition
Siri und Jan haben 8 Chips auf den Positionen 0, 1, 2, 3 verteilt. Sie werfen drei Münzen, die 0-, 1-, … , 3-mal „Wappen" zeigen können. Wenn 2 Münzen Wappen zeigen, darf man einen Chip von der Position 2 wegnehmen, wenn 3 Münzen Wappen zeigen, von Position 3…
Wenn kein Chip mehr auf der betreffenden Position liegt, ist der Gegner an der Reihe.
Wer zuerst abgeräumt hat, gewinnt.

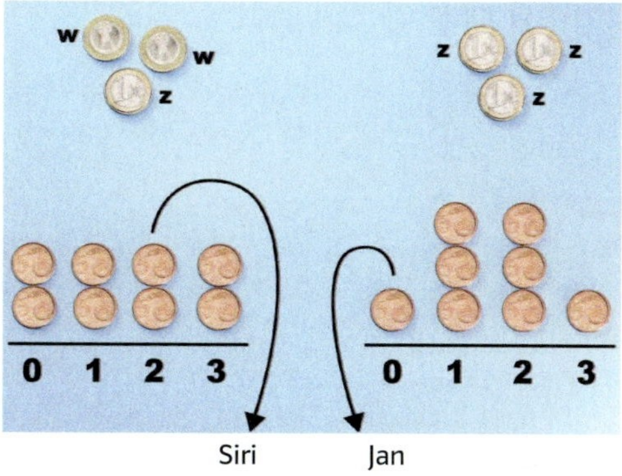

a) Wer hat seine Chips besser verteilt? Siri oder Jan?
b) Wie viele Schritte brauchen Siri bzw. Jan im Mittel, bis ihre Chips abgeräumt sind?
c) Untersuche, ob es noch bessere Startpositionen gibt.

13 **Forschungsauftrag:** „Auslaufen eines Fahrrades" (Dreier- oder Sechsergruppen)
a) Der Versuchsleiter gibt dem Vorderrad einen Stups, beobachtet den Tacho und sagt Bescheid, wenn der Tacho nur noch 5 km/h zeigt. Einer stoppt die Zeit, ein anderer zählt die Umdrehungen bis zum Stillstand des Rades. Das Experiment wird 20-mal wiederholt.
Anschließend notiert man die arithmetischen Mittel von Zeit und Umdrehungszahl.

Jede Gruppe braucht ein Fahrrad mit Tacho, das so auf den Boden gelegt wird, dass sich das Vorderrad horizontal frei drehen kann.
Es ist ungünstig, das Rad auf den Kopf zu stellen, weil dann das Gewicht des Ventils das Rad vorzeitig zur Umkehr bewegen kann.

b) Das Experiment wird für die Geschwindigkeit 10 km/h 20-mal wiederholt. Braucht das Rad im Mittel nun doppelt so lange oder viermal so lange? Macht es doppelt so viele Umdrehungen oder viermal so viele Umdrehungen?
c) Überprüft eure Ergebnisse, indem ihr 20 Experimente mit 15 km/h durchführt.
d) Dokumentiert die Forschungsergebnisse auf Plakaten und vergleicht.

Wiederholen – Vertiefen – Vernetzen

1 Eine Umfrage über die Anzahl der Fernsehgeräte zu Hause ergab die folgende Liste:
2; 1; 4; 1; 0; 2; 1; 1; 5; 2; 3; 1; 0; 1, 2; 2; 1; 2; 1; 0; 1; 3; 2; 1; 6; 2; 1; 2
a) Werte diese Information mit den Hilfsmitteln aus, die dir zur Verfügung stehen.
b) Vergleiche mit dem Ergebnis einer (anonymen) Zettel-Umfrage, die ihr in eurer Klasse durchführt.

2 Welche der Klassenarbeiten ist besser ausgefallen?
Klasse 6a: 1: 6-mal; 2: 7-mal; 3: 5-mal; 4: 5-mal; 5: 1-mal; 6: 2-mal.
Klasse 6b: 1: 2-mal; 2: 12-mal; 3: 5-mal; 4: 7-mal; 5: 4-mal; 6: 0-mal.

3 a) Welche Diagrammform eignet sich zur Veranschaulichung dieser Zeitungsmeldung, welche nicht?
b) Zeichne ein Diagramm, sodass die Tagesschau besonders gut dazustehen scheint.
c) Recherchiere, ob der Begriff „Quote“ in dem Zeitungsausschnitt richtig verwendet wird.

Fernseh-Quoten

Die Sonntags-Hits	
1. Tagesschau, ARD	8,65 Mio
2. Formel 1 - Monaco, RTL	7,98 Mio
3. Tatort, ARD	7,72 Mio
4. Tagesthemen Extra, ARD	5,55 Mio
5. Sterne über Madeira, ZDF	5,14 Mio

4 Ein Statistiker sollte im Auftrag einer Zeitschrift untersuchen, wie viel Taschengeld 12-Jährige monatlich bekommen. Er hat sich kaum Arbeit gemacht und nur sehr wenige Kinder befragt.
a) Welches der Diagramme wird er vermutlich nutzen, um den kleinen Stichprobenumfang (also seine „Faulheit“) zu vertuschen? Warum?
b) Könnte er seinen mangelnden Fleiß auch durch ein Balkendiagramm vertuschen?

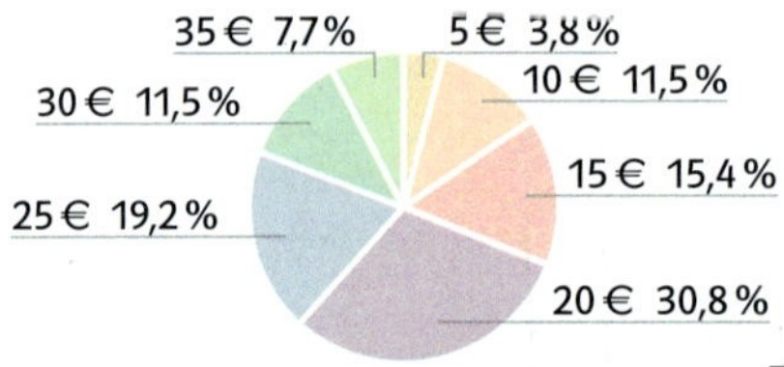

Fig. 1

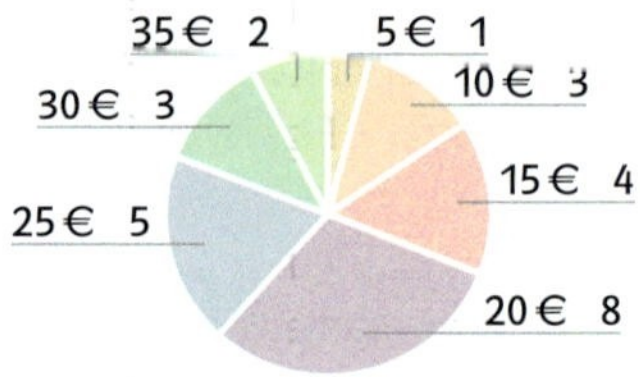

Fig. 2

5 Italienische und argentinische Zitronen werden in Beuteln zum gleichen Preis angeboten. Ein Käufer legt einige Beutel auf die Waage:
Sorte A: 526 g; 554 g; 516 g; 500 g; 526 g; 516 g; 516 g; 510 g; 544 g; 534 g.
Sorte B: 528 g; 532 g; 502 g; 420 g; 510 g; 540 g; 492 g; 498 g; 516 g; 519 g; 480 g; 492 g; 492 g; 572 g; 522 g; 522 g; 516 g; 520 g; 518 g; 496 g; 524 g; 530 g.
Bei welcher Sorte bekommt man im Mittel mehr Zitronen fürs Geld? Um wie viel mehr handelt es sich?

6 **Die verflixte Sechs.** Bei diesem Spiel nimmst du dir beliebig viele Würfel, füllst sie in den Würfelbecher und würfelst. Du erhältst alle Augen zusammen, wenn keine 6 darunter ist. Wehe, wenn wenigstens bei einem der Würfel die 6 oben ist. Das wird mit 0 Punkten geahndet. Gewonnen hat, wer hinterher die meisten Punkte hat.
a) Spielt dieses Spiel in eurer Gruppe.
b) Führt eine gut geplante Untersuchung durch, an deren Ende eine durch Daten begründete Empfehlung steht, wie viele Würfel man in den Becher füllen sollte.

Mit **Tabellenkalkulationsprogrammen** kann man Daten schnell auswerten und grafisch darstellen. Grundlegende Schritte werden hier an Beispielen vorgestellt.
Die Kenntnisse helfen bei der Aufbereitung von Forschungsergebnissen aus den Erkundungen ebenso wie beim Kontrollieren von Aufgaben vorangehender Lerneinheiten. Arbeitet die folgenden Beispiele in kleinen Gruppen an einem PC durch.

Hier wird Excel benutzt, andere Tabellenkalkulationsprograme sind zum Durcharbeiten der Exkursion ebenso geeignet.

A Kreisdiagramme zeichnen
Das Ergebnis einer Datenerhebung zur Haarfarbe soll in einem Kreisdiagramm dargestellt werden: In einer Klasse sind 2 Kinder blond, 9 hellbraun, 12 dunkelbraun, ein Kind hat rote, vier Kinder haben schwarze Haare. Man geht wie folgt vor:

1. Man öffnet ein Tabellenkalkulationsblatt, dessen Spalten mit A, B, C ... und dessen Zeilen mit 1, 2, 3, ... bezeichnet sind. Man überträgt die Haarfarben in die Spalte A und die zugehörigen absoluten Häufigkeiten in die Spalte B wie in Fig. 1.

2. Man markiert die Eingaben, indem man zuerst mit der Maus auf „blond" (Zelle A1) geht, die linke Maustaste drückt und mit gedrückter Taste bis zur Zelle rechts unten (B5) geht. Dann lässt man die Maustaste los und ruft durch Klick auf das Symbol (oder durch Einfügen-Diagramm) den Diagrammassistenten (Fig. 2) auf.

3. Man kann zwischen verschiedenen Diagrammtypen wählen. Hier soll ein Kreisdiagramm gezeichnet werden. Man klickt daher auf Kreis und Weiter >.
Es erscheint die Vorschau aus Fig. 3.

4. Um dem Diagramm eine Überschrift zu geben und durch die relativen Häufigkeiten zu beschriften, wie Fig. 4 in der Vorschau andeutet, klickt man in Fig. 3 auf Weiter > und lässt sich vom Diagrammassistenten führen. Durch Klick auf Fertig stellen wird es in das Kalkulationsblatt eingefügt.

Beim Zeichnen von Kreisdiagrammen werden absolute Häufigkeiten automatisch in relative (%) umgewandelt. Wie man diese Rechnungen getrennt durchführt, zeigt Abschnitt B.

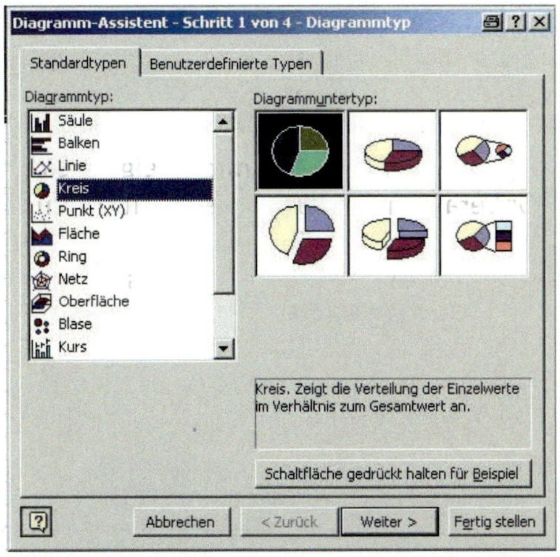

Fig. 2

	A	B
1	blond	2
2	hellbraun	9
3	dunkelbraun	12
4	rötlich	1
5	schwarz	4

Fig. 1

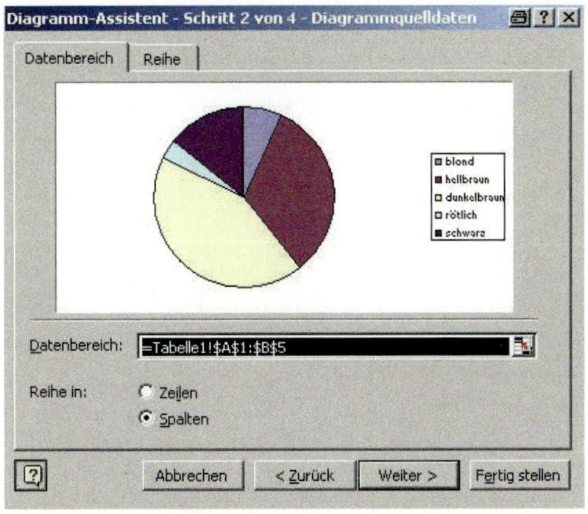

Fig. 3

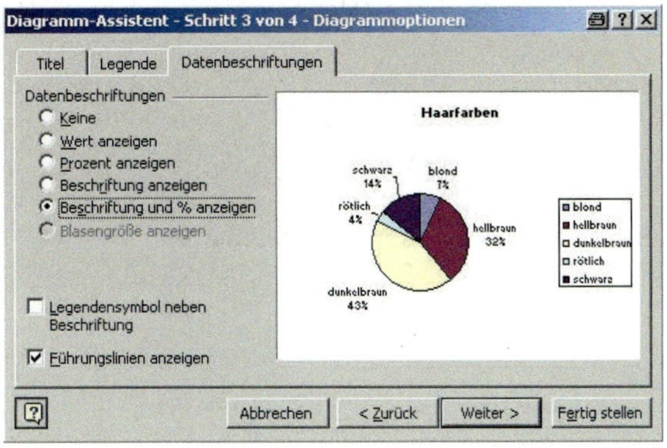

Fig. 4

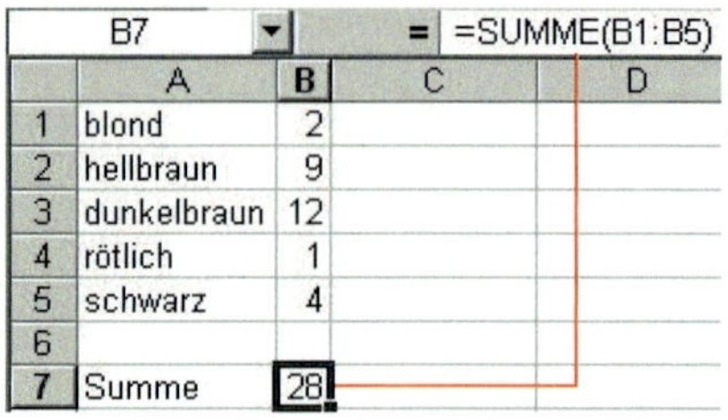

Fig. 1

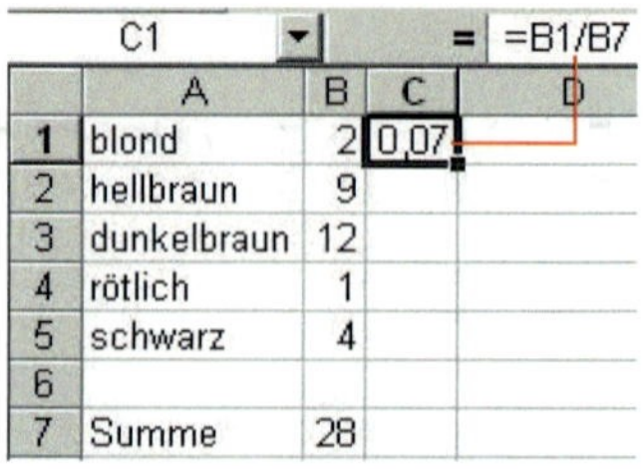

Fig. 2

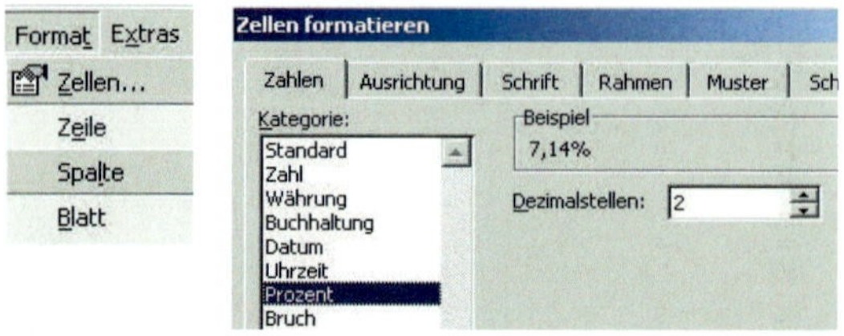

Fig. 3

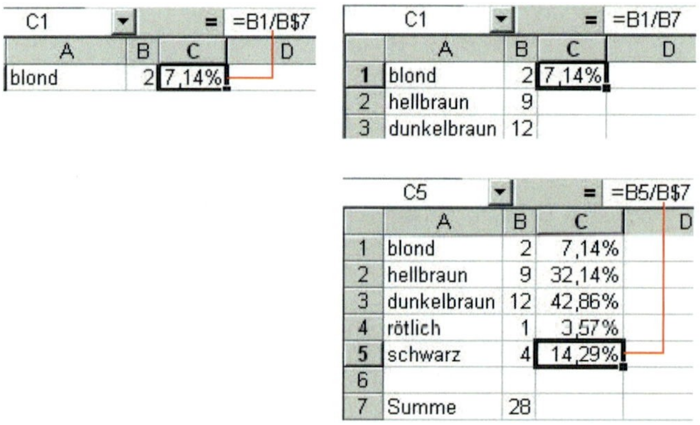

Fig. 4

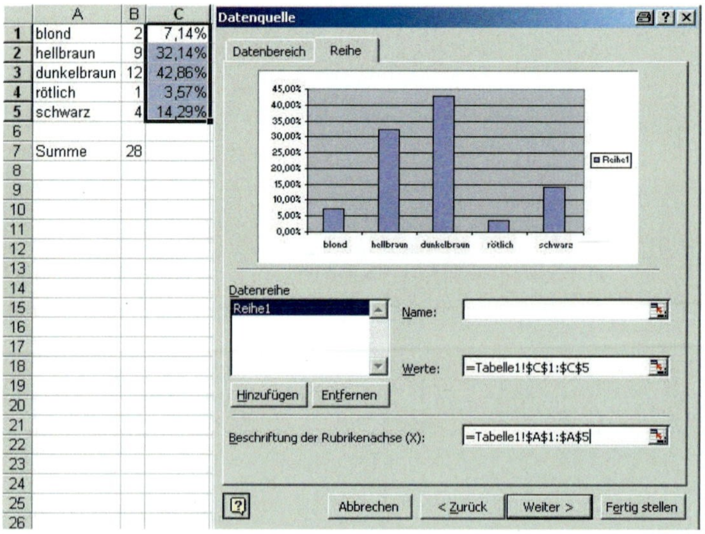

Fig. 5

B Relative Häufigkeiten berechnen, Säulendiagramm

1. Man bestimmt zunächst die Gesamtzahl aller Schüler. Dazu klickt man (Fig. 1) auf die Zelle B7, gibt die Formel =**Summe (B1:B5)** ein und schließt die Eingabe mit der Return-Taste ab. In B7 steht dann das Ergebnis 28. (In Excel beginnen alle Formeln mit einem =).

2. Die relative Häufigkeit der Haarfarbe blond erhält man, indem man die absolute Häufigkeit 2 (Zelle B2) durch die Summe 28 (Zelle B7) teilt. Man trägt also in der Zelle C1 die Formel =2/28 oder =B1/B7 ein und erhält das Ergebnis 0,07 (Fig. 2).

3. Um das Ergebnis in Prozent darzustellen, markiert man durch Mausklick die Zelle C1, wählt Format – Zellen – Prozent und stellt die gewünschte Anzahl der Nachkommastellen ein (Fig. 3).

4. Nun trägt man in die Zelle C2 die Formel =**B2/B7** ein, in C3 die Formel =B3/B7 usw. Man erhält Fig. 4.

Tipp: Wenn man in Schritt 2 vor die 7 ein $ setzt, also =**B2/B$7** eingibt und diese Formel eine Zeile nach unten kopiert, wird aus ihr =B3/$B7. (Ohne $ wird die Zeilennummer erhöht, aus B2 wird B3, mit $ wird sie nicht erhöht, B$7 bleibt beim Kopieren nach unten $B7. Wenn man diese Eigenschaft von Excel nutzt, kann man die ganze Spalte C nur durch Kopieren einer einzigen Formel ausfüllen.)

5. Das Säulendiagramm für die relativen Häufigkeiten erhält man nach Markierung von C1:C5 wieder mit dem Diagrammassistenten. Die Rechtsachse beschriftet man mit den Haarfarben, indem man im zweiten Schritt des Assistenten die Option Reihe anklickt und in dem Feld „Beschriftung der Rubrikenachse" den Bereich A1:A5 auswählt, in dem die Haarfarben stehen (Fig. 5). Dann geht es mit dem Diagrammassistenten weiter wie beim Kreisdiagramm.

C Zahlenlisten auswerten

Wie man mit Excel Zahlenlisten auswertet, zeigt das folgende Beispiel: In Spalte A stehen die Namen, in Spalte B die Gewichte (in kg) der Schultaschen von 8 Schülern. Tippe die Tabelle ab.

Wenn man das mittlere Gewicht (das arithmetische Mittel) der Schultaschen ausrechnen möchte, geht man so vor:

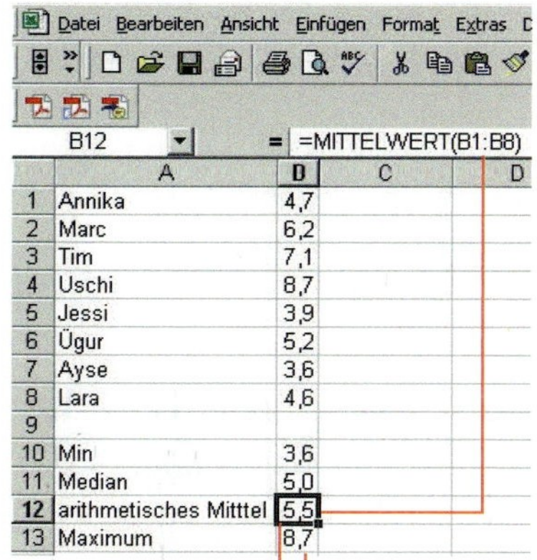

Fig. 1

Fig. 2

1. Klicke z.B. auf Zelle B12 und gib die Formel =Mittelwert(B1:B8) ein. Wenn man auf eine andere Zelle klickt oder die Eingabe durch die Return-Taste „↵“ abschließt, steht der ausgerechnete Mittelwert (5,5) in Zelle B12 (Fig. 1).

2. In A12 fügt man eine Beschriftung ein.

3. Entsprechend berechnet man den Median, den kleinsten und den größten Wert der Zahlenliste mit den Formeln aus Fig. 2. Diese Formeln kann man auch durch Einfügen - Funktion - Statistik aus einer von Excel vorgegebenen Liste auswählen, man braucht sie sich dann nicht zu merken.

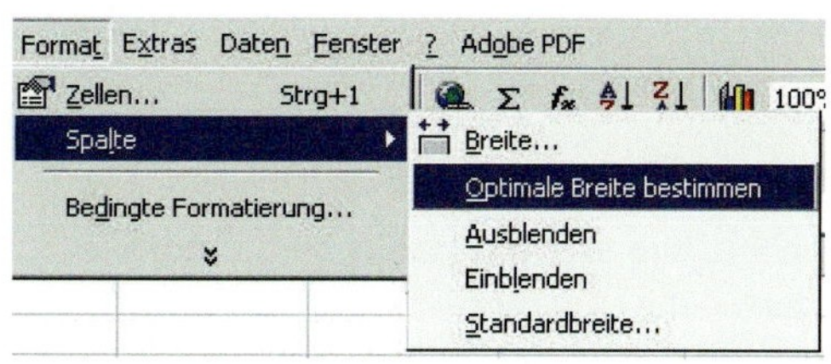

Fig. 3

Anmerkung: Mitunter zeigt Excel in einzelnen Zellen nur ### an. Meist ist dann die Spaltenbreite zu klein, um Rechenergebnisse anzuzeigen. Man wählt dann Format - Spalte - Optimale Breite bestimmen wie in Fig. 3 oder man zieht mit gedrückter Maustaste die Spalte breiter.

D Zahlenlisten nachträglich verändern - Excel „denkt mit“

Wenn man das Gewicht einer Tasche ändert, werden die berechneten Größen, wie z.B. der Mittelwert, automatisch neu berechnet. Probiere es aus!

Man kann nachträglich auch Zeilen einfügen, etwa zwischen Ayse und Lara. Dazu markiert man die Zeile 8, indem man auf die 8 in der linken Randspalte klickt (in Abb. 4 schwarz markiert). Dann wählt man Einfügen - Zeilen. Es entsteht eine Leerzeile, in die man einen weiteren Schüler (Jan, 7,3, vgl. Fig. 1, S. 191) einträgt. Der Mittelwert wird aktualisiert, gleichzeitig hat sich die Formel in der Zelle B12 verändert zu = Mittelwert(B1:B9). Excel denkt mit!

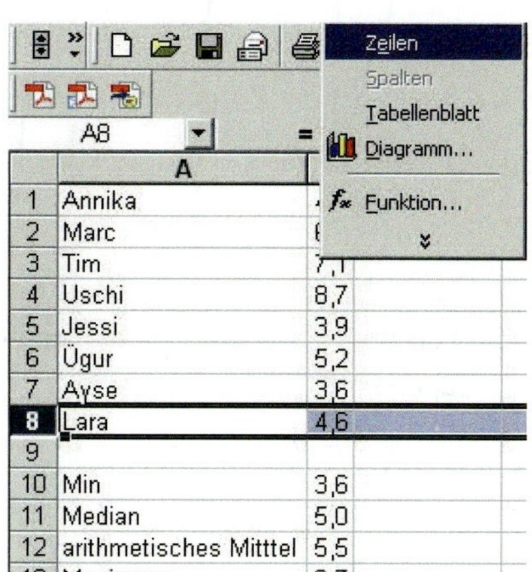

Fig. 4

15 13

Rückblick

In der **Statistik** beantwortet man Fragen durch Sammeln und Auswerten von Daten. Häufig werden dazu Meinungsumfragen oder Messungen durchgeführt.

Durch Auszählen der Daten ermittelt man **absolute Häufigkeiten**. Die zugehörigen Anteile an der Gesamtzahl (Stichprobenumfang) nennt man **relative Häufigkeiten**.

relative Häufigkeit = $\frac{\textit{absolute Häufigkeit}}{\textit{Gesamtzahl}}$

Die Summe aller relativen Häufigkeiten muss 1 (100%) ergeben.

Welches Klangprofil deines MP3-Spielers bevorzugst du?

☐ Rock	☐ Pop	☐ Klassik	☐ andere
	absolute Häufigkeit	relative	
Rock	20	$\frac{20}{40}$	50,0 %
Pop	7	$\frac{7}{40}$	17,5 %
Klassik	3	$\frac{3}{40}$	7,5 %
andere	10	$\frac{10}{40}$	25 %
Summe	40	$\frac{40}{40}$	100 %

Kreisdiagramm
Beim Erstellen eines Kreisdiagramms werden Prozentwerte in Winkelgrößen umgerechnet.
1 % ≙ 3,6°
x % ≙ x · 3,6°
Die Summe aller Prozentwerte in einem Kreis muss 100 % ergeben.

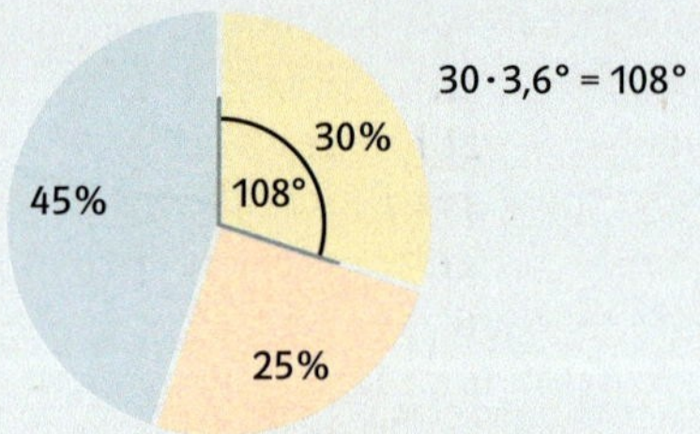

Diagramme veranschaulichen, wie sich die Häufigkeiten auf die möglichen Alternativen verteilen.
Kreis- und **Streifendiagramme** lassen die Beziehungen zwischen den Anteilen und dem Ganzen besonders deutlich hervortreten.
Säulendiagramme lassen die Details genauer hervortreten.

Wenn man die Ergebnissse statistischer Untersuchungen in relativen Häufigkeiten zusammenfasst, sollte man auch die Gesamtzahl der Daten (den Stichprobenumfang) mitteilen. Ein Außenstehender kann dann den Untersuchungsaufwand und die Aussagekraft des Ergebnisses besser beurteilen.

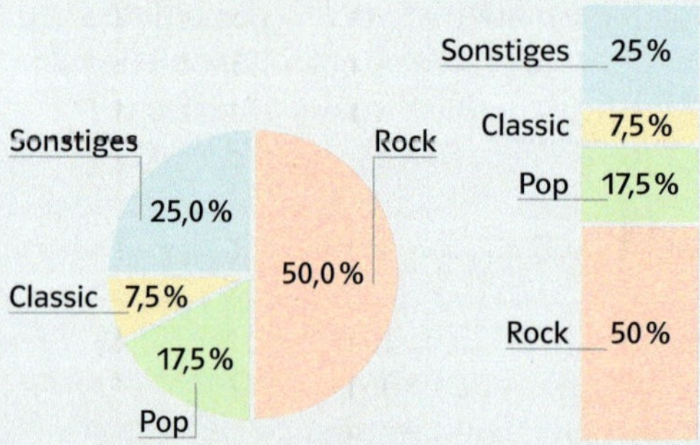

Stichprobenumfang: 40

Für eine Zahlenliste gibt es zwei Mittelwerte, das

arithmetische Mittel = $\frac{\textit{Summe aller Werte}}{\textit{Anzahl der Werte}}$

und den **Median**, der in der Mitte der Liste liegt. Genauer: Unterhalb und oberhalb des Medians liegen gleich viele Zahlen der geordneten Liste.
Wenn die Liste einseitige Ausreißer besitzt, weichen Median und arithmetisches Mittel deutlich voneinander ab.

Die Liste
2; 3; 4; 5; 6; 7; 8; 8; 8; 9; 10; 40
hat
- *den Median 7,5 und*
- *das arithmetische Mittel 9,17.*

Weil die Liste einen „Ausreißer" 40 enthält, ist der Mittelwert deutlich größer als der Median.

Training

Mit diesen Aufgaben kannst du überprüfen, wie gut du die Themen dieses Kapitels beherrschst. Danach weißt du auch besser, was du vielleicht noch üben kannst.

1 In der 6a kamen 12 Schüler mit dem Fahrrad, 9 Schüler mit dem Bus, 6 Schüler zu Fuß und 3 Schüler wurden mit dem Auto gebracht.
a) Berechne die zugehörigen relativen Häufigkeiten in Brüchen und in Prozenten.
b) Zeichne ein Säulendiagramm zu den absoluten Häufigkeiten.
c) Zeichne ein Kreisdiagramm zu den relativen Häufigkeiten.
d) Sina ist mit a) und b) fertig. Ihre Lehrerin bittet sie, auch noch ein Streifendiagramm anzufertigen. Wie könnte Sina ihr Säulendiagramm dabei geschickt nutzen?

2 Das Diagramm zeigt die Geschwindigkeiten von 1198 Fahrzeugen, die während eines Tages auf einer Straße in einer geschlossenen Ortschaft gemessen wurden.
a) Wie viel Prozent der Autofahrer fuhren schneller als die erlaubten 50 km/h?
b) Wie viel Bußgeld wäre an diesem Tag fällig geworden, wenn die Polizei jeden Temposünder geblitzt hätte?
c) Denke dir ein Diagramm aus, mit dem du die Höhe der eingenommen Bußgelder gut veranschaulichen könntest.

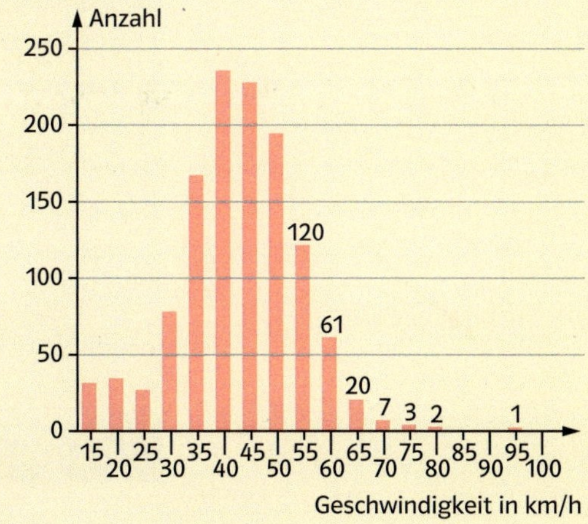

Bußgeldkatalog (2010): Eine Geschwindigkeitsüberschreitung kostet

bis 10 km/h	*15 €*
bis 15 km/h	*25 €*
bis 20 km/h	*35 €*
bis 25 km/h	*80 € 1 P.*
bis 30 km/h	*100 € 3 P.*
bis 40 km/h	*160 € 3 P.*
bis 50 km/h	*200 € 4 P.*
bis 60 km/h	*280 € 4 P.*

In den letzten drei Fällen wird der Führerschein für ein bzw. zwei Monate eingezogen.

3 Veranschauliche durch ein selbst gewähltes Zahlenbeispiel, was mit folgenden Aussagen gemeint ist.
a) Durchschnittlich kamen 26 000 Zuschauer zu den Heimspielen.
b) Durchschnittlich wurden im Diktat 6,2 Fehler gemacht.
c) Bei jedem zweiten Fahrrad funktioniert die Beleuchtung nicht.

4 Berechne den Mittelwert und den Median und zeichne anschließend ein Streifendiagramm zu den Körpergrößen.
a) Jungen (in cm): 154; 143; 144; 149; 166; 140; 160; 154; 156; 152; 147
b) Mädchen (in cm): 156; 142; 147; 156; 162; 149; 170; 147; 157; 170; 157; 153; 166; 158; 149; 156; 138; 143; 140
c) Vergleiche.

Diese Angaben stammen von einer 5. Klasse am Ende des Schuljahres.

5 a) Schreibe zwei (möglichst verschiedene) Zahlenlisten auf, die durch das Streifendiagramm (Fig. 1) veranschaulicht werden. Notiere, wie du schrittweise vorgegangen bist.
b) Prüfe, ob das Säulendiagramm (Fig. 2) zu dem Streifendiagramm passt. Notiere deine Prüfschritte.

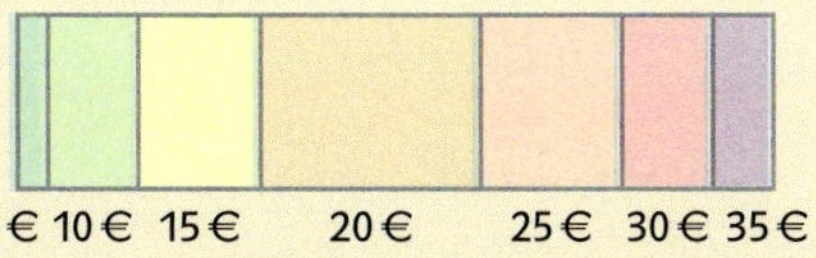

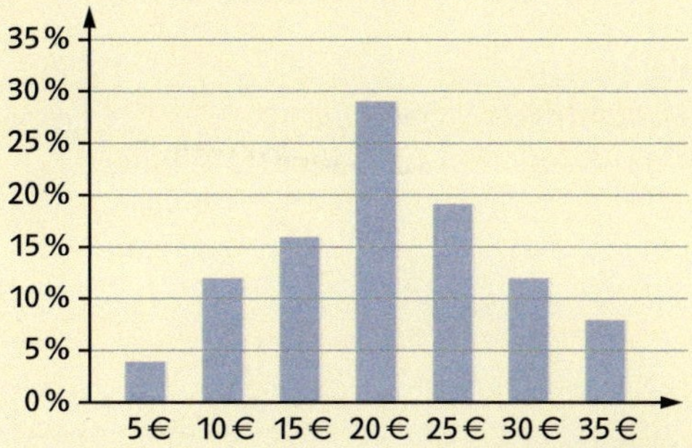

Fig. 2

VIII Beziehungen zwischen Zahlen und Größen

Den Mustern auf der Spur

Zwölf
Eins Zwei Drei Vier Fünf
Fünf Vier Drei Zwei Eins
Zwei Drei Vier Fünf Sechs
Sechs Fünf Vier Drei Zwei
Sieben Sieben Sieben Sieben Sieben
Acht Eins
Neun Eins
Zehn Eins
Kurt Schwitters

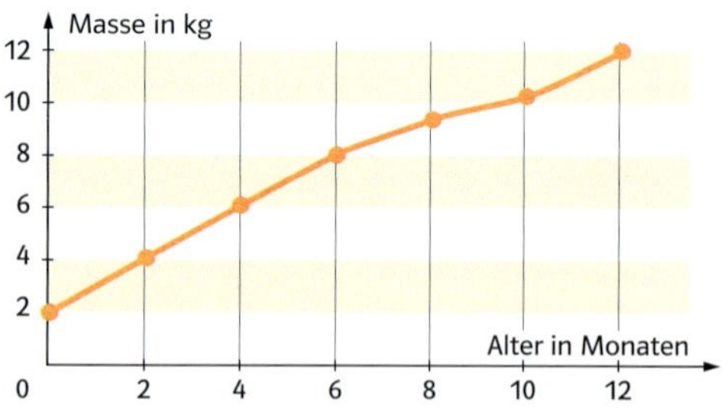

Zunahme der Masse eines Gorillababys

Das kannst du schon

- Gebrochene Zahlen addieren, subtrahieren, multiplizieren und dividieren
- Zu einer Sachaufgabe den passenden Rechenausdruck aufstellen
- Rechenausdrücke berechnen

$\frac{x+y}{2}$ Arithmetik/Algebra

Funktionen

Geometrie

Stochastik

Das kannst du bald

- Gesetzmäßigkeiten erkennen
- Einen Term mit einer Variablen aufstellen; Termwerte berechnen
- Strukturen und Abhängigkeiten durch Tabellen, Terme und Diagramme darstellen
- Einfache Gleichungen und Ungleichungen durch Überlegen und Probieren lösen

Argumentieren/ Kommunizieren | **Problemlösen** | **Modellieren** | Werkzeuge

Siehe Lerneinheit 2, Seite 208.

1. Jetzt wird experimentiert und gemessen!

Gefäße vergleichen

In dieser Erkundung experimentiert ihr mit verschiedenen Gefäßen. Wenn ihr nach und nach die gleiche Menge Wasser in ein Gefäß gießt, könnt ihr beobachten, wie sich der Wasserstand ändert. Ihr benötigt:
- verschiedene Füllgefäße aus der Biologie- oder Chemiesammlung und
- ein Gefäß zum Abfüllen von 50 ml.

Messbecher

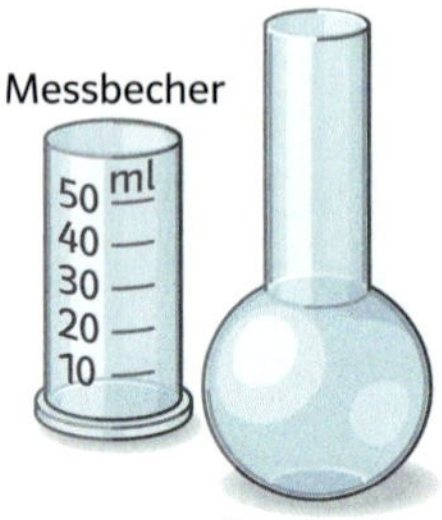

Rundkolben

Nehmt eines der Füllgefäße und gießt 50 ml Wasser hinein. Lest die Füllhöhe mithilfe eines cm-Maßes ab und tragt sie in eine Tabelle ein. Gießt weitere 50 ml Wasser nach, lest wieder ab und tragt ein. Fahrt fort, bis das Gefäß gefüllt ist.

Menge an Wasser in ml	Höhe des Wasserstandes in cm
50	...
100	...
...	

Am besten arbeitet ihr zu dritt zusammen, einer von euch kann dann das Wasser einfüllen, ein anderer misst und der dritte trägt die Werte in die Tabelle ein. Beim nächsten Gefäß könnt ihr eure „Rollen" tauschen. Führt dieses Experiment nun auch mit den anderen Gefäßen durch.

Übertragt die Werte aus den Tabellen in Diagramme. Überlegt zuvor gemeinsam, wie ihr die Werte darstellen wollt, welche Unterteilungen ihr auf den Achsen wählt usw.

Reagenzglas

Erlenmeyer-Kolben

Auswertung
- Vergleicht die Tabellen und Diagramme. Wie kommen die Unterschiede zustande?
- Es gibt noch andere Gefäßformen. Müsst ihr alle Gefäße vollständig füllen oder könnt ihr voraussagen, wie es in der Tabelle oder im Diagramm weiter geht? Begründet.
- Zeichnet verschiedene Gefäße auf und versucht vorauszusagen, wie die Diagramme verlaufen. Zeichnet die Diagramme auf.

Eigene Maßeinheiten entwickeln und vergleichen

Ihr könnt auch eure eigene Maßeinheit festlegen. Hierzu benötigt ihr ein zylindrisches Gefäß, möglichst eines aus Glas. Tragt auf eurem Gefäß, z. B. mithilfe eines Lineals und einem wasserlöslichen Folienschreiber, vom Boden an eine Skala von 0,1 bis 1,0 ab, wie in Fig. 1 dargestellt. Notiert ebenso euren Namen als Bezeichnung für eure Maßeinheit.

Nun arbeitet ihr am besten zu viert zusammen: Nacheinander füllt jeder seinen Messbecher bis zu einem ausgewählten Strich der Skala, dann wird jeweils das Wasser in die anderen Gefäße umgefüllt und die Menge in der „persönlichen" Maßeinheit abgelesen. Notiert alle Werte in einer Tabelle. In Fig. 2 z. B. sind 0,8 „Tom" so viel wie 0,55 „Susi" usw.

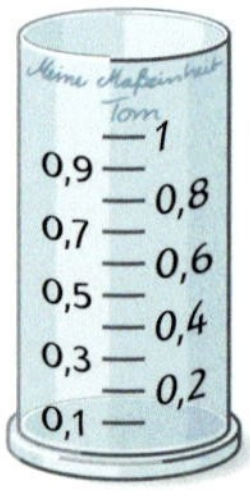

Fig. 1

Müssen eure Messgefäße Zylinder sein? Welche Voraussetzung müssen sie erfüllen?

Tom	Susi	Florian	Meike
0,8	0,55	0,68	1,2
	1,0		

Fig. 2

Tipp: Denkt daran, dass Messwerte nicht immer exakt sind!

- Wie lassen sich eure Maßeinheiten ineinander umrechnen? Notiert hierfür eine sinnvolle Anleitung und stellt diese einer anderen Gruppe vor. Diese probiert eure Anleitung an selbst gewählten Umrechnungsaufgaben aus und überprüft durch die Umschüttmethode mit euren Messgefäßen, ob die Rechenergebnisse stimmen können.

- Nun nehmt in jeder Gruppe einen Messbecher zur Hand und füllt 50 ml Wasser in eure Gefäße. Jeder versucht zunächst allein herauszufinden, wie er ohne weitere Schüttproben die Mengen 80 ml, 130 ml bzw. 360 ml in seiner Maßeinheit angeben kann. Stellt in der Gruppe euer Vorgehen und eure Ergebnisse vor. Wie könnt ihr die Ergebnisse überprüfen?
- In einem britischen Pub enthält ein Glas Bier traditionell ein halbes „pint", das sind etwa 284 ml. Wie viel „pint" enthält ein „Kölsch" (0,2 l), wie viel eine „Maß" (1 l)? Notiert eure Lösung auf einer Folie und stellt sie der Klasse vor.

Ihr könnt im Internet nach weiteren britischen Maßeinheiten forschen und dazu eigene Umrechnungsaufgaben entwickeln.

2. Zahlenmauern in den Griff bekommen

Siehe Lerneinheit 3, Seite 211.

Zahlenmauern hast du letztes Jahr kennengelernt. In Fig. 1 kannst du sehen, wie man in Zahlenmauern rechnet.
Es gibt ganz unterschiedliche Typen von Zahlenmauern, einige sind ganz leicht zu lösen, andere deutlich schwieriger, einige haben nur eine Lösung, andere ganz viele. In dieser Erkundung geht es darum, diese verschiedenen Typen zu erforschen.

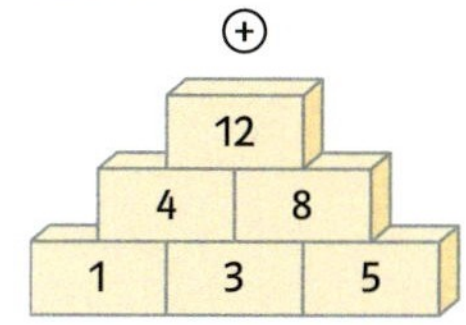

Fig. 1

Forschungsaufträge

- Was ist in den Zahlenmauern in Fig. 2 unterschiedlich, was ist gleich?
- Beschreibe, wie du jeweils vorgegangen bist. Finde verschiedene Typen von Zahlenmauern: solche, die nur ein Ergebnis besitzen, solche mit zwei Ergebnissen oder solche mit mehr als zwei Ergebnissen.

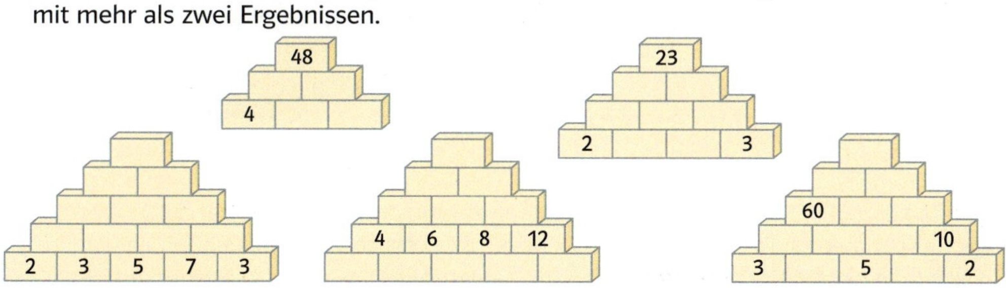

Fig. 2

Erfinde selbst Zahlenmauern zu den einzelnen Typen.
Findest du noch andere Typen? Wenn du etwas herausgefunden hast, versuche eine Erklärung zu finden.

In Fig. 3 seht ihr zwei besondere Zahlenmauern mit einem Symbol in der Mitte. Setzt für das Symbol verschiedene aufeinanderfolgende ganze Zahlen ein. Was kommt an der Spitze heraus? Formuliert Sätze wie „Wenn man die Zahl in der Mitte um Eins erhöht, dann beobachtet man an der Spitze, dass ..." Ihr könnt auch eine Tabelle wie in Fig. 4 anfertigen. Überprüft, ob eure Beobachtungen für alle Zahlenmauern gelten, die in der unteren Reihe drei bzw. vier Steine besitzen?

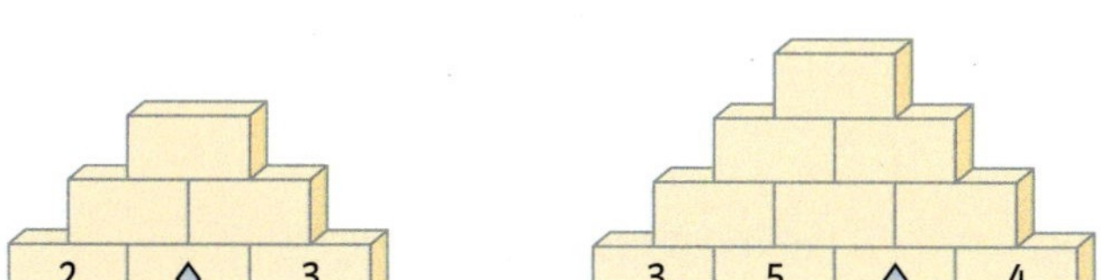

Fig. 3

◊	Spitze
1	
2	
3	
...	

Fig. 4

Multiplikation statt Addition

Bislang habt ihr in den Zahlenmauern die Zahlen nur addiert. Man kann sie aber auch mulitplizieren. Überprüft die Entdeckungen, die ihr gerade beim Addieren gemacht habt, auch für die Multiplikation. Dazu könnt ihr dieselben Zahlenmauern und ähnliche Forschungsaufträge verwenden.

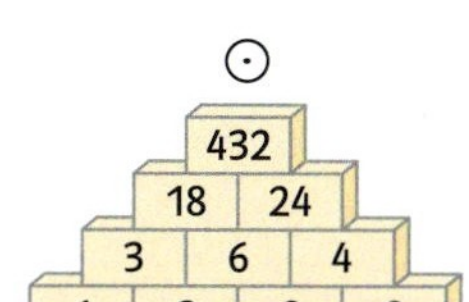

Fig. 5

1 Strukturen erkennen und fortsetzen

Was meint ihr dazu?

Muster findet man häufig in der Natur und im Alltag, z. B. bei Pflanzen, auf Tierfellen, als Stickereien auf Teppichen, aber auch als wiederkehrender Rhythmus in Musikstücken. Oft kann man in den Mustern wiederkehrende Strukturen entdecken. Mithilfe dieser Strukturen können Ausschnitte eines Musters weiter fortgeführt werden.

Margerite

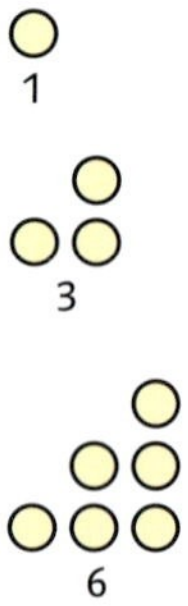

Dreieckszahlen

Fig. 1

Auch Zahlen oder Figuren können in bestimmten Strukturen angeordnet sein. Man kann zum Beispiel immer größer werdende Dreiecke mit Plättchen legen (vergleiche Fig. 1). Schaut man genau hin, dann kann man die **Zahlenfolge** 1, 3, 6, 10, … entdecken. Bei diesen Dreieckszahlen verändert sich der Abstand zwischen zwei Zahlen, er wird immer um eins größer.

$1 \xrightarrow{+2} 3 \xrightarrow{+3} 6 \xrightarrow{+4} 10 \xrightarrow{+5}$

Auf ähnliche Weise kann man auch Quadratzahlen legen (vgl. Fig. 2).

Um die Strukturen von Zahlenmustern besser zu verstehen, ist es hilfreich, die Gesetzmäßigkeiten zu erkennen, nach denen diese Zahlenfolgen gebildet werden. Dabei helfen oft Fragen wie:

Was verändert sich? Was bleibt gleich?

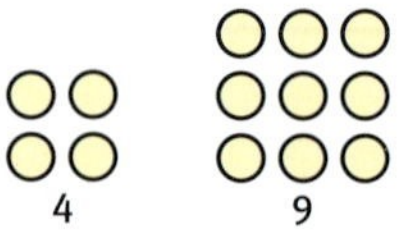

Quadratzahlen

Fig. 2

Bei der Zahlenfolge 3, 6, 9, 12, 15, 18, … bleibt der Abstand zwischen zwei aufeinander folgenden Zahlen gleich. Man erhält jeweils die nächste Zahl, indem man 3 zu der vorher gehenden Zahl addiert.

$3 \xrightarrow{+3} 6 \xrightarrow{+3} 9 \xrightarrow{+3} 12 \xrightarrow{+3}$

Bei der Zahlenfolge 2, 4, 8, 16, 32, … verändert sich der Abstand zwischen zwei aufeinander folgenden Zahlen, jedoch bleibt die Art der Veränderung immer gleich. Man erhält jeweils die nächste Zahl, indem man die vorher gehende Zahl verdoppelt.

$2 \xrightarrow{\cdot 2} 4 \xrightarrow{\cdot 2} 8 \xrightarrow{\cdot 2} 16 \xrightarrow{\cdot 2}$

Muster kann man daran erkennen, dass man in ihnen eine bestimmte Struktur findet. Zahlenfolgen weisen eine Struktur auf, wenn sich eine Regel aufstellen lässt, mit der man weitere Zahlen der Zahlenfolge ermitteln kann.

Um Gesetzmäßigkeiten von Zahlenfolgen zu erkennen, muss man
- Veränderungen aufspüren
- Gleichbleibendes entdecken

Manchmal können auch Bilder zu den Zahlenfolgen helfen.

Beispiel 1

a) Nach welcher Struktur könnte die Zahlenfolge 9; 27; 81 gebildet worden sein?
b) Notiere die nächsten 5 Zahlen der Zahlenfolge: 2; 4; 8; 14.

Mögliche Lösung:

a) Der Abstand zwischen den Zahlen verändert sich. Um die nächste Zahl zu erhalten, wird die vorherige mit 3 multipliziert.

$$9 \xrightarrow{\cdot 3} 27 \xrightarrow{\cdot 3} 81$$

b) Der Abstand zwischen zwei Zahlen vergrößert sich immer um 2. Zunächst wird 2 addiert, dann 4, dann 6. Demzufolge heißen die nächsten 5 Zahlen: 22; 32; 44; 58; 74.

$$2 \xrightarrow{+2} 4 \xrightarrow{+4} 8 \xrightarrow{+6} 14 \xrightarrow{+8} 22 \ldots$$

Beispiel 2

Was passiert, wenn man in einer dreistöckigen Zahlenmauer die Zahlen in der untersten Reihe jeweils um 1 erhöht?
Wie verändert sich die Zahl an der Spitze?
Begründe deine Beobachtungen.

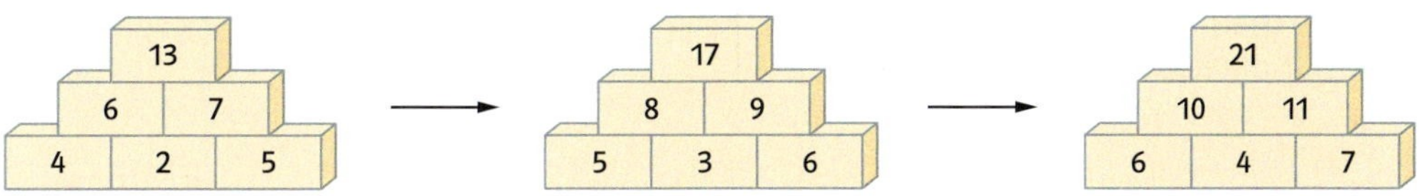

Mögliche Lösung:

Was sich verändert:

Die Zahlen in der zweiten Reihe werden jeweils um 2 größer, da sie die Summe aus zwei Zahlen darstellen, die jeweils um 1 vergrößert wurden. Die Zahl an der Spitze wird um 4 größer, da sie die Summe zweier Zahlen ist, die jeweils um 2 erhöht wurden.

Was gleich bleibt:

In der zweiten Reihe und an der Spitze bleiben gerade Zahlen gerade und ungerade Zahlen ungerade. Das liegt daran, dass zu den Zahlen in der zweiten Reihe immer die Zahl 2 addiert wird. Und eine Zahl bleibt gerade bzw. ungerade, wenn eine 2 addiert wird.
Die Größenreihenfolge der Zahlen in einer Reihe ändert sich nicht. Das liegt daran, dass zu jeder Zahl in einer Reihe immer dieselbe Zahl addiert wird.

Aufgaben

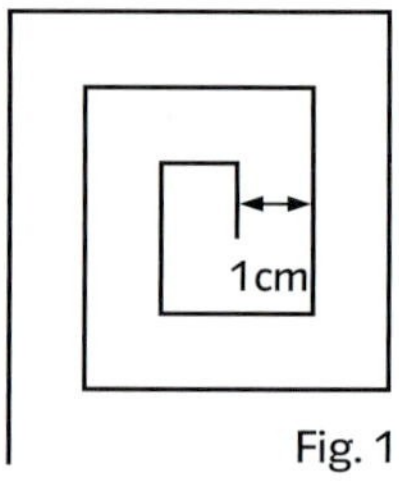

Fig. 1

1 a) Übertrage die Spirale aus Fig. 1 in dein Heft.
b) Notiere die einzelnen Seitenlängen als Zahlenfolge.
c) Zeichne ähnliche Spiralen wie in Fig. 1 in dein Heft. Erkläre, wie du vorgehst, damit du die Spiralen möglichst regelmäßig zeichnen kannst!

Fig. 2

2 a) Wie ist das Teppichmuster (Fig. 2) entstanden?
b) Entwerfe selbst Teppichmuster. Erkläre, wie du vorgegangen bist.

3 Man kann Zahlenfolgen auch durch Falten erzeugen (s. Fig. 3).
a) Falte mit einem quadratischen Blatt Papier nach Faltweise 1 nacheinander immer weiter. Notiere als Zahlenfolge, wie viele Teilflächen nach der ersten, zweiten, dritten Faltung usw. entstehen, wenn du das Blatt wieder auseinanderfaltest.
b) Kannst du die Zahlenfolge aus a) fortführen, auch wenn du das Blatt nicht mehr falten kannst? Wie geht die Zahlenfolge weiter? Erkläre!
c) Bei Faltweise 2 wird auf eine andere Art gefaltet. Vergleiche die Zahlenfolgen, die man mit Faltweise 1 und mit Faltweise 2 erhält.
d) Denke dir selbst Faltfolgen aus und formuliere Zahlenfolgen dazu.

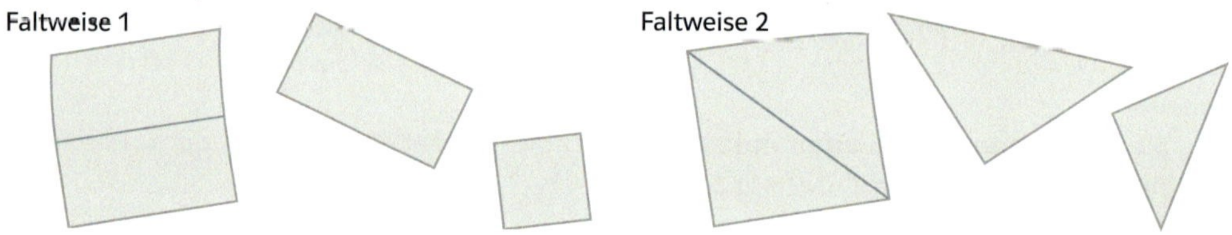

Fig. 3

4 a) Finde verschiedene Zahlenfolgen zu den Kästchenmustern in Fig. 4. Tipp: Zähle nicht nur die Kästchen.
b) Erfinde Kästchenfolgen und formuliere Zahlenfolgen dazu.

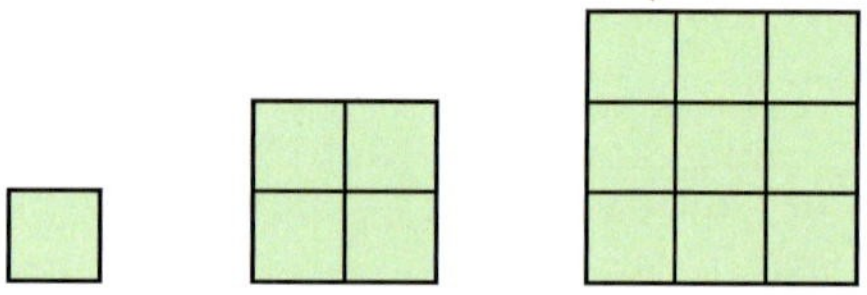
Fig. 4

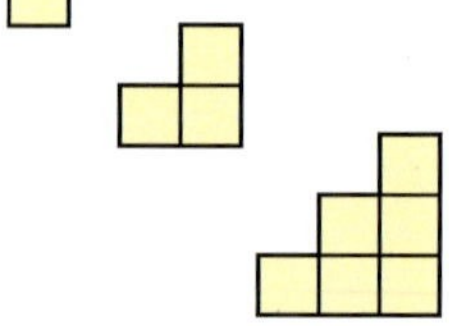
Fig. 6

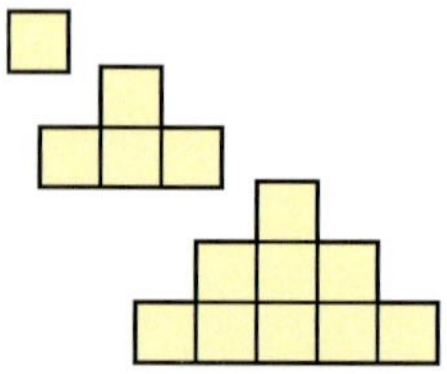
Fig. 7

5 a) Zeichne die nächsten drei Kästchenmuster zu Fig. 5 und ergänze die Tabelle in deinem Heft.
b) Wie wächst die Anzahl der Kästchen? Beschreibe deine Beobachtungen.
c) Ergänze auch zu den Figuren 6 und 7 die nächsten zwei Kästchenmuster und erstelle eine Tabelle wie in a). Wie wächst die Anzahl der Kästchen?
d) Erfinde selbst Folgen von Kästchenfiguren und lass deinen Nachbarn entdecken, wie jeweils die Anzahl der Kästchen wächst.

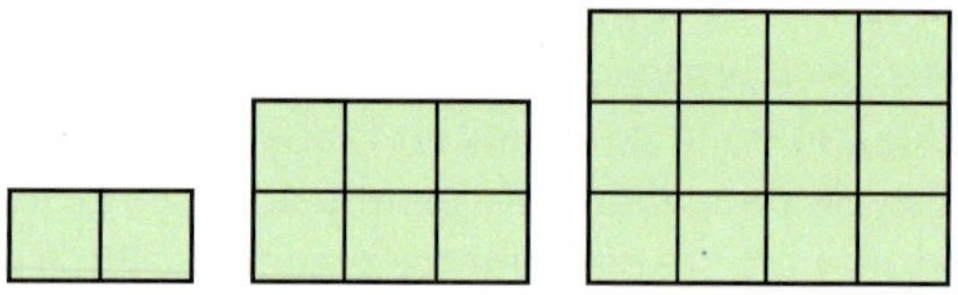
Fig. 5

Höhe des Rechtecks in Kästchen	1	2	3	…
Anzahl der Kästchen insgesamt	2	6		

Bist du sicher?

1 In Figur 1 sind Kästchenmuster zu der Folge 1; 3; 5; … dargestellt. Wie geht es weiter? Zeichne weiter und notiere die Zahlenfolge.

2 Erfinde drei Zahlenfolgen und zeichne geeignete Figuren.

3 Repariere die folgenden Zahlenfolgen, sodass eine Struktur erkennbar ist.
a) 1; 3; 7; 13; 23; 35; …
b) 1; 1; 2; 3; 5; 8; 12; 20; 32; …
c) 1; 6; 2; 7; 3; 9; 4; …
d) 1; 12; 112; 1122; 11122; 111122; …
e) 1; 2; 3; 1; 2; 3; 1; 2; 3; 2; 3; 1; 1; 2; …

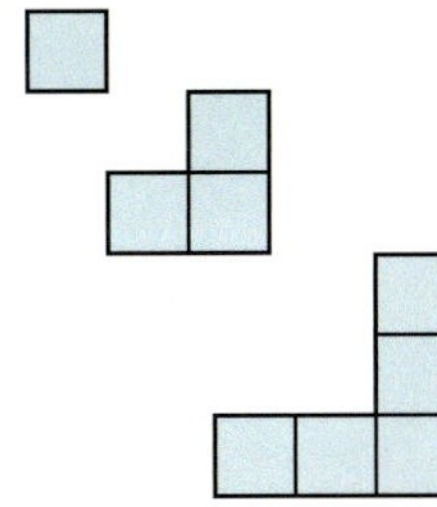
Fig. 1

6 a) Zeichne das Muster aus Fig. 2 in dein Heft und führe es fort. Notiere eine Zahlenfolge, die dazu passt.
b) Erfinde selbst Folgen von Figuren. Tauscht die Zeichnungen untereinander aus und stellt zu den Figurenmustern eures Nachbarn eine Zahlenfolge auf.

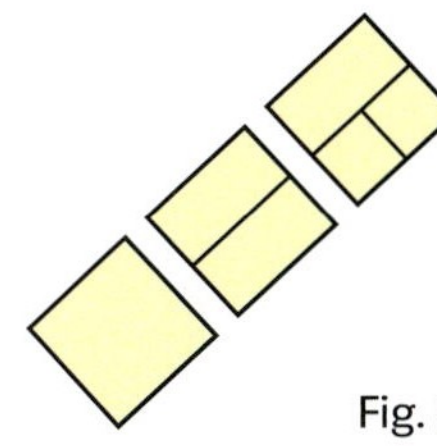
Fig. 2

7 Wie entsteht die Zahlenfolge? Formuliere eine Regel und ergänze die nächsten fünf Zahlen. Gibt es mehrere Lösungen? Vergleiche mit deinem Nachbarn.
a) 180; 200; 220; …
b) 360; 355; 350; …
c) 612; 615; 605; 608; 598, …
d) 1; 3; 7; …
e) 0; 1; 4; 9; 16; …
f) 0; 1; 0; …
g) 1; 3; 7; 12; 18; 26; 35; 45; 56; …
h) 1; 4; 10; 22; 46; …
i) 2; 3; 5; 7; 11; 13; …

8 Erfindet selbst Zahlenfolgen, tauscht sie untereinander aus und formuliert Regeln zu den Folgen eurer Nachbarn.

9 Auf dem Fahrplan sind unterschiedliche Verbindungen zwischen der Kappeler Straße und der Heinrich-Heine-Allee angegeben.
a) Kannst du hier eine Struktur erkennen? Notiere sie als Zahlenfolge.
b) Wie geht es wohl weiter? Stelle Vermutungen über die Verbindungen eine Stunde später auf.
c) Recherchiere in anderen Fahrplänen (Bus, Bahn oder Straßenbahn) deiner Region und entdecke ähnliche Strukturen.

	Fahrplanauskunft		
von:	Kappeler Straße		
nach:	Heinrich-Heine-Allee		
Fahrt	ab	an	Fahrtdauer
1.	13:18	13:49	00:31
2.	13:20	13:51	00:31
3.	13:28	13:59	00:31
4.	13:30	14:01	00:31
5.	13:38	14:09	00:31
6.	13:40	14:11	00:31
7.	13:48	14:19	00:31

10 a) Setze in der Zahlenmauer in Fig. 3 für das Kreuz nacheinander die Zahlen 2; 4; 6; 8; … ein. Wie lautet die Zahlenfolge, die die Zahlen in der Spitze der Zahlenmauer in Fig. 3 beschreibt? Setze die Zahlenfolge weiter fort, ohne die Zwischenergebnisse in der Zahlenmauer zu berechnen.
b) Was verändert sich, wenn du für das Kreuz nacheinander Zahlen aus der 3er-, 4er- oder 5er-Reihe einsetzt?

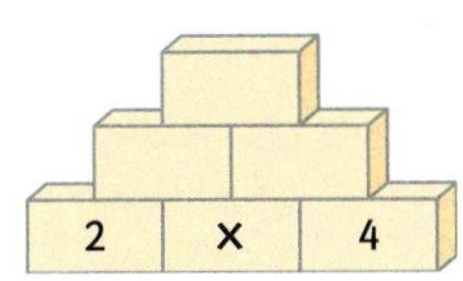

Fig. 3

11 Zahlenmuster können auch ganz anders aussehen. Welche Struktur erkennst du in den Zeilen, Spalten und den Diagonalen des magischen Quadrats (vgl. Fig. 4)? Betrachte auch die gegenüberliegenden mittleren Kästchen.

Fig. 4

2 Abhängigkeiten grafisch darstellen

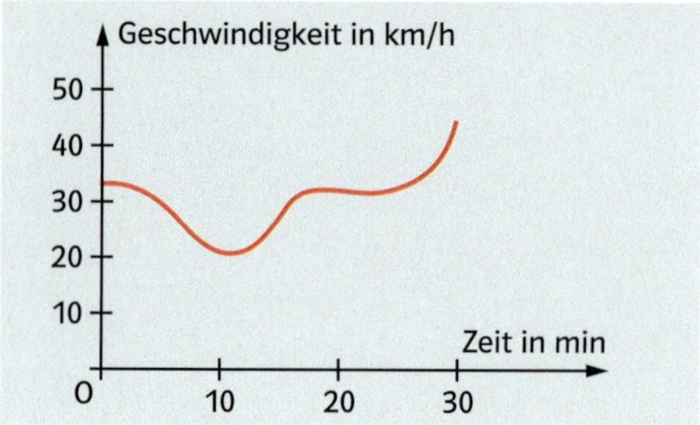

Mithilfe von Diagrammen kann man nicht nur Größenangaben veranschaulichen. Man kann damit auch zeigen, wie eine Größe von einer anderen abhängt.

Bei einem Radrennen wurde in der letzten halben Stunde des Rennens die Geschwindigkeit eines Testfahrers laufend gemessen und aufgezeichnet. Jan meint beim Betrachten des Diagramms: „Ich finde es unfair, dass es zum Ziel bergauf geht!“

Fig. 1

Marielle interessiert, wie schnell der Bach hinter ihrer Schule fließt. Sie rollt am Ufer ein Maßband aus und setzt ein Papierschiffchen auf das Wasser. Alle zehn Sekunden liest sie auf dem Maßband ab, wie weit das Schiffchen geschwommen ist. Ihre Messergebnisse notiert sie in einer Tabelle.

Zeit seit dem Start (in s)	10	20	30	40	50
Zurückgelegte Strecke (in m)	8	16	24	32	40

Beide Größen trägt sie in einem gemeinsamen Diagramm ein (Fig. 2). Dadurch wird die Abhängigkeit der zurückgelegten Strecke von der Zeit veranschaulicht. Der Punkt mit den Koordinaten (20|16) zeigt, dass das Schiffchen in 20 s eine Strecke von 16 m zurückgelegt hat. Marielle hätte zu jedem beliebigen Zeitpunkt die zurückgelegte Strecke messen können. Daher ist es sinnvoll, die eingetragenen Punkte miteinander zu verbinden. Damit kann man z. B. ablesen, dass das Schiffchen in 25 s etwa 20 m weit geschwommen ist. Die Tabelle und das Diagramm zeigen, dass das Schiffchen jeweils in 10 s eine Strecke von 8 m zurücklegt. Der Bach fließt also mit einer Geschwindigkeit von 0,8 Meter pro Sekunde.

Die Einheiten auf den Koordinatenachsen werden so gewählt, dass die Werte aus der Tabelle möglichst übersichtlich in das Koordinatensystem eingetragen werden können: Für 10 s wählt man 1 cm, für 10 m ebenfalls 1 cm.

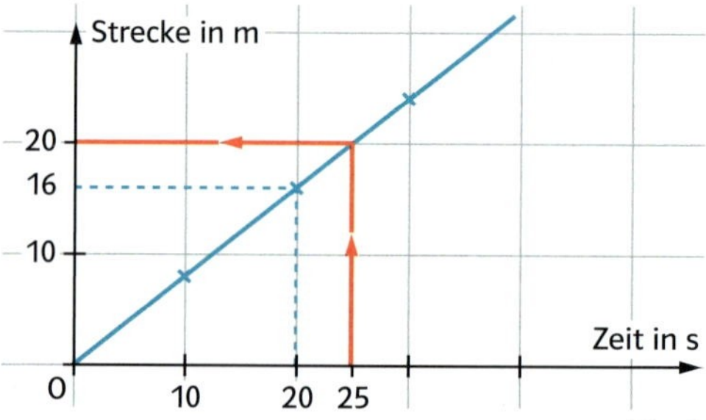

Fig. 2

Mark entdeckt in einer Zeitschrift eine Anzeige, in der Olympiamünzen mit der zugehörigen Sammelmappe angeboten werden. In einem Diagramm (Fig. 3) wird dargestellt, wie der Gesamtpreis von der Anzahl der bestellten Münzen abhängt.
Mithilfe des Diagramms kann man eine Tabelle für den Gesamtpreis erstellen.

Da keine Bruchteile von Münzen verkauft werden, gibt es keinen Preis für 1,5 Münzen oder 2,3 Münzen. Es ist also nicht sinnvoll, die Punkte im Diagramm miteinander zu verbinden.

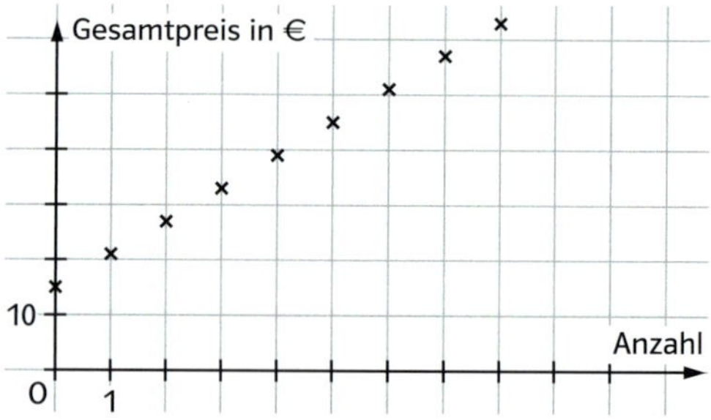

Fig. 3

Anzahl der bestellten Münzen	0	1	2	3	4	5	6	7	8
Gesamtpreis (in €)	15	21	27	33	39	45	51	57	63

Die Sammelmappe kostet also 15 € und jede Münze 6 €.

Mithilfe einer **Tabelle** kann man beschreiben, wie eine Größe von einer anderen Größe abhängt. Diese Abhängigkeit lässt sich in einem **Diagramm** veranschaulichen, in dem eine Größe auf der x-Achse, die andere Größe auf der y-Achse abgetragen wird. Häufig kann man die Abhängigkeit auch **in Worten** formulieren.

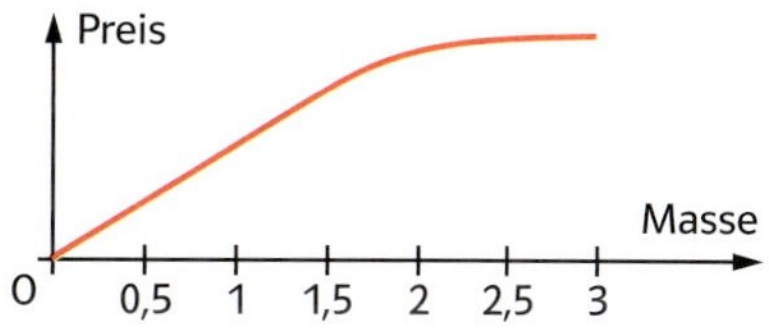

Liniendiagramm

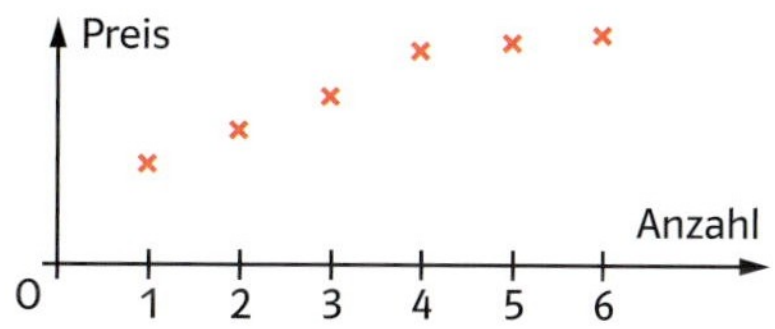

Punktdiagramm

Beispiel

a) Das Diagramm (Fig. 1) zeigt den Verlauf der Lufttemperatur an einem Sommertag. Beschreibe diesen Verlauf in Worten.

b) Die Heizung einer Wohnung ist so eingestellt, dass bis 6 Uhr morgens die Raumtemperatur 15 °C beträgt. Bis um 8 Uhr wird sie um 5 Grad erhöht. Diese Temperatur wird bis 22 Uhr beibehalten. Im Verlauf der nächsten 4 Stunden kühlt sich der Raum wieder auf 15 °C ab. Zeichne ein Diagramm für den Temperaturverlauf eines Tages.

Lösung:

a) Morgens um 6 Uhr beträgt die Lufttemperatur 12 °C. Sie steigt im Laufe des Tages an. Um 15 Uhr ist es am wärmsten, nämlich 30 °C. Von diesem Zeitpunkt an wird es wieder kühler. Abends um 22 Uhr ist es aber immer noch 20 °C warm.

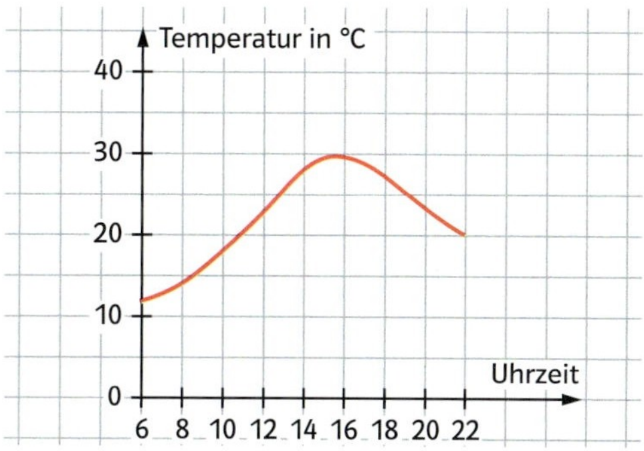

Fig. 1

b)

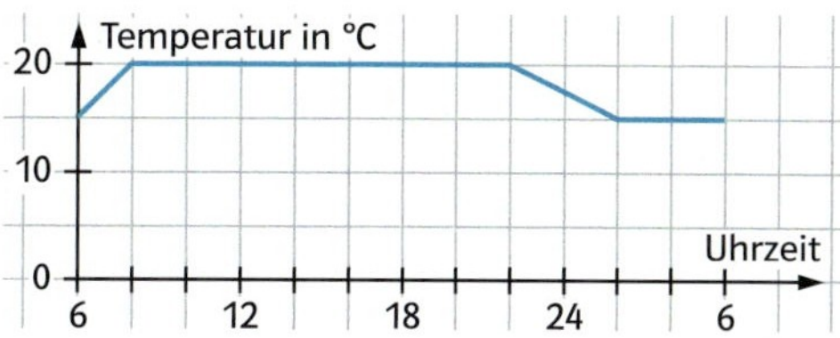

Fig. 2

In Erkundung 1, Seite 202, kannst du eigene Messungen durchführen und dazu Diagramme erstellen.

Aufgaben

1 Die Höhe eines Heißluftballons wurde in einem Diagramm (Fig. 3) aufgezeichnet. Beschreibe den Verlauf der Ballonfahrt in Worten.

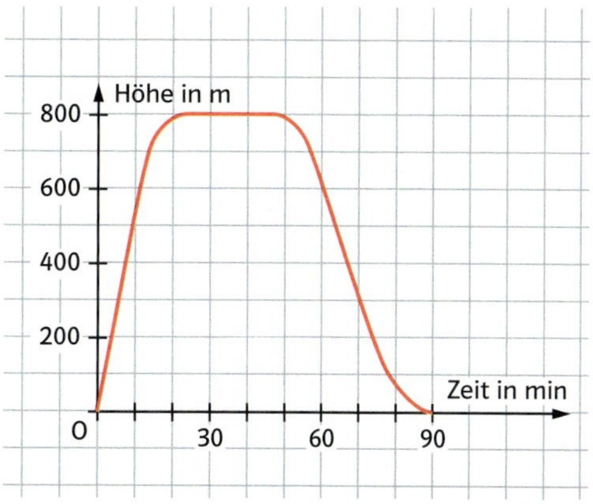

Fig. 3

2 Sarah spart für ein neues Computerspiel. In ihrem Sparschwein hat sie schon 25 €. Zu Beginn jedes Monats wirft sie 4 € von ihrem Taschengeld ein. Stelle den Inhalt des Sparschweins im Verlauf eines Jahres in einer Tabelle und in einem Diagramm dar. Wann kann sie das Spiel für 66,50 € kaufen?

Bist du sicher?

1 Das Diagramm (Fig. 1) zeigt den Inhalt eines Heizöltanks im Verlauf eines Kalenderjahres.
a) Erstelle eine Tabelle.
b) Beschreibe den Verlauf in Worten.

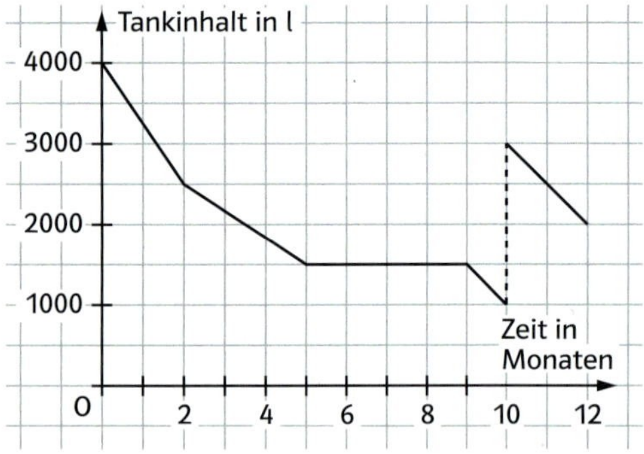

Fig. 1

2 Ein Liter Olivenöl wiegt etwa 920 g, eine leere Literflasche 600 g.
a) Veranschauliche in einem Diagramm, wie das Gesamtgewicht vom Inhalt der Flasche abhängt.
b) Wie viel Öl ist in der Flasche, wenn das Gesamtgewicht 1 kg beträgt?

3 Eine Schnecke möchte eine 8 m hohe Mauer hinaufkriechen. In 2 Stunden schafft sie 5 m. Dann ruht sie sich 2 Stunden aus, wobei sie wieder 2 m nach unten rutscht.
a) Veranschauliche in einem Diagramm, wie hoch die Schnecke im Lauf der Zeit gekommen ist.
b) Wann ist sie oben angekommen?

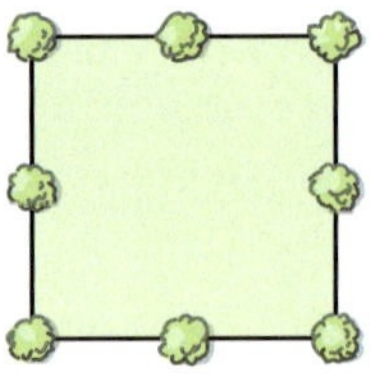
Fig. 2

4 Ein quadratisches Gartenstück soll durch Büsche eingezäunt werden. Die Büsche werden dabei in einem Abstand von einem Meter gepflanzt.
a) Wie viele Büsche werden gebraucht, wenn das Gartenstück eine Seitenlänge von 2 m, 3 m, 4 m … 10 m hat? Erstelle eine Tabelle. Drücke das Ergebnis in Worten aus.
b) Zeichne ein Diagramm für verschiedene Seitenlängen des Grundstücks.

5 Die durchschnittliche Körpergröße von Kleinkindern zeigt die folgende Tabelle.

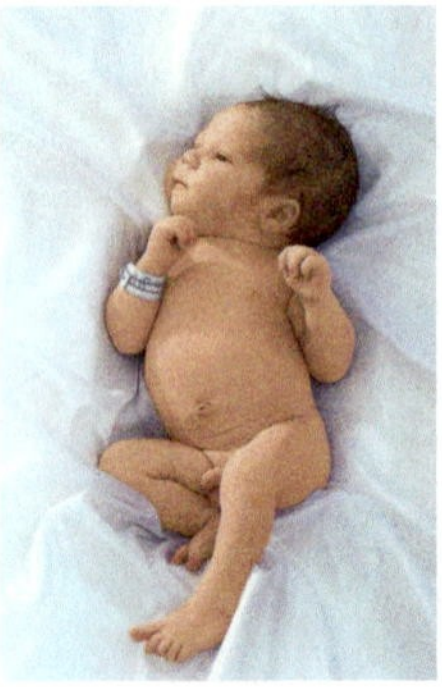

Alter in Monaten	0	2	4	6	9	12
Körpergröße in cm	50	58	63	67	72	76

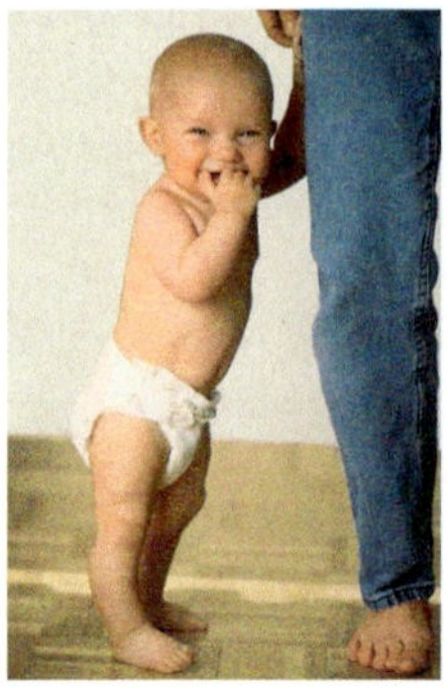

a) Zeichne ein Punktdiagramm, das veranschaulicht, wie die durchschnittliche Körpergröße vom Lebensalter abhängt. Ist es sinnvoll, die Punkte miteinander zu verbinden?
b) Wann wächst ein Kleinkind am schnellsten?
c) Versuche mithilfe des Diagramms zu schätzen, wie groß ein 24 Monate altes Kleinkind durchschnittlich ist.
d) Wie groß wäre ein 12 Monate altes Kind, wenn es immer so schnell wachsen würde wie in den ersten beiden Monaten?

6 Die Deutsche Bahn stellt die Bewegungen von Zügen in so genannten Bildplänen dar (Fig. 3). Dabei werden die Positionen verschiedener Züge zu allen Uhrzeiten in ein Koordinatensystem eingetragen.
a) Beschreibe den „Fahrplan" von Zug 1 in Worten.
b) Wo und wann begegnet der Zug 2 dem Zug 3? Überholt ein Zug einen anderen?

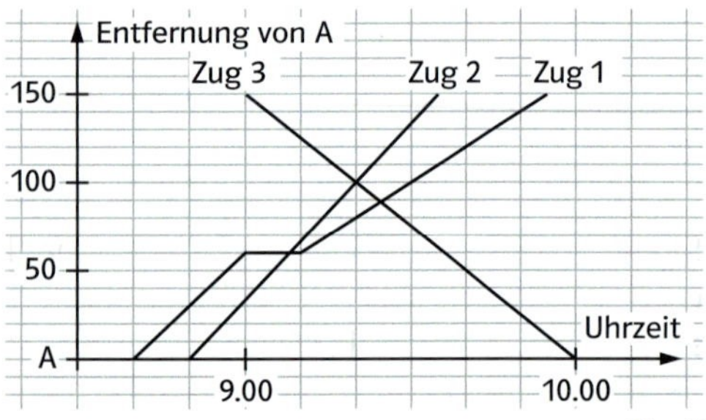

Fig. 3

3 Terme mit einer Variablen

Constantin hat das ungute Gefühl, dass mit seiner Handyrechnung für 2009 etwas nicht stimmt.
Tim erklärt ihm, was er zum Nachrechnen in seinen Taschenrechner eintippen muss. Das ist gar nicht so einfach zu beschreiben, denn in jedem Monat sind die Minutenzahlen anders. „Schreib erst mal für jeden Monat den Rechenausdruck, den du eintippen musst, auf."
Eine halbe Stunde später jubelt Constantin: „Ich glaub' ich weiß, was die falsch gemacht haben!"

Mobilfon Handyrechnung Constantin Knabbe 2009:

Bei Mobilfon supergünstig: Grundgebühr 9,95 €, pro Minute 14 ct

Monat	Minuten	Betrag	
Jan	17	12,50	$0{,}14 \cdot 17 + 9{,}95 = \dots$
Feb	24	13,55	$0{,}14 \cdot 24 + 9{,}95 = \dots$
März	53	17,90	...
Apr	46	16,85	...
Mai	93	23,90	...
...	...	...	...
x-beliebig	x	garni x?	...

Tabea bastelt Schlangen aus Perlen mit einem Schwanz aus 3 Perlen und einem Kopf mit Zunge aus 20 Perlen. Für den Körper dazwischen benutzt Tabea unterschiedlich viele Perlenreihen. Die Tabelle zeigt, wie viele Perlen Tabea je nach Körperlänge benötigt.

Körperlänge in Perlenreihen	Perlenzahl	Bild
4	$3 + 3 \cdot 4 + 20$	
8	$3 + 3 \cdot 8 + 20$	
13	$3 + 3 \cdot 13 + 20$	

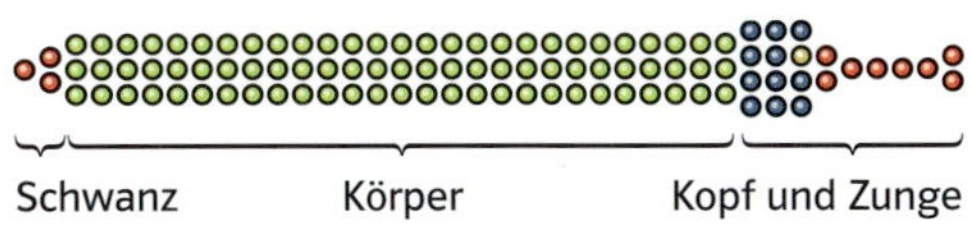

Fig. 1

Tabea muss für die Perlenzahl immer fast denselben Rechenausdruck berechnen: Die Perlenzahl ist $3 + 3 \cdot$ Körperlänge $+ 20$. Veränderlich oder „variabel" bei ihren Schlangen ist nur die Körperlänge. Deshalb lässt sich Tabeas Rechenvorschrift noch knapper aufschreiben, wenn man für die Körperlänge eine **Variable x** verwendet. Für die Perlenzahl kann man jetzt den Rechenausdruck $\mathbf{3 + 3 \cdot x + 20}$ aufschreiben. Man nennt diesen Rechenausdruck einen **Term mit der Variablen x**. Wenn Tabea wissen will, wie viele Perlen sie für eine Schlange mit 21 Perlenreihen braucht, so muss sie für x die Zahl 21 einsetzen und erhält den Wert $3 + 3 \cdot 21 + 20 = 86$. Sie braucht dann also 86 Perlen.

variabilis (lat.): veränderbar

Führt man mehrfach eine Rechnung mit gleicher Struktur, aber unterschiedlichen Werten aus, so schreibt man im Rechenausdruck für den veränderlichen Wert ein Variable. Rechenausdrücke wie $2 \cdot x$, $3 \cdot x + 5$ oder $2 \cdot x + 4 \cdot x - 2$ heißen Terme mit einer Variablen x. Wenn man für die Variable eine Zahl einsetzt, so entsteht ein Rechenausdruck, dessen Wert man berechnen kann.

Variable: x
Term: $5 \cdot x - 12$
Zahl: 9
Wert: $5 \cdot 9 - 12 = 33$

Steht zwischen einer Zahl und einer Variablen ein Multiplikationszeichen, so lässt man dieses meistens weg. Man schreibt also statt $3 \cdot x + 5$ auch $3x + 5$. Wenn man in diesem Term für x die Zahl 7 einsetzt, so ergibt sich $3 \cdot 7 + 5$ und nicht $37 + 5$.

Beispiel 1 Zahlen in Terme einsetzen

Setze in dem Term für die Variable x nacheinander die Zahlen 5; 3; 0,7 und $\frac{5}{2}$ ein.
Lege eine Tabelle an und berechne die entstehenden Rechenausdrücke.

a) $6x - 4$ b) $3x + 7x$

Lösung:

•Bei jedem Vorkommen von x dieselbe Zahl einsetzen.

Term	5	3	0,7	$\frac{5}{2}$
a) $6x - 4$	$6 \cdot 5 - 4 = 26$	$6 \cdot 3 - 4 = 14$	$6 \cdot 0{,}7 - 4 = 0{,}2$	$6 \cdot \frac{5}{2} - 4 = 11$
b) $3x + 7x$	$3 \cdot 5 + 7 \cdot 5 = 50$	$3 \cdot 3 + 7 \cdot 3 = 30$	$3 \cdot 0{,}7 + 7 \cdot 0{,}7 = 7$	$3 \cdot \frac{5}{2} + 7 \cdot \frac{5}{2} = 25$

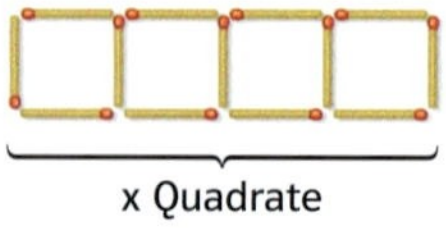

Fig. 1

Beispiel 2 Terme, Muster und Tabellen

Jana legt mit Streichhölzern Muster unterschiedlicher Länge aus Quadraten (Fig. 1).
Sie berechnet die Anzahl der Streichhölzer bei x Quadraten mit dem Term $4 + 3(x - 1)$.

a) Lege eine Tabelle an, in der du für verschiedene Längen das Muster zeichnest, die Anzahl der Streichhölzer nachzählst und mit Janas Term berechnest. Vergleiche.

b) Wie ist Jana wohl beim Aufstellen ihres Terms vorgegangen?

c) Begründe, dass Jana mit dem Term $5 + 2x$ die Streichholzzahl nicht berechnen kann.

Lösung: a)

Muster	x	gezählte Streichhölzer	$4 + 3(x - 1)$
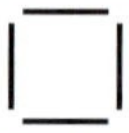	1	4	$4 + 3 \cdot (1 - 1) = 4$
	2	7	$4 + 3 \cdot (2 - 1) = 7$
	3	10	$4 + 3 \cdot (3 - 1) = 10$

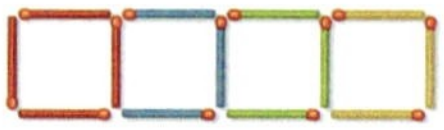

Fig. 2

Wenn ein Term passt, so muss man das allgemein begründen. Wenn er nicht passt, so reicht ein Gegenbeispiel.

b) Für das erste Quadrat braucht man vier Streichhölzer, für jedes weitere Quadrat (außer dem ersten) kommen drei Streichhölzer dazu (Fig. 2). Daher $4 + 3 \cdot (x - 1)$.

c) Der Term $5 + 2x$ passt nicht, da sich für $x = 2$ $5 + 2 \cdot 2 = 9$ ergibt und nicht 10.

Aufgaben

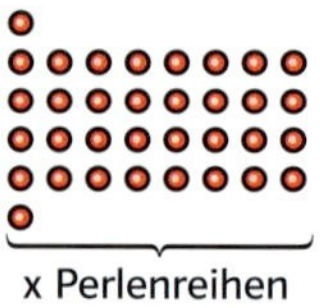

Fig. 3

1 Katharina zeichnet senkrechte Perlenreihen in ihr Heft. Die erste Reihe hat sechs Perlen, alle weiteren Reihen enthalten vier Perlen. Katharina berechnet die Anzahl der Perlen bei x Reihen mit dem Term $4x + 2$.

a) Lege eine Tabelle an, in der du für 1, 2, 3, 4, 5, 6 Perlenreihen jeweils die Muster zeichnest, die Anzahl der Perlen zählst und mit Katharinas Term berechnest.

b) Wie hat Katharina wohl ihren Term gefunden?

c) Kann man die Perlenzahl auch mit dem Term $3x + 3$ berechnen?

2 Übernimm die folgende Tabelle in dein Heft und fülle sie aus.

Term	6	4	3,5	$\frac{9}{5}$
$3x - 5$	$3 \cdot 6 - 5 = 13$			
$4 + 5x$				
$0{,}5x + 3$				

3 Theo legt mit Streichhölzern Muster aus zwei Reihen von Quadraten (Fig. 1). Theo berechnet die Anzahl der Streichhölzer mit dem Term $7 + 5(x - 1)$.
a) Lege eine Tabelle an, in der du für mindestens vier verschiedene Längen x das Muster zeichnest, die Anzahl der Streichhölzer zählst und mit Theos Term vergleichst.
b) Wie hat Theo wohl seinen Term gefunden?
c) Welche der folgenden Terme beschreiben die Anzahl der Streichhölzer im Muster auch richtig: $2 + 5x$; $4 + 3x$; $3x + 2(x + 1)$? Begründe und überlege, wie die passenden Terme gefunden wurden.

Länge des Musters: x Streichhölzer
Fig. 1

4 Setze in dem Term für die Variable x nacheinander die Zahlen 3; 12; 7 und 3,8 ein. Lege eine Tabelle an und berechne die entstehenden Rechenausdrücke.
a) $3x - 7$ b) $4(x - 3) + 5$ c) $\frac{1}{2}x + 3x$ d) $5(x + 1) - 4x$

Bist du sicher?

1 Setze in dem Term für die Variable x nacheinander die Zahlen 3; −2 und 1,8 ein. Lege eine Tabelle an und berechne die entstehenden Rechenausdrücke.
a) $3 + 5x$ b) $6 - 2x$ c) $x + 2$ d) $2\left(x - \frac{1}{2}\right) + 3x$

Die Summe aller Ergebnisse ist 44,2.

5 Fabian baut Türme aus Klötzen (Fig. 2). Wenn x für die Anzahl der Stockwerke seines Turms steht, so berechnet Fabian die Anzahl der Klötze mit dem Term $4x + 8$.
a) Wie viele Klötze braucht Fabian für 3; 5; 7; 16 Stockwerke? Lege eine Tabelle an.
b) Wie hat Fabian wohl seinen Term $4x + 8$ aufgestellt?

Fig. 2

6 Ordne den Beschreibungen den richtigen Term zu.
1. Wie groß ist der Umfang des Rechtecks (Fig. 3)?
2. Multipliziere eine Zahl mit 3 und addiere zum Ergebnis 4.
3. Florian hat 3 kg Kirschen gepflückt. Jede Stunde pflückt er zusätzlich 4 kg.
4. Wie viele Perlen hat die Rakete (Fig. 4)?
5. Wie groß ist der Flächeninhalt des Rechtecks (Fig. 5)?

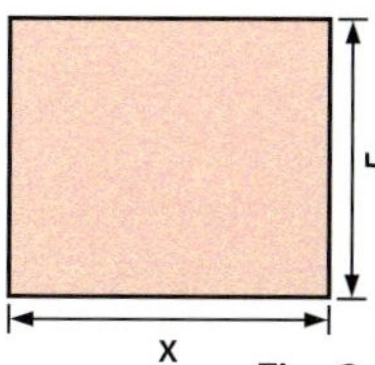

Fig. 3

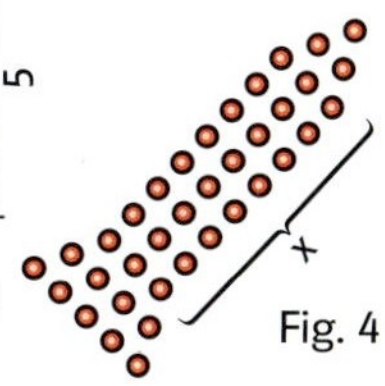

Fig. 4

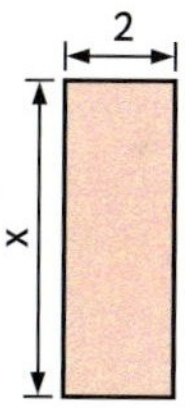

Fig. 5

$3 + 4x$
$3x + 12$
$2x + 10$
$x \cdot 3 + 4$
$2x$

Kannst du das noch?

7 Benenne die in Fig. 6 dargestellten Körper.

8 Eine Pyramide hat eine quadratische Grundfläche (Fig. 7) mit der Seitenlänge 4 cm. Die vier Seitenflächen der Pyramide sind vier gleiche Dreiecke, deren Höhe (rote Strecke) 5 cm beträgt.
a) Zeichne ein Netz dieser Pyramide.
b) Miss einen Innenwinkel der Seitenfläche und berechne die restlichen Innenwinkel.
c) Berechne den Oberflächeninhalt der Pyramide.

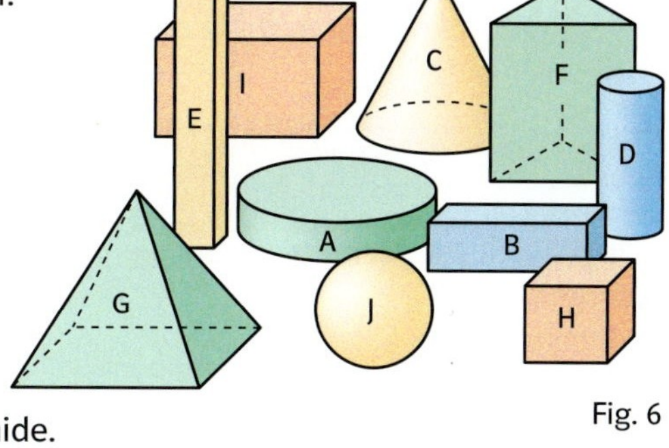

Fig. 6

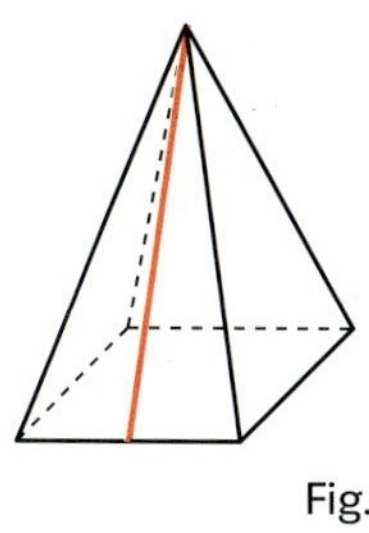
Fig. 7

4 Terme aufstellen

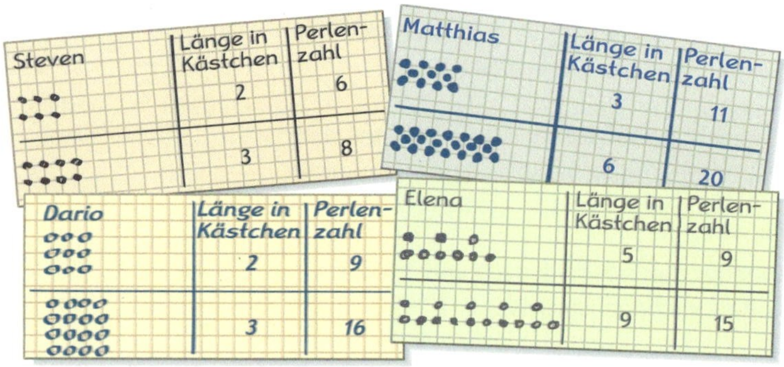

Dario, Matthias, Steven und Elena zeichnen Perlenmuster mit unterschiedlichen Längen auf Karopapier. Sie wollen untersuchen, wie viele Perlen man braucht.

Oft muss man zu einem Muster oder einer Situation den passenden Term erst aufstellen.

Vorgehen beim Aufstellen eines Terms

Situation
Lena spart im ersten Monat 100 €, danach spart sie jeden Monat 6 €. Finde einen passenden Term.

1. Überlege, für welche Größe ein Term aufgestellt werden soll.

Es soll ein Term für den gesparten Betrag aufgestellt werden.

2. Überlege, wovon die gesuchte Größe abhängt.

Der gesparte Betrag hängt von der Anzahl der Monate ab.

3. Untersuche das Problem für einfache, kleine Zahlen. Es ist vorteilhaft, eine Tabelle anzulegen. Für kleine Zahlen kann man auch Skizzen machen und Muster zeichnen.

Anzahl Monate	Rechenausdruck	Gesparter Betrag (in €)
1		100
2	100 + 6	106
3	100 + 2 · 6	112

4. Beschreibe in Worten, wie man die gesuchte Größe berechnet.

Der gesparte Betrag ist (in €)
100 + (Anzahl der Monate − 1) · 6.

5. Führe eine Variable ein und beschreibe.

x steht für die Anzahl der Monate.

6. Schreibe den Term mithilfe der Variablen auf.

Der gesparte Betrag nach x Monaten ist (in €): $100 + (x - 1) \cdot 6$.

• Führt man eine Variable ein, muss man immer ihre Bedeutung angeben.
• Ebenso muss geklärt werden, welche Zahlen man für die Variable einsetzen darf.

Beispiel 1
Denke dir eine Zahl, multipliziere sie mit 4 und addiere dazu 17. Schreibe den Term.
Lösung:
Gedachte Zahl: x
Term: $x \cdot 4 + 17$

Gedachte Zahl	Rechenausdruck
3	3 · 4 + 17
7	7 · 4 + 17

Beispiel 2
Wie groß ist der Umfang der Figur in Fig. 1, wenn alle Maßzahlen in cm gegeben sind?

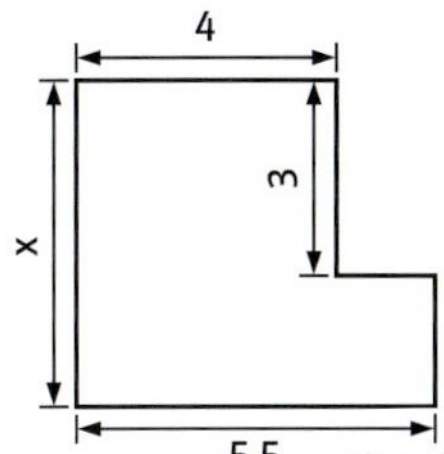

Fig. 1

Lösung:
Für $x = 5$ ergibt sich:
$5 + 4 + 3 + 1{,}5 + (5 - 3) + 5{,}5$
$= 5 + (5 - 3) + 14.$
Ein Term für den Umfang in cm ist also
$x + (x - 3) + 14.$
Man kann die Figur z. B. für $x = 5$ zeichnen (Fig. 2).

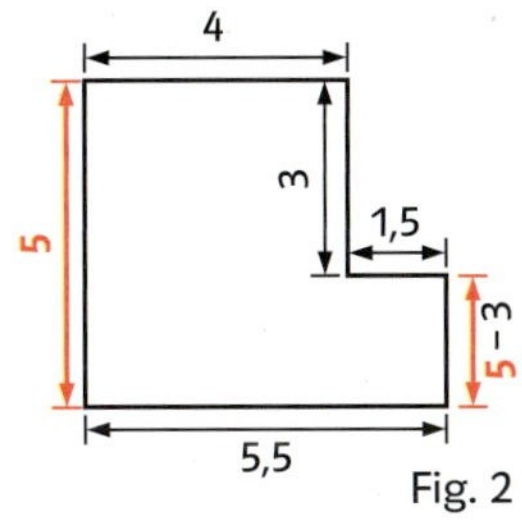

Fig. 2

Aufgaben

1 Schreibe zu der Rechenvorschrift Beispiele auf und schreibe sie dann als Term.
a) Multipliziere 7 mit einer gedachten Zahl und addiere zum Ergebnis 12.
b) Multipliziere eine gedachte Zahl mit 3,5 und subtrahiere vom Ergebnis 9,25.
c) Dividiere eine gedachte Zahl durch 10 und addiere zum Ergebnis das Doppelte der Zahl.

2 Schreibe zu der dargestellten Situation erst Beispiele auf und finde dann einen passenden Term.

a) Ein neugeborenes Eisbärbaby wiegt 500 g, es nimmt in den ersten Wochen täglich um 70 g zu.
b) Familie Güler zahlt für ihren Gasanschluss eine Grundgebühr von 12,35 €, dazu kommen 1,35 € für jeden m^3 Gas.
c) Die ungefähre Entfernung eines Gewitters (in km) erhält man, wenn man die Zeit zwischen Blitz und Donner (in s) durch 3 teilt.

3 Stelle zu den Tabellen einen passenden Term auf und beschreibe eine Situation, die zu den Tabellen passt.

a)

Monat	Einheiten	Rechnung
Jan.	12	$0{,}21 \cdot 12 + 9{,}95$
Feb.	27	$0{,}21 \cdot 27 + 9{,}95$
März	18	$0{,}21 \cdot 18 + 9{,}95$

b)

Länge	Umfang
7	$2 \cdot 7 + 8$
12	$2 \cdot 12 + 8$
4,3	$2 \cdot 4{,}3 + 8$

c)

Gedachte Zahl	Gesuchte Zahl
7	$9 + 2 \cdot 7$
12	$9 + 2 \cdot 12$
15	$9 + 2 \cdot 15$

4 Finde zu der Zeichnung einen passenden Term.
a) Wie groß ist der Umfang des Dreiecks (Fig. 3), wenn die Maßzahlen in cm gegeben sind?
b) Wie groß sind der Umfang und der Flächeninhalt der Fig. 4, wenn die Maßzahlen in cm gegeben sind?
c) Wie viele Perlen braucht man für das Muster (Fig. 5)? Abgebildet ist es für die Länge 6 Karokästchen.

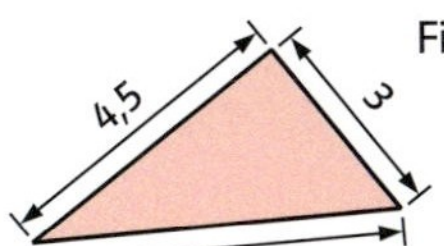

Fig. 3

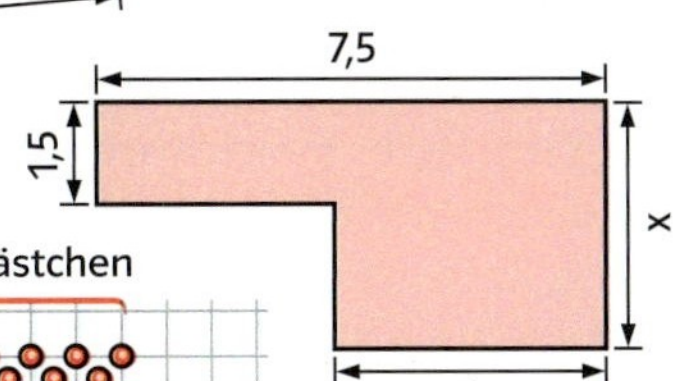

Fig. 4

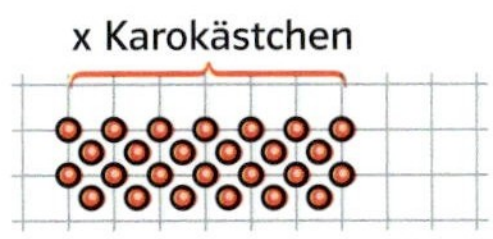

Fig. 5

5 Finde zu der Tabelle einen passenden Term, der für jedes x den vorgegebenen Wert annimmt. und ergänze die fehlenden Werte.

a)

x	1	2	3	4	12
Wert	3	5	7	9	

b)

x	1	2	3	4	20
Wert	2	5	8	11	

c)

x	1	2	3	4	100
Wert	10,5	11	11,5	12	

Bist du sicher?

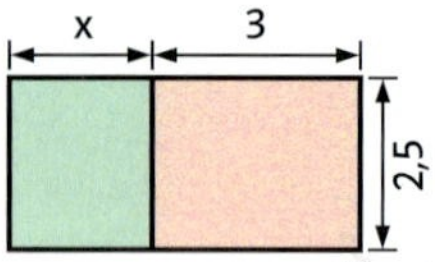

Fig. 1

1 Finde jeweils einen passenden Term.

a) Emira hat 30 € gespart. Jede weitere Woche spart sie 3,50 €.

b) Wie groß ist der Flächeninhalt und der Umfang des Rechtecks von Fig. 1?

c)

x	1	2	3	4
Wert	4	7	10	13

6 Finde zu der Beschreibung einen passenden Term.

a) Auf einer Antarktisinsel leben 2000 Kaiserpinguine. Jedes Jahr werden ca. 150 Pinguine geboren und ca. 170 sterben.

b) Eva hat 50 € gespart. Jede Woche bekommt sie 4,50 € Taschengeld, jeden Tag gibt sie 1,20 € für Süßigkeiten und für ein Getränk aus.

c) Erfinde ähnliche Aufgaben und lasse deinen Nachbarn den Term herausfinden.

7 Quadratschuppenfische gibt es in verschiedenen Formen.

a) Bestimme für die Quadratschuppenfische in Fig. 2 und Fig. 3 einen Term für die Anzahl der Schuppen. Quadratschuppenfische haben auf beiden Körperseiten Schuppen.

b) Zeichne auf Karopapier eigene Quadratschuppenfische von unterschiedlicher Länge und Breite und lasse deine Mitschüler passende Terme finden.

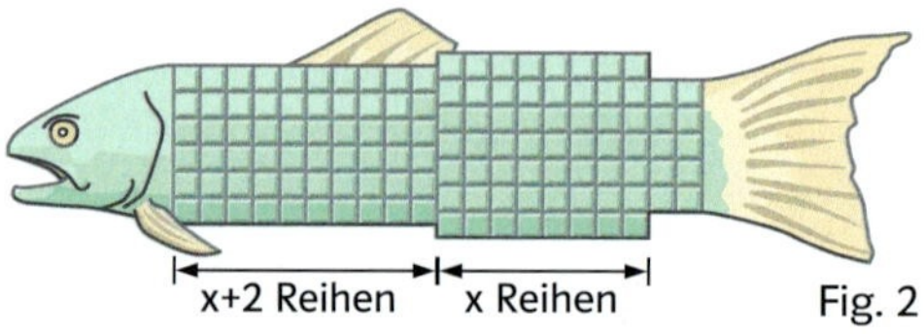

Fig. 2

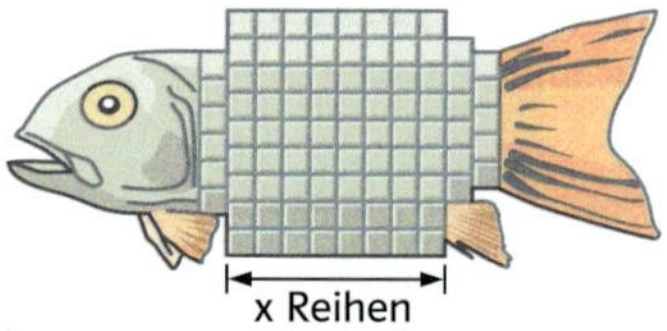

Fig. 3

8 Wie groß ist der Rauminhalt des Körpers in Fig. 4, wenn alle Maßzahlen in cm gegeben sind?

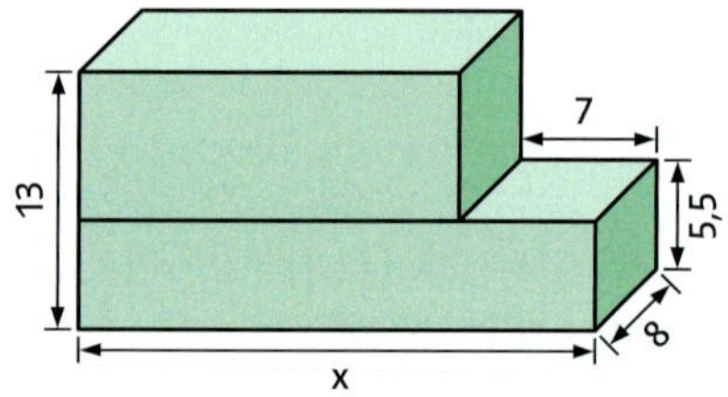

Fig. 4

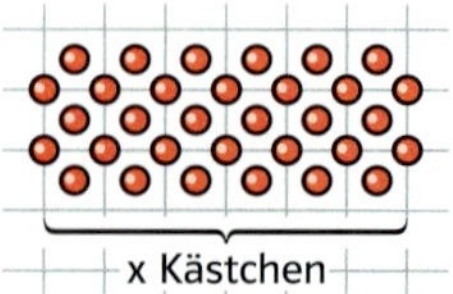

Fig. 5

9 a) Finde einen Term für die Anzahl der Perlen in dem Perlenmuster, das in Fig. 5 auf Karopapier gezeichnet wurde.

b) Welche der folgenden Terme passen zu dieser Anzahl der Perlen im Muster? Begründe deine Antwort. Wenn der Term passt, so beschreibe, wie der Term gefunden wurde.

A) $3x + 2(x + 1)$ B) $5 + 2x$ C) $7 + 5(x - 1)$
D) $2 + 2x + 3x$ E) $2 + 5x$

c) Zeichne eigene Muster aus Punkten auf Karopapier und lasse deine Mitschülerinnen und Mitschüler die Terme bestimmen.

5 Gleichungen und Ungleichungen

Lisa und Ria dürfen zum Sommerfest. Sie haben zusammen 20 € zur Verfügung. Sie wollen ihr ganzes Geld ausgeben und möglichst häufig mit der spektakulären Achterbahn fahren, bei der eine Fahrt 2 € kostet. Leider wird Ria schlecht, sodass Lisa die letzten drei Fahrten allein machen muss.

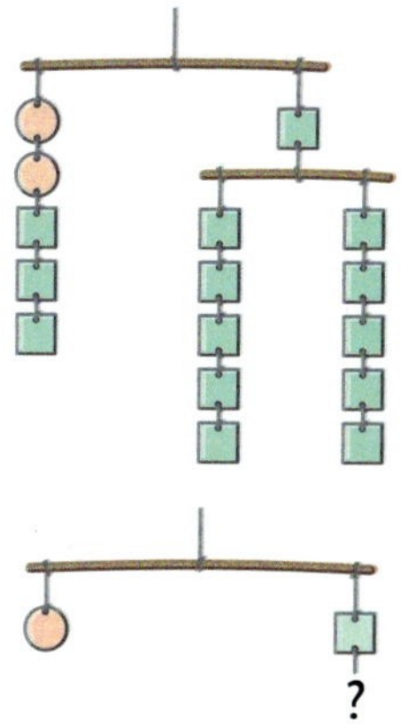

André hat für seine Eisenbahn 25 gleiche gerade Schienen. Vier braucht er für sein Abstellgleis. Er überlegt, wie lang er das Oval machen kann.
Dazu kann man zunächst einen Term aufstellen. Die Variable x steht für die Anzahl der geraden Schienen für eine Länge des Ovals. Dann ist $3 \cdot x + 4$ ein Term für die Anzahl aller gerader Schienen.

Einzelne Zahlen und Variablen bezeichnet man auch als Term.

Welche Zahl muss man für x einsetzen, damit der Term $3 \cdot x + 4$ den Wert 25 annimmt?
Dieses Problem schreibt man kurz als **Gleichung** $3x + 4 = 25$.

Eine **Lösung der Gleichung** ist ein Wert von x, für den der Term $3x + 4$ den Wert 25 annimmt. Es gibt verschiedene Wege, eine Gleichung zu lösen.

1. Geschicktes Probieren. Man setzt verschiedene Werte für x in den Term ein und versucht, dem gewünschten Wert nahe zu kommen. Eine Tabelle kann dabei hilfreich sein. Man erkennt, dass 7 die Lösung der Gleichung $3x + 4 = 25$ ist.

Geschicktes Probieren

x	3x + 4
3	13
4	16
10	34
8	28
7	25

2. Rückwärts rechnen. Man geht vom Ergebnis 25 aus und subtrahiert zuerst 4. Das sind die 4 Schienen fürs Abstellgleis. Es bleiben 21 Schienen für die Längsseiten des Ovals übrig. Somit ergibt sich die Lösung der Gleichung zu $21 : 3 = 7$.

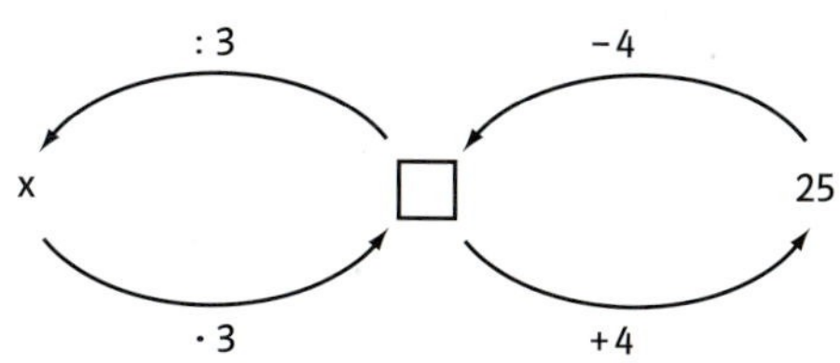

Soll ein Term einen bestimmten Wert annehmen, so stellt man eine **Gleichung** auf. Eine Zahl x, für die der Term den vorgegebenen Wert annimmt, heißt **Lösung der Gleichung**.
Durch **geschicktes Probieren** oder **Rückwärtsrechnen** kann man eine Lösung finden.
$2x + 1 = 7$ bedeutet, dass 7 der vorgegebene Wert für den Term $2 \cdot x + 1$ ist.

Term: $4 + 3x$
Wert: 25
Gleichung: $4 + 3x = 25$
Lösung: 7
Probe: $4 + 3 \cdot 7 = 25$

Beispiel 1 Lösungen prüfen (Probe)

Hat die Gleichung die Zahl 5 als Lösung?

a) $4x - 3 = 17$

b) $14{,}7 - 2(x + 1) = 7{,}3$

Lösung:

a) $4 \cdot 5 - 3 = 17$; 5 ist eine Lösung.

b) $14{,}7 - 2 \cdot (5 + 1) \neq 7{,}3$; 5 ist keine Lösung.

Beispiel 2 Gleichungen lösen

a) Für welche Zahl x nimmt der Term $3x - 17$ den Wert 7 an?

b) Löse die Gleichung $\frac{3}{2}x - 1 = 5$.

c) Fabio hat schon 17,80 € gespart. Jede Woche legt er 2,80 € von seinem Taschengeld zurück. Wie viele Wochen muss er für einen Gameboy, der 138,90 € kostet, sparen? Löse die Aufgabe durch Probieren und durch Rückwärtsrechnen.

Rückwärts rechnen:
aus +1 wird −1
aus · 3 wird : 3

Lösung:

a) Gleichung: $3x - 17 = 7$
$7 + 17 = 24$
$24 : 3 = 8$
Lösung: 8

b) $5 + 1 = 6$
$6 : \frac{3}{2} = 6 \cdot \frac{2}{3} = 4$
Lösung: 4

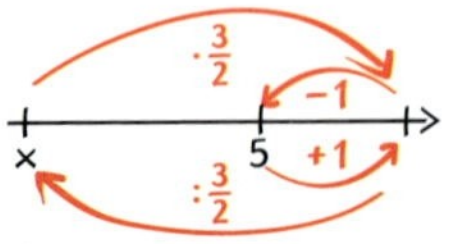

c) x steht für die Anzahl der Wochen. $17{,}8 + 2{,}8 \cdot x$ ist ein Term für den Geldbestand (in €) von Fabio nach x Wochen.

Zu dem Problem gehört die Gleichung $17{,}8 + 2{,}8 \cdot x = 138{,}90$.

Lösung durch Rückwärtsrechnen:

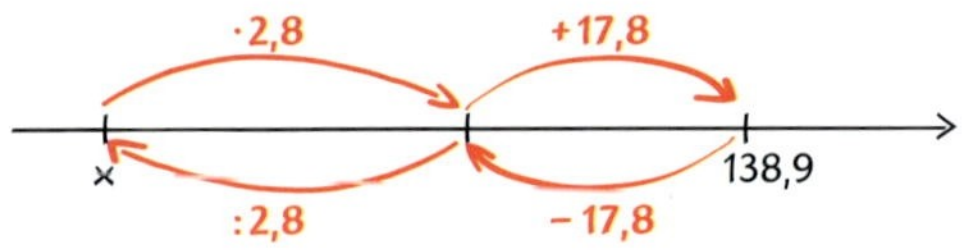

$138{,}90 - 17{,}80 = 121{,}1$

$121{,}1 : 2{,}8 = 43{,}25$.

Er muss 44 Wochen sparen; nach 43 Wochen hat er noch zu wenig.

Lösung durch Probieren:

x	$17{,}8 + 2{,}8 \cdot x$
30	101,80
40	129,80
45	143,80
43	138,20
44	141,00

Nach 43 Wochen fehlen noch 70 ct. Nach 44 Wochen hat er 2,10 € übrig.

Info

Von **Aussagen** spricht man, wenn eindeutig entschieden werden kann, ob etwas wahr oder falsch ist. Im Beispiel 1a) ist die Zahl 5 Lösung der Gleichung $4 \cdot x - 3 = 17$. Man sagt: 5 erfüllt die Gleichung, denn beim Einsetzen von 5 entsteht eine wahre Aussage.

Aufgaben

1 a) Welche der folgenden Aufgaben haben 8 als Lösung?

$4 \cdot x - 12 = 20$ $\quad 8x + 5 = 59$ $\quad 7 \cdot x - 17 = 37$ $\quad 49 - 3x = 15$ $\quad 3 \cdot (x + 2) - 6 = 36$

b) Notiere zwei verschiedene Gleichungen, die 3 als Lösung haben.

2 Löse die Gleichung durch Probieren und durch Rückwärtsrechnen.

a) $13 \cdot x = 39$ b) $15x + 70 = 130$ c) $4 \cdot x - 3 = 33$ d) $8 + 6y = 44$

3 Löse die Gleichung durch Probieren und durch Rückwärtsrechnen.
a) $17x = 136$ b) $1{,}5x + 7 = 13$ c) $4{,}5x = 18$ d) $1{,}6x - 3{,}2 = 8$
e) $\frac{5}{2}x = 10$ f) $\frac{7}{4}x - 3 = 11$ g) $4{,}2x - 3{,}4 = 21{,}8$ h) $2 \cdot (x + 1) = 10$

4 Für welches x nimmt der Term den Wert 12 an? Schreibe erst eine Gleichung auf.
a) $1{,}5x - 33$ b) $2{,}35x - 33{,}59$ c) $x \cdot 5{,}4 - 8{,}52$ d) $140x - 55{,}2$ e) $7{,}716 + 126 \cdot x$

5 a) Rike und Jakob spielen Zahlenraten. Rike muss sich eine Zahl ausdenken, die gedachte Zahl mit zwei multiplizieren und schließlich fünf addieren. Als Ergebnis ihrer Rechnung nennt Rike 43. Welche Zahl hat sie sich gedacht? Wie kann Jakob das herausfinden?
b) Spiele „Zahlenraten" mit ähnlichen Aufgaben auch mit deinem Nachbarn.

6 Stelle erst eine Gleichung auf und suche dann eine Lösung.
a) Addiere zum Dreifachen einer Zahl 8. Du erhältst 26.
b) Subtrahiere vom Achtfachen einer Zahl 17. Du erhältst 79.
c) Addiere zum Sechsfachen einer Zahl 23. Du erhältst 26.

7 Das Elefantenbaby Chandra ist mit 116 kg Masse auf die Welt gekommen. In den ersten Wochen nimmt es wöchentlich um 7 kg zu. Wann wird es 200 kg schwer sein?

Bist du sicher?

1 Welche Gleichung hat 1,5 als Lösung?
a) $4x + 5 = 7$ b) $1{,}5 \cdot x - \frac{1}{4} = 3$ c) $0{,}6 \cdot x + 2{,}1 = 3$ d) $4(2 - x) - 2 = 0$

Die Summe der Lösungen von Aufgabe 2 und 3 ist 44.

2 Löse die Gleichung.
a) $3x + 7 = 31$ b) $x \cdot 6 - 12 = 24$ c) $11 - 1{,}5x = 6{,}5$ d) $25x - 124 = 151$

3 Ferry hat 12,55 € gespart. Jede Woche spart er zusätzlich 2,90 €. Wie lange muss er sparen, bis er sich einen MP3-Player für 58,95 € kaufen kann?

8 Wie hoch kann man den Würfelturm in Fig. 1 bauen, wenn man 140 Würfel hat?

Fig. 1

9 Übernimm die Tabelle ins Heft und ergänze die fehlenden Zahlen.

a)

x	1	2	3	4		10			7,4	
Wert	5	7	9		15		71	10		3,8

b)

x	1,8	2	3	4	5	12				11,65
Wert	0,4	1	4		10		82	2,8	28	

10 Wie viele Perlenreihen kann der Körper der Perlenschlange in Fig. 2 (außer Schwanz und Kopf) haben, wenn man 200 Perlen hat?

Fig. 2

11 a) Wie lange kann man das Streichholzmuster in Fig. 3 fortsetzen, wenn man 86 Streichhölzer zur Verfügung hat?
b) Zeichne oder lege eigene Streichholzmuster und stelle deinen Mitschülerinnen und Mitschülern Aufgaben dazu.

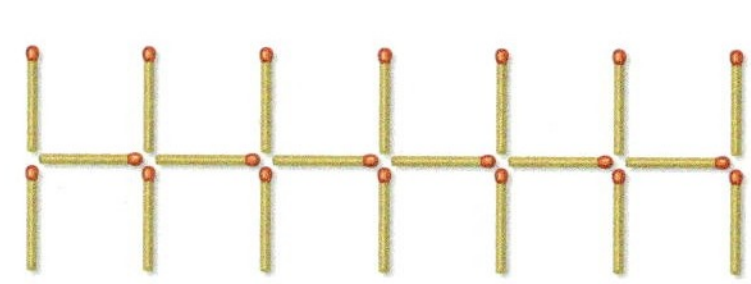

Fig. 3

$<$ *kleiner, weniger als*

$\leqq$ *kleiner oder gleich, höchstens so groß wie*

$>$ *größer, mehr als*

$\geqq$ *größer oder gleich, mindestens so groß wie*

Info

Werden Zahlen, Größen oder Variablen mit Begriffen wie kleiner, höchstens, größer oder mindestens verglichen, erhält man **Ungleichungen.**

Beispiel Aufstellen und Lösen einer Ungleichung

Subtrahiert man von dem Vierfachen einer Zahl 1, so erhält man eine Zahl kleiner als 9. Wie könnte die gesuchte Zahl z lauten?

Lösung:

1. *Aufstellen einer entsprechenden Gleichung:* $4z - 1 = 9$
2. *Lösen der Gleichung durch Ausprobieren:* Die Gleichung ist für $z = 2{,}5$ erfüllt.
3. *Nun ist es leicht, die Ungleichung mithilfe der Gleichung zu lösen:* $4z - 1 < 9$ Die Ungleichung ist erfüllt, wenn $z < 2{,}5$ gilt.
4. *Beispiele für Lösungen angeben:* 1; 1,5; 1,7; 2,0; … ; also

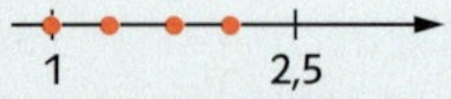

12 Schreibe als Ungleichung.

a) x ist größer als 30 b) y ist kleiner als 100 c) d ist kleiner oder gleich 18
d) h ist größer gleich 17 e) a ist höchstens 12 f) z ist mindestens 24

13 Die Anzahl der Hunde in einer Stadt sei h, die Anzahl der Katzen k. Übersetze in eine Ungleichung.

a) Es gibt höchstens so viele Katzen wie Hunde.
b) Die Anzahl der Hunde beträgt mindestens 500.
c) Es gibt mindestens so viele Hunde wie Katzen.
d) Es gibt mindestens 80 Katzen mehr als Hunde.

14 Löse die Ungleichung mithilfe der Gleichung. Gib Beispiele für Lösungen an.

a) $3x + 4 > 16$ b) $\frac{1}{2}a - 5 < 10$ c) $0{,}2y + 2 < 5{,}5$
d) $2x + 5 \geqq 12$ e) $2x + 5 \leqq 12$ f) $\frac{3}{4}z - 3 \leqq 2$

15 a) Ein Kleinlaster darf höchstens mit einer Masse von 870 kg beladen werden. Wie viele Fässer mit einer Masse von 60 kg können höchstens aufgeladen werden?
b) Tina hat 5 €. Wie viele Portionen Eis für 50 ct kann sie sich höchstens kaufen, wenn sie noch mindestens 1,60 € für ihr Busticket braucht?

16 Boris kauft sechs einzelne DVD-Rohlinge. Er bezahlt mit einem 20-Euro-Schein und erhält 11 Euro zurück. Wie teuer war einer dieser DVD-Rohlinge?
a) Stelle zu der gegebenen Situation eine Gleichung auf und löse diese.
b) Denke dir eine ähnliche Situation aus; erfinde eine Aufgabe. Stelle sie deinem Nachbarn.

17 Finde eine Situation, die durch die angegebene Gleichung bzw. Ungleichung beschrieben wird. Berechne sinnvolle Lösungen.

a) $14 \cdot a = 35$ b) $120 \cdot e + 20 = 32$ c) $5 \cdot k < 50$
d) $0{,}4 \cdot a + 1{,}6 > 2{,}9$ e) $2 \cdot s = 4{,}60$ f) $5 \cdot a \leqq 150$

Wiederholen - Vertiefen - Vernetzen

1 Rund um Zahlenmauern

a) Setze für x in der Zahlenmauer 2; 4; 8; 16 usw. ein. Notiere eine Zahlenfolge für die Zahlen, die an der Spitze herauskommen.

b) Erhöhe nun die Zahlen in der untersten Reihe um 1 und setze für x nacheinander dieselben Zahlen ein wie in a). Notiere die Zahlenfolgen, die an der Spitze entstehen, und vergleiche mit der Zahlenfolge aus a).

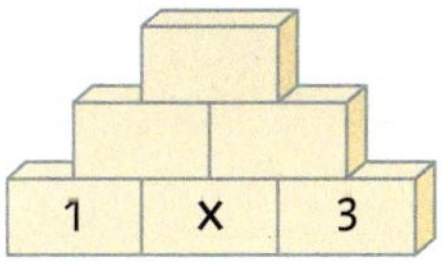

Fig. 1

2 Welche Muster erkennst du? Führe die Muster fort. Wie viele Zahlenfolgen kannst du erkennen? Notiere die Zahlenfolgen und formuliere jeweils eine Regel.

1	1	2	3	5	...
3	7	11	15	19	...
6	14	20	28	24	...
9	21	29	42	43	...
...	...	...	...	...	...

Online-Link
734261-2211

3 Gehört 569 zu der Zahlenfolge 4, 10, 16, 22, ...? Begründe.

4 a) Vervollständige die Tabelle 1 in deinem Heft. Teile dann jede Zahl durch 2 und trage (in einer neuen Tabelle) eine Null ein, wenn der Rest gerade ist, und eine 1, wenn der Rest ungerade ist (vgl. Tabelle 2). Jetzt färbst du das Quadrat mit zwei Farben, eine Farbe für die Null und eine für die Eins. Vervollständige das Bild in Fig. 2.

·	1	2	3	4	5
1	1	2	3		
2		4	6	8	
3		6	9		15
4					20
5					

Tabelle 1

→

1	0	1	0	1
0	0	0	0	0
1	0			
0	0			
1	0			

Tabelle 2

→

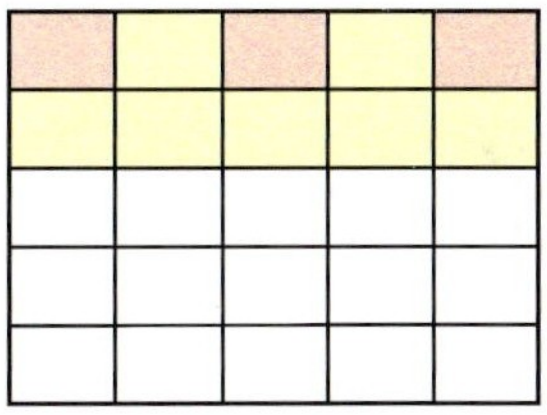
Fig. 2

b) Nun wiederhole das Verfahren wie in a), dividiere aber jetzt durch 4 und begründe das entstehende Farbmuster.

c) Wie wird wohl das Farbmuster aussehen, wenn man durch 7 dividiert? Begründe.

d) Erstelle auf diese Weise weitere Farbmuster. Statt nur mit Nullen und Einsen und zwei Farben, kannst du auch mehr Zahlen und mehr Farben verwenden.

Watson kann nicht am Victoria Embankment gewesen sein, wenn schon Mrs. Thatchett die Entfernung zum King's Cross in der Zeit nicht geschafft hätte. Der Fehler in der Geschichte: Das Telefon war zu dieser Zeit gerade erfunden worden und konnte noch keine Verbreitung haben.

5 An der Wand der „Sagrada familia", einer von dem berühmten Architekten Antoni Gaudi entworfenen Kirche in Barcelona, kann man ein Zahlenquadrat finden.

a) Erforsche das Zahlenmuster.

b) Recherchiere, warum sich wohl gerade ein solches Zahlenquadrat an der Wand der Kirche befindet.

6 Der Mount Everest, der höchste Berg der Erde, ist zurzeit exakt 8850 m hoch. Forschungen haben ergeben, dass er sich jährlich um 4 mm anhebt. Wann wird er 8851 m hoch sein, wann 8900 m oder 10 000 m?

7 Berechne die Länge des Rechtecks und zeichne es.
a) Die Breite ist 7 cm, der Umfang 38 cm.
b) Die Breite ist 6,5 cm, der Umfang 32 cm.

8 Die Erdbevölkerung beträgt zurzeit (10.06.2009) ungefähr 6,8 Milliarden Menschen. Jede Minute kommen im Durchschnitt 170 Menschen dazu. Wann wird es, wenn dieses Wachstum sich so fortsetzt, 7 Milliarden Menschen geben, wann 10 Milliarden?

9 Die weltweiten Erdölreserven werden auf ungefähr 143,5 Milliarden Tonnen Erdöl geschätzt. Zurzeit werden davon jedes Jahr ungefähr 3,5 Milliarden Tonnen verbraucht. Wie lange reichen bei gleichbleibendem Verbrauch die Erdölvorräte noch?

10 Sandra möchte mit 96 cm Draht das Kantenmodell eines Quaders basteln, der 9 cm lang und 7 cm breit werden soll. Wie hoch kann der Quader höchstens werden?

11 Familie Klötzkes Wohnzimmer hat den Flächeninhalt 24 m^2 und die Form wie in Fig. 1. Wie lang sind die Wände? Alle Maßangaben sind in m angegeben. Zeichne das Zimmer im Maßstab 1:100.

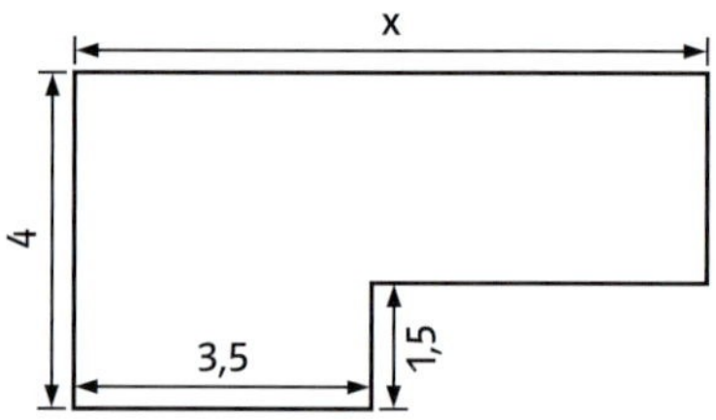

Fig. 1

12 Wie viele Schuppenreihen hat der Quadratschuppenfisch (Fig. 2) auf jeder Seite, wenn er auf jeder Seite 491 Schuppen hat?

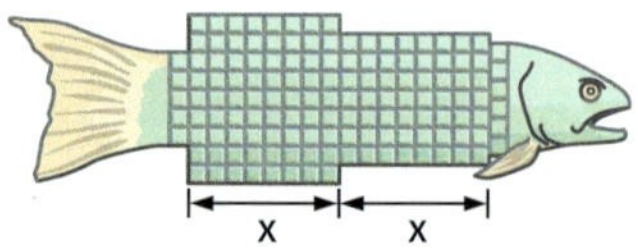

Fig. 2

Zum Knobeln und aus alten Rechenbüchern

13 Wie alt sind jeweils die genannten Personen?
a) Daniel und Philipp sind zusammen 60. Daniel ist viermal so alt wie Philipp.
b) Ron und Fred sind zusammen 31. Fred ist fünf Jahre jünger als das Doppelte von Ron.

14 Eine Zahl hab ich gewählt, / 107 dazugezählt, / dann durch 100 dividiert / und mit 4 multipliziert, / und zuletzt ist mir geblieben / als Resultat die Primzahl 7.

15 Ein Vater hinterlässt seinen Söhnen ein Vermögen von 1600 Talern. Nach seinem Testament soll der älteste Sohn 200 Taler mehr haben als der zweite, der zweite 100 Taler mehr als der jüngste. Wie viel bekommt jeder?

16 Aus einem ägyptischen Papyrus (um 1700 v. Chr.):
Ein Hirte kommt mit 70 Ochsen vorbei. Er wird gefragt: „Wie viele bringst du von deinem zahlreichen Vieh?" Der Hirte antwortet: „Ich führe $\frac{2}{3}$ vom Drittel von meinem Hornvieh."
Berechne die Gesamtzahl seiner Tiere.

17 a) Erfinde eine Geschichte zum Diagramm in Fig. 1.
b) Elias möchte über die in der rechten Figur abgebildeten Berge fahren.
Zeichne ein Diagramm, in dem seine Geschwindigkeit während der Radtour dargestellt ist.

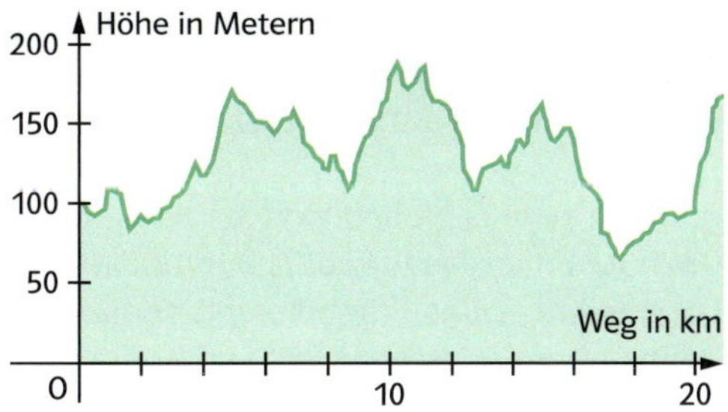

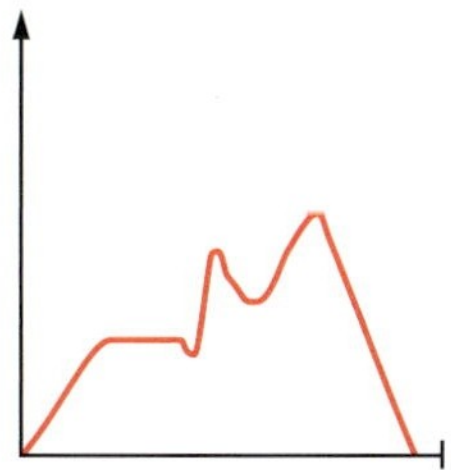

Fig. 1

18 Tim: „Ich habe dich heute auf dem Schulweg gesehen."
Jana: „Das geht doch gar nicht. Du warst doch schon da, als ich gekommen bin."
Schreibe eine kleine Geschichte zum Schulweg von Tim und Jana. Sind sie sich zwischendurch begegnet (vgl. Fig. 2)?

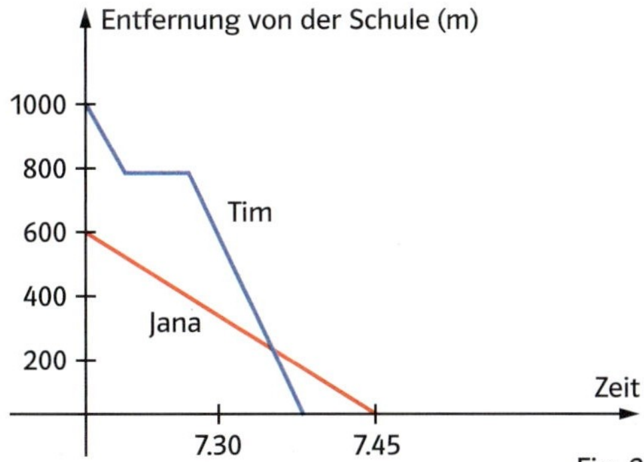

Fig. 2

19 Eine 6 m hohe Mauer soll an ihrem oberen Ende durch einen Balken abgestützt werden (Fig. 3). Je größer der Winkel α zwischen der Mauer und dem Balken ist, desto länger muss der Balken sein.
a)

Winkelgröße in Grad	10	20	30	45	60
Länge des Balkens in m					

Übertrage die Tabelle in dein Heft und bestimme die zu den angegebenen Winkelgrößen gehörenden Balkenlängen mithilfe einer Zeichnung im Maßstab 1:100.
b) Veranschauliche die Abhängigkeit der Balkenlänge von der Winkelweite in einem Diagramm. Ist es sinnvoll, die eingezeichneten Punkte miteinander zu verbinden?
Welchen Winkel schließt ein 7,8 m langer Stützbalken mit der Mauer ein?

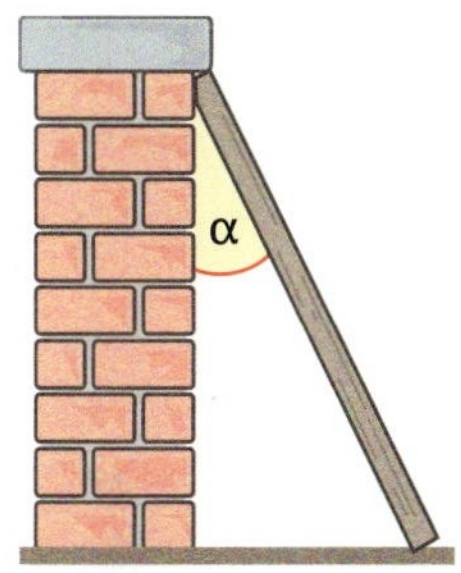

Fig. 3

20 Geschwindigkeiten von Schiffen werden in Knoten angegeben. 1 Knoten bedeutet, dass das Schiff in einer Stunde eine Seemeile (1,852 km) zurücklegt. Ein Katamaran hat auf einer Reise auf dem Mittelmeer bereits 5 Seemeilen zurückgelegt. Seine Geschwindigkeit beträgt ca. 30 Knoten.
a) Stelle einen Term auf, mit dem du berechnen kannst, wie weit das Katamaran nach einer Stunde, zwei Stunden oder nach x-beliebig vielen Stunden gesegelt ist.
b) Stelle die Fahrt des Katamarans für einen Zeitraum von 12 Stunden in einem Diagramm dar.

Exkursion Fibonacci

Der italienische Rechenmeister Leonardo von Pisa, genannt Fibonacci (ca. 1170–1250), schrieb im Jahre 1202 das Buch „liber abaci“ (Buch des Rechenbretts), ein Rechenbuch für Kaufleute. In diesem schrieb er von einer tollen Idee, die er hatte.

Er nahm zwei Zahlen, und zwar zwei Einsen, und addierte sie: $1 + 1 = 2$
Dann nahm er das Ergebnis und addierte sie zur letzten Eins: $1 + 2 = 3$
Dann nahm er das Ergebnis und addierte sie zur Zwei: $2 + 3 = 5$
Dann nahm er das Ergebnis und addierte sie zur Drei: $3 + 5 = 8$
– Wie geht es weiter?

Diese Folge von Zahlen 2; 3; 5; 8; … nennt man auch Fibonacci-Zahlen.
Doch warum ist die Erfindung dieser Zahlenfolge eine so tolle Idee? Fibonacci machte dies an einem Beispiel deutlich. Fibonacci beschäftige sich mit der Kaninchenvermehrung. Er wollte wissen, wie sich Kaninchen unter idealen Umständen vermehren:

„Jemand sperrt ein Paar Kaninchen in ein überall mit einer Mauer umgebenes Gehege, um zu erfahren, wie viele Nachkommen dieses Paar innerhalb eines Jahres haben werde, vorausgesetzt, dass es in der Natur der Kaninchen liege, dass sie in jedem Monat ein anderes Paar zur Welt bringen und dass sie im zweiten Monat nach ihrer Geburt selbst gebären.“

– Wie viele Kaninchenpaare gibt es nach einem Jahr?

Kaninchen vermehren sich natürlich nicht so schön regelmäßig, jedoch wollte Fibonacci auch nur annähernd wissen, wie viele Kaninchen es nach einem Jahr gibt. Und das schöne ist: Seine Kaninchenforschung hat ganz viel mit seiner Erfindung, den Fibonacci-Zahlen, zu tun.

- Erkläre, warum das so ist.

Zwischen den einzelnen Fibonacci-Zahlen gibt es interessante Zusammenhänge:

Forschungsauftrag 1

Wenn du die ersten fünf Fibonacci-Zahlen zusammenzählst und eine Eins dazu addierst, erhältst du wieder eine Fibonacci-Zahl.

Wenn du die ersten sechs Zahlen zusammenzählst und eine Eins dazu addierst, erhältst du auch wieder eine Fibonacci-Zahl.

Wenn du die ersten …

- Wie geht es weiter? Erkläre deine Beobachtungen.

Forschungsauftrag 2

Beginne mit der ersten Zahl, vergiss die zweite, addiere die dritte Zahl dazu, vergiss die vierte, addiere die fünfte Zahl usw. Du kannst jederzeit aufhören, du musst lediglich noch eine Eins addieren, dann erhältst du wieder eine Fibonacci-Zahl.

- Funktioniert das immer, egal wie viele Zahlen du nimmst? Erkläre.

Forschungsauftrag 3

Mit der Idee von Fibonacci lassen sich auch andere Zahlen erzeugen. Dazu muss man die Startzahlen einfach ändern. Statt mit zwei Einsen zu beginnen, nimmt man z. B. eine 3 und eine 4. Dann erhält man die Folge 3; 4; 7; 11; 18; 29; …

- Wähle andere Startzahlen und erzeuge weitere Zahlenfolgen.
- Mit welcher Zahlenfolge erreichst du im vierten Schritt die 20?
- Welche Besonderheiten haben die Zahlen, die sich in vier Schritten erzeugen lassen? Welche Besonderheiten haben die Zahlen, die sich in fünf Schritten erzeugen lassen?

Aber das Beste kommt erst noch: Man findet Fibonacci-Zahlen auch in der Natur, z. B. bei Sonnenblumen und Tannenzapfen. Wenn du möchtest, suche im Internet oder im Lexikon nach Informationen über die Beziehung von Sonnenblume, Tannenzapfen und Fibonacci-Zahlen. Untersuche dafür auch die Margerite auf Seite 204. Tipp: Zähle dazu die Anzahl der roten und grünen Spiralen.

Rückblick

Strukturen in Folgen von Figuren und Zahlen
Um Gesetzmäßigkeiten in Figuren- oder Zahlenfolgen zu finden, untersucht man:
- Was bleibt gleich?
- Was ändert sich?

Um Strukturen aufzuspüren, hilft eine übersichtliche Darstellung. Dazu lassen sich **Tabellen**, **Diagramme** und **Terme** verwenden.

Bei der Folge 4; 7; 10; 13; 16; ... bleibt der Abstand zwischen den Zahlen gleich.

$4 \xrightarrow{+3} 7 \xrightarrow{+3} 10 \xrightarrow{+3} 13 \xrightarrow{+3} 16 \ldots$

Fig. 1

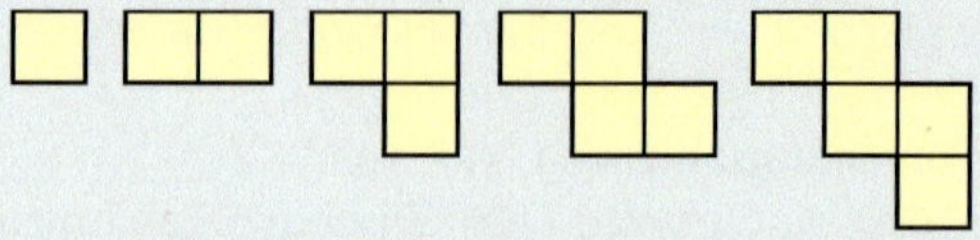

Tabelle
Um bei den Kästchen ein Muster zu erkennen, kann man sich eine Tabelle zur Hilfe nehmen. So kann man auch hier ein Zahlenmuster erkennen und eine Zahlenfolge notieren.
Je nachdem, ob man die Anzahl aller Striche oder nur die Randstriche zählt, erhält man unterschiedliche Zahlenfolgen.

Quadrate	Striche	Randstriche
1	4	4
2	7	6
3	10	8
4	13	10

Grafische Darstellung von Abhängigkeiten
Abhängigkeiten zwischen zwei Größen, die in Worten oder Tabellen beschrieben sind, kann man in Diagrammen veranschaulichen.
Die Zahlenfolge aus Fig. 1 lässt sich als **Punktdiagramm** (Fig. 2) darstellen. Achtung: Die Punkte dürfen nicht verbunden werden, da es z. B. keine halben Quadrate gibt.
Einen Temperaturverlauf kann man dagegen in einem **Liniendiagramm** (Fig. 3) darstellen, da sich für jeden Zeitpunkt ein Temperaturwert angeben lässt.

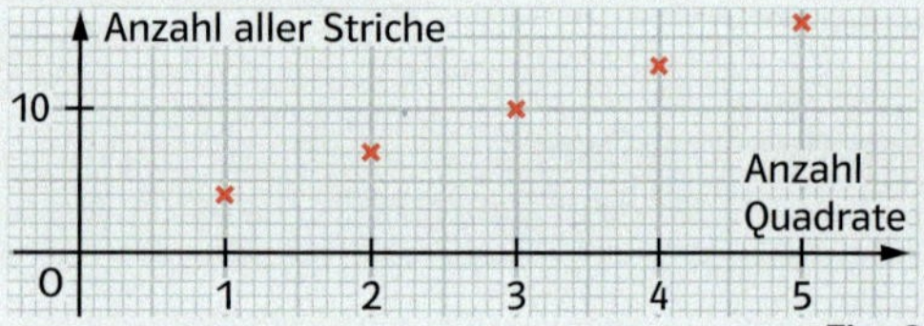

Fig. 2

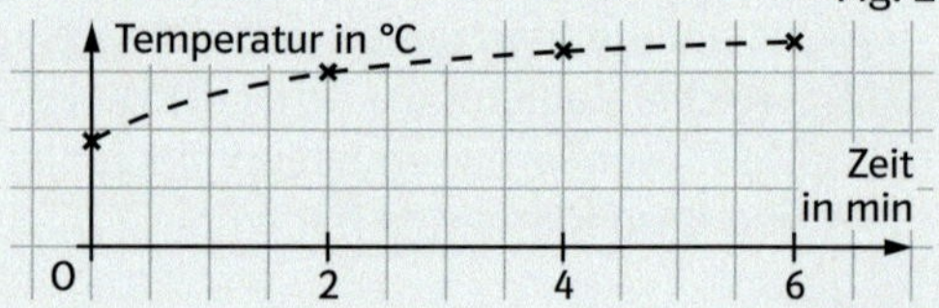

Fig. 3

Terme und Gleichungen mit einer Variablen
In einen **Term mit einer Variablen** kann man für die Variable eine Zahl einsetzen.
Es ergibt sich ein Rechenausdruck, dessen **Wert** man berechnen kann.
Soll der Term einen bestimmten Wert annehmen, so schreibt man dies als **Gleichung**.

$3 \cdot x - 1{,}5$

x	2	4,5	6
3x − 1,5	**3 · 2 − 1,5 = 4,5**	**3 · 4,5 − 1,5 = 12**	**3 · 6 − 1,5 = 16,5**

Vorgegebener Wert: 12
Gleichung: 3x − 1,5 = 12

Eine Zahl heißt Lösung der Gleichung, wenn beim Einsetzen der Zahl der Term den vorgegebenen Wert annimmt.

Lösung: 4,5
Geschicktes Probieren:

x	4	5	4,5
3x − 1,5	**10,5**	**13,5**	**12**

Eine Lösung findet man durch geschicktes Probieren oder durch Rückwärtsrechnen.

Vorwärts:

Rückwärts:

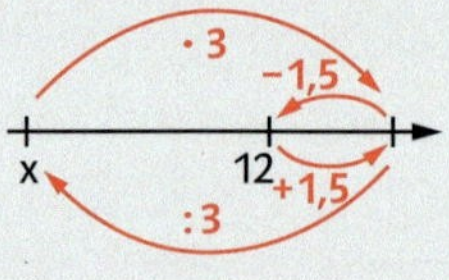

Training

Mit diesen Aufgaben kannst du überprüfen, wie gut du die Themen dieses Kapitels beherrschst. Danach weißt du auch besser, was du vielleicht noch üben kannst.

1 Wie geht die Zahlenfolge weiter? Formuliere eine Regel für die Zahlenfolge und ergänze die nächsten fünf Zahlen.
a) 7; 12; 17; 22; ... b) 10; 12; 9; 13; 8; 14 ... c) 112; 105; 98;

2 Gib zu den Zahlenfolgen jeweils einen Term an.
a) 0; 4; 8; 12; ... b) 5; 7; 9; 11; 13; ... c) 1001; 801; 601; 401; ...

3 Finde zu dem Zahlenmuster in Fig. 1 eine Zahlenfolge. Zeichne das nächste Muster und notiere die nächsten drei Zahlen der Zahlenfolge.

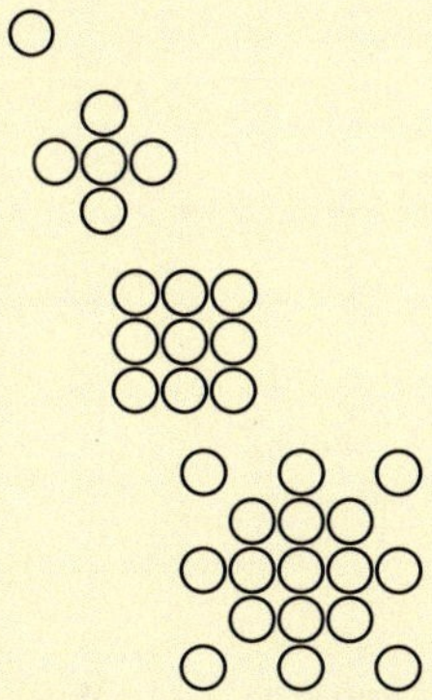
Fig. 1

4 Ein Brötchen kostet 30 Cent, fünf Brötchen 1,20 € und zehn Brötchen kosten 2 €.
a) Wie viel kosten 27 Brötchen?
b) Erstelle eine Tabelle und ein Diagramm, aus denen der Preis für 1; 2; ...; 30 Brötchen ersichtlich ist. Um was für ein Diagramm handelt es sich? Begründe deine Entscheidung.

5 Welche Zahlen musst du für x einsetzen, um im obersten Stein die folgenden Zahlen zu erhalten? Erkläre, wie du vorgegangen bist.
a) 37 b) 445
c) 1557 d) 19

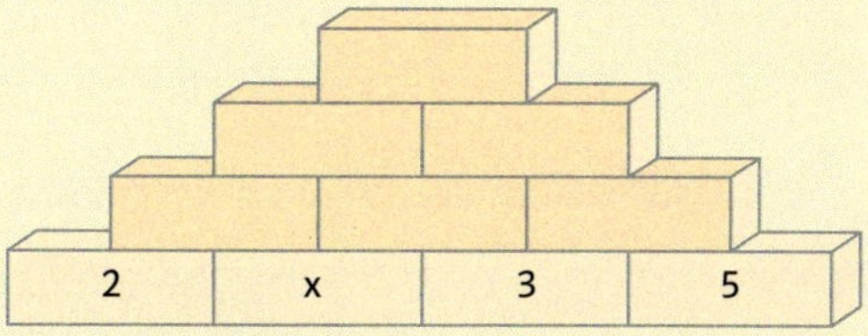

6 Übernimm die Tabelle ins Heft und ergänze die fehlenden Zahlen.

x	1	2	8		4,2	0,8		$\frac{1}{4}$		$\frac{2}{3}$	
$\frac{1}{2}x + 3$				5			$6\frac{1}{2}$		3,2		9

7 Setze in dem Term für die Variable x nacheinander die Zahlen 4; $\frac{5}{6}$ und 1,4 ein. Lege eine Tabelle an und berechne die entstehenden Rechenausdrücke.
a) $2x + 4$ b) $3x - 1{,}8$ c) $1{,}5x + 5$

8 Löse die folgenden Gleichungen.
a) $3x = 1{,}2$ b) $4x - 3 = 17{,}4$ c) $6x - 9{,}1 = 4{,}4$ d) $0{,}5x + 3 = 7{,}5$

9 a) Welchen Umfang und welchen Flächeninhalt hat die Fig. 2, wenn x die Länge 5 cm hat?
b) Stelle einen Term mit der Variablen x für den Umfang und für den Flächeninhalt der Figur auf.
c) Für welches x ist der Umfang 64 cm?

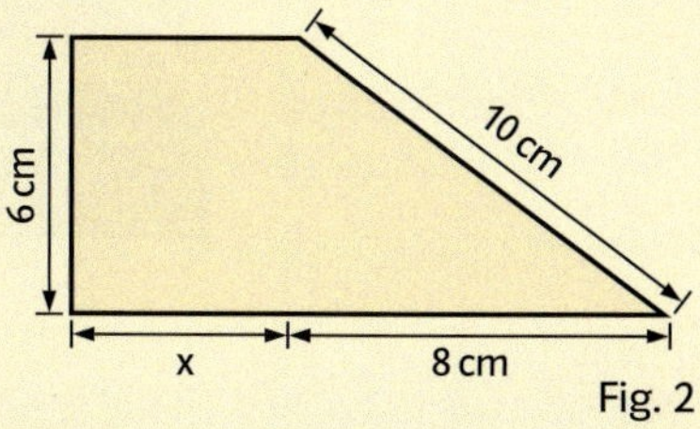

Fig. 2

10 Den Betrag B einer monatlichen Handyrechnung kann man mit der Formel $B = a \cdot x + b$ berechnen. Hierbei steht x für die Anzahl der Gesprächsminuten im Monat, a steht für die Gebühr pro Gesprächsminute und b für die Grundgebühr.
a) Kathrin hat einen Vertrag mit 9,95 € Grundgebühr und 0,35 € Gebühr pro Gesprächsminute. Berechne in einer Tabelle, wie hoch Kathrins Handyrechnung für 0; 1; 2; 10; 50; 100 Gesprächsminuten im Monat ist.
b) Johannes hat einen Vertrag mit $a = 0{,}15$ € und $b = 19{,}95$ €. Wie viel bezahlt Johannes für 10 bzw. 100 Gesprächsminuten? Wie lange kann Johannes für 27,45 € telefonieren?
c) Ida telefoniert monatlich ca. 70 Minuten. Welchen der beiden Verträge soll sie wählen?

x	0	1	2
B	9,95		

Olympische Spiele

Olympia – die Zeitungen sind voll mit Bildern, Berichten, Sensationen, Rekorden, Medaillenspiegeln, Tragödien und Skandalen. Das Fernsehen ist überall dabei: Live-Reportagen, Menschen, Schicksale, Interviews, Zeitlupen, rund um die Uhr.

Britta Steffen gewinnt Gold
Britta Steffen hat die Ehre der deutschen Schwimmer bei den Olympischen Spielen 2008 in Peking gerettet.

Deutsche Ruderer enttäuschen
Mit insgesamt einer Silber- und einer Bronzemedaille erzielten die deutschen Ruderer in Peking ihr schlechtestes Ergebnis bei Olympischen Spielen seit 1956.

Dany Ecker
bester deutscher Stabhochspringer
Mit 5,70 m landete er auf Platz 6.

Handballer scheiden in Vorrunde aus
Deutschlands gefallene Handball-Helden schleichen nach der Niederlage gegen Dänemark geschlagen vom Platz.

Online-Link
734261-2281

Warum ist Olympia so interessant? Was hat es mit der Geschichte um die Spiele auf sich? Die Schüler der Klasse 6b unterhalten sich angeregt. Marius ist im Leichtathletikverein, Daniela spielt Volleyball, Christoph ist leidenschaftlicher Schwimmer … Jeder ist ein kleiner Spezialist auf seinem Gebiet und verfolgt daher Sportwettkämpfe in seiner Disziplin ganz intensiv. Ein besonderer Höhepunkt sind die Olympischen Spiele alle vier Jahre. Plötzlich haben die Schülerinnen und Schüler eine Idee: „Wir organisieren eine Ausstellung zum Thema „Olympia". Jeder vertieft sein Spezialgebiet und stellt es den anderen vor. Da gibt es eine Menge Fragen zu klären, und darin sind sich alle einig: Die Ausstellung soll interessant und pfiffig werden, es muss so richtig „was los" sein. Es soll lebhaft zugehen wie auf einem Marktplatz, auf dem man alles kaufen, anschauen, sich anhören und miteinander reden kann. Plötzlich kommen ganz viele Ideen zur Gestaltung des Marktplatzes zusammen. „Wir organisieren einen Nachmittag mit dem Thema

Marktplatz ‚Olympia' – LIVE dabei.

Dazu laden wir unsere Eltern und Freunde ein und bauen viele verschiedene Marktstände auf. Überall wird etwas geboten."

„Gute Idee! Lass uns einen Marktstand machen, an dem man alles über die verschiedenen Läufe, die Spitzenzeiten und die Veränderung der Laufzeiten von 1896 bis heute erfahren kann. Unseren Stand nennen wir dann **Laufen, laufen** *…"*

Zahlen, Diagramme und mehr *„Wir veranschaulichen die vielen Zahlen mithilfe verschiedener Diagramme. In einem Kreisdiagramm ist der Medaillenspiegel der Teilnehmerländer gut zu zeigen. Mit Säulendiagrammen kann man die Durchschnittsgeschwindigkeiten der Schwimmer in ihren Schwimmstilen veranschaulichen."*

Die Zeitleiste *„Wir zeichnen eine riesengroße Zeitleiste auf Packpapier, tragen alle Olympischen Spiele ein und kleben interessante Bilder auf."*

Steckbriefe *„Wir beschreiben interessante Athletinnen und Athleten in Form von Steckbriefen auf Plakaten."*

„Die olympischen Ringe müssen wir auf jeden Fall ganz groß aufzeichnen!"

„Stopp, Stopp! Eure Idee mit den Plakaten ist ja gut. Aber könnten wir noch etwas mehr Action auf den Marktplatz bringen?"

Weiten im Vergleich *„Ja, klar! Die Weiten, die beim Weitsprung erzielt wurden, zeichnen wir auf dem Schulhof auf und tragen unsere eigenen Weiten im Vergleich dazu ein."*

Die Reportage *„Ein Reporter berichtet live von einem spannenden Ruderwettkampf und vergleicht die verschiedenen Zeiten in den Einern, Zweiern, Vierern und Achtern."*

Wettkämpfe live *„Bei uns kann jeder die antiken Wettkämpfe einmal selbst ausprobieren. Der Sieger wird dann wie damals ermittelt und geehrt. Antike Sportgeräte können mit den heutigen Geräten verglichen werden."*

Quiz *„Hier kann jeder sein Wissen testen."*

Das Interview *„Ein Reporter interviewt einen Kugelstoßer und testet ihn, ob er nicht nur stark ist, sondern auch einiges zum Kugelstoßring weiß."*

Sketch *„Bei uns geht es zum Abschluss der Veranstaltung dann ganz lustig zu. Hier wird ein Sketch aufgeführt zum Thema „Wie stellen wir uns Olympia in 50 Jahren vor?" Jeder Besucher kann mitmachen. Das wäre sicher ein super Abschluss!"*

Wie fing alles an? Die Olympischen Spiele der Antike

Der antike Fünfkampf
Er umfasste die Disziplinen Diskuswerfen, Weitsprung, Speerwurf, Laufen und Ringen. Beim Diskuswerfen wurde eine ca. 5,7 kg schwere Scheibe aus Bronze, Eisen, Blei oder Stein mit einem Durchmesser von 34 cm verwendet.
Beim Weitsprung hielt der Athlet Sprunggewichte von 1,4 kg bis 4,6 kg aus Stein, Blei oder Bronze in jeder Hand. Der Sprung selbst soll aus dem Stand heraus erfolgt sein. Es wurden fünf Sprünge hintereinander ausgeführt. Am Schluss zählte die Gesamtdistanz. Der Speer wurde mithilfe einer Lederriemenschlaufe abgeworfen. Die Laufstrecke war wahrscheinlich eine Stadionlänge. Es wird vermutet, dass der Sieger nicht nach einem Punktesystem, sondern nach einem Ausscheidungsverfahren ermittelt wurde.

Im Laufe der Jahre wurden die Disziplinen erweitert und die Spiele von einem Tag auf fünf Tage ausgedehnt.[1] Man unterschied die gymnischen (oder athletischen) und die hippischen Wettkämpfe sowie einen Wettstreit der Trompeter und Herolde.

[1] In manchen Quellen ist auch von sechs Tagen die Rede.

? Welche Disziplinen umfassten diese Wettkämpfe?

Wie groß und wie schwer ist die heutige Diskusscheibe?

Von Anfang bis Ende
776 v. Chr. wird als das erste Jahr der Olympischen Spiele bezeichnet. Das Datum konnte man aus Siegerlisten ableiten. Bei den ersten Spielen fand nur ein Lauf, der sogenannte Stadionlauf, über die Länge das Stadions (192,27 m) statt. Die Spiele dauerten einen Tag und fanden nach der Sommersonnenwende statt. Der Sieger bekam als Preis einen Kranz aus Olivenzweigen.
Ab der 14. Olympiade im Jahr 724 v. Chr. kam der Doppellauf als neue Disziplin hinzu. Der Läufer musste am Ende des Stadions eine Wendemarke umrunden und zur Startlinie zurückkehren. Ab 720 v. Chr. wird von Langstreckenläufen über 20 oder 24 Stadionlängen, dem sogenannten Pendellauf, berichtet. 708 v. Chr. wurde der Fünfkampf eingeführt. 680 v. Chr. fand das erste Wagenrennen mit einem Vierspänner statt. 476 v. Chr. wurden die Olympischen Spiele durch Hinzunahme weiterer Disziplinen zu einem fünftägigen Fest erweitert. Im Laufe der Jahre wurden die Spiele rauer und teilweise sogar gewalttätig.
393 n. Chr. wurden die Olympischen Spiele von Kaiser Theodosius I abgeschafft.

? Welche Disziplinen zählt man heute zum Fünfkampf?

In verschiedenen Quellen findet man folgende Angaben:
Die Stadionlänge entsprach der Legende nach dem Sechshundertfachen der Fußgröße des Herakles. Die Reitbahn – das Hippodrom – war ca. 4 Stadien lang. Die Zwei- und Vierspänner legten darin zwölf Runden (Längen des Hippodroms) zurück.

? Stelle zu den verschiedenen Messgrößen Berechnungen an.

? Fertige eine Zeitleiste an, die von 776 v. Chr. bis heute reicht. Markiere alle Jahre, in denen Olympische Spiele stattgefunden haben.

Modell der Bauten im Heiligtum von Olympia

1 Zeustempel 2 Gästehaus für die Ehrengäste

Ein berühmter Athlet: Milon von Kroton

Milon von Kroton siegte als 17-Jähriger im Jahr 540 v. Chr. zum ersten Mal bei einer Olympiade als Ringer. Er ging aus dem Leistungszentrum von Kroton in Süditalien hervor.
Die Überlieferung sagt, dass der berühmte Mathematiker Pythagoras, der selbst Olympiasieger im Ringkampf war, sein Lehrmeister gewesen sei.
Insgesamt errang Milon von Kroton sechs Olympiasiege.
Von ihm wird erzählt, dass er in seiner Jugend täglich ein Kalb getragen habe. Mit zunehmendem Gewicht des Kalbs wuchs auch seine Muskelkraft. Später soll er einen Stier auf den Schultern rund um die Laufbahn eines Stadions von 1,5 km Länge getragen haben.
Man sagt ihm nach, dass er täglich 17 Pfund Brot und 17 Pfund Fleisch gegessen und 10 Liter Wein getrunken habe.

? Versuche noch mehr über die Olympischen Spiele der Antike zu erfahren. Interessante Informationen erhältst du aus dem Internet, wenn du das Suchwort „Antikes Olympia" eingibst.

? Wer war 776 v. Chr. der erste Olympiasieger?
Warum wurde nur ein Teilnehmer Olympiasieger?
Wie wurde der Sieger ermittelt?

Selbsttraining

Kapitel I

Teiler und Vielfache

1 Setze für ▢ passend „ist ein Teiler von“ oder „ist kein Teiler von“ ein.

a) 6 ▢ 30 b) 4 ▢ 30 c) 8 ▢ 30 d) 30 ▢ 90 e) 9 ▢ 30
f) 90 ▢ 30 g) 1 ▢ 8 h) 18 ▢ 18 i) 1 ▢ 1 j) 8 ▢ 46
k) 48 ▢ 8 l) 8 ▢ 18 m) 17 ▢ 952 n) 12 ▢ 576 o) 28 ▢ 1316
p) 9 ▢ 1980 q) 6 ▢ 6030 r) 6 ▢ 12 092 s) 6 ▢ 17 996 t) 7 ▢ 4933
u) 7 ▢ 35 140 v) 7 ▢ 77 078 w) 8 ▢ 2376 x) 8 ▢ 20 056 y) 8 ▢ 15 950

2 Fülle die Tabelle aus, wie es die beiden Beispiele zeigen.

	ist teilbar durch 2	ist teilbar durch 3	ist teilbar durch 4	ist teilbar durch 5	ist teilbar durch 6	ist teilbar durch 9
228	*ja*			*nein*		
920						
2800						
4770						
8219						
27 094						
39 768						
1 064 532						

3 Entscheide möglichst, ohne das Produkt zu berechnen, ob die Behauptung richtig oder falsch ist.

a) 15 teilt $7 \cdot 45$ b) 35 teilt $100 \cdot 5$ c) 8 teilt $13 \cdot 16$ d) 7 teilt $77 \cdot 123$
e) 12 teilt $144 \cdot 15$ f) 33 teilt $111 \cdot 12$ g) 34 teilt $170 \cdot 7$ h) 56 teilt $49 \cdot 64$
i) 28 teilt $58 \cdot 42$ j) 125 teilt $34 \cdot 100$ k) 30 teilt $45 \cdot 8$ l) 11 teilt $70 \cdot 7$

4 Entscheide möglichst, ohne die Division durchzuführen, ob ein Rest bleibt.

a) 555 : 3 b) 111 222 333 : 9 c) 102 030 405 : 6 d) 12 345 : 5
e) 2 000 300 475 : 25 f) 2 435 215 : 15 g) 8 765 432 : 4 h) 25 673 235 : 8
i) 67 453 248 : 8 j) 876 765 654 : 4 k) 703 578 : 6 l) 70 350 : 7

Kapitel I

Primfaktorzerlegung

1 Zerlege in Primfaktoren, fasse gleiche Faktoren zu Potenzen zusammen.

a) 12 b) 15 c) 18 d) 22 e) 29
f) 32 g) 37 h) 48 i) 50 j) 68
k) 74 l) 114 m) 115 n) 243 o) 245
p) 260 q) 289 r) 399 s) 728 t) 756

2 Die Zahl 1800 hat die Primfaktorzerlegung $1800 = 2^3 \cdot 3^2 \cdot 5^2$.
Bestimme daraus die Primfaktorzerlegung von:

a) 900 = 1800 : 2 b) 225 = 1800 : 8 c) 200
d) 300 = 1800 : 6 e) 600 f) 360

Lösungen auf Seite 257.

3 Übertrage die Tabelle in dein Heft und fülle sie aus.

a	b	Teiler von a	Teiler von b	Gemeinsame Teiler	ggT	kgV
18	24	1; 2; 3; 6; 9; 18	1; 2; 3; 4; 6; 8; 12; 24	1; 2; 3; 6	6	72
12	16					
30	45					
35	21					
16	81					
34	21					
36	70					
48	60					
50	65					

4 Welche Zahlen kann man hier für □ einsetzen? Nenne jeweils drei Möglichkeiten.

a) Der ggT von 12 und □ ist 4.
b) Das kgV von 12 und □ ist 60.
c) Der ggT von □ und 18 ist 6.
d) Das kgV von □ und 18 ist 126.
e) Der ggT von □ und 81 ist 9.
f) Das kgV von □ und 81 ist 162.

5 Übertrage die Figur in dein Heft. Trage in jedes Kästchen über zwei Zahlen jeweils ihr kgV, unter zwei Zahlen ihren ggT ein.

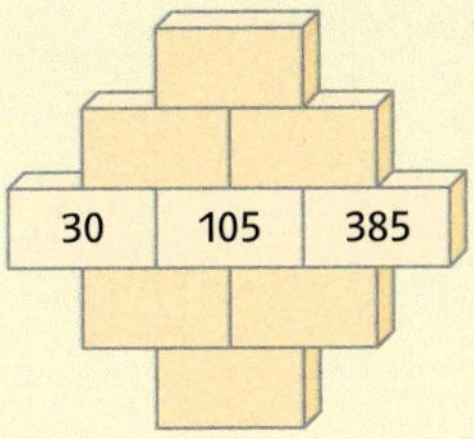

Kürzen und Erweitern

Kapitel II

1 Erweitere

a) $\frac{4}{6}$ mit 7;
b) $\frac{3}{4}$ mit 5;
c) $\frac{6}{7}$ mit 8;
d) $\frac{1}{9}$ mit 13;
e) $\frac{7}{12}$ mit 8;
f) $\frac{9}{20}$ mit 4;
g) $\frac{9}{35}$ mit 8;
h) $\frac{13}{30}$ mit 2;
i) $\frac{1}{16}$ mit 30;
j) $\frac{12}{19}$ mit 45.

2 a) Kürze mit 3: $\frac{12}{39}$; $\frac{24}{51}$; $\frac{21}{33}$; $\frac{63}{123}$; $\frac{87}{144}$.
b) Kürze mit 7: $\frac{14}{49}$; $\frac{35}{84}$; $\frac{56}{91}$.

3 Kürze so weit wie möglich.

a) $\frac{12}{18}$; $\frac{15}{24}$; $\frac{15}{15}$
b) $\frac{6}{12}$; $\frac{5}{20}$; $\frac{12}{36}$
c) $\frac{16}{48}$; $\frac{10}{60}$; $\frac{27}{81}$
d) $\frac{24}{96}$; $\frac{45}{10}$; $\frac{28}{56}$

4 a) Erweitere $\frac{3}{4}$ so, dass folgende Nenner entstehen: 8; 12; 52; 172; 256.
b) Erweitere $\frac{3}{4}$ so, dass folgende Zähler entstehen: 12; 21; 39; 48; 99.

5 a) $\frac{25}{65}$ gekürzt mit 5 ist □.
b) $\frac{35}{98}$ gekürzt mit 7 ist □.
c) □ gekürzt mit 12 ist $\frac{2}{3}$.
d) □ gekürzt mit 15 ist $\frac{3}{4}$.
e) $\frac{228}{399}$ gekürzt mit 19 ist □.
f) $\frac{255}{425}$ gekürzt mit 17 ist □.

6 Erweitere den Bruch so, dass im Nenner 100 steht und wandle dann in cm um.

a) $\frac{3}{4}$m
b) $\frac{6}{5}$m
c) $\frac{11}{20}$m
d) $\frac{13}{25}$m
e) $\frac{47}{25}$m

Lösungen auf Seite 257.

7 Rechne um, indem du zuerst auf einen geeigneten Nenner erweiterst.

a) $\frac{7}{8}$ kg in g b) $\frac{15}{4}$ kg in g c) $\frac{4}{5}$ cm² in mm² d) $\frac{11}{5}$ cm² in mm²
e) $\frac{2}{3}$ Tage in h f) $\frac{5}{4}$ Tage in h g) $\frac{5}{6}$ h in min h) $\frac{7}{5}$ h in min
i) $\frac{3}{8}$ t in kg j) $\frac{17}{4}$ t in kg k) $\frac{2}{3}$ h in s l) $\frac{5}{4}$ h in s

8 Welcher Bruch ist größer?

a) $\frac{1}{2}$; $\frac{1}{3}$ b) $\frac{2}{3}$; $\frac{1}{6}$ c) $\frac{5}{8}$; $\frac{7}{10}$ d) $\frac{11}{12}$; $\frac{19}{20}$ e) $\frac{3}{4}$; $\frac{7}{10}$
g) $\frac{5}{11}$; $\frac{11}{15}$ h) $\frac{2}{3}$; $\frac{3}{4}$ i) $\frac{3}{8}$; $\frac{7}{12}$ j) $\frac{4}{15}$; $\frac{7}{10}$ k) $\frac{11}{12}$; $\frac{14}{15}$

9 Kürze, ohne vorher auszumultiplizieren. Die Primfaktorzerlegung kann helfen.

a) $\frac{2 \cdot 21}{14 \cdot 6}$ b) $\frac{8 \cdot 49}{28 \cdot 4}$ c) $\frac{12 \cdot 27}{45 \cdot 9}$ d) $\frac{102 \cdot 65}{26 \cdot 17}$
e) $\frac{24 \cdot 60}{45 \cdot 16}$ f) $\frac{38 \cdot 56}{21 \cdot 19}$ g) $\frac{26 \cdot 140}{21 \cdot 65}$ h) $\frac{72 \cdot 77}{198 \cdot 45}$
i) $\frac{12 \cdot 15 \cdot 24}{18 \cdot 10 \cdot 16}$ j) $\frac{21 \cdot 28 \cdot 20}{16 \cdot 3 \cdot 49}$ k) $\frac{51 \cdot 64 \cdot 36 \cdot 35}{21 \cdot 85 \cdot 16 \cdot 12}$ l) $\frac{42 \cdot 88 \cdot 52 \cdot 119}{104 \cdot 49 \cdot 34 \cdot 15}$

Kapitel II

Gebrochene Zahlen umwandeln

1 Schreibe als Dezimalbruch.

a) $\frac{3}{10}$ b) $\frac{37}{100}$ c) $\frac{7}{10}$ d) $\frac{637}{1000}$ e) $\frac{13}{100}$
f) $\frac{237}{1000}$ g) $\frac{309}{10\,000}$ h) $\frac{463}{1000}$ i) $\frac{93}{100}$ j) $\frac{2730}{10\,000}$
k) $\frac{3090}{1000}$ l) $\frac{4637}{10}$ m) $\frac{462}{100}$ n) $\frac{1254}{10}$ o) $\frac{2398}{1000}$
p) $\frac{4}{5}$ q) $\frac{5}{2}$ r) $\frac{3}{5}$ s) $\frac{7}{2}$ t) $\frac{9}{20}$
u) $\frac{17}{25}$ v) $\frac{17}{8}$ w) $\frac{107}{40}$ x) $\frac{5}{16}$ y) $\frac{37}{32}$

2 Schreibe als vollständig gekürzten Bruch.

a) 0,25 b) 0,05 c) 0,15 d) 3,26 e) 3,05
f) 0,35 g) 0,07 h) 4,8 i) 13,16 j) 3,45
k) 1,4 l) 21,35 m) 7,322 n) 87,23 o) 0,045
p) 1,009 q) 60,75 r) 5,898 s) 0,087 t) 5,231
u) 0,305 v) 0,2025 w) 7,586 x) 8,259 y) 5,231

3 Kürze und/oder erweitere und schreibe dann als Dezimalzahl.

a) $\frac{23}{230}$ b) $\frac{49}{28}$ c) $\frac{55}{220}$ d) $\frac{35}{140}$ e) $\frac{9}{600}$
f) $\frac{81}{225}$ g) $\frac{196}{280}$ h) $\frac{169}{520}$ i) $\frac{280}{175}$ j) $\frac{57}{60}$
k) $\frac{51}{340}$ l) $\frac{99}{125}$ m) $\frac{105}{350}$ n) $\frac{87}{290}$ o) $\frac{121}{440}$
p) $\frac{17}{32}$ q) $\frac{91}{65}$ r) $\frac{279}{310}$ s) $\frac{33}{48}$ t) $\frac{135}{360}$

Lösungen auf den Seiten 257–258.

4 Bestimme den Anteil der rot getönten Fläche an der ganzen Fläche als vollständig gekürzten Bruch.

a)

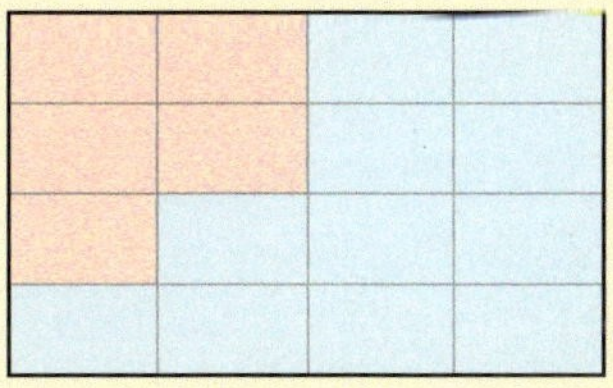

b)

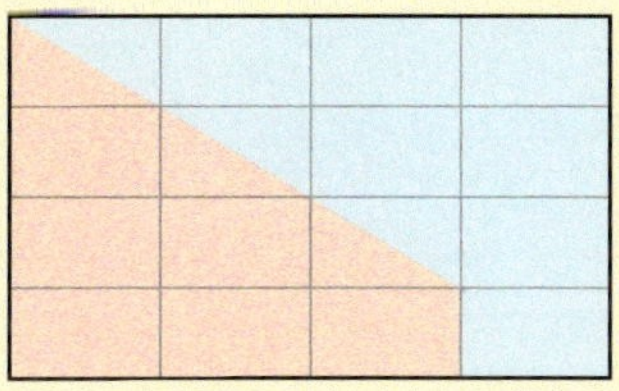

c)

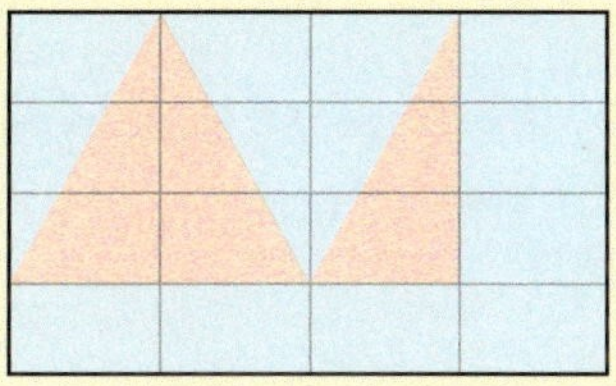

5 Schreibe als Bruch und kürze.

a) 50 % b) 1 % c) 8 % d) 24 % e) 120 %

Anteile und Bruchteile berechnen

Kapitel II

1 Berechne die Bruchteile.

a) $\frac{2}{10}$ von $2\,cm^2$ b) $\frac{56}{100}$ von $3\,m^2$ c) $\frac{19}{20}$ von $43\,km^2$ d) $\frac{3}{5}$ von 17 a

e) $\frac{1}{2}$ von 7 m f) $\frac{2}{3}$ von 8 Tagen g) $\frac{2}{7}$ von 85 km h) $\frac{2}{5}$ von 8 h

2 Wie viele Minuten sind

a) $\frac{2}{3}$ von 5 h; b) $\frac{5}{6}$ von 11 h; c) $\frac{2}{17}$ von 34 h; d) $\frac{15}{19}$ von 57 h?

Größen umwandeln

Kapitel II

1 Erweitere den Bruch so, dass im Nenner 100 steht und wandle dann in cm um.

a) $\frac{3}{4}$ m b) $\frac{4}{5}$ m c) $\frac{11}{20}$ m d) $\frac{23}{25}$ m e) $\frac{24}{25}$ m

2 Erweitere den Bruch so, dass im Nenner 60 steht und wandle dann in min um.

a) $\frac{1}{4}$ h b) $\frac{1}{5}$ h c) $\frac{2}{3}$ h d) $\frac{4}{15}$ h e) $\frac{7}{20}$ h

3 Rechne um, indem du zuerst auf einen geeigneten Nenner erweiterst.

a) $\frac{7}{8}$ kg in g b) $\frac{4}{5}\,cm^2$ in mm^2 c) $\frac{2}{3}$ Tage in h d) $\frac{11}{12}$ h in min

e) $\frac{3}{5}$ t in kg f) $\frac{1}{8}\,dm^2$ in mm^2 g) $\frac{5}{6}$ Tage in h h) $\frac{11}{15}$ min in s

4 Schreibe zunächst in m und ordne dann der Größe nach.

a) 7,2 cm; 68 mm; 0,45 dm; 0,059 m; $\frac{3}{4}$ dm; $75\frac{1}{2}$ mm; $\frac{7}{100}$ m

b) 120,5 m; 0,13 km; 1469 cm; $\frac{1}{8}$ km; $\frac{652}{5}$ m; 1105 dm

5 Schreibe zunächst in g und ordne dann der Größe nach.

a) 1230 g; 0,012 t; 1,32 kg; $\frac{5}{4}$ kg; $\frac{1}{400}$ t; $\frac{6178}{5}$ g

b) 56,9 g; 40 000 mg; 0,050 kg; $\frac{5}{80}$ kg; $\frac{7}{80\,000}$ t; $\frac{111}{2}$ g

6 Schreibe zunächst in m^2 und ordne dann der Größe nach.

a) $1{,}35\,m^2$; 0,12 a; $14\,500\,cm^2$; $\frac{1}{80}$ a; $\frac{231}{2}\,dm^2$; $\frac{1}{1000}$ ha

b) $78{,}5\,m^2$; 0,81 a; $7888\,dm^2$; $\frac{4}{500}$ ha; $\frac{17}{20}$ a; $\frac{165}{2}\,m^2$

Lösungen auf Seite 258.

7 Schreibe zunächst in s und ordne dann der Größe nach.

a) 13 min; 0,2 h; 690 s; $\frac{5}{24}$ h; $\frac{61}{5}$ min; $\frac{7}{720}$ Tage

b) 0,55 min; 0,009 h; 28,5 s; $\frac{1}{120}$ h; $\frac{9}{20}$ min; $\frac{131}{5}$ s

8 Übertrage die Figur in dein Heft und ergänze.

19.30 h $\xrightarrow{+\frac{2}{3}\text{h}}$ ☐ $\xrightarrow{-\frac{17}{20}\text{h}}$ ☐ $\xrightarrow{-\frac{2}{5}\text{h}}$ ☐

Kapitel IV

Addieren und Subtrahieren

1 Addiere und kürze falls möglich.

a) $\frac{1}{4}+\frac{1}{6}$ b) $\frac{1}{8}+\frac{1}{12}$ c) $\frac{1}{4}+\frac{1}{10}$ d) $\frac{1}{10}+\frac{1}{15}$ e) $\frac{1}{15}+\frac{1}{20}$

f) $\frac{3}{14}+\frac{5}{21}$ g) $\frac{7}{12}+\frac{5}{18}$ h) $\frac{4}{15}+\frac{3}{20}$ i) $\frac{11}{15}+\frac{3}{25}$ j) $\frac{7}{10}+\frac{4}{15}$

2 Subtrahiere und kürze falls möglich.

a) $\frac{1}{12}-\frac{1}{15}$ b) $\frac{1}{6}-\frac{1}{9}$ c) $\frac{1}{6}-\frac{1}{8}$ d) $\frac{1}{12}-\frac{1}{18}$ e) $\frac{5}{12}-\frac{3}{8}$

f) $\frac{11}{12}-\frac{1}{3}$ g) $\frac{7}{8}-\frac{1}{4}$ h) $\frac{17}{18}-\frac{1}{3}$ i) $\frac{2}{3}-\frac{7}{18}$ j) $\frac{17}{24}-\frac{3}{8}$

3 Berechne und kürze falls möglich.

a) $\frac{5}{14}+\frac{8}{21}$ b) $\frac{3}{10}-\frac{4}{15}$ c) $\frac{5}{27}-\frac{1}{18}$ d) $\frac{5}{22}-\frac{3}{20}$ e) $\frac{7}{16}-\frac{5}{12}$

f) $\frac{11}{20}-\frac{3}{16}$ g) $\frac{11}{12}+\frac{3}{10}$ h) $\frac{7}{12}-\frac{7}{16}$ i) $\frac{3}{25}+\frac{7}{40}$ j) $\frac{9}{20}-\frac{7}{30}$

4 Schreibe den Bruch als Dezimalzahl und berechne.

a) $3{,}5+\frac{3}{5}$ b) $1{,}2-\frac{1}{2}$ c) $\frac{3}{4}-0{,}2$ d) $\frac{3}{2}-\frac{4}{5}$ e) $3{,}02-\frac{2}{5}$

5 Schreibe die Dezimalzahl als Bruch und berechne.

a) $0{,}5+\frac{1}{4}$ b) $\frac{3}{4}+0{,}2$ c) $1{,}6-\frac{4}{5}$ d) $\frac{2}{3}+0{,}75$ e) $5{,}05-\frac{5}{6}$

6 Berechne.

a) $\frac{14}{3}-\left(\frac{2}{3}+\frac{1}{4}\right)$ b) $\frac{4}{3}-\left(\frac{1}{2}+\frac{5}{6}\right)$ c) $\frac{1}{3}-\left(\frac{9}{10}-\frac{11}{15}\right)$ d) $\frac{12}{7}-\left(\frac{4}{3}-\frac{3}{7}\right)$

7 Rechne geschickt.

a) $\frac{1}{4}+\left(\frac{1}{2}+\frac{3}{4}\right)$ b) $\left(\frac{4}{5}-\frac{1}{3}\right)-\frac{1}{5}$ c) $\left(\frac{2}{3}+\frac{1}{4}\right)+\frac{3}{4}$ d) $\left(\frac{1}{4}+\frac{1}{5}\right)-\frac{9}{20}$

8 Berechne, gib das Ergebnis als Bruch und in dezimaler Schreibweise an.

a) $\frac{1}{4}+1{,}63$ b) $4{,}83-\frac{2}{5}$ c) $\frac{1}{5}+3{,}82$ d) $\frac{4}{5}-0{,}678$

e) $10+\frac{1}{4}-1{,}8$ f) $3{,}4-0{,}6+\frac{3}{4}$ g) $\frac{3}{4}-\frac{1}{2}+0{,}73$ h) $\frac{2}{5}-\frac{1}{2}+4{,}3$

9 Mache zuerst einen Überschlag und berechne dann.

a) 25,32 + 24,03 b) 18,675 + 0,98 c) 52,49 + 19,983

d) 608,08 + 35,47 e) 371,7 − 250,95 f) 403,169 − 174,84

Lösungen auf Seite 258.

10 Mache zuerst einen Überschlag und berechne dann.

a) 200 – (520,8 – 487,6) + 74,1
b) (38,4 + 17,9) – (39,81 + 14,26)
c) (36,5 – 3,8) + (81,63 – 19,9 + 2,06)
d) 924,68 – (198,6 + 413,47) – 83,82

11 Berechne. Runde das Ergebnis auf Zehntel.

a) 4,23 + 8,751 + 6,9 + 7,253
b) 675,3 – (24,25 + 8,647 + 14,2)
c) 810,82 – 10,8 + 20,53 – 49,01
d) 8,274 – 5,1723 + (71,3 + 9,1 – 63,1)

Multiplizieren und Dividieren

Kapitel VI

1 Kürze, falls möglich, vor dem Ausrechnen.

a) $\frac{2}{9} \cdot \frac{3}{4}$ b) $\frac{7}{8} \cdot \frac{1}{4}$ c) $\frac{14}{9} \cdot \frac{6}{7}$ d) $\frac{24}{35} \cdot \frac{21}{20}$ e) $\frac{16}{17} \cdot \frac{85}{48}$
f) $\frac{11}{13} \cdot \frac{39}{77}$ g) $\frac{17}{81} \cdot \frac{28}{51}$ h) $\frac{5}{7} \cdot \frac{10}{21}$ i) $\frac{14}{27} \cdot \frac{9}{28}$ j) $\frac{17}{69} \cdot \frac{25}{51}$
k) $\frac{33}{37} \cdot \frac{74}{99}$ l) $\frac{25}{13} \cdot \frac{39}{100}$ m) $\frac{9}{20} \cdot \frac{10}{21}$ n) $\frac{21}{25} \cdot \frac{3}{5}$ o) $\frac{11}{12} \cdot \frac{6}{55}$
p) $\frac{4}{15} \cdot \frac{1}{8}$ q) $\frac{15}{16} \cdot \frac{20}{55}$ r) $\frac{4}{7} \cdot \frac{25}{12}$ s) $\frac{9}{22} \cdot \frac{6}{11}$ t) $\frac{7}{12} \cdot \frac{6}{35}$
u) $\frac{3}{2} \cdot \frac{1}{2}$ v) $\frac{12}{25} \cdot \frac{15}{16}$ w) $\frac{22}{45} \cdot \frac{40}{55}$ x) $\frac{3}{5} \cdot \frac{15}{42}$ y) $\frac{13}{25} \cdot \frac{10}{39}$

2 Berechne, kürze möglichst früh.

a) $\frac{2}{3} : \frac{4}{9}$ b) $\frac{7}{8} : \frac{1}{4}$ c) $\frac{2}{5} : \frac{3}{10}$ d) $\frac{1}{3} : \frac{4}{3}$ e) $\frac{2}{7} : \frac{3}{8}$
f) $\frac{4}{9} : \frac{2}{3}$ g) $\frac{9}{10} : \frac{3}{5}$ h) $\frac{5}{7} : \frac{10}{21}$ i) $\frac{1}{2} : \frac{1}{10}$ j) $\frac{9}{22} : \frac{6}{11}$
k) $\frac{5}{6} : \frac{12}{17}$ l) $\frac{21}{25} : \frac{3}{5}$ m) $\frac{49}{50} : \frac{7}{25}$ n) $\frac{56}{57} : \frac{14}{19}$ o) $\frac{50}{51} : \frac{10}{3}$

3 Berechne. Kürze, falls möglich.

a) $\frac{5}{7} : \frac{10}{21}$ b) $\frac{3}{5} \cdot \frac{25}{84}$ c) $\frac{7}{8} : \frac{1}{4}$ d) $\frac{7}{5} \cdot \frac{21}{25}$ e) $\frac{63}{50} : \frac{7}{22}$
f) $\frac{24}{17} \cdot \frac{1}{8}$ g) $\frac{9}{10} : \frac{3}{5}$ h) $\frac{5}{7} : \frac{40}{21}$ i) $\frac{4}{15} \cdot \frac{7}{8}$ j) $\frac{13}{25} \cdot \frac{80}{39}$
k) $\frac{2}{5} : \frac{3}{10}$ l) $\frac{4}{13} \cdot \frac{65}{12}$ m) $\frac{4}{7} : \frac{3}{32}$ n) $\frac{14}{19} \cdot \frac{95}{49}$ o) $\frac{17}{69} \cdot \frac{15}{51}$

4 Kürze wenn möglich.

a)
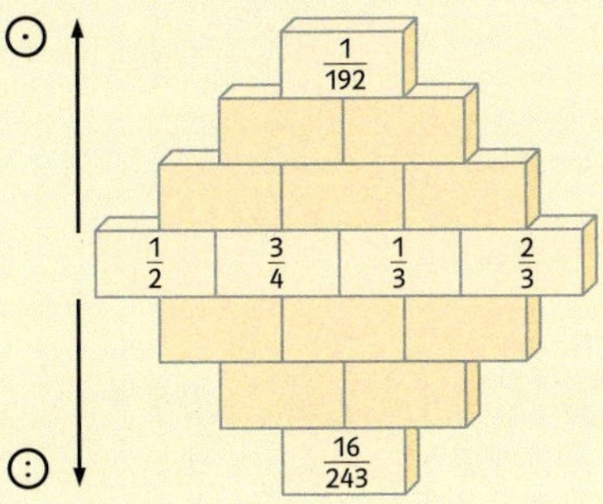

b)
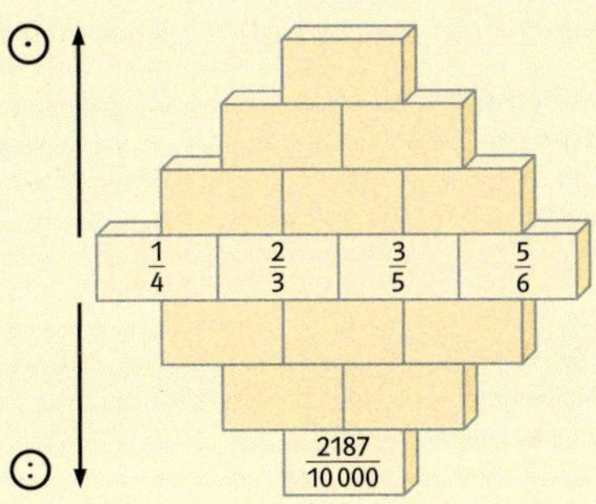

5 Berechne.

a) 45,319 · 100 b) 9,01 · 1000 c) 10 000 · 0,0025 d) 10 · 3,084
e) 0,035 · 100 f) 100 000 · 0,0078 g) 38,6 · 1000 h) 100 · 15
i) 0,0004 · 10 j) 384,5 : 10 k) 384,5 : 100 l) 384,5 : 10
m) 0,0047 : 10 n) 30,03 : 10 o) 7,5 : 10 p) 3,9 : 100

6 Folgende Umrechnung heißt gegensinnige Kommaverschiebung:
$0{,}0045 \cdot 3000 = 0{,}045 \cdot 300 = 0{,}45 \cdot 30 = 4{,}5 \cdot 3 = 13{,}5$
Berechne mithilfe von gegensinniger Kommaverschiebung im Kopf.

a) $0{,}03 \cdot 50$ b) $90 \cdot 0{,}05$ c) $0{,}24 \cdot 20$ d) $1{,}7 \cdot 20$ e) $0{,}7 \cdot 80$
f) $0{,}11 \cdot 800$ g) $0{,}06 \cdot 150$ h) $250 \cdot 0{,}4$ i) $12{,}5 \cdot 40$ j) $25 \cdot 0{,}2$
k) $22 \cdot 0{,}05$ l) $11 \cdot 0{,}09$ m) $0{,}08 \cdot 70$ n) $0{,}06 \cdot 40$ o) $55 \cdot 0{,}02$

7 Führe zunächst eine Überschlagsrechnung durch. Rechne dann genau.

a) $64{,}2 \cdot 0{,}12$ b) $18{,}5 \cdot 0{,}488$ c) $27{,}21 \cdot 0{,}011$ d) $0{,}052 \cdot 318$
e) $520 \cdot 0{,}45$ f) $309 \cdot 0{,}035$ g) $82{,}5 \cdot 0{,}29$ h) $39{,}4 \cdot 0{,}91$
i) $832 \cdot 3{,}03$ j) $8{,}73 \cdot 732{,}1$ k) $0{,}045 \cdot 485$ l) $34{,}2 \cdot 0{,}68$

8 Berechne.

a) $1{,}5 : 2$ b) $3{,}8 : 2$ c) $7{,}8 : 6$ d) $5{,}7 : 19$ e) $9{,}6 : 12$
f) $13{,}2 : 11$ g) $35{,}7 : 17$ h) $87{,}1 : 13$ i) $124{,}2 : 9$ j) $0{,}963 : 3$

9 Mache bei den folgenden Aufgaben immer zuerst eine Überschlagsrechnung.

a) $2{,}25 : 0{,}018$ b) $58{,}24 \cdot 455$ c) $12{,}1 : 9{,}68$ d) $28 : 0{,}448$
e) $20{,}67 \cdot 0{,}65$ f) $139632 : 0{,}032$ g) $17{,}11 \cdot 29{,}5$ h) $288{,}64 : 32$
i) $5{,}95 : 1{,}7$ j) $360 \cdot \frac{1}{125}$ k) $25 : \frac{5}{40}$ l) $0{,}12 : 0{,}3$
m) $0{,}56 \cdot \frac{4}{5}$ n) $0{,}96 : 1{,}2$ o) $1{,}44 \cdot 3{,}6$ p) $0{,}17 : 0{,}5$

Kapitel VI

Addieren, Subtrahieren, Multiplizieren und Dividieren

1 Beachte: Punktrechnung vor Strichrechung, aber Klammern zuerst.

a) $\frac{1}{2} \cdot \frac{1}{3} - \frac{1}{6}$ b) $\frac{2}{5} \cdot \frac{1}{4} + \frac{3}{10}$ c) $\frac{2}{3} \cdot \frac{3}{4} + \frac{7}{10}$ d) $\frac{2}{3} - \left(\frac{4}{5} \cdot \frac{5}{8}\right)$
e) $\frac{5}{6} + \frac{1}{3} \cdot \frac{2}{3}$ f) $\frac{5}{3} \cdot \frac{3}{4} - \frac{1}{4}$ g) $\frac{1}{2} \cdot \left(\frac{3}{2} + \frac{1}{4}\right)$ h) $\frac{2}{3} \cdot \left(\frac{1}{4} - \frac{1}{5}\right)$
i) $\left(\frac{3}{4} + \frac{1}{3}\right) \cdot \frac{4}{13}$ j) $\left(\frac{3}{8} - \frac{1}{5}\right) \cdot \frac{2}{7}$ k) $1\frac{1}{2} \cdot \left(2 + \frac{1}{3}\right)$ l) $2\frac{2}{3} \cdot \left(\frac{1}{2} - \frac{1}{6}\right)$
m) $1\frac{4}{5} \cdot \left(\frac{1}{3} + \frac{5}{6}\right)$ n) $\left(\frac{3}{2} - \frac{2}{3}\right) \cdot 1\frac{1}{5}$ o) $\frac{2}{3} + \frac{1}{2} : \frac{5}{4}$ p) $\frac{2}{7} : \frac{4}{5} + \frac{1}{2}$

2 Beachte die Reihenfolge der Rechenschritte.

a) $\frac{2}{5} \cdot \frac{3}{4} - \frac{1}{4} : 2\frac{1}{2}$ b) $\frac{5}{7} : \frac{10}{11} + \frac{3}{8} \cdot \frac{4}{7}$ c) $\frac{4}{9} \cdot 1\frac{4}{5} + \frac{3}{10} : \frac{2}{5}$
d) $\left(\frac{2}{3} + \frac{1}{2}\right) \cdot \left(\frac{1}{4} + \frac{1}{3}\right)$ e) $\left(\frac{1}{6} + \frac{3}{4}\right) \cdot \left(\frac{1}{2} - \frac{2}{5}\right)$ f) $\left(\frac{3}{7} - \frac{1}{3}\right) \cdot \left(\frac{1}{2} - \frac{1}{3}\right)$
g) $\left(\frac{2}{3} - 0{,}5\right) : \left(\frac{3}{4} + \frac{1}{8}\right)$ h) $\left(\frac{2}{5} + 0{,}3\right) \cdot \left(\frac{3}{7} - 0{,}25\right)$

3 Berechne.

a) $(1{,}5 \cdot 2 + 3{,}8 - 4{,}8) \cdot 0{,}485$ b) $(4{,}8 \cdot 3 - 6 \cdot 0{,}51 - 7{,}46) \cdot 17{,}1$
c) $(2{,}6 \cdot 3{,}5 - 3{,}1 \cdot 2{,}5) \cdot 0{,}11$ d) $5{,}31 \cdot (7{,}2 \cdot 5{,}1 - 6{,}8 \cdot 4{,}9 + 16{,}6)$
e) $12{,}6 + 3{,}25 \cdot (1{,}8 - 1{,}65)$ f) $24 - 4 : \left(2{,}3 - 13 : \frac{130}{3}\right) - 22$
g) $(1{,}8 + 0{,}2 \cdot 5 + 1{,}7) : 0{,}009$ h) $6{,}206 : 2 - (2{,}08 - 0{,}638) : 1{,}4$

Lösungen auf den Seiten 258–259.

4 Mit Rechengesetzen lassen sich die Aufgaben leichter lösen.

a) $\left(\frac{1}{3} + \frac{1}{6}\right) \cdot 3$

b) $\frac{1}{7} \cdot \frac{2}{3} + \frac{6}{7} \cdot \frac{2}{3}$

c) $\frac{4}{17} \cdot \frac{5}{27} + 2\frac{13}{17} \cdot \frac{5}{27}$

d) $2\frac{1}{3} \cdot \frac{3}{20} + 7\frac{2}{3} \cdot \frac{3}{20}$

e) $7\frac{9}{16} \cdot \frac{9}{25} + 2\frac{7}{16} \cdot \frac{9}{25}$

f) $16\frac{1}{8} \cdot 8\frac{1}{5} - 14\frac{1}{8} \cdot 8\frac{1}{5}$

5 Rechne vorteilhaft.

a) $\left(\frac{1}{2} + \frac{2}{3}\right) \cdot \frac{3}{5} + \left(\frac{1}{2} + \frac{2}{3}\right) \cdot \frac{2}{5}$

b) $\left(2\frac{1}{4} - 1\frac{5}{8}\right) \cdot \frac{13}{11} + \left(2\frac{1}{4} - 1\frac{5}{8}\right) \cdot \frac{9}{11}$

c) $1\frac{5}{8} \cdot \left(3\frac{1}{7} + 7\frac{1}{3}\right) - \left(7\frac{1}{7} + 3\frac{1}{3}\right) \cdot 1\frac{5}{8}$

d) $\left(\frac{7}{9} + 2\frac{4}{9}\right) : \frac{9}{31} - \left(2\frac{4}{9} + \frac{7}{9}\right) : \frac{9}{13}$

e) $\left(4\frac{1}{8} + 3\frac{3}{16}\right) \cdot 2\frac{1}{9} + 1\frac{4}{9} \cdot \left(4\frac{1}{8} + 3\frac{3}{16}\right)$

f) $6 \cdot \left(0{,}5 + \frac{2}{3} - 0{,}75\right)$

Lösungen auf Seite 259.

Der Taschenrechner

Taschenrechner können je nach Hersteller und Modell recht unterschiedlich aussehen und auch unterschiedlich viel leisten. Die wichtigsten Tasten, die bei fast allen Taschenrechnern vorhanden sind, zeigt die Figur 1. Was man mit den Tasten machen kann, wird anschließend beschrieben.

Statt der Taste

findet man häufig auch die Taste

(memory),

statt der Taste

gibt es dann die Taste

(memory recall).

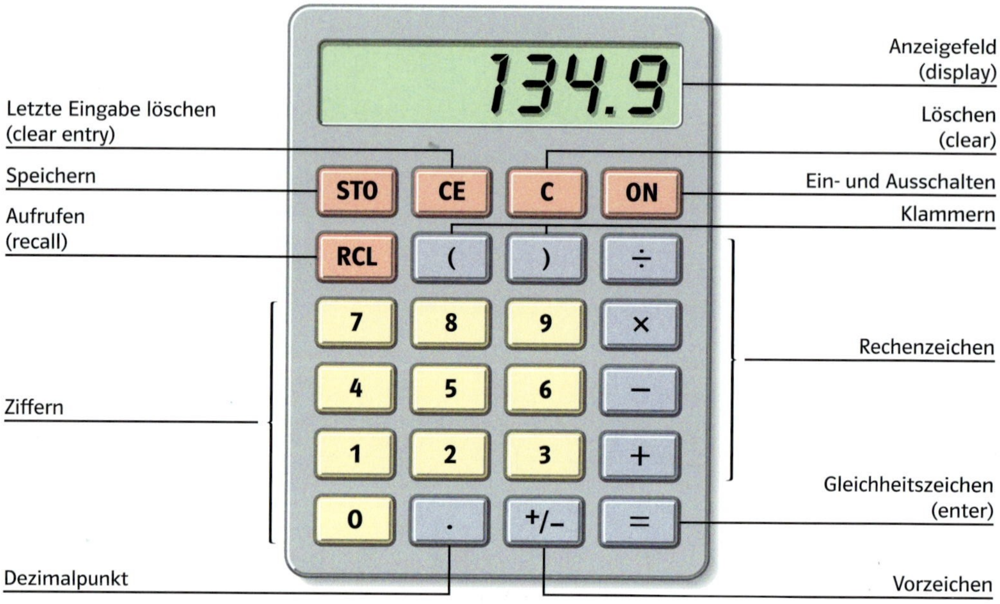

Fig. 1

Zahlen gibt man über die **Zifferntasten** in den Taschenrechner ein. Bei Dezimalzahlen verwendet man statt des Kommas einen **Dezimalpunkt**. Das Vorzeichen einer Zahl kann mit der **Vorzeichentaste** geändert werden. Durch Eintippen von Zahlen, **Rechenzeichen** und **Klammern** kann ein ganzer Rechenausdruck in den Taschenrechner eingegeben werden. Durch Drücken der **Gleich-Taste** wird der eingegebene Rechenausdruck berechnet.
Im **Anzeigefeld** werden die eingegebenen Zahlen und das Ergebnis der Berechnung angezeigt. Bei manchen Taschenrechnern kann man im Anzeigefeld den vollständigen Rechenausdruck und den berechneten Wert gleichzeitig sehen, bei anderen wird nur die zuletzt eingegebene Zahl bzw. das Ergebnis angezeigt.
Mithilfe der beiden **Löschtasten** kann man entweder die zuletzt eingegebene Zahl oder den gesamten Rechenausdruck löschen. Bei manchen Taschenrechnern kann man sogar die zuletzt eingetippte Ziffer löschen.
Benötigt man für verschiedene Berechnungen mehrmals dieselbe Zahl oder ein bereits berechnetes Ergebnis, so kann man diese mithilfe der **Speichertaste** in einen Zahlenspeicher übertragen und bei Bedarf über die **Aufruftaste** wieder in das Anzeigefeld bringen.

Taste, mit der man die zuletzt eingegebene Ziffer löschen kann:

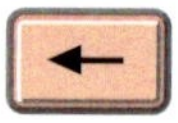

1 Vergleiche mit deinem Taschenrechner.

2 Tippe in den Taschenrechner die Zahl 12345679 ein und übertrage sie in den Speicher. Multipliziere nun nacheinander die eingegebene Zahl mit der Neunerreihe (9, 18 … 90). Findest du das Ergebnis nicht verblüffend?

Lösungen

Kapitel I, Bist du sicher? Seite 13

1

$T_{60} = \{1; 2; 3; 4; 5; 6; 10; 12; 15; 20; 30; 60\}$
$T_{42} = \{1; 2; 3; 6; 7; 14; 21; 42\}$
$T_{231} = \{1; 3; 7; 11; 21; 33; 77; 231\}$

2

a) richtig, da 8 das Vielfache von 4 ist.
b) falsch. Gegenbeispiel:
4 teilt 12, aber 8 teilt nicht 12.

Kapitel I, Bist du sicher? Seite 15

1

a) (Durch Zerlegen)
756 = 720 + 36
Da 720 und 36 durch 9 teilbar sind, ist auch 756 durch 9 teilbar.
757; 758; 759 sind nicht durch 9 teilbar.
b) 333 = 370 − 37; 333 ist durch 37 teilbar, da 370 und 37 durch 37 teilbar sind.
343; 353; 363 sind nicht durch 37 teilbar.

Kapitel I, Bist du sicher? Seite 18

1

	2	3	4	5	6	9	25	50
42	×	×			×			
225		×		×		×	×	
1375				×			×	
2550	×	×		×	×		×	×
564	×	×	×		×			
4250	×			×			×	×
1296	×	×	×		×	×		
134 582	×							
2700	×	×	×	×	×	×	×	×

2

a) Nein, da 375 ungerade ist.
b) Nein, da 3600 kein Vielfaches von 1000 ist.
c) Richtig, da 5 und 3 Teiler von 5535 sind.
d) Richtig, da 45311 ungerade ist.

3

a) z.B. 90 000; 33 300; 12 303
b) z.B. 30 000; 12 342; 73 500
c) z.B. 66 666; 38 916; 43 680
d) keine Lösung

Kapitel I, Bist du sicher? Seite 21

1

a) $150 = 2 \cdot 3 \cdot 5 \cdot 5 = 2 \cdot 3 \cdot 5^2$
b) $126 = 2 \cdot 3^2 \cdot 7$
c) $381 = 3 \cdot 127$
d) $2805 = 3 \cdot 5 \cdot 11 \cdot 17$

2

89 ist eine Primzahl
11 ist die letzte Primzahl, die man probieren muss.

Kapitel I, Bist du sicher? Seite 25

1

a) kgV (20, 30) = 60; ggT (20, 30) = 10
b) kgV (24, 70, 63) = 2520;
ggT (24, 70, 63) = 1
c) kgV (3, 15, 21) = 105; ggT (3, 15, 21) = 3

2

Am 30-ten Tag, da kgV (2, 3, 5, 6) = 30.

Kapitel I, Training, Seite 33

1

Teilermengen:
a) 19 ist eine Primzahl.
$20 = 1 \cdot 20 = 2 \cdot 10 = 4 \cdot 5$
$\rightarrow T_{20} = \{1; 2; 4; 5; 10; 20\}$
$21 = 3 \cdot 7 \rightarrow T_{21} = \{1; 3; 7; 21\}$

b) $48 = 2 \cdot 24 = 3 \cdot 16 = 4 \cdot 12 = 6 \cdot 8$
$\rightarrow T_{48} = \{1; 2; 3; 4; 6; 8; 12; 16; 24; 48\}$
$49 = 7 \cdot 7 \rightarrow T_{49} = \{1;7;49\}$
$50 = 2 \cdot 25 = 5 \cdot 10$
$\rightarrow T_{50} = \{1; 2; 5; 10; 25; 50\}$

c) $30 = 2 \cdot 15 = 3 \cdot 10 = 5 \cdot 6$
$\rightarrow T_{30} = \{1; 2; 3; 5; 6; 10; 15; 30\}$
31 ist eine Primzahl.
$32 = 2 \cdot 16 = 4 \cdot 8$
$\rightarrow T_{32} = \{1; 2; 4; 8; 16; 32\}$

Vielfachenmengen:
a) $V_{19} = \{19; 38; 57...\}$
$V_{20} = \{20; 40; 60...\}$
$V_{21} = \{21; 42; 63...\}$

b) $V_{48} = \{48; 96; 144...\}$
$V_{49} = \{49; 98; 147...\}$
$V_{50} = \{50; 100; 150...\}$

c) $V_{30} = \{30; 60; 90...\}$
$V_{31} = \{31; 62; 93...\}$
$V_{32} = \{32; 64; 96...\}$

2

	teilbar durch 3	teilbar durch 4	teilbar durch 6
2473	2475	2476	2478
5476	5478	5480	5478
4029	4032	4032	4032

3

a) 25 = 5 · 5 → 3 Teiler; 27 = 3 · 3 · 3 → 4 Teiler;
35 = 5 · 7 → 4 Teiler
b) 2 Teiler → Primzahl → z. B. 7; 11; 13
3 Teiler → Quadratzahlen → z. B. 4; 9; 16
4 Teiler → z. B. Produkte aus zwei Primzahlen → z. B. 33; 65; 21
c) 2 Teiler → keine Primfaktorzerlegung
3 Teiler → zwei gleiche Primfaktoren
4 Teiler → entweder drei gleiche oder zwei verschiedene Primfaktoren

4

a) 25 075 = 25 000 + 75 → JA
b) 69 996 = 70 000 − 4 → NEIN
c) 26 010 = 26 000 + 10 → NEIN
d) 60 060 = 60 000 + 60 → JA
e) 17 992 = 18 000 − 8 → NEIN
f) 22 120 = 22 000 + 110 + 10 → NEIN

5

a) 110 ist nicht durch 40 und 20 teilbar, aber durch 10.
→ ggT(40; 110) = 10
b) 35 ist ungerade, also kommt 14 nicht als ggT in Frage.
→ ggT(14; 35) = 7
c) 48 − 40 = 8. Also kann der ggT höchstens 8 sein.
→ ggT(40; 48) = 8
d) 90 = 2 · 45 → ggT(45; 90) = 45

6

a) Ohne die Variable: Quersumme = 17 →
teilbar durch 3 für a = 1 oder a = 4 oder a = 7.
teilbar durch 9 für a = 1.
b) Ohne die Variable: Quersumme = 12 →
teilbar durch 3 für b = 0 oder b = 3 oder b = 6 oder b = 9.
teilbar durch 9 für b = 6.
c) Ohne die Variable: Quersumme = 16 →
teilbar durch 3 für c = 2 oder c = 5 oder c = 8.
teilbar durch 9 für c= 2.
d) Ohne die Variable: Quersumme = 28 →
teilbar durch 3 für d = 2 oder d = 5 oder d = 8.
teilbar durch 9 für d = 8.
e) Ohne die Variable: Quersumme = 18 →
teilbar durch 3 für e = 0 oder e = 3 oder e = 6 oder e = 9
teilbar durch 9 für e = 0 oder e = 9.

7

a) $99 = 9 \cdot 11 = 3 \cdot 3 \cdot 11 = 3^2 \cdot 11$
b) $378 = 2 \cdot 189 = 2 \cdot 3 \cdot 63 = 2 \cdot 3 \cdot 7 \cdot 9 = 2 \cdot 3 \cdot 7 \cdot 3 \cdot 3 =$
$2 \cdot 3^3 \cdot 7$
c) $1470 = 147 \cdot 10 = 21 \cdot 7 \cdot 2 \cdot 5 = 3 \cdot 7 \cdot 7 \cdot 2 \cdot 5 = 2 \cdot 3 \cdot 5 \cdot 7^2$

8

Enricos Behauptung ist falsch, denn 30 = 2 · 3 · 5 ist kleiner als 35 = 7 · 5.
Margitta hat auch unrecht, denn 30 hat drei Primfaktoren und 8 Teiler (1; 2; 3; 5; 6; 10; 15 und 30), 16 = 2 · 2 · 2 · 2 hat vier Primfaktoren aber nur 5 Teiler (1; 2; 4; 8 und 16).

9

Gesucht ist das kgV(4; 6). 2 · 6 = 12.
12 = 3 · 4. → kgV(4; 6) = 12.
Die beiden Frauen treffen sich in 12 Tagen wieder.

10

Die Zahl muss auf 5 oder 0 enden und ihre Quersumme muss durch 3 teilbar sein. Die Quersumme von 564 ist 15. Wenn die letzte Ziffer eine 5 ist, dann kann die vorletzte 1; 4 oder 7 sein. Ist die Endziffer aber 0, dann kann die Zehnerziffer 0; 3; 6; oder 9 sein.
(Mögliche fünfstellige Zahlen sind also: 56 400; 56 415; 56 430; 56 445; 56 460; 56 475 und 56 490.)

11

a) Gesucht sind gemeinsame Teiler von 600 und 840 zwischen 50 und 150.
600 = 12 · 50 = 10 · 60 = 8 · 75 = 6 · 100 = 5 120 = 4 · 150
(Alle anderen Zerlegungen erfüllen nicht die Bedingung.)
840 = 60 · 14 = 120 · 7. 840 ist nicht durch 50; 75; 100 und 150 teilbar.
Die Stücke können 60 cm oder 120 cm lang werden.
b) Es gibt 24 Stücke mit je 60 cm Länge. Bei einer Länge von 120 cm gibt es 12 Stücke.

12

a) Gesucht ist der ggT von 90 und 126.
90 = 45 · 2 = 30 · 3 = 18 · 5. 126 = 18 · 7.
→ ggT(90; 126) 18. Die Stücke werden 18 cm lang.
b) 5 + 7 = 12. Ralf erhält 12 Stücke.

13

a) z. B. □ = 3; □ = 30; □ = 36 weitere Lösungen sind Zahlen, in deren Zerlegung eine 3, aber keine 11 vorkommt (24; 122; 1101 …)
b) Keine Zahl ist passend, denn das kgV ist immer mindestens so groß wie die kleinste der Zahlen.
c) 45 = 3 · 3 · 5 und 28 = 2 · 2 · 7. Die Zahlen sind teilerfremd. → □ = 1
d) 57 ist ein Vielfaches von 19 (57 = 3 · 19) → □ = 57
e) □ = 7; 21; 35; 49
f) keine passende Zahl
g) □ = 18
h) □ = 108

Kapitel II, Bist du sicher? Seite 41

1

a)

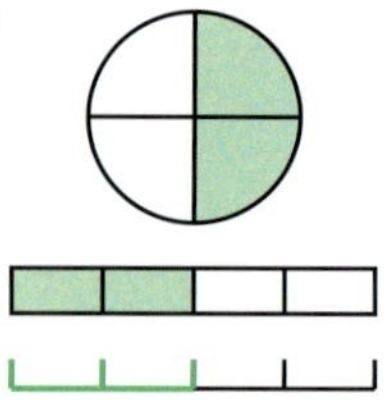

b)

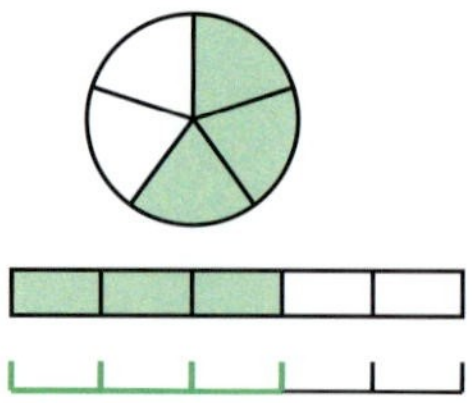

2

a) 300 g b) 25 dm^2 c) 20 min d) 500 dm^3

3

a) Gefärbt: $\frac{1}{4}$ b) Gefärbt: $\frac{5}{16}$ c) Gefärbt: $\frac{15}{32}$

4

$\frac{1}{6}$ von 24 Stückchen sind 4 Stückchen.
$\frac{2}{3}$ von 24 Stückchen sind 16 Stückchen.
4 Stückchen + 16 Stückchen = 20 Stückchen.
Es bleiben 4 Stückchen übrig.

Kapitel II, Bist du sicher? Seite 45

1

a) $\frac{24}{54}$ b) $\frac{3}{4}$ c) $\frac{4}{6} = \frac{2}{3} = \frac{6}{9}$

2

Individuelle Lösung, z. B. $\frac{6}{12}$

3

$\frac{3}{12} = \frac{1}{4}$ und $\frac{5}{20} = \frac{1}{4}$ und $\frac{20}{80} = \frac{1}{4}$, also ist $\frac{3}{12} = \frac{5}{20} = \frac{20}{80}$
$\frac{20}{100} = \frac{1}{5}$ und $\frac{3}{15} = \frac{1}{5}$, also ist $\frac{20}{100} = \frac{3}{15}$

Kapitel II, Bist du sicher? Seite 49

1

A = 2; B = $\frac{1}{2}$; C = $\frac{7}{4}$; D = $\frac{7}{3}$

2

a) beide gleich $\frac{3}{5}$ b) $\frac{1}{3}$ nicht gleich 4

Kapitel II, Bist du sicher? Seite 52

1

a) $\frac{8}{10} = \frac{4}{5}$ b) $\frac{9}{100}$ c) $\frac{25}{100} = \frac{1}{4}$ d) $\frac{11}{1000}$ e) $\frac{45}{100} = \frac{9}{20}$

2

a) 0,6 b) 0,7 c) 0,75 d) 0,007 e) 0,99

3

A: $\frac{3}{5} = 0{,}6$; B: $1\frac{4}{5} = 1{,}8$; C: $1\frac{1}{5} = 1{,}2$; D: $2\frac{1}{5} = 2{,}2$; E: $\frac{1}{10} = 0{,}1$

Kapitel II, Bist du sicher? Seite 55

1

a) $\frac{5}{6} = 0{,}8\overline{3}$
b) $\frac{81}{8} = 10{,}125$
c) $-\frac{1}{9} = -0{,}\overline{1}$
d) $-\frac{23}{16} = -1{,}4375$
e) $1\frac{1}{18} = 1{,}0\overline{5}$
f) $11\frac{2}{11} = 11{,}\overline{18}$
g) $-4\frac{17}{13} = -5\frac{4}{13} = 5{,}\overline{307692}$

2

$\frac{1}{7} = 0{,}\overline{142857}$
$0{,}\overline{13} = \frac{13}{99}$
$0{,}1\overline{3} = \frac{2}{15}$
$0{,}1875 = \frac{3}{16}$

Kapitel II, Bist du sicher? Seite 60

1

a) 0,106 km b) 0,01 kg c) 40 dm^2
d) 803 m^2 e) 0,045 m^3

2

a) 240 dm^2 b) 30,03 m^3 c) 7,2 ha

3

a) 0,05 m^2 b) 4 l c) 60 mm^3

Kapitel II, Bist du sicher? Seite 64

1

a) $<$ b) $<$ c) $<$ d) $>$ e) $>$

2

Erste Torte $\frac{4}{12} = \frac{8}{24}$. Zweite Torte $\frac{6}{16} = \frac{9}{24}$.
Der Anteil der zweiten Torte ist größer.

Kapitel II, Training, Seite 71

1

Beachte:
Die Aufgabenstellung verlangt nicht, dass das Ergebnis des Kürzens angegeben wird, sondern nur eine Antwort auf die Frage, ob man kürzen kann.
a) Die Quersumme des Nenners ist 3 und somit durch 3 teilbar, also kann man mit 3 kürzen.
$\frac{3}{111} = \frac{1}{37}$

b) Man kann den Nenner nicht durch 5 teilen, weil er nicht auf 0 oder 5 endet. Da der Zähler keine anderen Teiler als 1 und 5 hat, kann man den Bruch nicht kürzen.
c) Die Quersumme des Nenners ist 18 und somit durch 9 teilbar, also kann man mit 9 kürzen.
$\frac{9}{5445} = \frac{1}{605}$
d) 524 ist durch 4 teilbar, weil 24 durch 4 teilbar ist. Man kann also kürzen.
$\frac{4}{524} = \frac{1}{131}$
e) Die Quersumme des Nenners beträgt 15. 15 ist durch 3 teilbar, aber nicht durch 9. Daher kann man mit 3, aber nicht mit 9 kürzen.
$\frac{9}{1257} = \frac{3}{419}$
f) Der Zähler ist durch 3 und durch 4 teilbar. Da der Nenner ungerade ist, kommt nur 3 als gemeinsamer Teiler in Frage. Die Quersumme des Nenners ist 18 und durch 3 teilbar. Man kann also mit 3 kürzen.
$\frac{12}{891} = \frac{4}{297}$
g) Die Quersumme des Nenners beträgt 27 und ist durch 9 teilbar, also kann man mit 9 kürzen.
$\frac{18}{9873} = \frac{2}{1097}$

2
a) $\frac{4}{100} = \frac{1}{25}$ b) $\frac{60}{100} = \frac{3}{5}$ c) $\frac{2}{10} = \frac{1}{5}$
d) $\frac{3}{10}$ e) $\frac{26}{10} = \frac{13}{5}$

3
a) 0,7 = 70 % b) 0,8 = 80 % c) 5,25 = 525 %
d) 0,230 = 0,23 = 23 % e) 3,06 = 306 %

4
a) 600 g b) 200 m c) 260 dm² d) 20 € e) 30 cm³

5
Linke Figur: Der gefärbte Anteil ist $\frac{1}{4}$.
Rechte Figur: Der gefärbte Anteil ist $\frac{3}{8}$.

6
a) 0,280 km = 0,28 km b) 3450 dm³
c) 0,3 t d) 0,09 a

7
a) 2,786 > 2,699 b) $\frac{7}{9} > \frac{8}{12} = \frac{6}{9}$ c) $0{,}34 < \frac{9}{25} = 0{,}36$

8
A: $\frac{7}{8} = 0{,}875$ B: $\frac{2}{8} = 0{,}25$ C: $\frac{4}{8} = 0{,}5$.

9
Gefärbter Anteil bei der oberen Scheibe $\frac{2}{8} = \frac{1}{4}$.
Gefärbter Anteil bei der unteren Scheibe $\frac{3}{10}$.
Es gilt: $\frac{2}{8} < \frac{3}{10}$. Die Zielscheiben sind nicht gleichwertig, weil man bei der unteren Scheibe häufiger trifft.

10
a) $0{,}0025 < 2{,}5\,\% < 25\,\% = \frac{50}{200} = 0{,}25 = \frac{1}{4} = \frac{5}{20} < 2\frac{7}{100} < 2{,}5 < \frac{50}{2}$
b) $\frac{1}{4} < \frac{4}{10} = 40\,\% = 0{,}4 < 4{,}0 = \frac{24}{6} < \frac{401}{100} < 4{,}04$

11
a) $\frac{5}{9} < \frac{10}{11}$, weil bei $\frac{5}{9}$ $\frac{4}{9}$ zu einem Ganzen fehlen und bei $\frac{10}{11}$ nur $\frac{1}{11}$ fehlt
b) $\frac{3}{4} < \frac{4}{3}$, weil $\frac{3}{4}$ kleiner als 1 und $\frac{4}{3}$ ist größer als 1 ist
c) $\frac{4}{6} > \frac{4}{7}$, weil 6tel größer sind als 7tel
d) $\frac{3}{5} < \frac{7}{10}$, weil $\frac{3}{5} = \frac{6}{10}$ und $\frac{6}{10} < \frac{7}{10}$
e) $\frac{2}{3} < \frac{6}{7}$, weil $\frac{2}{3} = \frac{6}{9}$ und $\frac{6}{9} < \frac{6}{7}$
f) $\frac{6}{3} > 1\frac{1}{3}$, weil $\frac{6}{3} = 2$ und 2 größer als $1\frac{1}{3}$ ist
g) $4\frac{5}{6} < 5\frac{4}{5}$, weil $4\frac{5}{6} < 5$ und $5\frac{4}{5} > 5$ ist

12

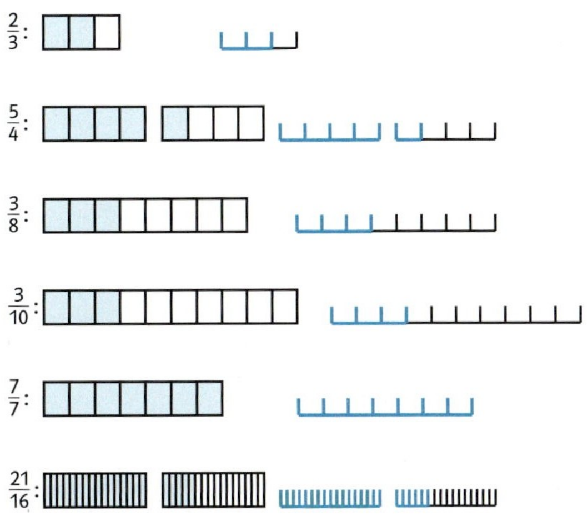

13
a) Klasse 6a: 14 : 12 bzw. 7 : 6, Klasse 6b: 12 : 10 bzw. 6 : 5, Klasse 6c: 13 : 13 bzw. 1 : 1
b) Der größte Anteil an Mädchen ist in der 6b,
da $\frac{12}{22} > \frac{14}{26} > \frac{13}{26}$, der größte Anteil an Jungen ist in der 6c,
da $\frac{13}{26} > \frac{12}{26} > \frac{10}{22}$

14

Die folgende Systematik zum Ermitteln aller möglichen Dezimalzahlen bietet sich an:

2,901	9,201	0,___	**1,290**
2,910	**9,210**		1,209
2,019	9,102		**1,920**
2,091	**9,120**		1,902
2,190	9,012		1,092
2,109	9,021		1,029

29,01	20,__	21,__	90,12	91,__	**01,29**
29,10	20,91		90,21		**01,92**
92,01	**02,19**		**09,12**		10,29
92,10	**02,91**		**09,21**		10,92

Bei einer Ziffer vor dem Komma ergeben sich laut Tabelle 24 Möglichkeiten. Bei zwei Ziffern vor dem Komma ergeben sich laut Tabelle 24 Möglichkeiten.
Also insgesamt 48 − 6 = 42 Möglichkeiten (weil 1,29 und 1,92, 2,91 und 2,19 sowie 9,12 und 9,21 in beiden Tabellen auftauchen). Geordnet nach Größe ergibt sich (gelesen von links nach rechts und zeilenweise):

0,129	0,192	0,219	0,291	0,912	0,921
1,029	1,092	1,209	1,290	1,902	1,920
2,019	2,091	2,109	2,190	2,901	2,910
9,012	9,021	9,102	9,120	9,201	9,210
10,29	10,92	12,09	12,90	19,02	19,20
20,19	20,91	21,09	21,90	29,01	29,10
90,12	90,21	91,02	91,20	92,01	92,10

Kapitel III, Bist du sicher? Seite 78

1

Fig. 5 a) ∢ BAC; ∢ CBA; ∢ ACB
Fig. 5 b) ∢ BAD; ∢ CBA; ∢ DCB; ∢ ADC
Fig. 5 c) ∢ BAC; ∢ CBA; ∢ ACB
Fig. 5 d) ∢ BAD; ∢ CBA; ∢ DCB; ∢ ADC
Fig. 6 ∢ BAD; ∢ CBE; ∢ ECB; ∢ BED
Fig. 7 ∢ lk; ∢ mk; ∢ kg; ∢ gl; ∢ hm

Kapitel III, Bist du sicher? Seite 84

1

$\alpha = 61°$; $\beta = 72{,}5°$; $\gamma = 33°$; $\delta = 22°$

2

Es entsteht ein Gesamtwinkel von 180° (gestreckter Winkel).

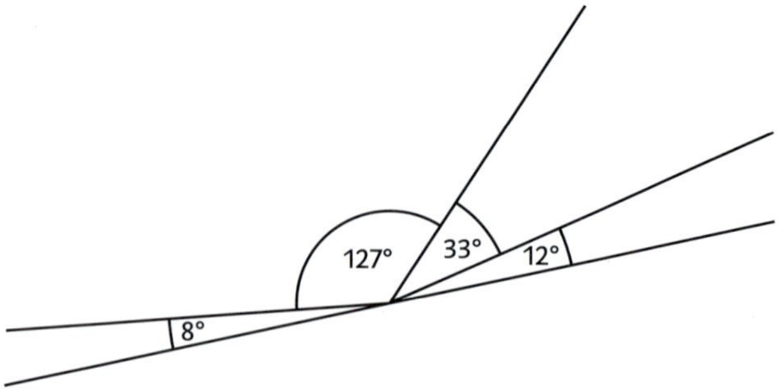

Kapitel III, Bist du sicher? Seite 90

1

a) Die Winkel a und b sind Wechselwinkel an den Parallelen g und h. Deshalb gilt $\alpha = \beta$.
Der Winkel γ ist Nebenwinkel zu α. Deshalb gilt $\alpha = 180° - \gamma$.
b) Mit den Winkelbeschriftungen in der nebenstehenden Figur gilt z. B. $\alpha_1 = \gamma$ (Scheitelwinkel) oder $\alpha_1 = 180° - \alpha$ (Nebenwinkel) oder $\alpha_1 = \beta_3$ (Stufenwinkel) oder $\alpha_1 = \beta_2$ (Wechselwinkel).
c) Man kann alle vorkommenden Winkel berechnen:
$\alpha = \beta = \beta_2 = 70°$ und $\alpha_1 = \gamma = \beta_3 = \beta_1 = 110°$.

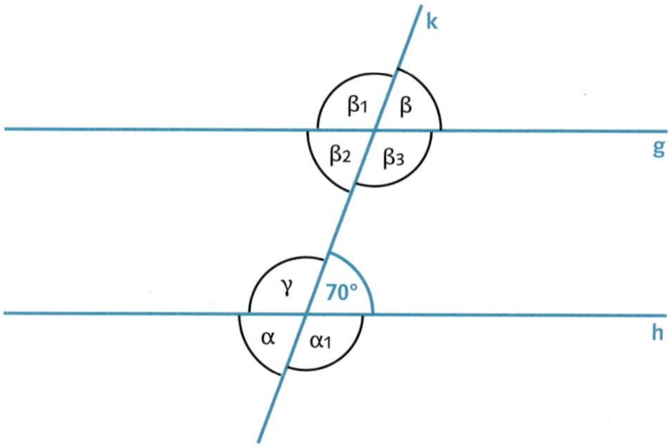

2

Fritz hat Recht. Mit den Bezeichnungen in der untenstehenden Figur gilt:
Im Punkt A: $\alpha_1 = \gamma_1 = 30°$ (Scheitelwinkel);
$\delta_1 = 180° - \alpha_1 = 150°$ (Nebenwinkel);
$\beta_1 = \delta_1 = 150°$ (Scheitelwinkel).
Im Punkt B: $\alpha_2 = \gamma_2 = 135°$;
$\beta_2 = 180 - \alpha_2 = 45°$ (Nebenwinkel);
$\delta_2 = \beta_2$ (Scheitelwinkel).
Im Punkt C: $\beta_3 = \alpha_1 = 30°$ (Wechselwinkel an g und h) und
$\alpha_3 = \delta_2 = 45°$ (Stufenwinkel an g und h).

Der Winkel γ_3 ergibt mit α_3 und δ_3 einen Winkel von 180°.
Also ist $\gamma_3 = 180° - 30° - 45° = 105°$.

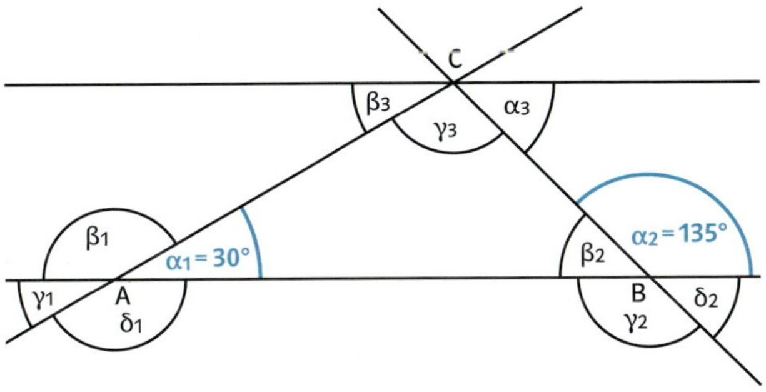

Kapitel III, Bist du sicher? Seite 92

1

a) Mit dem Satz über die Winkelsumme im Dreieck kann man den fehlenden Winkel c berechnen. Es gilt
$\gamma = 180° - 54° - 32° = 94°$.

b) Nach der Aufgabenstellung sind α und β und r Winkel eines gleichschenkligen Dreiecks ABC. Die Winkel α und β müssen deshalb gleich groß sein und zusammen mit $\gamma = 76°$ einen Winkel von 180° ergeben. Deshalb gilt
$\alpha = \beta = (180° - 76°) : 2 = 52°$.

2

a) Der Satz ist richtig. Es gibt gleichschenklige Dreiecke mit einem rechten Winkel von 90° und zwei gleich großen Winkeln von je 45°.

b) Ein stumpfer Winkel ist größer als 90°. Mit zwei stumpfen Winkeln in einem Dreieck wäre ihre Summe dann schon größer als 180°. Das ist nach dem Winkelsummensatz nicht möglich. Dann müsste ja die Winkelweite des dritten Winkels negativ sein, um in der Summe aller drei Winkel 180° zu erhalten.

c) Bei einem gleichschenkligen Dreieck sind mindestens zwei Winkel gleich groß. Da aber $70° + 70° + 60° = 200°$ ergibt und $60° + 60° + 70° = 190°$ ist, kann es kein solches Dreieck geben. Dann wäre ja in dem gesuchten Dreieck die Summe der Winkel noch größer als 200° bzw. 190°.

Kapitel III, Training, Seite 103

1

a) Winkel nach 17 Minuten: 102°

b) Die Uhr zeigt 6:55 Uhr an. Es sind 40 min vergangen.

2

a) α ist ein spitzer Winkel, der Schätzwert sollte zwischen 60° und 80° liegen.
β ist ein spitzer Winkel, der Schätzwert sollte zwischen 10° und 25° liegen.
γ ist ein überstumpfer Winkel, der Schätzwert sollte zwischen 210° und 230° liegen.
δ ist ein spitzer Winkel, der Schätzwert sollte zwischen 65° und 85° liegen.

b) $\alpha \approx 73°$, $\beta \approx 15°$, $\gamma \approx 223°$, $\delta \approx 79°$

c) $\alpha = \sphericalangle$ ADE, β $\sphericalangle$ EAC, r = $\sphericalangle$ EFA, $\delta = \sphericalangle$ AEB

3

a)

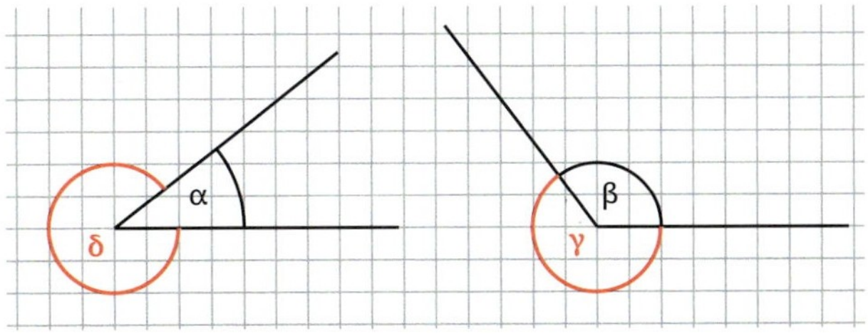

b) Die Winkel α und δ ergänzen sich zu einem Vollwinkel, weil $\alpha + \delta = 360°$. Auch β und γ ergänzen sich zu einem Vollwinkel, weil $\beta + \gamma = 360°$. Deshalb kann man die Aufgabe so wie oben angegeben lösen, indem man in der Zeichnung von α den Winkel δ und in der Zeichnung von β den Winkel γ einzeichnet.

4

a) individuelle Lösungen

b) r = 90°, $\delta = 30°$, $\varepsilon = 120°$

c) $\delta = 90° - \alpha$, r = 180° − 90°, $\varepsilon = 180° - 60°$

5

a) Es sind im Fünfeck 3 Dreiecke. Daher beträgt die Winkelsumme 540°. Der gesuchte Winkel ist demnach 58° groß.

6

$\alpha = 10°$
$\delta = 180° - 20° = 160°$

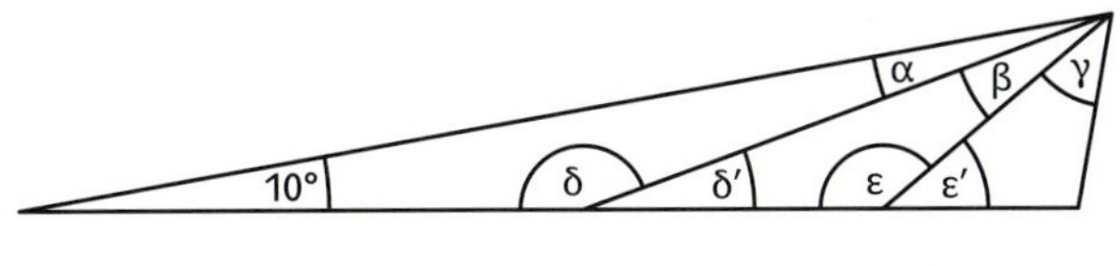

$\delta' = 180° - 160° = 20° = \beta$
$\varepsilon = 180° - 40° = 140°$
$\varepsilon' = 180° - 140° = 40°$ = r
Der gesuchte Winkel hat die Größe:
$\alpha + \beta$ + r = 10° + 20° + 40° = 70°

7

$\sphericalangle$ CAB ≈ 333°, $\sphericalangle$ ABC ≈ 270°, $\sphericalangle$ BCA ≈ 297°
Die Summe der Winkel beträgt 900°.

8

a) Aufgrund der Angaben über die Winkel sind die Dreiecke ABC, AED und BCD gleichschenklig.

b) Gleichlange Seiten sind: $\overline{AB} = \overline{AC}$; $\overline{EA} = \overline{ED}$ und $\overline{BD} = \overline{BC}$.

c) Mit $\alpha = 26°$ gilt mit der Winkelsumme im Dreieck und der Eigenschaft der Basiswinkel im gleichschenkligen Dreieck:

– für das Dreieck ABC: $\beta + \beta + \alpha = 180°$.
Daraus ergibt sich $\beta = (180° - 26°) : 2 = 77°$.

– für das Dreieck AED: $\alpha + \alpha + \gamma = 180°$.
Daraus ergibt sich $\gamma = 180° - 2 \cdot 26° = 128°$.

– für das Dreieck BCD: $\beta + \beta + \varepsilon = 180°$.
Daraus ergibt sich $\varepsilon = 180° - 2 \cdot 77° = 26°$.

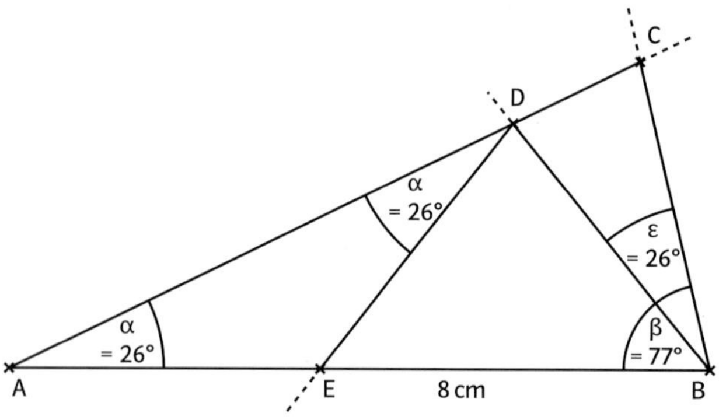

Konstruktion der Figur zu $\alpha = 26°$:

1. Zeichne die Strecke $\overline{AB} = 8\,cm$.
2. Trage den Winkel $\alpha = 26°$ im Punkt A an $\overline{AB}$ an.
3. Trage den Winkel $\beta = 77°$ im Punkt B an $\overline{AB}$ an.
4. Beschrifte den Schnittpunkt der Winkel a und b mit C.
5. Trage den Winkel $\varepsilon = 26°$ im Punkt B an $\overline{BC}$ an.
6. Beschrifte den Schnittpunkt von ε mit $\overline{AC}$ mit D.
7. Trage in D an $\overline{AD}$ den Winkel α an.
8. Beschrifte den Schnittpunkt des Winkels α mit $\overline{AB}$ mit E.
9. Zeichne die Strecken $\overline{ED}$ und $\overline{BD}$.

d) Für $\alpha = 45°$ erhält man nach den Überlegungen aus c)
$\gamma = 90°$; $\beta = 67°$; $\delta = 67{,}5°$ und $\varepsilon = 45°$.
Man kann vermuten, dass für jede Wahl von α der Winkel ε so groß wie α ist.

Kapitel IV, Bist du sicher? Seite 110

1

a) $\frac{31}{24}$; $\frac{11}{24}$ b) $\frac{59}{20}$; $\frac{83}{60}$

c) $\frac{67}{18}$; $\frac{67}{18}$ c) $\frac{1}{18}$; $\frac{1}{6}$

2

a) $\frac{1}{5} - \frac{1}{8} = \frac{3}{40}$ b) $\frac{1}{10} - \frac{1}{100} = \frac{9}{100}$

Kapitel IV, Bist du sicher? Seite 114

1

a) 7,6; 1,2; 8,72
b) 20,39; 5,828; 3,53
c) 22,1 kg; 26,1 kg; 47 m^3

2

a) 7,99 + 3,55 = 11,54
b) 17,22 − 6,57 = 10,65

Kapitel IV, Bist du sicher? Seite 116

1

auf 1 Dezimale: 1,3; 1,6; 0,6; 199,0
auf 2 Dezimalen: 1,25; 1,60; 0,59; 199,01

2

a) möglicher Überschlag: 1123 + 4 − 1 = 1126
genaues Ergebnis: 1125,85
b) möglicher Überschlag: 8 − 6 + 5 = 7
genaues Ergebnis: 6,56

3

Kosten: 48,98 €; der 50-€-Schein reicht.

Kapitel IV, Bist du sicher? Seite 119

1

a) 2,1   b) 16,6   c) 6,8   d) $\frac{48}{12} = 4$

Kapitel IV, Training, Seite 125

1

a) $\frac{44}{15}$ b) $\frac{14}{5}$ c) $\frac{1}{6}$ d) $\frac{29}{24}$
e) 1,3   f) 2,5   g) 2,1   h) 13,4

2

a) $\frac{28}{45}$ b) $\frac{7}{75}$ c) 11,9   d) 5,5

3

a) 1,1   b) 7   c) 8,5

4

a) 6,25   b) 6,95   c) 0,215   d) 4,86

5

a) $\frac{3}{10}$ b) $\frac{27}{14}$ c) $\frac{1}{12}$ d) 0,9

6

a) möglicher Überschlag: (100 – 20) – (–10 + 5) = 85
genaues Ergebnis: 93,48
b) möglicher Überschlag: 200 – 60 – 120 = 20
genaues Ergebnis: 13,8
c) möglicher Überschlag: (34 – 4) – (20 – 13) = 23
genaues Ergebnis: 23,9

7

a) Kunibert erhält 5 % des Vermögens.
b) Konrad erhält 20 000 €, Karl 24 000 €, Knut 30 000 €, Konstantin 40 000 € und Kunibert 6000 €.

8

a) 17,91 s b) 18,41 s

9

a) Am ersten Tag ist Tanja 35,3 km gefahren, am zweiten Tag 27,3 km, am dritten Tag 79,5 km, am vierten Tag 73,8 km und am fünften Tag 40,3 km.
b) Um insgesamt 400 km zurückzulegen, müsste Tanja noch 143,8 km fahren. Der Tacho würde dann 3053,1 km anzeigen. Da sie durchschnittlich etwa 50 km pro Tag gefahren ist, wird sie vermutlich noch etwa drei Tage für diese Strecke benötigen.

10

a) 199 m^3
b) 24,9 m^3
c) Heiße Sommermonate Juni und Juli: Wasserbedarf zum Waschen, Duschen und im Garten steigt. Im August macht Familie Flüssig Urlaub.

Kapitel V, Bist du sicher? Seite 136

1

Man kann z. B. 15 Minuten lang die Ampel beobachten und messen, wie lange in dieser Zeit das grüne Licht insgesamt leuchtet. Dann kann man berechnen, wie lange das grüne Licht in einer Stunde und dann in 24 Stunden leuchtet. Oder man misst mit einer Stoppuhr, wie lange die einzelnen Ampelphasen sind: 1. grün, 2. gelb, 3. rot, 4. rot-gelb und welcher Anteil davon grün ist, z. B. 40 s von 100 s. Dann berechnet man $\frac{40}{100}$ von 24 Stunden, also 86 400 s · $\frac{40}{100}$.

Kapitel V, Training, Seite 143

1

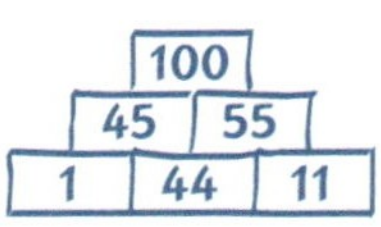

2

a) z. B. 1 + 2 + 3 + 4 = 10, 2 + 3 + 2 + 3 = 10, 1 + 2 + 2 + 5 = 10, 2 + 2 + 2 + 4 = 10
b) z. B. 2 · 2 · 5 · 25 = 500, 2 · 5 · 5 · 10 = 500, 4 · 5 · 5 · 5 = 500, 1 · 10 · 10 · 5 = 500

3

Man kann z. B. argumentieren: Alle Tiere haben mindestens 2 Beine. 100 Tiere haben mindestens 200 Beine. Die fehlenden 100 Beine kann man auf 50 Tiere aufteilen, die dann Schweine sind. Ergebnis: 50 Schweine und 50 Hühner. Man kann das auch herausfinden, wenn man eine Zeichnung macht.

4

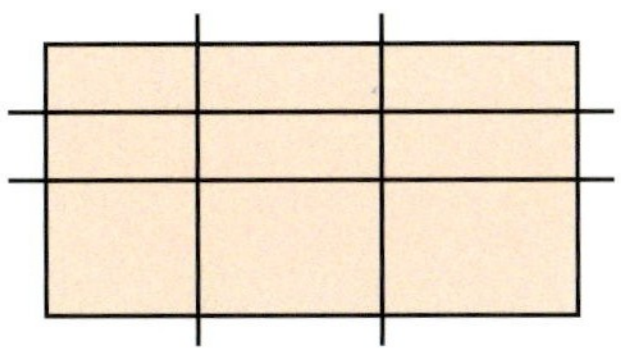

Mit 4 Schnitten bekommt man höchstens 9 Stücke (3 · 3).
Mit 5 Schnitten bekommt man höchstens 12 Stücke (3 · 4).
Mit 6 Schnitten bekommt man höchstens 16 Stücke (4 · 4).
Mit 7 Schnitten bekommt man höchstens 20 Stücke (5 · 4).

Genau 10 Stücke, z. B. mit 2 · 5 also mit 1 Längsschnitt und 4 Querschnitten, also insgesamt 5 Schnitte.
Genau 15 Stücke, z. B. mit 3 · 5 also mit 2 Längsschnitten und 4 Querschnitten, also insgesamt 6 Schnitte.

Jeder neue Schnitt muss möglichst viele Stücke gleichzeitig durchschneiden. Dazu muss er möglichst viele andere Schnitte innerhalb der Kuchenfläche durchkreuzen. Also ist es günstig abwechselnd quer und längs zu schneiden.
Ein besonderer Trick: Die Teile des durchgeschnittenen Kuchens vorm nächsten Schnitt übereinander legen.
1 Schnitt = 2 Stücke, 2 Schnitte = 4 Stücke,
3 Schnitte = 8 Stücke, 4 Schnitte = 16 Stücke usw.

5

a) Man benötigt 4 Schnitte:

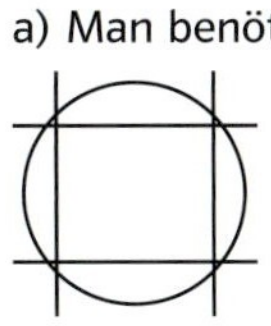

b) Ähnliche Aufgaben könnten z. B. sein
- Ein dreieckiger Kuchen oder
- Die Stücke müssen nicht rechteckig sein
- Man darf die Stücke zwar nicht übereinanderlegen, aber gegeneinander verschieben

6
Das hängt natürlich von der Klasse ab. Es kann z. B. herauskommen:
a) Schulter an Schulter: $30 \cdot 50\,cm = 15\,m$.
Ausgestreckter Arm: $30 \cdot 1{,}20\,m = 36\,m$
b) $30 \cdot 1{,}60\,m = 48\,m$

7
Man kann z. B. Bilder für alle Fälle malen und findet heraus: Um 0 Uhr, kurz nach 1 Uhr, nach 2 Uhr usw. bis kurz vor 11 Uhr, das sind 11 Mal (nicht 12 Mal, weil der Stundenzeiger weiter vorrückt). In der zweiten Tageshälfte sind es dann noch einmal 11 Mal also insgesamt 22 Mal.

8
Wenn alle gleich groß wären, wären sie 5,20 m : 4 = 1,30 m groß. Wenn jetzt Julius 10 cm größer ist und Silas 10 cm kleiner, unterscheiden sie sich um 20 cm und alle 4 zusammen bleiben gleich groß. Eine Lösung ist also 1,20 m, 1,30 m, 1,30 m, 1,40 m. Es gibt sehr viele Lösungen. Man kann bei den beiden mittleren z. B. einen um 1 cm größer und den anderen um 1 cm kleiner machen. Man kann auch die beiden äußeren um 1 cm größer machen (dann bleibt der Unterschied 20 cm) und die beiden mittleren dafür um 1 cm kleiner machen.

9
Am besten probiert man erst verschiedene Schilder aus, z. B. solche die achsensymmetrisch und punktsymmetrisch sind, und verändert sie dann.
Mögliche Lösungen:
a)

b)

10
Um eine Lösung zu finden, kann man z. B. ein Rechteck zeichnen und $\frac{1}{6}$ davon unterteilen.
Eine von vielen möglichen Lösungen: $\frac{1}{18} + \frac{1}{9}$.

Kapitel VI, Bist du sicher? Seite 150

1
a) $\frac{8}{11}$ b) $\frac{5}{2}$ c) $\frac{3}{23}$ d) $\frac{1}{68}$ e) $\frac{2}{3}$

2
$4\frac{1}{2}$ Liter

3
17,5 g Pulverkaffee, $1\frac{1}{4}$ Esslöffel Zucker, $\frac{1}{10}$ l süße Sahne
$\frac{1}{8}$ Stange Vanille, $\frac{3}{16}$ l Milch, 1 Eigelb

Kapitel VI, Bist du sicher? Seite 152

1
a) $\frac{1}{3}$ kg b) $\frac{7}{20}$ t
c) $\frac{9}{8}\,km = 1\frac{1}{8}\,km$ d) $\frac{15}{2}\,m^3 = 7\frac{1}{2}\,m^3$

2
a) $\frac{8}{9}$ b) $\frac{20}{3}$ c) $\frac{7}{2}$ d) 3 e) $\frac{161}{72}$

3
$\frac{2}{5}$ beträgt der Weizenanteil.

Kapitel VI, Bist du sicher? Seite 155

1
a) $\frac{5}{8}$ b) $\frac{9}{2}$ c) $\frac{21}{20}$ d) $\frac{38}{15}$

2
a) $\frac{25}{84}$ b) 8 c) $\frac{16}{27}$ d) $\frac{9}{2}$

3
31 Dosen

4
Dividiert man 5 durch einen Bruch kleiner eins, z. B. $\frac{1}{2}$, ist das Ergebnis größer 5, da mit $\frac{2}{1}$ multipliziert wird.

Kapitel VI, Bist du sicher? Seite 158

1
a) 4,5 b) 31 c) 0,0007 d) 0,00507 e) 0,0230

2
a) multipliziert mit 1000
b) dividiert durch 100
c) multipliziert mit 100
d) dividiert durch 1000

3
10 Münzen: 21,25 mm hoch und 75 g schwer
100 Münzen: 212,5 mm = 21,25 cm hoch und 750 g schwer
1000 Münzen: 2125 mm = 2,125 m hoch und 7500 g = 7,5 kg schwer

Kapitel VI, Bist du sicher? Seite 161

1
a) 0,15 b) 0,48 c) 0,0012 d) 0,64 e) 0,006

2
a) $8 \cdot 3 = 24$; 23,925
b) $830 \cdot 3 \approx 2500$; 2520,96
c) $4 \cdot 5 = 20$; 21,825
d) $0{,}5 \cdot 6 = 3$; 3,2046
e) $15 \cdot 20 = 300$; 285,64

3
7473,48 Euro

Kapitel VI, Bist du sicher? Seite 164

1
a) 0,05 b) 0,8 c) 0,043 d) 3,8 e) 0,1375

2
a) 0,125 b) 0,45 c) 0,4375

Kapitel VI, Bist du sicher? Seite 167

1
a) 25 b) 9 c) 3 d) 2 e) 3000

2
a) $1500:2 = 750$; 654
b) $2700:9 = 300$; 314
c) $1{,}4:7 = 0{,}2$; 0,249
d) $39:3 = 13$; 12,34375

Kapitel VI, Bist du sicher? Seite 170

1
a) 4,2 b) $\frac{1}{3}$ c) $\frac{1}{4}$

2
$0{,}2 \cdot 3{,}5 - \frac{3}{14} \cdot \left(-\frac{7}{5}\right) = 1$

Kapitel VI, Training, Seite 179

1
a) $\frac{15}{7}$ b) $\frac{2}{5}$ c) 7 d) $\frac{12}{5}$
e) $\frac{15}{4}$ f) $\frac{5}{3}$ g) $\frac{96}{25}$ h) $18\frac{1}{2}$
i) $\frac{9}{10}$ j) $\frac{33}{35}$

2
a) $\frac{6}{5}$ b) $\frac{21}{10}$ c) $\frac{3}{2}$ d) 20
e) $\frac{1}{35}$ f) $\frac{4}{3}$ g) $\frac{4}{3}$ h) $\frac{4}{15}$

3
a) 32 b) 0,1523 c) 0,0125 d) 50

4
a) 152,7 b) 14,7 c) 0,0075
d) 0,009 e) 3,2 f) 51

5
a) 0,0009 b) 6,09 c) 195,02
d) 0,06 e) 2,6 f) 50

6
Tischtennisplatte: $2{,}74 \cdot 1{,}53 = 4{,}1922$ gerundet: 4,19
Billardtisch: $2{,}84 \cdot 1{,}42 = 4{,}0328$ gerundet: 4,03
Die Tischtennisplatte hat den größeren Flächeninhalt.

7
$5{,}04:0{,}045 = 112$ $9{,}18:0{,}045 = 204$ $44{,}91:0{,}045 = 998$

8
a) $39 + 37 + 38 + 40 + 42 + 35 + 41 = 272$
$272:7 = 38{,}857\ldots$
Durchschnittlich sind 39 Hölzer in einer Schachtel.
b) Der Mittelwert ändert sich ebenfalls um ein Holz.

9
$18\,900:0{,}9 = 21\,000$ $21\,000:175 = 120$
Es können 120 Fässer gefüllt werden.

10
$1{,}1:3 = 0{,}3666\ldots$ $1{,}55:5 = 0{,}31$
Das zweite Angebot ist günstiger.

11
a) Auch im Ergebnis verschiebt sich das Komma um eine Stelle nach rechts.
b) Das Ergebnis verändert sich nicht.

12
70 kW entsprechen 95 PS. 75 PS entsprechen 55 kW.

13
a) $10{,}20:4 = 2{,}55$
b) $24{,}10:11 = 2{,}19090$ gerundet 2,19 €
c) $24{,}1:2{,}7 = 8{,}9259\ldots$ $75:2{,}7 = 27{,}777\ldots$
Eine Wochenkarte lohnt sich, wenn man mindestens 10-mal fährt, eine Monatskarte ab 30 Fahrten.

Kapitel VII, Bist du sicher? Seite 187

1

a) 25 % der Besucher am Donnerstag waren 14 Jahre oder jünger (25 % von 180 Personen sind 45 Personen)
b) 25 % der Besucher am Freitag waren 14 Jahre oder jünger (25 % von 540 Personen sind 135 Personen)
c) Am Donnerstag waren ca. 40 % von 180 Personen (72 Personen), am Freitag ca. 30 % von 540 Personen (162 Personen) 15 bis 24 Jahre alt.
Obwohl der Anteil der fraglichen Altersgruppe am Donnerstag größer war als am Freitag, gilt für die absoluten Häufigkeiten das Gegenteil.

Kapitel VII, Bist du sicher? Seite 192

1

Frank	Cihan	Dirk	
4,05	3,64	3,80	
3,76	3,95	4,15	
4,20	4,21	3,90	
	3,81	4,08	
		4,08	
4,00	3,90	4,00	arithmetisches Mittel
4,05	3,88	4,08	Median

a) Frank springt im Mittel am weitesten,
b) den Median übertreffen bei Frank $\frac{1}{3}$, bei Cihan $\frac{2}{4}$ und bei Dirk $\frac{1}{5}$ aller Sprünge.

Kapitel VII, Training, Seite 199

1
a)

Fahrrad	12	$\frac{2}{5}$	40 %
Bus	9	$\frac{3}{10}$	30 %
zu Fuß	6	$\frac{1}{5}$	20 %
Auto	3	$\frac{1}{10}$	10 %
Summe	30	1	100 %

b) Säulendiagramm

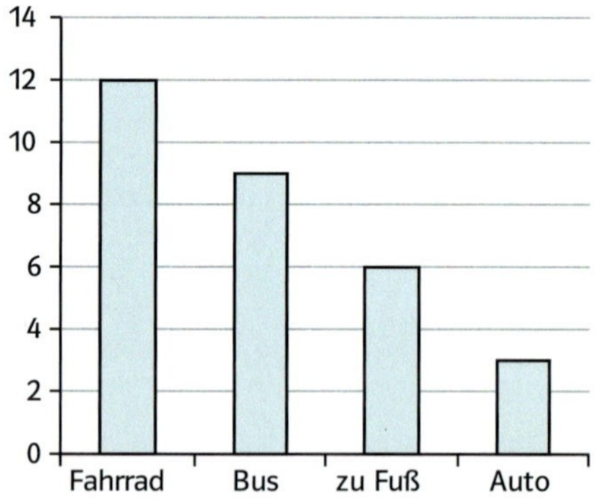

c) Kreisdiagramm

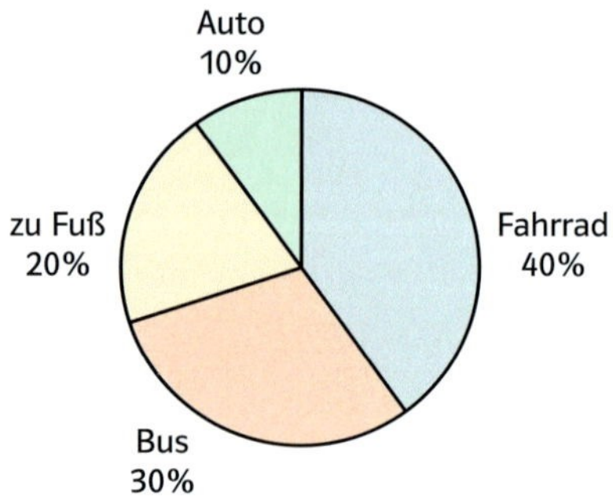

d) Sie könnte die Säulen des Säulendiagramms übereinanderlegen und das entstehende Säulenende (bei 30) mit 100 % beschriften.

2

a) Schneller als $50\,\frac{km}{h}$ fuhren 214 von 1198 also ca. 17,9 %.
b)

Überschreitung bis	Anzahl	Höhe des Bußgeldes	Einnahmen	
$5\,\frac{km}{h}$	120	15 €	1800 €	48,5 %
$10\,\frac{km}{h}$	61	15 €	915 €	24,7 %
$15\,\frac{km}{h}$	20	25 €	500 €	13,5 %
$20\,\frac{km}{h}$	7	35 €	245 €	4,7 %
$25\,\frac{km}{h}$	3	80 €	240 €	2,0 %
$30\,\frac{km}{h}$	2	100 €	200 €	3,2 %
$35\,\frac{km}{h}$	0	160 €	0 €	0,0 %
$40\,\frac{km}{h}$	0	160 €	0 €	0,0 %
$45\,\frac{km}{h}$	1	200 €	200 €	3,4 %
		Summe	4100 €	

Man würde 4100 € einnehmen.

c) Man könnte darstellen, wie viel Prozent der Gesamteinnahmen auf die einzelnen Geschwindigkeitsklassen entfallen.

Überschreitung um ... $\frac{km}{h}$ erbringen ... % der eingenommenen Bußgelder.

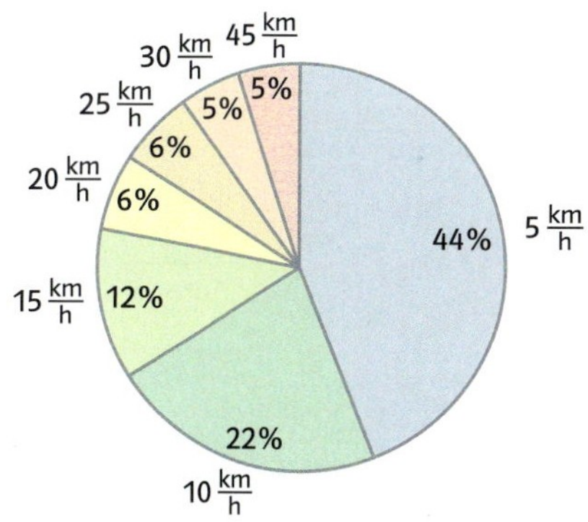

3

a) z. B.:

	Zuschauer
Spiel 1	259 280
Spiel 2	272 760
Spiel 3	227 560
Spiel 4	280 400
Mittelwert	260 000

b) z. B.:

	Fehlerzahl
Schüler 1	4
Schüler 2	6
Schüler 3	8
Schüler 4	6
Schüler 5	7
	6,2

c) z. B.:

Beleuchtung OK	12
Beleuchtung defekt	12

4

Körpergröße in cm, sortiert

a_1) Jungen	b_1) Mädchen
140	138
143	140
144	142
147	143
149	147
152	147
154	149
154	149
156	153
160	156
166	156
	156
	157
	157
	158
	162
	166
	170
	170

	a_2) Jungen	b_2) Mädchen
Median	152	156
Mittelwert	151,4	153,5

a_3) b_3)

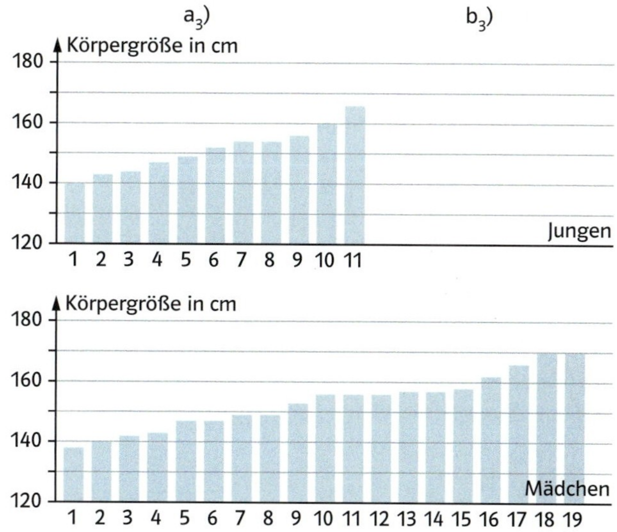

c) Die Mädchen sind in dieser Klasse im Mittel etwas größer als Jungen.
Die Körpergrößen streuen bei den Mädchen etwas weniger als bei den Jungen.

5

a) Man misst die Länge des Streifens und legt pro Millimeter Streifenlänge eine Anzahl von aufgetretenen Beträgen fest.
1mm entspricht 2-mal

5€	2mm	4
10€	6mm	12
15€	8mm	16
20€	14,5mm	29
25€	9,5mm	19
30€	6mm	12
35€	4mm	8

1mm entspricht 3-mal
6, 24, 27, 54, 33, 21, 12

b) Zu dem Säulendiagramm könnte z.B. eine Datenliste mit 100 Zahlen gehören, bei der die Geldbeträge wie folgt verteilt sind:

5€	4
10€	12
15€	16
20€	29
25€	19
30€	12
35€	8
	100

Das Minimum liegt bei 5€, das Maximum bei 35€.
Der Median ist 20€.

Kapitel VIII, Bist du sicher? Seite 207

1

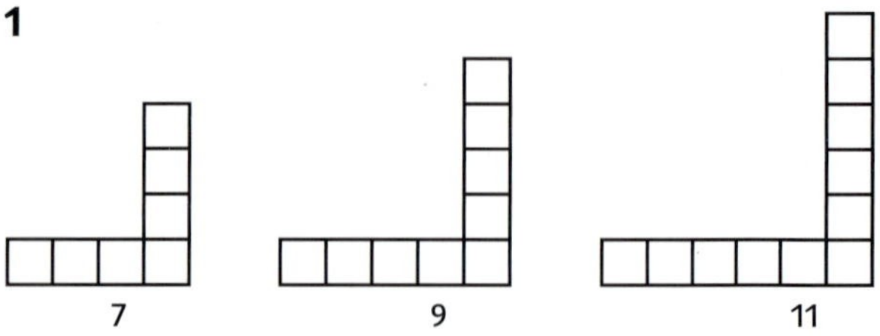

1; 3; 5; 7; 9; 11; 13; 15; …

2 z.B.:

a)

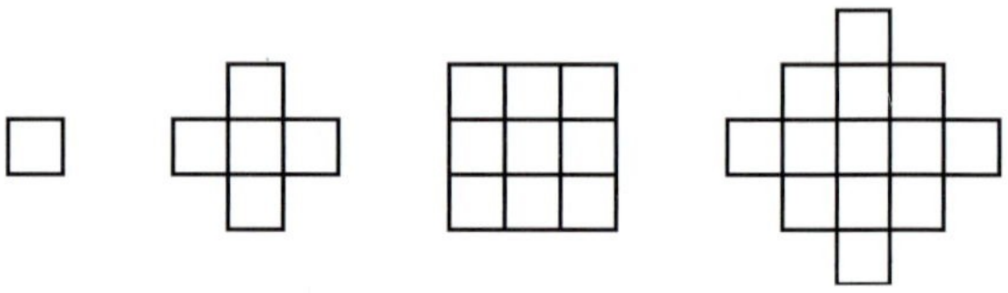

1; 5; 9; 13; 17; 21; …

b)

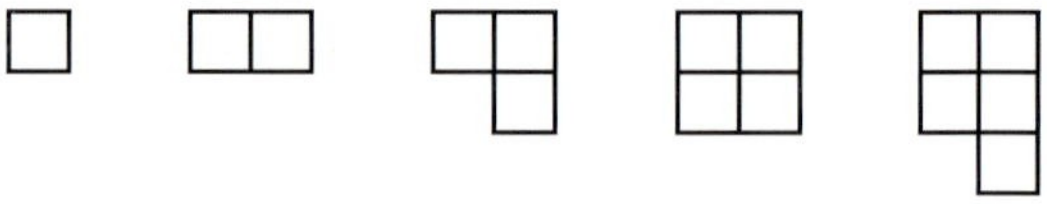

1; 2; 3; 4; 5; …

c)

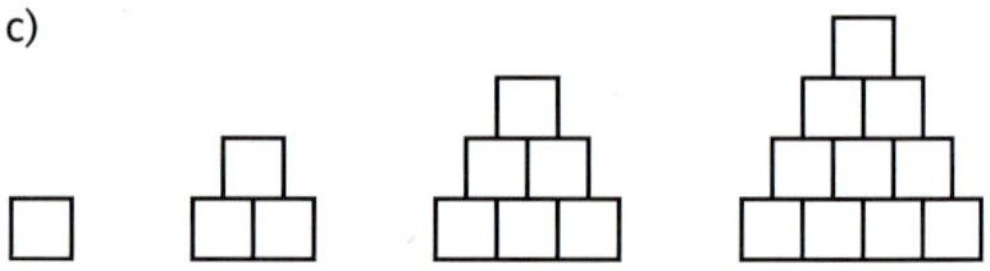

1; 3; 6; 10; 15; 21; …

3

a) 1; 3; 7; 13; 21; 31; …
b) 1; 1; 2; 3; 5; 8; 13; 21; 34; …
c) 1; 6; 2; 7; 3; 8; 4; …
d) 1; 12; 112; 1122; 11122; 1111222; …
e) 1; 2; 3; 1; 2; 3; 1; 2; 3; 1; 2; 3; 1; 1; 2; …

Kapitel VIII, Bist du sicher? Seite 210

1

a)

Zeit in Monaten	0	1	2	3	4	5	6
Tankinhalt in l	4000	3250	2500	2200	1850	1500	1500

Zeit in Monaten	7	8	9	10	11	12
Tankinhalt in l	1500	1500	1500	1000 3000	2500	2000

b) Vom Beginn des Jahres bis Ende Februar nimmt der Tankinhalt stark ab, bis Ende Mai nimmt er weniger stark ab. Von Ende Mai bis Ende September verändert er sich nicht. Im Oktober wird wieder Öl verbraucht. Nachdem Ende Oktober nur noch 1000 l im Tank sind, werden 2000 l aufgefüllt. Im November und Dezember nimmt dieser Vorrat wieder um 1000 l ab.

2

a)

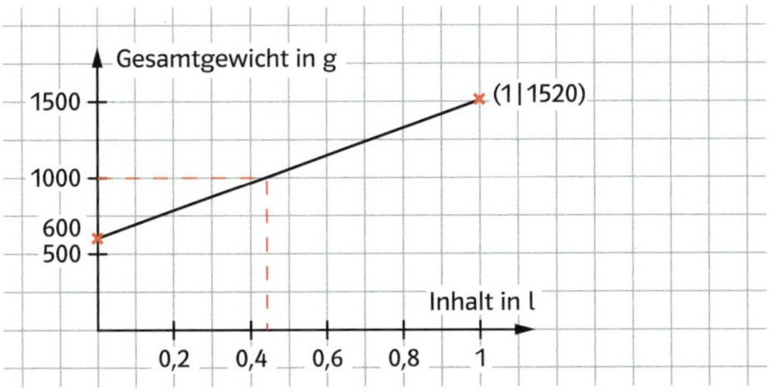

b) Bei einem Gesamtgewicht von 1 kg sind ca. 430 ml Öl in der Flasche.

Kapitel VIII, Bist du sicher? Seite 213

1

		3	−2	1,8
a)	$3 + 5x$	18	−7	12
b)	$6 - 2x$	0	10	2,4
c)	$x + 2$	5	0	3,8
d)	$2\left(x - \frac{1}{2}\right) + 3x$	14	−11	8

Kapitel VIII, Bist du sicher? Seite 216

1

a) $30 + 3{,}5x$ ist ein Term für den von Emira gesparten Betrag (in €) nach x Wochen.

b) Umfang: $3 + x + 2{,}5 + x + 3 + 2{,}5$ oder $11 + 2x$ sind Terme für den Umfang des Rechtecks (in cm).

Flächeninhalt: $2{,}5 \cdot (3 + x)$ oder $2{,}5 \cdot x + 7{,}5$ sind Terme für den Flächeninhalt des Rechtecks (in cm^2).

c) $3x + 1$

Kapitel VIII, Bist du sicher? Seite 219

1

a) Nein, denn $4 \cdot 1{,}5 + 5 = 11$

b) Nein, denn $1{,}5 \cdot 1{,}5 - \frac{1}{4} = 2$

c) Ja, denn $0{,}6 \cdot 1{,}5 + 2{,}1 = 3$

d) Ja, denn $4(2 - 1{,}5) - 2 = 0$

2

a) 8 b) 6 c) 3 d) 11

3

Term: $12{,}55 + 2{,}9x$ ist ein Term für Ferrys gesparten Betrag (in €) nach x Wochen.

Gleichung: $12{,}55 + 2{,}9x = 58{,}95$

Lösung: 16

Ergebnis: Nach 16 Wochen kann Ferry sich den MP3-Player kaufen.

Kapitel VIII, Training, Seite 227

1

a) 7; 12; 17; 22; 27; 32; 37; 42; 47; …

Die Zahlenfolge startet bei 7; mit jedem Schritt wird die Zahl 5 addiert.

b) 10; 12; 9; 13; 8; 14; 7; 15; 6; 16; …
(−1 −1 −1 −1 / +1 +1 +1 +1)

In der Zahlenfolge stecken zwei Zahlenfolgen.
Immer abwechselnd wird die vorhergehende Zahl um 1 erhöht bzw. um 1 vermindert.

c) 112; 105; 98; 91; 84; 77; 70; 63; …

Die Zahlenfolge beginnt mit 112; mit jedem Schritt wird die Zahl 7 subtrahiert.

2

a) $-4 + 4 \cdot x$ b) $3 + x \cdot 2$ c) $1201 - x \cdot 200$

3

Das nächste Muster ist:

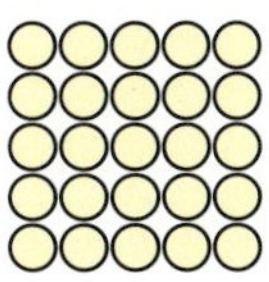

Dann folgt:

Die Zahlenfolge lautet 1; 5; 9; 17; 25; 37; 49; …

4

a) 27 Brötchen lassen sich aufteilen in $2 \cdot 10 + 1 \cdot 5 + 2 \cdot 1$ Brötchen.
Somit kosten 27 Brötchen $2 \cdot 2€ + 1 \cdot 1{,}20€ + 2 \cdot 0{,}3€ = 5{,}80€$.

b)

Anzahl	Preis (€)
1	0,30
2	0,60
3	0,90
4	1,20
5	1,20
6	1,50
⋮	⋮
9	2,40
10	2,00
11	2,30
12	2,60
⋮	⋮
15	3,20
⋮	⋮

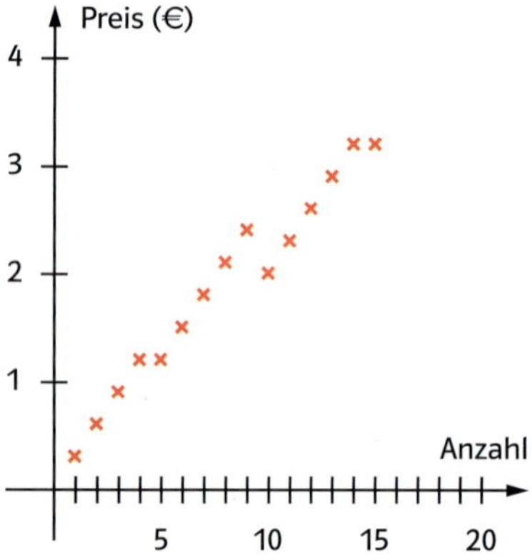

Das ist ein Punktdiagramm, weil keine halben Brötchen oder andere Anteile verkauft werden.

5

a)

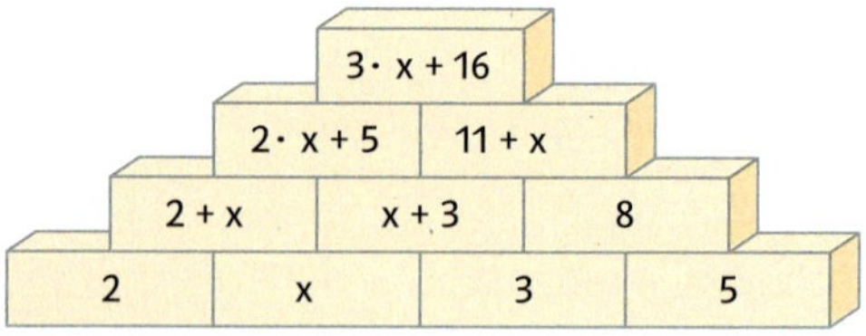

x entspricht 7, weil $3 \cdot 7 + 16 = 37$

b) x entspricht 143, weil $3 \cdot 143 + 16 = 445$

c) Für x lässt sich keine natürliche Zahl finden, da $1557 - 16 = 1541$ nicht durch 3 teilbar ist.

d) Für x lässt sich eine 1 einsetzen, weil $3 \cdot (1) + 16 = 19$

6

x	1	2	8	4	4,2	0,8	7	$\frac{1}{4}$	0,4	$\frac{2}{3}$	12
$\frac{1}{2}x + 3$	3,5	4	7	5	5,1	3,4	$6\frac{1}{2}$	$3\frac{1}{8}$	3,2	$3\frac{1}{3}$	9

7

		4	$\frac{5}{6}$	1,4
a)	$2x + 4$	12	5,7	6,8
b)	$3x - 1{,}8$	10,2	0,7	2,4
c)	$1{,}5x + 5$	11	6,3	7,1

8

a) 0,4 b) 5,1 c) 2,25 d) 9

9

a) Umfang: 34 cm; Flächeninhalt: $54\,cm^2$

b) Umfang (in cm): $2x + 24$
Flächeninhalt (in cm^2): $6x + 24$

c) Gleichung: $2x + 24 = 64$
Lösung: 20
Ergebnis: Für $x = 20$ cm ist der Umfang 64 cm.

10

a)

x	0	1	2	10	50	100
$B = 9{,}95 + 0{,}35 \cdot x$	9,95	10,30	10,65	13,45	27,45	44,95

b) Für 10 Minuten: $B = 0{,}15 \cdot 10 + 19{,}95 = 21{,}45€$.
Für 100 Minuten: $B = 0{,}15 \cdot 100 + 19{,}95 = 34{,}95€$.
Für 27,45 €: Gleichung: $0{,}15 \cdot x + 19{,}95 = 27{,}45$
Lösung: 50.
Ergebnis: Johannes kann 50 Minuten telefonieren.

c) Kathrin zahlt bei ihrem Vertrag für 70 Minuten $0{,}35 \cdot 70 + 9{,}95 = 34{,}45€$.
Johannes zahlt bei seinem Vertrag für 70 Minuten $0{,}15 \cdot 70 + 19{,}95 = 30{,}45€$.
Ida sollte den Vertrag von Johannes wählen.

Selbsttraining – Lösungen

Teiler und Vielfache

1 T steht für „ist ein Teiler von", k steht für „ist kein Teiler von".

a) 6 T 30 b) 4 k 30 c) 8 k 30 d) 30 T 90 e) 9 k 30
f) 90 k 30 g) 1 T 8 h) 18 T 18 i) 1 T 1 j) 8 k 46
k) 48 k 8 l) 8 k 18 m) 17 T 952 n) 12 T 576 o) 28 T 1316
p) 9 T 1980 q) 6 T 6030 r) 6 k 12092 s) 6 k 17996 t) 7 k 4933
u) 7 T 35140 v) 7 k 77078 w) 8 T 2376 x) 8 T 20056
y) 8 k 15950

2 Fülle die Tabelle aus, wie es die beiden Beispiele zeigen.

	ist teilbar durch 2	ist teilbar durch 3	ist teilbar durch 4	ist teilbar durch 5	ist teilbar durch 6	ist teilbar durch 9
228	*ja*	*ja*	*ja*	*nein*	*ja*	*nein*
920	*ja*	*nein*	*ja*	*ja*	*nein*	*nein*
2800	*ja*	*nein*	*ja*	*ja*	*nein*	*nein*
4770	*ja*	*ja*	*nein*	*ja*	*ja*	*ja*
8219	*nein*	*nein*	*nein*	*nein*	*nein*	*nein*
27094	*ja*	*nein*	*nein*	*nein*	*nein*	*nein*
39768	*ja*	*ja*	*ja*	*nein*	*ja*	*nein*
1064532	*ja*	*ja*	*ja*	*nein*	*ja*	*nein*

3 a) richtig b) falsch c) richtig d) richtig e) richtig
f) falsch g) richtig h) richtig i) richtig j) falsch k) richtig
l) falsch

4 a) kein Rest b) kein Rest c) Rest bleibt d) kein Rest
e) kein Rest f) Rest bleibt g) kein Rest h) Rest bleibt
i) kein Rest j) Rest bleibt k) kein Rest l) kein Rest

Primfaktorzerlegung

1 a) $2^2 \cdot 3$ b) $3 \cdot 5$ c) $2 \cdot 3^2$ d) $2 \cdot 11$ e) 29 f) 2^5
g) 37 h) $2^4 \cdot 3$ i) $2 \cdot 5^2$ j) $2^2 \cdot 17$ k) $2 \cdot 37$ l) $2 \cdot 3 \cdot 19$
m) $5 \cdot 23$ n) 3^5 o) $5 \cdot 7^2$ p) $2^2 \cdot 5 \cdot 13$ q) 17^2
r) $3 \cdot 7 \cdot 19$ s) $2^3 \cdot 7 \cdot 13$ t) $2^2 \cdot 3^3 \cdot 7$

2 a) $2^2 \cdot 3^2 \cdot 5^2$ b) $3^2 \cdot 5^2$ c) $2^3 \cdot 5^2$ d) $2^2 \cdot 3 \cdot 5^2$
e) $2^3 \cdot 3 \cdot 5^2$ f) $2^3 \cdot 3^2 \cdot 5$

3

a	b	Teiler von a	Teiler von b	Gemeinsame Teiler	ggT	kgV
12	16	1; 2; 3; 4; 6; 12	1; 2; 4; 8; 16	1; 2; 4	4	48
30	45	1; 2; 3; 5; 6; 10; 15; 30	1; 3; 5; 9; 15; 45	1; 3; 5; 15	15	90
35	21	1; 5; 7; 35	1; 3; 7; 21	1; 7	7	105
16	81	1; 2; 4; 8; 16	1; 3; 9; 27; 81	1	1	1296
34	21	1; 2; 17; 34	1; 3; 7; 21	1	1	714
36	70	1; 2; 3; 4; 6; 9; 12; 18; 36	1; 2; 5; 7; 10; 14; 35; 70	1; 2	?	1260
48	60	1; 2; 3; 4; 6; 8; 12; 16; 24; 48	1; 2; 3; 4; 5; 6; 10; 12; 15; 20; 30; 60	1; 2; 3; 4; 6; 12	12	240
50	65	1; 2; 5; 10; 25; 50	1; 5; 13; 65	1; 5	5	650

4 a) z. B.: 8, 16, 20 b) z. B.: 5, 10, 15 c) z. B.: 12, 24, 30
d) z. B.: 7, 14, 21 e) z.B.: 18, 36, 45 f) z. B.: 2, 6, 18

5

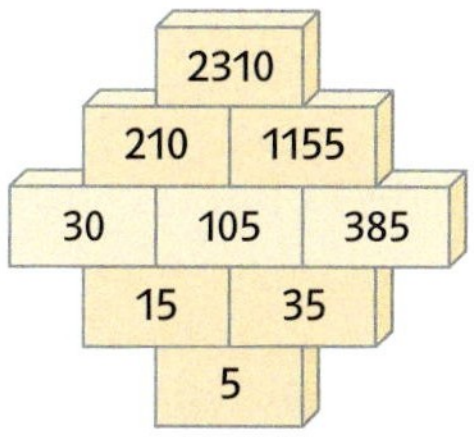

Kürzen und Erweitern

1 a) $\frac{28}{42}$ b) $\frac{15}{20}$ c) $\frac{48}{56}$ d) $\frac{13}{117}$ e) $\frac{56}{96}$ f) $\frac{36}{80}$ g) $\frac{72}{280}$ h) $\frac{26}{60}$
i) $\frac{30}{480}$ j) $\frac{540}{855}$

2 a) $\frac{4}{13}$; $\frac{8}{17}$; $\frac{7}{11}$; $\frac{21}{41}$; $\frac{29}{48}$ b) $\frac{2}{7}$; $\frac{5}{12}$; $\frac{8}{13}$

3 a) $\frac{2}{3}$; $\frac{5}{8}$; 1 b) $\frac{1}{2}$; $\frac{1}{4}$; $\frac{1}{3}$ c) $\frac{1}{3}$; $\frac{1}{6}$; $\frac{1}{3}$ d) $\frac{1}{4}$; $\frac{9}{2}$; $\frac{1}{2}$

4 a) $\frac{6}{8}$; $\frac{9}{12}$; $\frac{39}{52}$; $\frac{129}{172}$; $\frac{192}{256}$ b) $\frac{12}{16}$; $\frac{21}{28}$; $\frac{39}{52}$; $\frac{48}{64}$; $\frac{99}{132}$

5 a) $\frac{5}{13}$ b) $\frac{5}{14}$ c) $\frac{24}{36}$ d) $\frac{45}{60}$ e) $\frac{12}{21}$ f) $\frac{15}{25}$

6 a) 75 cm b) 120 cm c) 55 cm d) 52 cm e) 188 cm

7 a) 875 g b) 3750 g c) 80 mm^2 d) 220 mm^2 e) 16 h
f) 30 h g) 50 min h) 84 min i) 375 kg j) 4250 kg k) 2400 s
l) 4500 s

8 a) $\frac{1}{2} > \frac{1}{3}$ b) $\frac{2}{3} > \frac{1}{6}$ c) $\frac{5}{8} < \frac{7}{10}$ d) $\frac{11}{12} < \frac{19}{20}$ e) $\frac{3}{4} > \frac{7}{10}$
f) $\frac{5}{11} < \frac{11}{15}$ g) $\frac{2}{3} < \frac{3}{4}$ h) $\frac{3}{8} < \frac{7}{12}$ i) $\frac{4}{15} < \frac{7}{10}$ j) $\frac{11}{12} > \frac{14}{15}$

9 a) $\frac{1}{2}$ b) $\frac{7}{2}$ c) $\frac{4}{5}$ d) 15 e) 2 f) $\frac{16}{3}$ g) $\frac{8}{3}$ h) $\frac{28}{45}$ i) $\frac{3}{2}$
j) 5 k) 12 l) $\frac{44}{5}$

Gebrochene Zahlen umwandeln

1 a) 0,3 b) 0,37 c) 0,7 d) 0,637 e) 0,13 f) 0,237
g) 0,0309 h) 0,463 i) 0,93 j) 0,273 k) 3,09 l) 463,7
m) 4,62 n) 125,4 o) 2,398 p) 0,8 q) 2,5 r) 0,6 s) 3,5
t) 0,45 u) 0,68 v) 2,125 w) 2,675 x) 0,3125 y) 1,15625

2 a) $\frac{1}{4}$ b) $\frac{1}{20}$ c) $\frac{3}{20}$ d) $\frac{163}{50}$ e) $\frac{61}{20}$ f) $\frac{7}{20}$ g) $\frac{7}{100}$ h) $\frac{24}{5}$
i) $\frac{329}{25}$ j) $\frac{69}{20}$ k) $\frac{7}{5}$ l) $\frac{427}{20}$ m) $\frac{3661}{500}$ n) $\frac{8723}{100}$ o) $\frac{9}{200}$ p) $\frac{1009}{100}$
q) $\frac{243}{4}$ r) $\frac{2949}{500}$ s) $\frac{87}{1000}$ t) $\frac{5231}{1000}$ u) $\frac{61}{200}$ v) $\frac{81}{400}$
w) $\frac{3793}{500}$ x) $\frac{8259}{1000}$ y) $\frac{5231}{1000}$

3 a) $\frac{1}{10} = 0{,}1$ b) $\frac{7}{4} = 1{,}75$ c) $\frac{1}{4} = 0{,}25$ d) $\frac{35}{140} = 0{,}25$
e) $\frac{3}{200} = 0{,}015$ f) $\frac{9}{25} = 0{,}36$ g) $\frac{7}{10} = 0{,}7$ h) $\frac{13}{40} = 0{,}325$
i) $\frac{8}{5} = 1{,}6$ j) $\frac{19}{20} = 0{,}85$ k) $\frac{3}{20} = 0{,}15$ l) $\frac{99}{125} = 0{,}792$
m) $\frac{3}{10} = 0{,}3$ n) $\frac{3}{10} = 0{,}3$ o) $\frac{11}{40} = 0{,}275$ p) $\frac{17}{32} = 0{,}53125$
q) $\frac{7}{5} = 1{,}4$ r) $\frac{9}{10} = 0{,}9$ s) $\frac{11}{16} = 0{,}6875$ t) $\frac{3}{8} = 0{,}375$
4 a) $\frac{5}{16}$ b) $\frac{15}{32}$ c) $\frac{9}{32}$
5 a) $\frac{1}{2}$ b) $\frac{1}{100}$ c) $\frac{2}{25}$ d) $\frac{6}{25}$ e) $\frac{1}{8}$ f) $\frac{7}{10}$ g) $\frac{99}{100}$ h) $\frac{3}{8}$ i) $\frac{6}{5}$

Anteile und Bruchteile berechnen

1 a) 0,4 cm^2 b) 1,68 m^2 c) 40,85 km^2 d) 10,2 a e) 3,5 m
f) $5\frac{1}{3}$ Tage g) $24\frac{2}{7}$ km h) 3,2 h
2 a) 200 min b) 550 min c) 240 min d) 2700 min

Größen umwandeln

1 a) 75 cm b) 80 cm c) 55 cm d) 92 cm e) 96 cm
2 a) 15 min b) 12 min c) 40 min d) 16 min e) 21 min
3 a) 875 g b) 80 mm^2 c) 16 h d) 55 min e) 600 kg
f) 1250 mm^2 g) 20 h h) 44 s
4 a) 0,045 m < 0,059 m < 0,068 m < 0,07 m < 0,072 m;
< 0,075 m < 0,0755 m
0,45 dm < 0,059 m < 68 mm < $\frac{7}{100}$ m < 7,2 cm < $\frac{3}{4}$ dm < $75\frac{1}{2}$ mm
b) 14,69 m < 110,5 m < 120,5 m < 125 m < 130 m < 130,4 m
1469 cm < 1105 dm < 120,5 m < $\frac{1}{8}$ km < 0,13 km < $\frac{652}{5}$ m

5 a) 1230 g < 1235,6 g < 1250 g < 1320 g < 2500 g < 12 000 g
1230 g < $\frac{6178}{5}$ g < $\frac{5}{4}$ kg < 1,32 kg < $\frac{1}{400}$ t < 0,012 t
b) 40 g < 50 g < 55,5 g < 56,9 g < 62,5 g < 87,5 g
40 000 mg < 0,050 kg < $\frac{111}{2}$ g < 56,9 g < $\frac{5}{80}$ kg < $\frac{7}{80\,000}$ t

6 a) 1,155 m^2 < 1,25 m^2 < 1,35 m^2 < 1,45 m^2 < 10 m^2 < 12 m^2
$\frac{231}{2}$ dm^2 < $\frac{1}{80}$ a < 1,35 m^2 < 14 500 cm^2 < $\frac{1}{1000}$ ha < 0,12 a
b) 78,5 m^2 < 78,88 m^2 < 80 m^2 < 81 m^2 < 82,5 m^2 < 85 m^2
78,5 m^2 < 7888 dm^2 < $\frac{4}{500}$ ha < 0,81 a < $\frac{165}{2}$ m^2 < $\frac{17}{20}$ a
7 a) 690 s < 720 s < 732 s < 750 s < 780 s < 840 s
690 s < 0,2 h < $\frac{61}{5}$ min < $\frac{5}{24}$ h < 13 min < $\frac{7}{720}$ Tage
b) 26,2 s < 27 s < 28,5 s < 30 s < 32,4 s < 33 s
$\frac{131}{5}$ s < $\frac{9}{20}$ min < 28,5 s < $\frac{1}{120}$ h < 0,009 h < 0,55 min

8

19.30 h $\xrightarrow{+\frac{2}{3}\,h}$ 20.10 h $\xrightarrow{-\frac{17}{20}\,h}$ 19.19 h $\xrightarrow{-\frac{2}{5}\,h}$ 18.55 h

Addieren und Subtrahieren

1 a) $\frac{5}{12}$ b) $\frac{5}{24}$ c) $\frac{7}{20}$ d) $\frac{1}{6}$ e) $\frac{7}{60}$ f) $\frac{19}{42}$ g) $\frac{31}{36}$ h) $\frac{5}{12}$ i) $\frac{64}{75}$ k) $\frac{29}{30}$
2 a) $\frac{1}{60}$ b) $\frac{1}{18}$ c) $\frac{1}{24}$ d) $\frac{1}{36}$ e) $\frac{1}{24}$ f) $\frac{7}{12}$ g) $\frac{5}{8}$ h) $\frac{11}{18}$ i) $\frac{5}{18}$
3 a) $\frac{31}{42}$ b) $\frac{1}{30}$ c) $\frac{7}{54}$ d) $\frac{17}{220}$ e) $\frac{1}{48}$ f) $\frac{29}{80}$ g) $\frac{73}{60}$ h) $\frac{7}{48}$ i) $\frac{59}{200}$
k) $\frac{13}{60}$
4 a) 4,1 b) 0,7 c) 0,55 d) 0,7 e) 2,62
5 a) $\frac{3}{4}$ b) $\frac{19}{20}$ c) $\frac{4}{5}$ d) $\frac{17}{12}$ e) $\frac{253}{60}$
6 a) $\frac{15}{4}$ b) 0 c) $\frac{1}{6}$ d) $\frac{17}{21}$
7 a) $\frac{3}{2}$ b) $\frac{4}{15}$ c) $\frac{5}{3}$ f) 0
8 a) $\frac{47}{25} = 1{,}88$ b) $\frac{443}{100} = 4{,}43$ c) $\frac{201}{50} = 4{,}02$ d) $\frac{61}{500} = 0{,}122$
e) $\frac{169}{20} = 8{,}45$ f) $\frac{71}{20} = 3{,}55$ g) $\frac{49}{50} = 0{,}98$ h) $\frac{21}{5} = 4{,}2$
9 a) 49,35 b) 19,655 c) 72,473 d) 643,55 e) 120,75
f) 228,329
10 a) 240,9 b) 2,23 c) 96,46 d) 228,79
11 a) 27,1 b) 628,2 c) 771,5 h) 20,4

Multiplizieren und Dividieren

1 a) $\frac{1}{6}$ b) $\frac{7}{32}$ c) $\frac{4}{3}$ d) $\frac{18}{25}$ e) $\frac{5}{3}$ f) $\frac{3}{7}$ g) $\frac{28}{243}$ h) $\frac{50}{147}$
i) $\frac{1}{6}$ j) $\frac{25}{207}$ k) $\frac{2}{3}$ l) $\frac{3}{4}$ m) $\frac{3}{14}$ n) $\frac{63}{125}$ o) $\frac{1}{10}$ p) $\frac{1}{30}$ q) $\frac{15}{44}$
r) $\frac{25}{21}$ s) $\frac{27}{121}$ t) $\frac{1}{10}$ u) $\frac{3}{4}$ v) $\frac{9}{20}$ w) $\frac{16}{45}$ x) $\frac{3}{14}$ y) $\frac{2}{15}$
2 a) $\frac{3}{2}$ b) $\frac{7}{2}$ c) $\frac{4}{3}$ d) $\frac{1}{4}$ e) $\frac{16}{21}$ f) $\frac{2}{3}$ g) $\frac{3}{2}$ h) $\frac{3}{2}$
i) 5 j) $\frac{3}{4}$ k) $\frac{85}{72}$ l) $\frac{7}{5}$ m) $\frac{7}{2}$ n) $\frac{4}{3}$ o) $\frac{5}{17}$
3 a) $\frac{3}{2}$ b) $\frac{5}{28}$ c) $\frac{7}{2}$ d) $\frac{147}{125}$ e) $\frac{99}{25}$ f) $\frac{3}{17}$ g) $\frac{3}{2}$ h) $\frac{3}{8}$
i) $\frac{7}{30}$ j) $\frac{16}{15}$ k) $\frac{4}{3}$ l) $\frac{5}{3}$ m) $\frac{128}{21}$ n) $\frac{10}{7}$ o) $\frac{5}{69}$
4 a)

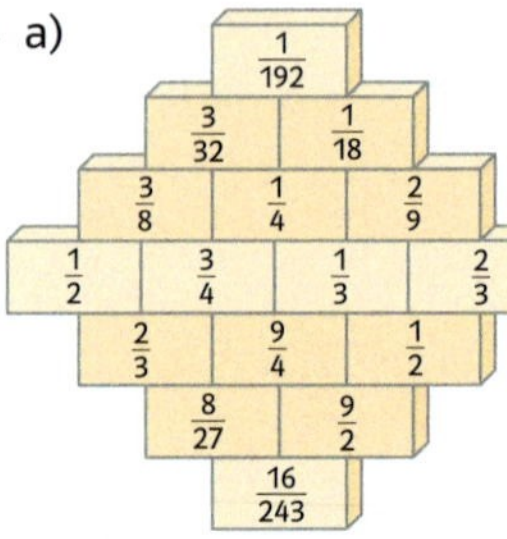

b)

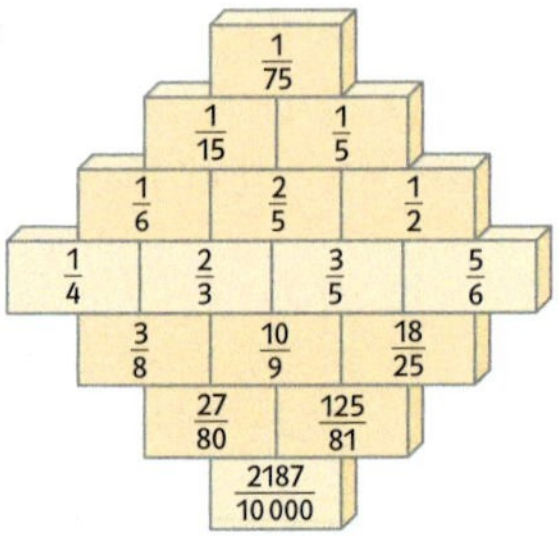

5 a) 4531,9 b) 9010 c) 25 d) 30,84 e) 3,5 f) 780
g) 38 600 h) 1500 i) 0,004 j) 38,45 k) 3,845 l) 38,45
m) 0,00047 n) 3,003 o) 0,75 p) 0,039
6 a) 1,5 b) 4,5 c) 4,8 d) 34 e) 56 f) 88 g) 9 h) 100
i) 500 j) 5 k) 1,1 l) 0,99 m) 5,6 n) 2,4 o) 1,1 p) 7
7 a) 7,704 b) 9,028 c) 0,29931 d) 16,536 e) 234
f) 10,815 g) 23,925 h) 35,854 i) 2520,96 j) 6391,233
k) 21,825 l) 23,256

8 a) 0,75 b) 1,9 c) 1,3 d) 0,3 e) 0,8 f) 1,2 g) 2,1
h) 6,7 i) 13,8 j) 0,321

9 a) 125 b) 26 499,2 c) 1,25 d) 62,5 e) 13,4355
f) 4 363 500 g) 504,745 h) 9,02 i) 3,5 j) 2,88 k) 200
l) 0,4 m) 0,448 n) 0,8 o) 5,184 p) 0,34

Addieren, Subtrahieren, Multiplizieren und Dividieren

1 a) 0 b) $\frac{2}{5}$ c) $\frac{6}{5}$ d) $\frac{1}{6}$ e) $\frac{19}{18}$ f) 1 g) $\frac{7}{8}$ h) $\frac{1}{30}$ i) $\frac{1}{3}$
j) $\frac{1}{20}$ k) $\frac{7}{2}$ l) $\frac{8}{9}$ m) $\frac{21}{10}$ n) 1 o) $\frac{16}{15}$ p) $\frac{6}{7}$

2 a) $\frac{1}{5}$ b) 1 c) $\frac{31}{20}$ d) $\frac{49}{72}$ e) $\frac{11}{120}$ f) $\frac{1}{63}$ g) $\frac{4}{21}$ h) $\frac{1}{8}$

3 a) 0,97 b) 66,348 c) 0,1485 d) 106,2 e) 13,0875
f) 0 g) 500 h) 2,073

4 a) $\frac{3}{2}$ b) $\frac{2}{3}$ c) $\frac{5}{9}$ d) $\frac{3}{2}$ e) $\frac{18}{5}$ f) $\frac{82}{5}$

5 a) $\frac{7}{6}$ b) $\frac{5}{4}$ c) 0 d) $\frac{58}{9}$ e) 26 f) $\frac{5}{2}$

Register

R

S

T

U

V

W

Z

Bildquellennachweis

Umschlag.1 Klett-Archiv (Katja Krause), Stuttgart; **Umschlag.2** Klett-Archiv (Katja Krause), Stuttgart; **4.1** Corbis (Michele Westmorland), Düsseldorf; **4.2** Getty Images (Photographer`s Choice), München; **4.3** Fotosearch Stock Photography (PhotoDisc), Waukesha, WI; **4.4** Klett-Archiv, Stuttgart; **5.1** Corbis (Flying Camera), Düsseldorf; **5.2** Avenue Images GmbH (Index Stock), Hamburg; **5.3** Andrea Späth, Fotodesign, München; **5.4** Imago (Ulmer), Berlin; **8.1** Arco Images GmbH (NPL), Lünen; **8.2**; **8.3**; **8.4** Klett-Archiv (Simianer & Blühdorn), Stuttgart; **9.1** Corbis (Gerhard Steiner), Düsseldorf; **9.2** iStockphoto (fotoVoyager), Calgary, Alberta; **9.3** Corbis (Michele Westmorland), Düsseldorf; **9.4** Avenue Images GmbH RF (Stockbyte), Hamburg; **22.1** Interfoto, München; **25.1** Imago (Imagebroker/Begsteiger), Berlin; **26.1** Picture-Alliance, Frankfurt; **26.2** AKG, Berlin; **26.3** Alamy Images (Blphoto), Abingdon, Oxon; **28.1** AKG, Berlin; **30.1** Ullstein Bild GmbH, Berlin; **31.1** AKG, Berlin; **34.1** Getty Images (Botonica), München; **34.2** MEV Verlag GmbH, Augsburg; **35.1** Leifheit AG (Leifheit), Nassau; **35.2** Getty Images (Photographer`s Choice), München; **35.3** Getty Images (Image Bank), München; **35.4** Getty Images (Photographer`s Choice), München; **35.5** Getty Images (Image Bank), München; **35.6** Getty Images (R. Harding World Imagery), München; **35.7** Avenue Images GmbH RF (PhotoDisc), Hamburg; **35.9** Klett Archiv (Staiger); **36.1** Klett-Archiv (Kathrin Richter), Stuttgart; **37.1** Bananastock, Watlington/Oxon; **41.1** Corel Corporation Deutschland, Unterschleissheim; **62.1** Klett-Archiv (Simianer & Blühdorn), Stuttgart; **66.1** Getty Images RF (PhotoDisc), München; **68.1** Klett-Archiv, Stuttgart; **68.2** Imago (Volker Preußer), Berlin; **68.3** Picture-Alliance, Frankfurt; **69.1** Imago, Berlin; **69.2** Fotolia LLC (ArtHdesign), New York; **69.3** laif (Toma Babovic), Köln; **69.4** Freelens Media GmbH (Andrea Schicker), Hamburg; **72.1** Astrofoto, Sörth; **72.2** Getty Images (Stone), München; **73.1** Corbis (Saloutos), Düsseldorf; **73.2** Avenue Images GmbH RF (PhotoDisc), Hamburg; **73.3** Corbis (Geiersperger), Düsseldorf; **73.4** Corbis (Ray Juno), Düsseldorf; **73.5** Getty Images (Stone), München; **73.6** Avenue Images GmbH RF (Digital Vision), Hamburg; **73.7** VISUM Foto GmbH (Bernd Arnold), Hamburg; **74.1** Klett-Archiv (Thomas Jörgens), Stuttgart; **75.1** Bildagentur Schapowalow (Huber), Hamburg; **75.2** Klett-Archiv (Pascale Eggermann, Luzern), Stuttgart; **77.1** Höllerer Büro für Kommunikation und Gestaltung, Stuttgart; **79** Corbis (Richard T. Nowitz), Düsseldorf; **87.1** Picture-Alliance (epd), Frankfurt; **87.2** AKG, Berlin; **87.4** Picture-Alliance, Frankfurt; **87.5** laif (Miquel Gonzalez), Köln; **89.1** Picture-Alliance (KPA/Ziese), Frankfurt; **95.1** Klett-Archiv (Thomas Jörgens), Stuttgart; **95.2** Fotosearch Stock Photography (PhotoDisc), Waukesha, WI; **96.1** Avenue Images GmbH RF (Alamy, pixoi), Hamburg; **96.2**; **96.3** Klett-Archiv (Wolfgang Riemer), Stuttgart; **97.1** Picture-Alliance (Jan-Peter Kasper), Frankfurt; **100.1**; **100.2** Klett-Archiv (Simianer & Blühdorn), Stuttgart; **104.1** Avenue Images GmbH RF (Stockbyte Platinum), Hamburg; **104.2** Klett-Archiv, Stuttgart; **105.1** Corbis RF (RF), Düsseldorf; **105.2** Klett-Archiv (Simianer & Blühdorn), Stuttgart; **105.2** Getty Images (Taxi), München; **105.3** Thomas Kanzler, Diessen; **105.4** Studio Nordbahnhof (Tobias Oexle), Stuttgart; **106.1** Klett-Archiv (Simianer & Blühdorn), Stuttgart; **110.1** Klett-Archiv (Weccard), Stuttgart; **111.1** Corbis (Richard T. Nowitz), Düsseldorf; **112.1** Imago (Chai v.d. Laage), Berlin; **118.1** PantherMedia GmbH (Monkeybusiness Images), München; **125.1** imago (Camera 4), Berlin; **126.1** Corbis (Flying Camera), Düsseldorf; **126.2** The Library of Congress (PD), Washington, D.C.; **127.1** Getty Images (Stone), München; **127.2** Klett-Archiv (Andreas Staiger), Stuttgart; **127.3** Corbis (Bettmann), Düsseldorf; **129.1** Avenue Images GmbH RF (It Stock Free), Hamburg; **129.2** EZB, Frankfurt; **131.1** Schwaneberger Verlag GmbH, Unterschleißheim; **133.1** www.asterix.com © 2010 LES ÉDITIONS ALBERT RENÉ/GOSCINNY-UDERZO; **133.2** iStockphoto (RF/Luis Lotax), Calgary, Alberta; **134.1** iStockphoto, Calgary, Alberta; **134.2** Carlsen Verlag GmbH/Joscha Sauer, Hamburg 2005; **136.1** www.stpaulslouky.org; **140.1** Picture-Alliance (KPA), Frankfurt; **142.1** iStockphoto, Calgary, Alberta; **144.1** AKG, Berlin; **145.1** Getty Images (Image Bank), München; **146.1**; **146.2** Klett-Archiv (Thorsten Jürgensen), Stuttgart; **148.1** shutterstock (Monkey Business Images), New York, NY; **150.1** Getty Images RF (PhotoDisc), München; **150.1** Dieter Schmidtke, Schorndorf; **150.2** Image 100, Berlin; **152** Avenue Images GmbH (Index Stock), Hamburg; **153.1** MEV Verlag GmbH, Augsburg; **158.1** MPI-Fotoservice (auto motor und sport/MPI), Stuttgart; **158.2** Helga Lade (Geoff du Feu), Frankfurt; **159.1** Corbis (Ronnie Kaufman), Düsseldorf; **164.1** Ullstein Bild GmbH (cw fotodesign), Berlin; **166.1** Picture-Alliance (epa/Louisa Gouliamaki), Frankfurt; **167.1** shutterstock (MattJones), New York, NY; **167.2** f1 online digitale Bildagentur (Zierhut), Frankfurt; **170.1**; **173.1** Corel Corporation Deutschland, Unterschleissheim; **173.2** MEV Verlag GmbH, Augsburg; **173.3** Klett-Archiv, Stuttgart; **173.4** Klett-Archiv (Fabian H. Silberzahn), Stuttgart; **175.1** Corporate Express GmbH, Stuttgart-Vaihingen; **176.1** Klett-Archiv (Simianer&Blühdorn), Stuttgart; **180.1** Kulka, Matthias, Hamburg; **180.2** Corbis (Staffan Widstrand), Düsseldorf; **181.1** Transit Archiv Fotoagentur (Christoph Busse), Leipzig; **181.2** Klett-Archiv (Andreas Staiger), Stuttgart; **181.3** Avenue Images GmbH RF (Brand X Pictures), Hamburg; **182.1** Klett-Archiv (Wolfgang Riemer), Stuttgart; **187.1** Klett-Archiv (Simianer & Blühdorn), Stuttgart; **189** Avenue Images GmbH RF (Photodisc RF), Hamburg; **190.1** Fotosearch Stock Photography (Wolfgang Riemer), Waukesha, WI; **191.1** Mauritius Images (age), Mittenwald; **193.2** Klett-Archiv (Simianer & Blühdorn), Stuttgart; **193.2** Klett-Archiv (Wolfgang Riemer), Stuttgart; **200.1** f1 online digitale Bildagentur (Aflo), Frankfurt; **200.2** Getty Images (Image Bank/Art Wolfe), München; **201.1** Andrea Späth, Fotodesign, München; **201.2** Getty Images (Stone/Art Wolfe), München; **201.3** Avenue Images GmbH RF (Image Source), Hamburg; **204.1** f1 online digitale Bildagentur (Christian Bauer), Frankfurt; **204.2** Klett-Archiv (Aribert Jung), Stuttgart; **209.1** MEV Verlag GmbH, Augsburg; **210.1** Mauritius Images (Raith), Mittenwald; **210.2** Getty Images (Taxi), München; **211.1** Klett-Archiv (Semianer&Blühdorn), Stuttgart; **215.1** Fotolia LLC (outdoorsman), New York; **216.1** shutterstock (Gentoo Multimedia Ltd.), New York, NY; **217.1** Mauritius Images, Mittenwald; **219.1** Fotolia LLC (Eric Isselée), New York; **220.1** iStockphoto (Jiri Vaclavek), Calgary, Alberta; **221.1**; **221.2**; **221.3** Klett-Archiv (Kathrin Richter), Stuttgart; **222.1** Avenue Images GmbH RF (Corbis RF), Hamburg; **223.1** Picture-Alliance (epa/Rick Tomlinson), Frankfurt; **224.1** Corbis (Bettmann), Düsseldorf; **225.1** Klett-Archiv (Aribert Jung), Stuttgart; **228.1** imago (Camera 4), Berlin; **228.2** imago (Camera 4), Berlin; **228.3** imago (Sven Simon), Berlin; **228.4** imago (Ulmer), Berlin; **230.1** AKG (John Hios), Berlin; **230.2** Picture-Alliance (ASA), Frankfurt; **231.1**; **231.2** Picture-Alliance (akg-images), Frankfurt; **231.3** Bridgeman Art Library Ltd., Berlin

In einem Einzelfall ist es nicht gelungen, den korrekten Rechteinhaber ausfindig zu machen. Gemäß UrhG 46 wurde dieses im Bundesanzeiger veröffentlicht. Berechtigte Ansprüche werden selbstverständlich im Rahmen der üblichen Regelungen abgegolten.